COLOR

Clothing color matching

徐丽 编著

服装 色彩搭配 设计师必备宝典

U0237689

清华大学出版社
北　京

内 容 简 介

　　这是一部写给设计师看的服装色彩搭配完全手册。本书共分9章，从基础的色彩理论和服装配色方式入手，依次讲解色彩设计的基础、色彩的对比、色彩的意象、基本的服装配色方式、对比配色方式的运用等内容，并传授服装配色的技巧，如强调服装配色的色彩感觉、多种设计元素的运用等，图文并茂、循序渐进；然后结合实际的设计案例进行色彩搭配，如按服装类别、质感、国别、设计风格、款式情感等剖析各类服装配色的要素和技巧，对理论知识进行巩固和应用，加强读者对知识点的理解和记忆；最后，通过服装配色综合应用，强化服装设计的核心理念。

　　本书适合从事服装设计或相关行业人员使用，也可作为高等院校服装设计专业的教材，是服装设计师必备的色彩搭配宝典。

图书在版编目(CIP)数据

服装色彩搭配设计师必备宝典 / 徐丽　编著. —北京：清华大学出版社，2016 (2018.11重印)
ISBN 978-7-302-41310-3

Ⅰ. ①服… Ⅱ. ①徐… Ⅲ. ①服装色彩—设计 Ⅳ. ①TS941.11

中国版本图书馆CIP数据核字(2015)第195782号

责任编辑：李　磊
封面设计：王　晨
责任校对：成凤进
责任印制：刘海龙

出版发行：清华大学出版社
　　　　网　　　址：http://www.tup.com.cn，http://www.wqbook.com
　　　　地　　　址：北京清华大学学研大厦　　　　邮　　编：100084
　　　　社　总　机：010-62770175　　　　　　　邮　　购：010-62786544
　　　　投稿与读者服务：010-62776969，c-service@tup.tsinghua.edu.cn
　　　　质 量 反 馈：010-62772015，zhiliang@tup.tsinghua.edu.cn

印 装 者：北京亿浓世纪彩色印刷有限公司
经　　销：全国新华书店
开　　本：185mm×210mm　　　印　　张：11　　　字　　数：407千字
版　　次：2016年3月第1版　　　印　　次：2018年11月第8次印刷
定　　价：59.80元

产品编号：058308-01

前言
PREFACE

　　色彩学是研究色彩产生、接受及其应用规律的科学。因形和色为物象与美术形象的两大要素，故色彩学为美术理论的首要的、基本的课题。它以光学为基础，涉及心理物理学、生理学、心理学、美学与艺术理论等学科。

　　本书主要介绍服装设计中配色方面的基础知识，以及在进行服装设计时应该注意的色彩搭配的禁忌等，使读者对服装色彩搭配有全新的认识。通过系统地学习本书，可以为服装色彩的应用打下坚实的理论与实践基础。如果不清楚色彩的原理与构成，就很难在服装色彩实践中有所成就。因此，色彩学是基础，服装配色的应用是在色彩学原理基础上的创造和延伸。不过，色彩学与服装配色学之间仍然存在着性质上的差异。服装色彩自身具有双重性，一方面有基础色彩的共性，另一方面又有专业的特性。

　　本书共分9章，内容如下。

　　第1章讲解了色彩理论，包括色彩设计的基础、色彩的对比、色彩的意象等。

　　第2章讲解了服装配色的方式和原则，包括基本的服装配色方式、对比配色方式的运用、针对不同色调的配色等。

　　第3章讲解了服装配色的技巧，包括强调服装配色的色彩感觉、强调色彩在服装配色中的运用、多种设计元素的运用等。

　　第4章讲解了服装服饰类的风格与配色，包括鞋帽类、腰带类、首饰类、眼镜类、丝巾类、时尚包类的配色等。

　　第5章讲解了服装服饰质感与配色，包括儿童服装和鞋靴类质感、女性休闲和时尚类服装质感以及男士休闲类服装质感等。

　　第6章讲解了不同国家的服装风格与配色，包括中国、韩国、印度、日本、美国、英国、加拿大、俄罗斯、法国和希腊等国家的服装风格与配色等。

第7章讲解了服装的设计风格与配色，包括稳定风格、活泼风格、时尚风格、自然风格、可爱风格、典雅风格、青春风格、传统风格、华丽风格、温馨风格、深沉风格和生动风格等。

第8章讲解了服装款式的情感与配色，包括细致款式、艺术款式、大气款式、严谨款式、简单款式、直观款式、稳定款式、随意款式、趣味款式、夸张款式、酷炫款式、动感款式、灵活款式和优雅款式等。

第9章为服装配色综合应用，包括休闲装、传统服饰、华丽的民族服装、时尚性感裙、宴会晚礼服、柔美动感女裙、女士经典大衣和套装、阳光女孩休闲装、大摆荷叶裙和古典晚礼服装等。

本书由徐丽编著，在成书的过程中，刘海洋、吴丹、刘俊红、刘茜、徐影、张丹、李佳轩、方乙晴、李雪梅、韩艳香、王红岩、于蕾、于丽丽、于淑娟也参与了本书的编写工作。虽然我们力求向读者呈现最完美的内容，但书中难免存在纰漏之处，恩请广大读者批评指正。

本书赠送的服装表现技法视频教程和色彩搭配大礼包请到http://www.tupwk.com.cn下载。

编　者

目录

第 1 章　色彩理论

第 2 章　服装配色的方式和原则

第 3 章　服装配色的技巧

第 4 章　服装服饰类的风格与配色

第5章　服装服饰质感与配色

第6章　不同国家的服装风格与配色

第7章　服装的设计风格与配色

第 8 章　服装款式的情感与配色

第 9 章　服装配色综合应用

第1章

色彩理论

色彩是一门不可忽视的学问，它是一种涉及光、物与视觉的综合现象。我们每天的生活都被色彩包围着，从自然界的动植物到生活中的衣食住行方方面面，都充满了色彩组合。

1.1.1 色彩的原理

人们对色彩的认识与应用是通过发现差异，并寻找它们彼此的内在联系来实现的。因此，人类最基本的视觉经验得出了一个最朴素的也是最重要的结论：没有光就没有色。人们在白天能够看到各种颜色的物体，但在漆黑无光的夜晚就什么也看不见了。倘若有光的存在，则光照到哪里，便又可看到物体及其色彩了。即使在朦胧的月光下，也能看到周围的景物。

色彩是以色光为主体的客观存在，对于人则是一种视象感觉，产生这种感觉基于三种因素：一是光；二是物体对光的反射；三是人的视觉器官——眼。即不同波长的可见光投射到物体上，一部分波长的光被吸收，一部分波长的光被反射出来刺激人的眼睛，经过视神经传递到大脑，形成对物体的色彩信息，即人的色彩感觉。

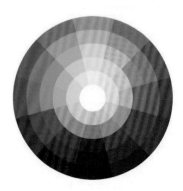

现在色彩学家们根据全面、系统的理论和观点，将自然界中的色彩分为无彩色和有彩色两大类，以便于表现和应用。

■　有彩色

有彩色是指带有标准色彩倾向，具有色相、明度、纯度三个属性的色彩。光谱中的所有色彩都属于有彩色。红、橙、黄、绿、青、蓝、紫为基本色。基本色之间不同比例的混合，以及基本色与黑、白、灰(无彩色)之间不同比例的混合，产生了成千上万种颜色。

■　无彩色

无彩色是指黑色、白色以及各种明度的灰色等只具备明度、不含色彩倾向的颜色。由于这三类色不包含在可见光谱中，因此被称为无彩色。

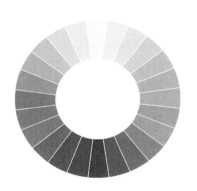 

色相、明度与纯度(也称彩度、饱和度)被称为色彩的三个基本属性。它们分别表示色彩的相貌、色彩的深浅程度以及色彩的鲜艳程度。理解了这三个属性，就可以大致选择出所需要的色彩。人类在认识色彩的过程中，首先识别的是色相，然后是明度和纯度。

■ 色相

色相是色彩的相貌称谓，用于区别各种不同色彩的名称。通常色相作为色彩重要特征之一，是人类区分各种不同色彩最准确的标准。除了黑、白、灰以外的所有色彩都有色相属性，基本色相为红、橙、黄、绿、青、蓝、紫。其中，例如红、橙色相属于暖色，给人温暖、热情、喜庆的感觉。而蓝、绿色相属于冷色，给人宁静、深远、寒冷、开阔的感觉。其他没有明显冷暖倾向的颜色属于中性色。

在色相环中，通过中心点处于对角位置的两种色彩称为互补色。因为这两种色彩的性质差异最大，所以当它们在配色中并置时，各自的色彩特征会将对方衬托得格外明显，因此补色配色是极为常见且具有代表性的配色方式。

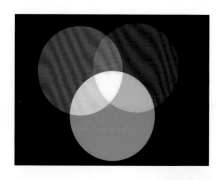

■ 明度

色彩的明度是指色彩的深浅程度。各种有色物体由于反射光量的不同而产生不同的明暗强弱。色彩的明度分为两种情况：一是相同色相的不同明度，二是不同色相的不同明度。

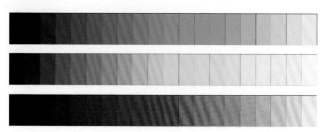

不同的色彩具有不同的明度，任何色彩都存在明暗变化。有彩色中，明度最高的是黄色，明度最低的是紫色。红、橙、蓝、绿的明度相近，为中间明度。另外，在同一色相的明度中还存在深浅的变化。如蓝色中由浅到深有粉蓝、淡蓝、天蓝等明度变化。在一个画面中安排不同明度的色彩也可以帮助表达画作的感情。

■ 纯度

色彩的纯度是指色彩中所包含的某色的饱和程度，它表示色彩中所含有色成分的比例，比例越大，含有色成分越多，纯度越高；比例越小，含有色成分越少，纯度越低。

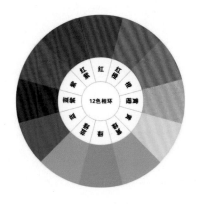

当我们看到色彩时，除了会感觉其物理方面的影响，心里也会立即产生感觉，这种感觉一般难以用言语形容，被称为印象，也就是色彩意象。

■　红色的色彩意象

由于红色容易引起人们的注意，所以在各种媒体中也被广泛利用，除了具有较佳的视觉效果之外，更被用来传达有活力、积极、热诚、温暖、前进等含义。另外，红色也常用来作为警告、危险、禁止、防火等标志用色，人们在一些场合或物品上，看到红色标志时，不必仔细看内容，即能了解警告危险之意。

■　橙色的色彩意象

橙色明视度高，在工业安全用色中，橙色是警戒色，如用在火车头、登山服装、背包、救生衣上。由于橙色非常明亮刺眼，有时会使人产生负面低俗的意象，这种状况尤其容易发生在服装上，所以在运用橙色时，要注意选择搭配的色彩和表现方式，以把橙色明亮、活泼的特性发挥出来。

5

01

色彩理论

■ 黄色的色彩意象

　　黄色明视度也很高，在工业安全用色中，黄色是警告危险色，常用来警告危险或提醒注意，如交通信号标志上的黄灯、工程用的大型机器、学生用雨衣和雨鞋等。

■ 绿色的色彩意象

　　在商业设计中，绿色所传达的是清爽、理想、希望、生长的意象，符合了服务业、卫生保健业的诉求。在工厂中为了避免工人操作时眼睛疲劳，许多工作的机械设备就采用了绿色。一般的医疗机构场所也常采用绿色来进行空间色彩规划以及标示医疗用品。

■ 蓝色的色彩意象

　　由于蓝色沉稳的特性，具有理智、准确的意象。在商业设计中，强调科技、效率的商品或企业形象，大多选用蓝色当标准色、企业色，如电脑、汽车、影印机、摄影器材等。另外，蓝色也代表忧郁，这是受了西方文化的影响，这个意象也运用在文学作品或感性诉求的商业设计中。

■ 紫色的色彩意象

　　由于紫色具有强烈的女性化性格，在商业设计用色中受到了限制。除了和女性有关的商品或企业形象外，其他类的设计不常采用紫色为主色。

1.1.5　色相环

　　一般色相环有五种或六种，甚至于八种色相为主要色相，若在各主要色相中增加中间色相，就可做成十色相、十二色相或二十四色相等色相环。

▲邻近色

邻近色是指色相环中最相近的三种颜色。邻近色的搭配会给人舒适、自然的视觉感受，在服装设计中运用广泛。

▲分裂互补色

分裂互补色是由补色两边的颜色所组成。选择一种颜色，在色相环的相对方向找到补色，然后使用补色左右两边的颜色。

▲互补色

互补色是指色相环中正好相对的两种颜色。如果希望凸显某些色彩使其更加鲜艳，使用互补色是个好方法。使用时也可以调整一下补色的明亮度，尝试不同的效果。

▲三色组

三色组是色相环上等距离的任何三种颜色。若在配色时使用三色组，会给人紧张的感觉，这是因为这三种颜色对比都很强烈。

■ 暖色

　　暖色和黑色调和之后可以达到很好的效果，如展现服装的丰富与多元，使服装看起来既活泼又温馨。

■ 冷色

　　冷色与白色调和之后也可以达到很好的效果，如呈现服装严谨、稳重的效果。

▲暖色

▲冷色

■ 色彩均衡

　　若要让服装看起来舒适、协调，色彩均衡也是相当重要的因素。服装不可能只使用一种单一的颜色来设计，不同色彩的运用和其所占比例多少都是色彩是否均衡的关键。例如，鲜艳明亮的色彩只需一点点面积，就能令人感觉舒适、醒目。

1.1.6　色彩的对比与调和

　　各种色彩在对比的状态下，由于相互作用，它与单一色彩所带给人的感觉不同，这种现象是由人的视觉残影引起的。当短时间注视某一彩色图像之后，再看白色背景时，眼前会出现色相、明亮度关系大体相仿的补色图像。如果背景中有彩色，残影就会与背景色混合，这是由补色残影所形成的视觉效果。

　　色彩调和是指将两种或两种以上的色彩合理搭配，产生统一且和谐的效果。它有两层含义：其一，它是美的一种形态；其二，它是配色的一种手段。色彩调和的基础是色彩对比。

■ 明亮度的对比与调和

　　明亮度对比是指同一色相不同明亮度的对比，以及不同色相不同明亮度的对比，是色彩构成中最重要的因素之一。

　　同一色相不同明亮度的对比，会呈现不同的深浅层次，有助于表现色彩的空间关系和秩序，产生色彩渐变的韵味。不同色相不同明亮度的对比，不仅可以呈现色相的区别，还因为改变不同明亮度所产生的颜色差异，使色彩显得丰富而多变。明亮度对比越大，色相的色彩效果就越强烈；明亮度对比越小，且色相的冷暖差别也不大时，色彩效果就越柔和。

同一明亮度的调和必须注意下列几个问题：

(1) 同明亮度同色相调和，需增加彩度以求变化。

(2) 同明亮度同彩度调和，需变化色相以增加对比。

(3) 临近明亮度调和，具有统一的调和感，但明亮度变化小，需要改变色相和纯度以增加对比。

(4) 对比明亮度调和色彩明快、强烈，但较难统一，需要增强色相与彩度使其协调。

(5) 补色明亮度调和色彩鲜艳、刺激，但感觉会较生硬。

■ 彩度的对比与调和

　　彩度对比是将不同彩度的颜色搭配在一起以互相衬托的对比方法。在彩度对比中，如果其中面积最大的色彩或色相属于彩度高的色彩，而另一色彩的彩色低，则会构成鲜明对比。一般说来，彩度高的色彩色相明确，引人注目，视觉兴趣强，色相的心理作用明显，但容易感觉疲倦，不能持续地注视。色彩的模糊与生动主要是由彩度对比引起的，色彩的对比有助于强化色彩之间的相互衬托。例如，使用灰色来衬托鲜艳的纯色，由于这两种色彩同时产生对比，鲜艳的纯色会更加生动。

　　在色相、明亮度相同的条件下，彩度对比最大的特点是柔和。彩度差越小，柔和感越强。同一彩度能调和不同色相、不同明亮度的颜色，但要打破沉稳的色彩结构，还需要变化色相和明亮度。临近色彩度的调和，需要增加色相和明亮度的变化；对比色彩度的调和则需要透过色相和明亮度的统一来增进和谐。

■ 色相的对比与调和

　　色相对比是由于每一种色相的差别所形成的，其强弱可以通过色彩在色相环上的距离来表示。在二十四色相环中任选一色，将其明亮度加强或减弱后产生的颜色为同种色，与此色相相邻的色彩为邻近色，与此色相相邻60°左右的色彩为相似色，与此色相相邻90°左右的为补色。同种色、邻近色、相似色为色相弱对比；中差色为色相中对比；对比色、补色为色相强对比。

　　无彩色系的颜色最容易调和，不需要注意各色彩之间的明亮度变化，但距离太近的颜色会含混不清，距离太远的颜色则过于生硬。同一种色彩调和，色相单一，显得单调，必须调整明亮度和彩度，才能产生富于变化的色彩。除了采用"小间隔"的方法配色外，还可以增加对比色来点缀。邻近色相之间极其相似，通常会改变明亮度和彩度以增加层次。虽然相似色较邻近色有变化，但由于色相的变化不明显，容易显得单调，这时需要改变明亮度和彩度，让色彩变得活泼生动。

1.2　色彩的对比

1.2.1　色相对比现象

　　色彩受到周围元素的影响，给人带来视觉上的变化，被称为色彩的错视现象。错视现象只有在色彩搭配时才会出现，单独存在的色彩是不会有错视现象的，恰当运用错视现象，能够增强设计作品的视觉冲击力和趣味性。

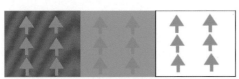

▲同样的绿色，在橙色背景中显得更加鲜艳、立体。

▲相同的蓝绿色，从左至右、由浅到深的错视效果。

▲同样的蓝色，在紫色背景中显得更加鲜艳。

▲相同的浊橙色，从左到右、由亮到暗的错视效果。

1.2.2 明度对比现象

明度对比是在某种颜色与周边颜色的明度差很大的时候出现的现象。将亮色与暗色放在一起的时候，明亮的颜色显得更明亮，暗的颜色显得更暗。

▲同样的灰色，在白色背景中显得明度最高。

▲相同明度的印度红，在不同明度的背景下呈现出来的色彩也不同，会产生色彩差异。

▲同样的粉红色，在黑色背景中显得尤为醒目。

▲相同明度的灰色，在不同的明度下呈现的色彩也不同，同样也会产生色彩差异。

1.2.3 纯度对比现象

色彩错视中的纯度对比是在某种颜色与周围纯度差异很大的时候出现的现象。当底色比图案色纯度更高的时候，图案色的纯度看起来会比实际更低。相反，如果底色比图案色的纯度低，图案的纯度感觉就会更高。

▲同样纯度的橙色，在紫色背景中显得更加鲜艳。

▲相同的粉红色背景，由于图案的纯度变化而产生差异。

▲同样纯度的粉红色，在青色背景中更加鲜艳。

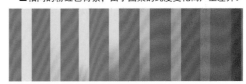

▲相同的青色背景，由于图案的纯度变化而产生差异。

1.2.4 辨识度对比现象

辨识度也就是色彩的识别度，同样的图案和文字在不同的底色下所呈现的识别度是不一样的。当图案和文字与背景色彩相近时，图案和文字表现不突出，如果图案和文字与背景反差很大，图案和文字就跃然纸上，一目了然。

▲相同字体、字号的文字，浅色背景上辨识比较费力。

▲在黄色背景中最为醒目，在红色背景中就很难辨认。

眼睛盯着红色图案看10秒钟,然后将目光转移到白纸上,就会看见红色的补色——绿色的图案影像;同样,盯着灰底色的白色图案看10秒钟,再转移目光到白纸上,也会出现灰色的图案,这就是所谓的补色残像现象。在纸上画出色彩,在光线充足的环境里盯着看10秒钟就会发生这种现象。

 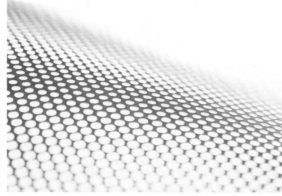

1.2.6 前进色与后退色对比现象

从生理学上讲,人眼晶状体对于距离的变化是非常敏感的,但它总是有一定的限度,对于波长微小的差异无法正确调节,眼睛在同一距离观察不同波长的色彩时,给人的远近感却不同,波长长的暖色如红色、橙色等,在视网膜上形成内侧映像;波长短的冷色如蓝色、紫色等,则在视网膜上形成外侧映像。因此,暖色好像在前进,冷色好像在后退。

色彩的前进、后退感除了与波长有关外,还与色彩对比的知觉度有关,对比度强的色彩具有前进感,对比度弱的色彩具有后退感;明快的色彩具有前进感,深暗的色彩具有后退感;高纯度的色彩具有前进感,低纯度的色彩具有后退感。

　　长波长的暖色影像因为焦距不准确，因此在视网膜上所形成的影像模糊不清，似乎具有一种扩散性；短波长的冷色影像相对就比较清晰，似乎具有收缩性。所以，我们平时在凝视红色的时候，时间长了会产生眩晕，景物形象模糊不清，好像有扩张运动的感觉。如果改成青色，就没有这种现象了。

　　红色、橙色和黄色这样的暖色，可以使物体在视觉上看起来比实际大。而蓝色、蓝绿色等冷色系颜色，则可以使物体在视觉上看起来比实际小。

　　物体在视觉上的大小，不仅与其色彩相关，而且也与其他因素相关。一般情况下，明度高的色彩具有膨胀感，明度低的色彩具有收缩感。而纯度高的色彩具有膨胀感，纯度低的色彩具有收缩感。对比度强的色彩有膨胀感，对比度弱的色彩有收缩感。

1.3　色彩的意象

　　色彩具有复杂的象征意义。文化不同，色彩的含义也不同，这些重要的作用激发了设计师们的创作灵感，如果忽略色彩对情绪的潜在影响，任何对色彩现象的研究都只是纸上谈兵，我们把对色彩的感觉称为心理意象。

1.3.1　色相的意象

　　在色彩三要素中，对人们心理影响最大的是色相。例如，红色让人感到热情与兴奋，绿色能够安抚人的情绪，不同的色相能够使人联想到不同的事物与情感。

CMYK: 93-76-58-26
RGB: 21-60-78

CMYK: 82-77-59-28
RGB: 56-59-75

CMYK: 26-63-52-0
RGB: 194-117-106

CMYK: 64-49-52-1
RGB: 112-123-118

CMYK: 97-95-55-33
RGB: 24-36-70

CMYK: 1-10-1-0
RGB: 252-238-245

CMYK: 99-98-51-24
RGB: 25-37-79

CMYK: 89-96-32-1
RGB: 66-46-115

深沉

　　蓝色具有深沉、宁静、内敛的意象，尤其是深蓝和深绿色为主色调，即便是有红色和其他色调相搭配，也无法超越主色调的统一和谐。

CMYK: 74-35-42-0
RGB: 68-137-143

CMYK: 77-78-77-56
RGB: 45-37-35

CMYK: 76-77-75-51
RGB: 52-43-42

CMYK: 79*-84-60-36
RGB: 61-45-64

CMYK: 22-91-68-01
RGB: 199-53-66

CMYK: 74-83-39-2
RGB: 94-66-110

CMYK: 78-35-51-0
RGB: 50-134-129

CMYK: 45-80-45-0
RGB: 152-74-100

CMYK: 39-64-80-0
RGB: 171-109-66

CMYK: 75-66-25-0
RGB: 84-92-140

CMYK: 24-27-92-0
RGB: 207-182-35

CMYK: 29-85-91-0
RGB: 187-69-473

CMYK: 31-72-46-0
RGB: 184-97-108

CMYK: 47-253-15-0
RGB: 147-176-200

CMYK: 6-46-88-1
RGB: 227-159-48

CMYK: 23-74-97-18
RGB: 162-81-25

CMYK: 20-87-110-10
RGB: 178-54-18

CMYK: 17-72-93-6
RGB: 192-97-50

CMYK: 27-76-68-0
RGB: 211-94-76

CMYK: 24-37-43-0
RGB: 206-171-143

CMYK: 48-62-75-4
RGB: 153-108-75

CMYK: 2-18-15-0
RGB: 250-223-212

CMYK: 67-81-100-58
RGB: 61-33-12

CMYK: 1-92-65-0
RGB: 230-47-67

CMYK: 48-100-100-24
RGB: 129-25-30

CMYK: 51-65-99-11
RGB: 136-95-38

浓艳

红色具有喜庆、吉祥、热情奔放、充满激情和活力的意象，即可作为服装的主体颜色，也可作为配饰的颜色。

CMYK: 82-79-76-59
RGB: 36-34-35

CMYK: 47-93-87-18
RGB: 141-45-45

CMYK: 18-47-71-0
RGB: 220-155-83

CMYK: 66-77-76-42
RGB: 78-52-47

CMYK: 9-90-64-0
RGB: 233-54-72

CMYK: 31-99-89-1
RGB: 193-28-45

CMYK: 25-79-68-0
RGB: 204-86-74

CMYK: 24-66-70-0
RGB: 205-114-77

CMYK: 66-73-69-29
RGB: 92-67-64

CMYK: 21-70-77-0
RGB: 211-107-63

CMYK: 68-72-69-30
RGB: 86-67-65

CMYK: 20-61-80-0
RGB: 215-125-60

精彩应用实例

CMYK：0-85-47-0
RGB：232-70-91

CMYK：61-82-99-47
RGB：79-40-19

CMYK：39-48-51-0
RGB：170-139-120

CMYK：42-100-100-9
RGB：154-31-36

CMYK：0-74-75-0
RGB：235-9-60

CMYK：31-90-9-0
RGB：182-50-133

CMYK：83-81-57-28
RGB：57-54-75

CMYK：50-54-63-2
RGB：146-122-97

活力

靓丽的橙色具有一种朝气蓬勃、活力四射的意象，非常适合用到年轻人的服装上。

CMYK：9-10-82-0
RGB：240-221-62

CMYK：65-25-29-0
RGB：95-150-173

CMYK：91-73-75-51
RGB：14-45-44

CMYK：45-52-54-0
RGB：157-128-112

CMYK：0-82-87-0
RGB：234-79-38

CMYK：86-67-71-35
RGB：37-65-63

CMYK：0-90-92-0
RGB：232-57-29

CMYK：47-100-100-17
RGB：138-29-34

CMYK：71-58-48-1
RGB：95-106-118

CMYK：1-56-63-0
RGB：240-141-90

CMYK：3-74-58-0
RGB：231-99-87

CMYK：24-56-44-0
RGB：199-132-123

CMYK：42-100-100-10
RGB：153-30-35

CMYK：67-93-90-63
RGB：54-10-12

CMYK：11-90-15-0
RGB：215-49-125

CMYK：43-100-100-11
RGB：151-30-35

CMYK: 0-77-31-0
RGB: 234-92-121

CMYK: 77-65-51-10
RGB: 75-86-102

CMYK: 38-99-71-2
RGB: 169-31-63

CMYK: 36-99-80-2
RGB: 171-3-55

CMYK: 32-56-74-0
RGB: 185-126-76

CMYK: 1-68-64-0
RGB: 236-114-82

CMYK: 0-64-18-0
RGB: 237-125-153

CMYK: 31-92-99-0
RGB: 183.-54-34

CMYK: 19-17-17-0
RGB: 214-209-206

CMYK: 88-87-60-38
RGB: 39-40-63

CMYK: 87-85-76-67
RGB: 20-19-25

CMYK: 56-99-100-49
RGB: 89-9-2

可爱

　　粉色具有粉嫩、青春、明快、可爱的意象，如由粉、蓝和白三色搭配的小碎花裙给人一种清新可爱的感觉。

CMYK: 7-62-48-0
RGB: 228-126-112

CMYK: 18-58-15-0
RGB: 209-131-162

CMYK: 69-5-76-0
RGB: 72-173-99

CMYK: 54-10-12-0
RGB: 121-189-215

CMYK: 16-76-36-0
RGB: 209-90-115

CMYK: 16-88-70-0
RGB: 207-62-64

CMYK: 22-81-32-0
RGB: 199-79-117

CMYK: 79-76-70-48
RGB: 49-45-49

CMYK: 67-73-20-0
RGB: 108-83-140

CMYK: 77-24-34-0
RGB: 30-149-164

CMYK: 60-11-13-0
RGB: 98-180-210

CMYK: 25-91-75-0
RGB: 194-55-60

CMYK: 89-84-85-75
RGB: 9-11-10

CMYK: 7-3-8-0
RGB: 241-244-238

CMYK: 70-44-49-0
RGB: 94-129-128

CMYK: 80-67-77-41
RGB: 49-61-51

CMYK: 85-80-80-70
RGB: 19-21-16

CMYK: 24-49-42-0
RGB: 200-145-133

CMYK: 40-34-31-0
RGB: 168-164-165

CMYK: 10-9-11-0
RGB: 233-231-226

平和

驼色给人大方、稳重、恬静、温暖、平和、亲切的感觉，就像冬日里的阳光，又像午后淡淡的咖啡。

CMYK: 0-82-56-0
RGB: 254-78-86

CMYK: 59-82-80-37
RGB: 98-51-45

CMYK: 90-96-45-14
RGB: 56-43-92

CMYK: 36-100-100-2
RGB: 183-14-2

CMYK: 38-67-64-0
RGB: 178-106-88

CMYK: 10-72-13-0
RGB: 234-105-156

CMYK: 39-73-73-1
RGB: 175-59-73

CMYK: 92-87-88-78
RGB: 2-4-3

CMYK: 54-74-82-20
RGB: 125-76-55

CMYK: 25-99-100-0
RGB: 205-25-27

CMYK: 58-77-85-33
RGB: 101-60-42

CMYK: 76-82-86-67
RGB: 37-22-17

CMYK: 55-98-98-38
RGB: 100-23-24

CMYK: 27-87-84-0
RGB: 190-65-51

CMYK: 65-69-71-25
RGB: 95-75-66

CMYK: 15-47-0-0
RGB: 238-159-224

CMYK: 88-78-79-64
RGB: 19-29-28

CMYK: 9-48-5-0
RGB: 235-161-196

精彩应用实例

CMYK: 15-37-25-0
RGB: 219-175-172

CMYK: 49-83-79-16
RGB: 135-64-56

CMYK: 17-55-40-0
RGB: 212-138-132

CMYK: 5-64-60-0
RGB: 230-121-121

CMYK: 70-82-82-59
RGB: 54-30-26

CMYK: 37-71-57-0
RGB: 173-98-94

CMYK: 53-63-71-11
RGB: 131-98-75

CMYK: 40-81-65-5
RGB: 162-75-76

宁静

深蓝色是像大海一样的蓝色，让人感觉宁静、博大，使用这种色彩进行搭配，更能体现女人的丰富内涵。

CMYK: 11-0-70-0 RGB: 238-235-101	CMYK: 66-11-45-0 RGB: 83-172-153	CMYK: 100-99-52-3 RGB: 29-44-90	CMYK: 40-11-45-0 RGB: 167-197-156
CMYK: 54-0-23-0 RGB: 17-200-203	CMYK: 79-47-29-0 RGB: 55-118-152	CMYK: 88-60-22-0 RGB: 18-97-149	CMYK: 87-75-77-58 RGB: 21-38-36
CMYK: 36-76-0-0 RGB: 172-85-156	CMYK: 90-75-68-44 RGB: 23-49-55	CMYK: 0-71-51-0 RGB: 236-107-99	CMYK: 55-54-59-0 RGB: 135-119-103

CMYK: 61-68-0-0
RGB: 170-70-230

CMYK: 53-60-0-0
RGB: 190-90-248

CMYK: 68-76-0-0
RGB: 116-74-150

CMYK: 89-99-20-0
RGB: 77-16-124

CMYK: 9-54-84-0
RGB: 237-144-48

CMYK: 13-28-26-0
RGB: 229-196-182

CMYK: 65-86-100-59
RGB: 62-26-9

CMYK: 39-81-100-4
RGB: 167-76-35

CMYK: 37-51-0-0
RGB: 172-136-188

CMYK: 29-92-20-0
RGB: 186-46-121

CMYK: 92-86-84-75
RGB: 6-8-11

CMYK: 34-18-2-0
RGB: 177-197-228

神秘

紫色是人们在自然界中较少见到的色彩，给人一种高贵、雅致、神秘的意象。

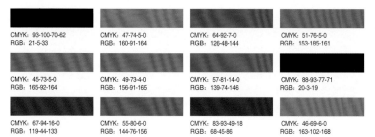

CMYK: 93-100-70-62
RGB: 21-5-33

CMYK: 47-74-5-0
RGB: 160-91-164

CMYK: 64-92-7-0
RGB: 126-48-144

CMYK: 51-76-5-0
RGB: 153-185-161

CMYK: 45-73-5-0
RGB: 165-92-164

CMYK: 49-73-4-0
RGB: 156-91-165

CMYK: 57-81-14-0
RGB: 139-74-146

CMYK: 88-93-77-71
RGB: 20-3-19

CMYK: 67-94-16-0
RGB: 119-44-133

CMYK: 55-80-6-0
RGB: 144-76-156

CMYK: 83-93-49-18
RGB: 68-45-86

CMYK: 46-69-6-0
RGB: 163-102-168

CMYK: 63-52-51-82
RGB: 31-31-31

CMYK: 48-40-37-0
RGB: 148-148-148

CMYK: 86-82-82-70
RGB: 19-19-19

CMYK: 89-85-85-76
RGB: 9-9-9

CMYK: 29-8-18-0
RGB: 191-25-212

CMYK: 81-58-88-28
RGB: 53-81-53

CMYK: 35-36-71-0
RGB: 181-160-91

CMYK: 5-6-11-0
RGB: 246-241-229

CMYK: 85-78-3-0
RGB: 63-72-124

CMYK: 1-20-36-0
RGB: 251-216-169

CMYK: 88-71-55-16
RGB: 41-73-91

CMYK: 66-36-32-0
RGB: 98-141-158

高雅

　　灰色具有柔和、高雅、大气的意象，属于中间色，也是永远的流行色，男女服饰里均可应用。

CMYK: 13-83-51-0
RGB: 227-75-94

CMYK: 8-81-83-0
RGB: 234-82-46

CMYK: 15-86-99-0
RGB: 223-68-20

CMYK: 71-76-82-52
RGB: 60-45-36

CMYK: 14-94-88-0
RGB: 224-40-39

CMYK: 70-71-68-29
RGB: 83-69-66

CMYK: 52-50-47-0
RGB: 141-12-126

CMYK: 8-43-54-0
RGB: 239-169-118

CMYK: 4-14-14-0
RGB: 246-227-217

CMYK: 20-87-67-0
RGB: 214-66-72

CMYK: 44-99-99-11
RGB: 150-35-33

CMYK: 100-95-27-0
RGB: 25-47-117

CMYK: 82-72-62-16
RGB: 63-73-82

CMYK: 49-69-84-9
RGB: 173-91-57

CMYK: 33-100-74-1
RGB: 178-27-60

CMYK: 88-80-54-39
RGB: 36-48-70

CMYK: 67-16-1-0
RGB: 67-169-223

CMYK: 30-77-49-0
RGB: 185-86-99

CMYK: 85-49-34-0
RGB: 18-112-144

CMYK: 20-80-31-0
RGB: 201-81-119

CMYK: 45-57-66-1
RGB: 158-119-90

CMYK: 22-76-100-0
RGB: 200-90-25

时尚

　　不同的颜色综合运用，有时也能取得很好的搭配效果，如红色、黑色、橙色和蓝色搭配的条状图案服饰，显得时尚感十足。

CMYK: 0-86-53-0
RGB: 252-65-87

CMYK: 5-45-88-0
RGB: 247-165-29

CMYK: 92-91-57-31
RGB: 36-40-69

CMYK: 0-96-82-0
RGB: 255-6-35

CMYK: 67-32-68-0
RGB: 99-148-104

CMYK: 89-82-86-73
RGB: 11-16-13

CMYK: 41-74-69-2
RGB: 171-91-77

CMYK: 31-62-48-0
RGB: 192-120-116

CMYK: 75-41-0-0
RGB: 53-138-231

CMYK: 10-50-48-0
RGB: 234-155-133

CMYK: 0-82-94-0
RGB: 252-80-6

CMYK: 93-70-1-0
RGB: 0-83-175

CMYK: 12-41-76-0
RGB: 233-169-71

CMYK: 11-13-70-0
RGB: 243-222-94

精彩应用实例

人们在日常生活中选择服装时往往比较重视对色相的选择，而容易忽略色调的作用，其实色调的运用也是很重要的。每种色调都具备特有的意象感觉，可以凝聚整体的配色效果，提高服装配色的质感。

CMYK: 69-77-75-45
RGB: 70-49-46

CMYK: 28-78-29-0
RGB: 189-84-124

CMYK: 23-90-95-0
RGB: 197-58-35

CMYK: 89-86-79-71
RGB: 14-13-18

安静

红蓝相间的图案搭配给人一种安静的感觉，比较适合性格温婉、柔情的女性。

CMYK: 9-24-84-0
RGB: 246-203-46

CMYK: 24-78-100-0
RGB: 207-87-0

CMYK: 67-2-8-0
RGB: 39-197-242

CMYK: 11-5-74-0
RGB: 245-236-83

CMYK: 83-60-0-0 RGB: 50-97-173	CMYK: 20-51-54-0 RGB: 208-143-112	CMYK: 35-31-52-0 RGB: 179-170-129	CMYK: 10-48-93-0 RGB: 28-152-22
CMYK: 87-84-29-2 RGB: 60-63-121	CMYK: 36-52-27-0 RGB: 177-152-162	CMYK: 57-63-50-0 RGB: 130-103-110	CMYK: 85-65-0-0 RGB: 46-89-167
CMYK: 42-82-34-0 RGB: 163-72-115	CMYK: 46-49-37-0 RGB: 154-134-140		

23

CMYK: 2-27-7-0
RGB: 248-207-217

CMYK: 19-72-38-0
RGB: 215-104-123

CMYK: 8-8-49-0
RGB: 248-235-152

CMYK: 42-8-0-0
RGB: 172-203-51

CMYK: 46-61-64-2
RGB: 155-112-91

CMYK: 98-100-53-14
RGB: 31-39-81

CMYK: 93-78-55-22
RGB: 28-61-84

CMYK: 49-100-97-23
RGB: 127-26-33

优雅

　　白色七分袖小上衣搭配小黑裙，或者是白色小披肩搭配大花长裙，再加上相应的配饰，显得柔美大方，彰显优雅的淑女气质。

CMYK: 6-54-27-0
RGB: 241-150-157

CMYK: 68-61-37-0
RGB: 105-105-133

CMYK: 66-64-74-22
RGB: 97-84-67

CMYK: 32-96-100-1
RGB: 101-41-26

CMYK: 13-9-95-0
RGB: 226-0-68

CMYK: 44-82-75-6
RGB: 160-74-65

CMYK: 63-80-54-12
RGB: 114-69-90

CMYK: 0-56-22-0
RGB: 253-148-162

CMYK: 1-51-58-0
RGB: 251-156-104

CMYK: 57-27-74-0
RGB: 129-126-95

CMYK: 0-73-31-0
RGB: 252-105-131

CMYK: 70-66-80-31
RGB: 81-74-55

CMYK: 14-94-79-0
RGB: 244-39-51

CMYK: 5-47-84-0
RGB: 264-161-45

CMYK: 18-70-68-0
RGB: 217-107-77

CMYK: 20-7-85-0
RGB: 227-225-76

CMYK: 53-86-98-33
RGB: 109-47-28

CMYK: 4-94-83-0
RGB: 224-41-44

CMYK: 28-99-100-0
RGB: 188-28-33

CMYK: 0-74-5-0
RGB: 234-100-155

CMYK: 53-97-100-41
RGB: 100-22-21

CMYK: 65-84-98-58
RGB: 64-30-13

CMYK: 0-87-90-0
RGB: 232-66-33

CMYK: 65-7-0-0
RGB: 66-181-233

CMYK: 25-91-48-0
RGB: 191-51-91

CMYK: 9-10-48-0
RGB: 237-225-152

CMYK: 59-69-70-18
RGB: 114-81-70

CMYK: 87-84-60-36
RGB: 41-46-65

夸张

　　不同色调的综合运用，往往会有一种夸张的效果，适合比较另类和时尚的年轻人选择。

CMYK: 94-96-66-57
RGB: 18-17-40

CMYK: 51-61-68-23
RGB: 123-92-72

CMYK: 19-84-73-0
RGB: 204-73-64

CMYK: 89-60-100-42
RGB: 15-65-34

CMYK: 23-81-67-14
RGB: 171-69-69

CMYK: 9-7-63-0
RGB: 240-227-107

CMYK: 89-96-51-24
RGB: 51-37-77

CMYK: 82-55-17-0
RGB: 50-107-160

CMYK: 10-27-56-0
RGB: 232-193-123

CMYK: 33-88-68-2
RGB: 178-62-69

精彩应用实例

CMYK: 22-91-56-0
RGB: 198-52-80

CMYK: 77-83-90-69
RGB: 35-20-12

CMYK: 91-81-42-5
RGB: 42-66-107

CMYK: 76-69-73-37
RGB: 62-64-58

CMYK: 36-99-97-10
RGB: 164-28-35

CMYK: 24-69-33-0
RGB: 197-104-126

CMYK: 84-79-78-64
RGB: 27-28-28

CMYK: 66-81-80-45
RGB: 75-44-39

自信

　　青春时尚是女性的代名词，每个年轻的女性都有属于自己的牛仔系列。蓝灰色牛仔系列给人一种自信、低调、动感、激情、活泼等意象。

CMYK: 22-24-71-0
RGB: 209-188-94

CMYK: 87-09-50-20
RGB: 41-73-86

CMYK: 86-08-45-11
RGB: 64-39-90

CMYK: 79-87-69-55
RGB: 46-29-41

CMYK: 12-31-37-0
RGB: 226-118-158

CMYK: 25-92-96-0
RGB: 193-52-35

CMYK: 10-50-49-0
RGB: 225-150-120

CMYK: 72-83-45-0
RGB: 99-66-126

CMYK: 82-80-60-33
RGB: 55-52-69

CMYK: 12-73-42-0
RGB: 217-99-110

CMYK: 29-31-94-0
RGB: 194-170-34

CMYK: 80-68-61-24
RGB: 59-73-79

CMYK: 90-89-0-0
RGB: 52-51-144

CMYK: 32-45-49-0
RGB: 185-147-125

CMYK: 7-5-76-0
RGB: 245-231-80

CMYK: 82-4-85-0
RGB: 0-163-86

CMYK: 0-64-77-0
RGB: 238-122-59

CMYK: 10-88-69-0
RGB: 217-62-65

CMYK: 75-37-0-0
RGB: 56-134-200

CMYK: 42-4-96-0
RGB: 167-200-33

CMYK: 0-82-95-20
RGB: 234-81-22

CMYK: 85-80-72-56
RGB: 30-34-39

CMYK: 13-22-53-0
RGB: 227-200-132

CMYK: 76-38-0-0
RGB: 47-132-199

CMYK: 36-45-95-0
RGB: 178-142-39

CMYK: 38-72-85-2
RGB: 170-94-55

CMYK: 74-79-64-36
RGB: 69-52-62

CMYK: 20-77-85-0
RGB: 204-88-48

随性

　　时尚的女性都以内外兼修作为自己的奋斗目标，体现了女性高品质的生活追求。红色和紫色搭配尽显女性的柔美，紫色与深绿色的搭配更体现出女性的刚毅，对于不同的职业和肤色也可有多种选择。

CMYK: 11-81-75-0
RGB: 218-82-59

CMYK: 87-47-82-9
RGB: 16-106-76

CMYK: 91-86-69-55
RGB: 20-29-42

CMYK: 90-64-8-0
RGB: 9-89-160

CMYK: 45-95-17-20
RGB: 157-39123

CMYK: 85-95-69-60
RGB: 40-13-34

CMYK: 93-69-86-55
RGB: 0-76-34

CMYK: 50-83-97-23
RGB: 126-59-34

CMYK: 18-73-11-0
RGB: 206-97-150

CMYK: 7-38-73-0
RGB: 236-175-81

CMYK: 35-0-8-0
RGB: 168-252-239

CMYK: 0-85-87-0
RGB: 255-69-28

CMYK: 48-87-100-18
RGB: 141-55-8

CMYK: 0-88-39-0
RGB: 255-56-106

CMYK: 5-18-82-0
RGB: 255-218-49

CMYK: 0-64-63-0
RGB: 255-128-85

CMYK: 6-47-84-0
RGB: 234-156-50

CMYK: 10-95-84-0
RGB: 216-40-44

CMYK: 98-96-58-41
RGB: 17-28-59

CMYK: 4-13-51-0
RGB: 247-223-143

CMYK: 59-65-9-0
RGB: 125-99-159

CMYK: 68-33-100-0
RGB: 97-140-52

CMYK: 72-87-78-44
RGB: 67-38-41

CMYK: 70-95-62-40
RGB: 76-28-55

CMYK: 58-66-7-1
RGB: 128-97-161

CMYK: 77-92-56-30
RGB: 70-38-69

CMYK: 36-49-49-0
RGB: 176-139-122

CMYK: 30-65-79-1
RGB: 188-111-64

强烈

　　整体效果以深红色和浅粉色为主题色调，蓝色和黄色作为对比色来搭配，给人一种视觉上的强烈震撼，具有鲜明、清晰、醒目、健康、热情、艳丽、积极、生动等意象。

CMYK: 20-75-13-0
RGB: 214-97-113

CMYK: 78-59-0-0
RGB: 73-105-187

CMYK: 45-95-46-1
RGB: 165-42-97

CMYK: 0-66-36-0
RGB: 254-122-130

CMYK: 19-21-79-0
RGB: 225-201-69

CMYK: 31-96-71-0
RGB: 19-39-66

CMYK: 6-42-39-0
RGB: 241-172-147

CMYK: 12-66-76-0
RGB: 229-118-64

CMYK: 45-88-78-10
RGB: 154-59-59

CMYK: 52-9-23-0
RGB: 133-198-205

CMYK: 53-0-20-0
RGB: 109-225-229

CMYK: 11-62-30-0
RGB: 232-130-144

CMYK: 12-63-4-0
RGB: 218-122-170

CMYK: 3-12-87-0
RGB: 245-219-36

CMYK: 85-70-38-2
RGB: 56-83-1220

CMYK: 17-89-98-0
RGB: 207-61-28

CMYK: 75-100-67-56
RGB: 53-8-37

CMYK: 25-82-0-0
RGB: 192-72-149

CMYK: 4-63-1-0
RGB: 231-126-175

CMYK: 60-100-59-23
RGB: 108-26-66

CMYK: 8-68-72-0
RGB: 225-112-69

CMYK: 16-46-93-2
RGB: 217-152-29

CMYK: 21-48-93-0
RGB: 208-146-35

CMYK: 49-81-15-0
RGB: 149-73-138

深沉

不同人物有不同的装束和搭配，可以根据肤质和职业特点进行选择，但整体给人一种深沉、浓重的感觉，具有充实、稳重、成熟、传统等意象。

CMYK: 28-91-62-0
RGB: 198-54-78

CMYK: 77-75-71-43
RGB: 58-52-53

CMYK: 48-100-10-22
RGB: 137-16-29

CMYK: 56-7-19-0
RGB: 113-199-216

CMYK: 97-87-34-2
RGB: 27-60-119

CMYK: 39-74-14-0
RGB: 178-94-153

CMYK: 66-80-88-53
RGB: 69-40-28

CMYK: 87-59-27-0
RGB: 30-102-151

CMYK: 91-100-54-28
RGB: 47-28-73

CMYK: 32-40-6-0
RGB: 188-163-201

精彩应用实例

CMYK: 31-0-19-0
RGB: 189-229-220

CMYK: 94-79-87-72
RGB: 0-20-15

CMYK: 81-32-75-0
RGB: 32-139-97

CMYK: 25-11-15-0
RGB: 202-216-217

CMYK: 46-58-27-0
RGB: 155-118-146

CMYK: 6-31-60-0
RGB: 239-188-112

CMYK: 98-100-56-25
RGB: 26-34-71

CMYK: 38-49-52-0
RGB: 174-138-117

天真

深蓝色小背带搭配白色小衫给人一种简单大方的感觉，搭配一条打褶的裙子，更加衬托出女孩的天真和活泼可爱。

CMYK: 19-48-53-0
RGB: 216-153-118

CMYK: 95-100-43-8
RGB: 48-38-99

CMYK: 0-82-84-0
RGB: 253-80-37

CMYK: 66-0-57-0
RGB: 64-201-145

CMYK: 10-29-82-0
RGB: 242-193-56

CMYK: 51-0-33-0
RGB: 114-233-205

CMYK: 76-24-13-0
RGB: 0-160-210

CMYK: 3-88-91-0
RGB: 242-59-27

CMYK: 53-4-98-0
RGB: 139-198-30

CMYK: 29-62-78-0
RGB: 196-119-67

CMYK: 53-12-84-0
RGB: 140-187-75

CMYK: 60-7-63-0
RGB: 113-189-125

CMYK: 63-88-81-52
RGB: 74-30-31

CMYK: 42-8-33-0
RGB: 159-200-180

CMYK: 76-45-40-0
RGB: 70-123-139

CMYK: 43-42-62-0
RGB: 162-146-106

CMYK: 77-65-35-0
RGB: 81-96-133

CMYK: 86-74-43-5
RGB: 64-75-112

CMYK: 10-13-38-0
RGB: 240-224-173

CMYK: 44-55-88-1
RGB: 165-124-56

CMYK: 19-49-0-0
RGB: 208-149-182

CMYK: 22-51-48-0
RGB: 205-143-122

CMYK: 33-98-89-2
RGB: 178-34-44

CMYK: 56-95-96-45
RGB: 92-25-22

CMYK: 2-77-87-0
RGB: 233-91-38

CMYK: 9-17-98-0
RGB: 237-211-123

CMYK: 76-20-31-0
RGB: 31-155-171

CMYK: 73-47-0-0
RGB: 77-121-188

新潮

　　都市中的有些年轻人装饰奇特，搭配夸张，给人一种新潮、另类、大胆、创新、超前的感觉，很好地展示了其青春洋溢的一面。

CMYK: 41-100-83-7
RGB: 159-30-50

CMYK: 87-83-85-73
RGB: 15-14-12

CMYK: 4-63-5-0
RGB: 146-107-167

CMYK: 52-99-84-30
RGB: 115-24-40

CMYK: 95-67-100-46
RGB: 0-55-32

CMYK: 21-31-47-0
RGB: 209-181-140

CMYK: 69-77-75-45
RGB: 69-49-45

CMYK: 19-33-57-0
RGB: 213-178-118

CMYK: 50-69-95-11
RGB: 138-89-43

CMYK: 98-82-19-0
RGB: 0-65-134

CMYK: 0-94-61-0
RGB: 231-40-71

CMYK: 11-26-75-0
RGB: 232-193-81

CMYK: 49-0-20-0
RGB: 135-205-210

CMYK: 83-64-3-0
RGB: 54-91-166

CMYK: 31-67-89-0
RGB: 185-105-48

CMYK: 65-45-0-0
RGB: 102-129-192

CMYK: 37-94-100-3
RGB: 171-49-36

CMYK: 81-36-100-1
RGB: 47-129-58

古典

　　白色具有纯洁、高雅的意象，白色旗袍上点缀淡紫色小碎花，给人以古典大气、朴素无华、成熟稳重、安静内敛的感觉，适合传统、安静的女人着装。

CMYK: 10-11-19-0 RGB: 235-228-210	CMYK: 33-33-24-0 RGB: 184-171-178	CMYK: 47-93-80-16 RGB: 143-46-53	CMYK: 1-1-1-0 RGB: 253-253-253
CMYK: 235-228-210 RGB: 10-11-19-0	CMYK: 9-7-10-0 RGB: 236-235-231	CMYK: 19-23-19-0 RGB: 214-200-197	CMYK: 14-17-12-0 RGB: 225-215-216
CMYK: 54-69-74-14 RGB: 130-87-68	CMYK: 0-38-27-0 RGB: 254-186-173	CMYK: 55-33-30-0 RGB: 130-157-168	CMYK: 49-30-28-0 RGB: 147-166-173

CMYK: 8-50-80-0
RGB: 239-153-58

CMYK: 11-25-24-0
RGB: 232-202-189

CMYK: 16-51-26-0
RGB: 221-151-161

CMYK: 85-76-60-31
RGB: 47-59-73

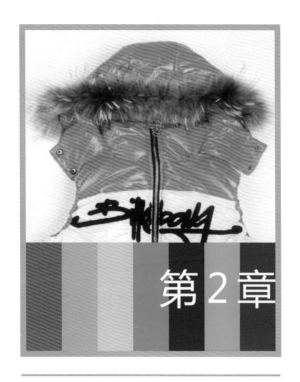

第 2 章

服装配色的方式和原则

2.1　基本的服装配色方式

　　服装色彩是服装观感的重要因素，人们对色的敏感度远远超过对形的敏感度，颜色具有极强的吸引力和感染力，因此它在服装设计中的地位是至关重要的。若想让各种色彩在服装设计中得到淋漓尽致的发挥，必须充分了解其特性及常用的配色方式。

2.1.1　温和色调配色

　　温和型色调是指色相呈现出来一种温暖、和谐、安静、温和的感觉，随着明度和彩度的不同，色相的温度感也会有所差异，但整体给人的感觉不变，即使若干种颜色搭配在一起，也可互相融合，绝不抢眼。

CMYK: 7-20-95-1 RGB: 228-205-5	CMYK: 18-65-100-9 RGB: 187-109-30	CMYK: 11 7-23-0 RGB: 213-229-203
CMYK: 22-0-92-0 RGB: 200-224-43	CMYK: 45-13-0-0 RGB: 158-193-228	CMYK: 91-83-21-16 RGB: 60-48-107
CMYK: 17-35-61-7 RGB: 202-166-106	CMYK: 42-92-0-0 RGB: 160-37-132	CMYK: 81-6-12-1 RGB: 3-171-212
CMYK: 29-0-94-0 RGB: 182-217-39	CMYK: 63-19-6-3 RGB: 110-165-205	CMYK: 92-85-20-13 RGB: 60-46-109

| CMYK: 5-93-86-1
RGB: 225-46 40 | CMYK: 24-13-22-1
RGB: 202-21-200 |
| CMYK: 32-20-32-4
RGB: 177-187-172 | CMYK: 24-95-100-18
RGB: 172-36-24 |

| CMYK: 29-19-95-0
RGB: 196-195-24 | CMYK: 50-35-100-0
RGB: 148-149-38 |
| CMYK: 69-62-58-10
RGB: 95-95-95 | CMYK: 27-44-99-0
RGB: 196-150-16 |

| CMYK: 1-78-84-0
RGB: 234-91-44 | CMYK: 1-6-74-0
RGB: 255-235-84 |
| CMYK: 62-0-40-0
RGB: 92-190-170 | CMYK: 44-31-26-4
RGB: 153-162-170 |

　　此包由红色、白色和黑色等颜色组成，黑色作为边缘线，红色和白色作为界面，整体给人一种清新的感觉。这种背包在色调上不张扬，而且背起来显得特别有朝气。

　　此拉杆箱由草绿色和深灰色组成，给人一种低调、稳定的特性，拉这种箱子的人性格一般都比较低调，而且也很平和。

　　此羽绒服由橘红色、黄色、绿色和黑色组成，此款服装色彩鲜艳，而且大部分使用了纯色，组合起来使服装特别耀眼，适合儿童穿着。

活泼型色调给人一种富有生命力、活泼、明亮、积极的印象，如一些暖色系的高明度、低彩度的服装，或者是色彩靓丽的围巾和包包等各类配饰，可以给人一种动感与活力，让人心情放松和愉悦，这种类型的配色具有较强的视觉冲击力。

CMYK: 14-32-96-10
RGB: 210-161-27

CMYK: 58-75-10-4
RGB: 126-80-145

CMYK: 59-27-4-3
RGB: 108-157-205

CMYK: 4-84-73-0
RGB: 227-74-59

CMYK: 4-61-98-0
RGB: 235-128-0

CMYK: 64-34-11-11
RGB: 93-137-178

CMYK: 7-85-92-1
RGB: 222-70-32

CMYK: 58-44-36-73
RGB: 45-50-58

CMYK: 22-87-22-12
RGB: 184-54-114

CMYK: 6-95-84-1
RGB: 222-38-42

CMYK: 3-54-53-0
RGB: 236-145-110

CMYK: 22-41-66-21
RGB: 177-137-81

CMYK: 35-89-20-25
RGB: 145-42-103

CMYK: 25-88-24-24
RGB: 163-46-101

CMYK: 65-26-8-13
RGB: 82-144-187

CMYK: 68-100-58-34
RGB: 90-2-60

CMYK: 65-100-50-12
RGB: 117-4-84

CMYK: 52-1-31-0
RGB: 130-208-196

CMYK: 51-34-36-0
RGB: 141-156-156

CMYK: 16-36-42-0
RGB: 222-177-146

CMYK: 15-67-74-13
RGB: 129-91-70

CMYK: 39-86-8-0
RGB: 179-63-148

CMYK: 15-7-13-0
RGB: 224-231-224

CMYK: 74-25-54-0
RGB: 63-155-134

CMYK: 53-3-28-0
RGB: 132-206-201

CMYK: 33-48-52-0
RGB: 188-144-119

CMYK: 68-78-79-55
RGB: 62-40-26

此款包运用的深紫色给人一种高贵、神秘的感觉，同时也会让人产生美好的回忆。

此包为鲜亮的中绿色，这种绿色让人看一眼就觉得新鲜，有生命的活力，也让视觉感到愉悦。这款手提包特别适合年轻女孩夏天作为配饰使用。

此包有点偏深黄色，这种色彩相对来说呈暖色调，也特别好搭配衣服。穿着休闲装斜挎一款这样的包是不错的搭配。

2.1.3 低调色调配色

　　低调型色调是指以黑、白、灰为主体，有时候也掺杂一些浊色调或者暗色调，但是无论添加何种绚丽多彩的装饰，主体色调还是以暗色调为主，有彩色在这种搭配中起装饰性作用，而不起决定性作用，这种搭配给人一种低调、平和、安静的感觉。

CMYK: 88-82-77-66 RGB: 19-24-27	CMYK: 56-44-45-0 RGB: 130-136-132	CMYK: 27-18-19-0 RGB: 196-202-202
CMYK: 49-38-35-0 RGB: 147-152-155	CMYK: 51-37-38-0 RGB: 141-151-150	CMYK: 68-54-54-3 RGB: 102-112-111
CMYK: 91-87-87-78 RGB: 4-4-4	CMYK: 47-40-51-0 RGB: 154-148-126	CMYK: 13-15-19-0 RGB: 228-218-206
CMYK: 91-85-81-72 RGB: 10-14-17	CMYK: 57-50-59-1 RGB: 131-126-106	CMYK: 25-13-17-0 RGB: 201-211-210

CMYK: 52-42-39-0 RGB: 140-141-143	CMYK: 81-72-58-22 RGB: 62-70-83
CMYK: 65-55-46-1 RGB: 110-114-123	CMYK: 61-52-46-0 RGB: 120-121-125

　　此款职业装给人一种素雅的感觉，但是穿起来挺正规，显得特别干练。上身为无领职业长衫，下身为九分裤，搭配起来特别和谐，看起来特别舒服。

CMYK: 62-52-48-1 RGB: 118-119-121	CMYK: 82-75-73-50 RGB: 41-45-46
CMYK: 7-11-87-0 RGB: 132-124-121	CMYK: 22-17-14-0 RGB: 207-208-212

　　此款职业装给人一种冷酷、有距离的感觉。长裤搭配小西服，给人感觉特别正式，让人敬畏。

CMYK: 88-84-88-75 RGB: 12 11 7	CMYK: 74-70-65-27 RGB: 76-70-72
CMYK: 69-63-52-6 RGB: 100-97-106	CMYK: 79-76-81-60 RGB: 39-36-31

　　此款套装搭配内罩衬衫和小T恤都可以，给人一种传统的感觉。

复杂色调配色方式包括三种或三种以上的色彩，这几种色彩交织混合在一起，无法判断哪一种色彩是主色调，色彩的面积和明度大致相同，但是由于若干种明度或纯度较高的色彩混合在一起，就无法突出主次，各种色彩互相制约，有一种平衡的作用，这种色相所组成的色彩搭配形成弱对比，使整体的视觉感偏弱一些。

CMYK: 67-0-100-0
RGB: 62-203-6

CMYK: 38-81-0-0.
RGB: 216-48-200

CMYK: 91-75-0-0
RGB: 33-73-180

CMYK: 9-16-77-.0
RGB: 247-218-71

CMYK: 0-91-91-0
RGB: 254-46-40

CMYK: 37-39-97-0
RGB: 184-156—29

CMYK: 42-25-96-0
RGB: 173-177-32

CMYK: 59-0-37-0
RGB: 95-213-191

CMYK: 6-38-84-0
RGB: 248-180-44

CMYK: 2-60-80-0
RGB: 247-134-53

CMYK: 27-97-84-27
RGB: 141-22-41

CMYK: 41-96-100-7
RGB: 166-37-23

服装配色的方式和原则

CMYK: 36-87-65-1
RGB: 182-66-77

CMYK: 57-0-57-0
RGB: 118-202-142

CMYK: 76-27-17-0
RGB: 28-156-201

CMYK: 8-29-72-0
RGB: 245-185-84

CMYK: 44-21-11-0
RGB: 156-186-214

CMYK: 78-52-0-0
RGB: 65-117-201

CMYK: 48-100-100-23
RGB: 134-12-25

CMYK: 85-62-93-42
RGB: 35-62-39

CMYK: 87-54-95-23
RGB: 32-90-52

CMYK: 16-90-55-0
RGB: 220-55-85

CMYK: 16-0-74-0
RGB: 237-241-82

CMYK: 11-42-82-0
RGB: 236-168-57

　　此款连衣裙给人一种华贵大方的感觉，斜襟款式特别能显露女性的身材，显得十分妖娆。

　　此吊带花长裙给人一种眼花缭乱的感觉，各种颜色都有，蓝色、红色、黄色，还有其他辅助色，年轻女孩喜欢各种纯色调组合在一起，穿起来更阳光，比较活跃。

　　此款连衣裙给人一种精致的感觉。黄色和蓝色是互补色，在这里形成鲜明的对比，特别有视觉刺激的效应。其他还有红色和黄色相辅助，给这组色彩降低了视觉中心的强度。

2.1.5　深沉色调配色

　　深沉色调配色给人一种严肃、神秘、深邃的印象，尤其以黑色调为主，黑色属于百搭色，可以和任何一种色彩进行搭配来降低本身的明度，但黑色有时过于沉闷和单调，如果搭配明度或者纯度较高的一些小饰品会起到最佳的效果。

CMYK: 81-79-57-27
RGB: 61-58-77

CMYK: 64-56-38-0
RGB: 113-114-135

CMYK: 92-93-73-67
RGB: 16-12-27

CMYK: 30-20-14-0
RGB: 190-196-208

CMYK: 22-12-10-0
RGB: 207-216-223

CMYK: 46-36-38-0
RGB: 154-155-150

CMYK: 74-80-69-45
RGB: 62-45-51

CMYK: 21-9-7-0
RGB: 210-224-233

CMYK: 26-19-16-0
RGB: 199-200-204

CMYK: 73-81-72-50
RGB: 59-40-44

CMYK: 68-65-89-33
RGB: 82-73-44

CMYK: 32-25-41-0
RGB: 189-185-156

CMYK: 76-70-65-29
HGB: 66-68-70

CMYK: 71-69-62-20
RGB: 86-77-80

CMYK: 94-92-72-65
RGB: 12-15-30

CMYK: 67-52-37-0
RGB: 104-119-140

CMYK: 86-83-82-71
RGB: 19-17-18

CMYK: 70-63-66-18
RGB: 89-86-79

CMYK: 7-6-7-0
RGB: 240-239-237

CMYK: 76-72-62-27
RGB: 70-67-74

CMYK: 86-76-55-21
RGB: 50-65-86

CMYK: 73-55-34-0
RGB: 87-112-143

CMYK: 74-67-68-27
RGB: 75-74-70

CMYK: 74-70-73-37
RGB: 68-63-57

　　此套装为无彩色的黑色，这种黑色也不属于纯黑色，在黑色里添加一些其他的色彩，也就是浊色。这种色调比较暗沉，穿起来也不是很显眼。

　　此色调给人一种低沉、暗淡的感觉，若隐若现，让人看不清穿的是什么，只有走近才能真正看清楚，浊色调就是给人这样的感觉。但浊色调给人一种庄严的感觉，特别神秘不可侵犯。

　　此服装里面是一件非常时尚的裙子，外披一件风衣，给人一种大气、庄重、气派的感觉，使人感觉高不可攀，神圣而又高贵。

2.1.6 明艳色调配色

明艳色调比较跳跃，一般运用色相差别较大、纯度较高的色彩搭配而成，这样的色调效果很抢眼，例如红、黄、绿色等。这种配色给人的感觉醒目、鲜明、有力量，如果想减弱一些明艳色调给人视觉上的刺激，最好在配饰方面选择一些深沉的灰暗色调来中和主色调。

CMYK: 23-100-100-0
RGB: 209-0-4

CMYK: 26-96-9-0
RGB: 204-3-135

CMYK: 75-20-18-0
RGB: 18-166-204

CMYK: 67-18-64-0
RGB: 90-168-120

CMYK: 25-100-100-0
RGB: 206-0-0

CMYK: 39-8-58-0
RGB: 176-208-132

CMYK: 13-21-13-0
RGB: 228-208-210

CMYK: 86-51-100-19
RGB: 27-96-16

CMYK: 54-90-83-35
RGB: 108-40-41

CMYK: 31-56-65-0
RGB: 193-131-92

CMYK: 29-35-25-0
RGB: 194-172-175

CMYK: 16-49-95-0
RGB: 226-151-6

CMYK: 18-97-97-0
RGB: 216-30-29

CMYK: 37-97-100-3
RGB: 178-39-31

CMYK: 0-95-93-0
RGB: 254-20-9

CMYK: 57-26-59-0
RGB: 127-164-123

CMYK: 44-51-65-0
RGB: 232-150-92

CMYK: 16-75-88-0
RGB: 221-96-40

CMYK: 41-97-100-7
RGB: 166-35-26

CMYK: 16-14-6-0
RGB: 220-219-230

CMYK: 12-12-69-0
RGB: 242-224-98

CMYK: 31-79-0-0
RGB: 250-37-223

CMYK: 69-70-71-31
RGB: 82-69-63

CMYK: 11-34-81-0
RGB: 238-184-58

此服装为鲜艳的红色，模仿了圣诞老人的服装，给人一种喜庆的感觉，一般这种服装适合在舞台或者戏剧里穿着。

此款性感吊带裙大面积使用暖色调红色，给人一种温暖的感觉，红色还给人一种乐观、积极向上的意念。红色代表中国传统的色彩，例如国旗是红色的，结婚喜庆的时候也选择红色。

此衬衫为黄色，给人一种温馨的感觉，黄色也属于暖色调，但是黄色缺少了红色的火爆和张扬，多了一些柔和和温婉。女孩选择这种色彩，可能在性格上也偏温和一些。

　　高雅色调一般以高级灰为主，黑白两种色彩相混合，再添加少量的蓝色和绿色，这种色彩就属于高级灰色，这种颜色能够展现出优雅、干练的女性形象，给人一种高贵、典雅的印象，通常可用于年轻女性和老年人的服装上。

CMYK: 90-83-84-74
RGB: 10-14-13

CMYK: 88-78-60-33
RGB: 39-55-71

CMYK: 89-76-59-28
RGB: 39-60-77

CMYK: 83-73-57-21
RGB: 56-69-85

CMYK: 47-41-14-0
RGB: 152-150-187

CMYK: 79-69-61-23
RGB: 64-73-80

CMYK: 57-45-44-0
RGB: 129-133-132

CMYK: 67-60-85-20
RGB: 94-91-58

CMYK: 59-61-87-15
RGB: 118-96-55

CMYK: 39-37-42-0
RGB: 171-159-143

CMYK: 77-86-41-5
RGB: 90-61-107

CMYK: 48-36-52-0
RGB: 152-155-128

CMYK: 52-42-39-0
RGD: 140-141-143

CMYK: 81-72-58-22
RGB: 62-70-83

CMYK: 62-52-48-1
RGB: 118-119-121

CMYK: 82-75-73-50
RGB: 41-45-46

CMYK: 88-84-88-75
RGB: 12-11-7

CMYK: 74-70-65-27
RGB: 76-70-72

CMYK: 65-55-46-1
RGB: 110-114-123

CMYK: 61-52-46-0
RGB: 120-121-125

CMYK: 7-11-87-0
RGB: 132-124-121

CMYK: 22-17-14-0
RGB: 207-208-212

CMYK: 69-63-52-6
RGB: 100-97-106

CMYK: 79-76-81-60
RGB: 39-36-31

　　此款灰色调的鱼尾裙给人一种性感、女人味十足的感觉，完美地展现了玲珑有致的身材。一般身材好的女性可以大胆地穿这种裙子或者晚礼服，在特殊的场合给人一种庄重的感觉。

　　此款晚礼服给人一种大气端庄的感觉，性感的上身完美表现了服装和蕾丝花边的运用，下身大摆体现了女性的柔美，女人味十足。

　　此款晚礼服给人一种高贵的气质，让人有一种不可亲近的感觉。华丽的布料给人一种富贵的象征，完美的身材将服装的优势体现得淋漓尽致。

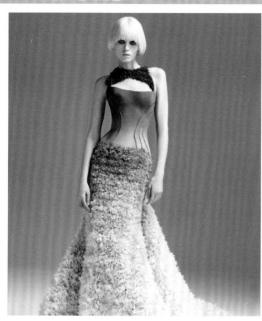

韵律感色调是指按色相或明度等逐渐变化的颜色，按一定的规律渐变，具有层次、韵律和节奏，给人一种和谐的美感，仿佛音乐般从低音弹奏到高音，让人悦耳，同时也像水彩画一样若隐若现，让人安心、舒适和自然。例如图中的各种礼服颜色由浅入深或者由深入浅，色彩自然、柔和，给人美妙的视觉享受。

CMYK: 72-92-69-53 RGB: 61-24-41	CMYK: 68-86-58-24 RGB: 95-53-75	CMYK: 60-80-44-2 RGB: 129-75-109
CMYK: 68-93-51-14 RGB: 104-46-86	CMYK: 40-58-13-0 RGB: 174-125-170	CMYK: 54-74-39-0 RGB: 142-88-120
CMYK: 59-93-75-42 RGB: 92-30-43	CMYK: 43-69-42-0 RGB: 166-102-119	CMYK: 24-39-10-0 RGB: 205-169-197
CMYK: 40-82-66-2 RGB: 173-77-78	CMYK: 8-24-11-0 RGB: 237-208-212	CMYK: 4-17-7-0 RGB: 246-224-227

41

02

服装配色的方式和原则

CMYK: 85-76-47-9 RGB: 61-72-104	CMYK: 60-23-11-0 RGB: 108-173-213
CMYK: 70-44-19-0 RGB: 91-134-177	CMYK: 49-15-7-0 RGB: 140-194-228

此吊带性感裙给人一种妩媚的感觉，长长的头发自然地散落在肩上，裙子的高开衩设计，若隐若现地展现了女性的肌肤。

CMYK: 17-26-17-0 RGB: 218-196-199	CMYK: 32-39-29-0 RGB: 188-162-165
CMYK: 15-19-14-0 RGB: 222-210-210	CMYK: 19-22-17-0 RGB: 213-201-201

此款抹胸晚礼服显得高贵大气，上身是白色，下身渐变成了粉色，给人一种粉里透白、白里透粉的感觉。这种粉嫩的感觉非常适合年轻女子穿着。

CMYK: 80-99-60-45 RGB: 56-21-53	CMYK: 38-93-47-0 RGB: 179-47-96
CMYK: 71-45-21-0 RGB: 88-130-172	CMYK: 90-68-13-0 RGB: 30-88-161

此款晚礼服给人一种夸张的感觉，非常适合舞台或者舞会穿着，显得醒目、张扬。

2.1.9 均匀色调配色

　　均匀色调配色以一种主色调为基础色，再搭配其他色调互相融合，使整个服装的色彩主次分明，相得益彰，这是常用的一种配色方法。采用这种配色时切忌用色太杂，不然显得零乱，各种色彩和图案堆砌在一起给人感觉过于俗气。

CMYK: 87-49-46-0
RGB: 4-115-132

CMYK: 68-96-22-0
RGB: 116-43-125

CMYK: 34-22-20-0
RGB: 181-190-195

CMYK: 58-15-75-0
RGB: 123-178-97

CMYK: 24-12-52-0
RGB: 212-215-144

CMYK: 16-76-23-0
RGB: 223-93-139

CMYK: 47-17-86-0
RGB: 156-185-66

CMYK: 83-54-100-25
RGB: 45-88-4

CMYK: 0-61-91-0
RGB: 255-132-2

CMYK: 51-0-49-0
RGB: 108-246-171

CMYK: 17-1-18-0
RGB: 222-239-221

CMYK: 75-8-74-0
RGB: 27-174-106

CMYK: 32-0-34-0
RGB: 185 254 100

CMYK: 35-30-35-0
RGB: 181-175-161

CMYK: 91-82-83-72
RGB: 0-10-17

CMYK: 69-10-35-0
RGB: 65-181-181

CMYK: 49-0-50-0
RGB: 139-224-159

CMYK: 4-60-38-0
RGB: 244-136-133

CMYK: 9-6-37-0
RGB: 243-238-180

CMYK: 10-10-10-0
RGB: 235-230-227

CMYK: 25-89-48-0
RGB: 205-59-96

CMYK: 18-8-40-0
RGB: 224-227-172

CMYK: 45-29-0-0
RGB: 153-174-229

CMYK: 72-63-13-0
RGB: 97-102-166

　　此款绿色碎花连衣裙给人一种小清新的感觉，适合年轻女孩穿着，使人显得阳光、有朝气。

　　几种不同的色彩搭配在一起，给人一种成熟稳重的感觉，让成熟的女性更有内涵。

　　此长袖连衣裙给人一种特殊的美感，红色和绿色搭配，黑色作底，袖口和领子都用的是白色。在黑白和红绿的对比下，整体格外显眼。

2.2 对比配色方式的运用

　　除了使用同色系或相近色系进行服装配色外，还可以适当地采用对比的方式进行配色，如颜色的对比、面积的对比等，通过鲜明的比较，往往会得到意想不到的效果。

2.2.1 高反差的色相对比配色

　　高反差的色相对比是指运用哪些纯度较高、明度较高的色相，给人一种欢快、愉悦的感觉；相反，纯度较低、明度也低的色相给人一种沉闷、枯燥、乏味的感觉。而将两者放在一起，却会有较强烈的对比视觉效果。例如右图中橘黄色的裤子在蓝色的衬托下显得更加鲜艳，粉色也在弱色相的对比下更加艳丽。

CMYK: 99-100-55-6
RGB: 28-7-108

CMYK: 100-100-58-17
RGB: 14-0-95

CMYK: 99-99-71-64
RGB: 4-4-32

CMYK: 12-49-0-0
RGB: 238-157-213

CMYK: 24-74-23-0
RGB: 207-97-142

CMYK: 11-63-0-0
RGB: 240-125-194

CMYK: 1-36-65-0
RGB: 255-187-96

CMYK: 2-53-78-0
RGB: 249-150-59

CMYK: 17-68-98-0
RGB: 221-111-13

CMYK: 10-53-80-0
RGB: 235-147-58

CMYK: 33-28-22-0
RGB: 182-179-186

CMYK: 45-42-32-0
RGB: 158-148-156

服装配色的方式和原则

CMYK: 83-64-0-0
RGB: 51-90-253

CMYK: 47-0-20-0
RGB: 113-255-243

CMYK: 92-73-0-0
RGB: 3-73-194

CMYK: 100-97-30-0
RGB: 0-17-149

CMYK: 0-73-94-0
RGB: 249-104-0

CMYK: 11-79-97-0
RGB: 229-87-15

CMYK: 0-82-30-0
RGB: 254-77-123

CMYK: 58-50-0-0
RGB: 135-132-247

CMYK: 22-100-95-0
RGB: 211-0-33

CMYK: 10-12-55-0
RGB: 242-225-135

CMYK: 85-73-0-0
RGB: 58-69-213

CMYK: 99-100-52-23
RGB: 29-33-80

　　对比色的运用让画面呈现出更加光彩夺目的效果。例如，蓝色和紫色的对比、红色和绿色的对比，都能让人产生一种视觉上的吸引力，特别醒目。

　　此款裙子以蓝色和红色对比，给人一种视觉上的美感，鲜艳的色彩总能给人一种好心情，让人内心愉悦。

　　此款服装以蓝色裙装为主，外披一件橘色小外衣，在整体蓝色的装束下，橘色给人一种更加妩媚和柔美的感觉。

2.2.2　强调元素的对比配色

　　在服装配色中，如果采用明度和纯度都较低的服饰进行搭配，整体效果可能显得单调、呆板。这时可以添加一些欢快的元素让整个搭配鲜活起来，例如添加一个色彩艳丽的小手包或者纯度较高一点的围巾，都可以起到画龙点睛的作用。

CMYK: 92-73-32-0 RGB: 27-80-132	CMYK: 100-95-58-27 RGB: 1-36-76	CMYK: 83-60-15-0 RGB: 49-103-167
CMYK: 9-94-71-0 RGB: 233-37-61	CMYK: 31-99-92-1 RGB: 193-25-42	CMYK: 52-100-100-36 RGB: 112-7-22
CMYK: 19-99-85-0 RGB: 215-15-44	CMYK: 50-100-87-27 RGB: 125-19-39	CMYK: 84-88-88-76 RGB: 19-4-1
CMYK: 35-42-78-0 RGB: 185-152-75	CMYK: 22-28-74-0 RGB: 216-187-83	CMYK: 7-11-64-0 RGB: 252-230-110

CMYK: 80-51-0-0 RGB: 47-118-200	CMYK: 23-32-92-0 RGB: 216-180-24
CMYK: 23-100-100-0 RGB: 209-2-12	CMYK: 77-70-73-41 RGB: 58-59-54

CMYK: 2-42-87-0 RGB: 253-172-29	CMYK: 97-94-69-61 RGB: 9-17-36
CMYK: 97-91-43-9 RGB: 32-52-102	CMYK: 2-36-78-0 RGB: 255-185-64

CMYK: 79-69-0-0 RGB: 78-88-177	CMYK: 11-88-56-0 RGB: 230-61-84
CMYK: 20-32-26-0 RGB: 213-184-178	CMYK: 61-67-65-14 RGB: 115-88-81

　　此服装以黄色为主色调，外面搭配一件白色羽绒服，下面是灰色裤子，最突出的部位是脖子上搭配的一条围巾，红、黄和蓝色相间，给人以强烈的视觉刺激。

　　此款长裙以橘黄色为主色调，深蓝色和灰色相搭配，黄色太过明亮，色相纯度也高，但是搭配的深蓝色和灰色让裙子的整体显得不那么刺眼。

　　此款裙子设计很巧妙，裸露的肩膀给人一种性感的感觉，特别适合年轻时尚类的女孩选择，尤其是蓝色和红色的搭配，让女性显得更加的性感和狂野。

　　在色相环中，三原色是指红、黄、蓝，这三种色彩在服装配色中如果纯度都相同，搭配的中心就无法显现出来。如果在色相环中选择稍暗一些的红色或者稍暗一些的黄色都可以起到很好的效果，而且会让这种色彩组合更稳定，更有视觉效果。

CMYK: 6-35-91-0
RGB: 249-185-0

CMYK: 75-9-99-0
RGB: 44-172-56

CMYK: 80-32-33-0
RGB: 0-144-167

CMYK: 20-71-100-0
RGB: 215-104-11

CMYK: 37-5-96-0
RGB: 186-211-0

CMYK: 22-85-100-0
RGB: 210-70-20

CMYK: 5-20-43-0
RGB: 248-215-157

CMYK: 40-87-100-5
RGB: 172-63-22

CMYK: 43-76-100-3
RGB: 162-82-19

CMYK: 50-44-50-0
RGB: 147-139-124

CMYK: 7-27-83-0
RGB: 248-199-50

CMYK: 16-62-99-0
RGB: 223-123-2

CMYK: 0-81-8-0
RGB: 255-79-153

CMYK: 43-0-12-0
RGB: 151-225-238

CMYK: 27-62-100-0
RGB: 201-118-12

CMYK: 82-90-87-76
RGB: 23-1-0

　　此长袖连衣裙给人一种古朴甚至带有少数民族的特征，在颜色的选择和组合上也很特别，尤其是选择的图案和花纹给人一种美感。

CMYK: 3-55-40-0
RGB: 245-147-134

CMYK: 44-10-47-0
RGB: 160-201-157

CMYK: 14-9-68-0
RGB: 238-227-103

CMYK: 62-87-73-42
RGB: 87-40-46

　　此超短吊带裙给人一种性感、大胆和野性的感觉，适合性格比较大胆或追求时尚的女孩选择。

CMYK: 26-70-0-0
RGB: 215-101-188

CMYK: 65-22-71-0
RGB: 103-163-103

CMYK: 76-29-1-0
RGB: 7-154-224

CMYK: 15-16-89-0
RGB: 237-214-20

　　此吊带裙色彩艳丽，斜条纹图案给人一种身材修长的感觉，适合身材稍胖一点的女性选择，可稍加掩饰不完美的身材。

2.2.4 强调装饰色的配色

强调装饰色是指原本在服装色彩组合中有两种或两种以上的色彩，但是这些色彩搭配起来并不抢眼，没有特色。在这样的组合中添加装饰色会起到很好的装饰作用，例如添加一种与原有的色彩反差特别大的色彩或者图案来区分原来的配色方式，以提高视觉亮点，突出搭配的主体。

CMYK: 20-100-94-0
RGB: 213-3-34

CMYK: 63-54-41-63
RGB: 51-48-59

CMYK: 14-61-46-0
RGB: 224-167-99

CMYK: 65-43-38-0
RGB: 105-134-146

CMYK: 55-84-75-26
RGB: 116-55-55

CMYK: 21-23-63-0
RGB: 220-196-59

CMYK: 69-15-40-0
RGB: 73-174-167

CMYK: 11-69-0-0
RGB: 239-110-184

CMYK: 36-62-44-0
RGB: 181-117-121

CMYK: 56-76-12-0
RGB: 141-84-153

CMYK: 88-84-13-8
RGB: 55-63-105

CMYK: 25-29-58-0
RGB: 208-201-126

CMYK: 87-53-75-15
RGB: 25-98-79

CMYK: 6-14-15-0
RGB: 243-226-216

CMYK: 73-31-0-0
RGB: 17-157-252

CMYK: 91-67-0-0
RGB: 0-87-182

CMYK: 3-66-83-0
RGB: 244-121-44

CMYK: 61-80-0-0
RGB: 137-69-178

CMYK: 21-93-61-0
RGB: 212-47-77

CMYK: 69-69-84-39
RGB: 76-63-44

CMYK: 20-11-12-0
RGB: 212-220-222

CMYK: 100-100-58-33
RGB: 13-28-69

CMYK: 79-24-46-0
RGB: 0-153-150

CMYK: 87-50-52-2
RGB: 1-112-121

此裙子由深绿色和浅灰色构成，这组色彩搭配不是很抢眼，也不是很低调，给人一种自然、随意的感觉，裙摆上的大花足以吸引眼球，让人更加爱不释手。

此吊带裙给人一种特别平和宁静的感觉，蓝色的背景，蓝色的裙子，给人一种像大海般的宁静。黑色的图案作为装饰恰到好处，让裙子多了几分美感。

此套装采用了多种色彩组合的方式，橘黄色、深绿色、紫色都给人一种视觉的震撼，每一种色彩都特别吸引人，这种多彩色组合更适合时尚女性选择。

在服装配色中，如果整体色调比较单一和低调，可通过组合图案来强调色彩面积的对比，从而使整体的配色有了新的意义，这样就不是单纯的一种颜色和另一种颜色的对比，而是基础色和图案面积的对比。尽管图案组合中有多种色彩，但是这些色彩彼此互相关联又和谐统一，使搭配效果达到极致。

CMYK: 42-24-32-0
RGB: 163-180-172

CMYK: 40-79-56-1
RGB: 174-82-93

CMYK: 17-90-68-0
RGB: 219-54-68

CMYK: 48-93-76-15
RGB: 142-46-57

CMYK: 10-32-38-0
RGB: 235-190-157

CMYK: 27-23-22-0
RGB: 196-192-191

CMYK: 48-38-42-0
RGB: 150-151-143

CMYK: 17-25-44-0
RGB: 222-198-152

CMYK: 57-78-66-18
RGB: 119-70-73

CMYK: 22-71-41-0
RGB: 210-104-118

CMYK: 45-32-37-0
RGB: 156-163-155

CMYK: 0-78-35-0
RGB: 255-92-121

CMYK: 78-38-15-0
RGB: 39-139-191

CMYK: 87-54-24-0
RGB: 14-110-161

CMYK: 96-87-59-36
RGB: 21-43-67

CMYK: 0-83-72-0
RGB: 255-75-58

CMYK: 13-88-84-0
RGB: 225-62-45

CMYK: 75-1-98-0
RGB: 2-180-58

CMYK: 90-87-80-72
RGB: 13-12-18

CMYK: 66-12-7-0
RGB: 68-186-234

CMYK: 36-14-14-0
RGB: 176-204-216

CMYK: 94-88-64-48
RGB: 20-33-52

CMYK: 28-21-81-0
RGB: 205-194-68

CMYK: 21-68-0-0
RGB: 235-104-200

此套装色调偏冷，蓝色的裙子，外加一件黑色小外衣，头上戴一顶帽子，给人一种冰冷的感觉，同时又让人十分敬畏。

此裙子由两种蓝色和橘红色构成，深蓝色明度偏低，橘红色属于中性，两种色彩形成鲜明的对比。这款服装适合保守、传统的女性穿着。

此款长衫很宽松，给人自然随意又舒适的感觉，红色、绿色、白色、深红色等各种色彩组合在一起，让服装更加艳丽。

2.2.6 强调主色调的配色

主色调也就是基础色调，在一个明度不是很高的基础色中，搭配各种花形图案，这些图案的色彩明度都会有变化，但是整体的明度都低于底色，这样无论搭配多少种图案，组合多少种色彩，都不会影响主色调的地位。

CMYK: 96-95-44-12
RGB: 39-45-95

CMYK: 43-77-93-6
RGB: 90-126-186

CMYK: 99-100-38-1
RGB: 35-39-113

CMYK: 58-38-6-0
RGB: 121-151-205

CMYK: 71-53-5-0
RGB: 92-119-188

CMYK: 36-19-0-0
RGB: 176-198-235

CMYK: 57-32-7-0
RGB: 122-160-209

CMYK: 94-81-14-0
RGB: 32-69-149

CMYK: 99-100-61-47
RGB: 15-21-53

CMYK: 83-68-13-0
RGB: 63-90-161

CMYK: 68-46-12-0
RGB: 97-132-186

CMYK: 47-27-2-0
RGB: 148-175-222

CMYK: 37-97-89-3
RGB: 180-39-47

CMYK: 8-91-79-0
RGB: 235-51-51

CMYK: 76-85-90-70
RGB: 36-17-10

CMYK: 37-95-88-3
RGB: 76-85-90-70

此款服装主体色彩为红色，搭配色彩为黑色和金色。这款裙子的色彩虽然比较简单，但是给人一种大气、富贵的感觉。

CMYK: 13-91-81-0
RGB: 225-53-49

CMYK: 53-99-100-38
RGB: 108-18-18

CMYK: 88-82-49-15
RGB: 52-61-94

CMYK: 84-67-70-37
RGB: 45-67-65

此款连衣裙以深红色为主，这种红给人的感觉特别舒服，不跳跃也不耀眼，再搭配深蓝色和绿色花纹图案，降低了裙子的底色。

CMYK: 66-33-28-0
RGB: 99-151-173

CMYK: 82-67-40-2
RGB: 67-90-124

CMYK: 71-11-43-0
RGB: 57-177-165

CMYK: 23-20-20-0
RGB: 205-200-197

此套装由蓝绿色小衫和裤子搭配而成，以蓝色和绿色等偏冷色为主，给人一种冷傲、高高在上的感觉。

在服装配色中，还可根据着装者的性别、年龄、身材的特点进行个性选择，对不同的对象进行具体分析，以找到最适合的色调，使色彩和人物个性相符合。

2.3.1　热情色调的搭配

热情色调的搭配一般是指使用暖色系的色彩，如红色、黄色和橙色等，给人温暖、热情的印象，尤其是纯度较高的红色给人激情饱满、活力四射的感觉，而橙色比红色明度高，给人兴奋、活泼的感觉，并具有绚丽、辉煌、炽热的感情意味。

CMYK: 28-76-82-0
RGB: 199-91-55

CMYK: 3-76-82-0
RGB: 244-97-46

CMYK: 18-91-100-0
RGB: 217-52-22

CMYK: 59-94-99-53
RGB: 80-21-15

CMYK: 9-88-88-0
RGB: 233-61-37

CMYK: 26-83-77-0
RGB: 202-76-61

CMYK: 8-82-83-0
RGB: 235-81-45

CMYK: 24-90-99-0
RGB: 206-58-28

CMYK: 63-57-53-3
RGB: 115-109-109

CMYK: 24-23-21-0
RGB: 204-196-193

CMYK: 48-100-100-23
RGB: 135-18-0

CMYK: 7-79-83-0
RGB: 236-87-45

服装配色的方式和原则

CMYK: 10-80-65-0
RGB: 232-85-75

CMYK: 22-34-44-0
RGB: 211-178-145

CMYK: 31-96-88-1
RGB: 192-40-47

CMYK: 18-64-40-0
RGB: 218-122-126

CMYK: 25-92-84-0
RGB: 204-52-49

CMYK: 84-40-54-0
RGB: 10-129-127

CMYK: 42-45-53-0
RGB: 167-143-119

CMYK: 44-95-100-11
RGB: 156-44-33

CMYK: 17-23-14-0
RGB: 218-201-206

CMYK: 99-86-40-5
RGB: 7-61-111

CMYK: 2-42-81-0
RGB: 253-172-54

CMYK: 94-98-59-42
RGB: 31-26-58

此款吊带裙布料垂度很好，纱料薄如蝉翼。整体色彩给人一种暖色调，让人有种随意飘逸的感觉。而暗色调的花纹让暖色调少了几许平静感。

此款服装为红格子小衫和牛仔短裤两件套，红格子小衫给人一种学校风，牛仔短裤给人以健康和干净的感觉，适合年轻女孩穿着。

此吊带裙给人一种阳光、热情的感觉，在烈日炎炎的夏季穿一款这样的吊带裙会让人心情好很多。

2.3.2　冷静色调的搭配

　　冷静色调的搭配通常使用蓝色、绿色等偏冷的颜色，给人一种平和、冷静的感觉。例如蓝色代表着广阔的大海，同时又使人联想到深邃的夜空，能够表现人的沉静、理智、坚定等性格特征，可用于礼服、休闲装等各类服装上。

CMYK: 20-28-36-0
RGB: 214-189-163

CMYK: 24-36-41-0
RGB: 206-173-147

CMYK: 42-50-60-0
RGB: 168-135-105

CMYK: 10-14-15-0
RGB: 234-222-215

CMYK: 36-53-58-0
RGB: 182-134-106

CMYK: 63-67-70-20
RGB: 103-82-71

CMYK: 48-46-43-0
RGB: 150-138-134

CMYK: 54-62-66-6
RGB: 136-104-86

CMYK: 55-62-57-3
RGB: 135-106-101

CMYK: 53-47-61-1
RGB: 140-132-105

CMYK: 35-45-45-0
RGB: 181-148-132

CMYK: 59-68-63-12
RGB: 119-89-84

CMYK: 70-13-0-0
RGB: 0-181-248

CMYK: 100-100-62-29
RGB: 2-11-76

CMYK: 30-10-60-0
RGB: 199-213-216

CMYK: 79-69-94-53
RGB: 45-50-28

CMYK: 71-62-8-0
RGB: 97-104-174

CMYK: 65-47-18-0
RGB: 107-130-174

CMYK: 95-81-0-0
RGB: 0-42-199

CMYK: 70-17-0-0
RGB: 2-177-255

CMYK: 53-30-82-0
RGB: 141-160-78

CMYK: 13-10-9-0
RGB: 227-227-229

CMYK: 31-67-94-0
RGB: 193-109-37

CMYK: 27-28-37-0
RGB: 200-184-161

　　蓝色的裙子属于冷色调，给人一种高贵、神秘的感觉，同时也会带给人平和而宁静之感。

　　此连衣裙给人一种清爽、干净的印象，尤其是白色和绿色的搭配，两种色彩的明度都很高，提亮了服装的整体色调，同时还给人一种淡淡的雅致感。

　　此款吊带裙白色底上搭配明黄色和蓝色的图案，颜色清新，很有韵味。

时尚色调指那种大胆的、不拘一格的配色方式，运用较高的纯色调互相搭配，或者运用两种色相的强烈对比，在配色中别出心裁、标新立异，给人一种大胆、时尚、前卫和热闹的感觉，仿佛一抹亮丽的风景线。

CMYK: 66-0-61-0 RGB: 72-196-136	CMYK: 73-4-64-0 RGB: 43-182-127	CMYK: 83-30-92-0 RGB: 6-141-72
CMYK: 86-40-95-2 RGB: 3-125-66	CMYK: 83-31-91-0 RGB: 5-140-74	CMYK: 80-20-90-0 RGB: 4-155-76
CMYK: 53-2-48-0 RGB: 130-203-160	CMYK: 77-13-87-0 RGB: 28-166-81	CMYK: 50-2-51-0 RGB: 141-206-152
CMYK: 75-8-64-0 RGB: 31-175-126	CMYK: 66-13-64-0 RGB: 93-176-122	CMYK: 87-73-98-4 RGB: 1-119-61

CMYK: 33-79-0-0 RGB: 255-5-235	CMYK: 72-100-64-49 RGB: 67-2-45
CMYK: 47-100-18-0 RGB: 164-0-125	CMYK: 41-88-0-0 RGB: 197-3-177

CMYK: 82-74-92-64 RGB: 30-34-20	CMYK: 49-60-0-0 RGB: 168-115-223
CMYK: 63-56-100-14 RGB: 111-102-11	CMYK: 29-99-61-0 RGB: 197-20-75

CMYK: 71-44-11-0 RGB: 87-134-190	CMYK: 26-82-65-0 RGB: 202-78-78
CMYK: 31-33-69-0 RGB: 194-172-96	CMYK: 53-36-27-0 RGB: 138-155-171

　　紫色给人一种尊贵和富贵的感觉，同时透着一丝淡淡的高雅，而且这种颜色的衣服很能衬托女性的肤质，穿出去让女性的肌肤更加完美地体现出来。

　　此款丝巾的搭配很别致，给人眼前一亮的感觉，同时也让女人更加妩媚，虽然其色彩很多，但是这几种色彩都很柔和，越发让女人有一种温柔的味道。

　　此款套装给人一种强烈的视觉冲击力，蓝色和红色的对比，还有黄色的搭配，让整体效果更加丰富。

2.3.4　沉稳色调的搭配

沉稳色调多数由色彩暗沉的颜色或浊色调搭配而成，总体色调低调，给人不过于花哨，又不过于暗沉的感觉，例如黑色调、灰色调、深棕色调等。同时，低纯度给人以谦逊、宽容、成熟的感觉，非常适合运用于礼服或职业服装上。

CMYK: 7-13-32-0
RGB: 244-227-184

CMYK: 72-78-93-60
RGB: 52-36-20

CMYK: 57-63-80-14
RGB: 124-95-63

CMYK: 69-76-91-53
RGB: 63-44-27

CMYK: 63-69-93-33
RGB: 93-70-38

CMYK: 81-83-89-72
RGB: 26-17-10

CMYK: 15-21-41-0
RGB: 227-206-161

CMYK: 67-73-94-46
RGB: 73-53-29

CMYK: 20-26-45-0
RGB: 216-193-149

CMYK: 68-77-96-54
RGB: 64-42-21

CMYK: 33-36-57-0
RGB: 187-165-118

CMYK: 49-58-80-4
RGB: 149-115-70

CMYK: 91-86-86-77
RGB: 6-6-6

CMYK: 70-62-57-9
RGB: 95-95-97

CMYK: 83-88-64-49
RGB: 45-32-50

CMYK: 90-88-81-73
RGB: 11-8-15

CMYK: 88-85-81-72
RGB: 16-14-17

CMYK: 79-75-64-34
RGB: 59-58-66

CMYK: 85-81-80-67
RGB: 24-24-24

CMYK: 70-62-57-9
RGB: 95-95-97

CMYK: 83-89-58-36
RGB: 55-41-66

CMYK: 82-88-64-47
RGB: 47-34-52

CMYK: 83-79-71-54
RGB: 39-38-43

CMYK: 45-100-100-15
RGB: 151-0-10

　　此款服装为晚礼服，虽然是黑色，但是黑色也有黑色的味道。有时候深暗一点的颜色给人一种尊贵的感觉，好像高高在上的女王一样不可接近。

　　此款吊带裙装特别轻便，给人的感觉也特别随意，夏天穿着这款服装会特别凉爽，而且黑色也更能衬托女性的身材。

　　这一款搭配完全采用了黑色调，只有帽子上有些深红色，给人的感觉太低调了。如果不是帽子的亮点，整个搭配就黯然失色了。

欢快色调给人心情愉悦、友好的感觉，其代表色彩有黄色、红色、蓝色等。如黄色象征着活力、激情、快乐、开朗、强壮、富有灵感和生机，还让人产生遐想、快乐和振奋的作用。右图中的情侣T恤在纯黄色中混入少量的无彩色，其色相和彩度发生了较大程度的变化，搭配图案和文字，充满了青春的气息。

CMYK: 14-0-86-0
RGB: 243-242-4

CMYK: 9-2-86-0
RGB: 251-241-3

CMYK: 31-4-94-0
RGB: 202-219-0

CMYK: 32-15-96-0
RGB: 198-201-0

CMYK: 40-4-97-0
RGB: 179-210-0

CMYK: 39-24-100-0
RGB: 179-180-0

CMYK: 22-0-87-0
RGB: 225-240-1

CMYK: 52-0-95-0
RGB: 134-223-9

CMYK: 82-58-0-0
RGB: 44-107-246

CMYK: 70-41-0-0
RGB: 73-144-252

CMYK: 97-95-71-64
RGB: 7-12-31

CMYK: 0-87-89-0
RGB: 253-61-22

服装配色的方式和原则

CMYK: 54-24-64-0
RGB: 134-169-115

CMYK: 65-56-65-7
RGB: 107-108-92

CMYK: 96-88-63-46
RGB: 17-35-55

CMYK: 4-8-14-0
RGB: 247-238-223

CMYK: 21-98-88-0
RGB: 211-26-42

CMYK: 11-2-2-0
RGB: 232-243-249

CMYK: 91-87-85-76
RGB: 5-6-8

CMYK: 28-17-39-0
RGB: 199-203-166

CMYK: 12-83-55-0
RGB: 228-76-89

CMYK: 9-3-59-0
RGB: 249-242-128

CMYK: 89-70-8-0
RGB: 38-85-165

CMYK: 32-12-13-0
RGB: 187-210-218

这两款儿童运动装给人的感觉特别舒适，绿色和蓝色搭配，或者白色和草绿色搭配，给人一种平和的感觉。

此款情侣装给人一种热情奔放的感觉，红色和白色的搭配给人感觉色彩特别艳丽，而且也让人感受到健康和阳光的一面。

此款情侣套装给人一种温馨和谐的感觉，尤其是偏冷或偏暖的色调搭配，通过颜色很好地区分了性别。

2.3.6　成熟色调的搭配

　　成熟色调是指以橙色、橘黄色、金黄色为主的
搭配，例如黄色会让人联想到成熟的果实、金黄的
麦田、黄灿灿的金子、皇帝的龙袍等，给人成熟、
温暖、高贵、健康的感觉。而高纯度的橙色是暖色
系中的代表色。右图中的服装橙色与紫色相搭配，
对比鲜明，个性十足。

CMYK: 92-100-47-7 RGB: 58-33-99	CMYK: 94-100-57-13 RGB: 49-22-89	CMYK: 1-34-66-0 RGB: 255-190-96
CMYK: 7-62-86-0 RGB: 238-128-41	CMYK: 15-67-92-0 RGB: 224-114-29	CMYK: 95-100-65-52 RGB: 24-2-48
CMYK: 2-34-63-0 RGB: 254-190-103	CMYK: 2-53-79-0 RGB: 249-150-57	CMYK: 21-73-99-0 RGB: 212-99-19
CMYK: 3-37-64-0 RGB: 251-183-98	CMYK: 6-63-87-0 RGB: 241-127-38	CMYK: 32-82-100-1 RGB: 191-75-0

CMYK: 68-34-5-0 RGB: 85-151-211	CMYK: 0-75-48-0 RGB: 255-99-103
CMYK: 9-5-78-0 RGB: 251-237-66	CMYK: 41-100-100-8 RGB: 166-16-25

CMYK: 32-95-7-0 RGB: 194-26-139	CMYK: 90-53-82-20 RGB: 0-92-69
CMYK: 14-16-53-0 RGB: 232-216-138	CMYK: 13-86-3-0 RGB: 229-62-152

CMYK: 58-0-26-0 RGB: 25-246-231	CMYK: 29-2-77-0 RGB: 206-225-83
CMYK: 0-90-43-0 RGB: 254-46-98	CMYK: 11-16-77-0 RGB: 244-218-73

　　这两款服装色彩鲜艳，给人一种高调的感觉，
让人感觉丰富和温暖。一般选择这种服装的女性在
性格上也较开朗和活泼。

　　这两款服装分别由深粉色、绿色、紫色及
黄色、浅粉色搭配而成，给人一种明度的高低对
比，还给人一种色度的对比，让人有一种对色彩
的认知度。

　　此套装颜色特别鲜艳，搭配也比较大胆和前
卫。尤其是红色的裤子搭配蓝色小衫，还有黄色
帽子都给人一种愉快的感觉，让穿着者有种色彩
丰富的满意感。

第 3 章

服装配色的技巧

3.1　强调服装配色的色彩感觉

　　当人们看到一件服装时，首先会对其颜色有第一眼的印象，有时还可作为评价该服装的依据，所以在服装配色中，颜色的运用是非常重要的。恰到好处地运用色彩的观感性，发挥特性的优势，可以掩饰和修正身材的不足，美化着装效果。

3.1.1　和谐服装配色

　　和谐服装配色是指调整服装整体色彩的效果，以某个色相或小面积区域色彩来突出搭配主体，这种和谐的、单一色相的变化给人一种稳定、温和的感觉。也就是说色彩之间的差异越小，给人的视觉感觉就会越统一，整体看起来会很和谐。

CMYK: 9-11-19-0
RGB: 237-228-211

CMYK: 21-23-37-0
RGB: 213-198-165

CMYK: 4-11-27-0
RGB: 249-233-197

CMYK: 25-43-62-0
RGB: 205-158-104

CMYK: 10-26-45-0
RGB: 238-201-149

CMYK: 17-23-41-0
RGB: 222-201-158

CMYK: 6-11-36-0
RGB: 247-231-179

CMYK: 4-8-30-0
RGB: 251-238-193

CMYK: 18-44-64-0
RGB: 220-160-98

CMYK: 1-1-5-0
RGB: 254-254-246

CMYK: 12-23-42-0
RGB: 234-206-158

CMYK: 6-9-36-0
RGB: 249-236-181

CMYK: 20-10-1/-0
RGB: 214-221-214

CMYK: 44-27-30-0
RGB: 159-173-173

CMYK: 63-67-89-29
RGD: 07-76-45

CMYK: 44-38-51-0
RGB: 161-154-128

CMYK: 16-44-39-0
RGB: 222-163-145

CMYK: 7-25-26-0
RGB: 241-206-186

CMYK: 18-14-91-0
RGB: 230-214-5

CMYK: 61-26-100-0
RGB: 121-160-33

CMYK: 20-25-38-0
RGB: 214-194-161

CMYK: 11-12-16-0
RGB: 234-226-215

CMYK: 1-5-6-0
RGB: 254-247-241

CMYK: 11-31-32-0
RGB: 233-192-170

　　淡绿色给人一种淡雅的感觉，此款长裙在淡雅中不失美丽，素雅而又高贵，让人有一种舒服的感觉。

　　灰白色大摆裙给人一种素雅、高贵的感觉，尤其布料的垂度，更加让人感受到面料的质地。

　　抹胸的白裙给人一种纯洁、干净的形象，白色还让人联想到冰冷、孤独。在选择这种色彩的时候一定要搭配鲜亮的颜色。

在服装配色中，白色可以说是百搭色。单独使用白色时，有圣洁、纯真的感觉，例如新娘结婚时穿的婚纱，大多都是纯白色的。若在纯白色中稍微添加一些其他的色彩，如象牙白、米白和乳白色的礼服，又会传达一种高贵、典雅的感觉。白色也可以和其他色彩搭配使用，如白色与红色或橙色搭配可以给人运动感，与蓝色搭配可以给人轻快感，而与紫色搭配可以给人一种莫名的神秘感等。

CMYK: 10-8-9-0
RGB: 235-234-232

CMYK: 23-26-35-0
RGB: 207-191-166

CMYK: 16-16-20-0
RGB: 222-214-203

CMYK: 20-22-33-0
RGB: 214-200-174

CMYK: 16-16-20-0
RGB: 223-215-204

CMYK: 1-0-2-0
RGB: 252-254-251

CMYK: 9-11-10-0
RGB: 237-229-226

CMYK: 25-23-25-0
RGB: 202-195-187

CMYK: 15-14-14-0
RGB: 224-219-215

CMYK: 14-12-14-0
RGB: 226-223-218

CMYK: 22-20-25-0
RGB: 207-201-189

CMYK: 14-13-21-0
RGB: 226-220-204

03

服装配色的技巧

CMYK: 5-4-6-0
RGB: 246-245-241

CMYK: 37-39-35-0
RGB: 176-158-154

CMYK: 15-11-16-0
RGB: 223-223-215

CMYK: 37-26-21-0
RGB: 174-181-189

CMYK: 5-11-12-0
RGB: 245-232-223

CMYK: 4-15-20-0
RGB: 248-226-205

CMYK: 55-49-49-0
RGB: 135-128-122

CMYK: 27-23-21-0
RGB: 197-193-192

CMYK: 7-4-8-0
RGB: 242-243-237

CMYK: 31-28-29-0
RGB: 189-182-174

CMYK: 28-40-49-0
RGB: 198-162-130

CMYK: 2-8-10-0
RGB: 251-241-231

　　白色连衣裙给人一种素洁、淡雅的感觉，穿起来显得楚楚可怜，让人心生怜惜。性格高雅的女性若穿着白色裙子，会宛若天仙般讨人喜欢。

　　一身雪白的纯洁连衣裙给人一种飘逸、超凡脱俗的印象，再配上一件蓝色小外衣，妩媚中更加动人。

　　此款连衣裙裙摆自然垂落下来，有一种闲散、随意的感觉，这种休闲裙穿起来也特别舒适，一般采用纯棉布料效果更好。

在服装配色中，一般用色面积较大的颜色就是所说的主色调，其他配色则不超过主要色调的视觉面积，而仅次于主色调的视觉面积的辅助色调就是烘托色调，也叫作配色调，它能起到融合主色调的作用。主色调和配色调完美搭配，才能呈现更好的设计效果。

CMYK: 1-57-56-0
RGB: 250-142-103

CMYK: 0-69-65-0
RGB: 254-114-79

CMYK: 67-76-72-38
RGB: 80-56-54

CMYK: 0-32-29-0
RGB: 254-198-175

CMYK: 62-19-47-0
RGB: 107-172-150

CMYK: 37-74-63-0
RGB: 179-94-87

CMYK: 0-51-53-0
RGB: 254-157-112

CMYK: 17-87-49-0
RGB: 219-64-95

CMYK: 60-63-45-1
RGB: 125-104-119

CMYK: 3-70-71-0
RGB: 244-111-68

CMYK: 0-61-56-0
RGB: 255-135-101

CMYK: 61-43-77-1
RGB: 122-134-84

CMYK: 88-81-52-20
RGB: 48-59-87

CMYK: 20-89-79-0
RGB: 214-59-55

CMYK: 24-75-0-0
RGB: 218-89-181

CMYK: 55-0-14-0
RGB: 107-216-237

CMYK: 24-0-34-0
RGB: 209-250-194

CMYK: 57-0-71-0
RGB: 120-200-111

CMYK: 48-23-69-0
RGB: 153-175-103

CMYK: 51-91-96-29
RGB: 121-43-33

CMYK: 6-55-0-0
RGB: 244-147-198

CMYK: 73-65-74-28
RGB: 76-76-64

CMYK: 1-38-0-0
RGB: 253-188-218

CMYK: 47-3-56-0
RGB: 152-207-142

　　此款花裙让人看上去有些眼花缭乱，但是细细看起来却不同凡响，基本上是以蓝色和绿色打底，搭配互相色花纹图案，形成强烈的视觉冲击力。

　　此款连衣裙以深粉色和蓝色打底，其他色为辅助色，这使整体色彩非常鲜艳，并且色彩搭配也很协调。

　　此款套裙分为上下两件套，绿色和粉色搭配作为对比色，这让服装的整体效果更加出众。

在服装配色中，为了加强服装配色的表现力，可将同样的色彩组合重复运用，以达到强调和加深印象的效果。如多种色彩组合方式和规律重复或略做变化，能够打破独用纯色的单调感，为整体效果添加美感，巧妙利用颜色的变化而产生的条纹或图案等，有时能够使服装达到很好的修身和塑形效果。

CMYK: 62-85-71-37
RGB: 93-46-52

CMYK: 86-85-64-46
RGB: 39-38-54

CMYK: 41-99-100-8
RGB: 166-29-19

CMYK: 0-83-75-0
RGB: 255-74-53

CMYK: 66-74-76-37
RGB: 83-60-52

CMYK: 62-67-57-8
RGB: 117-92-96

CMYK: 81-80-61-35
RGB: 56-52-67

CMYK: 82-80-67-47
RGB: 46-43-52

CMYK: 5-88-88-0
RGB: 239-61-35

CMYK: 32-100-100-1
RGB: 191-21-30

CMYK: 17-85-78-0
RGB: 219-72-56

CMYK: 90-91-64-50
RGB: 31-29-50

03

服装配色的技巧

CMYK: 23-6-68-0
RGB: 217-225-106

CMYK: 74-58-52-4
RGB: 85-104-111

CMYK: 66-0-75-0
RGB: 71-201-105

CMYK: 71-35-14-0
RGB: 76-148-196

绿色是自然的颜色，给人一种健康、自由奔放的感觉。而黄色给人轻快、充满希望和活力的感觉。此款黄绿色相间的吊带碎花裙很好诠释了年轻女孩朝气蓬勃的个性。

CMYK: 98-88-67-53
RGB: 4-30-47

CMYK: 76-20-32-0
RGB: 3-163-179

CMYK: 38-22-16-0
RGB: 171-187-203

CMYK: 72-57-45-1
RGB: 91-108-124

此款吊带长裙的深蓝色大摆裙搭配小碎花，面料轻盈，给人的感觉精致、深沉。

CMYK: 74-44-1-0
RGB: 72-132-205

CMYK: 33-17-0-0
RGB: 181-204-248

CMYK: 62-34-19-0
RGB: 109-153-188

CMYK: 53-38-46-0
RGB: 136-148-136

此款蓝色背景，并搭配多种颜色图案的吊带长裙薄如蝉翼，给人一种飘逸动感的感觉，穿着舒适、凉爽。

在服装配色中，如果运用的图案色彩、大小、形状等保持一定比例的顺序，并将色彩的明度、纯度进行等分量，然后按适当的比例进行搭配重复出现在服装配色中，这种方式通常叫作多种色彩重复组合。这种类型的服装一般颜色或图案丰富，显得美观而大方。

CMYK: 71-9-8-0
RGB: 0-185-234

CMYK: 34-52-66-0
RGB: 185-136-93

CMYK: 53-0-84-0
RGB: 131-214-70

CMYK: 72-31-51-0
RGB: 77-147-136

CMYK: 81-44-0-0
RGB: 1-129-220

CMYK: 73-14-16-0
RGB: 7-176-215

CMYK: 7-14-88-0
RGB: 252-222-4

CMYK: 19-97-35-0
RGB: 216-1-105

CMYK: 46-93-83-14
RGB: 148-47-51

CMYK: 14-82-62-0
RGB: 225-79-79

CMYK: 0-88-67-0
RGB: 248-59-66

CMYK: 51-3-62-0
RGB: 140-202-127

CMYK: 56-24-44-0
RGB: 127-168-152

CMYK: 18-58-23-0
RGB: 218-136-158

CMYK: 46-0-31-0
RGB: 145-229-203

CMYK: 97-79-45-9
RGB: 4-68-106

CMYK: 5-88-86-0
RGB: 239-60-37

CMYK: 39-0-11-0
RGB: 165-227-240

CMYK: 51-3-27-0
RGB: 135-207-203

CMYK: 68-32-46-0
RGB: 93-148-142

CMYK: 48-0-29-0
RGB: 140-216-203

CMYK: 76-16-35-0
RGB: 1-168-177

CMYK: 7-83-99-0
RGB: 236-75-5

CMYK: 47-77-77-10
RGB: 148-79-63

　　此款长裙为绿色打底，搭配粉红色小花，花朵色彩给人一种视觉中心、特别醒目的感觉，会让原本深绿色这样单调的色彩上呈现生机，例如万绿丛中一点红，就是这个道理。

　　此款是印花长裙，这种裙子的面料主要以水洗布为主，整个色彩以绿色为主，搭配黑色、淡绿色图案，给人的感觉很丰富。

　　此连衣裙为橘黄色大摆裙，随风飘荡时给人一种轻盈飘逸的感觉，这种裙子夏季穿着既凉爽又美观，适合年轻爱漂亮的女孩选择。

　　色相环上的色彩都可以叫有彩色，无彩色的彩度为零，如黑、白、灰、金色、银色等。在服装配色中巧妙地采用无彩色与有彩色为对比手段，人物主体和性格特征充分得以表现，具有高度概括的艺术特色和审美性。无彩色和任何一种有彩色进行搭配，可以中和过于强烈的有彩色，起到调和的作用。

CMYK: 0-3-0-0
RGB: 255-250-253

CMYK: 99-97-57-36
RGB: 18-31-66

CMYK: 36-98-100-2
RGB: 183-31-10

CMYK: 11-34-52-0
RGB: 235-184-129

CMYK: 53-69-93-16
RGB: 131-86-45

CMYK: 71-60-27-0
RGB: 97-106-149

CMYK: 33-72-97-1
RGB: 188-98-35

CMYK: 98-94-51-22
RGB: 25-43-83

CMYK: 11-13-51-0
RGB: 239-223-145

CMYK: 54-60-100-10
RGB: 134-104-32

CMYK: 68-49-26-0
RGB: 100-126-161

CMYK: 90-86-84-75
RGB: 9-9-11

CMYK: 75-61-52-5
RGB: 94-98-109

CMYK: 57-10-15-0
RGB: 110-194-220

CMYK: 30-34-31-0
RGB: 192-173-166

CMYK: 22-33-27-0
RGB: 208-179-175

CMYK: 16-12-10-0
RGB: 221-221-223

CMYK: 78-32-99-0
RGB: 58-140-58

CMYK: 21-12-7-0
RGB: 211-219-230

CMYK: 18-21-85-0
RGB: 227-202-47

CMYK: 85-46-76-6
RGB: 31-114-86

CMYK: 75-9-47-0
RGB: 0-177-159

CMYK: 88-77-86-68
RGB: 15-26-20

CMYK: 45-0-34-0
RGB: 151-224-195

　　蓝色给人一种低调、深沉的感觉，这款以蓝色小花图案为主的收腰连衣裙给人一种身材苗条的印象，裙摆自然垂落下来，蓝灰色搭配虽然不醒目，但是在这种不醒目的色彩中更加衬托人物的美丽。

　　白色是一种干净、纯洁的颜色，夏天在海边或游戏池边穿着白色连衣裙会给人一种凉爽的感觉，并显得轻松、随意。搭配绿色的装饰链、深色眼镜和黑色帽子，给人眼前一亮的感觉，绿色项链和黑帽上的黄色文字在这里格外醒目，也为白色衣服上添加了一抹亮色。

　　此款为印度纱丽，有彩色为深绿色，该颜色给人一种厚重感，而黑色为装点色，这样搭配让服装整体颜色变得低调下来，绿色也不再那么扎眼了。

红色与黑色是服装设计中最常见的颜色搭配组合。红色象征着热情、大方，而以红色为基调，再采用黑色的图案作为装饰物进行搭配，中和了原来红色的醒目和强烈，这样无形中降低了红色的刺目和喧闹感，让整体效果显得稳定而自然。

CMYK: 77-67-60-20
RGB: 71-78-84

CMYK: 84-89-76-69
RGB: 27-14-23

CMYK: 72-59-55-6
RGB: 90-101-105

CMYK: 46-100-100-17
RGB: 147-22-30

CMYK: 7-58-42-0
RGB: 239-138-128

CMYK: 41-96-91-7
RGB: 167-41-45

CMYK: 77-88-83-70
RGB: 36-14-16

CMYK: 42-93-88-8
RGB: 162-48-48

CMYK: 45-100-100-14
RGB: 151-26-34

CMYK: 83-84-86-73
RGB: 23-15-12

CMYK: 0-25-24-0
RGB: 255-210-189

CMYK: 23-42-30-0
RGB: 206-162-161

CMYK: 87-91-62-46
RGB: 39-31-54

CMYK: 32-93-76-1
RGB: 190-50-61

CMYK: 72-62-27-0
RGB: 96-103-147

CMYK: 0-72-13-0
RGB: 255-107-157

红与黑的搭配能使原本鲜亮的色彩变得低沉，此款服装以红色为基底色，图案为黑色，星星点点的黑色图案很好地装饰着服装，提升了整体效果。

CMYK: 13-96-88-0
RGB: 225-31-39

CMYK: 60-88-77-44
RGB: 87-36-41

CMYK: 13-93-77-0
RGB: 226-42-54

CMYK: 86-80-84-69
RGB: 20-22-19

黑色和红色相间的红黑格状图案，给人一种英伦风格，而采用这种宽松的披肩方式给人一种随意自然的感觉。

CMYK: 69-67-51-7
RGB: 102-90-104

CMYK: 87-83-80-70
RGB: 19-19-21

CMYK: 0-83-47-0
RGB: 252-76-99

CMYK: 32-91-69-1
RGB: 190-55-70

此款长袖连衣裙以黑红两种颜色作为裙子的基本色，上身为黑色，袖子中间、腰部和下身裙摆为红色，这两种色彩搭配给人的感觉既庄重又热情。

　　无彩色也称为中性色，包括黑、白、金、银色等，在色彩的搭配中主要起间隔、调和的作用。无彩色属于百搭色彩，是永远的流行色。服装中使用无彩色系组合显得比较干净、利落、流行、前卫。如黑色与白色既可以运用在休闲服饰上，又可以用在职业套装上，充分展示不同的服装风格。

CMYK: 5-4-3-0
RGB: 244-244-246

CMYK: 93-88-89-80
RGB: 1-1-1

CMYK: 53-52-48-0
RGB: 140-125-122

CMYK: 82-78-67-44
RGB: 47-47-55

CMYK: 3-2-2-0
RGB: 249-249-249

CMYK: 35-40-28-0
RGB: 180-159-166

CMYK: 91-87-85-77
RGB: 5-5-7

CMYK: 18-15-9-0
RGB: 217-216-224

CMYK: 51-50-46-0
RGB: 145-130-127

CMYK: 33-33-28-0
RGB: 183-171-171

CMYK: 49-50-48-0
RGB: 150-131-124

CMYK: 11-8-7-0
RGB: 231-232-234

CMYK: 86-82-81-69
RGB: 21-21-21

CMYK: 78-73-68-38
RGB: 58-58-60

CMYK: 80-76-67-42
RGB: 52-51-57

CMYK: 21-18-18-0
RGB: 211-206-203

CMYK: 88-87-74-66
RGB: 22-19-28

CMYK: 6-5-3-0
RGB: 243-243-245

CMYK: 16-13-11-0
RGB: 221-219-220

CMYK: 26-26-21-0
RGB: 198-189-190

CMYK: 9-7-7-0
RGB: 235-235-235

CMYK: 80-75-70-44
RGB: 51-51-53

CMYK: 7-26-0-0
RGB: 241-207-232

CMYK: 8-6-6-0
RGB: 239-239-239

　　此款服装为黑色小衫和白色裙子两件套，黑色小衫穿起来看似庄严肃穆，给人一种正式、传统的感觉，下身白色裙子给人一种纯洁、干净的感觉，搭配起来特别和谐。

　　此款黑白条状套装给人成熟、干练的印象。特别瘦小的人适合穿横格子服装会给人一种膨胀感，小外搭的搭配格外的精致。

　　此款短袖小裙的基础色为黑色，白色的大花朵图案给人一种强烈的视觉冲击力，特别吸引人的眼球，整体搭配给人清新素雅的感觉。

　　灰色调是一种低调的颜色，也是一种百搭色，灰色调介于黑白两色之间，因为不同黑白色比例的融合，呈现出的灰色调程度也有所不同。灰色调服装配色一直都是永恒的经典，它能够将五彩缤纷的色彩归为统一，同时也是一种永恒与稳定的配色方式，而时尚服装搭配中就恰恰具备了这样的元素。

CMYK: 41-32-26-0
RGB: 164-167-174

CMYK: 9-6-3-0
RGB: 236-239-244

CMYK: 53-45-39-0
RGB: 138-136-141

CMYK: 39-30-24-0
RGB: 169-172-181

CMYK: 60-51-35-0
RGB: 123-124-144

CMYK: 7-3-2-0
RGB: 242-246-249

CMYK: 37-29-26-0
RGB: 173-174-178

CMYK: 4-3-1-0
RGB: 246-247-251

CMYK: 24-15-10-0
RGB: 203-211-222

CMYK: 51-42-31-0
RGB: 142-144-157

CMYK: 61-54-38-0
RGB: 120-119-137

CMYK: 34-24-15-0
RGB: 181-187-203

CMYK: 68-65-49-4
RGB: 104-96-111

CMYK: 82-82-65-45
RGB: 48-42-54

CMYK: 58-54-41-0
RGB: 128-120-131

CMYK: 44-39-31-0
RGB: 158-153-160

CMYK: 28-24-21-0
RGB: 194-190-191

CMYK: 67-63-55-7
RGB: 105-96-101

CMYK: 70-67-53-9
RGB: 97-89-100

CMYK: 89-90-82-75
RGB: 11-1-9

CMYK: 44-38-30-0
RGB: 158-155-162

CMYK: 75-73-67-35
RGB: 67-61-63

CMYK: 20-20-18-0
RGB: 212-204-202

CMYK: 48-44-39-0
RGB: 150-141-142

　　高级灰色调既不张扬也不低调，该色调的衣服穿起来给人一种高雅的感觉。在色彩学上讲，灰色是各种色彩的混合，明度和纯度都降低了。

　　此款连衣裙为灰色，整体给人一种低调、平和、容易亲近的感觉，在特殊的场合可搭配黑色的手包和腰带，看上去更显职业和干练。

　　此款连衣裙以灰白色和深灰色相搭配，并添加了少许白色，整体属于浅灰系列，这种灰色在明度上没有加入黑色，所以在视觉上明度还是很高的，只是纯色降低了一些。

　　色彩在服装配色中起着至关重要的作用，高纯度色有显眼、华丽的感觉，如红、黄、蓝、绿、紫，适合于设计运动服装。中纯度色柔和、平稳，如土黄、橄榄绿、紫罗兰、橙红等，适合于设计职业女性服装。低纯度色呆板而不活泼，但运用在服装上则显得朴素、沉静。

3.2.1　使用反差色分隔色彩

　　在服装配色中，如果选用两种反差较大的颜色进行搭配时，会将两种色彩的明度和纯度进行对比，其中明度对比是色彩的明暗进行对比，也称色彩的黑白度对比，这种反差会呈现不同的视觉效果，明度高的色彩更亮一些，明度低的色彩更暗一些。

CMYK: 80-63-58-14
RGB: 64-87-93

CMYK: 89-81-69-52
RGB: 27-37-46

CMYK: 82-69-66-31
RGB: 52-67-70

CMYK: 85-76-69-46
RGB: 39-48-53

CMYK: 91-86-87-78
RGB: 5-5-5

CMYK: 18-36-49-0
RGB: 219-176-133

CMYK: 23-74-75-0
RGB: 207-96-66

CMYK: 35-78-86-1
RGB: 183-86-53

CMYK: 52-87-100-30
RGB: 118-47-17

CMYK: 21-38-54-0
RGB: 214-170-123

CMYK: 51-83-95-25
RGB: 124-58-36

CMYK: 43-67-76-3
RGB: 163-102-71

CMYK: 76-66-64-23
RGB: 72-78-78

CMYK: 82-61-43-2
RGB: 63-99-125

CMYK: 40-44-77-0
RGB: 175-146-78

CMYK: 11-79-55-0
RGB: 231-86-91

CMYK: 85-80-76-62
RGB: 29-30-32

CMYK: 71-90-66-46
RGB: 70-33-50

CMYK: 42-64-40-0
RGB: 168-110-125

CMYK: 63-19-40-0
RGB: 101-172-164

CMYK: 70-49-85-7
RGB: 94-116-69

CMYK: 11-8-21-0
RGB: 235-233-210

CMYK: 58-60-66-8
RGB: 124-103-86

CMYK: 43-69-16-0
RGB: 169-102-155

　　此款裙子上几种色彩并列存在，整体色彩非常炫目，适合夏季在沙滩上穿着。

　　此款长袖连衣裙由多种不同的低沉色彩相搭配，整体给人一种低调、厚重的感觉。

　　此款裙子由几种不同的间隔色搭配而成，视觉感很强烈，尤其是间隔的色彩特别突出。

　　在服装配色中，占据主体位置的就是主色调，它可以使用较高的色调，以产生鲜艳、明快或强烈之感。其他色调都属于配色调，配色调不能喧宾夺主，其色彩的明度和纯度一般不能高于主色调，只能以低明度或低纯度的状态出现，这样让主色调更加鲜明和醒目。

CMYK: 62-0-12-0
RGB: 1-220-250

CMYK: 62-0-18-0
RGB: 10-223-241

CMYK: 78-27-24-0
RGB: 0-153-187

CMYK: 67-0-19-0
RGB: 0-206-229

CMYK: 83-63-80-36
RGB: 42-70-55

CMYK: 83-53-38-0
RGB: 47-112-140

CMYK: 78-26-29-0
RGB: 1-155-181

CMYK: 64-11-20-0
RGB: 85-187-210

CMYK: 38-0-13-0
RGB: 161-242-245

CMYK: 87-53-35-0
RGB: 0-111-146

CMYK: 81-33-69-0
RGB: 30-138-106

CMYK: 84-58-82-26
RGB: 42-84-62

CMYK: 84-81-93-72
RGB: 20-18-6

CMYK: 45-32-42-0
RGB: 156-163-147

CMYK: 15-68-49-0
RGB: 224-112-108

CMYK: 40-18-30-0
RGB: 169-192-182

CMYK: 18-4-16-0
RGB: 218-234-224

CMYK: 41-20-36-0
RGB: 165-186-169

CMYK: 49-41-48-0
RGB: 149-146-131

CMYK: 61-77-93-42
RGB: 89-53-31

CMYK: 43-32-49-0
RGB: 162-165-136

CMYK: 3-22-9-0
RGB: 248-216-219

CMYK: 33-24-23-0
RGB: 183-187-188

CMYK: 21-9-17-0
RGB: 211-222-214

　　此款长裙以白色为基本底色，搭配深褐色和绿色图案，还有其他色彩相辅助，让整个裙子具有活力和生命力。

　　此款长裙以白色为底色，以粉色和青色为辅助色，让纱裙显得更轻盈、更飘逸。

　　此款长裙以淡绿色和白色相间，整体给人一种淡雅的感觉，而面料的质地给人一种朦胧的感觉。

在服装配色中，使用同色系的相近颜色搭配可突出配色的整体性和统一性，而当将两种或两种以上颜色明暗不同的图案放在一起时，想要得到对比均衡的效果，可以通过不同的面积大小来调整，例如以弱色为主，占据大面积位置，则强色占据小面积，虽然在这种搭配中强弱都集中在一个图案内，但是形成了整体效果的和谐和统一。

CMYK: 42-46-16-0
RGB: 166-145-178

CMYK: 29-24-19-0
RGB: 192-190-195

CMYK: 52-56-17-0
RGB: 146-123-167

CMYK: 87-87-63-45
RGB: 40-37-56

CMYK: 66-69-25-0
RGB: 114-94-143

CMYK: 69-71-39-1
RGB: 106-89-123

CMYK: 35-28-21-0
RGB: 179-179-187

CMYK: 27-29-12-0
RGB: 197-184-202

CMYK: 63-65-25-0
RGB: 120-101-147

CMYK: 65-65-35-0
RGB: 114-100-133

CMYK: 31-25-22-0
RGB: 188-186-189

CMYK: 45-41-22-0
RGB: 156-150-174

67

CMYK: 61-29-13-0
RGB: 110-162-202

CMYK: 91-82-53-22
RGB: 40-57-85

CMYK: 6-4-59-0
RGB: 254-243-127

CMYK: 6-15-76-0
RGB: 254-223-73

CMYK: 92-79-53-20
RGB: 32-62-88

CMYK: 97-77-40-3
RGB: 0-73-118

CMYK: 43-100-100-11
RGB: 158-27-32

CMYK: 87-73-29-0
RGB: 51-82-136

CMYK: 182-147-66
RGB: 37-45-83-0

CMYK: 235-198-48
RGB: 14-25-84-0

CMYK: 18-67-99-0
RGB: 218-113-6

CMYK: 100-90-44-7
RGB: 4-54-105

蓝色使人宁静，让人产生联想。此套装为深蓝色小套裙，外披一件浅蓝色大衣，给人一种优雅高贵的感觉。

此连衣裙为明黄色，由黄色系不同色彩组成的图案，统一在一个色调内，让人看起来更新颖、更另类。

深蓝色和湖蓝色相对比搭配，给人一种深沉、低调的感觉，大气既不张扬，含蓄而又内敛。

3.2.4　利用图案来增加服装亮点

　　在服装配色中，有时候由于服装面料或制作工艺等原因，在选择服装的色彩上有一定的局限性，同一种色彩显得过于单调，要想突出服装的视觉亮点，往往在服装配色和设计上添加一些图案来增加视觉亮点，或者使用配饰使整体的效果具有活力和生机。

CMYK: 68-28-7-0
RGB: 80-161-216

CMYK: 77-58-0-0
RGB: 78-111-240

CMYK: 100-98-46-8
RGB: 26-41-100

CMYK: 100-100-45-1
RGB: 14-16-127

CMYK: 61-19-1-0
RGB: 98-179-234

CMYK: 67-27-0-0
RGB: 77-163-236

CMYK: 22-79-1-0
RGB: 213-82-162

CMYK: 84-81-0-0
RGB: 75-54-191

CMYK: 66-36-0-0
RGB: 90-150-236

CMYK: 27-24-0-0
RGB: 197-195-245

CMYK: 15-94-97-0
RGB: 222-42-27

CMYK: 1-42-30-0
RGB: 250-176-163

CMYK: 11-30-83-0
RGB: 239-190-51

CMYK: 74-70-89-49
RGB: 58-53-34

CMYK: 42-2-12-0
RGB: 159-218-232

CMYK: 18-62-31-0
RGB: 218-127-142

CMYK: 78-76-73-51
RGB: 50-44-44

CMYK: 26-55-52-0
RGB: 201-135-113

CMYK: 7-14-65-0
RGB: 250-223-106

CMYK: 20-50-91-0
RGB: 216-146-35

CMYK: 29-28-41-0
RGB: 196-182-153

CMYK: 76-61-9-0
RGB: 81-104-174

CMYK: 8-67-41-0
RGB: 237-118-122

CMYK: 16-17-17-0
RGB: 221-212-207

　　此款裙子为吊带连衣裙，色彩以黄色为底色，搭配黑色图案，让明度高的色彩降低一些。整体给人一种性感、豪放的感觉。

　　此款裙子为蓝色，配以红色和深黄色为辅助色，复杂的色彩降低了纯度和明度，让整体服装形成更加鲜明的对比。

　　此款裙子以灰白色为底色，红色和黑色为辅助色，搭配起来使服装更加生动和大气。

在服装配色中，当色彩单一或者色调没有明显的变化时，效果显得很平淡，为了增加视觉亮点，可以增加点缀色的面积，使其面积与基色调形成强烈的对比，这样就强调了主色调，从而使整体呈现出来的效果更加漂亮。

CMYK: 92-86-89-78
RGB: 1-6-0

CMYK: 59-48-54-0
RGB: 126-128-115

CMYK: 60-62-58-5
RGB: 123-102-99

CMYK: 9-15-27-0
RGB: 238-221-193

CMYK: 77-89-91-73
RGB: 33-8-3

CMYK: 13-51-28-0
RGB: 227-152-157

CMYK: 48-78-62-5
RGB: 152-81-85

CMYK: 68-94-94-67
RGB: 51-7-6

CMYK: 10-42-24-0
RGB: 234-172-173

CMYK: 45-77-60-3
RGB: 160-84-88

CMYK: 28-36-32-0
RGB: 196-171-164

CMYK: 71-66-73-28
RGB: 79-75-64

CMYK: 82-80-90-70
RGB: 26-23-14

CMYK: 8-83-78-0
RGB: 236-76-54

CMYK: 86-57-18-0
RGB: 28-107-166

CMYK: 93-91-76-70
RGB: 10-10-22

CMYK: 77-76-55-19
RGB: 77-68-87

CMYK: 35-98-100-2
RGB: 183-34-30

CMYK: 81-71-58-21
RGB: 62-72-84

CMYK: 18-11-10-0
RGB: 217-221-224

CMYK: 58-74-13-0
RGB: 136-87-153

CMYK: 28-64-0-0
RGB: 202-117-184

CMYK: 55-49-47-0
RGB: 134-129-125

CMYK: 51-88-100-29
RGB: 122-46-12

　　此款裙子以黑色和红色为主色调，白色为附加色，整体效果给人一种时尚、大气的感觉。

　　此款为蓝色碎花裙，粉色在蓝色中极为耀眼，外搭一件牛仔小衫，给人一种休闲、舒适的感觉。

　　此款套装为长袖T恤和红色裤子，给人一种青春活力、运动健康的感觉，让人自然随意、自由奔放。

3.2.6 弱化主色调

　　在服装配色中，有时候主色调过于抢眼和强烈，要想表现柔和、和谐的效果就要弱化主色调，这时可采用与主色调接近的色彩进行弱化，选择具有变化和层次的搭配色调，在或艳丽、或繁复、或素雅、或单纯的对比组合中显示出秩序与节奏，从而以色彩的衬托来完善配色。

CMYK: 70-47-44-0
RGB: 93-126-135

CMYK: 42-15-16-0
RGB: 162-198-212

CMYK: 64-29-24-0
RGB: 99-159-185

CMYK: 31-16-18-0
RGB: 189-203-206

CMYK: 27-4-7-0
RGB: 197-227-238

CMYK: 76-58-50-4
RGB: 79-103-115

CMYK: 53-17-12-0
RGB: 128-187-217

CMYK: 43-11-12-0
RGB: 156-203-223

CMYK: 51-42-39-0
RGB: 142-142-144

CMYK: 80-63-50-6
RGB: 67-93-110

CMYK: 29-9-9-0
RGB: 194-218-230

CMYK: 46-12-13-0
RGB: 148-199-220

CMYK: 31-56-43-0
RGB: 191-132-128

CMYK: 0-56-9-0
RGB: 255-149-182

CMYK: 38-100-100-4
RGB: 177-9-37

CMYK: 20-48-24-0
RGB: 213-153-165

CMYK: 18-17-6-0
RGB: 217-213-227

CMYK: 46-31-35-0
RGB: 153-165-161

CMYK: 78-49-71-6
RGB: 65-113-91

CMYK: 36-2-29-0
RGB: 180-221-198

CMYK: 27-21-19-0
RGB: 195-195-197

CMYK: 6-31-7-0
RGB: 242-198-213

CMYK: 25-19-33-0
RGB: 203-201-176

CMYK: 11-7-24-0
RGB: 236-235-205

　　此款白色吊带裙上搭配漂亮的花朵图案，给沉寂的白色上添加了鲜亮的颜色，给人素雅而大方的感觉。

　　此裙装以粉色和灰色为基本色，在灰白的底色上印有粉色小碎花，让人眼前一亮，给人一种灿烂、光艳的感觉，这样的裙子会更加吸引人们的眼光。

　　此吊带连衣长裙随着身形而裁剪，将完美的身材很好地展现出来。此裙的色彩为淡黄色和灰色相融合，使整个裙子更加高档和大气。

在各种色彩中，红、黄、蓝是最鲜艳的色调，红色热烈、庄重，引人注目，具有强烈的视觉震撼力。绿色中添加不同比例的黄、蓝色，可以获得各种不同的绿色。如右图中的服装虽然色彩鲜明，但是其中又掺杂了一些低纯度的其他色彩，使整体效果不那么耀眼，显得更加稳重。

CMYK: 52-71-1-0
RGB: 149-95-171

CMYK: 90-85-83-75
RGB: 10-10-12

CMYK: 21-87-66-0
RGB: 211-66-73

CMYK: 51-100-100-33
RGB: 118-0-3

CMYK: 67-100-46-9
RGB: 113-34-91

CMYK: 27-92-56-0
RGB: 200-50-85

CMYK: 79-70-52-12
RGB: 73-80-98

CMYK: 62-46-0-0
RGB: 115-135-204

CMYK: 38-100-100-3
RGB: 178-9-28

CMYK: 80-99-36-2
RGB: 89-39-108

CMYK: 34-76-4-0
RGB: 189-89-162

CMYK: 2-67-27-0
RGB: 248-120-143

CMYK: 20-80-80-0
RGB: 214-83-55

CMYK: 4-28-89-0
RGB: 254-198-0

CMYK: 53-21-65-0
RGB: 139-175-114

CMYK: 57-17-8-0
RGB: 115-184-225

CMYK: 37-25-9-0
RGB: 174-185-213

CMYK: 66-49-35-0
RGB: 107-125-147

CMYK: 52-100-100-37
RGB: 112-0-0

CMYK: 0-94-94-0
RGB: 250-30-14

CMYK: 84-73-94-63
RGB: 27-36-19

CMYK: 59-24-77-0
RGB: 122-164-90

CMYK: 45-48-55-0
RGB: 159-137-114

CMYK: 70-68-44-3
RGB: 101-91-116

此吊带裙以大红色和黄色相融合，均属于色彩系中的暖色调，给人一种火热的感觉，在视觉效果上非常抢眼，也成为年轻人首选的色彩。

此裙装采用绿茶色和蓝色相搭配，这两种色彩在色相上都属于低色调，给人的感觉是色彩低沉，让人感觉到平易近人、和蔼可亲。

此裙装给人一种低调的感觉，色彩深沉，暗色小碎花，外搭一件小外衣，给人一种素雅、干练的感觉，这种服装适合办公职员穿着。

邻近色是指色环中大约在90°以内的颜色，如红与橙黄、橙红与黄绿、黄绿与绿、绿与青紫等都是邻近色。邻近色服装搭配变化较多，且仍能获得协调、统一的效果。在色相环中一般同一色调的同类色搭配多采用此方法，以服装的主体颜色或主色调为配色基调，选择与之相近的颜色进行搭配。

CMYK: 61-97-99-58
RGB: 71-11-10

CMYK: 39-94-87-5
RGB: 172-46-50

CMYK: 22-65-35-0
RGB: 209-118-133

CMYK: 73-34-72-0
RGB: 79-142-99

CMYK: 8-48-60-0
RGB: 238-159-102

CMYK: 25-87-63-0
RGB: 205-65-78

CMYK: 79-39-43-0
RGB: 49-133-144

CMYK: 33-95-78-1
RGB: 189-42-58

CMYK: 17-77-73-0
RGB: 220-90-66

CMYK: 65-49-38-0
RGB: 109-125-141

CMYK: 37-100-98-3
RGB: 178-23-37

CMYK: 33-34-52-0
RGB: 187-168-128

CMYK: 91-100-61-30
RGB: 53-0-72

CMYK: 87-53-31-0
RGB: 2-111-152

CMYK: 85-78-25-0
RGB: 64-74-136

CMYK: 41-90-59-2
RGB: 172-58-83

CMYK: 22-59-93-0
RGB: 212-128-32

CMYK: 7-25-74-0
RGB: 248-204-79

CMYK: 10-0-50-0
RGB: 247-254-151

CMYK: 88-51-76-12
RGB: 17-102-81

CMYK: 28-81-48-0
RGB: 198-80-102

CMYK: 41-32-0-0
RGB: 165-171-231

CMYK: 17-87-85-0
RGB: 219-67-46

CMYK: 29-95-100-0
RGB: 197-43-31

　　此款吊带裙由三种色彩搭配而成，分别是紫色、黄色和蓝色，这三种色彩差别比较大，由于蓝色区域比较大，给人一种偏冷的感觉。

　　此款服装由上衣和包臀裙搭配而成，上身一件蓝色毛领大衣，下身搭配一条红色长裙，给人一种性感、高贵的感觉。

　　此裙子由金黄色和红色搭配而成，这两种颜色都属于暖色调，而且搭配得恰到好处，给人热情洋溢的感觉。

在色相环上两个相隔较远的颜色相配，如米黄色与紫色，红色与黄色等。这种配色给人感觉比较强烈，会让人有惊艳的感觉。搭配对比色时，可以先选定一个主色，再以主色的对比进行其他部分服饰的搭配，这种搭配可以释放出色彩的强烈感染力，成为大众瞩目的焦点。

CMYK: 67-66-0-0
RGB: 113-97-186

CMYK: 34-38-3-0
RGB: 184-166-208

CMYK: 38-48-4-0
RGB: 175-145-195

CMYK: 38-73-73-1
RGB: 176-94-73

CMYK: 73-71-69-35
RGB: 71-63-61

CMYK: 28-26-0-0
RGB: 197-191-237

CMYK: 16-21-71-0
RGB: 230-204-91

CMYK: 24-35-88-0
RGB: 211-172-45

CMYK: 64-62-0-0
RGB: 123-106-212

CMYK: 84-80-78-64
RGB: 29-27-28

CMYK: 88-85-84-75
RGB: 12-10-11

CMYK: 47-81-88-13
RGB: 146-71-48

CMYK: 14-37-35-0
RGB: 225-177-157

CMYK: 32-63-72-0
RGB: 190-116-77

CMYK: 1-61-31-0
RGB: 250-134-143

CMYK: 38-100-100-4
RGB: 176-12-21

CMYK: 27-100-92-0
RGB: 200-2-38

CMYK: 8-28-46-0
RGB: 241-198-145

CMYK: 0-87-69-0
RGB: 254-59-63

CMYK: 52-31-23-0
RGB: 138-163-183

CMYK: 89-96-34-2
RGB: 63-47-112

CMYK: 52-72-38-0
RGB: 146-93-123

CMYK: 78-86-25-0
RGB: 90-63-130

CMYK: 29-40-25-0
RGB: 195-162-171

　　此款吊带裙由黄色和粉红色相混合搭配而成，而且选用了渐变色，层层递进，给人的感觉就是过渡柔和，不是突然变色，让人在视觉上感觉非常舒服。

　　此T恤上方为红色，下摆为黄色，中间为黄红色之间的过渡色，渐变式相融合，给人一种协调的感觉。

　　此长袖连衣裙采用蕾丝布料制作而成，胸前一块镂空，显得非常性感。整体色彩呈紫色，给人一种尊贵、高雅的感觉。

同类色的色相相同或相近，是由明度变化而产生的浓淡深浅不同的色调。同类色搭配也属于协调色服装搭配，在色相环中使用同一种色相或接近色相，根据其深浅、明暗的不同进行搭配，造成一种和谐的美感，以协调色调氛围。同类色是一种最简便、最基本的配色类型，也是配色中比较常用的配色方式。

CMYK: 83-81-69-51
RGB: 40-39-47

CMYK: 29-0-2-0
RGB: 192-236-255

CMYK: 86-67-50-9
RGB: 49-84-106

CMYK: 29-0-9-0
RGB: 191-236-242

CMYK: 54-24-19-0
RGB: 129-174-197

CMYK: 52-19-18-0
RGB: 135-183-203

CMYK: 80-56-38-0
RGB: 64-108-137

CMYK: 91-78-54-21
RGB: 38-62-86

CMYK: 70-49-34-0
RGB: 93-123-149

CMYK: 55-3-23-0
RGB: 119-204-211

CMYK: 38-0-12-0
RGB: 169-228-236

CMYK: 57-10-26-0
RGB: 115-192-198

CMYK: 62-70-69-21
RGB: 107-78-70

CMYK: 21-71-59-0
RGB: 212-104-92

CMYK: 1-41-38-0
RGB: 251-177-150

CMYK: 92-69-74-44
RGB: 10-56-54

此款长袖连衣裙款式新颖，采用偏襟是裙式的另类款式，精致的腰带束在腰部，给人感觉身材修长、唯美。

CMYK: 86-76-93-69
RGB: 18-26-13

CMYK: 7-0-42-0
RGB: 251-255-171

CMYK: 82-49-56-3
RGB: 49-115-114

CMYK: 91-69-43-4
RGB: 26-85-119

此抹胸裙给人一种高冷、神秘的感觉，其设计很别致，裙摆一面浅色一面深色，搭配起来形成鲜明的对比，给人一种视觉上的强烈冲击力。

CMYK: 62-98-100-60
RGB: 67-4-0

CMYK: 89-72-84-59
RGB: 17-40-32

CMYK: 46-85-88-14
RGB: 146-63-47

CMYK: 31-80-57-0
RGB: 192-82-91

此裙装具有异国风情，整体为深红色和灰色调相结合，呈暗色调，给人一种平和、不张扬的感觉。

在服装配色中，运用单彩色也就是一种色彩，这样显得比较单调，可以和安全色进行搭配，整体效果显得不那么突兀或者俗气。如果只使用一种纯色，往往在服装款式或者面料上要求非常考究。在穿着时，可搭配相应的装饰品，例如手包、项链、腰带等，以呈现更完美的效果。

CMYK: 0-91-70-0
RGB: 255-41-58

CMYK: 41-100-100-7
RGB: 168-0-1

CMYK: 35-96-94-2
RGB: 183-41-42

CMYK: 8-93-80-0
RGB: 234-41-49

CMYK: 10-96-91-0
RGB: 231-24-33

CMYK: 10-95-85-0
RGB: 231-33-42

CMYK: 27-100-100-0
RGB: 202-8-15

CMYK: 10-96-91-0
RGB: 231-24-33

CMYK: 1-92-73-0
RGB: 245-41-57

CMYK: 40-100-100-6
RGB: 171-8-10

CMYK: 10-96-85-0
RGB: 231-24-41

CMYK: 52-100-100-36
RGB: 114-1-1

服装配色的技巧

CMYK: 33-40-77-0
RGB: 191-158-77

CMYK: 17-29-69-0
RGB: 225-189-95

CMYK: 6-3-57-0
RGB: 254-244-133

CMYK: 36-47-100-0
RGB: 185-142-3

CMYK: 21-71-36-0
RGB: 212-106-126

CMYK: 26-93-88-0
RGB: 202-47-45

CMYK: 17-21-48-0
RGB: 224-205-146

CMYK: 24-28-60-0
RGB: 210-186-116

CMYK: 16-17-58-0
RGB: 228-212-127

CMYK: 60-82-98-48
RGB: 83-42-22

CMYK: 57-96-93-50
RGB: 86-20-22

CMYK: 44-99-98-12
RGB: 156-31-37

此款裙装为高色调黄色，并且大胆地采用纯色调，给人一种高贵、冷艳的感觉。

此款裙装为斜襟散摆裙，色彩为明黄色，这种色彩为纯色调，并且也属于高色调，给人一种鲜艳夺目的感觉。

此款裙装给人一种高贵的印象，像这种晚礼服一般出席正常的宴会时穿着恰到好处，大红色让人感觉喜庆、热情奔放。

　　浊色调是指色相中加入少量的中灰色，以略微降低纯度来调和色彩。这种色彩不像纯色调那样张扬，它带有一种含蓄、内敛、低调的特征，在服装配色时常常运用浊色调或邻近色的和谐效果来进行搭配，从而给人一种平和、安静的感觉。

CMYK: 91-87-85-76
RGB: 6-6-8

CMYK: 76-77-85-61
RGB: 44-35-26

CMYK: 64-71-80-34
RGB: 89-66-50

CMYK: 73-73-84-51
RGB: 58-48-36

CMYK: 63-68-76-26
RGB: 99-76-60

CMYK: 73-72-86-50
RGB: 59-50-35

CMYK: 70-69-83-40
RGB: 74-63-45

CMYK: 72-74-88-53
RGB: 58-46-30

CMYK: 64-69-77-28
RGB: 96-73-57

CMYK: 0-89-91-0
RGB: 255-53-15

CMYK: 69-71-84-42
RGB: 72-59-42

CMYK: 89-84-85-75
RGB: 10-10-10

CMYK: 84-100-53-27
RGB: 64-28-74

CMYK: 73-92-31-0
RGB: 104-52-118

CMYK: 85-82-80-69
RGB: 23-21-22

CMYK: 18-13-10-0
RGB: 216-217-222

CMYK: 3-10-0-0
RGB: 248-238-249

CMYK: 39-44-4-0
RGB: 172-150-199

CMYK: 56-78-13-0
RGB: 140-79-147

CMYK: 88-97-64-52
RGB: 36-20-46

CMYK: 52-65-18-0
RGB: 146-106-156

CMYK: 16-22-15-0
RGB: 220-204-207

CMYK: 60-79-69-27
RGB: 106-62-63

CMYK: 76-77-32-1
RGB: 91-77-128

　　此款裙子为稍暗一点的深紫色，面料给人一种华贵的感觉。长长的裙子突显了女性的曼妙身材，给人一种雅致、大气的印象。

　　此裙子呈黑色调，搭配浅色图案，这种搭配虽然在色彩上不是很抢眼，但是却能穿出女人的味道和风韵，低调而平和。

　　此婚纱裙给人一种皇家的感觉，神圣不可侵犯，尤其是灰白色调搭配金色，让人感到无比尊贵。

　　渐变相融色是指在一种色系中不断进行变化，最开始时只选用一种颜色，利用不同的明暗搭配进行渐变，越变越浓，然后渐渐过渡到另一种色彩，将两种色彩自然融合在一起，给人一种层次感和韵律感。不同的颜色融合在一起，分不清是哪种色调的初始，这样的搭配给人和谐的美感。

CMYK: 2-0-9-0
RGB: 254-255-239

CMYK: 53-32-74-0
RGB: 141-157-92

CMYK: 14-5-26-0
RGB: 230-235-203

CMYK: 98-134-46
RGB: 69-40-100-1

CMYK: 120-125-58
RGB: 62-47-92-4

CMYK: 83-63-100-44
RGB: 39-63-5

CMYK: 68-38-100-1
RGB: 102-138-51

CMYK: 37-12-55-0
RGB: 180-202-137

CMYK: 29-11-38-0
RGB: 197-212-173

CMYK: 243-254-237
RGB: 7-0-11-0

CMYK: 58-19-93-0
RGB: 128-173-56

CMYK: 67-39-95-1
RGB: 105-136-58

CMYK: 15-43-51-0
RGB: 224-165-125

CMYK: 31-23-16-0
RGB: 188-190-202

CMYK: 90-78-17-0
RGB: 47-73-147

CMYK: 67-45-0-0
RGB: 99-135-211

此吊带裙由黄色、蓝色和中间色调构成，上下两种色彩在视觉上形成了强烈的对比，但是在中间色调又融合为一体，在视觉上给人以一种艺术享受。

CMYK: 33-19-31-0
RGB: 186-195-178

CMYK: 56-30-90-0
RGB: 134-158-62

CMYK: 48-36-94-0
RGB: 157-154-47

CMYK: 49-43-100-0
RGB: 156-142-20

此婚纱裙上身随形，下身整个裙子大摆呈褶皱状，色彩为浅黄和深黄之间，给人一种奢华、高贵的感觉。

CMYK: 29-7-13-0
RGB: 193-221-225

CMYK: 13-9-36-0
RGB: 232-228-180

CMYK: 52-28-21-0
RGB: 138-169-189

CMYK: 20-4-7-0
RGB: 215-234-240

此裙子由淡蓝色和淡黄色组合而成，色调淡雅，夏天穿着给人一种凉爽、舒服的感觉。

在服装配色中，配色主体可以只有两种色彩，但是在细微差别处这两种色彩以微妙的变化衔接在一起，颜色融合得协调而自然，给人一种亲切感，很容易让人接受。虽然大致看上去是两种颜色，但是在这两种色彩区域内却呈现不同丰富的色彩组合，这种色彩组合统一在一个色调中。

CMYK: 14-21-47-0
RGB: 231-207-147

CMYK: 21-33-71-0
RGB: 216-178-88

CMYK: 41-37-64-0
RGB: 170-158-106

CMYK: 24-29-58-0
RGB: 209-184-120

CMYK: 44-35-46-0
RGB: 160-159-138

CMYK: 86-82-88-73
RGB: 17-16-11

CMYK: 35-23-38-0
RGB: 182-186-163

CMYK: 64-54-68-7
RGB: 108-110-88

CMYK: 35-29-44-0
RGB: 182-177-147

CMYK: 64-54-73-8
RGB: 109-109-81

CMYK: 26-16-31-0
RGB: 201-205-182

CMYK: 30-19-34-0
RGB: 192-196-173

CMYK: 25-16-6-0
RGB: 202-209-227

CMYK: 10-19-16 0
RGB: 233-216-209

CMYK: 57-74-100-30
RGB: 109-67-29

CMYK: 27-33-69-0
RGB: 204-175-95

CMYK: 41-4-94-0
RGB: 176-210-25

CMYK: 27-3-85-0
RGB: 211-225-50

CMYK: 32-22-5-0
RGB: 186-193-221

CMYK: 31-25-9-0
RGB: 187-189-212

CMYK: 18-27-54-0
RGB: 221-193-130

CMYK: 4-8-23-0
RGB: 250-239-207

CMYK: 19-8-66-0
RGB: 226-225-109

CMYK: 13-9-36-0
RGB: 233-229-181

　　此款长裙采用深灰色上点缀花形图案，给人一种高雅的美感，更显穿着者的高挑身材。

　　此款礼服采用光滑的丝质面料，在灯光的映衬下格外耀眼，尽显奢华风格。

　　此裙子选择黄色和绿色相混合的色彩组合而成，给人一种清爽、明快的感觉，让人看上去赏心悦目。

3.3 多种设计元素的运用

服装设计中的元素指具有鲜明特征、构成服装的具体细节的总和，包括色彩、造型、图案、材质、装饰手段等，能够传达设计者的理念。设计师通过各种元素符号进行表现，来传递流行和时尚的信息。例如，图案元素的印染、刺绣、提花、钉缀等，这些元素在服装表面形成抽象或是具象的特点，是具有形式美感的装饰符号。

3.3.1 主色调与服装风格的搭配

在服装配色中，可以根据服装的类型和风格选择合适的主色调。主色调占据服装的较大面积，其他少量的色彩为辅助色调，另外可以选择一两个系列的色彩与主色调进行对比，来衬托和点缀装饰重点部位，例如衣及领、腰带、丝巾等，以取得和谐、统一的效果。

CMYK: 18-42-48-0
RGB: 219-165-131

CMYK: 57-68-67-13
RGB: 123-89-79

CMYK: 53-70-78-14
RGB: 131-86-63

CMYK: 40-62-63-0
RGB: 173-115-93

CMYK: 55-70-74-15
RGB: 126-85-67

CMYK: 16-40-46-0
RGB: 223-170-136

CMYK: 90-87-86-77
RGB: 8-4-5

CMYK: 65-75-82-41
RGB: 82-56-43

CMYK: 55-69-75-14
RGB: 128-87-67

CMYK: 44-59-64-1
RGB: 164-118-94

CMYK: 12-36-38-0
RGB: 230-180-153

CMYK: 63-67-77-24
RGB: 102-79-61

CMYK: 31-63-36-0
RGB: 191-119-133

CMYK: 86-81-30-1
RGB: 64-70-128

CMYK: 6-5-12-0
RGB: 243-241-229

CMYK: 30-22-25-0
RGB: 191-192-186

CMYK: 31-5-12-0
RGB: 188-223-229

CMYK: 20-15-35-0
RGB: 217-213-176

CMYK: 26-57-20-0
RGB: 202-133-162

CMYK: 38-28-63-0
RGB: 179-175-111

CMYK: 12-1-76-0
RGB: 244-241-74

CMYK: 13-10-13-0
RGB: 227-226-221

CMYK: 66-59-60-8
RGB: 104-101-96

CMYK: 47-19-24-0
RGB: 151-186-192

此款裙子为花色长裙，由粉色和蓝色两种色彩搭配而成，其他色彩为辅助色，在低沉色彩中透露着鲜艳的色彩，整体色调给人一种低沉、平和的感觉。

此款裙子为灰色调，这种灰色调属于高级灰，色调明快。明度特别高的灰给人一种高雅华贵的感觉，尤其是一条黄色腰带的搭配更是画龙点睛之笔。

此款裙子为黄色和蓝色调，给人一种高冷的感觉。虽然色系属于冷色调，在视觉上给人一种拉远的感觉，但是这款裙子比较性感和时尚。

　　单色服装设计起来并不难，只要找到能与之搭配的和谐色彩就可以了，但有花样的衣服，往往是着装的难点，需要在图案装饰上多下一些工夫。黑、白、灰是永恒的搭配色，无论多复杂的色彩组合都能融入其中。例如在原本普通的衣服上添加一些文字图案，给衣服增添一些亮点，使效果更加生动和完美。

CMYK: 28-19-24-0
RGB: 194-199-192

CMYK: 74-66-64-23
RGB: 76-78-77

CMYK: 56-44-47-0
RGB: 131-136-130

CMYK: 39-28-32-0
RGB: 170-175-168

CMYK: 83-77-77-58
RGB: 34-36-35

CMYK: 79-73-71-43
RGB: 52-54-53

CMYK: 46-34-38-0
RGB: 155-160-153

CMYK: 56-46-47-0
RGB: 130-132-127

CMYK: 87-81-82-69
RGB: 18-22-21

CMYK: 39-28-33-0
RGB: 169-174-167

CMYK: 90-86-85-76
RGB: 9-7-8

CMYK: 44-32-37-0
RGB: 158-163-156

CMYK: 83-69-39-2
RGB: 65-87-124

CMYK: 59-45-34-0
RGB: 123-135-151

CMYK: 7-0-46-0
RGB: 252-251-161

CMYK: 12-94-81-0
RGB: 228-38-48

CMYK: 58-15-26-0
RGB: 116-184-193

CMYK: 9-0-83-0
RGB: 255-252-3

CMYK: 92-87-82-74
RGB: 6-9-14

CMYK: 64-49-30-0
RGB: 110-127-155

CMYK: 99-100-57-26
RGB: 24-26-75

CMYK: 27-37-60-0
RGB: 202-167-111

CMYK: 88-87-79-71
RGB: 18-13-19

CMYK: 26-2-52-0
RGB: 208-229-150

　　此款男士唐装上面配有文字，这种文字属于艺术字。艺术字好似美丽的图案，给服装增加了一些装饰。而中国唐装代表着中国服饰文化，添加一些汉字更加体现了中国的深厚文化内涵。

　　此款服装是婴儿服装，上面印有中国的喜字图案，给人一种喜庆的感觉，这种文字的搭配让人感觉中国文化的博大精深，并且也能感受到图文的吉祥之意。

　　此T恤分为前面和背面，以蓝色为底色，图案和文字分别为黄色和白色，这样的设计使服装不再单调，丰富了整体效果。

以一种色彩基调为主调，加入两种或者两种以上的色彩图案组合，图案色调与基调形成强烈的对比，这种配色表现效果比起单一色调更加丰富。它是以强调色调与色调之间的对比效应为组合的，运用了色彩的明度和纯度进行对比。

CMYK: 88-83-83-73
RGB: 14-14-14

CMYK: 22-17-18-0
RGB: 207-206-204

CMYK: 26-20-22-0
RGB: 199-198-194

CMYK: 84-79-81-66
RGB: 27-27-25

CMYK: 47-38-39-0
RGB: 152-151-146

CMYK: 88-84-81-71
RGB: 17-17-19

CMYK: 49-41-27-0
RGB: 148-147-165

CMYK: 39-32-20-0
RGB: 170-169-185

CMYK: 36-27-22-0
RGB: 176-179-186

CMYK: 41-34-22-0
RGB: 165-164-180

CMYK: 50-41-33-0
RGB: 145-145-155

CMYK: 17-12-4-0
RGB: 220-222-235

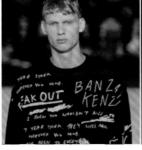

服装配色的技巧

CMYK: 10-8-8-0
RGB: 233-233-233

CMYK: 92-87-88-79
RGB: 3-3-3

CMYK: 76-73-74-45
RGB: 56-52-49

CMYK: 18-10-13-0
RGB: 218-224-222

CMYK: 49-100-100-25
RGB: 131-17-16

CMYK: 21-13-77-0
RGB: 221-213-80

CMYK: 9-0-83-0
RGB: 255-250-0

CMYK: 32-25-24-0
RGB: 185-185-185

CMYK: 35-91-38-0
RGB: 187-52-108

CMYK: 8-33-7-0
RGB: 238-191-209

CMYK: 92-88-86-78
RGB: 3-3-3

CMYK: 21-16-15-0
RGB: 210-210-210

　　此T恤为白色纯棉质地，图案为山水画，并添加黑色书法字，后背的"佛"字体现了中国佛文化的内涵，整体具有浓厚的艺术感。

　　这是一套情侣T恤，白色纯棉面料给人一种舒服、清爽、干净的感觉，前面配有图案和文字，给人一种时尚感，适合情侣们穿着。

　　此套装为白色T恤和黄色裙子，这样的搭配给人一种青春活力。尤其搭配一件黑色运动外套，更是为其添加了亮点，让黄色的跳跃色也低沉了许多。

　　在服装配色中，颜色的巧妙运用不仅能够呈现美感，也能表达设计者的内在文化和艺术修养。除了颜色的运用外，还可以采用其他特殊的方式增加视觉中心，如特殊的剪裁、大胆的款式，这无形中能起到锦上添花的作用。

CMYK: 0-71-71-0
RGB: 253-110-66

CMYK: 62-74-73-29
RGB: 99-66-59

CMYK: 91-88-87-79
RGB: 6-1-0

CMYK: 57-76-77-26
RGB: 111-67-56

CMYK: 64-90-87-59
RGB: 64-23-21

CMYK: 43-93-100-10
RGB: 159-48-31

CMYK: 65-89-98-61
RGB: 61-21-9

CMYK: 14-81-84-0
RGB: 225-83-45

CMYK: 33-91-100-1
RGB: 189-55-20

CMYK: 57-98-100-51
RGB: 86-12-3

CMYK: 61-61-77-14
RGB: 114-97-69

CMYK: 73-86-83-66
RGB: 44-20-20

CMYK: 42-0-60-0
RGB: 157-254-139

CMYK: 22-13-8-0
RGB: 207-215-226

CMYK: 65-2-82-2
RGB: 91-189-88

CMYK: 31-25-17-0
RGB: 187-187-197

此吊带裙给人一种轻松活泼的感觉，尤其是白色和绿色相间这种搭配给人一种淡雅清新的感觉，像是初春的新绿，焕发勃勃生机。

CMYK: 87-71-0-0
RGB: 39-77-202

CMYK: 100-100-53-10
RGB: 21-32-96

CMYK: 25-9-0-0
RGB: 200-224-255

CMYK: 86-70-0-0
RGB: 46-77-219

此吊带裙显得很性感，尤其是蓝色和小白点图案的搭配，更加添加了女性的无限妩媚，体现了青春的动感和朝气。

CMYK: 7-13-14-0
RGB: 241-228-219

CMYK: 24-22-30-0
RGB: 204-197-179

CMYK: 39-47-44-0
RGB: 173-143-132

CMYK: 22-27-29-0
RGB: 209-191-177

灰白色套装给人一种素淡、纯洁和高贵的感觉。淡淡的灰白色让穿着者有无限的魅力，体现了女性柔美和雅致。

第4章

服装服饰类的风格与配色

1. 鞋帽类配色的方案推荐

　　色彩搭配要对比强烈，能吸引人的注意，例如：红色、橙色和黄色等暖色调，能够引起人们的注意；自然的冷色调绿色，在炎炎夏日可以给人清凉的感觉。配色推荐如下。

R: 0 G: 0 B: 0 #000000	R: 164 G: 17 B: 9 #A41109	R: 255 G: 232 B: 111 #FFFE86F	R: 153 G: 0 B: 102 #990066	R: 255 G: 204 B: 0 #FFCC00	R: 204 G: 0 B: 51 #CC0033
R: 136 G: 77 B: 45 #884020	R: 208 G: 132 B: 96 #D08460	R: 218 G: 189 B: 145 #DAB091	R: 136 G: 77 B: 45 #884D2D	R: 208 G: 132 B: 96 #D08460	R: 218 G: 189 B: 145 #DABD91

2. 鞋帽类款式与配色案例解析

　　这款凉鞋设计简单大方，穿着舒适、自然，在夏天穿着时，可搭配浅色裙子或者职业装。

R: 69 G: 168 B: 173 #45a8ad	R: 122 G: 102 B: 78 #7a664e	R: 164 G: 162 B: 147 #a4a293

　　这款坡跟皮凉鞋皮质好，质地上乘，设计独特，可爱俏皮，适合时尚女性搭配时尚套装和休闲装穿着。

R: 59 G: 59 B: 64 #3b3b40	R: 62 G: 99 B: 144 #3e6390	R: 208 G: 192 B: 166 #d0c0a6

平底凉鞋由于款式时尚、多样，而深受女孩的喜爱，像这款平底凉鞋非常适合休闲度假的时候穿着。

这款凉鞋设计新颖，拉带鞋给人一种束缚的感觉，但是穿着起来比较严肃正规，适合办公室职业女性穿着。

R: 233 G: 114 B: 81 #e97251	R: 211 G: 78 B: 41 #d34e29	R: 173 G: 117 B: 91 #ad755b

R: 42 G: 93 B: 48 #2a5d30	R: 201 G: 162 B: 105 #c9a269	R: 184 G: 125 B: 58 #b87d3a

此款凉帽色彩粉嫩，上面设计了花朵装饰，搭配裙子会使女性显得更加妩媚，女人味十足。

此款凉鞋质地特殊，选择光滑亮面的皮质作为鞋面，而且是特别鲜亮的颜色，系带和后跟部分是黑色，这种颜色对比搭配适合年轻时尚的女孩穿着。

R: 154 G: 150 B: 175 #9a96af	R: 169 G: 129 B: 143 #a9818f	R: 189 G: 182 B: 218 #bdb6da

R: 139 G: 29 B: 34 #8b1d22	R: 33 G: 29 B: 19 #211d13	R: 223 G: 157 B: 123 #df9d7b

4.2 腰带类

1. 腰带类配色的方案推荐

对时尚最好的诠释莫过于装饰的运用，所以样式配置通常较为简洁。红色是冲击力最强的颜色，正如时尚带给人们的感觉那样，热烈而鲜活。配色推荐如下。

| R: 255
G: 0
B: 0
#ff0000 | R: 192
G: 255
B: 0
#c0ff00 | R: 0
G: 192
B: 255
#00c0ff |

| R: 185
G: 12
B: 243
#ba0cf3 | R: 243
G: 12
B: 128
#f30c80 | R: 243
G: 185
B: 12
#f3b90c |

| R: 51
G: 204
B: 153
#33cc99 | R: 255
G: 255
B: 0
#ffff00 | R: 51
G: 102
B: 153
#336699 |

| R: 233
G: 225
B: 217
#e9ffd9 | R: 241
G: 239
B: 240
#f1eff0 | R: 215
G: 127
B: 53
#fb7f35 |

2. 腰带类款式与配色案例解析

镶钻红腰带搭配时装，可衬托出独特、别具一格的品位。

| R: 192
G: 48
B: 57
#c03039 | R: 192
G: 152
B: 176
#8b98b0 | R: 228
G: 191
B: 154
#e4bf9a |

黄色镶钻腰带给人一种奢华的感觉，适合搭配高品质、有档次的服装。

| R: 155
G: 71
B: 33
#d5794a | R: 226
G: 152
B: 80
#e29850 | R: 155
G: 77
B: 31
#9b4d1f |

此款条纹腰带，在色彩上十分丰富，搭配时装显现出独特、帅气之感。但是服装最好别选择太花哨的，否则容易给人一种眼花缭乱的感觉。

| R: 141
G: 64
B: 63
#8d403f | R: 31
G: 43
B: 59
#1f2b3b | R: 148
G: 109
B: 74
#946d4a |

此款布质腰带，给人以柔软的感觉，搭配时装时，显得休闲、生活气息浓厚。

| R: 232
G: 62
B: 36
#e83e24 | R: 111
G: 199
B: 219
#6fc7db | R: 154
G: 27
B: 92
#9a1b5c |

此款腰带黑色仿皮制，在制作上也较为简单，适合男士搭配上职业装使用。

这两款紫色编织型腰带给人的感觉非常休闲，应注意与其他服饰颜色搭配，不要影响整体效果，比较适合搭配浅色裙装。

R: 113 G: 105 B: 95 #71695f	R: 25 G: 25 B: 25 #71695f	R: 146 G: 123 B: 99 #927b63

R: 93 G: 58 B: 123 #5d3a7b	R: 81 G: 60 B: 40 #513c28	R: 143 G: 139 B: 178 #8f8bb2

4.3　首饰类

1.首饰类配色的方案推荐

首饰的样式风格随意、轻松，搭配简洁，可运用丰富的元素，大多采用明亮度高的颜色，例如：黄色、红色等。配色推荐如下。

R: 70 G: 243 B: 12 #6fba2c	R: 255 G: 153 B: 51 #f29438	R: 255 G: 243 B: 204 #fcf0cb

R: 248 G: 110 B: 110 #eb6b6a	R: 213 G: 248 B: 112 #ccdf75	R: 240 G: 209 B: 117 #e9cb75

R: 117 G: 148 B: 240 #738dc7	R: 245 G: 163 B: 163 #ed9f9f	R: 217 G: 255 B: 102 #cfdf6d

R: 102 G: 217 B: 255 #6ec9ec	R: 245 G: 107 B: 61 #e9693e	R: 255 G: 217 B: 204 #fad6ca

2. 首饰类款式与配色案例解析

不同的服饰造型，要有不同的首饰搭配，根据场合来判断什么样的首饰最合适，如果春秋季节穿一件小衫搭配一条装饰项链是最合适的。

R: 139 G: 176 B: 53 #8bb035	R: 196 G: 150 B: 28 #c4961c	R: 191 G: 35 B: 107 #bf236b

此项链垂坠造型优美，搭配合适的服饰，可衬托出项链的特点，并充分展示自己的魅力。

R: 167	R: 61	R: 76
G: 36	G: 2	G: 132
B: 36	B: 15	B: 133
#a72424	#3d020f	#4c8485

丰富的色彩，巧妙的构思设计，诠释了时尚潮流，这种首饰给人一种尊贵的感受。

R: 124	R: 233	R: 31
G: 37	G: 75	G: 42
B: 30	B: 35	B: 101
#7c251e	#e94b23	#1f2a65

此装饰手镯给人一种冰凉清冷的感觉，这种灰色调的搭配给人一种低调和沉稳，适合搭配一些灰色调或中间色调佩饰。

R: 229	R: 19	R: 73
G: 24	G: 17	G: 33
B: 18	B: 18	B: 15
#e51812	#131112	#49210f

金黄色象征高贵，设计巧妙，做工精细，材料上等，佩戴可散发出古典气质和贵族气息。

R: 222	R: 162	R: 130
G: 69	G: 74	G: 202
B: 52	B: 36	B: 195
#de4534	#a24a24	#82cac3

红色翡翠球串，优雅的气息、独特的设计给人一种奢华的感觉，是富贵的象征。

R: 219	R: 72	R: 143
G: 36	G: 17	G: 32
B: 22	B: 10	B: 34
#db2416	#48110a	#8f2022

1. 眼镜类配色的方案推荐

　　眼镜种类繁多，除了普通的透明镜片外，装饰性的眼镜或太阳镜镜片大部分使用大自然色彩，例如：深邃的湛蓝色、朦胧的茶色，还有低调的灰色等。而镜框的颜色更为丰富多彩。配色推荐如下。

R: 114 G: 119 B: 103 #726777	R: 168 G: 162 B: 159 #a89fa2	R: 191 G: 185 B: 197 #bfc5b9
R: 189 G: 41 B: 51 #bd3329	R: 115 G: 184 B: 168 #73a8b8	R: 209 G: 41 B: 182 #d1b629

R: 221 G: 105 B: 158 #dd9e69	R: 118 G: 52 B: 66 #764234	R: 240 G: 187 B: 214 #f0d6bb
R: 54 G: 18 B: 20 # 361412	R: 177 G: 76 B: 84 #b1544c	R: 230 G: 218 B: 220 # e6dcda

2.眼镜类款式与配色案例解析

　　此款眼镜红色镜框，灰色镜片，给人一种时尚、前卫的感觉。

R: 117 G: 117 B: 118 #757676	R: 230 G: 78 B: 78 #e64e4e	R: 18 G: 20 B: 20 #121414

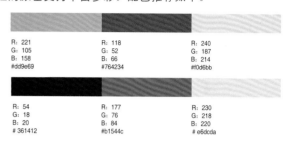

　　此款眼镜花纹图案镜框，仿古式设计，咖啡色镜片，整体庄重又不失时尚。

R: 224 G: 188 B: 174 #e0bcae	R: 111 G: 81 B: 96 #6f5160	R: 45 G: 43 B: 54 #2d2b36

　　此款眼镜框透着大气的风格，透明玻璃镜片，适合文静、保守的人佩戴。

R: 158 G: 112 B: 67 #9e7043	R: 111 G: 67 B: 34 #6f4322	R: 67 G: 31 B: 17 #431f11

　　此组眼镜色彩各异，而且镜片较小，是爱美女性的最爱。

R: 75 G: 140 B: 197 #4b8cc5	R: 227 G: 36 B: 96 #e32427	R: 225 G: 210 B: 42 #e1d22a

此款眼镜镜框是透明的，给人一种晶莹剔透的感觉，镜片是深紫色，又给人一种神秘和尊贵的感觉。

此款太阳镜是粉色镜框，给人一种粉嫩的感觉。这种眼镜适合年轻、娇小的女孩使用，让人感觉甜美、可爱。

R: 35	R: 62	R: 154	R: 160	R: 240	R: 177
G: 12	G: 37	G: 30	G: 117	G: 185	G: 41
B: 25	B: 81	B: 54	B: 121	B: 208	B: 56
#230c19	#3e2551	#3e2551	#a07579	#f0b9d0	f0b9d0b12938

4.5　丝巾类

1. 丝巾类配色的方案推荐

独特的设计和精美的图案是丝巾类的特征，色彩的搭配多使用邻近色或强烈的对比色。配色推荐如下。

R: 215	R: 235	R: 250	R: 225	R: 225	R: 184
G: 221	G: 213	G: 130	G: 194	G: 215	G: 215
B: 238	B: 135	B: 219	B: 184	B: 185	B: 225
#d5dbec	#e5d085	#d584b5	#dec0b6	#dfd5b7	#b5d3dd

R: 51	R: 255	R: 51	R: 243	R: 255	R: 24
G: 204	G: 255	G: 102	G: 230	G: 28	G: 152
B: 153	B: 0	B: 153	B: 81	B: 67	B: 69
#48b78f	#efea3a	#326292	#eade56	#e72a44	#1c9144

2. 丝巾类款式与配色案例解析

此款丝巾以粉色打底，配以黄色和绿色，带着时尚的气息。

R: 211	R: 218	R: 87
G: 69	G: 170	G: 145
B: 139	B: 64	B: 69
#d3458b	#daaa40	#579145

此款丝巾图案构思巧妙，吸收了时尚理念之精华，诠释其魅力，给人留下深刻印象。

此款丝巾以蓝色为底色，搭配红色、黄色和绿色，对比色相互衬托，给人一种视觉冲击力。

R: 212	R: 155	R: 147
G: 99	G: 212	G: 39
B: 98	B: 202	B: 47
#d46362	#9bd4cd	#93272f

R: 139	R: 33	R: 220
G: 54	G: 96	G: 221
B: 48	B: 150	B: 158
#8b3630	#216096	#216096

此丝巾以粉色为主色调，其他辅助色调为蓝色和黄色，还有深粉色，淡粉色中略加几缕重色。

此丝巾由粉色和深粉色构成，柔软的丝织面料，带着飘逸的时尚气息，散发着流行的大牌风范。

R: 233	R: 207	R: 36
G: 85	G: 195	G: 38
B: 109	B: 107	B: 76
#e9556d	#cfc36b	#24264c

R: 50	R: 218	R: 232
G: 50	G: 124	G: 77
B: 144	B: 175	B: 59
#323290	#da7caf	#da7caf

此丝巾由黄色和蓝色搭配而成，色彩鲜亮、明快，给人留下愉悦、欢快的印象。

R: 217	R: 193	R: 58
G: 210	G: 34	G: 65
B: 59	B: 31	B: 165
#d9d23b	#c1221f	#3a56a5

1. 鞋靴类配色的方案推荐

鞋靴类的设计元素数量众多，每种颜色可以反映出不同鞋靴的特质。配色推荐如下。

R: 0 G: 0 B: 0 #030000	R: 170 G: 168 B: 156 #aaa79b	R: 212 G: 213 B: 208 #d3d4cf	R: 236 G: 236 B: 234 #ececea	R: 223 G: 220 B: 215 #dedbd6	R: 194 G: 217 B: 233 #bfd5e5
R: 108 G: 116 B: 135 #6b7285	R: 127 G: 138 B: 168 #7d87a4	R: 249 G: 246 B: 239 #f8f6ef	R: 194 G: 174 B: 112 #bdab6e	R: 194 G: 209 B: 148 #becc91	R: 194 G: 133 B: 112 #bd826e

2. 鞋靴类款式与配色案例解析

此款女士高跟鞋鞋身为棕色皮质，后面添加了金属装饰设计，适合办公室职业女性穿着。

R: 77 G: 52 B: 48 #4d3430	R: 201 G: 170 B: 132 #ffffff	R: 55 G: 53 B: 56 #373538

此款黑色皮鞋，鞋沿镶有绒毛，整体看上去高档华贵，材料上等，做工精细，适合秋冬季穿着。

R: 114 G: 108 B: 114 #726c72	R: 168 G: 163 B: 169 #a8a3a9	R: 15 G: 10 B: 14 #0f0a0e

此款皮鞋为棕红色鳄鱼纹皮面，鞋后面镶有蝴蝶结装饰，庄重中加了几分可爱，适合职业女性穿着。

R: 159	R: 89	R: 15
G: 44	G: 55	G: 10
B: 36	B: 53	B: 14
#9f2c24	#593735	#0f0a0e

湖蓝色给人一种清新、干净的印象，此款湖蓝色皮鞋采用亮面皮，适合春秋天穿着。

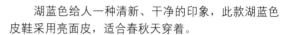

R: 125	R: 235	R: 103
G: 154	G: 176	G: 132
B: 162	B: 129	B: 139
#7d9aa2	#ebb081	#67848b

此款高跟鞋在前鞋面上添加了镂空设计，在中间添加了一块网纱质的材料，以区别其他皮质，巧妙的变化让鞋子看起来更新颖。

R: 25	R: 174	R: 184
G: 24	G: 118	G: 132
B: 31	B: 50	B: 75
#19181f	#ae7632	#b8844b

此款红色平底鞋给人一种舒适的感觉，适合搭配休闲服装穿着。

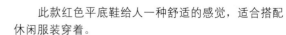

R: 140	R: 235	R: 77
G: 29	G: 124	G: 17
B: 33	B: 105	B: 17
#8c1d21	#eb7c69	#4d1111

1. 时尚包类配色的方案推荐

　　包包和衣服呈同色系不同深浅的搭配方式，可以营造出非常和谐的感觉；包包和衣服也可以是强烈的对比色，这将会是一个非常抢眼的搭配方式。例如：黑色套装＋红色腰带＋红色包包＋黑色高跟鞋。时尚类配色的推荐如下。

R: 52 G: 197 B: 173 #3461ad	R: 99 G: 146 B: 194 #6392c2	R: 204 G: 204 B: 204 #cccccc	R: 236 G: 236 B: 234 #ececea	R: 222 G: 219 B: 214 #dedbd6	R: 191 G: 213 B: 229 #bfd5e5
R: 204 G: 255 B: 204 #cbe4c1	R: 255 G: 255 B: 255 #ffffff	R: 102 G: 204 B: 204 #65c2c2	R: 38 G: 96 B: 122 #265d76	R: 106 G: 151 B: 170 #6893a5	R: 255 G: 255 B: 255 #ffffff

2. 时尚包类款式与配色案例解析

　　此款手提包面料上等，精致的做工，编织时尚花纹的图案，打破视觉上的平淡之举，适合潮女的选择。

　　此款休闲包采用纯牛皮剖光材质，外观普通但是随意轻便，给人一种实用、舒适之感。

R: 214 G: 153 B: 194 #d699c2	R: 156 G: 45 B: 98 #9c2d62	R: 187 G: 171 B: 153 #bbab99	R: 202 G: 188 B: 162 # cabca2	R: 149 G: 132 B: 116 # 958474	R: 0 G: 0 B: 4 # 000004

此款手提包采用亮皮材质制作而成，皮质表面绘制精美的图案画，时尚、前卫，视觉观感很强。

R: 158 G: 165 B: 158 #9ea59e	R: 23 G: 25 B: 24 #171918	R: 141 G: 94 B: 64 #8d5e40

此款手提包采用红色亮皮材质，表面给人一种光滑的感觉，适合喜庆或节日气氛比较浓的时候作为配饰使用。

R: 215 G: 64 B: 71 #d74047	R: 186 G: 20 B: 22 #ba1416	R: 149 G: 26 B: 29 #951a1d

04

此款手提包采用暗红色皮质制作而成，融合民族传统的流行元素，注重款式以及色彩的搭配。适合搭配职业装或者风衣、大衣类服装。

R: 175 G: 63 B: 62 #af3f3e	R: 141 G: 42 B: 40 #8d2a28	R: 102 G: 28 B: 32 #661c20

第 5 章

服装服饰质感与配色

1. 儿童服装类

儿童服装质感也就是服装的面料质感。面料的选择要符合儿童的生长发育特点以及活动范围的需求。目前市场上儿童服装面料的花色品种繁多，可供选择的范围也很广。在这众多的面料中，重要的是应根据儿童生长发育不同时期的特点来斟酌选择。

儿童服装的典型面料包括斜纹类棉织物、起绒类棉织物、起绉类棉织物、人造棉面料、棉混纺面料、针织面料等。

2. 经典配色案例分析

当对儿童服装的配色风格有了基本认识后，下面提供了几个具有代表性的服装案例，希望带给读者直观的感受。

儿童针织类红色毛衣和纯棉小衫的搭配，充分展示时尚、帅气的孩童性格。

R: 177	R: 245	R: 218
G: 30	G: 216	G: 111
B: 35	B: 42	B: 23
#b11e23	#b11e23	#b11e23

97

05

服装服饰质感与配色

绿色和灰色相间隔搭配的印花背心无袖T恤，显现出小女孩可爱、淘气、充满活力的一面。

R: 41	R: 220	R: 23
G: 175	G: 37	G: 25
B: 210	B: 34	B: 29
#29afd2	#dc2522	#17191d

此服装为白色休闲衫外罩红色无袖马甲，白色给人一种普通、低调的感觉，而红色的马甲为原本普通的衣服增加了配色亮点，让整体效果一下鲜活起来。

R: 161	R: 204	R: 234
G: 8	G: 51	G: 234
B: 9	B: 51	B: 234
#a10908	#cc3333	#eaeaea

绿色连衣裙给人一种清新、活泼的感觉，尤其是背带的连衣裙。前胸处还系着两个蝴蝶结，与头发上的发饰相呼应，让整体搭配恰到好处，体现了小女孩的阳光、活泼可爱的特点。

R: 1	R: 36	R: 246
G: 133	G: 164	G: 173
B: 119	B: 149	B: 184
# 018577	# 24a495	# f6adb8

3. 适合的配色方案

　　儿童服装在色彩选择上，应该使用适合儿童的颜色。一般情况下，只要是不妖艳、不华丽的颜色，皆可使用。孩子一般对一些鲜亮的色彩服装比较喜欢，如红色、绿色和黄色等。

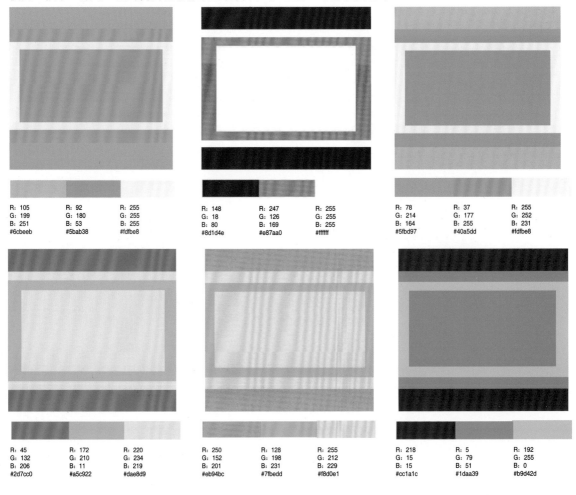

R: 105	R: 92	R: 255
G: 199	G: 180	G: 255
B: 251	B: 53	B: 255
#6cbeeb	#5bab38	#fdfbe8

R: 148	R: 247	R: 255
G: 18	G: 126	G: 255
B: 80	B: 169	B: 255
#8d1d4e	#e87aa0	#ffffff

R: 78	R: 37	R: 255
G: 214	G: 177	G: 252
B: 164	B: 255	B: 231
#5fbd97	#40a5dd	#fdfbe8

R: 45	R: 172	R: 220
G: 132	G: 210	G: 234
B: 206	B: 11	B: 219
#2d7cc0	#a5c922	#dae8d9

R: 250	R: 128	R: 255
G: 152	G: 198	G: 212
B: 201	B: 229	B: 229
#eb94bc	#7fbedd	#f8d0e1

R: 218	R: 5	R: 192
G: 15	G: 255	G: 255
B: 29	B: 51	B: 0
#cc1a1c	#1daa39	#b9d42d

1. 鞋靴类

　　随着社会的发展和纺织业技术的进步，设计师有的使用布料、丝绸等物品来制作儿童鞋子，并与皮革、麻草组合应用，出现了大量的制品，当今鞋靴发展变化则被赋予了更多因素，已逐渐过渡到实用与审美相结合的形式，还不断增加鞋靴的各种功能，如透气性、舒适性、保暖性，并从卫生科学的角度加以设计。

2. 经典配色方案分析

　　下面提供了几个成功的配色案例以供参考。

　　此款为传统手法制作的虎头鞋，色彩纯正、鲜艳，做工精致，造型生动，适合刚刚学会走路的儿童穿着。

R: 176	R: 192	R: 213
G: 34	G: 137	G: 202
B: 42	B: 118	B: 91
#b0222a	#c08976	#d5ca5b

　　此款小棉靴颜色对比强烈，利用面料与肌理的灵活搭配，鞋面添加可爱的小装饰品，给人留下深刻的印象。

R: 195	R: 179	R: 194
G: 60	G: 129	G: 75
B: 104	B: 54	B: 29
#c33c68	#b38136	#c24b1d

　　旅游鞋给人一种休闲、轻快、方便和自由的感觉。青蓝色和黄色相间搭配，显得阳光、朝气蓬勃。儿童穿着更健康、安全，方便运动。

R: 92	R: 226	R: 33
G: 102	G: 230	G: 36
B: 128	B: 93	B: 42
#5c6680	#e2e65d	#21242a

　　此款宝宝鞋由格状棉软布料制作，白色和深灰色相间让人感觉温暖、舒适，再加上搭配的动物图案装饰，展示出可爱的一面。

R: 170	R: 203	R: 84
G: 159	G: 190	G: 45
B: 27	B: 39	B: 31
#aa9f1b	#cbbe27	#54411f

3. 适合的配色方案

下面提供几个比较适合的配色方案以供参考。

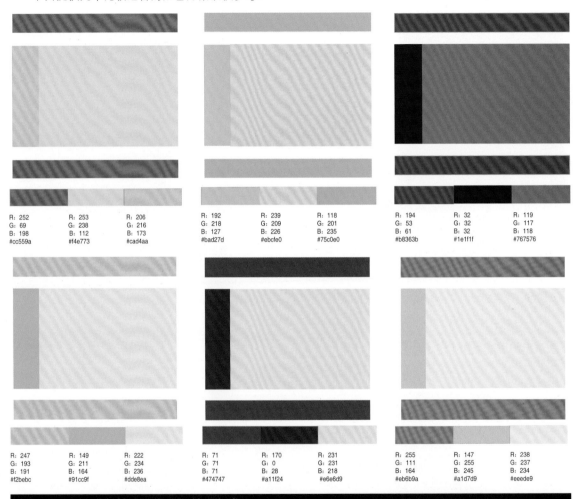

| R: 252
G: 69
B: 198
#cc559a | R: 253
G: 238
B: 112
#f4e773 | R: 206
G: 216
B: 173
#cad4aa | R: 192
G: 218
B: 127
#bad27d | R: 239
G: 209
B: 226
#ebcfe0 | R: 118
G: 201
B: 235
#75c0e0 | R: 194
G: 53
B: 61
#b8363b | R: 32
G: 32
B: 32
#1e1f1f | R: 119
G: 117
B: 118
#767576 |

| R: 247
G: 193
B: 191
#f2bebc | R: 149
G: 211
B: 164
#91cc9f | R: 222
G: 234
B: 236
#dde8ea | R: 71
G: 71
B: 71
#474747 | R: 170
G: 0
B: 28
#a11f24 | R: 231
G: 231
B: 218
#e6e6d9 | R: 255
G: 111
B: 164
#eb6b9a | R: 147
G: 255
B: 245
#a1d7d9 | R: 238
G: 237
B: 218
#eeede9 |

5.3 女性休闲类服装质感

1. 女性休闲类服装

在很多人的概念里，把穿休闲装当成一种毫无节制的放松，不讲究色彩的搭配、质地的协调，以及服装与配饰之间的配合。其实，在逛街、散步、假日亲友间小聚等场合穿的休闲装，最能体现个人品位。

休闲装面料应以轻盈、柔软、悬垂、质朴的风格为主。休闲装制作工艺与其他服装有很大差别，在设计上也十分自由，不受任何条框的束缚。常用的休闲面料有棉类织物、麻类织物、化纤织物、牛仔等。

2. 经典配色案例解析

目前服装设计技术日趋成熟，对于设计者来说，选择合适的服装配色方案和内容结构是服装设计成功的关键。下面是两个配色案例及其解析。

运动背心、格子短裤，外披一件小外衣，利用时装元素不同的特点，营造特殊的时尚设计亮点，充分展示个性风格的同时，又融入了共性的审美空间。

白色小背心、牛仔裤，搭配一件深绿色小外衣，给人一种休闲、清纯的感觉。一个棕色皮包搭配得恰到好处。

R: 220	R: 243	R: 226
G: 105	G: 152	G: 59
B: 164	B: 69	B: 77
#dc69a4	#f39845	#e23b4d

R: 202	R: 154	R: 67
G: 152	G: 43	G: 38
B: 132	B: 58	B: 24
#ca9884	#9a2b3a	#432618

3. 适合的配色方案

下面提供几个比较适合的配色方案以供参考。

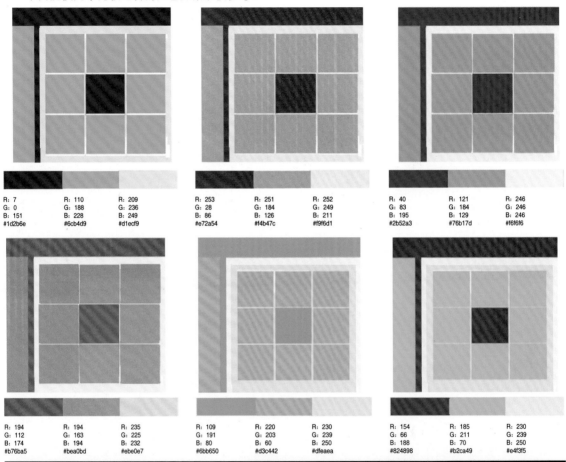

R: 7 G: 0 B: 151 #1d2b6e	R: 110 G: 188 B: 228 #6cb4d9	R: 209 G: 236 B: 249 #d1ecf9
R: 253 G: 28 B: 86 #e72a54	R: 251 G: 184 B: 126 #f4b47c	R: 252 G: 249 B: 211 #f9f6d1
R: 40 G: 83 B: 195 #2b52a3	R: 121 G: 184 B: 129 #76b17d	R: 246 G: 246 B: 246 #f6f6f6
R: 194 G: 112 B: 174 #b76ba5	R: 194 G: 163 B: 194 #bea0bd	R: 235 G: 225 B: 232 #ebe0e7
R: 109 G: 191 B: 80 #6bb650	R: 220 G: 203 B: 60 #d3c442	R: 230 G: 239 B: 250 #dfeaea
R: 154 G: 66 B: 188 #824898	R: 185 G: 211 B: 70 #b2ca49	R: 230 G: 239 B: 250 #e4f3f5

5.4 男士休闲类服装质感

1. 男士休闲类服装

休闲服装是用于公共场合穿着的舒适、轻松、随意、时尚并富有个性的服装。由于休闲服装的风格特性不同，选用面料的要求也有所不同，时尚型休闲服装是在追求舒适自然的前提下，紧跟时尚潮流甚至前卫的一类休闲服装。这类服装属于流行服装类别，通常是年轻时髦一族穿着个性、追求现代感的主要着装。它拥有广泛的消费群体，一般适合逛街、购物、走亲访友、娱乐等休闲场合。

2. 经典配色案例分析

服装的样式有很多，通常在配色和设计上都有比较高的水准。

红色代表积极上进，热情如火。上身红色的羽绒服给人一种阳光、健康的生活状态。下身搭配一条牛仔裤给人潇洒大方的感觉。

深绿色外套内搭一件白色衬衫，下身搭配一件深灰色牛仔裤，给人一种成熟、自信的男性形象。

短袖T恤和短裤搭配一双运动鞋，让人看上去就感受到了阳光和力量，整体青春气息比较浓郁，适合年轻人着装。

R: 186 G: 47 B: 54 #ba2f36	R: 41 G: 61 B: 79 #293d4f	R: 25 G: 24 B: 25 #191819

R: 130 G: 139 B: 145 #828b91	R: 131 G: 98 B: 77 #83624d	R: 25 G: 24 B: 25 #191819

R: 74 G: 104 B: 148 #4a6894	R: 192 G: 170 B: 39 #c0aa27	R: 148 G: 180 B: 189 #94b4bd

3. 适合的配色方案

在服装的选色上，可以是保守的、简约的，也可以是个性的、张扬的。只要设计者能够规划出合理的方案，就可以使用夸张的设计手法，使想象实现于服装上。

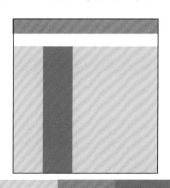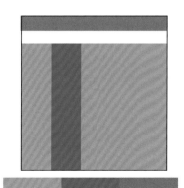

R: 255 G: 208 B: 80 #f6ca52	R: 228 G: 111 B: 216 #bf73ac	R: 102 G: 110 B: 255 #5665ae

R: 152 G: 152 B: 152 #a19797	R: 41 G: 96 B: 147 #285c8c	R: 165 G: 109 B: 62 #a16b3d

R: 189 G: 225 B: 81 #b5d457	R: 163 G: 3 B: 192 #823790	R: 121 G: 162 B: 0 #759c2e

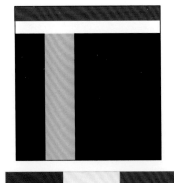

R: 0	R: 243	R: 253
G: 0	G: 6	G: 196
B: 0	B: 0	B: 0
#030000	#e31912	#f3be1a

R: 185	R: 348	R: 255
G: 0	G: 242	G: 0
B: 0	B: 228	B: 0
#ae1e24	#f7f1e3	#e71f19

R: 255	R: 40	R: 0
G: 111	G: 222	G: 100
B: 36	B: 22	B: 130
#ed6d2d	#5ab432	#00617d

5.5 女性时尚类服装质感

1. 女性时尚类服装

　　随着生活水平的逐步提高，人们对纺织品的要求将向"现代、美观、舒适、保健"的方向发展，在选用面料方面应注意以下几点：第一，面料纤维与纱线的种类、粗细、结构与服装档次一致；第二，面料结构要注重外观、风格；第三，面料色彩图案稳重、大方、不单一、适应面广；第四，面料性能，即对于提高服装功能与效果发挥作用较为显著。

2. 经典配色案例分析

　　时尚服装是根据服务目的和时尚功能来进行服装设计的，在色彩的选用上有很大的自主性。

　　黄绿格子衬衫搭配一条黄色小腿裤，给人一种魅力十足、青春洋溢之感。

R: 230	R: 140	R: 158
G: 171	G: 52	G: 74
B: 69	B: 15	B: 35
#e6ab45	#8c340f	#9e4a23

白色无袖小衫给人一种清纯的形象，蓝黑色相间的花纹七分裤给人一种厚重的感觉，上面轻下面重是服装搭配的基本原则，切忌头重脚轻。

R: 22	R: 88	R: 219
G: 56	G: 192	G: 174
B: 109	B: 202	B: 17
#16386d	#58c0ca	#dbae13

此款长袖小衫胸前添加了类似一个大苹果的图案，给人一种视觉冲击，是注目的焦点，下身搭配一条蓝色牛仔短裤，给人一种健康、时尚、前卫的感觉。

R: 43	R: 45	R: 79
G: 58	G: 184	G: 85
B: 81	B: 199	B: 163
# 2b3a51	#2db8c7	#4f55a3

3. 适合的配色方案

由于时尚服装有很大的设计空间，所以，在色彩搭配上有很多的配色方案可供选择。大自然是五光十色、绚丽多彩的，设计者可以参考大自然中的颜色，选择合适的色彩设计服装。下面提供了几种合适的配色方案以供读者参考。

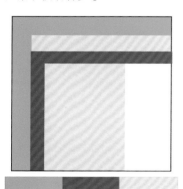

R: 106	R: 31	R: 229
G: 212	G: 96	G: 224
B: 45	B: 90	B: 224
#73bb2d	#1f5e58	#e5e0e0

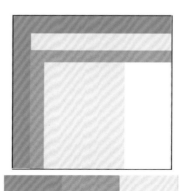

R: 91	R: 197	R: 243
G: 147	G: 158	G: 233
B: 194	B: 103	B: 206
#588cb8	#c09b66	#f0e7cd

R: 52	R: 252	R: 216
G: 180	G: 227	G: 162
B: 250	B: 87	B: 84
#43a9e0	#f2dc5b	#d19e53

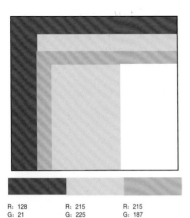
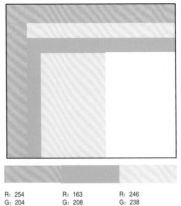

R: 128	R: 215	R: 215
G: 21	G: 225	G: 187
B: 208	B: 179	B: 148
#633b93	#d4e1b3	#d3b892

R: 254	R: 163	R: 246
G: 204	G: 208	G: 238
B: 0	B: 19	B: 218
#f4c51d	#9cc728	#f5ecd8

R: 250	R: 254	R: 241
G: 159	G: 201	G: 238
B: 89	B: 95	B: 233
#f19a5a	#f5c460	#f0ede8

5.6　女性皮鞋质感与配色

1. 女性时尚皮鞋

　　现代鞋类设计风格是设计师通过鞋靴设计来表现观念、文化理念、审美理想、精神气质等内在特性的外部印记。如果说在历史上鞋靴的产生主要以实用为目的，那么当今鞋靴类发展变化则被赋予了更多因素，逐渐过渡到实用与审美相结合的形式，女性皮鞋在这方面的表现较为明显。

2. 经典配色案例分析

　　成功配色的案例有很多，服装设计者可以根据所要设计的服装性质和内容，选择适合的服装配色方案，设计出独特的皮鞋风格。

此款粉色平底鞋给人一种时尚的感觉，设计美观，展示了高贵、优雅的气质，最适合白领下班之后休闲逛街的时候穿着。

此款黄色单鞋跟部采用暗增高设计，鞋面上搭配蝴蝶结装饰，能够展现出年轻女性个性张扬、可爱甜美的一面

R: 180	R: 182	R: 205
G: 123	G: 132	G: 136
B: 132	B: 150	B: 122
#b47b84	#b78496	#cd887a

R: 210	R: 142	R: 191
G: 152	G: 80	G: 126
B: 72	B: 35	B: 34
#d2984a	#8e5023	#bf7e22

　　黑色皮鞋给人一种稳定的感觉，显示出女性的尊贵、优雅，加上设计的独特，更是众多女性的宠爱，主要适合白领穿着，而且好搭配衣服。

　　此款女性皮鞋，前面带有蝴蝶结，穿着起来显得优雅、大气，设计独特的风格，适合搭配色彩浅色的服装。

R: 197 G: 185 B: 93 #c5b95d	R: 153 G: 54 B: 111 #99366f	R: 78 G: 91 B: 73 #4e5b49

R: 46 G: 87 B: 96 #2e5738	R: 144 G: 65 B: 13 #90410d	R: 148 G: 40 B: 29 #94281d

3. 适合的配色方案

　　在颜色选用上，要根据实际内容，选择适合的配色方案。下面提供了几个比较适合的配色方案以供读者参考。

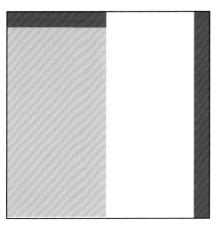

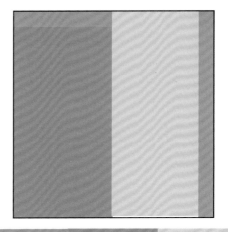

R: 237 G: 21 B: 74 #dd2048	R: 220 G: 216 B: 215 #c7c6c6	R: 255 G: 255 B: 255 #ffffff

R: 219 G: 152 B: 61 #d4953f	R: 155 G: 135 B: 120 #9a8677	R: 247 G: 242 B: 215 #d2d696

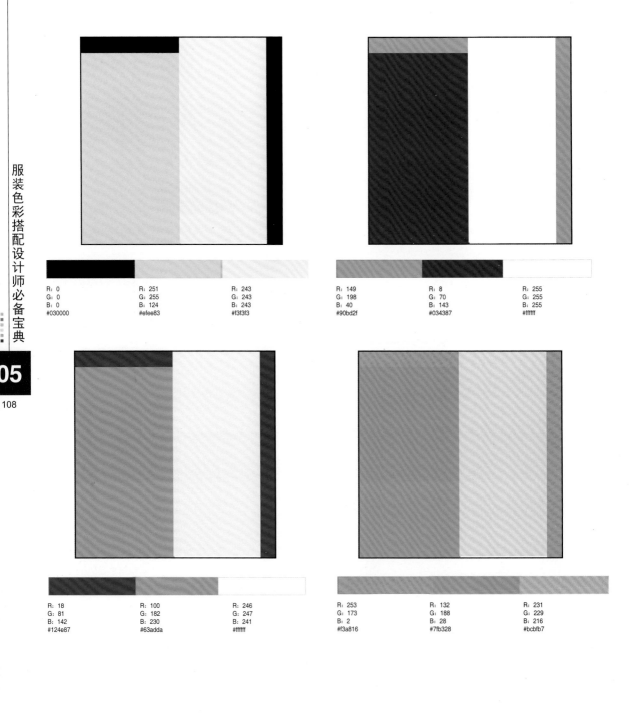

R: 0
G: 0
B: 0
#030000

R: 251
G: 255
B: 124
#efee83

R: 243
G: 243
B: 243
#f3f3f3

R: 149
G: 198
B: 40
#90bd2f

R: 8
G: 70
B: 143
#034387

R: 255
G: 255
B: 255
#ffffff

R: 18
G: 81
B: 142
#124e87

R: 100
G: 182
B: 230
#63adda

R: 246
G: 247
B: 241
#ffffff

R: 253
G: 173
B: 2
#f3a816

R: 132
G: 188
B: 28
#7fb328

R: 231
G: 229
B: 216
#bcbfb7

第 6 章

不同国家的服装风格与配色

6.1 中国风格服装配色

1. 中国风格服装配色案例解析

　　中华民族是人类史上最古老的民族之一，其历史文明对世界做出了巨大贡献。其中，作为人类文明重要标志的服装，也以其独有的东方神韵，为世人所瞩目。我们的祖先以披着兽皮和树叶起步，直到出现精致的冠冕服饰，逐步创造出一部灿烂的中国服饰发展史。

　　服装设计师在设计中大量运用具有中国文化特色的各种元素，包括具有民族特色的色彩、文字、图案的应用，例如：各个少数民族的传统服饰、装饰、手工艺品、特色建筑、绘画等，将这些元素有效搭配，给人留下富有浓厚中式传统特色的印象，从而形成民族特色与文化特色鲜明，整体搭配和谐的中式风格。

　　上身为传统唐装，下身搭配裤子，传统服装的搭配令人回想过去的年代，一种复古的风格在现代风格的服饰潮流中显得特别另类。

　　中国旗袍体现了中华民族的传统服饰文化，穿着时需要注意面料、色彩、款式和配饰的选择，并且在做工上也非常讲究。

R: 56	R: 232	R: 192
G: 63	G: 62	G: 156
B: 133	B: 59	B: 94
#383f85	#e83e3b	#c09c5e

R: 30	R: 20	R: 158
G: 58	G: 41	G: 212
B: 132	B: 104	B: 255
#1e3a84	#142968	#9ed4ff

服装设计应本着大胆、创新、不拘一格的原则与时俱进。这款旗袍裙在传统旗袍的基础上,大胆地采用大裙摆的方式,一改往日旗袍的风格。

R: 203	R: 230	R: 161
G: 35	G: 167	G: 9
B: 34	B: 149	B: 4
#cb2322	#e6a795	#a10904

随着流行趋势的发展,传统旗袍也逐渐向现代旗袍演变,更加突出了女性的高贵和妩媚。

R: 223	R: 172	R: 180
G: 33	G: 32	G: 206
B: 20	B: 24	B: 200
#df2114	#ac2018	#b4cec8

此款由传统的大褂演变而来,胸襟上的图案和下摆的印花,均为传统纹样,使服装显得高贵而优雅。

R: 229	R: 43	R: 80
G: 48	G: 25	G: 165
B: 55	B: 37	B: 175
#e53037	#2b1925	#50a5af

中国传统服饰中属旗袍最能代表中国的服饰文化了，旗袍可以体现女性的柔美和高挑的身材。在配色方面，一般都选择华贵、亮丽的色彩，例如华贵的粉色、喜庆的红色，还有尊贵的黄色等。

R: 237	R: 212	R: 247
G: 203	G: 197	G: 249
B: 105	B: 154	B: 225
# edcb69	# d4c59a	# f7f9e1

2. 中国风格服装配色方案推荐

中国风格服装配色方案推荐如下。

R: 99	R: 255	R: 74
G: 115	G: 82	G: 165
B: 181	B: 0	B: 74
#5f6eab	#ea5319	#4b9e49

R: 255	R: 239	R: 3
G: 206	G: 58	G: 0
B: 16	B: 33	B: 0
#f5c724	#e13c24	#030000

R: 239	R: 255	R: 90
G: 74	G: 222	G: 99
B: 148	B: 165	B: 173
#de498b	#fadaa3	#555ea2

R: 255	R: 74	R: 90
G: 222	G: 165	G: 99
B: 165	B: 74	B: 173
#fadaa3	#4b9e49	#555ea2

R: 247	R: 200	R: 54
G: 132	G: 176	G: 171
B: 165	B: 90	B: 201
#eb809e	#c8b05a	#36abc9

R: 41	R: 84	R: 255
G: 90	G: 190	G: 173
B: 165	B: 190	B: 107
#27559b	#54b5b5	# f5a86b

1. 韩国风格服装配色案例解析

　　韩国的服装设计水准很高而且发展迅速，色彩丰富而独特，但又不杂乱，尤其是服装中的元素，韩国设计师在色彩运用方面可以说非常得当，在我们看来非常难看的颜色，到了他们手中能轻易搭配出和谐的美感，给人的感觉要不就是淡雅迷人，要不就另类而大胆。

　　此款花形图案小衫采用弹性面料，色彩清新，使人穿着舒适、轻松。

R: 211	R: 233	R: 137
G: 97	G: 149	G: 124
B: 68	B: 144	B: 144
#d36145	#e99590	#897c90

113

　　个性而时尚的肩部设计，充满了无限的动感元素，新颖而别致，恰到好处的衣袖设计，很适合秋季穿搭。

R: 221	R: 65	R: 102
G: 86	G: 97	G: 110
B: 50	B: 121	B: 120
#416179	#416179	#666e78

　　从浅蓝到深蓝的搭配，各种颜色如果搭配得当，可以使穿着者更加妩媚动人。

R: 29	R: 200	R: 23
G: 98	G: 90	G: 51
B: 160	B: 18	B: 128
#1d62a0	#c85a12	#173380

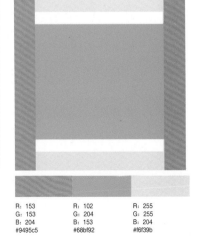

　　蓝色打底裤体现了熟女的魅力，散发出成熟、时尚的韵味。灰色背心的搭配更显妩媚。

　　灰色休闲套装让人感觉随意、自然，充满了无限的热情，搭配一个时尚帽子更能突出女性的时尚范儿。

R: 0	R: 128	R: 254
G: 113	G: 72	G: 213
B: 181	B: 50	B: 66
#0071b5	#804832	#fed542

R: 249	R: 232	R: 138
G: 188	G: 64	G: 142
B: 0	B: 31	B: 155
#f9bc00	#e8401f	#8a8e9b

2. 风格服装配色方案推荐

　　下面推荐几种韩国风格服装配色方案。

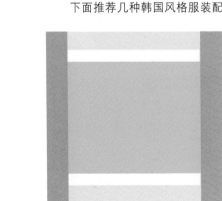

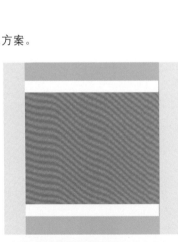

R: 255	R: 153	R: 246
G: 153	G: 255	G: 243
B: 153	B: 204	B: 155
#f09495	#a3d5b8	#f6f39b

R: 255	R: 153	R: 255
G: 102	G: 204	G: 255
B: 102	B: 102	B: 153
#eb6363	#94c465	#f6f39b

R: 153	R: 102	R: 255
G: 153	G: 204	G: 255
B: 204	B: 204	B: 204
#9495c5	#68bf92	#f6f39b

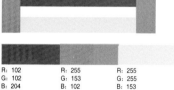

R: 102	R: 255	R: 255
G: 102	G: 153	G: 255
B: 204	B: 102	B: 153
#5d62ab	#f19465	#f6f39b

R: 153	R: 255	R: 255
G: 155	G: 204	G: 255
B: 255	B: 255	B: 153
#a7dae2	#eacae0	#f6f39b

R: 255	R: 105	R: 204
G: 255	G: 205	G: 255
B: 102	B: 104	B: 153
#f3ee71	#6bbc67	#c7df95

6.3　印度风格服装配色

1. 印度风格服装配色案例解析

　　印度风格服装有一种莫名的神秘感，就像一个色盘，把奢华和颓废、绚烂和低调等情绪调成一种沉醉色，让人无法自拔。印度风格服装简单与复杂并存，风雅清新而不失妩媚艳丽，非常独特。印度风格服装善于用对比来营造氛围，既没有一味地追求奢华，也不过分沉于暧昧，印度风的服装一般艳丽、复杂，但经过这几年的发展，目前摒弃了浮华，将耐久的元素沉淀，使其成为经典。总体来说，属于混搭风格，不仅和印度、泰国、印度尼西亚等东南亚国家有关，还代表了某种氛围，在异国情调下享受极度舒适，重视细节，通过对比达到强烈的效果。

　　以单色调为主色调的印度纱丽给人一种引人注目的感觉，一朵朵小花和蓝色的镶边为纱丽添加了亮点，让这种服饰更具有特色。

　　携带着浓浓的异域风情，简练的设计，随身的造型，让人有种眼前一亮的感觉。

R: 255	R: 60	R: 228
G: 220	G: 107	G: 222
B: 88	B: 115	B: 162
#ffcd58	#3c6b73	#e4dea2

R: 230	R: 248	R: 213
G: 204	G: 238	G: 168
B: 207	B: 167	B: 207
#e6cccf	#f8eea7	#d5a8cf

墨绿色象征着高贵和含蓄，低调而不张扬，此款纱丽以墨绿色为主，袖口、底边和胸前搭配了少许的土红色，土红色在这里并不跳跃，也属于低调、深沉的颜色，两种对比色都混合了少许的黑色，使用暗色调给人一种凝重之感。

此款印度风格纱丽，以淡紫色调为主色调，配以多元素图案，多种颜色搭配而不失优雅，尽显典雅的气息。

R: 71	R: 1	R: 42
G: 0	G: 19	G: 110
B: 1	B: 7	B: 71
#470001	#011307	#2a6e47

R: 168	R: 143	R: 227
G: 127	G: 141	G: 222
B: 143	B: 116	B: 203
#a87f8f	#8f8d74	#e3decb

2. 印度风格服装配色方案推荐

下面推荐几种印度风格服装配色方案。

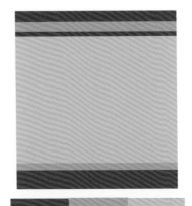
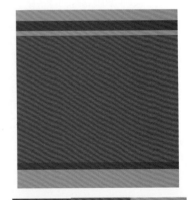

R: 115	R: 130	R: 217
G: 153	G: 23	G: 172
B: 0	B: 23	B: 38
#6f9430	#7d191e	#d2a72c

R: 184	R: 184	R: 209
G: 61	G: 184	G: 209
B: 20	B: 20	B: 148
#af3e23	#b2b11f	#cdcc92

R: 87	R: 192	R: 163
G: 69	G: 64	G: 163
B: 15	B: 96	B: 40
#55451f	#b63e5c	#9e9e2a

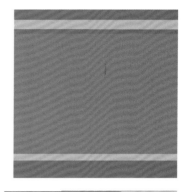

R: 217	R: 92	R: 194		R: 171	R: 146	R: 184		R: 76	R: 46	R: 184
G: 127	G: 71	G: 186		G: 127	G: 113	G: 184		G: 102	G: 113	G: 184
B: 38	B: 10	B: 163		B: 38	B: 10	B: 122		B: 0	B: 10	B: 122
#d17c29	#5a4720	#c1b8a2		#e60012	#48602d	#959536		#4a652f	#8e7027	#b4b478

6.4 日本风格服装配色

1. 日本风格服装配色案例解析

　　日本的服装设计常以传统东方的思想方式和感受力来表现，有时借助鲜明的民族传统视觉符号，例如：和服、茶道、和屋及浮世绘的板画与传统民俗等蕴含民族意味的图形，以典型的日本风格展现在世人面前。

　　日本的服装设计师在色彩的运用上趋于传统却又十分大胆，由于文化的因素，常常喜欢运用黑色与白色进行搭配，也喜欢运用高亮度的色彩设计风格不同的服装，思维跳跃、轻快活泼，是日本新一代服装设计师特有的优点。

　　新式的服装设计超越了对视觉符号表面形式的关注，认为美也存在非具体的事物，将人对视觉的解读通过了由外到内，深入到心灵的方式获得感知，同时，对传统的图案和颜色进行简化，以现代的思维方式从传统中取出实用与当代的智慧，融合日本技术特有的清愁、冷眼的浓郁色调，日本的服装设计以符合现代人的视觉习惯和跨越东西方文化鸿沟的姿态，在探索新的服装设计发展方向。

红色象征着温暖、明快，给人活泼、热情的印象，此款衬衫由几种不同的颜色搭配而成，下身搭配 A 字裙装，非常适合职业女性穿着。

R: 117	R: 235	R: 252
G: 64	G: 143	G: 205
B: 58	B: 92	B: 97
#75403a	#eb8f5c	#fccd61

淡粉色薄纱裙装让人感觉时尚、性感，在工艺装饰手段上应用了特殊的材料，采用镶蕾丝花边的手法，充分展示了女性的形体美，使其更加娇媚动人。

R: 197	R: 224	R: 230
G: 151	G: 166	G: 196
B: 154	B: 180	B: 213
#c5979a	#e0a6b4	#e6c4d5

黑白格相间的大衣充分展示了庄重的气息，适合多种场合穿着。

R: 35	R: 126	R: 212
G: 37	G: 122	G: 212
B: 36	B: 136	B: 214
#232524	#7e7a88	#d4d4d6

休闲套装搭配一件外套，给人一种随意、自然的感觉，外套可穿也可搭在身上，既保暖又起到装饰作用。

R: 159	R: 23	R: 245
G: 121	G: 23	G: 246
B: 85	B: 25	B: 241
#9f7955	#171719	#f5f6f1

此款连衣裙宽松自然，前卫时尚，散落的自然袖给人一种舒适之感，尤其是腰间系一条腰带，尽显女性的柔美。

R: 153
G: 129
B: 103
#998167

R: 227
G: 216
B: 210
#e3d8d2

R: 226
G: 214
B: 214
#e2d6d6

2. 日本风格服装配色方案推荐

日本风格服装配色方案推荐如下。

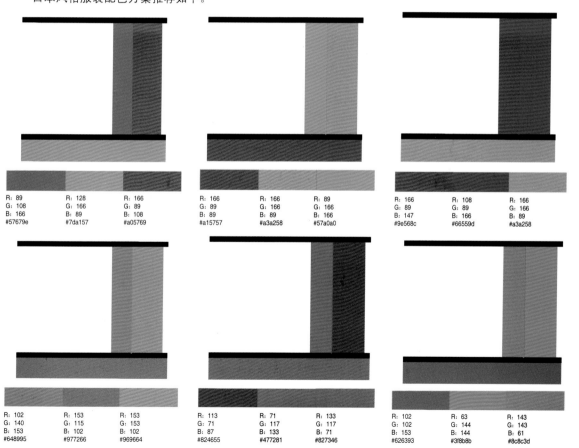

R: 89
G: 108
B: 166
#57679e

R: 128
G: 166
B: 89
#7da157

R: 166
G: 89
B: 108
#a05769

R: 166
G: 89
B: 89
#a15757

R: 166
G: 166
B: 89
#a3a258

R: 89
G: 166
B: 166
#57a0a0

R: 166
G: 89
B: 147
#9e568c

R: 108
G: 89
B: 166
#66559d

R: 166
G: 166
B: 89
#a3a258

R: 102
G: 140
B: 153
#648995

R: 153
G: 115
B: 102
#977266

R: 153
G: 153
B: 102
#969664

R: 113
G: 71
B: 87
#824655

R: 71
G: 117
B: 133
#477281

R: 133
G: 117
B: 71
#827346

R: 102
G: 102
B: 153
#626393

R: 63
G: 144
B: 144
#3f8b8b

R: 143
G: 143
B: 61
#8c8c3d

1. 美国风格服装配色案例解析

　　其实，美国的服装风格早已基本成型了，只是相比法国的优雅、意大利的浪漫、英国的先锋，美国风格更加简约、实用，要是能静下心来体味，美国风格同样有其他国家难以匹敌的韵味。美国的时装和它的民族精神一样，把更多注意力放在了开拓进取、积极前卫的取向上。

　　简单的设计，给人舒适感的面料，散发着别样风情。

R: 16	R: 199	R: 150
G: 9	G: 110	G: 61
B: 10	B: 87	B: 44
#10090b	#c76e57	#963d2c

　　此款连衣裙肩部与臀部的独特花纹设计，充满了无限的动感，更加能衬托人的身材。

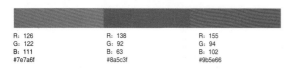

R: 126	R: 138	R: 155
G: 122	G: 92	G: 94
B: 111	B: 63	B: 102
#7e7a6f	#8a5c3f	#9b5e66

　　此款风衣造型新颖，款式独特，尤其是在衣袖和领部，夸张地表现了造型，给人一种华贵、洒脱之感。

R: 5	R: 177	R: 112
G: 0	G: 158	G: 54
B: 1	B: 158	B: 48
#050001	#b19e9e	#703630

此款大衣由一个装饰扣将大衣两侧自然地连接在一起，后片的风衣要比前片的风衣长了许多，更显露出设计的随性、自然之感。

此款为无袖风衣式半身裙，双排扣的装饰给人一种职业、干练的印象。

R: 211
G: 125
B: 136
#d37d88

R: 123
G: 113
B: 141
#7b718d

R: 53
G: 61
B: 64
#353d40

R: 127
G: 78
B: 35
#7f4e23

R: 205
G: 187
B: 164
#cdbba4

R: 190
G: 163
B: 125
#bea37d

2. 美国风格服装配色方案推荐

美国风格服装配色方案推荐如下。

R: 206
G: 58
B: 132
#c0397c

R: 255
G: 235
B: 0
#f4e226

R: 0
G: 0
B: 0
#030000

R: 138
G: 102
B: 50
#876731

R: 71
G: 146
B: 51
#468c38

R: 209
G: 102
B: 32
#c86423

R: 164
G: 64
B: 30
#9d3f24

R: 70
G: 144
B: 153
#468b93

R: 183
G: 139
B: 110
#b3896d

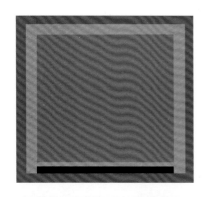

R: 181	R: 228	R: 222
G: 55	G: 123	G: 64
B: 40	B: 154	B: 25
#ac3828	#d87793	#d2401c

R: 77	R: 0	R: 57
G: 193	G: 92	G: 173
B: 234	B: 129	B: 46
#4fb7dc	#00597c	#3ca437

R: 255	R: 31	R: 232
G: 243	G: 171	G: 129
B: 109	B: 64	B: 36
#f6ec71	#27a240	#df7e28

6.6 英国风格服装配色

1. 英国风格服装配色案例解析

　　若喜爱英伦风格，一定不能错过经典的苏格兰格纹、黑色礼帽和优雅的小西装等英伦风格元素，并了解它们如何完美地融合在一起。例如抢眼的蓝绿色双排扣小西装，只需简单内搭一件白色 T 恤，便已相当出彩，一头凌乱的头发更展现出英伦风优雅而又叛逆的风格。英伦风最经典的元素，无疑就是格纹衬衫了，如用格纹的闲适和牛仔的一抹痞气结合，就打造出街头潮人风范。

　　红黑格衬衫搭配蓝色牛仔裤，男孩子穿起来更显阳光和健康，属于英国流行风格。

R: 72	R: 203	R: 168
G: 95	G: 91	G: 100
B: 129	B: 80	B: 54
#485f81	#cb5b50	#ba6436

女性也喜欢穿格子衬衫和牛仔裤，将身材的每个部位凸显得立体有型，显得稳重又有气质。

头戴礼帽，随性的长款衬衫，宽松的休闲裤，互相搭配起来既潇洒又大方，显露出惬意的休闲风范。

R: 141 G: 140 B: 148 #8d8c94	R: 200 G: 171 B: 141 #c8ab8d	R: 62 G: 76 B: 77 #3e4c4d

R: 57 G: 50 B: 34 #393222	R: 118 G: 85 B: 80 #765550	R: 173 G: 136 B: 107 #ad886b

这两款为英伦风格校园服装搭配，一个女孩上身黑色大衣，下身铅笔裤，体现出青春女孩的利落和神秘；另一个女孩上身红毛衣下身宽松长裤，这样的服装搭配给人的感觉很自然，其颜色、款式根据需要选择，可以穿出自己的着装风格。

这种衬衫与西服的搭配让人看上去很正式，但又不失活泼、俏皮，给人一种平易近人的感觉，适合上班着装。

R: 80 G: 69 B: 75 #50454b	R: 139 G: 69 B: 61 #8b453d	R: 209 G: 170 B: 153 #d1aa99

R: 209 G: 208 B: 206 #d1d0ce	R: 136 G: 110 B: 85 #886e55	R: 207 G: 195 B: 169 #cfc3a9

英国风格服装配色方案推荐如下。

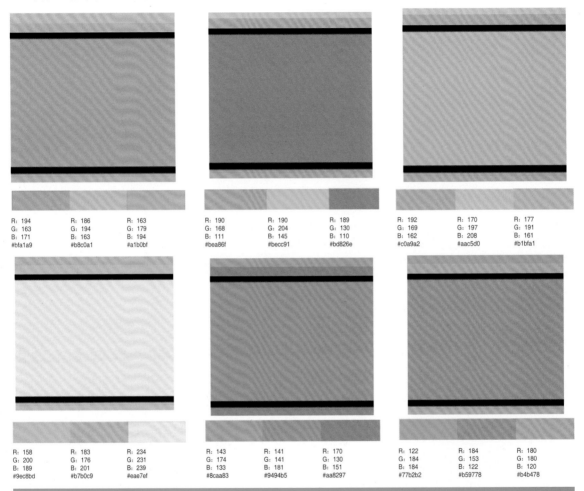

R: 194	R: 186	R: 163
G: 163	G: 194	G: 179
B: 171	B: 163	B: 194
#bfa1a9	#b8c0a1	#a1b0bf

R: 190	R: 190	R: 189
G: 168	G: 204	G: 130
B: 111	B: 145	B: 110
#bea86f	#becc91	#bd826e

R: 192	R: 170	R: 177
G: 169	G: 197	G: 191
B: 162	B: 208	B: 161
#c0a9a2	#aac5d0	#b1bfa1

R: 158	R: 183	R: 234
G: 200	G: 176	G: 231
B: 189	B: 201	B: 239
#9ec8bd	#b7b0c9	#eae7ef

R: 143	R: 141	R: 170
G: 174	G: 141	G: 130
B: 133	B: 181	B: 151
#8caa83	#9494b5	#aa8297

R: 122	R: 184	R: 180
G: 184	G: 153	G: 180
B: 184	B: 122	B: 120
#77b2b2	#b59778	#b4b478

6.7　加拿大风格服装配色

1. 加拿大风格服装配色案例解析

　　加拿大服装设计包含了英、法、美服装的综合特点，既有英国人的含蓄，又有法国人的明朗，还有美国人无拘无束的特点。其服装一般青春亮丽，动感十足，色彩都是主打色。

　　加拿大人民热情好客、待人诚恳，他们喜欢现代艺术、体育运动（尤其是冰上曲棍球）。加拿大是著名的"枫叶之国"，枫叶点缀了加拿大国土，该国人民对枫叶有着浓厚的感情，所以枫叶的颜色——橙色与黄色，是此风格服装的基本色。此外，他们还偏爱白色，将其视为吉祥色。

此款短袖衬衣白色底色点缀红色规则花纹，并以深蓝色进行中和，下身搭配红色裤子，让人感觉干练、利索，同时散发高贵、优雅的气质。

R: 222 G: 51 B: 47 #de332f	R: 176 G: 128 B: 84 #b08054	R: 35 G: 36 B: 54 #232436

此休闲毛衣外套给人一种轻松、温暖的感觉，蓝色又给人一种深沉之美，蓝、黑、白三色相间打破了单色调的沉闷气氛，让整体效果更加活跃。

R: 62 G: 50 B: 148 #3e3294	R: 211 G: 211 B: 209 #d3d3d1	R: 31 G: 30 B: 25 #1f1e19

简单大方的设计理念，设计风格上融入了许多经典的元素。

R: 183 G: 28 B: 39 #b71c27	R: 44 G: 35 B: 30 #2c231e	R: 100 G: 75 B: 42 #6e4b2a

此款裙子设计简单大方，黄色明亮、轻快，整体带着飘逸、自然、高贵感。

R: 133 G: 64 B: 75 #85404b	R: 210 G: 164 B: 68 #d2a444	R: 194 G: 73 B: 82 #c24952

此款晚礼服设计精致，面料高档，看上去给人高贵、华丽的感觉。

R: 134	R: 215	R: 17
G: 83	G: 129	G: 5
B: 36	B: 96	B: 14
#865324	#d78160	#11050e

2. 加拿大风格服装配色方案推荐

加拿大风格服装配色方案推荐如下。

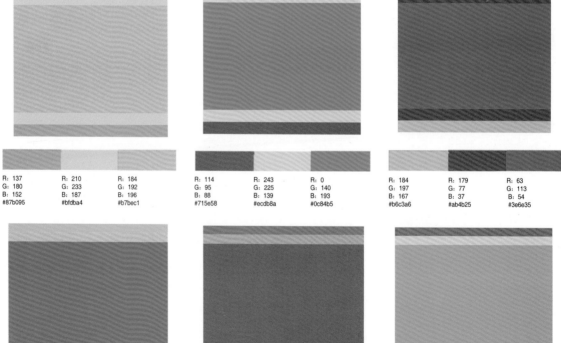

R: 137	R: 210	R: 184
G: 180	G: 233	G: 192
B: 152	B: 187	B: 196
#87b095	#bfdba4	#b7bec1

R: 114	R: 243	R: 0
G: 95	G: 225	G: 140
B: 88	B: 139	B: 193
#715e58	#ecdb8a	#0c84b5

R: 184	R: 179	R: 63
G: 197	G: 77	G: 113
B: 167	B: 37	B: 54
#b6c3a6	#ab4b25	#3e6e35

R: 148	R: 200	R: 44
G: 207	G: 195	G: 120
B: 211	B: 192	B: 146
#91c8cc	#c7c2bf	#2b748c

R: 121	R: 207	R: 170
G: 135	G: 175	G: 107
B: 48	B: 128	B: 40
#768431	#cbac7f	#a56927

R: 221	R: 227	R: 129
G: 108	G: 217	G: 183
B: 66	B: 183	B: 141
#d36942	#e0d6b5	#7eb28a

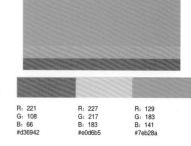

1. 俄罗斯风格服装配色案例解析

俄罗斯的穿衣时尚已经世界潮流化、时装化，一副好的"包装"成为许多人追求的目标。俄罗斯人很注重仪表。与吃相比较，俄罗斯人更偏爱穿，更看重外在的"包装"。所以，在穿着服装上讲究色彩的和谐、整体的搭配。

俄罗斯服饰色彩鲜艳，摆型宽大，这和俄罗斯民族的生产、生活有关，也体现了俄罗斯人豪迈的性格。俄罗斯的移民服饰上大多都留存着俄罗斯民族的传统风格，讲究头饰，注重礼节。

127

06

不同国家的服装风格与配色

俄罗斯的服饰风格不同于中国服饰的风格，橘红色长裙给人一种高档、大气的感觉，上身随形，下身宽松和自然垂落，给人一种飘逸、潇洒之感。

花纹图案套装更能体现俄罗斯风格，小碎花上衣给人娇美、可爱之感，下身的图案更显稳重一些，两者相互搭配给人一种醒目、强烈的视觉感。

裸肩蝙蝠衫和花色图案的短裙搭配，给人一种特有的俄罗斯民族特色，上身采用蓝色格子装饰略显简单，下身短裙上多种图案并结合多种色彩融合在一起，添加了一抹动人的亮色。

R: 93	R: 191	R: 234
G: 52	G: 26	G: 138
B: 31	B: 32	B: 29
#c1341f	#bf1a20	#ea8a45

R: 233	R: 51	R: 237
G: 175	G: 76	G: 237
B: 68	B: 81	B: 237
#e9af44	#334c51	#ededed

R: 44	R: 115	R: 221
G: 53	G: 189	G: 138
B: 117	B: 233	B: 73
#2c3575	#73bde9	#dd8a49

外面为简洁大方的长纱裙，内搭彩裤并运用粉红色相互呼应，充分诠释女性的从容和性感。

上身为横条纹短袖、下身为绿色拖地长裙，给人以强烈的视觉冲击力，妩媚中闪烁着时尚与自信的光彩。

R: 192 G: 178 B: 175 #c0b2af	R: 188 G: 12 B: 58 #bc0c3a	R: 210 G: 122 B: 76 #d27a4c

R: 220 G: 180 B: 143 #dcb48f	R: 63 G: 143 B: 94 #3f8f5e	R: 213 G: 100 B: 117 #d56475

2. 俄罗斯风格服装配方案推荐

俄罗斯风格服装配色方案推荐如下。

R: 179 G: 230 B: 25 #abcf38	R: 96 G: 115 B: 38 #5d7130	R: 222 G: 240 B: 168 #d8e7a6

R: 153 G: 255 B: 51 #9eca3e	R: 117 G: 191 B: 64 #72b642	R: 212 G: 230 B: 248 #d2e3f4

R: 140 G: 204 B: 51 #88c23b	R: 203 G: 211 B: 121 #c5cc77	R: 255 G: 255 B: 153 #f6f39b

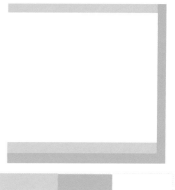

R: 153	R: 76	R: 204	R: 162	R: 51	R: 228	R: 170	R: 53	R: 255
G: 204	G: 115	G: 102	G: 230	G: 153	G: 240	G: 255	G: 205	G: 255
B: 0	B: 38	B: 51	B: 25	B: 59	B: 168	B: 0	B: 205	B: 255
#93c31e	#497033	#497033	#9dc938	#36933a	#deeaa7	#aacd2b	#44bbbd	#ffffff

6.9 法国风格服装配色

1. 法国风格服装配色案例解析

　　法国时装在世界上享有盛誉，选料丰富、优异，设计大胆，制作技术高超，使法国时装一直引导世界时装潮流。近年来，特别引人注目的是巴黎女郎的裙子，其式样之多，款式之新颖，在其他国家很难看到。法国是一个爱美的国家，法国人比较注重穿着，而且很注意服装方面的鉴赏力，具有很深厚的服饰文化。

宽松肥大的袖口和裙摆，时尚和复古风格相融合，系上一条黑色腰带别具风格，优雅气场锐不可当。

敏感地捕捉了国际流行元素，注重款式及色彩的搭配，超短紧身衣将玲珑有致的身材突显出来，外披一件皮草披风，使整体气质更加高贵。

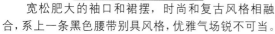

R: 206	R: 35	R: 239
G: 203	G: 33	G: 238
B: 210	B: 38	B: 246
#cecbd2	#232126	#efeef6

R: 215	R: 79	R: 236
G: 158	G: 63	G: 198
B: 105	B: 50	B: 162
#d79e69	#4f3f32	#ecc6a2

抹胸长裙外搭黄色小衫，头戴红色的针织帽，看起来既休闲又不失时尚。

R: 245 G: 236 B: 57 #f5ec39	R: 97 G: 117 B: 118 #617576	R: 166 G: 192 B: 205 #a6c0cd

此款单肩吊带裙，大胆创新，追求色彩的完美，大散摆裙随风飘逸，让整个人看起来特别的潇洒、自由奔放。

R: 170 G: 20 B: 19 #aa1413	R: 72 G: 45 B: 24 #482d18	R: 242 G: 210 B: 171 #f2d2ab

此款红色套装诠释一种时尚、典雅的设计风格，以巧妙的构思、精致的裁剪、上乘的面料，充分张扬了个性。

R: 179 G: 0 B: 3 #b30003	R: 133 G: 0 B: 3 #850003	R: 178 G: 0 B: 0 #b20000

此款为长袖超短连衣裙，为精明干练、聪慧自信的时尚女性而打造。

R: 108 G: 61 B: 33 #6c3d21	R: 196 G: 196 B: 194 #c4c4c2	R: 204 G: 119 B: 114 #cc7772

2. 法国风格服装配色方案推荐

法国风格服装配色方案推荐如下。

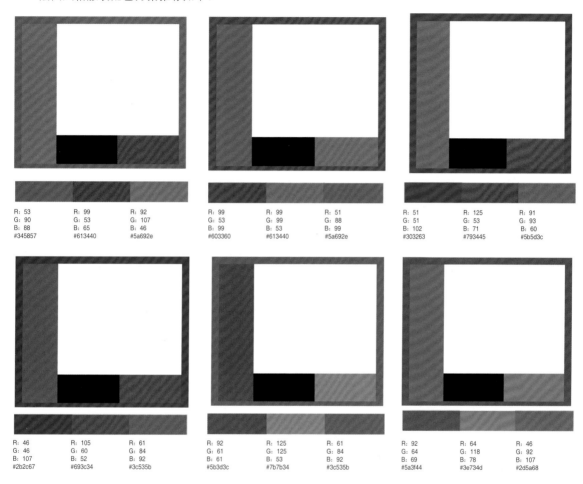

R: 53	R: 99	R: 92
G: 90	G: 53	G: 107
B: 88	B: 65	B: 46
#345857	#613440	#5a692e

R: 99	R: 99	R: 51
G: 53	G: 99	G: 88
B: 99	B: 53	B: 99
#603360	#613440	#5a692e

R: 51	R: 125	R: 91
G: 51	G: 53	G: 93
B: 102	B: 71	B: 60
#303263	#793445	#5b5d3c

R: 46	R: 105	R: 61
G: 46	G: 60	G: 84
B: 107	B: 52	B: 92
#2b2c67	#693c34	#3c535b

R: 92	R: 125	R: 61
G: 61	G: 125	G: 84
B: 61	B: 53	B: 92
#5b3d3c	#7b7b34	#3c535b

R: 92	R: 64	R: 46
G: 64	G: 118	G: 92
B: 69	B: 78	B: 107
#5a3f44	#3e734d	#2d5a68

不同国家的服装风格与配色

6.10　希腊风格服装配色

1. 希腊风格服装配色案例解析

古希腊服饰风格表现出来的人类追求自然、美好、和谐的精神境界，成为一种超越历史而存在的崇高象征；它的松弛、舒展、随意的造型风貌凝练为一种跨越时间长河的经典风格；它的灵动的褶裥线条、多变的款样形式、精致的系扎、别针和装饰细节等已化为穿越时空隧道的典型符号，成为人们创造新世纪美妙乐章的重要音符。

传统的设计符号在设计师们的指尖中不停地穿梭着，在新世纪生态环保主旋律的奏鸣中欢快地跳跃着，与高科技相结合，与其他服饰文化相组合，与当代人们的生活方式相融合，与大自然的节律相重合。它们在不断的复合中得以持续的延伸和升华，又在延伸和升华中焕发出旺盛的生命力。

优雅的蓝色长裙，给人耳目一新的感觉。设计风格简约，构思巧妙，具有自己的风格。

紫色紧身小衫加上类似立体花朵造型构成的大摆裙，大胆创新，色彩艳丽，充分展示了个性。

R: 38	R: 119	R: 25
G: 90	G: 201	G: 38
B: 168	B: 213	B: 79
#265aa8	#77c9d5	#19264f

R: 244	R: 155	R: 51
G: 169	G: 33	G: 35
B: 99	B: 35	B: 79
#f4a963	#9b2123	#33234f

简洁大气的板型，个性的三开领设计，与简洁款式形成鲜明对比，成为最大的亮点，华丽却不浮夸，酷感十足。

过肩袖和 A 字裙相搭配，裙子采用一种纱料，朦朦胧胧给人一种若隐若现的神秘印象，营造特殊的设计效果，充分展示了个性风格。

R: 18 G: 29 B: 49 #121d31	R: 94 G: 87 B: 95 #5e575f	R: 21 G: 33 B: 75 #15214b

R: 183 G: 189 B: 189 #b7bdbd	R: 0 G: 0 B: 0 #000000	R: 201 G: 227 B: 226 #c9e3e2

2. 希腊风格服装配色方案推荐

希腊风格服装配色方案推荐如下。

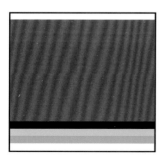

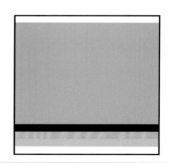

R: 255 G: 0 B: 0 #e71f19	R: 192 G: 255 B: 0 #b9d42d	R: 0 G: 192 B: 255 #2cb4ea

R: 185 G: 243 B: 12 #b1d135	R: 12 G: 185 B: 243 #ffffff	R: 243 G: 185 B: 12 #e9b41d

R: 255
G: 0
B: 0
#e71f19

R: 192
G: 255
B: 0
#b9d42d

R: 0
G: 192
B: 255
#2cb4ea

R: 185
G: 243
B: 12
#b1d135

R: 12
G: 185
B: 243
#ffffff

R: 243
G: 185
B: 12
#e9b41d

R: 255
G: 0
B: 0
#e71f19

R: 192
G: 255
B: 0
#b9d42d

R: 0
G: 192
B: 255
#2cb4ea

R: 185
G: 243
B: 12
#b1d135

R: 12
G: 185
B: 243
#ffffff

R: 243
G: 185
B: 12
#e9b41d

第 7 章

服装的设计风格与配色

1.稳定风格配色

　　不同的服装有着不同的风格，风格独特的服装往往能给人留下深刻的印象。影响服装风格的因素有很多，而色彩无疑是其中最重要的一环。优秀的服装设计师应该能够自由地运用各种颜色的调和与搭配，将服装的整体风格和创意的设计实体化。

　　稳定的风格可以采用的样式有很多，例如：理性的骨骼型、安定的三角形、稳定庄重的对称型、平静又有条例的分割型等。色彩上大多使用冷色系，因为冷色系的低饱和度颜色会带给人凉爽的感觉，使人享受心灵上的宁静。

蓝灰色相间的连衣裙，充满了女性的柔媚气质，胸前的花朵装饰和裙摆边缘的蕾丝花边，都让人感觉女人味十足。

CMYK: 37-22-1-1 RGB: 176-184-221	CMYK: 68-56-10-10 RGB: 103-101-151	CMYK: 78-65-19-37 RGB: 61-61-99
CMYK: 62-53-51-87 RGB: 20-16-15	CMYK: 34-29-15-4 RGB: 178-170-185	CMYK: 16-9-1-0 RGB: 222-224-239
CMYK: 51-38-13-9 RGB: 136-137-168	CMYK: 45-25-6-2 RGB: 156-171-204	CMYK: 52-39-2-1 RGB: 143-145-193
CMYK: 62-55-24-40 RGB: 80-74-98	CMYK: 15-9-1-0 RGB: 224-225-243	CMYK: 95-91-28-41 RGB: 26-14-76

深色的搭配，自然的质感，穿着起来非常舒适，非常适合秋冬时节。

R: 97 G: 112 B: 128 #617080	R: 48 G: 107 B: 157 #306b9d	R: 164 G: 102 B: 97 #a47861

套装内搭小衫干练简洁，适合职场女性穿着，给人一种稳定平和的感觉，而且深色还有一种凝重和收敛的效果，显得人身材特别修长。

黑色大绒裙装，搭配浅粉色花形图案，让人感觉温柔中带着娇贵，完美塑造淑女风范。

R: 94 G: 103 B: 116 #5e6774	R: 17 G: 14 B: 18 #110e12	R: 117 G: 118 B: 66 #b17642

R: 205 G: 150 B: 172 #cd96ac	R: 18 G: 15 B: 17 #120f11	R: 107 G: 103 B: 122 #a7677a

黄色小衫和黑色牛仔裤相搭配，打破视觉上的平淡之感，彰显实用、自信和创造精神，一顶前进帽的搭配让整个人物鲜活起来，极具个性。

深粉色衬衫给人一种温馨的感觉，搭配黑色筒裙能很好地衬托身材，更加体现女性的柔美。

R: 239 G: 220 B: 111 #efdc6f	R: 216 G: 190 B: 70 #d8be46	R: 40 G: 51 B: 53 #283335

R: 209 G: 43 B: 115 #d12b73	R: 36 G: 37 B: 42 #24252a	R: 116 G: 81 B: 76 #74514c

2. 稳定风格服装配色方案推荐

稳定风格服装配色方案推荐如下。

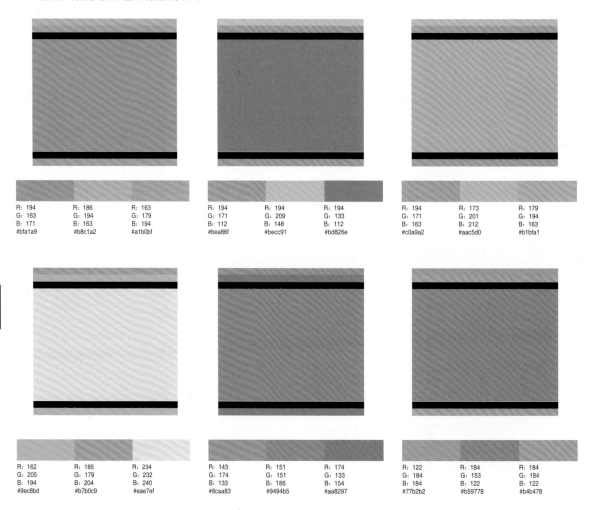

R: 194　　　R: 186　　　R: 163
G: 163　　　G: 194　　　G: 179
B: 171　　　B: 163　　　B: 194
#bfa1a9　　#b8c1a2　　#a1b0bf

R: 194　　　R: 194　　　R: 194
G: 171　　　G: 209　　　G: 133
B: 112　　　B: 148　　　B: 112
#bea86f　　#becc91　　#bd826e

R: 194　　　R: 173　　　R: 179
G: 171　　　G: 201　　　G: 194
B: 163　　　B: 212　　　B: 163
#c0a9a2　　#aac5d0　　#b1bfa1

R: 162　　　R: 185　　　R: 234
G: 205　　　G: 179　　　G: 232
B: 194　　　B: 204　　　B: 240
#9ec8bd　　#b7b0c9　　#eae7ef

R: 143　　　R: 151　　　R: 174
G: 174　　　G: 151　　　G: 133
B: 133　　　B: 186　　　B: 154
#8caa83　　#9494b5　　#aa8297

R: 122　　　R: 184　　　R: 184
G: 184　　　G: 153　　　G: 184
B: 184　　　B: 122　　　B: 122
#77b2b2　　#b59778　　#b4b478

7.2　活泼风格配色

1. 活泼风格的典型案例解析

此风格服装的颜色其轻重感和明亮度之间的关系最为密切，鲜艳的高明度色彩给人轻快的感觉，但若过多使用，会让人略感烦闷枯燥；若应用在狭小的空间，则可以达到延伸空间的效果；若同时再加上白色，还能增添清洁、明亮的感觉。

无袖连体套装，适合在夏季穿着，看上去既凉爽又休闲，既活泼又柔美，简约风格中带着精致。

此款吊带小背心更加能够穿出女性特有的韵味，将穿着者身材的每个部位都突显得立体有型，显得既可爱又有气质。性感的身材，迷人的曲线，永远是女性追求的目标。

R: 72 G: 187 B: 184 #48bbb8	R: 209 G: 77 B: 57 #d14d39	R: 74 G: 89 B: 119 #4a5977

R: 211 G: 96 B: 38 #d3428a	R: 246 G: 181 B: 33 #f6b521	R: 149 G: 177 B: 221 #95b1dd

此款少女们酷爱的露脐装，颜色亮丽，款式时尚，可满足时尚女孩的着装要求。

简单大方的设计，精心搭配的色彩，表现出轻松、自信、敢于表现自我的形象。

R: 237 G: 170 B: 202 #edaaca	R: 195 G: 107 B: 150 #c36b96	R: 195 G: 93 B: 57 #975d39

R: 174 G: 50 B: 32 #ae3220	R: 66 G: 132 B: 183 #4284b7	R: 222 G: 164 B: 89 #dea459

　　抽象的人物图案穿出成熟的大牌气息，加上素雅的黑色 A 字裙，让人一看就能够拥有好心情的休闲装扮，赢得众多的好人缘。

　　仿古的装扮，形态上有婉转的线条感，如行云流水，夺人眼球，仿佛象征暂时抛开尘世，放下刚强的外表，展露出细腻妩媚的内心。

| R: 28
G: 19
B: 38
#1c1326 | R: 234
G: 89
B: 62
#ea593e | R: 212
G: 41
B: 23
#d42917 |

| R: 176
G: 48
B: 41
#b03029 | R: 0
G: 80
B: 130
#005082 | R: 35
G: 32
B: 32
#232020 |

2. 活泼风格服装配色方案推荐

　　活泼风格服装配色方案推荐如下。

| R: 184
G: 215
B: 231
#b6d3e2 | R: 184
G: 184
B: 225
#b5b5da | R: 225
G: 215
B: 184
#dddeb6 |

| R: 215
G: 194
B: 209
#d5c0cf | R: 215
G: 215
B: 194
#d5d5c1 | R: 194
G: 199
B: 215
#c1c5d4 |

| R: 204
G: 189
B: 220
#c9bbd8 | R: 220
G: 240
B: 235
#daeee9 | R: 215
G: 184
B: 225
#dad2bc |

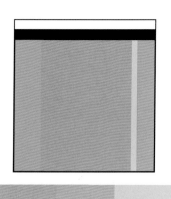
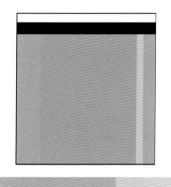

R: 169	R: 153	R: 190
G: 169	G: 186	G: 226
B: 223	B: 204	B: 141
#a9a9df	#99bacc	#bee28d

R: 165	R: 209	R: 214
G: 173	G: 170	G: 214
B: 215	B: 197	B: 179
#a5add7	#d1aac5	#d6d6b3

R: 205	R: 198	R: 173
G: 189	G: 222	G: 209
B: 221	B: 215	B: 199
#cdbddd	#c6ded7	#add1c7

7.3　时尚风格配色

1. 时尚风格的典型案例解析

　　时尚的都市造型充分表现出冷静的金属感，若使用颜色来具体表现这种感觉的话，可以在蓝色系里加红色，作为强调色；或采用低饱和度的浊色来表现，如搭配像镜面、金属等有质感的颜色，效果会更好。

　　人们穿着的服装有简约与复杂、张扬与保守的风格，这款服装搭配给人的感觉随意自然，而且个性十足。

　　格状服装特别有英伦范儿，偶尔有一款这样的服装装饰衣柜也别出心裁，换一种心情，将穿衣风格理念注入非凡卓绝的生活中。

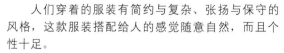

R: 206	R: 42	R: 200
G: 70	G: 79	G: 134
B: 23	B: 101	B: 65
#ce4617	#2a4f65	#c88641

R: 150	R: 32	R: 94
G: 29	G: 32	G: 69
B: 29	B: 34	B: 59
#961d1d	#202022	#5e453b

此款红色大衣给人一种温暖和高贵的气质，凭借着大胆、创新的设计风格，有种时尚、高雅、大方的感觉。

选择褐色作为裙子的主体色彩，设计简单大方，给人一种特别低调、平易近人的感觉，并为生活增添浪漫气质。

上身是长袖小衫，下身是牛仔裤，尤其是头上的头饰显得更加洋气十足，是大胆追求另类的装扮。

R: 211　R: 37　R: 68
G: 40　G: 36　G: 69
B: 38　B: 39　B: 74
#d32826　#252427　#44454a

R: 155　R: 35　R: 100
G: 110　G: 36　G: 60
B: 92　B: 37　B: 45
#9b6e5c　#232425　#643c2d

R: 126　R: 35　R: 51
G: 65　G: 36　G: 52
B: 27　B: 37　B: 59
#7e411b　#232425　#33343b

2. 时尚风格服装配色方案推荐

时尚风格服装配色方案推荐如下。

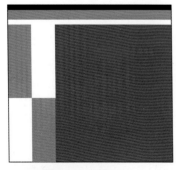
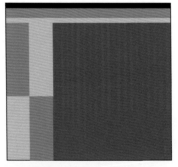
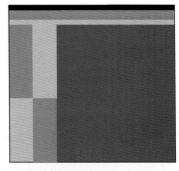

R: 128　R: 141　R: 255
G: 83　G: 145　G: 255
B: 164　B: 192　B: 255
#794f9a　#8a8db9　#ffffff

R: 51　R: 99　R: 204
G: 102　G: 146　G: 204
B: 204　B: 194　B: 204
#3461ad　#6392c2　#cccccc

R: 102　R: 153　R: 204
G: 102　G: 153　G: 204
B: 153　B: 255　B: 204
#626393　#9394c8　#cccccc

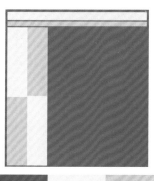

R: 0	R: 255	R: 204
G: 102	G: 255	G: 204
B: 153	B: 204	B: 255
#076291	#f9f8cb	#c8c8e4

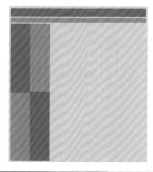

R: 204	R: 0	R: 102
G: 204	G: 102	G: 153
B: 204	B: 153	B: 255
#cccccc	#076291	#698fca

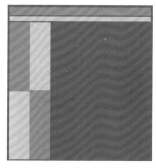

R: 51	R: 104	R: 204
G: 102	G: 154	G: 204
B: 153	B: 154	B: 255
#326292	#679696	#c8c8e4

7.4 自然风格配色

1. 自然风格的典型案例解析

所谓自然风格的配色，是由自然界中日常用品的颜色搭配而产生的，例如红色的落叶、绿色的草地、蓝色的天空和大海等颜色都是配色师非常常用的选择，而带有红霞的黄色还能给人温暖、安定的感觉。

甜美的嫩粉色适合做家居服，在家中休息时穿着，充满了幻想的味道，适合该风格的女生。

红色抹胸套裙，将女性性感、妩媚的特点充分表现出来，女人味十足，更突显身材和气质。

R: 231	R: 243	R: 219
G: 101	G: 177	G: 128
B: 102	B: 185	B: 103
#e86566	#f3b1b9	#db8067

R: 230	R: 105	R: 62
G: 44	G: 37	G: 37
B: 27	B: 25	B: 34
#e62c1b	#692519	#3e2522

深紫色和黑色搭配的小外套能很好衬托人物的气质，甜美而不失端庄，高贵、华丽尽在其中。

R: 104	R: 49	R: 13
G: 44	G: 54	G: 8
B: 82	B: 62	B: 10
#662c52	#31363e	#0d080a

绿色大摆裙让人联想到大自然，裙子的图案丰富，更加突出女性的靓丽和青春时尚。

R: 95	R: 0	R: 236
G: 183	G: 119	G: 129
B: 167	B: 84	B: 19
#5fb7a7	#007754	#ec7d13

一款长连衣裙将女性的身材衬托得淋漓尽致，时尚、大方，融入多种流行元素，完美诠释女人魅力。

R: 187	R: 118	R: 232
G: 41	G: 142	G: 154
B: 26	B: 30	B: 31
#bb291a	#768e1e	#e89a1f

深咖啡色毛衣外套搭配黑色形体裤，给人一种休闲、随意的感觉，这种搭配在色彩上属于偏暗色调，给人以安静、深沉，却又不乏时尚和自然之感。

R: 41	R: 70	R: 121
G: 51	G: 63	G: 73
B: 59	B: 63	B: 57
#29333b	#463f3f	#794939

2. 自然风格服装配色方案推荐

自然风格服装配色方案推荐如下。

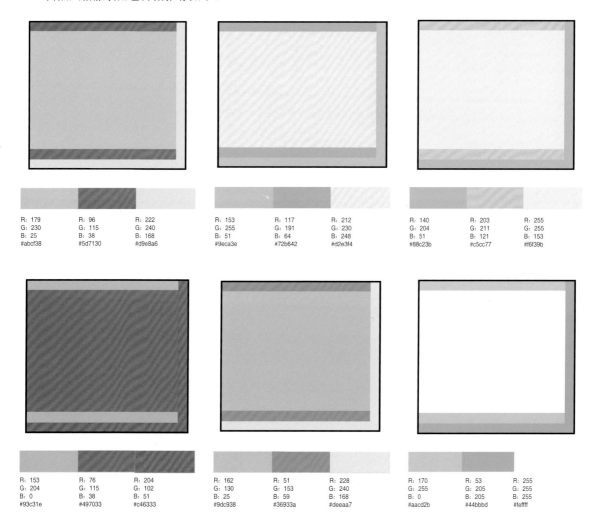

R: 179 G: 230 B: 25 #abcf38	R: 96 G: 115 B: 38 #5d7130	R: 222 G: 240 B: 168 #d9e8a6	R: 153 G: 255 B: 51 #9eca3e	R: 117 G: 191 B: 64 #72b642	R: 212 G: 230 B: 248 #d2e3f4	R: 140 G: 204 B: 51 #88c23b	R: 203 G: 211 B: 121 #c5cc77	R: 255 G: 255 B: 153 #f6f39b

R: 153 G: 204 B: 0 #93c31e	R: 76 G: 115 B: 38 #497033	R: 204 G: 102 B: 51 #c46333	R: 162 G: 130 B: 25 #9dc938	R: 51 G: 153 B: 59 #36933a	R: 228 G: 240 B: 168 #deeaa7	R: 170 G: 255 B: 0 #aacd2b	R: 53 G: 205 B: 205 #44bbbd	R: 255 G: 255 B: 255 #fefff

7.5 可爱风格配色

1. 可爱风格的典型案例解析

原色或高饱和度的明亮颜色，在流露出快乐的同时，还能显露出可爱。使用明亮色调的原色配色，或以黄色、绿色、青色等为代表的明亮色彩，是可爱风格服装的特点。

红色外披风衬托出女性的大气和洒脱，上面色彩鲜艳的花朵显现出欢乐、愉悦的气氛，使人显得柔美而高贵。

R: 196 G: 45 B: 28 #c42d1c	R: 236 G: 190 B: 105 #ecbe69	R: 0 G: 144 B: 181 #0090b5

此款白色外套看上去很有质感，时尚大方，是春秋季百搭款，内配的粉色裙子也更加显露女性的柔美。

R: 114 G: 76 B: 56 #724c38	R: 226 G: 209 B: 207 #e2d1cf	R: 186 G: 131 B: 116 #ba8374

此套服装搭配中，黑色和蓝色相融合的图案给人一种时尚的气息，下身搭配一件牛仔短裙，时尚中透露出性感，黑色的鞋子和皮包，为整体的搭配添加了稳定效果。

R: 59 G: 139 B: 203 #3b8bcb	R: 59 G: 39 B: 32 #372720	R: 164 G: 31 B: 36 #a41f24

此款性感抹胸连衣裙，体现出女性优美的身材和S曲线，气质高贵，适合在宴会上穿着。

R: 87 G: 64 B: 138 #57408a	R: 226 G: 54 B: 58 #e2363a	R: 133 G: 78 B: 52 #854e34

此款长衫下摆宽松，下身搭配一条红色裤子，显得优雅大方。

R: 22	R: 232	R: 177
G: 21	G: 62	G: 73
B: 23	B: 13	B: 22
#161517	#e83e0d	#b14916

2. 可爱风格服装配色方案推荐

可爱风格服装配色方案推荐如下。

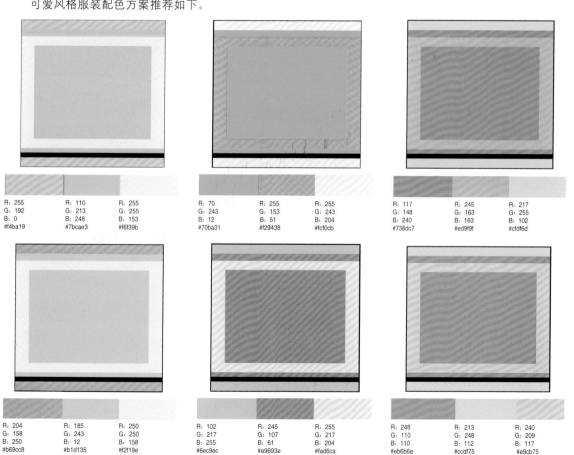

R: 255	R: 110	R: 255
G: 192	G: 213	G: 255
B: 0	B: 248	B: 153
#f4ba19	#7bcae3	#f6f39b

R: 70	R: 255	R: 255
G: 243	G: 153	G: 243
B: 12	B: 51	B: 204
#70ba31	#f29438	#fcf0cb

R: 117	R: 245	R: 217
G: 148	G: 163	G: 255
B: 240	B: 163	B: 102
#738dc7	#ed9f9f	#cfdf6d

R: 204	R: 185	R: 250
G: 158	G: 243	G: 250
B: 250	B: 12	B: 158
#b69cc8	#b1d135	#f2f19e

R: 102	R: 245	R: 255
G: 217	G: 107	G: 217
B: 255	B: 61	B: 204
#6ec9ec	#e9693e	#fad6ca

R: 248	R: 213	R: 240
G: 110	G: 248	G: 209
B: 110	B: 112	B: 117
#eb6b6a	#ccdf75	#e9cb75

1. 典雅风格的典型案例解析

暗淡的低饱和度配色，衬托出传统、高贵、典雅的气息，但若过多使用浊色，会形成沉重、郁闷的气氛，因此要制作强烈对比的部分，强调服装中的某些元素。

黑色一般代表着素雅、凝重。此搭配大胆地选择了红色的腰带和袜子，在低调的色彩中让人眼前一亮，红与黑的搭配既中和了原有黑色的深沉，也降低了红色的张扬。

此搭配大胆采用了对比色，绿与黑相间的图案给人一种宁静中带着几许生机。红色披肩给人一种艳丽的感觉，但是在以黑色调为主的搭配下，红色的喧嚣艳丽降低了许多。

R: 193 G: 51 B: 45 #c1332d	R: 8 G: 6 B: 7 #080607	R: 231 G: 47 B: 22 #e72f16

R: 0 G: 135 B: 122 #00877a	R: 179 G: 23 B: 29 #b3171d	R: 29 G: 29 B: 43 #1d1d2b

以灰色和橘黄色为主色调的底色，添加黑色和少许的橘红色作为图案，使原本亮丽、夺目的橘黄色暗淡了许多，同时黑色图案的花朵也让裙子别有一番风味。

R: 195 G: 123 B: 42 #c37b2a	R: 233 G: 157 B: 34 e99d22	R: 64 G: 30 B: 34 #402822

横条小衫适合比较瘦弱的女性穿着，显得比较丰满，下身的半身裙更加体现了女性的身材，整体搭配甜美可爱。

此款牛仔布料长袖裙看起来很别致，简约的款式、经典的色调和细节，给人印象深刻。

R: 208	R: 231	R: 17
G: 161	G: 125	G: 13
B: 131	B: 63	B: 17
#d0a183	#d57d3f	#110d11

R: 59	R: 115	R: 174
G: 89	G: 86	G: 125
B: 105	B: 65	B: 104
#3b5969	#735641	#ae7d68

2. 典雅风格服装配色方案推荐

典雅风格服装配色方案推荐如下。

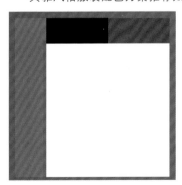

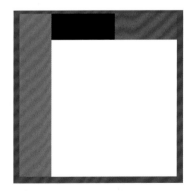

R: 53	R: 99	R: 92
G: 90	G: 53	G: 107
B: 88	B: 65	B: 46
#345857	#613440	#5a692e

R: 99	R: 99	R: 51
G: 53	G: 99	G: 88
B: 53	B: 99	B: 99
#603360	#616234	#325661

R: 51	R: 125	R: 92
G: 51	G: 53	G: 94
B: 102	B: 71	B: 61
#303263	#793445	#5b5d3c

 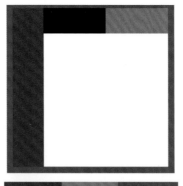 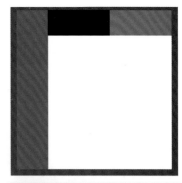

R: 46	R: 107	R: 61
G: 46	G: 61	G: 84
B: 107	B: 33	B: 92
#2b2c67	#693c34	#3c535b

R: 92	R: 125	R: 61
G: 61	G: 125	G: 84
B: 60	B: 53	B: 92
#5b3d3c	#7b7b34	#3c535b

R: 92	R: 64	R: 46
G: 64	G: 118	G: 92
B: 69	B: 78	B: 107
#5a3f44	#3e734d	#2d5a68

7.7 青春风格配色

1. 青春风格的典型案例解析

　　紫色是最能表现女性优雅气质的色彩，尤其是低饱和度的暗紫色或紫红色，更能表现出庄重、高品位的感觉；明亮的粉色或紫色，则能完美地表现出或可爱或温柔的美感。

　　粉色 T 恤搭配黑色短裤，显得比较随意、自然，适合运动型的女孩穿着，给人阳光、活泼的感觉。

　　红色运动套装给人一种热情奔放的感觉，而头上的暗色帽子中和了红色鲜艳的特点。

R: 193	R: 8	R: 231
G: 51	G: 6	G: 47
B: 45	B: 7	B: 22
#c1332d	#080607	#e72f16

R: 252	R: 45	R: 255
G: 21	G: 0	G: 255
B: 27	B: 1	B: 246
#fc151b	#2d0001	#fffff6

牛仔的小短裙搭配短袖小衫，出众又兼具设计感，适合休闲时穿着。

最能体现青春时尚风格的莫过于穿运动休闲装了，黑白色半袖小衫搭配牛仔短裤，再配一个棒球帽，给人一种阳光健康的印象。

R: 53 G: 179 B: 164 #35b3a4	R: 64 G: 98 B: 110 #40626e	R: 20 G: 39 B: 33 #142721

R: 160 G: 165 B: 166 #a0a5a6	R: 22 G: 46 B: 57 #162e39	R: 69 G: 127 B: 153 #457f99

黄色给人的感觉就是鲜亮、明快，阳光的女孩穿着更让人感到青春的活力，下身配一条短裤，头戴太阳帽，更加突显了少女爱动的性格。

阳光健康的运动套装体现女性的健康生活状态，粉色是少女的色彩，让人产生无限回忆和幻想，下身搭配一条短裤，整体效果既青春又时尚。

R: 250 G: 250 B: 150 #fafa96	R: 5 G: 6 B: 8 #050608	R: 24 G: 251 B: 221 #18fbdd

R: 252 G: 27 B: 168 #fc1ba8	R: 7 G: 3 B: 0 #070300	R: 240 G: 2 B: 100 #f00264

2. 青春风格服装配色方案推荐

青春风格服装配色方案推荐如下。

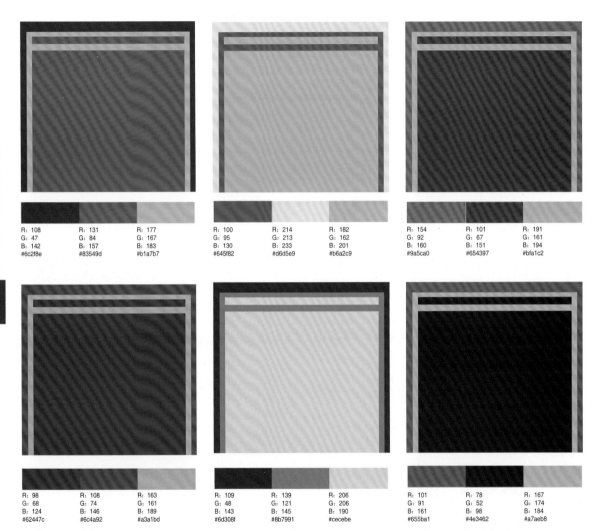

R: 108 G: 47 B: 142 #6c2f8e	R: 131 G: 84 B: 157 #83549d	R: 177 G: 167 B: 183 #b1a7b7	R: 100 G: 95 B: 130 #645f82	R: 214 G: 213 B: 233 #d6d5e9	R: 182 G: 162 B: 201 #b6a2c9	R: 154 G: 92 B: 160 #9a5ca0	R: 101 G: 67 B: 151 #654397	R: 191 G: 161 B: 194 #bfa1c2
R: 98 G: 68 B: 124 #62447c	R: 108 G: 74 B: 146 #6c4a92	R: 163 G: 161 B: 189 #a3a1bd	R: 109 G: 48 B: 143 #6d308f	R: 139 G: 121 B: 145 #8b7991	R: 206 G: 206 B: 190 #cecebe	R: 101 G: 91 B: 161 #655ba1	R: 78 G: 52 B: 98 #4e3462	R: 167 G: 174 B: 184 #a7aeb8

7.8　传统风格配色

1. 传统风格的典型案例解析

要实现传统风格，红色及其在色相环上的相邻色系是最好的选择。其中，高明度的颜色更能带给人兴奋、稳定的感觉。

这是一款淑女风格的无袖旗袍，展现了女性优雅、成熟的气质。

R: 194 G: 32 B: 26 #c2201a	R: 143 G: 39 B: 19 #8f2713	R: 191 G: 109 B: 128 #bf6d80

上身浅粉色的小褂给人宽松和舒适的感觉，搭配各种花朵图案，让衣服更加有韵味，完美地诠释了穿着者优雅、大方的气质。

R: 219 G: 133 B: 152 #db8598	R: 102 G: 68 B: 73 #664449	R: 45 G: 171 B: 167 #2daba7

深灰色低调、平和,此款旗袍整体给人一种素雅的感觉。淡淡的灰白色在无彩色中起着画龙点睛的作用，既点缀了色彩，同时也让整体搭配效果看上去更加庄重和大气。

R: 133 G: 118 B: 113 #857671	R: 168 G: 145 B: 137 #a89189	R: 60 G: 55 B: 109 #3c376d

传统的长身旗袍，采用立领设计，以蓝色为底色搭配灰色的图案，即文雅又不失时尚。

R: 68 G: 119 B: 188 #4477bc	R: 215 G: 191 B: 212 #d7bfd4	R: 96 G: 35 B: 32 #602320

五彩斑斓的布料制作成精致的旗袍，给人一种端庄秀气的感觉，多种色彩的调和让旗袍呈现更加完美的艺术效果。

此款采用对比颜色面料制作的旗袍，在色泽上属于偏暗的色调，这种对比色调显得不张扬，看上去比较舒服、和谐。同时这种搭配会给人带来一种神秘、高贵的气息，可突显女人的气质。

R: 10	R: 25	R: 181
G: 108	G: 42	G: 175
B: 137	B: 52	B: 159
#0a6c89	#192a34	#b5af9f

R: 22	R: 144	R: 112
G: 61	G: 57	G: 66
B: 14	B: 65	B: 42
#163d0e	#903941	#70422a

2. 传统风格服装配色方案推荐

传统风格服装配色方案推荐如下。

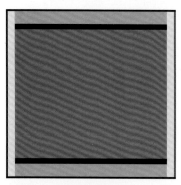

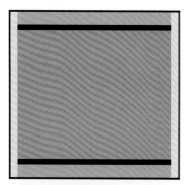

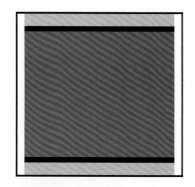

R: 255	R: 204	R: 255
G: 127	G: 51	G: 238
B: 102	B: 64	B: 153
#ee7a64	#c1343f	#f9e898

R: 204	R: 255	R: 240
G: 158	G: 102	G: 220
B: 153	B: 115	B: 223
#c89b96	#eb636f	#eedadd

R: 204	R: 240	R: 255
G: 51	G: 169	G: 255
B: 51	B: 199	B: 255
#c13433	#e8a5c1	#ffffff

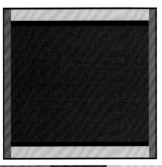

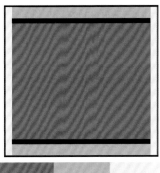

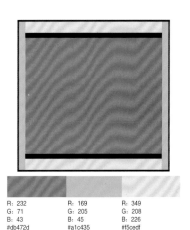

R: 230	R: 102	R: 221		R: 204	R: 255	R: 255		R: 232	R: 169	R: 349
G: 25	G: 0	G: 187		G: 51	G: 153	G: 247		G: 71	G: 205	G: 208
B: 42	B: 8	B: 201		B: 89	B: 170	B: 204		B: 43	B: 45	B: 226
#d7222b	#620f14	#d9b8c6		#c03455	#f094a4	#fcf4ca		#db472d	#a1c435	#f5cedf

7.9 华丽风格配色

1. 华丽风格的典型案例解析

华丽风格的配色在视觉上能够引人注目，更能左右人们的视线。提高彩度，和谐地使用多种颜色，能给人鲜艳、华丽的感觉。华丽感受的认知在各个地区不太一样，例如：亚洲地区的人可能认为黄色和红色系能展现华丽，因此要根据主要的展示地区来使用色彩。

红色是中国人喜爱的颜色，通常红色代表着喜庆，在一些节日里，人们都要用红色来庆祝，如穿红挂红。此款连衣裙是暗红色，给人感觉华贵而稳重。

此款服装使用轻盈、薄如蝉翼的面料，让服装有垂感，让人体验丝一般的柔滑，搭配彩色丝巾，整体更显时尚和洒脱。

R: 124	R: 164	R: 37		R: 39	R: 195	R: 171
G: 36	G: 52	G: 27		G: 138	G: 60	G: 121
B: 35	B: 47	B: 25		B: 147	B: 79	B: 75
#7c2423	#a4342f	#251b19		#278a93	#c33c4f	#ab794b

简洁大方的长筒板型设计，以橘红色为基础色调，配以黑色圆点图案形成鲜明的对比，成为最大亮点。

上身为青春时尚的黄色半大衣，下身为黑色的紧身裤，更展现了女性的好身材，给人一种精明、干练的感觉，适合职场女性穿着。

性感吊带是青春少女的最爱，抹胸收腰的设计，显得率性、前卫。每一个细微之处都闪现着平凡生活之外的精彩。

R: 255	R: 204	R: 255
G: 127	G: 51	G: 238
B: 102	B: 64	B: 153
#ee7a64	#c1343f	#f9e898

R: 167	R: 29	R: 185
G: 134	G: 29	G: 116
B: 29	B: 32	B: 72
#a7861d	#1d1d20	#b97448

R: 204	R: 240	R: 255
G: 51	G: 169	G: 255
B: 51	B: 199	B: 255
#c13433	#e8a5c1	#ffffff

2. 华丽风格的服装配色方案推荐

华丽风格的服装方案推荐配色如下。

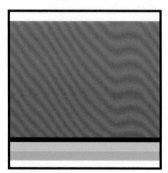

R: 255	R: 192	R: 0
G: 0	G: 255	G: 192
B: 0	B: 0	B: 192
#e71f19	#b9d42d	#2cb4ea

R: 185	R: 12	R: 243
G: 243	G: 185	G: 185
B: 243	B: 243	B: 12
#b1d135	#26ade2	#e9b41d

R: 51	R: 238	R: 51
G: 102	G: 255	G: 255
B: 255	B: 188	B: 255
#3761ad	#e8efba	#77c9d6

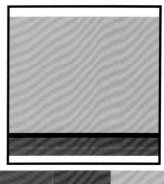

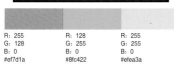

R: 255	R: 128	R: 255
G: 128	G: 255	G: 255
B: 0	B: 0	B: 0
#ef7d1a	#8fc422	#efea3a

R: 51	R: 255	R: 255
G: 204	G: 153	G: 255
B: 255	B: 51	B: 51
#42bfed	#f29438	#f0eb4d

R: 185	R: 243	R: 243
G: 12	G: 12	G: 185
B: 243	B: 128	B: 12
#e9b41d	# e21c78	#e9b41d

7.10　温馨风格配色

1. 温馨风格的典型案例解析

　　从红到黄暖色系中高明度、高饱和度的颜色，加上不同浓度的灰色组合，能带给人甜蜜温馨的印象；棕色系也能够呈现温馨的韵味，让人有种家的感觉。在这种配色中，若使用形状近似圆形的图形，能增强视觉感受；若加入植物的鲜艳绿色系列，则能为温馨的氛围增添几分新鲜感。

　　深紫色的小衫搭配牛仔裤，表达了知性女人最常流露于生活中的状态和形象，优雅、高贵、端庄而不失性感。

　　宽松飘逸的长裙最适合夏天了，既好看又舒适。以粉色调为基色调，配以绿色和蓝色的花朵图案，让整体效果更加和谐。

R: 44	R: 164	R: 6
G: 37	G: 44	G: 53
B: 96	B: 58	B: 106
#2c2560	#a42c3a	#06356a

R: 227	R: 205	R: 99
G: 84	G: 173	G: 189
B: 149	B: 120	B: 143
#e35495	#cdad78	#63bd8f

　　此款红色连衣短裙上面点缀荷叶边装饰，修身效果更加完美。

　　黑色连身裤穿出少女的自然气质，不加修饰、可爱的设计富有休闲风情，尤其配以墨镜，给人一种野性和神秘的感觉。

R: 234	R: 197	R: 25
G: 83	G: 37	G: 23
B: 75	B: 27	B: 25
#ea534b	#c5251b	#191719

R: 13	R: 31	R: 207
G: 8	G: 35	G: 197
B: 12	B: 41	B: 183
#0d080c	#1f2329	#cfc5b7

　　长袖衫外搭马甲流露出自我个性，闪烁着时尚与自信的光彩，诠释自我魅力，给人一种青春洋溢的感觉。

　　半袖衫搭配牛仔裤给人一种休闲、自由奔放的感觉，潇洒随意、简洁大方的搭配方法，让穿着者省了不少的心思。

R: 207	R: 204	R: 75
G: 74	G: 201	G: 61
B: 62	B: 200	B: 75
#cf4a3e	#ccc9c8	#4b3d4b

R: 58	R: 227	R: 17
G: 60	G: 212	G: 8
B: 58	B: 198	B: 8
#3a3c3a	#e3d4c6	#110808

2.温馨风格服装配色方案推荐

温馨风格服装配色方案推荐如下。

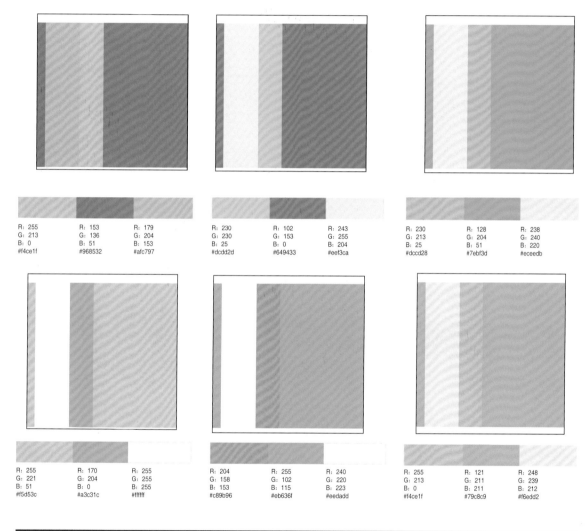

R: 255　　R: 153　　R: 179
G: 213　　G: 136　　G: 204
B: 0　　　B: 51　　　B: 153
#f4ce1f　　#968532　　#afc797

R: 230　　R: 102　　R: 243
G: 230　　G: 153　　G: 255
B: 25　　　B: 0　　　B: 204
#dcdd2d　　#649433　　#eef3ca

R: 230　　R: 128　　R: 238
G: 213　　G: 204　　G: 240
B: 25　　　B: 51　　　B: 220
#dccd28　　#7ebf3d　　#eceedb

R: 255　　R: 170　　R: 255
G: 221　　G: 204　　G: 255
B: 51　　　B: 153　　B: 255
#f5d53c　　#a3c31c　　#ffffff

R: 204　　R: 255　　R: 240
G: 158　　G: 102　　G: 220
B: 153　　B: 115　　B: 223
#c89b96　　#eb636f　　#eedadd

R: 255　　R: 121　　R: 248
G: 213　　G: 211　　G: 239
B: 0　　　B: 211　　B: 212
#f4ce1f　　#79c8c9　　#f6edd2

7.11　深沉风格配色

1.深沉风格的典型案例解析

深沉的低饱和度配色会给人沉重感,同时也会感受到魅力,使用具有相同氛围的图案和低明亮度的颜色,会加重这种感觉。

此款小衫袖口宽松下垂、面料质感柔滑，穿着舒适。下摆处系一个蝴蝶结，让整体效果更有层次和质感。

R：45 G：62 B：90 #2d3e5a	R：45 G：49 B：54 #2d3136	R：98 G：108 B：119 #626c77

红色代表着中国传统的服饰文化特色，一般婚庆或喜庆的节日都穿红色。此款旗袍以大红色底为基础，印上烫金花朵和图案，给人一种富贵、吉祥的象征。

R：185 G：16 B：11 #cc0000	R：149 G：1 B：1 #990000	R：252 G：40 B：55 #ff3333

一般黑色给人一种庄重、高贵的气息，此款黑色长裙显得极富艺术魅力和神秘的美感，将完美的身材表现得淋漓尽致。

R：41 G：41 B：41 #292929	R：6 G：6 B：6 #060606	R：78 G：81 B：88 #4e5158

圆领口的设计，绿色和黑色相间的格子上衣，实现了穿着者内在与外在的和谐统一，充分展示了女性的气质。

R：63 G：98 B：100 #3f6264	R：26 G：24 B：45 #1a182d	R：64 G：134 B：108 #40866c

黑色皮外衣搭配横格裤子，这种搭配很大胆，但也很协调。如果搭配不好很容易让人感到不伦不类，此款搭配适合休闲度假穿着，如果上班族这样搭配很容易让人感到随便、不正式。

R: 43	R: 246	R: 103
G: 53	G: 223	G: 114
B: 54	B: 205	B: 120
#2b3536	#f6dfcd	#677278

2. 深沉风格服装配色方案推荐

深沉风格服装配色方案推荐如下。

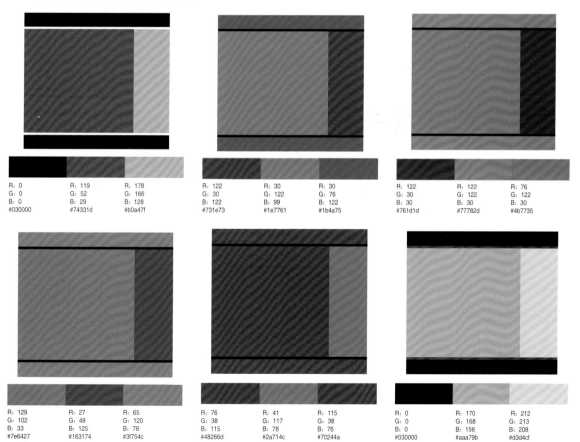

R: 0	R: 119	R: 178
G: 0	G: 52	G: 166
B: 0	B: 29	B: 128
#030000	#74331d	#b0a47f

R: 122	R: 30	R: 30
G: 30	G: 122	G: 76
B: 122	B: 99	B: 122
#731e73	#1e7761	#1b4a75

R: 122	R: 122	R: 76
G: 30	G: 122	G: 122
B: 30	B: 30	B: 30
#761d1d	#77782d	#4b7735

R: 129	R: 27	R: 65
G: 102	G: 49	G: 120
B: 33	B: 125	B: 78
#7e6427	#163174	#3f754c

R: 76	R: 41	R: 115
G: 38	G: 117	G: 38
B: 115	B: 78	B: 76
#48266d	#2a714c	#70244a

R: 0	R: 170	R: 212
G: 0	G: 168	G: 213
B: 0	B: 156	B: 208
#030000	#aaa79b	#d3d4cf

服装的设计风格与配色

1. 生动风格的典型案例解析

　　暖色系的配色让人觉得朝气蓬勃，但使用时若不恰当，则会让人觉得过于浮夸，或者使他人眼睛易感疲劳。因此，为了使这种感觉更加自然，适当使用强调色是很重要的，例如：红色如果显得过于刺激的话，配上黄色和红色的中间色，则可以增加柔软感；如果使用绿色系，也能给人一种稳定、安静、和谐的感觉。

　　这两款均采用了粉红色的格子衬衫，下身分别搭配黑色裤子和粉色短裙，风格和给人的感觉各不相同。

R: 216 G: 31 B: 44 #d81f2c	R: 225 G: 31 B: 92 #e11f5c	R: 211 G: 129 B: 79 #d3814f

　　此款颜色淡雅的连衣裙，采用了长后摆设计，款款而来的时候，增添了无限的飘逸感，让人有种洒脱、自信的感觉。

R: 216 G: 206 B: 207 #d8cecf	R: 248 G: 228 B: 203 #f8e4cb	R: 242 G: 240 B: 225 #f2f0e1

　　短T恤配以各种各样的卡通图案，再搭配一顶帽子，完美的混搭方式，展现了少女活泼可爱的一面。

R: 143 G: 61 B: 26 #8f3d1a	R: 93 G: 146 B: 200 #5d92c8	R: 219 G: 131 B: 159 #db839f

低胸大摆裙，宽松的设计，并选择水洗布的面料，穿着特别柔软和舒适，让人身心得以放松。

七分袖连衣裙，配以各色的图案，又搭配一条绿色的腰带，将女性成熟而性感的气质完美地表现出来。

R: 141	R: 140	R: 55
G: 196	G: 199	G: 102
B: 201	B: 205	B: 132
#8dc4c9	#8cc7cd	#376684

R: 88	R: 255	R: 213
G: 87	G: 166	G: 187
B: 116	B: 181	B: 222
#575874	#ffa6b5	#d5bbde

2. 生动风格服装配色方案推荐

生动风格服装配色方案推荐如下。

R: 255	R: 255	R: 217
G: 217	G: 140	G: 255
B: 102	B: 102	B: 102
#d9d267	#f08764	#cfdf6d

R: 143	R: 93	R: 219
G: 61	G: 146	G: 131
B: 26	B: 200	B: 159
#8f3d1a	#5d92c8	#db839f

服装的设计风格与配色

R: 143　　　R: 93　　　R: 219
G: 61　　　 G: 146　　　G: 131
B: 26　　　 B: 200　　　B: 159
#8f3d1a　　#5d92c8　　#db839f

R: 240　　　R: 204　　　R: 168
G: 186　　　G: 240　　　G: 222
B: 168　　　B: 168　　　B: 240
#eab7a5　　#c7e0a5　　#a5d8e9

R: 209　　　R: 117　　　R: 255
G: 240　　　G: 209　　　G: 255
B: 117　　　B: 240　　　B: 204
#c9dd78　　#75c8e5　　#f9f8cb

R: 125　　　R: 232　　　R: 232
G: 232　　　G: 125　　　G: 232
B: 232　　　B: 125　　　B: 125
#88ced3　　#dd7979　　#e0e07d

第 8 章

服装款式的情感与配色

1. 细致款式配色的方案推荐

细致款式的服装设计思路清晰，形式与内容统一，自然和谐，设计时一般采用垂直或水平的方式，配色上采用自然和谐的颜色，例如：天空的淡蓝色、大自然的绿色等，使服装看起来细致、柔和。

细致款式配色推荐方案如下。

R: 0 G: 102 B: 0 #0c6334	R: 102 G: 204 B: 102 #69bb64	R: 204 G: 255 B: 234 #c7df95	R: 236 G: 236 B: 234 #ececea	R: 223 G: 220 B: 215 #cccccc	R: 194 G: 217 B: 233 #bfd5e5
R: 51 G: 204 B: 153 #48b78f	R: 255 G: 255 B: 0 #efea3a	R: 51 G: 102 B: 153 #326292	R: 204 G: 153 B: 153 #c89696	R: 204 G: 204 B: 204 #cccccc	R: 255 G: 204 B: 204 #f8c8c9

2. 细致款式配色的经典案例解析

蓝色象征着天空的色彩，给人一种纯净、宁静和深邃的感觉，可让人有一种海的宁静和胸怀。此款吊带裙由不同深浅的蓝色混合而成，在视觉上给人一种舒适和平和感。

R: 167 G: 215 B: 253 #a7d7fd	R: 25 G: 79 B: 153 #194fqq	R: 21 G: 59 B: 121 #153b7q

绿色是大自然中生命的颜色，它让人联想到健康、自信、和平和安全。此款长连衣裙给人一种视觉上的冲击，看到绿色使人能够缓解眼睛疲劳。

R: 1 G: 190 B: 253 #01be86	R: 2 G: 140 B: 91 #028c5b	R: 1 G: 210 B: 155 #01d29b

此长款礼服由湖蓝色和深蓝色搭配而成，再配以花边，花边的色彩为暖色调深红色，在冷色调中突出视觉效果，给人一种高贵、大气、典雅的感觉。

R: 121 G: 162 B: 180 #79a2b4	R: 26 G: 50 B: 74 #1a324a	R: 80 G: 125 B: 144 #507d90

1. 艺术款式配色的方案推荐

　　艺术服装的样式比较多样化，例如：直观而热烈的满版型；向外扩张、符合年轻人口味的曲线型；使服装具有强烈视觉效果的焦点型等。在色彩运用上也比较多样化，大多运用对比色，使服饰鲜明，重点突出。

　　艺术款式配色方案推荐如下。

R: 255 G: 204 B: 51 #f5c53a	R: 51 G: 51 B: 153 #2e328e	R: 255 G: 0 B: 51 #e61d37	R: 255 G: 102 B: 0 #ec651a	R: 255 G: 255 B: 102 #f3ee71	R: 0 G: 153 B: 102 #109363
R: 255 G: 204 B: 153 #f9c898	R: 255 G: 255 B: 204 #f9f8cb	R: 153 G: 204 B: 204 #95c6c6	R: 153 G: 0 B: 51 #921d34	R: 204 G: 255 B: 102 #c79665	R: 255 G: 153 B: 0 #f29417

2. 艺术款式配色的经典案例解析

　　多组服装搭配组合，表达了夏天般的亮丽风景，都以长裙为主，主色调以白色为主，在无彩色调上添加了少许的红色和黄色，让裙子更加新颖和别致，同时也为单调的搭配添加了一抹亮色。

　　此款少数民族服装采用淡蓝色和浅粉色搭配，会让服装更加炫目、突出、耀眼，让穿着者显得更有精神、更加年轻。

R: 146 G: 29 B: 52 #921d34	R: 151 G: 144 B: 48 #979030	R: 182 G: 82 B: 32 #b65220	R: 199 G: 233 B: 232 #c7e9e8	R: 226 G: 68 B: 127 #e2447f	R: 80 G: 82 B: 141 #50528d

深绿色给人一种厚重的感觉。此款满族服饰，主体由深绿色和玫红色构成，并搭配不同的花朵图案，体现了少数民族的服饰文化特点。

白色与蓝色相间的长款上装，黑白图案打底裤，干练的短发，配上一个太阳镜，是这个街头时尚的风景。

R: 19	R: 184	R: 201
G: 180	G: 44	G: 34
B: 130	B: 107	B: 51
#13b482	#b82c6b	#c92233

R: 61	R: 55	R: 70
G: 88	G: 77	G: 61
B: 125	B: 112	B: 56
#3d587d	#374d70	#463d38

8.3 大气款式配色

1. 大气款式配色的方案推荐

大气款式的服装给人气势磅礴的视觉效果，一般采用骨骼型和分割板型，可带给人舒展、大气、和谐、理性的视觉印象。所以在配色上运用冷色系，例如：蓝色、绿色、蓝紫色，实现稳重、严谨的效果。

大气款式配色方案推荐如下。

R: 210	R: 45	R: 43
G: 232	G: 44	G: 92
B: 245	B: 40	B: 132
#af85ba	#2c2b27	#29597f

R: 71	R: 152	R: 136
G: 48	G: 157	G: 152
B: 36	B: 146	B: 69
#462f24	#979c91	#859445

R: 148	R: 198	R: 99
G: 101	G: 198	G: 101
B: 37	B: 102	B: 43
#916325	#c0c065	#61632b

R: 248	R: 198	R: 46
G: 248	G: 149	G: 100
B: 203	B: 52	B: 100
#f3f4c9	#c09236	#2e6262

2. 大气款式配色的经典案例解析

此款长袖连衣裙，黑白格子图案更能体现女性的优雅气质，非常适合比较保守的女性穿着。

R: 157	R: 23	R: 204
G: 135	G: 23	G: 58
B: 154	B: 23	B: 115
#9d879a	#171717	#cc3a73

此款由浅紫到深紫的渐变色的面料制作的裙子，长长的大摆裙体现了柔美的女人味以及精致又优雅的气息；运用了飘逸的雪纺元素，可以轻松打造出如梦境般的甜美。

R: 32	R: 120	R: 149
G: 22	G: 80	G: 95
B: 47	B: 114	B: 173
#20162f	#785072	#955fad

夏天在沙滩上穿着这样一款草裙，无疑为旅行增加了不少色彩。花环式的短衣，绿色的草裙给人们一种无拘无束、自由自在的感觉。

R: 47	R: 205	R: 27
G: 194	G: 59	G: 179
B: 103	B: 60	B: 96
#2fc267	#cd3b3c	#1bb360

长袖衫和蓝白格子七分裤搭配，给人一种简单大方的感觉，面料上乘，做工精致，非常适合上班族穿着。

R: 25	R: 3	R: 111
G: 169	G: 0	G: 200
B: 144	B: 2	B: 234
#19a990	#030002	#6fc8ea

1. 严谨款式配色的方案推荐

严谨款式的服装运用骨骼型和分割型比较多，这让服装更显稳重、理性、平和、自然、严谨。配色上采用低明度较好，例如蓝色、绿色、黑色或白色等冷色系的颜色。

R: 63	R: 144	R: 107	R: 194	R: 35	R: 76
G: 59	G: 171	G: 150	G: 197	G: 35	G: 73
B: 74	B: 164	B: 161	B: 204	B: 35	B: 68
#3e3b49	#8ea8a1	#69929c	#c1c4cb	#222222	#4c4944

R: 184	R: 20	R: 145	R: 102	R: 7	R: 3
G: 4	G: 0	G: 133	G: 153	G: 98	G: 0
B: 0	B: 0	B: 145	B: 204	B: 145	B: 0
# ad1e24	#130305	#90848f	AA#6392c2	#076291	#030000

2. 严谨款式配色的经典案例解析

一般黑色或其他暗色在选择款式或造型上是比较严谨的。例如，韩版款式、西装翻领、双排扣的长大衣设计、格子衬衫等，优雅、严谨而不失时尚感。

黑色呢料套装最适合在办公室里穿着，让职业女性更能体现出自己的精明和干练。例如此款套装从整体设计的角度保持着简洁、大方的个性，将女性形象完美突显出来。

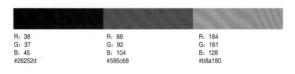

R: 38	R: 88	R: 184	R: 22	R: 215	R: 17
G: 37	G: 92	G: 161	G: 5	G: 220	G: 4
B: 45	B: 104	B: 128	B: 23	B: 226	B: 22
#26252d	#585c68	#b8a180	#160517	#d7dce2	#110416

由风衣和牛仔裤相搭配，内置小衫，给人一种保守、严肃的感觉。

此款双排扣半大衣散发着优雅、成熟的气息，给人一种庄重、严肃的感觉；黑白包搭配恰到好处，中和了全黑色给人的视觉上的单调感。

R: 22	R: 86	R: 39
G: 25	G: 119	G: 46
B: 34	B: 160	B: 52
#161922	#5677a0	#272e34

R: 20	R: 217	R: 33
G: 20	G: 212	G: 33
B: 20	B: 208	B: 33
#141414	# d9d4d0	#212121

8.5 简单款式配色

1. 简单款式配色的方案推荐

所谓简单的服装款式与配色，就是服装看起来简洁、大方。色彩不宣过多，常使用单色或邻近色，虽然服装设计要避免采用单一色彩，以免单调，但通过调整色彩的饱和度以及透明度也可以产生变化。

简单款式配色方案推荐如下。

R: 0	R: 102	R: 204
G: 102	G: 204	G: 255
B: 0	B: 102	B: 153
#0c6334	#69bb64	#c7df95

R: 153	R: 204	R: 51
G: 153	G: 204	G: 51
B: 153	B: 204	B: 51
#999999	#cccccc	#323333

R: 38	R: 106	R: 255
G: 96	G: 151	G: 255
B: 122	B: 170	B: 255
#265d76	#6893a5	# ffffff

R: 166	R: 78	R: 224
G: 218	G: 109	G: 237
B: 242	B: 177	B: 243
#a4d4eb	#4b68a6	#dfebf1

2. 简单款式配色的经典案例解析

短袖衫长裙子，胸前系蝴蝶结，这是校园女生的打扮，漂亮的衣服可营造出无懈可击的青春气息。

短袖连衣裙，在色彩上采用了以白色为主，在胸部上方和裙摆下方隐隐约约添加少许图案，让单一的纯白色不再单调。

R: 1	R: 243	R: 19
G: 0	G: 246	G: 18
B: 6	B: 253	B: 24
#010006	#f3f6fd	#131218

R: 229	R: 252	R: 243
G: 225	G: 252	G: 233
B: 226	B: 252	B: 231
# e5e1e2	#fcfcfc	#f3e9e7

冬款小外衣给人一种温暖的感觉，翻毛小大衣又给人一种精致的特点，采用时尚设计，融入韩式色彩，休闲、简易中见灵活，自然、动感中展现青春与美丽。

过肩袖连衣裙，在设计上比较简单、比较大众化、但是穿着起来简单中透露出精致。

R: 71	R: 130	R: 57
G: 58	G: 89	G: 73
B: 61	B: 53	B: 88
#473a3d	#82594a	#394958

R: 34	R: 157	R: 217
G: 45	G: 187	G: 207
B: 51	B: 226	B: 205
#222d33	#9dbbe2	#d9cfcd

1. 直观款式配色的方案推荐

　　直观款式配色视觉传达效果直接而强烈，给人以舒展、大方的感觉。服装中可以使用多种颜色，包括对比强烈和高明度的色彩，例如，热情、奔放的红色和活泼的黄色等。

　　直观款式配色方案推荐如下。

R: 153 G: 0 B: 102 #901c62	R: 255 G: 204 B: 0 #f4c51c	R: 204 G: 0 B: 51 #ffffff		R: 155 G: 153 B: 51 #f29438	R: 255 G: 255 B: 0 #efea3a	R: 51 G: 102 B: 153 #326292
R: 255 G: 153 B: 0 #f29417	R: 255 G: 255 B: 0 #efea3a	R: 0 G: 153 B: 204 #1190bf		R: 255 G: 102 B: 0 #ec651a	R: 255 G: 255 B: 102 #f3ee71	R: 0 G: 153 B: 51 #17923b

2. 直观款式配色的经典案例解析

　　粉色在视觉上比较吸引人，属于亮色，此款家居保暖服颜色格外亮丽，既保暖又不失时尚。

　　此款连衣裙几种色彩混合在一起，难以分辨哪种色彩为主体，这种色彩搭配给人一种亮丽、炫目的感觉，尽显优雅淑女范儿。

R: 214 G: 97 B: 140 #d6618c	R: 117 G: 23 B: 41 #751729	R: 212 G: 58 B: 116 #d43a74		R: 129 G: 70 B: 114 #814672	R: 167 G: 59 B: 90 #a73b5a	R: 70 G: 144 B: 124 #46907c

抹胸连衣裙，印花的图案很有抽象感，高腰线设计，可拉长身材比例，有点复古的味道。

抹胸晚礼服的设计不仅表现在领口，衣襟处往往也是设计重点，不同材质的混搭是视觉焦点，突显了女性的身材曲线，更加有女人味。

R: 239 G: 124 B: 38 #ef7c26	R: 76 G: 61 B: 66 #4c3d42	R: 231 G: 39 B: 78 #e7274e

R: 220 G: 34 B: 48 #dc2230	R: 169 G: 9 B: 17 #a90911	R: 136 G: 19 B: 27 # 88131b

8.7　稳定款式配色

1. 稳定款式配色的方案推荐

　　稳定款式服装可以采用的样式很多，例如：理性的骨骼型、安定的三角形、稳定庄重的对称型、平静又有条理的分割型等，色彩上多数使用冷色系，因为冷色系的低饱和度颜色给人凉爽的感觉，使人享受心灵上的宁静。

　　稳定款式配色方案推荐如下。

R: 153 G: 204 B: 153 #96c595	R: 102 G: 153 B: 51 #639434	R: 51 G: 102 B: 51 #326432

R: 236 G: 236 B: 234 #ececea	R: 223 G: 220 B: 215 #dedbd6	R: 194 G: 217 B: 233 #bfd5e5

R: 204 G: 153 B: 153 #c89696	R: 204 G: 204 B: 204 #cccccc	R: 255 G: 204 B: 204 #c89696

R: 153 G: 204 B: 204 #95c6c6	R: 212 G: 222 B: 241 #d3dcef	R: 255 G: 204 B: 204 #f8c8c9

2. 稳定款式配色的经典案例解析

此款裙装给人一种稳定、偏冷的感觉，这种色彩给人安静、梦幻的迷人魅力，同时又能体现女性的万般柔情蜜意。

R: 8	R: 3	R: 78
G: 19	G: 44	G: 93
B: 49	B: 98	B: 122
#081331	#032c62	#4e5d7a

此款大衣给人感觉严肃、庄重，适合职业女性穿着，设计风格时尚、生动而充满神秘，显露出高贵、优雅的风范。

R: 18	R: 70	R: 134
G: 7	G: 51	G: 29
B: 24	B: 52	B: 73
#120718	#463334	#861d49

此款裙装简单、大方，既舒适又不失优雅，灰白色裙子搭配白色袖子，灰白色调的平和中添加几分忧伤，让人有一种凄美的感觉。

R: 224	R: 69	R: 17
G: 219	G: 53	G: 15
B: 219	B: 40	B: 20
#e0dbdb	#453528	#110f14

男性服装在穿着设计上比较简单、大方，多采用黑色、深蓝、蓝色等其他暗色调。大气与刚毅的率性，体现在男人的着装上，简单而经典的细节，给人以完美的穿着体验。

R: 47	R: 172	R: 108
G: 48	G: 149	G: 86
B: 48	B: 136	B: 73
#2f3030	#ac9588	#6c5649

1. 随意款式配色的方案推荐

　　颜色的轻重和色彩的明亮之间关系密切，鲜艳的高明度色彩给人轻松的感觉，让人看上去心情愉悦。随意款式配色方案推荐如下。

R: 177 G: 223 B: 28 #aace34	R: 255 G: 255 B: 255 #fffffe	R: 217 G: 242 B: 18 #cedc3a	R: 255 G: 204 B: 153 #f9c898	R: 255 G: 255 B: 204 #f9f8cb	R: 153 G: 204 B: 204 #95c6c6
R: 204 G: 255 B: 204 #cbe4c1	R: 255 G: 255 B: 255 #ffffff	R: 102 G: 204 B: 204 #65c2c2	R: 204 G: 204 B: 255 #c8c8e4	R: 255 G: 204 B: 204 #f8c8c9	R: 204 G: 255 B: 255 #cee9ee

2. 随意款式配色的经典案例解析

　　让都市男性不受时间、空间的制约，崇尚自由，突破传统骨子里的拘束和严谨，享受一种时尚、轻松、自由的生活方式和生活态度。

　　吊带裙给人一种甜美、清新而不失时尚的感觉，可突显年轻女性性感、健康的气质。

R: 13 G: 12 B: 17 #0d0c11	R: 226 G: 99 B: 93 #e2635d	R: 179 G: 22 B: 84 #b31654	R: 83 G: 12 B: 85 #530c23	R: 199 G: 129 B: 123 #c7817b	R: 169 G: 139 B: 54 #a98b36

浅灰色系扣式对襟小衫让人感觉随意、自然，袖口轻轻挽起，给人一种自然的状态和放松的感觉。

此款英伦风格淑女休闲套装，采用格子衬衫和牛仔裤搭配，打造俏皮、活泼的感觉。

R: 59 G: 56 B: 71 #3b3847	R: 178 G: 166 B: 157 #b2a69d	R: 128 G: 83 B: 53 #805335

R: 53 G: 53 B: 63 #35353f	R: 117 G: 93 B: 63 #755d3f	R: 128 G: 83 B: 53 # 805335

8.9 趣味款式配色

1. 趣味款式配色的方案推荐

趣味款式的服装有趣、自然，可以使用自由型或焦点型款式，配色上大多先选定主色调再搭配邻近色。趣味款式配色方案推荐如下。

R: 52 G: 59 B: 67 #343b43	R: 129 G: 111 B: 94 #816f5e	R: 255 G: 255 B: 255 #ffffff

R: 133 G: 110 B: 66 #836d41	R: 223 G: 199 B: 163 #dcc4a1	R: 226 G: 226 B: 226 #e3e2e2

R: 102 G: 102 B: 0 #63652c	R: 255 G: 255 B: 204 #f9f8cb	R: 153 G: 153 B: 153 #999999

R: 204 G: 153 B: 102 #c79665	R: 204 G: 204 B: 102 #c6c666	R: 102 G: 153 B: 153 #649594

2. 趣味款式配色的经典案例解析

　　此款套装搭配有时尚个性的视觉美感，这种装束更像特殊职业装，有特点而且正式。

R: 41	R: 131	R: 221
G: 19	G: 133	G: 190
B: 9	B: 65	B: 140
#291309	#838541	#ddbe8c

　　此款长袖大摆长裙颜色淡雅，体现了女性的优雅，这样的裙子更适合性格比较安静、保守的人穿着。

R: 191	R: 62	R: 49
G: 201	G: 48	G: 29
B: 96	B: 119	B: 38
#bfc960	#3e3077	#311d26

　　多种图案相叠加，大胆地使用特殊的大领设计款式，让人感觉眼前一亮。

R: 115	R: 179	R: 18
G: 60	G: 85	G: 17
B: 43	B: 62	B: 12
#733c2b	#b3553e	#12110c

　　男士服装搭配比较简单，色彩忌花哨，如果上身衬衫的颜色为有彩色，并且鲜亮，那下身最好搭配一条黑色或白色的裤子来平衡，否则男士穿得花花绿绿会让人感觉不庄重。

R: 125	R: 115	R: 18
G: 36	G: 146	G: 17
B: 30	B: 138	B: 12
#7d241e	#73928a	#12110c

1. 夸张款式配色的方案推荐

　　夸张款式的服装可以采用主题突出的焦点型或倾斜型配色，达到引人注目的目的。色彩上可以使用对比色。夸张款式配色方案推荐如下。

R: 28 G: 63 B: 20 #1b3e20	R: 142 G: 39 B: 19 #882921	R: 243 G: 202 B: 124 #f3ca7c
R: 51 G: 204 B: 153 #48b78f	R: 255 G: 255 B: 0 #ffffff	R: 51 G: 102 B: 153 #326292

R: 51 G: 102 B: 102 #326464	R: 150 G: 101 B: 50 #966532	R: 204 G: 204 B: 51 # c4c439
R: 153 G: 0 B: 51 #921d34	R: 204 G: 255 B: 102 #c5db6a	R: 255 G: 153 B: 0 #f29417

2. 夸张款式配色的经典案例解析

　　此款套装融入多种时尚元素，采用复杂的设计，如在裤腿的设计上打破常规，这种设计体现了自由的风格。

　　男士上身为黑皮夹克，下身搭配一件牛仔裤，给人感觉极为健康、阳光、伟岸和潇洒，为男性增加许多男人气质。

R: 243 G: 224 B: 48 #f3e030	R: 191 G: 180 B: 182 #bfb4b6	R: 121 G: 46 B: 30 #792e1e

R: 90 G: 150 B: 155 #5a969b	R: 153 G: 30 B: 36 #991e24	R: 213 G: 192 B: 136 #d5c088

此款长连衣裙，设计简洁、飘逸，将女性形象完美展现出来，亭亭玉立，设计风格更彰显实用、自信。

此款连衣裙既野性又性感，格子条纹图案又增加了女性的无限妩媚。这样的装束最好搭配一件外衣或者外搭，更能体现女性含蓄的性格。

R: 12	R: 61	R: 129
G: 14	G: 33	G: 84
B: 19	B: 22	B: 60
#0c0e13	#3d2116	#81543c

R: 128	R: 160	R: 47
G: 131	G: 161	G: 42
B: 110	B: 130	B: 31
#80836e	#a0a182	#2f2a1f

8.11 酷炫款式配色

1. 酷炫款式配色的方案推荐

设计者可以通过颜色展现酷炫的感觉，例如，给人冰冷感觉的冷色系，但不宜过多使用。

酷炫款式配色方案推荐如下。

R: 204	R: 255	R: 102
G: 153	G: 102	G: 102
B: 153	B: 153	B: 153
#c89696	#ea6390	#626393

R: 255	R: 243	R: 16
G: 102	G: 238	G: 147
B: 26	B: 113	B: 99
#ec651a	#f3ee71	#109363

R: 0	R: 255	R: 255
G: 51	G: 255	G: 102
B: 153	B: 0	B: 0
#08348b	#efea3a	#ec651a

R: 204	R: 5	R: 255
G: 0	G: 147	G: 204
B: 102	B: 147	B: 51
#be0d60	#059393	#f5c53a

2. 酷炫款式配色的经典案例解析

此款搭配为黄色小衫和蓝色牛仔裤，这种属于休闲款，简单大方，自由奔放，休闲而不随意。

此款搭配时尚、前卫，而且特别有女人味，尤其是紫色的小帽、大领风衣给人一种端庄、大方的感觉，驼色颜色柔和，属于百搭颜色。

R: 61 G: 105 B: 140 #3d698c	R: 158 G: 11 B: 32 #9e0b20	R: 233 G: 214 B: 156 #e9d69c

R: 136 G: 112 B: 126 #88707e	R: 106 G: 73 B: 56 #6a4938	R: 243 G: 223 B: 188 #f3dfbc

立领中式小衫给人一种优雅、大方的感觉。红色与黑色的搭配中和了黑色的死板和红色的热情，显得低沉又不失枯燥，并融入多种图案，更体现女人韵味。

此款职场套装设计简单、大方，适合商业职场女性穿着，以体现精英们的职业特点和领导风范。

R: 16 G: 13 B: 15 #100d0f	R: 218 G: 50 B: 44 #da322c	R: 162 G: 134 B: 131 #a28683

R: 123 G: 125 B: 123 #7b7d7b	R: 45 G: 25 B: 15 #2d190f	R: 71 G: 44 B: 35 #472c23

1.动感款式配色的方案推荐

　　动感服装给人一种随意自然、自由奔放、飘逸洒脱、无拘无束的感觉，而且会让人产生另类的遐想，总之，轻松惬意在这种服装搭配中都能体现。

R: 255 G: 153 B: 0 #f29417	R: 255 G: 255 B: 0 #efea3a	R: 17 G: 144 B: 191 #1190bf

R: 51 G: 204 B: 153 #48b78f	R: 255 G: 255 B: 0 #efea3a	R: 51 G: 102 B: 153 #326292

R: 255 G: 153 B: 51 #f29438	R: 255 G: 255 B: 0 #efea3a	R: 51 G: 102 B: 153 #326292

R: 255 G: 102 B: 0 #ec651a	R: 255 G: 255 B: 0 #f3ee71	R: 0 G: 153 B: 102 #109363

2.动感款式配色的经典案例解析

　　红色格子连衣裙给人一种俏皮、乖巧的感觉，外搭一件黑色外套，既保暖又不失美丽特征。

　　此款白色雪纺纱散发着清新、凉爽的感觉，搭配黑色裤子，展现出少女俏皮、可爱的特点。

R: 44 G: 34 B: 38 #2c2226	R: 211 G: 66 B: 64 #d34240	R: 177 G: 130 B: 76 #b1824c

R: 32 G: 30 B: 31 #201e1f	R: 255 G: 255 B: 255 #ecf2ee	R: 73 G: 49 B: 37 #493125

此款服装给人一种特殊另类的感觉，头戴大沿帽，身披白色披风，给人一种既飘逸又浪漫的特点。

此款针织外套，精致、优雅的设计中带着一些魅惑气息，巧妙运用了针织的镂空针孔，轻松打造出如梦境般的甜美，诠释了女人味道。

R: 25	R: 255	R: 203
G: 24	G: 255	G: 183
B: 22	B: 255	B: 183
#191816	# ecf2ee	#cbb7b7

R: 137	R: 255	R: 206
G: 94	G: 255	G: 112
B: 65	B: 255	B: 34
#895e41	# ecf2ee	#ce7022

8.13　灵活款式配色

1. 灵活款式配色的方案推荐

灵活款式服装在配色上不拘一格，可以使用多种形式。配色上可以使用对比色、邻近色等。
灵活款式配色方案推荐如下。

R: 200	R: 255	R: 102
G: 150	G: 102	G: 102
B: 150	B: 153	B: 153
#c89696	#ea6390	#626393

R: 255	R: 255	R: 153
G: 204	G: 255	G: 204
B: 153	B: 204	B: 204
#f9c898	#f9f8cb	#95c6c6

R: 0	R: 204	R: 102
G: 153	G: 153	G: 102
B: 51	B: 0	B: 102
#3d9338	#c4950f	#666666

R: 204	R: 204	R: 255
G: 153	G: 204	G: 204
B: 153	B: 204	B: 204
#c89696	#cccccc	#f8c8c9

2. 灵活款式配色的经典案例解析

此款夏季套裙简洁、大方，充分诠释女性的从容和性感，散发着大气、不拘的个性。

这种制服是紫色小西服搭配紫色短裙，随意、轻松、自然。而且对于女性来说，这种色彩让女人更加妩媚。

R: 33	R: 181	R: 204
G: 109	G: 122	G: 159
B: 91	B: 87	B: 79
#216d5b	#b57a57	#cc9f4f

R: 31	R: 149	R: 130
G: 44	G: 98	G: 93
B: 90	B: 66	B: 76
#1f2c5a	#956242	#825d4c

短袖小衫，花色短裤，设计简练，造型随意。虽然简单、随意，但穿着起来给人一种阳光和活力十足的感觉。

此大衣搭配皮草衣领，设计简约、大方，保暖、实用又美观。

R: 187	R: 193	R: 56
G: 27	G: 105	G: 36
B: 33	B: 95	B: 29
#bb1b21	#c1695f	#38241d

R: 188	R: 11	R: 209
G: 164	G: 10	G: 181
B: 130	B: 16	B: 150
#bca482	#0b0a10	#d1b596

8.14　优雅款式配色

1. 优雅款式配色的方案推荐

　　紫色或粉色系是最能表现女性优雅气质的色彩，特别是低饱和度的暗紫色或紫红色，而明亮的粉色或紫色，也是这类服装的绝佳配色。

　　优雅款式配色方案推荐如下。

R: 255 G: 153 B: 153 #f09495	R: 153 G: 102 B: 153 #936393	R: 255 G: 204 B: 204 #f8c8c9

R: 204 G: 204 B: 204 #cccccc	R: 204 G: 153 B: 204 #c495c2	R: 204 G: 51 B: 153 #bc358e

R: 255 G: 204 B: 204 #f8c8c9	R: 255 G: 153 B: 204 #ee96bd	R: 204 G: 204 B: 255 #c8c8e4

R: 204 G: 153 B: 153 #c89696	R: 204 G: 204 B: 204 #cccccc	R: 248 G: 200 B: 201 #f8c8c9

2. 优雅款式配色的经典案例解析

　　粉色具有浪漫的特征，这款泳装的设计给人一种性感、浪漫、青春、健康的气息。穿着它走在熙熙攘攘的沙滩上，肯定会脱颖而出，吸引众人的眼球。

　　此款长裙采用绸缎面料，给人一种高贵、奢华的感觉，而合身的裁剪，又体现了女性修长的身材和妩媚的气质。

R: 235 G: 54 B: 131 #eb3683	R: 50 G: 77 B: 180 #324db4	R: 232 G: 205 B: 220 #e8cddc

R: 167 G: 107 B: 117 #a76b75	R: 111 G: 46 B: 58 #6f2e3a	R: 207 G: 163 B: 176 #cfa3b0

休闲套装体现复古的气息，肩部没有任何装饰，既保守又舒适，体现了休闲服装的特点，很实用，穿着很舒服。

R: 189 G: 118 B: 73 #bd7649	R: 215 G: 108 B: 51 #d76c33	R: 126 G: 91 B: 56 #7e5b38

此款 V 型领露肩连衣裙，设计并不过分强调服装的廓型，而是通过柔软的面料、舒适而合体的款式和布料的自然垂度，展示女性自身的优雅和美丽。

R: 186 G: 92 B: 30 #ba5c1e	R: 228 G: 53 B: 41 #e43529	R: 160 G: 46 B: 36 #a02e24

第 9 章

服装配色综合应用

韩版休闲套装，一般采用纯棉质感面料，穿着舒适，活动方便。夏季戴一顶太阳帽将会带来无限轻松的休闲风范，更加给人一种赏心悦目的感觉。

冬季超短时尚羽绒服，搭配色彩鲜艳的装饰，这种休闲套装打造俏皮活泼风格，橘红色外衣娇俏、可爱，深咖啡披肩高贵、典雅。

时尚、大方的休闲套装融入多种流行元素，诠释魅力女人。

个性而又时尚的宽松裙设计，充满了无限的动感元素，新颖而别致，大方端庄，神秘而又迷人。

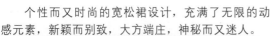

各种款式的包包是女性的最爱，不同款式的装束搭配不同的包包更显女人的个性和风采。

精致的做工，独特的设计，注重款式以及颜色搭配，诠释女性自身无限魅力。

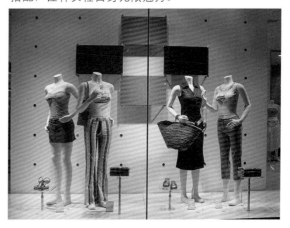

吊带长裙打造女性迷人身材，更显女人味，粉色给人一种年轻、时尚之感，能打造一个甜美、俏皮的形象。

男士西服更加体现男人体面高贵的气质，职业套装板型挺括，面料质感要好。

服装配色综合应用

黄色让女性更有女人味，演绎了女性最含蓄的性感。

黑色加入红色更体现了现代元素，注入了新时代的气息，会让男人和女人的关注度直线上升。

此款搭配充满强烈的对比，红与绿的搭配，给人一种视觉冲击力，这种大胆的色彩搭配一般适合年轻人穿着。

9.2 传统服饰

浅蓝色的印度纱丽给人一种海洋似的感觉，像大海一样宽阔而博大，宁静而幽远。这种蓝色还象征着湛蓝的天空，给人一种碧空如洗的清新和干净。

上等的面料，精细的做工，抽象的图案和完美的设计，尽显优雅、大方，又有一种厚重和典雅的感觉。

金色长袖满服，彰显出高贵、神圣不可侵犯的皇家气息。

这是一款淑女式裙装，可打造女性优雅又不失成熟、性感的特征。

此款欧式婚纱设计新颖，抹胸束身、下身大摆，体现了内与外和谐统一，充分展示了女性的优雅和高贵。

服装配色综合应用

黑色有一种神秘的气息，高贵、性感，S形曲线诠释了女人高雅的气质。

此款为印度民族服饰，采用丝绸面料，土黄色调为主，土红色为装饰颜色，这种搭配给人一种高贵、大气的感觉。

此款为满族服饰，主色调为大红色，搭配色调为黑色和土黄色，艳丽中不失凝重，古板中也不缺少活力。装饰的袖边和胸边搭配，使整体更有活力，更醒目。

黑白相间的太阳裙，给人一种怀旧、简单、朴素、大方的感觉。

此款服装为偏襟长袄，属于民族服饰，以大红色调为主色调，黑色和黄色为装饰色调，长袄中添加的图案为暗色调，这样的搭配使整体更加协调，以至于红色不跳跃，黑色图案的搭配中和了色彩的明度。

白色的纱料吊带长裙，表现出女性纯洁、善良的气质，给人一种耳目一新、清新淡雅的感觉。

9.3 华丽的民族服装

印度纱丽在选择面料上要考究，质感要好，面料要垂，收腰的设计修饰了身材，尽显迷人体态。

红色代表热情、奔放，独特的绣边展现了民族服饰的特色。

少数民族的服饰色彩鲜艳，头饰也非常讲究，造型别致，给人一种高贵大气的感觉，也代表着民族的风俗习惯和特点。

此款服装民族气息浓重，个性张扬，颜色搭配大胆，但不失庄重感。

不同民族的服饰有着不同的品位，每个民族都有自己的服饰特点，这款裙装的设计新颖、大气。

民族文化、习俗的不同，服装也是不同的，以此展示自己与众不同的风格，这种印度服饰给人一种地域性的文化特点。

修身复古蜡染面料，小吊带短裙，尽显女性娇小、可爱的感觉。

绣花边拼接裙，在黑色布料的质感上添加了漂亮的花纹，使低调中不失光彩。

此款纱丽色彩深沉、庄重，仪态万方，尽显本族特色。

9.4　时尚性感裙

吊带式大摆裙给人一种性感、优雅的感觉，表达的是知性女人最常流露于生活中的状态和形象，优雅、高贵、端庄而不失性感。

服装配色综合应用

大花麻布长裙，有点复古的味道，让女性在夏天更好地展现自己完美的一面。

大胆的露肩设计给人一种野性、动感的印象，整体效果散发着优雅、时尚的气息。

这款梦幻色彩的裙子，由多种色彩搭配的布料，给人一种时尚的美感，很适合时尚的女性穿着。

公主时尚连衣裙散发着女性独特的深沉、内敛的浪漫气质，显得优雅、时尚、自信。

韩版性感贴身吊带连衣裙，素雅、知性的设计风格，尽显时尚风潮。

此款服装以绿色吊带裙子为主，外搭配红色马甲，马甲和吊带裙都以裸肩形式展示，这种搭配很独特，红色和绿色形成了鲜明的对比。

设计简单大方，下身采用层叠荷叶边设计，走动时随风飞扬，为女性增添浪漫气质。

印花吊带裙，简约而大方的外形，修身的剪裁很好地勾勒了身材曲线美。

服装配色综合应用

吊带造型露肩短裙，简约的款式、鲜艳的色调和漂亮的图案，共同演绎出别样的风情。

此款裙子以深紫色调为主，搭配深粉色，整体色彩低调、深沉，搭配一条高档的毛皮围脖和皮包，为整体搭配添加了亮点，使整体搭配更高档。

在正式大型场合，则应穿着长度过膝坠地的礼服，彰显大气、高贵，外搭配上奢华的配饰会更加引人注目。

苗条的身材十分具有诱惑力，收腰晚礼服的设计很好地修饰了身材，尽显迷人体态。

集多种时尚元素于一身，紧身的设计，拉长身材比例，突显女性完美的曲线。

此款为抹胸晚礼服，高端大气，上身采用高档的绸缎面料，精致的紧身裁剪，下身散摆自然垂落下来，给人一种典雅、高贵的感觉。

此款连衣裙上身为紧身，下身为大摆式，体现了女性身材的修长和柔美，以中性色调为主色调，以高级灰色为辅助色调，给人一种高贵自然、缥渺洒脱之感。

复古的小圆领搭配上由领口延伸到腰际的迷人蕾丝，那柔美的女人味让女性也投以着迷的目光。

U 领高贵宴会晚礼服，独特的胸前设计，别出心裁，把女性特有的优雅气质突显出来。

紧身长礼服设计风格时尚，腰间是亮点，下摆更显女性的柔美。

抹胸晚礼服时尚兼具高贵，充满了女性的柔媚气质，想要吸引他人的目光真是轻而易举。

蓝色的紧身礼服不仅让整体变得更加稳重，而且提高腰线，展现完美的曲线。

抹胸大摆晚礼服，清丽、时尚中给人一种清爽的感觉，花纹图案的设计为礼服添加了色彩。

和所有的女裙不同，这个长度过膝，简洁的下摆，显示出优雅不规则女裙的特点。

一款宽松的连衣裙穿出了女性的率性、前卫，每一个细微之处都闪现着平凡生活之外的精彩。

中性色在着装上给人的感觉是低调不张扬，此款式简约大方、文雅大气。

这款裙子设计简洁、优雅，完美诠释女性的柔媚气质。

红色系性感连身短裙，下摆圆翘，尽显女性动感。

大胆地裸露后背，下摆紧身长裙，体现女性的轻盈优美，令原本高挑的女孩更加出众。

9.7 女士经典大衣和套装

风衣一向可展示干净、利落的风格，是干练、知性的代名词，而卡其色风衣则是其中的佼佼者，无论是搭配裙装或是裤装，都是不错的选择。

经典长款风衣，简约、休闲，无论是搭配裙装或是裤装，都能诠释女人魅力。

时尚长款粉色和灰色风衣，彰显个性也不失时尚感。

黄色给人一种强势的感觉。这种职业女装尽显时尚白领们的干练、精明。

这样一款深灰色大衣，气派不失大气，文雅又高贵。灰色属于无彩色，无彩色给人感觉素雅、平和，容易让人亲近。

风衣非常容易展现女性特有的魅力，收腰的处理能够凸显身体的曲线，是展现绝对女人味的选择。

此款风衣时尚，色彩以暗红色为主，高贵为主线，沉稳与温柔并重。

这款白色风衣设计简洁、细节处理经典，给人完美的穿着体验。

此款大衣给人一种简单、大方的感觉，以驼色为主色调，装饰扣为黑色，起到一种画龙点睛的作用，特别是领子和腰间的腰带体现了女性的柔美。

此大衣为灰色调，毛领为深灰色调，装饰扣为黑色调，此搭配属于无彩色系列，但是这种搭配在无彩色中属于高级灰色调，给人一种低调、平和的感觉。

此款米白色风衣给人一种清新淡雅的感觉，简单大方的设计非常适合职场女性，严肃而不失活泼，更能体现女性的柔美气质，穿出了大牌气质。

这款风衣大方简洁，展现出柔美的女人味，精致、优雅的设计带着一些魅惑气息。

9.8　阳光女孩休闲装

典型的淑女风格，搭配短衫长裙，活力休闲装穿搭，打造阳光女孩的感觉。

09

服装配色综合应用

简洁的造型、精心搭配的色彩，传递着轻松、自信、勇于展示自我的乐观态度。

T恤搭配牛仔裤彰显实用、自信和创造精神，打破视觉上的平淡之感。

黑色短衣和灰白色长裤相搭配，给人清新的感觉。

一套精致的休闲套装，给人一种轻松时尚之感，是新潮女性的典范。小马甲、太阳裙的搭配更加衬托出女人曲线的柔美和青春靓丽。

此套服装搭配以驼色调为主，简单大方。精心挑选的小外搭，造型别致。头上戴的黑色帽子更加衬托出女性的娇小可爱和柔情似水。

黄色 T 恤衫，柔美风格，简约款式，可展现自己完美的一面。

短袖衫搭配蓝色牛仔，显露出青春、浪漫的气息，给人一种青春活力之感。

红色外衣 V 型领口设计，体现出女性特有的优雅气质，下身穿一条牛仔裤让人感觉简单、自然、自由奔放，尽显迷人体态。

服装配色综合应用

黄色短衫套装让女性魅力无限，体现女人特有的味道，这样的搭配可将知性完美表现出来。

白色 T 恤搭配牛仔装给人一种大方、自然的感觉，外衣的搭配让简单的装束添加了一些生机，在低调中彰显女性魅力。

碎花短衫给人一种朴素之感，领口有蝴蝶或花边的设计，一条普通的牛仔短裤让女孩更加年轻、性感，并且时尚、大胆。

9.9　大摆荷叶裙

短衫紫色大摆裙，走路时风吹起来有一种动感，随着风摆动的效果就像荷叶，尽显迷人体态。

花纹短衫大摆裙，充满了女性的柔媚气质，浪漫的感觉让女性艳光四射，色彩简单中不失高雅。

独特的吊带裙，给人清新的感觉；下垂自然的面料给人一种轻盈、飘逸的感觉。

服装配色综合应用

橘红色的吊带裙，点缀不同色彩的花纹图案，让女性魅力无限，更加体现女性的柔美。

短散摆裙，腰部的设计是亮点，粉色的摆裙，风吹起来更给人一种性感和神秘的感觉。

吊带多彩大摆裙，红绿相间图案的大摆裙给人一种炫目的感觉，时尚女性穿起来给人一种洒脱之感，为女性增添珍贵的浪漫气质。

此款加宽的肩部和腰部的蝴蝶结增加了时尚感，散摆自然垂下来，给人一种优雅的感觉。

金黄色彩给人一种炫目的感觉，简约大方的设计，不失时尚元素，给人一种潮流之感。

橘红色给人一种喜庆、温和的感觉。传统花纹图案的设计体现复古的特点，给人一种古典、高贵之感。

层叠的短衫和短摆裙体现出来的是时尚、乖巧，适合小巧玲珑的女性穿着，给人一种娇柔、妩媚之感。

此款大摆裙属于连身裙，上身为紧身，下身散摆，适合时尚女孩穿着，给人一种清纯、天真、活泼的感觉。

此款为露肩小衫，中摆长裙。绿色和白色搭配给人一种清爽、凉快的感觉，并给人一种个性时尚、新颖独特之感。

9.10　古典晚礼服装

蓝紫色晚礼服通常都会给人一种高贵的象征，神秘而高雅的蓝紫色，是视觉的中心，让人光彩夺目。

服装配色综合应用

古典晚礼服，款式简约大方，让女性低调中不失光彩，既妖娆又妩媚。

礼服的质感在裙摆充分展露，一个获奖的女子身穿高贵的晚礼服给人一种贵气、神圣的感觉。

浅灰色晚礼服，看上去冰清玉洁又不失妩媚，让腰部显得更加纤细，保留了古典、雅致的特点。

在选料上晚装多采用轻盈而不媚俗的丝绸、彩纱、丝绒，还有华丽的皮革做配饰，尽显塑身后的玲珑体态。

中医湿热病学

编　著　浙江省中医药研究院中医文献信息研究所

主　编　盛增秀　庄爱文

副主编　王　英　江凌圳　竹剑平　余丹凤

编　委　（按姓氏笔画排序）

王　英　王子川　王文绒　竹剑平
庄爱文　江凌圳　安　欢　孙舒雯
李　健　李延华　李荣群　李晓寅
余丹凤　施仁潮　高晶晶　盛增秀
虞江梁

学术秘书　王子川

人民卫生出版社

图书在版编目（CIP）数据

中医湿热病学 / 盛增秀，庄爱文主编 . —北京：
人民卫生出版社，2020
ISBN 978-7-117-29605-2

Ⅰ.①中… Ⅱ.①盛… ②庄… Ⅲ.①湿热（中医）
Ⅳ.①R228

中国版本图书馆 CIP 数据核字（2020）第 068538 号

人卫智网	www.ipmph.com	医学教育、学术、考试、健康，购书智慧智能综合服务平台
人卫官网	www.pmph.com	人卫官方资讯发布平台

中医湿热病学

主　　编：盛增秀　　庄爱文
出版发行：人民卫生出版社（中继线 010-59780011）
地　　址：北京市朝阳区潘家园南里 19 号
邮　　编：100021
E - mail: pmph @ pmph.com
购书热线：010-59787592　010-59787584　010-65264830
印　　刷：北京铭成印刷有限公司
经　　销：新华书店
开　　本：710×1000　1/16　印张：26
字　　数：453 千字
版　　次：2020 年 5 月第 1 版　2020 年 5 月第 1 版第 1 次印刷
标准书号：ISBN 978-7-117-29605-2
定　　价：79.00 元
打击盗版举报电话：010-59787491　E-mail: WQ @ pmph.com
质量问题联系电话：010-59787234　E-mail: zhiliang @ pmph.com

前 言

中医学术的发展,需要新学说、新学科的不断建立。当然这种新学说、新学科的建立,绝不是无根之木,无源之水,更不是凭空想象、主观臆断所能完成的。众所周知,任何重大科学成就都是在继承前人已取得的各方面成果的基础上发展起来的。研究综合前人有关成果,分析其已达到的水平及存在的问题,是近代自然科学研究的重要手段之一。毫无疑义,中医湿热病学的建立,必须建筑在前人已取得成果的基础上,即对前人的经验和理论加以整理研究,推陈出新,把它提高到一个新的水平,使之成为更完善、更科学、更先进的学说和学科,以适应新时代的需求,这就需要我们做艰苦细致的创造性劳动,避免低水平重复。国家对中医学术的继承和发扬提出"继承不泥古,创新不离宗"的指导方针,无疑是十分正确的。

建立中医湿热病学具备以下几个有利的条件和基础:

1. 古代文献内容丰富。中医学文献浩如烟海,其中有关湿热病的论述,极为丰富。早在《黄帝内经》这部经典著作中,就有"湿热不攘,大筋缈短,小筋弛长"等记载,《难经》已将"湿温"列为广义伤寒的五种病证之一。此后,历代医家于此多有阐述,特别是明清时期,随着温病学说的发展和成熟,湿热病的研究有长足的进步,并有不少论著问世,如叶天士《温症论治》中有不少篇幅论及湿热(湿温);薛生白《湿热条辨》堪称湿热病的专著;吴鞠通《温病条辨》对"湿温"的论述更为详尽;雷少逸《时病论》"秋伤于湿"章列"湿热""湿温"两个病种,专题予以发挥。此外,《感症宝筏》《医理辑要》《六因条辨》《温病指南》和《湿温大论》等书,对湿热病证也有深刻的论述。凡此,均为今天研究湿热病并建立中医湿热病学提供了极为丰富和宝贵的文献资料。

2. 湿热为患十分广泛。湿热病证,四时均可发生,尤以夏秋季节为甚。就地域而言,东南沿海一带,地处卑湿,气候温热,湿热为患更多,朱丹溪尝谓"六气之中,湿热为患,十之八九",叶天士也说:"吾吴湿邪害人最广。"近年流行病学调查研究证实,湿病(包括湿热病)在人群中患病率高达10.55%~12.16%,且西北地区发病亦多。联系临床实际,不少疾病诸如感冒、病毒性肝炎、细菌性痢疾、伤寒、副伤寒、急性胃肠炎、慢性腹泻、泌尿系感染、风湿性关节炎、盆腔炎、湿疹、带状疱疹、不明原因发热等，从中医病因学来分析，常与感染湿热病邪有密切关系，足见其发病之广，危害之大。更值得指出的是，现代自然环境和人们生活条件的改变，湿热病的发病率已有上升趋势，如工业废气排放污染空气，导致全球气候变暖；生活和工作场所普遍使用空调，使人汗液排泄不畅，热郁体内；不良的饮食习惯，如嗜食肥甘、酒酪、炙煿之物等，均易招致湿热病的发生。因此加强对湿热病的研究，建立中医湿热病学，从防治常见病、多发病，保障人类健康来说，意义是十分重大的。

3. 湿热理论特色鲜明。中医有关湿热病的理论，包括病因、病机、证候和辨治等，见解独到，如对湿热病邪缠绵难解的特性，病变重心在脾胃，辨证重视察舌，治疗须分离湿热，强调宣畅肺气、通利小便，等等，均富有特色，很值得深入研究。建立中医湿热病学，将有利于发扬中医在这方面的特色和优势。

4. 现代研究成果可观。现代对湿热引起的传染性肝炎、细菌性痢疾、泌尿系感染等疾病，各地有不少临床研究报道，其中不乏大宗病例疗效总结，充分显示了清化湿热、清热利湿等治法的显著效果。近年来有关湿热病证候规范化的研究亦有进展。在实验研究方面，湿热证动物模型也已建立，湿热病的微观病理变化逐渐被揭示，检测方法和指标亦有新的发现，特别是对治疗湿热病的有效方药，诸如茵陈蒿汤、五苓散、八正散等做了现代药理研究，探讨其作用原理，并取得了可喜成果，从而为建立中医湿热病学创造了有利条件。

综上所述，中医有关湿热病的理论和治疗源远流长，内容丰富，特色鲜明，优势明显，已形成了一套较为系统的经验和理论，因此，建立中医湿热病学是完全有基础的，这也是时代的需要，人民卫生保健事业的需要，中医学术发展的需要。有鉴于此，我们在《中国中医药报》（1993年12月1日）上发表了《应建立中医湿热病学》一文，引起了较大反响。2003年编著了《中医湿热病证治》，由人民卫生出版社出版。此后，我们更做了深入的研究，认识进一步提高，并积累了较多的临床经验。2016年又申报了"名老中医盛增秀中医湿热病学的构建"课题，得到了有关专家和上级主管部门的大力支持和肯定，被列入浙江省中医药科技计划项目，从而得以付诸实施，本书即是该课题的成果专著，由《中医湿热病证治》扩充深化而成。

最后需要强调说明的是，本着"博采众长""集思广益"的名训，在编写过程中，我们参考了古今大量文献，收录古今医案和临床报道较多，并有机地融

入本书相关部分,因此本书信息量较大,希冀使理论紧密联系实际,拓宽思路,充实新知,以利提高和发展,这对读者很有裨益。文中凡引用现代文献资料之处,均注明了出处,谨向有关作者表示衷心的感谢!限于我们的水平,书中错误和不足之处在所难免,敬请同道批评指正。

盛增秀

2020 年 3 月

凡 例

1. 本书分上、中、下、附四篇，上篇"绪论"对湿热病的定义与范围、学术源流、病因病机、诊断、辨证和治法，做了扼要的论述；中篇"病证各论"为切合实用，采用西医的病名，且所选病种，其发病常与湿热密切相关，亦即湿热是这些病症的常见致病因素，当然还有不属本书讨论之列的其他发病原因，读者未可以偏概全；下篇"常用方剂"每方分列出处、组成、用法、功效、主治、方解、临床应用举例等七项予以叙述，其中临床应用举例一项，或选医家应用该方的经验，或引有关临床报道，或录典型病例，形式不拘一格；附篇包括"历代名论名著选释""古今医案选按""现代实验研究进展""引用方剂索引"等内容，择其古代和现代精要文献，加以评论和综述，旨在融汇古今、展望未来。各篇内容虽各有侧重，但其间紧密相连，读者当前后互参，始能比较全面认识和掌握湿热病的理、法、方、药，以便临床应用。

2. 凡引用文献涉及病证的名称，因原资料存在着中、西病名不统一的问题，为保持原貌，病名仍存其旧，即中、西病名兼而用之。

3. 下篇各方剂中的药物剂量，多为现代习用剂量或编著者的经验用量。全书药物剂量单位，除引用古医籍仍沿用旧制外，余均按国际单位制和《中华人民共和国计量法》所规定的单位。病案中检验值单位，遵原病案记录，不再统一换算国际单位。

4. 古医籍中有些药物如犀角、金汁等早已禁用，临床应用时可灵活变通。

目　　录

上篇　绪　　论

中篇　病 证 各 论

下篇　常用方剂

上 篇

绪 论

一、湿热病的定义与范围

　　湿热病是指由湿热病邪所引起的诸多病症的总称,在外感疾病和内伤杂病中均可见之。临床上常以身热缠绵,胸脘痞闷,身重体倦,小便短而黄赤,口渴不引饮,舌苔黄腻,脉象濡数为主症;以发病慢,病程长,缠绵难愈为特点。至于湿热与湿温,古代文献大多混称,但也有少数医家如雷少逸则认为"断不可混湿温为湿热,理当分列湿热、湿温为二门"。近代汇通派医家有将湿温与西医的伤寒、副伤寒相提并论。我们认为,从中医病因学来看,"温乃热之渐,热乃温之甚",湿温与湿热,其感受邪气别无二致,湿热可以涵盖湿温,湿温病当属湿热病的范围,故本书将二者合并一起讨论。

　　从现代临床来看,湿热病所涉及的病种很多,诸如伤寒、副伤寒、钩端螺旋体病、细菌性痢疾、病毒性肝炎、肾盂肾炎、盆腔炎、阴道炎、小儿夏季热、湿疹等,均可出现中医湿热病的临床表现,用湿热病的方药进行治疗,常能获效。由此可见,湿热病是笼统的病名,不是特指某一种病,其内涵丰富,涉及西医学诸多病症,这点必须首先明确。

二、源 流 探 讨

　　中医有关湿热病的理论和实践,源远流长。早在秦汉时期,随着中医基本理论体系的形成,有关湿热病的证、因、脉、治,即有载述,如《素问·生气通天论》云:"湿热不攘,大筋软短,小筋弛长,软短为拘,弛长为痿。"是把筋肉拘痿的原因归咎于湿热。《素问·六元正纪大论》云："四之气，溽暑湿热相薄，争于左之上，民病黄瘅而为胕肿。"指出了湿热是黄瘅胕肿的主要病因，其发病与时令节气有很大的关系。《难经》更明确地将湿热所致的湿温病，列入广义伤寒的范畴，该书《五十八难》说："伤寒有五：有中风，有伤寒，有湿温，有热病，有温病。"揭示湿温是外感热病中的一个独立的病种，为后世深入研究湿温病开了先河。东汉时期，张仲景《伤寒杂病论》中虽无湿温病名，但有关湿热引起的病证及治疗，却不乏记载。如所论黄疸、痞、痹、疟疾、湿、呕吐、下利等病证，其辨证论治，每以湿热为着眼点，尤其是所创立的茵陈蒿汤、栀子柏皮汤、白头翁汤、葛根黄芩黄连汤、麻黄连翘赤小豆汤等方剂，为后世治疗湿热所引起的诸多病证，在立法处方遣药上树立了楷模，影响深远。

宋元以降，对湿温的病因、症状、治疗和禁忌等论述，有了较大的进展。如宋·庞安时《伤寒总病论·伤寒感异气成温病坏候并疟证》云："病人尝伤于湿，因而中暍，湿热相搏，则发湿温，病苦两胫逆冷，腹满叉胸，头目痛，苦妄言，治在少阴，不可发汗，汗出则不能言，耳聋，不知痛所在，身青而色变，名曰重暍，如此者医杀之耳。"又云："治湿温如前证者，白虎汤主之。"朱肱《类证活人书》则以白虎加苍术汤治之，湿热两顾，较之单纯用清热之白虎汤，更为对证。金元时期，名医辈出，对湿热病有进一步阐发，如刘河间倡"六气化火"说，认为湿为土之气，因热而怫郁，不得宣行，停滞为患，并创立天水散（滑石、甘草）等方，开清热利湿之法门，效验多多。这里最值得一提的是，朱丹溪秉承了《黄帝内经》的旨意，结合自己的临证经验，认为"六气之中，湿热为患，十之八九"。确是对《黄帝内经》湿热病因说的重大发展。对于湿热为病，朱氏认为可涉及外感、内伤诸多病证，如《丹溪心法》认为痢的病因："赤痢乃自小肠来，白痢乃自大肠来，皆湿热为本。"吞酸的病因，指出"吞酸者，湿热郁积于肝而出，伏于肺胃之间"。对黄疸病因，尝谓："疸不用分其五，同是湿热。"赤白浊的病因，认为"浊主湿热，有痰、有虚"。还强调指出"痿证断不可作风治而用风药"，其发病关乎"湿热"。诸如此类，不一而足。丹溪对于湿热病的治疗，指出"凡下焦有湿，草龙胆、防己为君，甘草、黄柏为佐。如下焦肿及痛者，是湿热，宜酒防己、草龙胆、黄芩、苍术。若肥人、气虚之人肿痛，宜二术、南星、滑石、茯苓"，对后世处方用药颇有启发。他创制的治湿热方剂二妙散（苍术、黄柏）及后人据此而衍化的三妙丸（苍术、黄柏、川牛膝）、四妙散（苍术、黄柏、川牛膝、薏苡仁）均是传世名方，足见其影响之深远。

明清时期,随着温病学说的不断发展和成熟,研究湿热病的医家,代有其人,成就卓著。如明·吴又可著《温疫论》,他所论述的温疫,尽管否定六淫为患,但从其主要症状"初起先憎寒而后发热,日后但热而无憎寒也。初得之二三日,其脉不浮不沉而数,昼夜发热,日晡益甚,头疼身痛"来看,酷似湿温初起阶段的临床表现。吴氏还指出:"疫之传有九……有但表而不里者,有但里而不表者,有表而再表者,有里而再里者,有表里分传者,有表里分传而再分传者,有表胜于里者,有里胜于表者,有先表而后里者,有先里而后表者。"其传变之多端,病情之淹缠,与湿温病颇相符合。特别是吴氏创制的达原饮一类方剂,用于湿温邪踞膜原之证,亦甚恰合。清代温病大家叶天士所著《温热论》(《温热经纬》将其更名为《叶香岩外感温热篇》),对湿热病阐发尤多,如说:"有酒客里湿素盛,外邪入里,里湿为合。在阳旺之躯,胃湿恒多;在阴盛之体,脾湿亦不少,然其化热则一。"对湿热病的成因和转化,做了深刻的阐述。特别是关于白痦及其与预后关系的论述,以及在治法上提出"渗湿于热下,不与热相搏""救阴不在血,而在津与汗;通阳不在温,而在利小便"等分消湿热,保津护阴和化气利湿等方法,对湿热病的治疗,很有指导意义,所创清热化湿的甘露消毒丹被临床广为应用。与叶氏同时代的温病学家薛生白,他对湿热病更有研究,成就益彰,所著《湿热条辨》(《温热经纬》将其更名为《薛生白湿热病篇》),条分缕析地论述了湿热病的因、证、脉、治,其成就最为突出的是:明确提出了湿热病的发病机制是"邪由上受,直趋中道,故病多归膜原"。病变部位"属阳明太阴经者居多,中气实则病在阳明,中气虚则病在太阴"。其证"不独与伤寒(指狭义伤寒——编者注)不同,且与温病大异"。并以"始恶寒,后但热不寒,汗出,胸痞,舌白,口渴不引饮"作为湿热病的辨证提纲,执简驭繁,尤切实用。在论治上,根据病位之浅深,湿与热之孰轻孰重,以及邪正之消长等情况,制订了芳香宣透、清开肺气、辛开苦泄、苦温燥湿、清热利湿、清营凉血、生津养液、补益气阴等治法,用药颇中肯綮,堪称理、法、方、药比较全面的湿热病专著,被后世奉为诊治湿热病的圭臬,厥功甚伟。继叶、薛之后,吴鞠通《温病条辨》对湿温病分三焦论治,详述上、中、下三焦各个阶段的主要临床表现及治法,创制了三仁汤、黄芩滑石汤、薏苡竹叶散、宣痹汤等不少名方,大大丰富了治疗湿热病的内容和方法,至此,湿热病的辨证和治疗已蔚成大观,后世始有绳墨可循矣。王孟英是晚清著名的温病学家,他对湿热病也有精心的研究,尝谓"热得湿则郁遏而不宣,故愈炽;湿得热则蒸腾而上熏,故愈横。两邪相合,为病最多",清楚地指出了湿热病的病理特点。他还创制了"治湿热蕴伏而成霍乱"的连朴饮,后世师其法,效其方,治疗热重于湿之湿热病,效验显著。《时病论》作者雷少逸将湿热与湿温分为两个病种予以论述,在病因病机、临床证候和治疗方法上做了不少发挥,并创制通利州都法、宣疏表湿法、宣透膜原法诸方,很切合临床实用。娄杰《温病指南》将温病分为"温热"(风温)与"湿温"两大类,强调在治法上只须细审温邪之兼湿与否,湿温二邪孰多孰少,区别用药。谢仲墨评价说:"娄氏此论,简明扼要,是温病治疗之大纲。"他还创制金蒲汤治"湿温神昏谵语,舌赤无苔者,邪传心包,化燥伤阴,内窍将闭也"。其组方合理,颇切实用,这是对吴鞠通邪入心包证用紫雪丹、至宝丹、安宫牛黄丸的补充,功不可泯。金子久亦为温病名家,他对湿温的诊治,亦积累了丰富的经验,阐述非常精辟。在病因上曾说:"时在湿令,所感之气,名曰湿也;湿属有质,伤其清气,气郁化火,名曰温也。"在病机上则说:"大凡湿邪化热,谓之湿温,湿邪蔓延三焦,充斥营卫,外不得汗,内不得下,蒸腾之热,灼津伤液,多烦少寐,有痰无咳""湿为有形之浊邪,最能阻于气分,气郁邪郁,渐从热化,热炽蒸蒸,蔓延欠解,外攘酿痦,内扰酿痰""湿为重浊之邪,最易害及肌肉,阻碍气血流行之所。"并说:"湿温为病,变幻不一,出于阳,有汗而不衰,入于阴,有下而不解,氤氲中焦,蒙闭气分……最虑者,湿热迷蒙不定,酝酿疹痦,不得不防。"可谓言简意赅,有一定的指导意义。胡安邦《湿温大论》对湿温证的病因、病机、证候、治法做了详尽的阐述,尤为可贵的是,他提出了治疗湿温的七类要药,第一类辛凉解表药,共九种:豆卷、薄荷、苏叶梗、芥穗、牛蒡子、桑叶、蝉衣、桔梗、豆豉,用于治疗湿温初起表邪病症;第二类芳香利气药,共十种:藿香、厚朴、半夏、佩兰、枳实、陈皮、薏仁、杏仁、蔻仁、甘露消毒丹。此类药芳香化浊,利气化湿,是治疗湿温不可或缺之要药;第三类苦寒燥湿药,共六种:黄连、黄芩、山栀、黄柏、连翘、苦参。苦寒燥湿药用于湿温渴甚,舌苔垢腻,或白滑或黄滑之时;第四类轻清甘寒药,共六种:银花、竹叶、竹茹、荷叶、芦根、茅根。轻清甘寒药为清热之重要副药,湿温初中末三期,始终可以任用;第五类下夺逐邪药,共五味:大黄、芒硝、玄明粉、凉膈散、枳实导滞丸。湿温初起便闭者,或数日不通者,或腹满便溏而湿热胶滞者,皆当下夺宣达;第六类淡渗湿热药,共十二种:滑石、猪苓、通草、赤苓、泽泻、车前、茯苓、大腹皮、六一散、益元散、萆薢、茵陈蒿。淡渗湿热药,能分利湿热;第七类养阴生津药,共十二种:石斛、生地、银柴胡、白薇、西洋参、北沙参、花粉、鲜首乌、青蒿、玉竹、地骨皮、麦冬。养阴生津药是阴虚发热之必要药,也是湿温病至末期,将瘥而未尽瘥,或邪去正伤之调养善后之补品。他还拟制了治疗湿温的传世名方辛苦香淡汤。秦伯未评价说:"语多中肯,法合应用;其辛苦香淡汤一方,取辛开苦降芳香淡渗之义,尤其匠心。"何廉臣论治湿温,除了强调首先要辨明湿与温之孰轻孰重外,还要求辨明是否夹有痰、水、食、气、瘀等邪,若有,则一般要以治夹邪为先。何氏说:"盖清其夹邪,而伏邪始得透发,透发方能传变,传变乃可解利也。"更值得一表的是,我省近现代最有名望的已故老中医叶熙春对湿温诊治经验宏富,见解独到。如他强调湿温病的诊断应重视三辨,即辨舌苔、辨二便、辨白㾦,确是抓住了要点。以辨白㾦为例,他认为湿温见㾦,始则见于胸项,粒少而疏,继则渐多渐密,遍及项背,中达四肢,方属邪透之兆。若㾦点粒小而疏,仅见于胸次,兼见神倦、嗜睡、脉数无力等症者,多系正虚邪实,津气不足,无力达邪。㾦点过粗过密,兼见胸闷躁烦,寤寐不安,口气秽浊,或便闭多日,或溏泄如痢,乃属里邪壅盛,出入升降之机窒塞,恐有昏昧痉厥之变。也有㾦出不彻,胸宇痞闷,神倦嗜卧,渴不喜饮,便溏溲赤者,多属热为湿遏,气化不利,肺失宣泄之故。他治疗湿温,提出以宣肺、化浊、渗湿、清热为大法。宣肺常用豆卷、柴胡、葛根、蝉衣、茺蔚子、牛蒡子、杏仁、淡豆豉、桑叶等;化浊常用郁金、鲜石菖蒲、连翘心、蔻仁、藿香、佩兰、安宫牛黄丸、牛黄至宝丹、紫雪丹等;渗湿常用米仁、滑石、芦根、竹叶、茯苓、通草等;清热常用连翘、黄芩、山栀、银花、知母、石膏、黄连、鲜生地、丹皮、犀角(水牛角代)、羚羊角等。其用药对后人启发良多。

新中国成立后,湿热病证的临床和实验研究均有长足的进步。在临床上,运用湿热理论治疗流行性感冒、流行性乙型脑炎、流行性出血热、病毒性肝炎、细菌性痢疾、急慢性肠炎、泌尿系感染、盆腔炎、阴道炎、小儿夏季热、湿疹等诸多疾病,各地有不少报道,积累了丰富的防治经验;在实验研究方面,近年亦有所进展,如湿热证动物模型也已建立,为深入研究创造了有利条件,湿热病证的微观病理变化逐步被揭示,检测方法和指标亦有新的发现,这对于湿热病证候的客观化、规范化,无疑起到积极的促进作用。特别是对治疗湿热病证的有效方药,诸如茵陈蒿汤、八正散等,做了现代药理研究,探讨其作用原理,并取得了可喜的成果。在科学日新月异的今天,随着中西医结合和中医现代化逐步深入,湿热病证的本质必将被揭示,前景是十分广阔的。

三、病因病机阐发

(一)病因

湿热病的外因是感受湿热之邪,它的发病,与时令、地域有着密切的关系。就时令而言,吴鞠通尝谓:"湿温者,长夏初起,湿中生热,即暑病之偏于湿者也。"王孟英也说:"既受湿,又感暑也,即是湿温。"盖夏秋季节,尤其是夏末秋初之时,气候溽暑,天之热气下迫,地之湿气上腾,湿热交蒸,人在气交之中,怯者着而为病。因此,湿热病的发生和流行,有一定的季节性。但也有冒雨涉水,久卧湿地,致湿邪侵犯体内,郁久化热而病者,此亦不为时令所限,不可不知;就地域而言,东南地土卑湿,气候温热,常湿热交蒸,故湿热病发病尤多,朱丹溪有谓"六气之中,湿热为患,十居八九"。叶天士亦说:"且吾吴湿邪害人最广。"若从朱、叶两氏所处的地理环境和气候条件来讲,是颇合实际的。值得指出的是,现代随着自然环境和人们生活条件的改变,如工业废气排放污染空气,导致全球气候变暖;生活和工作场所普遍使用空调,使人汗液排泄不畅,热郁体内,以及不良的饮食习惯,如嗜食肥甘、酒酪、炙煿之物等,均易招致湿热病的发生。有人曾做过流行病学调查,发现西北地区湿热病的发病率亦有上升趋势,值得重视。

脾胃功能失健是湿热病发病的主要内在因素。凡饮食不节,劳倦过度,均可影响脾胃功能,使运化失职,水湿滞留体内,再遇外界的湿热之邪加临,最易罹患湿热病。薛生白对此有过精辟的阐述,他说:"太阴内伤,湿饮停聚,客邪再至,内外相引,故病湿热。"又说:"或先因于湿,再因饥劳而病者,亦属内伤夹湿,标本同病。"这种"内外相引""标本同病"的观点,深刻地阐明了湿热病的发病是内外因联合作用的结果,而内因更是起主导作用,对临床很有指导意义。

在讨论湿热病的病因时,还应明确湿热合邪有其特异性。薛生白说:"热为天之气,湿为地之气,热得湿而愈炽,湿得热而愈横。湿热两分,其病轻而缓;湿热两合,其病重而速。"王孟英发挥说:"热得湿则郁遏而不宣,故愈炽;湿得热则蒸腾而上熏,故愈横。两邪相合,为病最多。"说明湿热合邪,热处湿中,湿居热外,在病情上较之单纯湿邪或热邪为患更为复杂、严重。证诸临床,湿热病往往病势缠绵,锢结难解,非若湿邪燥之能化,热邪清之能解,前人尝以"如油入面,难分难解"来形容其病情之复杂和顽固性。明确湿热合邪的上述特性,对湿热病的辨证和治疗至为重要,有关这方面的问题,将在下面论治中予以研讨。

湿热病邪,或有传染性,可造成疾病流行。明代喻嘉言曾明确指出:"湿温一症即藏疫疠在内,一人受之,则为湿温,一方受之,则为疫疠。"清代王秉衡《重庆堂随笔》说:"温病热病,湿温病,治不得法,皆易致死,流行不已,即成疫疠,因热气、病气、尸气,互相缪轕,即成毒疠之气而为疫。"张石顽也说:"时疫之邪,皆从湿土郁蒸而发,土为受感之区,平时污秽之物,无所不容,适当邪气蒸腾,不异瘴雾之毒,或发于山川原陆,或发于河井沟渠,人感触之,由口鼻入膜原,而疫病成矣。"以上三家对湿热病邪的传染原因、传染途径和散发或广泛流行情况以及病情的严重性,做了深刻的阐发,颇多远见卓识。值得说明的是,一些属杂病范围的湿热病证,并不具有传染性,这又不可不知。

(二)病机

湿热病的病机,有以下几个特点:

1. 邪由口鼻而入,直趋中道,归于膜原　薛生白说:"湿热之邪,由表伤者,十之一二,由口鼻入者,十之八九。"说明消化道是湿热病的主要传入途径,少数则从肌表侵袭。他还说:"邪由上受,直趋中道,故病亦多归膜原。""膜原"之说始于《黄帝内经》,明代吴又可《温疫论》发挥最详,谓其部位"内不在脏腑,外不在经络,舍于夹脊之内,去表不远,附近于胃,乃表里之分界,是为半表半里"。薛氏继承了吴又可的理论,强调邪归膜原,提示湿热病邪既可发散于表而见湿热表证,又可内溃于里出现脾胃气分证,为阐明湿热病的发病机制提供了有力依据。

2. 病变重心在于脾胃　薛生白谓:"湿热病属阳明太阴经者居多。"何以故也?因胃为水谷之海,脾为湿土之脏,职司运化,若脾胃功能失健,不仅内湿易生,而且外湿也易侵入也。诚如章虚谷所注:"胃为戊土属阳,脾为己土属阴,湿土之气,同类相召,故湿热之邪,始虽外受,终归脾胃也。"证诸临床,在湿热病的病变过程中,中焦气分证候往往持续时间最长,而脾胃功能失调证型亦最常见,充分说明湿热病的病变重心在脾胃,是有生理、病理学基础的。

3. 湿性黏滞重浊,易阻气机　人身气机贵于通畅,气机通畅则邪无容留之地且不易入,既入亦容易祛除,正如《金匮要略》所说:"五脏元真通畅,人即安和。"盖湿为有形之邪,其性黏滞重浊,若侵入人体,最易阻遏气机,导致表里出入受阻,上下气机紊乱,于是诸症丛生。湿热病常症情缠绵,病程较长,究其原因,实与病邪阻遏气机,气血不能流畅,正气受困,抗邪能力束缚有很大的关系。可见湿热病的病机,是以气机阻滞为基本特征。临床上治疗湿热病之所以重视通调气机,特别是注重开上、宣中、导下,原因即在于此。

4. 邪从湿化热化,随人身体质而定　对于体质与病邪从化的关系,《医宗金鉴》有段名言:"人感受邪气虽一,因其形藏不同,或从寒化,或从热化,或从虚化,或从实化,故多端不齐也。"章虚谷也明确指出:"六气之邪,有阴阳不同,其伤人也,又随人身阴阳强弱变化而为病。"这种"病之阴阳,因人而变""邪气因人而化"的观点,是中医发病学和病理学极为重视的。联系湿热病来说,薛生白有曰:"中气实则病在阳明,中气虚则病在太阴。"说明由于个体体质之差异,中气盛衰之不同,决定气分证有两种不同的证型,即中气实者,阳气旺,湿从热化,病变则在阳明胃,表现为热重于湿;中气虚者,阳气不足,湿热之邪,则羁留太阴脾,表现为湿重于热。这足以证明邪气的从化及病机的转归与体质有着密切的关系。

5. 湿性散漫,蒙上流下,传变多端　由于湿性散漫,具有蒙上流下的特性,特别是湿热相合,热蒸湿动,湿热邪气极易弥漫全身,波及三焦。诚然,湿热病变以脾胃为重心,但中焦之湿热,既可熏蒸上焦,又可波及下焦,从而影响多个脏腑的功能,造成一身表里上下交相为患。湿热之邪的弥漫性,病变的广泛性,值得临床高度重视。

至于湿热病的传变,叶天士从卫气营血立论,初起邪在外表,卫阳被遏,多见卫分证;进而病邪由卫及气,脾胃因之受困,中焦升降失调,加之湿、热之邪对脾胃各有其亲和性、黏合性,以致邪留气分的时间较长,叶氏所谓"其邪始终在气分流连者",即指此类证情而言。气分之邪不解,则湿热化燥伤阴,邪入营分,内陷厥阴,出现耗血动血,心神被扰,肝风内动等证。薛生白从表里经络三焦立论,认为初起邪伤肌表,卫阳被遏,或邪客经络,络脉不舒,可出现湿热表证,但更多表现为邪阻膜原,三焦枢机不利的半表半里证。病邪留滞三焦,在上焦则肺气不开,心神被扰;在中焦则脾胃失运,气机郁滞;在下焦则膀胱气化不利,或肠失泌别清浊之职。湿热化燥,燔灼营血,内陷厥阴,则见营血分之证。迨至后期,由于正气虚衰,可出现阴虚阳亢的少阴热化证,或见脾肾阳虚之证;更有余邪未净,气阴未复,而见脏腑不和的种种征象。吴鞠通创三焦辨证方法,以此阐述湿温病的病机和传变:上焦证以肺卫、经络受伤和包络蒙闭的病理变化为主;中焦证多系脾胃受困,升降失司;下焦证主要表现为膀胱、小肠或肝肾功能失常。总之,湿热病的病机复杂,传变多端,临床当根据症情分析病理机转,掌握病变的发展趋势,更应知常达变,未可以温病传变的一般规律而印定眼目也。

此外,湿热相合,胶结难解,以致病情缠绵难愈的特点,在上面"病因"部分已做了阐述,兹不赘言。

四、诊断述要

湿热病的诊断,与其他疾病一样,须以望、问、闻、切四诊所搜集到的信息为依据,进行全面分析,综合研究,才能做出诊断。具体地说,主要应根据发病季节、临床证候、病情传变等几个方面。

(一)发病季节

夏秋季节,特别是夏末秋初,因气候炎热,雨湿较多,因此是湿热病的高发时期。发生在其他季节的有湿热表现的疾病,亦可诊断为湿热病。

(二)传染性

湿热病,部分具有传染和流行的特点,这点在前面"病因病机阐发"中已经谈到。当然,一些属于杂病范围的湿热病证,并不引起传染和流行。

(三)临床常见证候

湿热病与其他温病的临床表现有很大的不同,其常见的证候有:

1. 发热　大多表现为身热不扬,或午后身热,或热型稽留,汗出而发热不退。

2. 口渴　初起一般为口黏不渴,或渴不引饮。

3. 胸腹症状　常觉胸闷腹胀。

4. 黄疸　湿热引起的发黄,一般表现为面目肌肤黄色鲜明。

5. 躯体症状　多见全身困重乏力。

6. 二便情况　一般小便短少,尿色浑浊或黄赤;湿重者大便多偏溏,或胶腻而滞下不爽。湿温病有大便下血者,是病情危重的表现。

7. 食欲　胃呆少纳,或伴呕恶。

8. 脉象　薛生白谓:"湿热之证,脉无定体,或洪或缓,或伏或细,各随症见,不拘一格。"临床一般以濡脉为多见。

(四)特征性证候

值得强调指出的是,一些特征性的证候,最具诊断价值,兹举例说明如下:

1. 舌苔　湿热病的诊断重在望舌,在辨别湿与热之孰轻孰重上尤有意义。舌苔腻是本病的必备条件,若湿重者,苔多白腻或厚白腻;热重者,苔多黄腻或厚黄浊腻,或黄褐如咖啡色。大凡病邪之轻重,病位之浅深,以及病势之转归,常在舌苔上明显反映出来,很有诊断价值,如薛生白《湿热条辨》根据"舌根白,舌尖红",便知湿渐化热而余湿犹滞;"舌白""舌遍体白",即断为湿浊极盛之象,等等。有人以湿热型咳嗽为例,认为辨舌于诊断最为重要。湿热咳嗽常见的舌苔是白腻苔或黄腻苔,前者为湿热尚在卫分,后者为湿热入于气分。腻苔渐化为湿热邪气渐轻,腻苔渐厚是湿热邪气渐深。舌边尖无苔,其余部分是腻苔,为湿热尚盛,而阴液已伤;舌前半区光红无苔,后半区是腻苔,为湿热渐退,阴液已伤;全舌光红无苔,为湿热已尽,津液大伤。舌诊在湿热病证诊断和辨证上的重要性,于此可见一斑。

2. 白㾦 这是湿温病过程中特有的证候。白㾦的出现,表明氤氲气分的湿热有外透之机,乃佳象也。大多分布在颈项、胸背及腹部,其状宜晶莹饱绽,若白如枯骨,或干瘪无浆,为气液两竭,正不胜邪之象。吴氏将湿温病白㾦分为5种:①水晶㾦,凡晶光饱满乃病退之佳象;②干白㾦,㾦点极细,病多缠绵,为正邪相争,正不胜邪所致,大都在缠绵期,或误治过早滋阴,湿郁化热,郁蒸而发;③干叠㾦,又称枯㾦,是病久缠绵,元气极虚之征;此外还有披麻㾦和脓痘㾦,均是热极津伤,预后都属不良。

浙江省已故名老中医叶熙春对白㾦研究颇有心得,兹录之如下:白㾦系太阴(脾)湿热之邪与阳明(胃)腐谷之气相合而成。湿温见㾦,已非轻浅之症,多属中焦之候。见㾦者其邪必盛,㾦出者病乃渐解。中焦湿热需借上焦肺气之宣透得以化㾦外达,故凡肺之气化、邪之轻重、正气之强弱,都是白㾦的明晦、疏密、粗细及能否顺利外透的重要因素。阳明燥热多战汗而解,中焦湿温常化㾦而愈。战汗与化㾦都是里邪外达的良好转归。惟战汗多一战而轻,或再战而痊;湿温白㾦外透常一日数潮,连透数日。随着㾦点一再外透,身热渐减,病情渐爽,症情逐日好转。若㾦出不彻又诸症不减者,多属里邪壅遏过盛,一时难以透泄,必然胸宇窒闷,懊忱不安,势将内闭,亟宜因势利导,疏解肺卫,使㾦随汗透而渐愈。湿温见㾦,始则见于胸项,粒少而疏,继则渐多渐密,遍及项背,中达四肢,方属邪透之兆。抑或㾦点粒小而疏,仅见于胸次,兼见神倦、嗜睡、脉数无力等症者,多系正虚邪实,津气不足,无力达邪。若㾦点过粗过密,兼见胸闷躁烦,㾦痒不安,口气秽浊,或便闭多日,或溏泄如痢,乃属里邪壅盛,出入升降之机窒塞,恐有昏昧痉厥之变。也有㾦出不彻,胸宇痞闷,神倦嗜卧,渴不喜饮,便溏溲赤者,多属热为湿遏,气化不利,肺失宣泄之故。

上述主要证候和特征性的临床表现,对于湿热病的诊断和辨证至关重要,必须明确。

此外,湿热病一般来渐去迟,表现为传变较慢,病势缠绵,病程较长,尤其是气分阶段持续时间较长,亦有助于诊断。

五、辨 证 关 键

湿热病的辨证,临床应掌握以下几个要点和关键。

(一)明确提纲得要领

湿热病症情复杂,变化多端,但初起必有其特有的症状可资识别。薛生白通过细致观察,总结出几个主要症状和体征,作为本病的主要依据,如《湿热病篇》开宗明义地指出:"湿热证,始恶寒,后但热不寒,汗出,胸痞,舌白,口渴不引饮。"薛氏自称"此条乃湿热证之提纲也"。所谓"提纲",是指这些症状最能反映湿热病的特点,最有代表性,医者明乎此,便能在错综复杂的病情变化中,抓住疾病的关键,确立诊断。湿热病何以会出现上述症状,而这些症状又为何作为辨证的提纲?薛氏对此做了详尽的解释,他说:"始恶寒者,阳为湿遏而恶寒,终非若寒伤于表之恶寒,后但热不寒,则郁而成热,反恶热矣。热盛阳明则汗出,湿蔽清阳则胸痞,湿邪内盛则舌白,湿热交蒸则舌黄,热则液不升而口渴,湿则饮内留而不引饮。"要皆湿热阻遏,脾胃失调之变。证诸临床,湿热病早期确是以上述几个证候为主要表现,薛氏将其作为辨证提纲,颇有见地。江西中医药大学万友生教授认为湿温病的辨证,重点应掌握以下几个基本特征:①发热来势甚渐,逐日加重,缠绵不易退清,一日之间,午后较甚,日晡最高;②汗出不透,且多不能下达;③嗜睡,神识不甚清明;④口腻,胃呆,胸闷,呕恶,腹部膨胀,大便溏而不爽,口渴不欲饮或不多饮,或喜热饮,必至湿已化尽才喜冷饮;⑤舌苔初起多白,继而由白转黄,由黄转黑;⑥脉象多濡。尽管万氏指的是湿温病的主要特征,但对湿热病证具有普遍指导意义,很切临床实用。

(二)湿热轻重须分清

湿热病的辨证,其主要的关键在于辨清湿与热之孰轻孰重。当邪在卫、气阶段,由于病人体质有偏阴偏阳之异,脾胃功能有偏虚偏实之别,病邪因而随之转化,出现湿偏重、热偏重或湿热并重的不同证型。一般来说,湿偏重者多见于脾阳素虚者,表现为湿邪蕴脾,清阳受困的证候;热偏重者多见于胃阳素旺者,表现为邪热炽盛,津液耗伤的证候。从病期来看,湿偏重者多见于疾病初起及前期阶段,随着病邪的深入,湿邪化热,则渐次转变为湿热并重或热重于湿。严鸿志《感证辑要·湿热证治论》指出:"湿多者,湿重于热也,其病多发于太阴肺脾,其舌苔必白腻,或白滑而厚,或白苔带灰兼粘腻浮滑,或白带黑点而粘腻,或兼黑纹而粘腻,甚或舌苔满布,厚如积粉,板贴不松。脉息模糊不清,或沉细似伏,断绝不匀,神多沉困似睡,证必凛凛恶寒,甚而足冷,头目胀痛,昏重如裹如蒙,身痛不能屈伸,身重不能转侧,肢节肌肉痛而且烦,腿足痛而且酸,胸膈痞满,渴不引饮,或竟不渴,午后寒热,状若阴虚,小便短涩黄热,大便溏而不爽,甚或水泻……热多者,热重于湿也,其病多发于阳明胃肠,热结在里,由中蒸上,此时气分邪热郁遏灼津,尚未郁结血分,其舌苔必黄腻,舌之边尖红紫欠津,或底白罩黄混浊不清,或纯黄少白,或黄色燥刺,或苔白底绛,或黄中带黑,浮滑粘腻,或白苔渐黄而灰黑。伏邪重者苔亦厚且满,板贴不松,脉象数滞不调,证必神烦口渴,渴不引饮,甚或耳聋干呕,面色红黄黑混,口气秽浊,余则前论诸症,或现或不现,但必胸腹热满,按之灼手,甚或按之作痛。"对湿偏重、热偏重两种证型的病位、病机、主要证候,阐发无遗,尤其对舌苔的描述更加具体,诚为辨证之着眼点,足资临床参考。

(三)病位浅深应审察

与其他外感热病一样,湿热伤人,病邪的传变一般由浅入深,由上及下,各阶段可出现不同的证候。要而言之,初期邪在卫分或上焦,病位较浅,见证以发热微恶风寒,午后热甚,身重体痛,头胀胸闷,舌白不渴,脉象濡缓为主;亦有初起邪入心包,出现神昏肢厥,即叶天士所谓"逆传心包",吴鞠通将其归入上焦证。卫分之邪不解,则传入中焦气分,病位主要在脾胃,此阶段一般流连时间较长,可出现湿偏重、热偏重,或湿热并重等不同证型。若湿热进一步化火化燥,重伤津液,则病邪可深入下焦营血,出现壮热口干,神昏谵语,发斑疹,心烦不寐,甚或便血衄血,抽搐痉厥等心营受扰,肝风内动,耗血动血的危重证候。上述卫、气、营、血,或上焦、中焦、下焦,反映病变过程中病位之浅深,病情之轻重,临床务必辨识清楚。

必须说明,湿热病的辨证,尤其是辨别病位之浅深,宜将六经辨证、卫气营血辨证、三焦辨证综合地加以运用,但这些辨证方法,其核心均离不开脏腑辨证。兹结合临床实际,将湿热病邪侵犯各脏腑的主要临床证候,列简表如下(表1):

表 1　湿热病邪侵犯各脏腑的主要临床证候

病位	主要证候
肺	恶寒发热,头重身痛,咳嗽痰黏,舌苔薄黄腻,脉象濡缓或濡数
心包	神识昏蒙,时清时昧,舌苔黄腻或浊腻,脉象濡缓或滑数
膜原(半表半里)	寒热如疟,恶心呕吐,脘腹满闷,胸胁胀满,纳呆,舌苔黄白而腻,或白如积粉,脉象弦数
脾、胃	身热不扬或稽留不退,脘闷腹胀,纳呆不饥,口黏不渴,或渴不引饮,大便溏滞,或发白痦,或面目肌肤发黄鲜明如橘子色,小便短少黄赤,舌红苔黄腻,脉象濡数
小肠	大便溏泄,小便短少黄赤,小腹胀满,舌苔黄腻或舌尖糜烂,脉象濡数
大肠	腹部胀满,大便不爽,或里急后重,便下黏液,纳呆脘痞,舌苔黄腻,脉象滑数
肝、胆	寒热往来,胁肋胀痛,口苦呕恶,纳减厌油,或身目发黄,小便短赤,或阴囊湿疹,或睾丸肿胀热痛,在妇女则带下黄臭,外阴瘙痒,舌红苔黄腻,脉象弦滑数
肾、膀胱	尿急、尿频、尿痛,或小便淋沥不畅,尿色黄赤混浊,腰部酸重或胀痛,舌苔黄腻,脉象滑数

(四)邪正盛衰宜权衡

《素问·通评虚实论》云:"邪气盛则实,精气夺则虚。"在湿热病过程中,由于正邪双方的激烈斗争,至后期,随着正气的不断耗损,往往出现虚证或虚中夹实之证。所谓"虚",根据临床所见,主要表现为津液不足,特别当湿热化燥,邪入营血,或深入下焦阶段,津液耗伤的矛盾更为突出,至恢复期阶段,则多见余邪逗留,津液未复的证候。又因湿热病的病因往往是既受湿又感暑(热),暑热易伤元气,所以在病变过程中,常可出现发热,短气乏力,口渴多汗,唇齿干燥的气阴两亏之证,这些都是虚证中较常见的。此外,更应注意虚证中的变局,因为湿为阴邪,湿重热轻者,可出现脾胃阳虚证,即叶天士所谓"湿胜则阳微"是也。值得重视的是,当邪入血分,迫血下行而致便血过多时,不仅伤阴,更有甚者,可导致阳虚气脱出现面色苍白,汗出肢冷,舌淡无华,脉象微细等危重症象,此等变证,临床尤宜细察。在虚实辨证上,重点在于观察患者的面容、神态、气息、舌苔、脉象等,其中审察脉之有神无神,舌之色泽荣枯和苔之厚薄润燥,以及白痦、斑疹之色泽和形态等,尤有诊断价值。

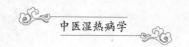

六、治 法 研 讨

湿热病的治疗,总的原则是根据病邪之微甚,病位之浅深,正气之盛衰,以及湿与热之孰轻孰重等情况,随证立法,依法疏方。一般来说,邪在上焦(卫分),治遵叶天士"在卫汗之可也"之旨,法取微汗,宜轻宣透达,多用芳香宣化之剂,如藿香正气散、三仁汤之类。薛生白对"湿在表分",药取藿香、香薷、苍术皮、薄荷、牛蒡子等味,夹风头痛者,加羌活;暑湿郁闭肌腠,症见胸痞发热,肌肉微痛,始终无汗者,当清透暑湿,药用六一散,薄荷叶泡汤调下;湿热伤于肌肉,流注关节,出现恶寒发热,身重,关节疼痛,宜滑石、大豆黄卷、茯苓皮、苍术皮、藿香叶、鲜荷叶、白通草、桔梗等味清透渗利并用;若湿热蒙闭心包,则用菖蒲郁金汤送服至宝丹以辟浊开窍。邪在中焦(气分),主以宣化疏运,当分湿与热之轻重而治,《医林绳墨》指出:"如湿胜者,当清其湿;热胜者,当清其热。湿胜其热,不可以热治,使湿愈重;热胜其湿,不可以湿治,使热愈大也。"大概言之,湿重者,宜苦温燥湿为主,清热为辅,方用藿朴夏苓汤、不换金正气散之类,药如半夏、苍术、草果、厚朴、蔻仁、大腹皮等;热重者,应以苦寒清热为主,化湿佐之,方用连朴饮、黄芩滑石汤之类,药如黄芩、黄连、山栀、滑石、竹叶等;湿热并重者,清热化湿兼用,方用甘露消毒丹,一清阳明之热,一燥太阴之湿。湿热流注下焦,当以渗利为法,俾湿热之邪从小便而出,方如茯苓皮汤。以上"开上""宣中""导下"诸法,是针对湿热病邪所在部位而设,乃不易之治法。若湿热化燥,热盛阳明气分,则用白虎汤清凉泄热;若燥热内结,腑气不通,当通腑泻实,宜凉膈散、承气诸方酌情用之。湿热化燥伤阴,病入下焦(营血分)者,当分下列情况而治:病初入营,法遵叶天士"入营犹可透热转气",宜清营汤清营泄热,透热转气;邪陷心包,则用清宫汤合安宫牛黄丸、紫雪丹、至宝丹之类清心开窍为急务。邪入血分,迫血妄行,而见耗血动血之候,亟须凉血解毒,方用犀角地黄汤、化斑汤之类,此即叶天士"入血就恐耗血动血,直须凉血散血"之意;若便血过多而出现气随血脱之证,宜急用独参汤益气固脱;若热盛动风,可用羚羊钩藤汤。久病下焦肝肾之阴亏损,则用咸寒之属以滋填下焦真阴,方如加减复脉汤,大、小定风珠之类。病至恢复期,可根据症情,投以益气养阴、健脾醒胃之品,尤当重视余邪之清理,慎防死灰复燃,以致复发。如薛生白治湿热证火势已退,惟口渴汗出,骨节痛,余邪留滞经络,用元米汤泡于术,一以养阴,一以祛湿,寓祛邪于扶正之中;又如治湿热证,诸症皆退,惟目瞑则惊悸梦惕,余邪内留,胆气未舒,药用酒浸郁李仁、猪胆皮清泄肝胆余邪,姜汁炒枣仁养肝安神,标本兼顾,如是则正复邪却,不留后患。以上是湿热病治法之大要。下面着重讨论治疗上几个关键性的问题。

（一）宣畅肺气，气化湿化

肺的生理功能是主气,性喜宣降,能通调水道,下输膀胱,为水之上源。潴留在体内的水湿,有赖肺气的宣发和肃降,使之下输膀胱而排出体外。湿邪伤人,初起肺卫受伤,肺气因而郁闭,失其宣降之职,致湿邪留滞为患,故治疗湿病(湿热病自不例外),宣畅肺气十分重要。叶天士尝谓:"三焦病,先治上焦,莫如治肺,以肺主一身之气化。"对湿热病的治疗,强调"开上郁,从肺论治"之法。石芾南《医原》更明确指出:"治法总以轻开肺气为主,肺主气,气化则湿自化,即有兼邪,亦与之俱化……湿热治肺,千古定论也。"石氏认为不仅外感湿热当治肺,即内伤湿热,莫不皆然,如说"再以内伤湿热言之……且上窍一开,下窍自注,治法不外辛淡、清淡……辛苦通降"等法。至于宣肺开上之药,多取杏仁、桔梗、蔻仁、枇杷叶之类。试观吴鞠通的三仁汤,全方以轻清开泄为主,尤以杏仁为君药,旨在开肺气以化湿邪,吴氏自释曰:"惟三仁汤轻开上焦肺气,盖肺主一身之气,气化则湿亦化也。"

（二）健运脾胃，调其升降

湿热病的病变重心在于脾胃,其病理机制已如前述。因此,调整脾胃功能,在治疗上显得特别重要。盖湿为重浊之邪,最易阻碍脾运,升降为之逆乱,气机为之窒塞。因此,调整脾胃功能,要在助其运化,调其升降上下功夫。诚如吴鞠通所说:"中焦病重,故以升降中焦为要。"治疗湿热病的常用方剂,诸如三仁汤、藿朴夏苓汤、藿香正气散、甘露消毒丹、连朴饮等,方中多取苍术、厚朴、陈皮、半夏、茯苓、蔻仁、藿香、苡仁等运脾化湿,芳香醒胃,以利升降之药,足见其重视调理脾胃之一斑。

（三）两分湿热，其病易解

湿热合邪,热寓湿中,湿处热外,徒清其热,外湿不化,徒祛其湿,里热愈炽,故清热化湿,两者兼顾,为湿热病治疗的基本法则。叶天士提出:"渗湿于热下,不与热相搏,势必孤矣。"这种促使湿热分离,孤立邪势的治疗方法,可谓深得湿热病论治之精髓,确能缩短病期,提高疗效。至于具体用药,又当根据湿与热之孰轻孰重,或以清热为主,或以化湿为要,贵在临证变通耳。

（四）着力气分，截断病势

湿热病流连气分时间较长，证候变化亦较复杂。吴鞠通着重指出："湿温较诸温，病势虽缓而实重，上焦最少，病势不甚显张，中焦病最多。"正因为中焦气分的病变最多，所以"当于中焦求之"，即重点应抓住气分阶段的治疗。我院已故名医潘澄濂研究员在实践中也体会到："湿温证的治疗，使其能在气分阶段得以扭转或截断很重要。若待其发展为营血证，则病情就较严重。从较多病例观察，确有这种情况，所以说处理好气分证是关键所在。"我们体会，湿热病的治疗之所以要把好气分这一关，不仅在于病邪往往流连气分时间较长，更重要的，从温病传变角度来看，气分阶段是正邪相争的关键时刻和病势发展的转折时期。一般地说，病邪初入气分，化燥伤阴之现象尚未突出，此时正气尚盛，如能积极进行合理的治疗，往往能堵截病邪发展，扭转病势，使病变向好的方向转化；反之，如气分证得不到及时控制，病邪就会深入营分，乃至血分，使病变逆转。由此可见，把好气分关，对于提高疗效，有着重要的意义。

（五）通利小便，治湿之要

前贤有云："治湿不利小便，非其治也。"是指通利小便以导邪外出是治湿之大要。湿热病的病邪是湿与热合，故此法尤不可忽视。叶天士所谓"渗湿于热下"，实则寓利小便以祛除湿邪之意，特别是他提出的"通阳不在温，而在利小便"，深刻地阐明了通利小便在治疗湿热病上的特殊价值。盖湿热伤人，因湿为阴邪，往往出现湿遏热伏、阳气郁闭不宣的病理现象，昧者不究病机，若用温药宣通阳气，势必助长邪热，其病益甚。唯用化气利湿之法，使小便通利，如是则湿去而阳气自然宣通，诚如陈光淞所说："盖此语（指叶氏言）专属湿温，热处湿中，湿蕴热外，湿热交混，遂成蒙蔽，斯时不开，则热无由达，开之以温，则又助其热。然通阳之药，不远于温，今温药既不可用，故曰通阳最难。唯有用河间分消宣化之法，通利小便，使三焦弥漫之湿，得达膀胱以去，而阴霾湿浊之气既消，则热自透，阳气得通矣。"究其方药，宜乎甘淡渗利，茯苓皮汤为其代表方剂，药如芦根、滑石、通草、苡仁、茯苓等，利湿而不伤阴，又无助热化燥之弊。当然，通利小便之法不可滥用于湿热病的各个阶段，特别是当湿热已化燥伤阴，病入营血，而应慎用或忌用。

（六）明悉三禁，宗而不泥

吴鞠通《温病条辨》对湿温病的治疗有"三禁"之说，谓："汗之则神昏耳聋,甚则目瞑不欲言,下之则洞泄,润之则病深不解。"湿温何以有此三禁?吴氏自注云:"湿为阴邪……其性氤氲粘腻,非若寒邪之一汗而解,温热之一凉即退,故难速已。世医不知其为湿温,见其头痛恶寒身重疼痛也,以为伤寒而汗之,汗伤心阳,湿随辛温发表之药蒸腾上逆,内蒙心窍则神昏,上蒙清窍则耳聋目瞑不言。见其中满不饥,以为停滞而大下之,误下伤阴,而重抑脾阳之升,脾气转陷,湿邪乘势内溃,故洞泄。见其午后身热,以为阴虚而用柔药润之,湿为胶滞阴邪,再加柔润阴药,二阴相合,同气相求,遂有锢结而不可解之势。"吴氏针对湿温病的病邪特性、病理变化和证候特点,提出诊治上的注意点,以防误治而造成不良后果,对临床确有一定的指导意义。但临床上绝不能把它看作一成不变的定律,而应根据证情知常达变,灵活地加以掌握运用,下面略作分析:

1. 关于禁汗问题 湿热病初起,可见头痛,恶寒,身重疼痛等症,这是湿伤肌表,卫阳被遏所致,颇似伤寒太阳病的表实证,亦有类温热病的卫分证。但湿为阴邪,其性黏腻,非若寒邪之用辛温一汗即解,温邪之用辛凉一表即退,所以麻桂、银翘之类俱非所宜,特别是辛温峻汗之剂,不仅不能达到祛除湿邪的目的,反而会助长热邪,使湿热蒸腾于上,清窍被蒙,而出现神昏,耳聋,目瞑等症。然湿热既在肌表,舍解表之法,邪将何出?是以汗法又未可摒弃也。叶天士有"在卫汗之可也"之明训,薛生白治"湿在表分",用藿香、香薷、羌活、苍术皮、薄荷、牛蒡子等味;治"腠理暑邪内闭",用六一散、薄荷叶泡汤以取汗解,均不失发汗透邪之意,他还明确指出:"湿病发汗,昔贤有禁。此不微汗之,病必不除。盖既有不可汗之大戒,复有得汗始解之治法,临证者当知所变通矣。"《金匮要略心典》也说:"故欲湿之去者……此发其汗,但微微似出之旨欤。"盖"微汗"二字,大有深意,提示湿热病应用汗法,当取微汗为宜。由此可见,湿热病初起,邪在肌表,汗法在所必需,只不过是禁用辛温大发其汗。至于具体用药,当结合湿热合邪的特性,宜于轻清透达、芳香宣化之品,如藿香、佩兰、薄荷、牛蒡、芦根、苍术皮、大豆卷、竹叶等。要之,当汗不汗,坐失良机,变证丛生,这是我们对湿热病应用汗法的认识。

2. 关于禁下问题 湿热病以脾胃为病变中心,由于湿热氤氲脾胃,中焦气机不畅,升降失调,常可出现脘痞腹胀等类似胃腑积滞之证,此时若认为胃腑实热而投苦寒攻下,势必导致中阳受损,脾气下陷,遂使洞泄不止,若误施于脾湿偏重者,其后果尤为严重,此吴氏之所以有禁下之设。但湿热化燥,胃腑结实,或湿热夹滞,交阻胃肠,又当及时攻下,不可姑息容奸。《叶香岩外感温热篇》载:"再论三焦不得从外解,必致成里结。里结于何?在阳明胃与肠也。

亦须用下法,不可以气血之分,就不可下也。"薛生白对湿热化燥,邪结胃腑,亦用承气汤急下存阴。《吴鞠通医案》卷一湿温篇中,载王某一案,相继用小承气、调胃承气、增液承气攻下。可见湿温并不一概禁用下法,要在用之合宜。王孟英说:"湿未化燥,腑实未结者,不可下耳,下之则利不止,如已燥结,亟宜下夺,否则垢浊熏蒸,神明蔽塞,腐肠烁液,莫可挽回。"当然在应用下法时,应根据证情,掌握分寸,特别是对湿热胶结胃肠而未燥实内结者,宜乎轻法频下,王孟英尝谓:"湿热凝滞,大便本不干结,以阴邪瘀闭不通,若用承气猛下,其行速而气徒伤,湿仍胶结不出,故当轻法频下。"于湿热病下法之应用,可谓深得奥旨矣。

3. 关于禁润问题　湿热病邪在卫气阶段,常可出现午后热象较显、口渴等症,状若阴虚。盖湿为阴邪,自旺于阴分,故见午后热甚;湿热内蕴,气机郁滞,不能敷布津液于上,故见口渴。若误认午后热甚为阴虚阳亢,口渴为津液耗伤,而投柔润阴药,与湿邪(属阴)同气相求,两阴相合,势必造成病邪锢结难解的局面,所以吴氏告诫后人,滋阴法在某种情况下,亦是湿温之一禁,这是言其常。至于变,当湿去热存,或湿热化燥,邪入营血,出现耗血动血,阴津劫伤的情况下,滋阴法又当必用,《温病条辨·凡例》说:"温病之兼湿者,忌柔喜刚,湿退热存之际,乌得不用柔哉? 全在临证者善察病情,毫无差忒也。"薛生白《湿热病篇》也指出:"湿热证,上下失血或汗血,毒邪深入营分,走窜欲泄,宜大剂犀角(水牛角代)、生地、赤芍、丹皮、连翘、紫草、茜草根、银花等味。"雷少逸《时病论》卷六湿温篇亦载:"如或失治,变为神昏谵语,或笑或痉,是为邪逼心包,营分被扰,宜用祛热宣窍法加羚羊、钩藤、玄参、生地治之。"《丁甘仁医案》载郑左湿温化燥入营案,药用西洋参、鲜生地、石斛、芦根、天花粉等大剂清营泄热、生津养液之品。由是观之,湿热病禁润,并非戒律,关键是既要正视湿邪阴腻的特性,不可妄投柔润以助阴邪,又要注意湿热化燥伤阴的变局,果断地应用滋阴养液以挽回生机。

中 篇

病 证 各 论

一、感　冒

感冒是由感染病毒引起,临床以发热,恶寒,头痛,鼻塞,流涕,多嚏等为主要症状的一种常见传染病,中医又称为"伤风""冒风",一般病情较轻,病程较短,传变较少。但也有病情较重,能引起广泛流行者,中医称为"时行感冒",即西医学所说的"流行性感冒",与普通感冒有别。

【湿热与发病的关系】

感冒一般由风邪引起,临床大致分风寒感冒和风热感冒两大类型,多发于春、冬季节。值得指出的是,湿热引起的感冒,临床亦不少见,不可忽视,特别是梅雨和夏秋时节,天之热气下逼,地之湿气上蒸,人在气交之中,体怯者(尤其是脾胃不健,内有伏湿者)易感受湿热秽浊之气,以致邪客肌表,侵犯胃肠,出现肺卫失宣和胃肠升降失调的症候。雷少逸《时病论》所载的"霉湿""冒暑"等病,颇似湿热型感冒。其曰:"霉湿在乎五月,以其乍雨乍晴,湿中有热,热中有湿,与诸湿之病颇异";"人感其气则病,以其气从口鼻而入,即犯上、中二焦,以致胸痞腹闷,身热有汗,时欲恶心,右脉极钝之象,舌苔白滑。"又说:"冒暑者,偶然感冒暑邪,较伤暑之证,稍为轻浅耳。夫暑热之邪,初冒于肌表者,即有头晕、寒热、汗出、咳嗽等证……如入于肠胃者,则有腹痛水泻,小便短赤,口渴欲饮,呕逆等证。"盖暑多夹湿,故梅雨和夏秋季节之感冒,其病因与感受湿热有很大的关系。

【相关临床表现】

感受暑湿或湿热引起的感冒,其主要临床症状是发热较高,汗出热不解,口渴心烦,身重体倦,胸脘痞闷,恶心呕吐,大便溏泄,小便短赤,舌苔黄腻或黄白而腻,脉象濡数,颇似"胃肠型感冒"。

【相应治疗方法】

由湿热或暑湿引起的感冒,其治疗方法当结合时令、地域,并根据湿与热之孰轻孰重辨证用药。一般以宣化湿热为法,最常用的方剂是藿香正气散,该方尤适宜梅雨时节之感冒;若暑湿感冒,一般选用新加香薷饮或黄连香薷饮,湿重者亦可择用藿香正气散化裁。

薛生白《湿热病篇》第2条载:"湿热证,恶寒无汗,身重头痛,湿在表分,宜藿香、香薷、羌活、苍术皮、薄荷、牛蒡子等味。头不痛者,去羌活。"第3条云:"湿热证,恶寒发热,身重关节疼痛,湿在肌肉,不为汗解,宜滑石、大豆黄卷、茯苓皮、苍术皮、藿香叶、鲜荷叶、白通草、桔梗等味。不恶寒者,去苍术皮。"第10条曰:"湿热证,初起发热,汗出胸痞,口渴舌白,湿伏中焦,宜藿梗、蔻仁、杏仁、枳壳、桔梗、郁金、苍术、厚朴、草果、半夏、干菖蒲、佩兰叶、六一散等味。"

《六因条辨·伤湿条辨》第1条载:"伤湿初起,无汗恶寒,发热头痛,身重肢节痛楚,舌白脉缓,此阳湿伤表。宜用羌活、防风、薄荷、大力、杏仁、厚朴、豆卷、通草、赤苓、苡仁等味,祛风利湿也。"第2条说:"伤湿汗多,头额不痛,而肢节欠利,渴不引饮,身热脉大,此湿渐化热。宜用杏仁、厚朴、连翘、黄芩、豆卷、滑石、通草、芦根、鲜荷叶、枇杷叶等味,利湿清热也。"又第7条谓:"伤湿恶寒发热,肢体重痛,胸膈满闷,或呕或泻,脉浮而缓,此湿伤表里。宜用杏仁、厚朴、橘红、香薷、薄荷、藿香、豆卷、泽泻、通草等味,两清表里也。"

以上诸条文,对湿热型感冒的治疗,有重要的参考价值。

【验案举例】

例1 薛某,男,50岁,教师。

发热,恶寒伴腹泻呕吐2天。患者素体肥胖,两天前因淋雨感暑湿而发病,经用银翘散加减治疗未见好转,来诊时仍发热38.3℃,午后体温稍高,微恶寒,不思饮食,口干,但不欲饮,恶心,呕吐,初呕出胃内容物,后每日呕痰涎3~4次,胸闷腹痛,痛则泻,大便溏而不爽,日3~4次,伴头晕,头重,全身酸痛,口苦,口臭,舌质淡红,苔黄白厚腻,脉濡数,此为暑温,暑热引动内湿,即胃肠型感冒。以藿香正气散加减:藿香12g,法夏9g,云苓15g,川朴9g,蚕沙12g,白花蛇舌草15g,银花12g,威灵仙9g。日1剂,水5碗,煎至2碗,分3次服。2剂后复诊,热渐退,但仍低热37.3℃,吐泻已止,口干苦,纳差,疲倦,舌边尖红,苔薄黄,脉弦数带濡,以小柴胡汤加南豆花、麦芽。3剂调理而愈。(陈庆全.藿香正气散新解[J].新医学,1975,6(9):454–455,453.)

按：本例胃肠型感冒，中医辨证系感受暑湿而致，故用辛凉解表的银翘散无效，改用藿香正气散加减，既清暑热，又化湿浊，遂获良效。由此可见，凡遇感冒，不辨病邪性质，不分时令节气，概用银翘解毒片、桑菊感冒片之类成药，是违背辨证施治原则的。

例 2　彭某，女，学生，9 岁。

患儿高烧半月，于 1980 年 11 月 13 日入院。入院时除体温 38℃外，余无异常发现，诊断为"病毒上感"，住院期间先后应用四环素、青、氯、红霉素等西药，体温一直不降，而邀中医协诊。症见日晡潮热 20 天，胸闷而烦，渴不欲饮，舌红苔白稍厚，脉滑数。诊为湿热留恋，邪毒内蕴。治以芳化利湿，清热解毒方。用三仁汤合甘露消毒丹加减。处方：杏仁 6g，生苡仁 30g，草蔻 3g，藿香 6g，厚朴 5g，茵陈 10g，菖蒲 5g，柴胡 20g，葛根 20g，赤小豆 15g，连翘 10g，生石膏 15g。4 剂，1 日 2 剂，日服 4 次。药后次日体温下降为 36.5℃。（雷新源．三仁汤化裁临床应用举隅［J］．江西中医药，1985（1）：32.）

按：湿性黏腻，湿与热合，如油入面，病情纠缠难解。本例诊为湿热留恋，邪毒内蕴，致发热二旬不退，迭进西药抗生素乏效，合用中药清热化湿之剂后，发热即退，足见中医祛湿法自有特色，实践性很强。

例 3　宋某，女，46 岁，护士。1987 年 8 月 21 日初诊。

自述感冒，发冷发烧，头痛，周身酸痛，不欲食。曾服病毒灵、速效感冒胶囊 2 日，病情不见好转。来诊时恶寒已罢，热势增高，症见身热不扬，下午较重，肢倦身重，恶心欲吐，脘闷腹胀，大便溏，小便少，体温 39.5℃，脉濡缓，舌苔白厚而腻。诊断为湿温（湿重于热，困阻中焦），治宜芳香化浊，健脾燥湿，方用加减正气散。药用：藿香 15g，佩兰叶 15g，大腹皮 20g，茯苓 25g，通草 10g，厚朴 15g，陈皮 15g，半夏 15g，苍术 20g，神曲 10g，竹叶 15g。3 剂，水煎服，病愈。（段钦权．浅谈治疗湿温的临床体会［J］．中医函授通讯，1996，14（2）：18–20.）

按：本例颇似"胃肠型感冒"，中医辨证为湿热滞于气分，困阻中焦，故用加减正气散以芳香化湿，兼以清热，收到良好的效果。身热不扬，午后热甚，是湿热病的特征性热型；苔腻，脉濡缓是湿热病的典型指征，故诊断为"湿温"。

例 4　张某，女，43 岁，2003 年 7 月 8 日初诊。

鼻塞、发热、咽痛、身困重 4 天。咳嗽，咳少量白色黏液，口中黏腻不爽，不欲饮水，有汗不爽，尿黄，舌质红苔白偏厚腻，脉滑数。体温 37.3℃。中医诊断为湿温，湿热并重。予新加香薷饮合三仁汤加减。药用：香薷 6g，金银花 15g，连翘 15g，厚朴 9g，杏仁 12g，白蔻仁 3g，薏苡仁 15g，半夏 12g。2 剂，每日

1剂,水煎300ml,分次服。2003年7月11日复诊,鼻塞、发热诸症消失,身困重显著减轻,咳嗽、咳痰减轻,咳痰变黄,舌质红苔变薄,脉滑不数。予前方加瓜蒌皮12g、前胡15g、白前15g、黄连3g,3剂。2003年7月14日复诊,极轻微咳嗽,痰白量少、易咳出。予芦根30g、瓜蒌皮12g,3剂,煎水代茶饮而愈。(罗来荣.新加香薷饮治疗夏季感冒验案二则[J].实用中医药杂志,2017,33(11):1336.)

按:患者发热、身困重、不欲饮水,舌质红苔白偏厚腻,是辨证为湿温病的着眼点;咳嗽、咽痛提示肺卫有邪。故予新加香薷饮合三仁汤加减辛凉解表、清热利湿而病愈。

【临证备考】

用自拟"湿感汤"治疗南方地区感冒(包括流行性感冒)136例,其组方为藿香10g,防风6~10g,川厚朴6~10g,法半夏10g,茯苓15g,苡米仁20g,杏仁10g,桔梗6~10g,白蔻仁6g,淡竹叶10g。治疗结果:痊愈133例,无效(因某种原因或因中药气味难闻不能饮下,中途停药)3例。服药2~4剂78例,5~6剂51例,7~9剂7例。通过临床观察,认为南方地区地处沿海,气候炎热,易致热蒸湿动,故感冒易夹湿邪。湿感汤是以藿朴夏苓汤及三仁汤化裁而成,能宣上、畅中、渗下,共奏化湿解表、宣畅气机之效,使湿邪得祛,热邪得清。(毛智荣.湿感汤治疗感冒136例临床观察[J].江西中医药,1995(4):37-38.)

已故名医潘澄濂研究员经验:胃肠型感冒,一般采用芳香化浊法,药用藿香叶、苡仁、半夏、茯苓、佩兰、豆卷、黑山栀等治疗,常可获效。对发于五六月间梅雨季节的胃肠型感冒,中等度发热,肢体倦怠,胸腹痞闷,舌苔白腻或微黄而腻,脉濡细,即雷少逸《时病论》所谓"霉湿"之证,仿达原饮加减,药用厚朴、槟榔、藿香、黄芩、知母等随证加减,不三四日即可使热解病却。(浙江省中医研究所文献组.潘澄濂医论集[M].北京:人民卫生出版社,1981.)

范氏等用自拟清热除湿利肺汤治疗湿热型感冒35例,组方用茵陈30g,厚朴10g,柴胡10g,生石膏(先煎)30~60g,薄荷(后下)10g,连翘15g,射干10g,川贝母10g,黄芩30g,石菖蒲15g,滑石10g,麻黄5g,胡黄连6g,生白术30g,当归10g,葛根10g,芦根10g,白茅根10g。总有效率88.6%。本方治疗以清热利湿、芳香化浊、清热解毒为主,选药多用辛淡、辛凉之品以开发肺气,芳香之品以宣肺化浊,同时注重肺之腑大肠的治疗,除大肠湿热以降肺气,从而获得满意疗效。(范圣凯,姚卫海,周爱国,等.自拟清热除湿利肺汤治疗湿热型感冒35例临床观察[J].北京中医药,2011,30(8):569-572.)

罗氏等用甘露消毒丹加减治疗暑湿感冒发热38例,组方为滑石20~40g,

黄芩 10~15g,茵陈 15~30g,石菖蒲 10~15g,浙贝母 10~12g,通草 10~20g,藿香（后下）10~15g,白豆蔻（打碎,后下）6~15g,连翘 8~12g,射干 8~10g,薄荷（后下）6~10g,甘草 4~6g。高热不退者加青蒿、柴胡、石膏、葛根;咽痛加板蓝根、牛蒡子、玄参;咳甚痰黄加鱼腥草、瓜蒌;便秘加大黄、枳实;鼻流清涕者加紫苏叶。每日 1~2 剂,儿童用药量酌减,水煎 2 次取汁 300ml,间隔 4~6 小时分 2 次服,连续服用 5 天。结果本组 38 例,治愈 24 例,好转 12 例,未愈 2 例,总有效率 94.74%。本方具有利湿化浊、清热解毒之功。在临证中凡湿热郁蒸不解、高热持续不退者,若属暑温未解,湿热入里郁蒸之候,运用本方皆可湿邪得利、毒热得清、悦脾泻肺、行气化浊。（罗雯文,李冰洁.甘露消毒丹加减治疗暑湿感冒发热 38 例［J］.河北中医,2013,35（1）:68,79.）

冯氏等用藿香温菊饮治疗风热夹湿型流行性感冒 136 例,药物组成为广藿香 15g,野菊花 6g,温郁金 9g。该方用南药广藿香为君药,味辛、芳香而性微温,功能芳香化湿,和中止呕,发散表邪,其化湿而不偏于燥热。野菊花为臣药,其性味辛甘苦而微寒,性善上行而发散,功能疏散风热、清肝解毒。野菊花与藿香配伍,一寒一温,相反相成,既可制约广藿香之温,加强清热解毒之效;又可相须为用,使其解表散邪之效更宏。温郁金为佐,其性味辛苦微寒,善于行气活血、开郁化浊;与芳香化湿的广藿香相配,对湿温病邪蒙蔽清窍之头痛、胸闷、体倦、饮食减少等症效佳。另外,广藿香辛散善行,入肺以走表,入胃以和中,为治外感的湿阻中焦证的引经药,故兼为使药。药后患者退热状况,改善鼻塞流涕、头痛身痛、咽痛、咳嗽、扁桃体肿大等症状方面均较对照组（银翘解毒片）为优。（冯天保,奚小土.藿香温菊饮治疗风热夹湿型流行性感冒 136 例疗效观察［J］.中华中医药杂志,2012,27（8）:2234-2236.）

二、病毒性肝炎

病毒性肝炎是由肝炎病毒引起的传染病,因其感染病原的不同,临床可分为甲型、乙型、丙型、丁型、戊型五种类型;以其有无黄疸,可分为黄疸型肝炎和无黄疸型肝炎;以其病情轻重,可分为普通型肝炎和重症肝炎;以其病程长短,可分为急性肝炎和慢性肝炎。本病属于中医"黄疸""胁痛""瘟黄""急黄"等病证的范畴。

【湿热与发病的关系】

从中医病因学角度来分析,湿热是本病的基本病因,并贯穿病程的始终。

黄疸是本病的主要症候,对其病因病机,《素问·六元正纪大论》说:"湿热相薄……民病发瘅。"《伤寒论》也说:"瘀热在里,身必发黄。"所谓"瘀热",从其主治的茵陈蒿汤来看,当是指湿热瘀结而言。《丹溪心法》认为:"疸不用分其五,同是湿热,如盦曲相似。"叶天士《临证指南医案》说得尤为具体:"阳黄之作,湿从火化,瘀热在里,胆热液泄,与胃之浊气并存,上不得越,下不得泄,熏蒸抑郁……身目俱黄,溺色为之变,黄如橘子色。"《伤寒贯珠集》更明确指出:"胃热与脾湿,乃发黄之源。"

本病具有传染性,可引起流行,《肘后备急方》称其为"天行发黄",《沈氏尊生书》也谓:"有天行疫疠,以致发黄者,俗谓之瘟黄。"究其病因,可从吴又可的《温疫论》得到启示。《温疫论》曰:"疫邪传里,移热下焦,小便不利,其传为疸,身目如金。"如所周知,《温疫论》所论述的疫病,从其描述症状如舌苔白如积粉等来看,当属"湿热疫"。由此可见,"天行发黄""瘟黄"之类病患,显系由湿热疫毒引起。

至于无黄疸型肝炎,从其主要临床症状如脘腹痞闷,恶心呕吐,食欲减退,便溏尿黄,舌苔白腻或黄腻来分析,多系湿热蕴结脾胃,肝胆疏泄失职所致。

本病恢复期,正气损伤未复,湿热余邪未清,往往是其病理特点。更有些患者,由于湿热久蕴,加之正气不足,遂演变成慢性肝炎,以致病情纠缠,反复发作。由此可见,湿热常贯穿在本病的全过程,其在发病学上的重要性,是不言而喻的。

【相关临床表现】

病毒性肝炎的临床表现错综复杂,变化多端,其与湿热相关症状,可分以下几种类型:

1. 湿重于热　身目发黄不甚鲜明,身热不扬,头重肢困,倦怠乏力,脘腹胀闷,恶心呕吐,口黏不渴,或渴不欲饮,食欲减退,大便偏溏,小便黄短,舌苔白腻或黄白而腻,脉象濡缓或弦滑。

2. 热重于湿　身目发黄鲜明如橘子色,发热口渴,心烦欲呕,脘腹胀满,食欲减退,大便干结,小便黄赤如浓茶样,舌苔黄腻或黄燥,脉象濡数或弦滑带数。

3. 湿热兼表　畏寒发热,头痛身困,周身不适,黄疸初现而不明显,脘腹痞闷,食欲不振,倦怠乏力,小便黄短,舌苔薄腻,脉象浮弦或浮数。

4. 热毒内陷　起病急骤,突发黄疸,进行性加深,心烦口渴,脘腹胀满,极度疲乏,尿黄便秘,或伴高热,迅即出现狂躁不安,或神昏谵语,吐衄便血,舌质红绛,苔黄腻干燥。

5. 余邪未清　见于恢复期,症见黄疸已退或退而不净,胃纳欠佳,脘腹微闷,右胁胀痛或隐痛,仍感乏力,小便偏黄,舌苔薄黄腻,脉象濡数。

此外,慢性肝炎或因脾虚肝郁,或因气滞血瘀,或因肝肾阴虚,但大多兼夹湿热为患,并有相应症状出现,临床当注意及此。

【相应治疗方法】

1. 湿重于热　宜祛湿泄热,方用茵陈胃苓汤加减,药用茵陈、苍术、川朴、陈皮、泽泻、猪苓、茯苓、半夏、车前子、半枝莲、垂盆草之类。

2. 热重于湿　宜清热解毒,化湿退黄,方用茵陈蒿汤合栀子柏皮汤化裁,药用茵陈、生大黄、山栀、过路黄、垂盆草、半枝莲、猪苓、黄柏、泽泻、车前子、滑石之类。

3. 湿热兼表　宜清热化湿,兼以解表,方用麻黄连翘赤小豆汤合甘露消毒丹加减,药用麻黄、连翘、杏仁、桑白皮、茵陈、藿香、薄荷、滑石、白豆蔻、黄芩、木通之类。

4. 热毒内陷　宜清热祛湿,凉血解毒,救阴护津,方用犀角地黄汤合黄连解毒汤化裁,药用犀角(水牛角代)、生地黄、赤芍、丹皮、茵陈、山栀、黄连、黄芩、金银花、连翘、玄参之类;若热毒干扰心包而见神昏,狂躁,谵语者,合安宫牛黄丸、神犀丹之类清心开窍;若胃腑实热而见便秘神昏者,配合苦寒攻下,加生大黄、元明粉之类。

5. 余邪未清　宜疏肝运脾,清利湿热,方用逍遥散合胃苓汤化裁,药用茵陈、柴胡、苍白术、当归、赤白芍、茯苓、郁金、猪苓、泽泻、陈皮、鸡内金、山楂之类。

至于慢性肝炎的治疗,因其常兼夹湿热为患,可于疏肝健脾、理气活血、软坚散结、滋养肝肾等剂中,兼用清化湿热之品,以祛除病邪。

【验案举例】

例1　彭某,男,27岁。初诊日期:1988年5月21日。

4天前腹痛腹泻,每日4~5次,有发热,食欲不振,恶心,进食即吐,次日尿黄,巩膜发黄,肝功能检查:黄疸指数27U,ALT(谷丙转氨酶)200U以上,抗-HAVIgM(抗甲型肝炎病毒IgM抗体)阳性,就诊时仍有呕吐,不敢进食,怕服中药要吐。苔白滑,脉濡滑。查体:精神较差,巩膜淡黄,皮肤黄染不著,肝脾未触及。询知其弟亦以黄疸型肝炎住院门诊治疗。处方:匍伏堇合剂加苍术10g,淡吴萸3g,炒神曲30g,7剂。并嘱兑服刀头盐。复诊:诉服刀头盐后未再呕吐,近日除乏力之外,基本已恢复正常。苔白滑,脉濡滑,原方减淡吴萸,续服2周。三诊:精神已复正常,无不适感。巩膜无黄染,复查肝功能正常。(俞尚德.俞氏中医消化病学[M].北京:中国医药科技出版社,1997.)

按：匍伏菫合剂是浙江省名医俞尚德治疗黄疸型肝炎的经验方,由匍伏菫30g、茵陈30g、海金沙15g、岩柏30g、大青叶30g、鸭跖草15g组成,具有清热解毒,利湿化浊,消炎利胆的作用。"刀头盐"是俞氏得自其师蔡济平的验方,方用食盐(海水盐)置切菜刀(略揩拭不必洗净)上,于火上烘焙,至"哔卟"声消失,盐色微发焦黄即可。用时取2~3g,滚开水10~15ml冲服,一般1次即效,如仍有恶心,可隔3小时再服1次。对急性肝炎之呕吐极验。特此引录,以供参考。

例2 危某,男,5岁。初诊:1967年10月14日。

患儿二三天来不思食,腹胀,咳嗽,口干,尿如酱油色,大便干结,继则身目俱黄,倦怠无力,舌质红,舌苔白而厚腻,脉象滑数。肝功能:黄疸指数60U,胆红素7mg%,GPT(即ALT,谷丙转氨酶)700U。西医诊断为黄疸型肝炎;中医辨证属阳黄证。治宜清热化湿为法,方用三仁汤加减:茵陈(后下)15g,大黄(后下)3g,杏仁3g,苡仁15g,白蔻仁3g,滑石(包煎)15g,黄芩6g,枳壳3g,陈皮6g,神曲9g,金银花9g。

10月16日二诊:上方服3剂后,腹胀口干略减轻,尿色深黄,大便溏,黑色,舌脉如前。药已中病,仍宗上法。守上方连服6剂后复查肝功能:黄疸指数10U,胆红素1.0mg%,GPT560U。

11月1日再诊:患儿以上方略加减化裁共服药18剂后纳食增加,无腹胀,身目无黄染,二便如常。舌质淡红,苔薄白,脉缓。复查肝功能:黄疸指数4U,GPT123U。随访患儿至今有2年多未复发。(程竑.三仁汤临床应用的点滴体会[J].陕西中医,1980(1):22-23.)

按：本例辨证为湿热而致阳黄,治疗以茵陈蒿汤合三仁汤化裁,旨在清热化湿而退黄疸,药后诸恙获痊,效果显著。

例3 胡某,男性,31岁,干部。

患者因面目遍身黄染,神志狂乱,于1962年6月10日入院。体检:营养中等,呈急性病容,狂躁不安,齿衄,心肺正常,肝肿肋下2cm,剑突下1cm,脾触及。肝功能:总胆红素7.0mg%,黄疸指数75U,范登堡试验间接强阳性,直接弱阳性,谷丙转氨酶400U,硫酸锌浊度13U,蛋白总量6.1g%,白蛋白3.6g%,球蛋白2.5g%。血象:血红蛋白11.5g%,白细胞8 000/mm³。尿检:三胆阳性,蛋白微量。诊断为急性黄疸型传染性肝炎(暴发型)。除以西药葡萄糖、γ-氨酪酸、维生素K、抗生素等治疗外,并邀请中医会诊。

初诊(6月12日):面目遍身发黄,如橘子色,狂躁不宁,喜怒躁骂无常,齿衄,口渴引饮,且欲呕恶,纳呆,大便已 3 日未解,小溲黄赤,舌苔黄燥,质红绛,脉象弦滑而数。湿热炽盛,肝胆郁结,腑气不通,营液耗灼,心神被扰,病起 1 周,证属急黄,治宜清热通腑,凉血解毒。方用:生大黄、黑山栀各 12g,黄柏、枳壳、郁金各 9g,菖蒲 6g,鲜生地 18g,茵陈 30g。鲜白茅根 30g 先煎汤,去滓,取汁代水,放入上述各药再煎熬。服 2 剂。

二诊(6 月 14 日):服前方后,大便解过 3 次,色焦黄,隐血试验(+),神志略定,黄疸未见加深,呕恶已止,腹尚平软,小便黄赤,舌苔略润,质仍红绛,脉象弦滑,再守原法加减,于前方减去菖蒲,加血余炭、地榆炭。服 2 剂。

三诊(6 月 16 日):神志转清,黄疸亦见减轻,但仍懊侬,苔转黄腻,质尚红,脉象弦滑。病情虽越险岭,未登坦途,再拟清热养阴,疏肝利胆。方用:生大黄 6g,黑山栀 12g,郁金、黄柏、麦冬、鸡内金各 9g,枳壳 6g,川石斛 12g,茵陈 30g。半枝莲 30g 先煎沸,去滓,取汁代水,放入其他药再熬。服 4 剂。

四诊(6 月 20 日):黄疸减轻,寐仍未安,肝区隐痛,大便正常,小溲仍黄,舌苔薄黄而腻,质红,脉象弦滑。再于原方减去大黄,加酸枣仁 9g,茯苓 9g。再服 4 剂。

五诊(6 月 25 日):两目发黄明显减轻,寐劣转安,知饥欲食,但仍乏力,苔转薄腻,质红,脉象弦缓。湿热虽轻,气营未复,肝郁未舒,再拟疏肝利胆,清化湿热。方用:黄柏 9g,黑山栀 12g,郁金 6g,茜草 15g,茯苓 9g,生地 12g,糯稻根 30g,茵陈 18g,夜交藤 12g,制香附 9g。再服 5 剂。

六诊(6 月 30 日):黄疸减轻,寐亦转安,但仍多梦,头晕乏力,胁下隐痛,舌苔薄腻,脉象弦缓,再守原意出入。用前方去夜交藤,加太子参。继服 7 剂。

患者于同年 7 月 10 日复查肝功能,黄疸指数 14U,谷丙转氨酶 80U,自觉症状消失,继以疏肝利胆,益气生津之剂,用当归 9g,生白芍 12g,黑山栀 12g,茜草 15g,郁金 9g,太子参 18g,茵陈 15g,生地 12g,麦冬 9g,杞子 12g,鸡内金 9g 等加减,继服 20 余剂,肝功能复查正常而出院。(浙江省中医研究所文献组.潘澄濂医论集[M].北京:人民卫生出版社,1981.)

按:本例重症肝炎,中医辨证为湿热炽盛,肝胆郁结,腑气不通,营液耗灼,心神被扰,病属"急黄"。初诊以通腑泻实、清利湿热、凉血解毒为治,病获转机,以后数诊,均以原方出入,放邪出路,使病情化险为夷。

例 4 李某,女,24 岁。

患肝炎 1 年,食欲不振,乏力,肢体沉重,胸脘满闷不适,大便不实,舌苔白腻,脉濡而缓。肝脏肿大一指,有触痛,质软。肝功检查:黄疸指数 78μmol/L,谷丙转氨酶 400U/L,诊断为黄疸型肝炎。辨证为湿热中阻,湿重热轻,脾不健运。治以淡渗分利,健脾退黄法。处方:茵陈 30g,板蓝根 15g,厚朴 10g,苍白术各 10g,半夏 10g,郁金 10g,枳壳 10g,茯苓 15g,泽泻 10g,谷麦芽各 15g。水煎服,10 剂。药后黄疸开始消退,症状逐渐改善。上方略施加减,继服 30 剂后症状消失,肝已不大,黄疸指数降至正常,肝功能恢复正常。(邓雪梅,郭松河.浅谈从湿热论治肝炎的体会[J].内蒙古中医药,2007(4):19.)

按:此患者由于湿热邪毒久留,导致肝脾功能失常,临床表现为虚实夹杂之症,故治疗上在清热退黄、淡渗利湿的基础上,佐以健脾之品,有利于扶正以祛邪。方中板蓝根有抗病毒作用。药后症状改善,效果显著。

例 5 患者,女,46 岁,2016 年 7 月 7 日初诊。

患者诉肝区不适、纳少、乏力、皮肤巩膜黄染 1 个月,既往有乙肝小三阳病史 5 年。近 1 个月劳累后感肝区不适、饮食减少、乏力,并发现皮肤黄染。刻诊:肝区不适,纳少,乏力,皮肤巩膜黄染,面色晦黯,口干而苦,眠差,尿短少色黄,大便干结,2~3 日一行,舌质红,苔黄腻,脉弦数。辅助检查:肝功能:谷丙转氨酶(ALT)140U/L,谷草转氨酶(AST)160U/L,总胆红素(TBIL)75μmol/L,直接胆红素(DBIL)45μmol/L,间接胆红素(IBIL)30μmol/L。辨证属肝胆湿热证(热重于湿)。方以茵郁丹加减:茵陈 25g,郁金 15g,炒白术 25g,茯苓 25g,山药 30g,夏枯草 30g,板蓝根 30g,蒲公英 30g,黄芩 15g,木香 15g,枳壳 25g,甘草 6g,丹参 30g,黄芪 30g,酸枣仁 30g,合欢皮 30g,4 剂。二诊:患者肝区不适、乏力、纳差、身目黄染减轻,纳可,精神较前有所改善。原方加黄芪至 50g,继服 24 剂后,黄疸消退,诸症随之而减。(秦万玉,苏慧芬,米明超,等.李培教授运用茵郁丹治疗慢性病毒性肝炎经验拾隅[J].内蒙古中医药,2017,36(21):91—92.)

按:此案患者因湿热毒邪入侵肝胆,肝气失于疏泄,气机因之壅滞,肝木横逆犯脾,脾胃随之受损,故出现黄疸、纳少、乏力、口干而苦、尿短少色黄、大便干结等症。辨证为肝胆湿热,治疗以清热祛湿为主,佐以调理心脾。二诊时患者症状明显缓解,继服以巩固疗效。

例 6 杨某,男,47 岁。初诊:2016 年 4 月 27 日。

患者发现乙肝病史 1 年,未抗病毒治疗,2016 年 1 月 19 日无明显诱因出现乏力、纳差,并伴有皮肤巩膜黄染及尿黄,无发热,无恶心呕吐,无腹痛腹泻,当时未予重视,后症状逐渐加重,皮肤巩膜黄染明显加深;2 月 13 日查肝功能,ALT 898U/L,TBIL 321.0μmol/L,DBIL 198.5μmol/L,1 周后遂于武汉某医院住院治疗,查肝功能示:ALT 139U/L,AST 107U/L,ALB(白蛋白)26g/L,A/G(白蛋白/球蛋白)0.63,TBIL 390.0μmol/L,DBIL 290.8μmol/L;PTA(凝血酶原活动度）38.9%，诊断为慢性重型肝炎，予以古拉定、天晴甘美、瑞苷、思美泰等治疗，住院期间先后进行 7 次人工肝血浆置换治疗，2 月后出院，患者仍感乏力，精神差，皮肤巩膜中度黄染，出院查肝功能：ALT 33U/L，AST 80U/L，ALB 32g/L，A/G 0.96，TBIL 115.6μmol/L，DBIL 87μmol/L，PTA 40%，因黄疸持续不退，4 月 27 日遂来门诊治疗。患者见神清，精神倦怠，面色萎黄，皮肤、巩膜中度黄染，胸前可见蜘蛛痣，肝掌，腹部柔软，无压痛及反跳痛，食欲差，小便深黄，大便可，夜寐差，舌黯苔黄腻，脉滑数。张教授认为本证属于"急黄"恢复期，证属湿热毒邪蕴结，治拟清热利湿解毒，芳香运脾，予以甘露消毒丹配伍健脾利湿药物治疗。处方：白豆蔻 10g，藿香 10g，半枝莲 30g，茵陈蒿 30g，瓜蒌仁 15g，茯苓 15g，薏苡仁 30g，连翘 15g，丹参 30g，郁金 20g，甘草 5g。14 剂。二诊：患者诉精神可，乏力大减，皮肤巩膜色黄如烟熏，服药期间大便变稀，次数增多，舌淡黯苔黄腻，脉细数，余无不适。遂拟初诊原方去瓜蒌仁，加五味子、黄芩各 10g。14 剂。三诊：患者精神较前明显好转，可行体力活动，余无明显不适，遂继予二诊方去五味子，加炒麦芽、炒谷芽各 20g。14 剂。四诊：患者食欲较前好转，体重增加约 5kg，遂拟三诊方去半枝莲、连翘。14 剂。守方服用 1 月余，诸症消失，肝功能恢复正常。（占凯，程良斌. 张赤志运用加减甘露消毒丹治疗重型肝炎验案举隅［J］. 湖北中医杂志，2017，39（10）：12-14.）

按：该文作者介绍，张教授认为慢性重型肝炎患者整个病程包含湿热证、瘀热证、虚证，故以清热化湿解毒、凉血活血化瘀、扶正固本为本病的 3 个基本治法。本例系重症肝炎恢复期，但湿热毒邪蕴结尚未廓清，故治疗仍以祛邪为主，方予甘露消毒丹加减清热化湿解毒，兼以固护脾胃，守方 1 月余，病情好转，肝功能恢复正常。

【临证备考】

采用清热利湿汤治疗急性病毒性肝炎 45 例，其组方为茵陈、垂盆草、金钱草各 30g，板蓝根、六月雪、白花蛇舌草、赤芍、炒麦芽各 15g，柴胡、焦山栀、青皮各 9g，甘草 6g。加水 1 000ml，浸泡 30 分钟后文火煎成 400ml，再加水煎成 200ml，混合分 2 次早晚服，14 剂为 1 疗程，一般服 1~2 个疗程。45 例经治疗后，临床治愈 38 例，显效 5 例，有效 2 例，总有效率 100%。（夏正飞，盛德荣. 清热利湿汤治疗急性病毒性肝炎 45 例［J］. 陕西中医，1996（10）：482.）

用清肝汤治疗湿热内蕴型急慢性肝炎 264 例，其基本方为：茵陈、白花蛇舌草、鸡骨草各 30g，栀子、鸡内金各 10g，大黄、陈皮各 6g，郁金、竹茹各 12g，茯苓 15g。每日 1 剂，水煎 2 次，午、晚餐前 2 小时分服，30 日为 1 疗程。治疗结果：170 例急性肝炎中，治愈 153 例，基本治愈 8 例，临床治愈 4 例，无效 5 例,总有效率 97.1%;94 例慢性肝炎中,基本治愈 48 例,有效 35 例,无效 11 例,总有效率 88.3%。(秦允江,陈勉珍.清肝汤治疗湿热内蕴型急慢性肝炎 264 例[J].湖南中医药导报,1998,4(7):21.)

采用自拟"肝舒宁"口服液治疗湿热型乙肝,并与"乙肝宁"冲剂对照。肝舒宁口服液的组方为虎杖 30g,土茯苓 30g,柴胡 15g,郁金 15g,丹参 20g,甘草 10g。按一定工艺制成口服液,规格 250ml/瓶,每 ml 含生药 1g,成人每次 25ml,日服 3 次,儿童减半,4 周为 1 疗程,一般服 3 个疗程;对照组乙肝宁冲剂(长沙九芝堂制药厂出品),每服 17g,日服 3 次,3 个月为 1 疗程。治疗结果:治疗组中肝胆湿热 221 例,脾胃湿热 103 例,其症状改善显效率在 75% 以上,有效率在 90% 以上;对照组 100 例,显效率 59%,有效率 72%,两组比较无显著性差异。对肝功能异常的改善,治疗组优于对照组。对乙肝病毒血清标志物的影响,治疗组明显优于对照组。(李安民,尤玉荣,孙田华,等.肝舒宁口服液治疗湿热型乙肝的临床研究[J].河南中医,1998(6):361-362.)

生大黄与门冬氨酸钾镁联用治疗湿热型重度黄疸型肝炎 28 例,并与对照组单用门冬氨酸钾镁 30 例观察比较。治疗结果:两组在血清胆红素下降指标上,对照组显效 8 例(26.67%),有效 14 例(46.66%),无效 8 例(26.67%),总有效率为 73.33%;治疗组显效 19 例(67.86%),有效 8 例(28.57%),无效 1 例(3.57%),总有效率为 96.43%,两组退黄效果比较,治疗组明显优于对照组,有显著性差异。(宛小清.生大黄与门冬氨酸钾镁联用治疗湿热型重度黄疸肝炎 28 例[J].安徽中医学院学报,1995,14(4):24.)

李培生教授治甲肝、乙肝属湿热证的经验,其具体治法有以下几种:①宣上透表、开泄湿热,适用于甲肝初起,症见发热恶寒,身目小便俱黄,胸胁痞满,渴不欲饮,苔黄厚腻,脉浮滑数。证属湿热兼表,其病机为湿热阻遏中焦,上焦肺卫失宣,致少阳三焦与胆疏泄失职。方用麻黄杏仁茵陈连翘剂,药用炙麻黄、杏仁、茵陈、连翘、藿香叶、炒苍术、厚朴、白蔻衣、赤茯苓、薏苡仁、白茅根、车前草、虎杖;②宽中渗湿,疏肝利胆,适用于身目小便黄染,右上腹胀痛,脘痞纳呆,口苦干涩,恶心欲吐,肢倦乏力,大便或干或溏而不爽,舌质欠润,苔黄厚腻,脉弦滑数或濡数,乃湿热阻中,胆汁瘀滞,疏泄不及,上下不通。药用藿香、厚朴、姜半夏、茯苓、柴胡、茵陈、丹参、白花蛇舌草、车前子、大黄等;③导下解毒,分消走泄,适用身目黄染,色泽鲜明,口干而苦,小便橙黄如橘汁,大便干结,乃胃燥脾湿,肝郁胆火炽盛,三焦壅滞,胆汁排泄不畅。方用清热利湿解毒退黄剂,药用茵陈、栀子、黄柏、大黄、藿香、厚朴、茯苓、车前草、杏仁、蔻仁、薏苡仁;④清利三焦,疏肝和胃,适用于身目小便俱黄,脘痞纳呆,大便溏而不爽,口黏呕恶乏味,两胁胀痛,舌苔厚腻或黄白相兼,脉弦滑或弦细而数,证属肝胆失疏,脾胃运化失职,三焦壅滞,湿热疫毒蕴结于中。方用清肝败毒饮,药用柴胡、黄芩、杏仁、厚朴、茯苓、麦芽、茵陈、败酱草、白花蛇舌草。(王俊槐.谈诊治肝炎病湿热证的经验[J].中国中西医结合杂志,1995,15(10):635.)

用匍伏堇合剂(匍伏堇 30g,茵陈 30g,海金沙 15g,岩柏 30g,大青叶 30g,鸭跖草 15g)系统观察 72 例急性黄疸型肝炎住院病人的疗效,黄疸指数恢复正常时间平均 13 天多,谷丙转氨酶恢复正常时间平均 16 天多。其中 48 例肝肿大在肋下 1cm 以上的患者,46 例恢复正常或回缩减少。另设三组用不同处方治疗,而其他各方面具有可比性的住院病例进行对比分析,以匍伏堇合剂疗效为优,经统计学处理,退黄疗效有非常显著差异,降酶疗效有显著差异。(俞尚德.俞氏中医消化病学[M].北京:中国医药科技出版社,1997.)

杨氏等用加味茵陈蒿汤治疗急性病毒性肝炎 68 例,方药组成为茵陈 30~60g,栀子、大黄、柴胡、白术各 10g,茯苓、丹参、泽泻、虎杖各 15g,板蓝根、蒲公英各 30g,炒山楂 15g,炒神曲 15g,炒麦芽 15g,甘草 6g。儿童用量酌减。水煎服,一日 1 剂。临床加减:若热偏重,加龙胆草、黄芩以清泻肝胆湿热;小便黄,少加用车前子、猪苓以清利小便;若湿偏重者,用苍术易白术,加藿香、薏苡仁以除湿清热;呕吐甚者加法半夏、竹茹以降逆止呕;气滞胀痛者加延胡索、川楝子以理气消胀;失眠多梦者加酸枣仁、何首乌、夜交藤以补肝阴,安心神;如急性期症状已消退,肝功已正常,患者无不适感者,本方去茵陈、栀子、大黄、虎杖,加山药、白芍、陈皮、当归、郁金,以健脾养血,疏肝理气。治疗结果急性黄疸型肝炎 41 例,治愈 36 例,占 87.8%,好转 5 例,占 12.2%;急性无黄疸型肝炎 27 例,治愈 20 例,占 74.0%,好转 7 例,占 26.0%。本方清热而不偏寒,利湿又不偏燥,合而用之,共奏清热解毒,除湿退黄,疏肝健脾之功。(杨鹏,郭崇川.加味茵陈蒿汤治疗急性病毒性肝炎 68 例[J].甘肃中医,2007,20(12):31-32.)

陈氏等用金线莲鲜草煎剂治疗辨证为肝胆湿热证的 HBeAg(乙型肝炎 E 抗原)阳性慢性 HBV(乙型肝炎病毒)携带者。金线莲为兰科开唇植物花叶兰属多年生珍稀中药材,味甘,微苦,性平,有清热解毒、凉血平肝、祛风利湿之效。患者采用福建产金线莲鲜草,每日 30g,洗净后加入清水 800ml,武火煮沸后继续煎 20 分钟,分次代茶饮。随访 24 周,试验组血清 HBV–DNA(乙肝病毒基因)水平与 HBeAg 水平均较基线有明显下降($P<0.05$)。(陈峰,陈玮,林恢,等.金线莲鲜草煎剂治疗肝胆湿热证 HBeAg 阳性慢性 HBV 携带者 49 例[J].福建中医药,2016,47(4):20-21.)

杨氏等用加味茵陈蒿汤治疗慢性乙型肝炎肝胆湿热证 368 例,方药组成为茵陈 15g,酒大黄 10g,栀子 10g,板蓝根 15g,叶下珠 15g,白花蛇舌草 15g,茯苓 10g,苍术 10g,厚朴 10g,炒莱菔子 10g,五味子 10g,甘草 10g。每日 1 剂,加水适量,浸药 2 小时后,连续煎药 2 次。每次煎药 20 分钟,两次滤取药液 400ml,早晚饭后各服 200ml。治疗结果显示慢性乙型肝炎肝胆湿热证病例 368 例,基本治愈 173 例,治愈率为 47.01%;有效病例 332 例,总有效率为 90.22%。其中偏热重型病例 224 例,基本治愈 113 例,治愈率为 50.45%,有效病例 208 例,总有效率为 92.86%;偏湿重型病例占 144 例,基本治愈 60 例,治愈率为 41.67%,有效病例 124 例,总有效率为 86.11%。(杨宏华,杨晓荣.加味茵陈蒿汤治疗慢性乙型肝炎肝胆湿热证 368 例[J].光明中医,2015,30(2):283-285.)

三、流行性乙型脑炎

流行性乙型脑炎(以下简称"乙脑")是由蚊子为媒介,感染乙脑病毒所引起的急性中枢神经系统传染病。临床上以起病急骤,突发高热,头痛,呕吐,抽搐,意识障碍以及脑膜刺激征为要征。本病的发病有明显的季节性,多发生于七、八、九三个月,以儿童的发病率为高。

本病属于中医"暑温""暑风""暑痫""暑痉""暑厥"的范畴。

【湿热与发病的关系】

中医认为,乙脑的病因是感受暑热疫毒,但叶香岩《三时伏气外感篇》说:"长夏湿令,暑必夹湿。"王孟英《温热经纬》亦说:"暑令湿盛,必多兼夹。"故暑湿(湿热)亦是不可忽视的病因。盖夏秋季节,天暑地湿,湿热蒸腾,人在气交之中,体怯者可着而为病,诚如吴鞠通《温病条辨》所说:"温者热之渐,热者温之极者。温盛为热,木生火动,热极湿动,火生土也,上热下湿,人居其中而暑成矣。"特别是小儿由于脏腑娇嫩,气血未充,稚阴稚阳,抗病能力不强,故最易感受暑热或暑湿之邪,发为暑病,这正是小儿乙脑发病率高的原因所在。

暑为阳邪,其性酷热,燔灼焚焰,升腾横逆,故易化火生风,这是暑邪的特性。风火相煽,可见高热,抽搐,昏迷等症;又湿为阴邪,其性黏腻,暑湿相合,与湿热相搏,别无二致,吴鞠通、王孟英等均认为既受湿,又感暑,即是湿热。故暑湿之邪犹同湿热,最易困顿脾胃,蒙蔽清窍,甚或弥漫三焦,可出现发热,头痛,身重,呕吐,神识昏蒙,嗜睡,痰鸣,便溏,溺赤等症。

【相关临床表现】

1. 暑湿袭表,肺卫受伤　症见发热,微恶寒,头痛,身重,神志一般清晰,舌苔薄腻,脉浮数。此等症状有些患者较快痊愈,但部分病人迅即转化为卫气同病,甚或逆传心包,邪陷营血。

2. 暑湿阻中,脾胃同病　当分偏热偏湿两种类型,偏热者,病变重心在胃,所谓“夏暑发自阳明”是也,症见高热,头痛,口渴,烦躁,自汗,或汗出不畅,呕吐,溺赤,或嗜睡或有惊搐,舌红苔黄腻偏干,脉象洪数;湿偏重者,病变重心在脾,症见身热无汗或少汗,头痛体重,四肢倦怠,口渴不喜饮,胸脘痞闷,呕吐便溏,或神志昏蒙,舌苔白腻或黄腻,脉象濡数。

3. 暑湿蒸腾,弥漫三焦　症见发热,头痛,头重,胸脘痞闷,神识昏蒙或嗜睡,喉间痰鸣,或有抽搐,口渴或渴不引饮,呕吐便溏,小便短赤,舌红苔黄腻,脉象滑数或濡数。

至于暑湿已化燥化火,热入营血,或见阳明燥实,其辨证与其他温热病类同。

【相应治疗方法】

1. 暑湿袭表,肺卫受伤　法宜祛暑涤热,宣化湿浊,方用新加香薷饮、三仁汤之类。

2. 暑湿阻中,脾胃同病　当区分暑(热)与湿之孰轻孰重而治,暑热偏重者,宜清暑涤热,兼以祛湿,方用白虎加苍术汤、黄芩滑石汤之类;湿偏重者,宜祛湿为主,兼以清暑涤热,方用藿朴夏苓汤、不换金正气散之类。

3. 暑湿蒸腾,弥漫三焦　治宜清泄三焦,方用三石汤、雷氏清暑涤热法之类;湿浊蒙蔽心窍,神识昏蒙或嗜睡者,合菖蒲郁金汤。

至于湿邪已化燥化火,热入营血,或见阳明燥实,其治法与其他温热病同例。

【验案举例】

例1　李某,女,3岁。因发烧4天,嗜睡2天,于1964年8月26日住某医院。

住院检查摘要:神志尚清,微烦,转侧不安,似有头痛。体温38.7℃,呼吸26次/min,脉搏126次/min,发育营养中等,心肺(−),腹软无压痛。神经系统检查:瞳孔对光反射存在,腹壁反射可引出,颈部微有抵抗,巴宾斯基征(+),克尼格征(−)。脑脊液检查:潘迪试验(+),糖1~5管(+),细胞总数1 038/mm³,白细胞114/mm³,氯化物628mg%,糖62mg%,蛋白110mg%。血化验:白细胞18 600/mm³,中性87%,淋巴12%。临床诊断:流行性乙型脑炎(极重型)。

病程与治疗：患者于8月23日开始精神不振，呕吐，身热，第二日下午体温达39℃，再呕吐五六次，予退热剂，体温不减，第三日即见嗜睡，第四日入院。入院后，先予黄连、香薷，冲服紫雪散，第二日体温升高至40℃，加服牛黄抱龙丸，注射安乃近，第三日体温仍持续在40℃左右，但汗出较多，呼吸发憋，频率50次/min，脉搏130次/min，呈现半昏迷状态，瞳孔对光反应迟钝，腹壁、膝腱反射消失，前方加至宝散2分，分2次服，病情继续恶化。

8月28日请蒲老会诊：神志出现昏迷，不能吞咽，汗出不彻，两目上吊，双臂抖动，腹微满，大便日2次，足微凉，脉右浮数，左弦数，舌质淡红，苔白腻微黄，属暑湿内闭，营卫失和，清窍蒙蔽，治宜通阳开闭。处方：薏苡仁12g，杏仁6g，白蔻仁3g，法半夏6g，厚朴7.5g，滑石（布包煎）12g，白通草4.5g，淡竹叶4.5g，鲜藿香3g，香木瓜3g，局方至宝丹半丸（分冲），水煎取250ml，每次服50ml，3小时服1次。

8月29日复诊：药后汗出较彻，次日体温下降至37.6℃，目珠转动灵活，上吊消失，吞咽动作恢复，神志渐清，可自呼小便等，原方去藿香、竹叶，加酒芩2.4g，茵陈9g，陈皮4.5g，生谷芽12g。药后3天，全身潮汗未断，头身布满痱疹，双睑微肿，神志完全清醒，但仍嗜睡，舌苔渐化，二便正常，体温正常，神经反射亦正常，继以清热和胃，调理善后，痊愈出院。（中医研究院.蒲辅周医案[M].北京：人民卫生出版社，1972.）

按：暑湿内闭，营卫失和，清窍蒙闭，通阳开闭，自是正治。所谓"通阳"者，叶天士尝云："通阳不在温，而在利小便。"这是针对湿热阻遏，阳气不宣而设。方用三仁汤加味，既取其宣展肺气，气化则湿热俱化，又取其通利州都，使湿热从小便而出。三仁汤看似药味轻淡，但对证投剂，即此等危证，亦可转危为安，足见辨证施治的重要性。

例2 韩某，女，4岁。

于1972年8月18日开始发烧，食欲不振，至23日晚，突然出冷汗，两眼上翻。经当地治疗无效。于24日4点来我院就诊。经检查，体温41℃，心率156次/min。白细胞20 400/mm³，中性78%，淋巴22%。脑脊液潘迪试验阳性，细胞数51个。按"乙脑"收住院。

早8时检查，神清，四肢温，腹胀，小便黄。体温38℃，口不渴，舌苔白腻而微润，脉浮濡，诊为暑热夹湿。拟三仁汤合银翘散化裁治之。

方药：苡仁18g，杏仁6g，蔻仁3g，厚朴3g，金银花18g，连翘9g，薄荷12g，菊花12g，栀子7.5g，甘草3g，大青叶18g。1剂。

二诊（8月25日）：体温38.1℃，腹胀稍轻，其他无明显变化。上方加黄连

4.5g,服 6 剂后,体温降至正常,精神好,食欲增,大小便正常,于 9 月 1 日痊愈出院。

本例在治疗过程中,曾配用西药如 10%葡萄糖液、林格氏液、氯霉素及氢化可的松、维生素等。(《河北中医验案选》编选组.河北中医验案选[M].石家庄:河北人民出版社,1982.)

按:本例病发夏秋,症见发热缠绵,纳差,腹胀,尿黄,舌苔白腻,显系暑热夹湿,湿遏热伏,邪在卫气之证,故用三仁汤合银翘散化裁,轻清宣透,祛暑化湿而获效验。

例 3　宋某,男,13 岁。

1960 年 8 月 3 日到某医院就诊:患儿发热头痛 5 天,体温高达 40℃,全身无力,不思饮食,汗多,曾经呕吐 2 次,均为食物残渣,精神越来越差,故于 8 月 4 日入某医院。当时体检:体温 40℃,热性病容,神志尚清,心肺正常,腹软无压痛,颈项强,克尼格征(±),布鲁辛斯基征(±),脑脊液检查:压力不高,常规检查(-),培养(-)。血常规检查:白细胞 6 400/mm³,有流行性乙型脑炎接触史。西医诊断:流行性乙型脑炎?

诊见:发热头痛,微有恶寒,心烦,自汗,面垢,食纳果,尿赤少,大便溏薄,日一二次,舌苔黄腻,脉象濡缓。

辨证:内蕴湿热,外受暑邪,暑湿交蒸。

立法:芳香化浊,清利湿热。

方药:藿香 10g,佩兰 10g,蔓荆子 10g,苡仁 10g,滑石 12g,甘草 6g,荷叶 10g,车前子 10g,茯苓 6g,竹叶 5g。

复诊:服上药 3 剂,发热、头痛、便溏诸症均瘥,精神好转,饮食增加,颈项活动自如,克尼格征(-),布鲁辛斯基征(-),舌苔微黄而腻,脉和缓,暑温得解,以原方出入:藿香 10g,佩兰 6g,陈皮 5g,苡仁 10g,蔓荆子 10g,六一散 10g,赤茯苓 10g,枳壳 5g,荷叶 10g(3 剂)。

三诊:诸症基本控制,唯舌苔黄而腻,湿热尚未清彻,再以调中运脾化湿之剂以善其后,于 8 月 16 日痊愈出院。(董建华.临证治验[M].北京:中国友谊出版公司,1986.)

按:本例是湿重于热(暑)之证,其辨证着眼点在于胃纳果,尿赤少,大便溏,舌苔黄腻,脉象濡缓,故以芳香化浊,清利湿热为治。方中藿、佩芳香化浊,善祛脾胃之湿;苡仁、六一散、车前子、茯苓、竹叶皆淡渗利湿之品,又合前贤“治暑以清心利小便为好”之旨。

例 4　李某,女,3 岁。初诊日期:1964 年 8 月 26 日。

患儿于 4 天前开始发烧,精神疲倦,嗜睡无汗,烦急呕吐,食欲减退,注射西药退热剂后体温未降,遂来院门诊,经腰椎穿刺诊为乙型脑炎收住院治疗。

现症:身热无汗,口不渴,神倦嗜睡,恶心呕吐,食欲不佳,大便 2 日未行,小便黄,面黄,咽不红,舌质淡红,中心有黄厚腻苔,脉弦滑。查体:神志尚清,心肺正常。腹软不拒按,颈部微有抵抗。化验:血白细胞 7 600,中性粒细胞 49%,淋巴 51%。脑脊液检查:白细胞 114,潘迪试验阳性,糖五管阳性,氯化物 628mg%,蛋白 110mg%。证系外感暑湿,郁于上中二焦,湿重于热。治以清热利湿,佐以芳透。方药:新加香薷饮加减。香薷 6g,扁豆 10g,厚朴 3g,六一散 12g,双花 10g,连翘 10g,黄连 3g。二剂。

二诊:服药后病情未见好转,仍身热无汗,嗜睡心烦,吞咽困难,大便稀,日二次,手时抖动,两目上吊,逐渐出现神志不清,面色黄黯,舌质淡红,苔黄厚腻,脉滑。腹壁及膝反射消失,瞳孔对光反射迟钝。证系暑湿内闭,三焦受阻,湿蒙清窍之象。治以芳通开闭,宜达三焦。方药:三仁汤加减。杏仁 6g,生苡米 12g,菖蒲 10g,滑石 12g,蔻仁 3g,鲜藿香 10g,厚朴 6g,黄芩 6g,竹叶 10g,清半夏 6g,局方至宝丹一丸分化。

三诊:服上药全身漐漐汗出,体温逐渐下降,神志渐清,吞咽如常。于前方去竹叶、藿香,加茵陈 12g、炒谷芽 10g。药后三天全身潮汗未断,头身布满痱疹,双睑微肿,神志清醒,仍有嗜睡,舌苔见退,二便正常,体温正常,神经反射正常。宜清余热和胃气,以清络饮加减,调理善后,痊愈出院。(宋祚民.小儿流行性乙型脑炎的辨证论治[J].北京中医,1983(2):34-36.)

按:此患儿初诊时发热、无汗、口不渴、神倦嗜睡、恶心呕吐等症,结合舌脉,提示病位在上中二焦,为外感暑湿之邪郁于肌表之证候,故治以散湿清热治法,用新加香薷饮加减。二诊时出现手时抖动、两目上吊,逐渐出现神志不清,提示湿邪已有蒙蔽心包之势,故治疗时继续主以祛湿清热之法,兼以渗入芳香开窍之法,方药则选用三仁汤加减合局方至宝丹。三诊时病情明显好转,故继以前法,最后以清络饮调理而善后。处方用药根据病情变化,井然有序,值得效法。

【临证备考】

名医蒲辅周针对"乙脑"常暑热夹湿为患,提出了"通阳利湿法",作为治疗本病的方法之一,谓通阳利湿一法,是治疗"乙脑"的重要一环。暑必夹湿,治宜清暑利湿。临床上有湿热并盛,有热胜于湿,有湿胜于热等不同类型。治湿之法,宜用淡渗以通其阳,通阳不在温,而在利小便,即通阳利湿也。

(1)湿热并盛:若暑温伏暑,三焦均受,舌灰白,胸满闷,潮热,呕恶,烦渴自利,汗出溲短者,选用杏仁滑石汤加减。若脉缓身痛,舌淡黄而滑,渴不多饮或竟不渴,汗出而解,继而复热,徒利湿则湿不退,徒清热则热愈炽,治宜清热利湿并进,选用黄芩滑石汤加减。若阳明湿温,气壅为哕者,选用新制橘皮竹茹汤(橘皮、竹茹、柿蒂、生姜)加减。若湿聚热蒸,蕴于经络,寒战热炽,骨节烦疼,舌色灰滞,面色萎黄,病名湿痹,选用宣痹汤加减。若三焦湿郁,升降失司,脘连腹胀,大便不爽,选用一加减正气散加减。若湿郁三焦,脘闷便溏,身痛,舌白,脉象模糊,选用二加减正气散加减。若秽湿着里,舌黄脘闷,气机不宣,久则酿热,选用三加减正气散加减。若秽湿着里,邪阻气分,舌白滑,脉右缓,选用四加减正气散加减。若秽湿着里,脘闷便泄,选用五加减正气散加减。

(2)热胜于湿:若暑湿蔓延三焦,舌滑微黄,邪在气分,选用三石汤。

(3)湿胜于热:若头痛恶寒,身重疼痛,舌白不渴,面色淡黄,胸闷不饥,午后身热,状若阴虚,选用三仁汤加减。若太阴湿温,喘促者,选用千金苇茎汤合杏仁滑石汤加减。若湿郁经脉,身热身痛,汗多自利,胸腹白㾦,选用薏苡竹叶散加减。(中医研究院.蒲辅周医疗经验[M].北京:人民卫生出版社,1976.)

介绍用乙脑Ⅰ号方治疗暑湿弥漫三焦的类型,其组方为:生石膏(先煎)60g,大青叶、连翘、生地、郁金、竹叶各15g,板蓝根20g,知母、藿香、丹皮各10g。加减法:热重者加大黄、黄连;湿重者加佩兰、滑石。(胡勇.39例重/极重型流行性乙型脑炎临床观察[J].上海中医药杂志,1989,23(5):10-11.)

根据"暑必兼湿"的理论,用清暑化湿汤治疗"乙脑",获得较好疗效。其组方为:藿香10g,佩兰10g,六一散12g,生石膏30g,金银花10g,连翘10g,竹叶10g,水煎服。以本方为主,配合西医支持疗法,治疗53例,其中极重型10例,重型22例,普通型17例,轻型4例。治疗结果50例治愈,治愈率为94.3%,死亡3例,病死率为5.7%。(胡熙明.中国中医秘方大全:内科分卷[M].上海:文汇出版社,1989.)

石氏等用清暑化湿汤治疗流行性乙型脑炎62例,其组方为藿香6~12g,佩兰6~12g,生石膏(先煎)30~50g,金银花9~20g,连翘6~15g,竹叶3~9g。昏迷者加石菖蒲6~12g,郁金3~6g,天竺黄3~6g;抽搐者加蜈蚣1~3g,全蝎3~4.5g,钩藤6~12g。湿盛者可重用藿香、佩兰;热盛者重用石膏。治疗后,患者的体温、抽搐、昏迷持续时间以及痊愈率、后遗症发生率均明显好转,有显著性差异($P<0.05$)。(石明仁,于敏敬,吴士富,等.清暑化湿汤治疗流行性乙型脑炎62例[J].中级医刊,1993,28(5):54.)

四、流行性出血热

流行性出血热,亦称为肾脏综合征出血热,是一种由流行性出血热病毒所引起的自然疫源性急性传染病,临床以发热,低血压,出血及急性肾衰竭为主要特征。四季均可发病,一般发生在4—7月和10月—次年1月,以后者为多。鼠类为其传染源。根据病情演变,临床分发热、低血压休克、少尿、多尿和恢复等五期。

本病属中医"瘟疫""疫疹""冬温时疫""温毒发斑""少阴伏气温病"等病证的范畴。

【湿热与发病的关系】

本病的发病有地区性,多发生于低洼潮湿,杂草丛生,水位较高,雨量充沛的地带,再结合临床症状和传染性,有些学者认为其病因与湿热疫毒有很大关系。清代医家张石顽尝云:"时疫之邪,皆从湿土郁蒸而发。"当然,本病也有因温热疫毒等引起者。湿热疫毒是外因,而机体由于劳倦过度(如农忙季节)、饮食不节、触冒风雨、妇女经产期等因素,导致正气不足,尤其是肾精亏虚,抗病能力低下,使湿热疫毒乘虚而入,这是发病的内因。湿热疫毒首先侵袭肌表,阻遏卫气,从而出现卫分证候,但为时短暂,病邪迅即传入气分,脾胃受伤,表现为气分证候,或卫气同病。盖湿为土气,脾胃属土,同气相求,加之湿性黏腻,与热相搏,如油入面,难分难解,因此气分阶段一般持续时间较长。继则湿热可内传营血,而气分之邪每多未尽,从而出现气血两燔的证候,此时邪热炽盛,或上扰心神,或迫血妄行,或引动肝风,引起一系列危重症候,尤以出血为明显。若湿热壅滞气机,阳气郁伏不宣,可出现"热厥"的证候,也可因正不胜邪,致气阴耗竭,阳气欲绝,出现"寒厥"虚脱的证候,前者以邪实为主,后者以正虚为急,不可同日而语。若湿热蕴结下焦,肾和膀胱气化不利,水道闭塞,可见尿少、尿闭,亦可由于肾阴耗竭,水源枯涸而见尿闭,两者虚实有异。恢复期多呈现正虚邪恋,即湿热余邪未尽,气阴损伤。总之,湿热病邪常贯穿病程始终,与发病及病情变化有极其重要的关系。

【相关临床表现】

1. 湿热郁于肌表,阻遏卫气　症见发热微恶风寒,无汗或少汗,头痛身重,眼眶痛,腰痛,全身困乏,小便短少,轻微浮肿,舌边尖红,苔薄白腻或薄黄腻,脉象浮数。

2. 湿热侵犯气分,脾胃同病 症见壮热汗出,或身热不扬,头身重痛,口渴引饮,或渴不多饮,面红目赤,气粗,颈胸潮红,恶心呕吐,腹痛腹胀,大便秘结,或溏而不爽,腰痛,小便短赤,舌红苔黄腻或黄燥,脉象滑数或洪大。

3. 湿热内传营血,气血两燔 症见高热或潮热,面红目赤,心烦口渴,神志呆滞,时清时昧,或神昏谵语,皮肤出现斑疹,或吐血、衄血、便血、尿血,舌红绛,苔腐腻或浊腻,脉象滑数或细数。

以上多见于发热期。

4. 湿热壅滞气机,阳郁不宣 症见发热,烦躁不安,神志淡漠,神识昏蒙,胸腹灼热,四肢厥冷,小溲短赤,便秘腹胀,舌红苔黄腻,脉象细数或模糊不清。多见于低血压休克期(不包括气阴耗竭,阳气欲脱的证型)。

5. 湿热蕴结下焦,气化不利 症见身热,少腹胀满,大便不行,小便赤涩量少,甚或尿闭不通,或有血尿,尿中有血性膜状物,面目肢体浮肿,腰痛,舌红,苔黄腻,脉象滑数或细数。多见于少尿期(不包括肾阴耗竭,水源枯涸的证型)。

6. 湿热余邪未清,气阴损伤 症见发热退而未尽,或夜热早凉,口渴心烦,易汗,精神疲乏,头昏腰酸,小便频数量多,舌淡红,苔薄腻,脉象濡细或细数无力。多见于多尿期或恢复期。

本病一般按卫气营血并结合三焦、六经等辨证方法进行辨证分型,但由于病势发展迅速,病情错综复杂,往往各阶段症状交叉互见,重叠出现,难以截然分割,临床须灵活掌握。

【相应治疗方法】

总的治则是清热解毒祛湿,常贯彻病程的始终,并根据不同病机和证型,辨证施治。

1. 湿热郁于肌表,阻遏卫气 治宜轻清宣透,方用银翘散合三仁汤加藿香、佩兰、青蒿等。

2. 湿热侵犯气分,脾胃同病 治宜清气泄热,祛湿解毒,方用白虎加苍术汤合甘露消毒丹化裁。湿偏重者选用藿朴夏苓汤、不换金正气散之类。

3. 湿热内传营血,气血两燔 治宜清营泄热,凉血解毒,兼以祛湿,方用清瘟败毒饮酌加芦根、白茅根、滑石等;血热妄行而出血者,宜犀角地黄汤合黄连解毒汤加大青叶、茜草根、大小蓟等;湿热夹痰蒙闭心窍而神识异常者,用菖蒲郁金汤合至宝丹、安宫牛黄丸之类。此外,清营汤、清宫汤等亦可随宜选用。

4. 湿热壅滞气机,阳郁不宣 治宜清热宣郁,行气开闭,方用四逆散加藿香、佩兰、菖蒲、郁金等；大便秘结者，酌加大黄；神窍闭塞者，配合苏合香丸（湿重者宜之）、至宝丹、安宫牛黄丸（热重者宜之）之类。（至于气阴耗竭，阳气欲脱之"寒厥"证，治法又当别论，一般以生脉散、参附汤、四逆汤之类益气固脱，回阳救逆。）

5. **湿热蕴结下焦，气化不利**　治宜宣清导浊，通利州都，方用宣清导浊汤、八正散、导赤承气汤之类。

6. **湿热余邪未清，气阴损伤**　治宜清理余邪，扶正固本，并根据病性病位，随证施治。若湿热未清，气阴两伤者，用王氏清暑益气汤、竹叶石膏汤，或清络饮加北沙参、麦冬、花粉、石斛、玉竹等；若肾气虚衰，湿热未尽者，用参芪地黄汤合白茅根、滑石、芦根、黄柏之类，又肾气不固，封藏失职者，则用缩泉丸加覆盆子、桑螵蛸、益智仁等，复加清利湿热之品；若脾虚气弱，湿热逗留者，用参苓白术散合藿香、佩兰、芦根、猪苓、泽泻、滑石之类。

【验案举例】

例1　杨某，男，28岁，工人。1979年9月5日入院，出血热轻重分型：中型。

患出血热第4天入院。患者恶寒发烧，午后热重，身热不扬，咳嗽吐痰，头蒙沉胀且痛，呕恶心烦，便溏不爽，小便短赤。球结膜轻度水肿，目赤红肿，嗜睡神昏。舌质红、苔黄腻，脉滑数。体温38.2℃，血压110/70mmHg。小便化验：蛋白（+++），血常规：白细胞14 100/mm³。确诊为出血热发热期。患者素有湿热内蕴，起居不慎，暑湿乘虚入侵，新感触动伏邪，湿热内阻，阳明热盛。治则：表里双解，清热化湿。方用三仁汤合藿朴夏苓汤化裁：杏仁10g，苡仁15g，白蔻仁6g，川朴10g，半夏6g，通草10g，滑石20g，淡竹叶6g，茯苓10g，藿香10g，淡豆豉6g。

9月7号，服上药2剂，恶寒止，午后热重，身热不扬，烦躁谵语，时而循衣摸床，大便溏而不爽。球结膜水肿充血。胸前红疹少许，鼻衄。舌质绛红、苔黄垢腻，脉洪数而滑。此乃湿热久羁，由气入血，湿热互结，气血两燔。治则：解毒化湿，清气凉血。苍术白虎汤合犀角地黄汤化裁：苍术10g，石膏60g，知母10g，犀角（水牛角代）3g，赤芍15g，丹皮15g，苡仁30g，通草10g，双花15g，连翘15g，丹参10g，茅根30g。

服上药2剂，热退身静，鼻衄止。后湿热化燥，进入低血压期，经治疗病愈出院。（邓邦金.流行性出血热湿热型辨证治疗体会［J］.陕西中医杂志，1981（4）：9–11.）

按：本例初诊湿热阻滞卫气，故用三仁汤合藿朴夏苓汤芳香宣透，清热化湿;次诊邪已内传营血,气血两燔,而湿热尚未完全化燥,故治仿白虎合犀角地黄汤清气凉血,复加苍术、苡仁、通草以祛湿。唯初诊辨证为"湿热内阻,阳明热盛",用药似可增强清热。

例2 周某,男,18岁,经西医诊断为流行性出血热住院治疗。初次会诊时,口舌溢出鲜血,腋下有出血点,面红如醉而略浮肿,呕恶欲吐,脘腹胀闷,小便不畅。尿检:蛋白(++),白细胞(+),红细胞0~1个/HP,脓细胞4~6个/HP。脉象迟滑,舌质光红而胖。证属湿热蕴结营血。治拟透湿转气:藿香、佩兰、竹叶各6g,生地、大青叶、连翘各15g,丹皮、白薇各12g,生甘草4.5g,仙鹤草30g。1剂后复诊:口舌血止,腋下红点亦减,脘胀显减,小便增多,脉缓,舌苔转为薄黄。前方加半夏12g,珍珠菜30g。服2剂,小便增多,日约2 500ml,舌苔转为厚腻微黄。原方续服2剂后再诊,脉象滑数,舌苔黄而厚腻,湿邪已由营血透出气分,治拟清热化湿:藿香6g,佩兰、滑石、生地各9g,连翘15g,珍珠菜、仙鹤草各30g。2剂后,舌红苔黄,诸症消失,前方去连翘、珍珠菜,加丹皮、白芍、生甘草以善后,5剂后病愈出院。〔张锡林.湿陷营血(流行性出血热)〔J〕.浙江中医药,1977,3(5):37.〕

按: 叶天士《外感温热篇》有谓"入营犹可透热转气"。本例初诊即现舌质光红、出血等症候,显系邪陷营血,治仿叶氏之训,用"透湿转气"之法,1剂后即现薄黄之苔,2剂后舌苔转为厚腻微黄,症状亦随之减轻,说明内陷之湿热已由营血转出气分,乃佳象也。于是治以清热化湿继之,病情渐入坦途,终获痊愈。从其病邪传变来看,本例颇似伏气温病。

例3 吴某,男,28岁,干部。1988年1月3日入院。

发病3日,病起发热(40℃),微恶寒,全身酸痛,头昏重,视物昏花,面红目赤,尿少便结,口苦,渴喜热饮,有"三红"症,无皮肤出血点,软腭可见散在出血点,舌红苔薄黄,脉浮弦数。初予柴胡桂枝汤合剂250ml,次晨体温39.4℃,软腭及舌下见多个出血点,心烦不寐,舌红苔黄,脉有洪象。遂改用加减清瘟败毒饮合剂500ml分2次直肠滴注,"清开灵"10ml静注,银翘解毒合剂200ml口服。药后体温反升至40.2℃,憎寒壮热,额汗量少,身重腰痛,恶心,口不渴,尿短黄赤,脉濡数。经细加辨析,知其证非温热,而是湿热,且湿重热轻所致。乃改投达原饮合剂100ml,柴胡口服液30ml,青蒿口服液100ml,频频口服。药后体温迅速降至38℃,次晨继续下降至37.4℃,诸症为之大减,从而直接进入恢复期,住院8天,痊愈出院。(宋祖敬.当代名医证治汇粹〔M〕.石家庄:河北科学技术出版社,1990.)

按: 本例西医诊断为流行性出血热,中医辨证和治疗几经周折,最后确诊为湿热而非温热,且湿重于热,治用吴氏达原饮加味,清热除湿,宣透膜原,病情迅得转机,遂入坦途,终获痊愈。

【临证备考】

用清热解毒祛湿法治疗流行性出血热80例,分毒邪在气营和毒热夹湿两型,前者治以清热解毒,凉血活血,佐以利湿,方用清热解毒汤(板蓝根50g,金银花30g,生石膏60g,知母15g,生大黄6g,丹参30g,生甘草10g,玄参30g,白茅根60g),日服1~2剂;后者治以清热化湿,解毒活血,方用甘露消毒丹加板蓝根、丹参。治疗结果:78例痊愈,治愈率为97.5%,2例死亡,病死率为2.5%。住院最短6天,最长39天,平均为15天。(靳涛,乔富渠.清热解毒祛湿法在出血热发热期应用体会——附八十例分析[J].辽宁中医杂志,1984(1):26–27.)

薛氏等认为湿热疫毒在流行性出血热发病学上有重要意义。湿热疫毒多因肾精不足的情况下侵入人体,由表入里,呈现一系列湿郁热伏,邪正相争,毒盛血瘀,阴阳失调,肾亏精耗等基本病理过程。其病理特点是发病较急,复杂多变,病情重笃,病程缠绵。并从临床实践中证实清热解毒祛湿法是行之有效的,从而进一步验证了"湿热疫毒"是出血热主要病因的认识。(薛涛,乔富渠.试论"湿热疫毒"在流行性出血热发病中的重要意义[J].辽宁中医杂志,1983(9):5–7.)

邓氏报道收治流行性出血热15例,其中8例属"湿热"类型,可见湿热在本病发病上的重要地位。出血热之湿热型,是根据出血热各期临床主要脉证,结合时令节气,出现湿热证候及脉舌而提出的。该型开始即见中焦、气营分症状,很少见到单纯卫分症状,其原因很可能是夏令触动伏邪而发病。湿热型的辨证,观察舌脉变化尤为重要,湿热之脉多濡数或滑数,舌苔腻是其特点。有些患者起病即为湿热型,有些开始湿热不明显,进入少尿期湿热较盛。部分患者开始为湿热证,后又湿热寒化。亦有开始为湿热证,中间低血压、少尿期湿热化燥,多尿,恢复期又出现湿热证,即两头湿热,中间燥热。部分患者从发病到恢复期一直为湿热型。该型低血压休克,四肢不温,多因正虚邪陷,湿热内蕴,阳气不达所致,治当利湿通便,扶正达邪;该型多尿期往往善饥多食,小便频数量多,治当健脾燥湿,益肺固肾。(邓邦金.流行性出血热湿热型辨证治疗体会[J].陕西中医,1981(4):9–11.)

马氏在治疗流行性出血热的过程中,对湿邪的治疗注意祛湿宣畅三焦,收到较满意的疗效。1988年冬季收治流行性出血热病人87例,随机分为中医治疗组(44例)和西医对照组(43例),结果中医治疗组在治愈率、死亡率、肾功能恢复时间等方面,均明显优于对照组(P<0.05)。因而认为,早期治湿,全程治湿,是使病情轻缓化,防止出现严重并发症的关键,而用药偏温,忌纯用寒凉和滥施攻下,重在调畅气机,又是治湿的基本原则。(马超英,万友生,万兰清.祛湿法在流行性出血热治疗中的应用[J].吉林中医药,1990(1):12–13.)

五、钩端螺旋体病

钩端螺旋体病是由致病性钩端螺旋体所引起的自然疫源性急性传染病。鼠类和猪是主要传染源。临床以起病急骤,寒战发热,肌肉酸痛(尤以腓肠肌疼痛为著),全身乏力,眼结膜充血,表浅淋巴结肿大为主要特征,部分病人有黄疸、出血、脑膜刺激征与肝肾损害等征象。根据症状和体征,可分为流感伤寒、肺出血、黄疸出血、脑膜脑炎、肾衰竭等五种类型。本病一般发生于6—10月间,8、9两个月为发病高峰,人群普遍易感,以青壮年发病率为高。

本病属中医"暑温""湿温""黄疸""秋温时疫"等病证的范畴。民间称其为"稻瘟""打谷黄""稻热病"。

【湿热与发病的关系】

根据本病的发病季节,结合临床特征,中医认为其病因是感受暑热或暑湿毒邪。本病流行于农历夏至以后,秋分以前,其时天暑下逼,地湿上腾,自然界暑湿相合,湿热交蒸,于是暑温、湿温等为患较多。钩端螺旋体病的发生,多因从事田间劳动和水中活动,从而感受暑湿毒邪,或体内素有伏湿,加之感受暑热,暑湿相合,其病乃成。薛生白《湿热病篇》云:"太阴内伤,湿饮停聚,客邪再至,内外相引,故病湿热。"可见本病的发生,既有外界的致病因子即暑湿毒邪的侵袭,又有脏腑功能特别是脾胃功能减退,运化失健,湿浊内停的内在因素,两者往往互为因果,此即"内外相引"的意思。当然,当感受外界致病因子量多,作用强烈,纵平素体健,亦有发病者。

暑湿伤人,首犯肌表,使卫阳被遏,营卫不和,可出现恶寒,发热,头痛等与感冒相似的症候。暑为阳邪,与火相类,其性炎上,故患者多见目赤、面红;湿为阴邪,其性黏腻重着,故患者可见全身困倦,肌肉酸痛等症。暑湿之邪不由表解,势必内传气分,导致湿热中阻,脾胃受伤,此时可出现暑偏胜和湿偏胜两种证型,前者以阳明热盛为著,后者以太阴湿滞为显,即薛生白《湿热病篇》所谓"中气实则病在阳明,中气虚则病在太阴"。又暑湿合邪,湿热郁蒸,致使肝气郁滞,胆失疏泄,胆汁不循常道,外溢肌肤,下流膀胱,遂令身目发黄,小便黄赤,诚如《河间六书》所说"湿热相搏而体发黄也"。暑湿之邪,若化燥化火,可侵犯营血,走窜心包,或邪入厥阴,引动肝风,出现出血,神昏,抽搐等危重症状。更有甚者,暑湿弥漫三焦,可上蒙清窍而神昏,中犯胃分而呕恶,下阻膀胱而尿少尿闭,终致多脏器特别是肝、肾衰竭而成败证。

【相关临床表现】

1. 暑湿郁表,卫阳被遏 症见恶寒发热,有汗或无汗,头痛体疼,尤以小腿(腓肠肌)疼痛为甚,目赤,咽痛,舌苔薄黄腻,脉象浮数。

2. 暑湿中阻,脾胃受伤 若暑邪偏胜,邪从阳明热化者,症见壮热,面红,目赤,气粗,烦躁,口渴欲饮但不能多饮,汗多,舌红苔黄偏干,脉象滑数或洪数;若湿邪偏胜,邪从太阴湿化者,症见发热,或热势不扬,汗出黏腻,口渴不引饮,头痛头重,胸脘痞闷,恶心呕吐,便溏腹胀,肢体困倦,舌苔黄腻或黄白而腻,脉象濡缓或濡数。

3. 暑湿犯肺,肺络受损 症见发热,咳嗽,气短,痰中带血,面红目赤,口渴欲饮,甚则剧烈咳嗽,咯血量多,舌红苔黄腻,脉象弦数或滑数。咯血严重者,可出现面色苍白,手足逆冷,冷汗淋漓,汗出如油,气息欲绝,脉微细或芤大等气随血脱的危证。

4. 暑湿弥漫,充斥三焦 症见头痛头胀,神识昏蒙,呕恶腹胀,小便黄赤短少,甚则尿闭,舌红苔黄腻,脉象滑数。

5. 暑湿蕴蒸,肝胆郁滞 症见发热,身目发黄,小便黄赤。此种类型每多出现耗血动血征象,如衄血、咯血、斑疹、呕血、便血、尿血等,甚或谵妄,昏迷,乃至厥脱。舌红苔黄腻,脉多濡缓或滑数。

至于暑湿化燥化火,邪入营血,肝风内动,其临床表现与其他温热病相似。

总之,本病当按卫气营血和三焦辨证,但由于病势传变迅速,症情错综复杂,卫、气、营、血或上焦、中焦、下焦各个阶段往往交叉出现,难以截然分开,须灵活对待。

【相应治疗方法】

总的治则是清暑祛湿解毒,并根据热与湿之孰轻孰重,以及病位之浅深,病情之轻重,分别而治。

1. 暑湿郁表,卫阳被遏 治宜清暑解表,分利湿热。方用银翘散或新加香薷饮配合茵陈、滑石、苡仁、通草、白茅根、土茯苓等清利湿热之品。

2. 暑湿中阻,脾胃受伤 当区分偏热偏湿两种证型而治。偏热者,以清暑涤热为主,兼以祛湿,方用白虎加苍术汤、连朴饮、黄芩滑石汤、杏仁滑石汤等化裁,甘露消毒丹亦可选用;偏湿者,以芳香祛湿为主,兼以清热,方用藿朴夏苓汤、不换金正气散、三仁汤之类加减。

3. 暑湿犯肺,肺络受损　治宜清暑保肺、宁络止血为主,兼以祛湿。方用白虎汤加旱莲草、丹皮、玄参、白茅根、仙鹤草、藕节、生地等。症重者,可选用清瘟败毒饮去桔梗,或犀角地黄汤合黄连解毒汤。若出现气随血脱危证,当急用生脉饮或独参汤益气固脱,并配合清暑涤热、泻火解毒之品。

4. 暑湿弥漫,充斥三焦　治宜清暑利湿,宣通三焦。方用三石汤加减,证轻者亦可选用三仁汤化裁。若暑湿阻滞下焦,膀胱气化失职,或热结液干,出现尿少尿闭者,可用冬地三黄汤。暑湿蒙蔽清窍而神昏者,宜用菖蒲郁金汤、至宝丹之类。

5. 暑湿蕴蒸,肝胆郁滞　治宜清热利湿,疏泄肝胆。方用茵陈蒿汤、栀子柏皮汤加郁金、金钱草、虎杖之类;若黄疸出血并见,则用犀角地黄汤合茵陈蒿汤,清热凉血、利湿消黄并施。若出现气随血脱危证,急当益气固脱,方用生脉饮或独参汤,并配合清暑解毒,凉血止血之品。

至于暑湿已化燥化火,邪入营血,或热盛生风,此时矛盾性质已发生变化,即由"湿热"类病证转化为"温热"类病证,其治法与其他温热病证类同,这里不做详细讨论。

【验案举例】

例1　蒋某,男,42岁。患者参加双夏劳动时,自感寒热往来,嗣后2天周身骨节疼痛,肢软乏力,第3天起发热,咯血。在来院途中咯血10余口。症见口鼻涌血,面色苍白,大汗淋漓,呼吸急促,神志朦胧,谵语,目赤,腓肠肌压痛明显,血压9.8/6.65kPa(74/50mmHg)。西医诊断为钩端螺旋体病。当即给止血药,吸氧,补液,输全血200ml,青、链霉素肌注。中医辨证为湿热型,用藿朴夏苓汤合黄连解毒汤出入:黄连6g,黄芩10g,炒山栀10g,半夏15g,藿香15g,杏仁12g,鹿衔草30g,川朴6g,陈皮4g,西洋参6g。3剂后,血压恢复正常,胸片示两肺广泛呈玻璃样絮片状改变,咯血仍不止,舌质红,苔薄白,脉细数。上方去川朴、半夏,加生藕节、浙贝母、鲜芦根500g兑水先煎。5剂后,精神好转,血痰仍较多,舌质偏红,苔薄白。上方去藿香,西洋参改北沙参30g、仙鹤草30g。继服5剂后,两肺啰音消失,胸片复查见明显吸收,咳嗽减少,痰带血丝,舌淡红,苔薄白。以清热滋阴润肺为主,方用养阴清肺汤去薄荷,加党参、北沙参、银花,以巩固疗效。患者住院21天而愈。(朱菲菁.76例钩端螺旋体病疗效观察[J].上海中医药杂志,1988(3):16-17.)

按:本例属肺出血型钩端螺旋体病,中医辨证为湿热型。初诊湿热毒邪旺盛,又因大量咯血而呈虚脱状,故治以清热化湿解毒祛其邪,复用西洋参益气固脱,药后病情迅即转机,继以原法出入,随证化裁,终获痊愈。

例2 邓某,女,23岁。因头痛发烧持续多日,经中西药物(具体不详)联合治疗20余日,热势渐减,诸症均有改善。但全身酸软不适,困倦乏力,心烦不寐,夜间低热,体温37.7℃,脉细数无力,舌质红,苔少而干。证属湿温后期气阴两伤。处方:生石膏10g,知母10g,苍术5g,姜黄10g,当归10g,党参10g,竹叶10g,栀子5g,麦门冬12g。共服药6剂,诸症悉除,唯仍神疲乏力,嘱以饮食调养,并用生脉散蜜炼为丸,每丸10g,日服3次,每服1丸,连服2周善后。11月中旬随访,已参加劳动。(田永淑,刘新武,田凤鸣,等.中医治疗钩端螺旋体病46例[J].上海中医药杂志,1984(12):18.)

按:本例西医诊断为钩端螺旋体病,中医辨证为湿温后期余邪尚盛,气阴两伤,故方用白虎加苍术汤合竹叶石膏汤化裁,既清余邪,复益气阴,标本兼治,遂获良效。

例3 李某,女,33岁,农民。因发热,全身疼痛,身目发黄,四天无尿而急诊入院。发病前有水田劳动史。检查:体温38.8℃,呼吸34次/min,脉搏104次/min,血压13.5/8kPa。嗜睡,急性病容,颈软无抵抗,巩膜及皮肤中度黄染,腓肠肌压痛,未引出病理性神经反射。实验室检查:尿素氮29mmol/L,二氧化碳结合力14mmol/L;小便常规:蛋白(+),红细胞0~3个/HP,白细胞0~1个/HP;血象:白细胞34.5×10⁹/L,中性粒细胞56%,淋巴38%,嗜酸性粒细胞6%,红细胞4.03×10¹²/L,血红蛋白80g/L;肝功能:谷丙转氨酶45U,黄疸指数60U,余正常。诊断:钩端螺旋体病并急性肾衰竭。经予青霉素、氢化可的松护肝、补碱、利尿等治疗,仍未排出小便。于入院第2天转请中医会诊。症见发热,嗜睡懒言,时有呻吟,烦躁,全身疼痛,身目发黄,恶心,无尿。舌红,苔黄腻,脉滑数。辨证为湿热并重型,有湿热上扰神明之兆。急用清热解毒,利尿化湿。处方:滑石、鲜积雪草各50g,藿香、竹茹各10g,茅根、泽泻各25g,茵陈30g,板蓝根、猪苓、连翘、栀子、黄芩各15g,通草7g,竹叶卷心30条。水煎2次,煎取300ml,分2次内服。药后诸症缓解,当天小便总量达950ml。再予3剂,小便量恢复正常,但仍食欲欠佳,身目微黄。续予茵陈四苓散加栀子、溪黄草,以清热利湿退黄。10日后黄疸退清,遂予参苓白术散加减以善其后。复查小便常规、肝功能、二氧化碳结合力、血中尿素氮、血常规均恢复正常,共住院21天,痊愈出院。(陈敏时.钩端螺旋体病急性肾衰竭辨治经验[J].浙江中医杂志,1994,29(3):100-101.)

按:本例是湿热充斥表里,弥漫三焦的重症。湿热郁于肌表,是以发热,全身疼痛;湿热上蒙神窍,故有烦躁嗜睡之变;湿热蕴结脾胃,则见恶心、纳减;湿热郁滞肝胆,遂令身目发黄;湿热阻塞下焦,以致小便全无。当务之急,是通其下窍,使小便通利,湿热自有去路,诸症可缓。现前后数诊,均以清热化湿利尿为治,尤突出利尿为重点,药后小便大增,其他各症亦随之缓解,垂危之疾得以化险为夷。

【临证备考】

辨证治疗钩端螺旋体病30例,临床分暑伤卫气、湿热交阻、暑热伤肺三型。暑伤卫气型治以清暑解表,分利湿热,方用银翘散合白虎汤加减:银花12g,连翘12g,石膏30g,知母10g,苡仁15g,条芩10g,滑石10g,芦根30g;湿热交阻型治以清热利湿解毒,方用茵陈蒿汤合甘露消毒丹加减:茵陈30g,石膏30g,大黄10g,生地30g,栀子10g,木通10g,连翘10g,白蔻10g,滑石30g;暑热伤肺型治以清暑涤热、凉血解毒,方用犀角地黄汤加味:犀角(磨汁冲服。现已禁用,以水牛角代)1g,生地15g,丹皮10g,川贝10g,白及10g,杏仁10g,藕节10g。治疗结果:30例均痊愈,其中暑伤卫气型26例平均住院3天,湿热交阻型1例住院时间6天,暑热伤肺型3例平均住院时间5天。认为本病是以暑湿为主,所以治疗必须抓住清热、祛湿两大关键。(刘瑞国.辨证治疗钩端螺旋体病30例临床体会[J].江西中医药,1987(1):39,38.)

中西医结合治疗76例钩端螺旋体病,其中暑湿型34例,证属卫分,治以疏表清暑,用银翘散、桑菊饮加藿香、青蒿等;证属气分,治以清气肃肺,白虎汤合千金苇茎汤;证属营分,治以凉营泄热,犀角地黄汤加减。湿热型34例,本型又分偏热重、偏湿重和湿热化燥。偏热者,以黄连解毒汤加味;偏湿者,予藿朴夏苓汤加味;若热重、黄疸,以茵陈蒿汤加味;湿热化燥者用黄连解毒汤加生地、丹皮、仙鹤草、生地榆、浙贝母、甘草,并以鲜芦根500g兑水煎药。西药用青霉素肌注,适当补液,咯血者用止血药,个别病例输全血。治疗结果:76例均全部痊愈。(朱菲菁.76例钩端螺旋体病疗效观察[J].上海中医药杂志,1988(3):16-17.)

用五鲜饮治疗钩端螺旋体病102例,获得较好疗效。其组方:鲜青蒿10~20g,鲜鱼腥草、鲜茅根、鲜旱莲草各50~60g,鲜薄荷5~10g,大黄10~15g,小孩和年老体弱者剂量酌减。治疗结果:全部治愈,平均退烧时间3.68天,各主要症状及体征多随体温下降而逐渐消失,平均治疗时间10.59天,95.1%的患者在早期治愈。(邓世发.五鲜饮治疗钩端螺旋体病102例[J].浙江中医杂志,1982(6):269-270.)

用中医中药治疗流感伤寒型钩端螺旋体病46例,其基本方为《寒温条辨》升降散合《伤寒论》白虎汤加苍术化裁,药用生石膏30~60g,肥知母9~15g,白僵蚕12g,苍术15g,蝉蜕12g,姜黄9g,薄荷9g,生大黄6g,甘草6g。治疗结果:痊愈45例,无效1例。服药最少3剂,最多6剂,其中服3~4剂治愈31例,服5~6剂治愈14例。1例服3剂无效而转院治疗。(田永淑,刘新武,田凤鸣,等.中医治疗钩端螺旋体病46例[J].上海中医药杂志,1984(12):18.)

周氏收治了43例钩端螺旋体病,按照中医辨证将其分为3组:暑湿证、湿温证和暑伤肺络证。暑湿证治以清暑化湿解毒,药用石膏、知母、银花、滑石、通草、鲜白茅根、竹茹、黄芩、土茯苓等;湿温证治以清热利湿化浊、辅以解毒,药用杏仁、薏苡仁、白蔻仁、通草、姜半夏、厚朴、滑石、竹叶、藿香、土茯苓等;暑伤肺络证治以辛凉解表、化痰止咳、凉血止血,药用桑叶、菊花、浙贝、瓜蒌、知母、黄芩、山栀、丹皮、茅根、侧柏叶等。治疗结果43例均经中医辨证治疗全部治愈。退热最快18小时,最迟为1周,平均退热2.87天,全身酸痛及腓肠肌酸痛缓解时间为5天,眼结膜充血消退时间为5天。(周成龙.中医辨证治疗钩端螺旋体病43例[J].湖南中医药导报,1997,3(5):37-38.)

龚氏总结了邓世发治疗100例钩端螺旋体病的患者,选用清暑解毒、除湿避疫、养阴生津、活血化瘀的中草药。药用鲜青蒿10~20g,鲜鱼腥草、鲜旱莲草、鲜茅草根各50~60g,鲜薄荷5~10g,生大黄10~20g。治疗结果100例患者全部治愈,未发生任何副反应。临床主要症状消失亦快,平均退烧时间为3.68天,各主要症状(头痛、全身酸痛等)和体征(眼结膜充血、淋巴结肿大等)多随体温下降而逐渐消退。平均治疗时间10.59天。90%的患者在流感伤寒期治愈,有效地阻止了病情的发展和病势的加重。(龚昌奇.邓世发治疗钩端螺旋体病的经验[J].四川中医,2013,31(5):13-14.)

六、细菌性痢疾

细菌性痢疾是由痢疾杆菌所引起的一种常见肠道传染病。主要病变是结肠黏膜出现溃疡和化脓性炎症。临床表现主要是骤然发热,阵发性腹痛,腹泻,里急后重,下脓血样大便。人群普遍易感,儿童发病率尤高。一年四季均可发生,以夏秋季节为多见。根据病程的长短和临床表现,临床可分急性菌痢和慢性菌痢两大类。

本病属中医"痢疾""滞下""肠澼""疫痢"等病证的范畴。

【湿热与发病的关系】

中医学认为,痢疾是由人体感受湿热、疫毒、寒湿等病邪而起,其中湿热为患最多,是本病的基本病因。究其湿热的来路,有因夏秋季节暑湿旺盛,湿热蒸腾,邪气乘虚侵袭人体,归于肠胃,发为痢疾;有因饮食不节,如过食肥甘厚味、酒酪炙煿之物,以致湿热内生,复感时令暑湿,内外相引,其病乃发;或因食入不洁之物,湿热秽浊之邪直接侵入胃肠,遂生本病。

本病的病位主要在肠胃,其病机是湿热内犯,侵入肠胃,与肠道气血相结,气机壅滞,导致大肠传导失常,且湿热蒸腐气血,化为脓血,从而出现腹痛,腹泻,里急后重,下黏液脓血大便等一系列症状。更有甚者,湿热邪毒炽盛,迅即内陷营血,走窜心包,引动肝风,出现高热,神昏,抽搐,甚或正不胜邪,内闭外脱,终致阴阳离决等危重症候;若湿热闭阻气机,阳气郁伏不宣,可出现四肢厥冷,烦躁脉微等"热深厥亦深"的"热厥"证候;若湿热壅盛肠道,上攻于胃,致胃失通降,则见呕吐不食,而为噤口痢。

值得指出的是,本病由于感邪不一,体质有异,临床还可见寒湿痢,但寒湿痢治疗不当,如用温燥药物太过,寒从热化,亦可转变为湿热痢。

至于慢性菌痢,多因急性菌痢失治、误治或治不彻底而成,中医称为久痢,又有休息痢、阴虚痢、虚寒痢、劳痢之分。但慢性菌痢急性发作时,常可表现湿热的征象,足见湿热病邪在菌痢发病上占有极其重要的地位。

【相关临床表现】

1. 湿热壅滞肠道,传导失常　症见发热,腹痛,里急后重,下痢赤白脓血,肛门灼热,脘腹胀闷,小便短赤,舌红苔黄腻,脉象滑数等。若热偏重者,则见壮热口渴,痢下赤多白少,或纯下赤冻,舌苔黄腻偏干;湿偏重者,则口不渴,或渴不引饮,痢下白多赤少,或纯下白冻,胸闷脘胀较甚,舌苔黄白而腻。若湿热胶结胃肠,闭阻气机,阳郁不宣,可出现腹部胀痛拒按,大便滞下或便秘,四肢厥冷,舌红苔厚腻或黄燥,烦躁,脉微细等"热厥"征象。若兼有表邪者,则兼见恶寒发热,头痛体疼,脉象浮数等。

2. 湿热邪毒炽盛,内陷心营　症见壮热,烦躁,神昏,抽搐,腹痛,里急后重,痢下鲜紫脓血(部分病人初起胃肠道症状并不明显,而全身中毒症状却很严重),舌红绛,苔黄厚或黄燥,脉滑数或疾数,若救不及时,可出现面色苍白,四肢厥冷,呼吸急促,脉微欲绝的厥脱危证。

3. 湿热上攻于胃,通降失司　症见下则下痢赤白脓血,上则呕吐不食,或食入即吐,甚或勺水难下,舌红苔黄腻,脉象滑数。

4. 久病正气内耗,湿热逗留　见于久痢。症见下痢休作无时,发作时腹痛,里急后重,痢下赤白脓血,舌苔黄腻,脉象滑数;或久痢导致阴液耗损,湿热流连,症见痢下赤白,脓血黏稠,日久不愈,兼口干咽燥,低热,或夜热为甚,舌红少津,苔黄腻或花剥,脉象细数;若久痢损伤脾气,运化不良,而湿热犹未廓清,则见面色萎黄,胃呆纳少,神疲乏力,痢下稀薄,夹有白冻,虚坐努责,腹部绵绵作痛,舌淡红苔薄腻,脉象濡缓;若久痢损及肾阳,湿热羁留未尽,可出现寒热错杂的证候,如痢下清稀夹有黏液脓血,怕冷,腹部隐痛,腰酸,舌淡苔薄黄腻,脉象沉细等。

【相应治疗方法】

1. 湿热壅滞肠道,传导失常　治宜清热除湿,消积导滞,兼以行气和血,以白头翁汤合芍药汤为主方。若湿偏重者,增入平胃散;夹有积滞者,合木香槟榔丸,或枳实导滞汤;若湿热胶结胃肠,腑气闭阻,阳郁不宣,而见四肢厥冷的"热厥"证候者,可用四逆散合大承气汤急下之,以通闭宣阳;若兼有表证者,当先疏解表邪,方用荆防败毒散加减,此古称"逆流挽舟"之法;若表证未解,里热已盛,宜葛根黄芩黄连汤。

2. 湿热疫毒炽盛,邪陷心营　治宜清热除湿,凉血解毒,方用犀角地黄汤合黄连解毒汤。若神识昏迷者,加用神犀丹、安宫牛黄丸;抽搐者,合羚羊钩藤汤;若正不胜邪,气阴耗竭,阳气欲绝,由闭证转为脱证者,用生脉散合参附汤急救之。

3. 湿热上攻于胃,通降失司　治宜清热化湿,降逆和胃,方用开噤散加减,宜浓煎少量药汁,多次徐徐咽下,以防呕不纳药。

4. 久病正气内耗,湿热逗留　休息痢发作期,湿热征象显著者,仍以清热除湿为主,方用白头翁汤加木香、白芍、山楂、槟榔之类;久痢阴液耗损,湿热逗留者,宜坚阴泄热,扶正止痢,方用黄连阿胶汤合驻车丸化裁;若脾虚气弱,湿热犹存者,宜健脾益气,兼以清化湿热,方用参苓白术散或六君子汤加入白头翁、木香、黄连、马齿苋、斑地锦之类;若肾阳亏虚,湿热羁留而见寒热错杂之证,方用四神丸或附子理中汤加入黄连、木香、白头翁、秦皮之类,亦可选用乌梅丸。

【验案举例】

例1　温某,女,83岁。因发烧1天并脓血便3次入院。患者发病前一天曾吃桃子2个,次日下午即发冷发热,体温达39℃,今晨开始腹痛、里急后重伴脓血便3次。体检:轻度脱水状,体温38.4℃,血压100/70mmHg,心律不齐,偶有期前收缩,两肺呼吸音未见异常,腹部稍有凹陷、柔软,左下腹部有压痛,肠鸣音亢进。大便镜检为黄色黏液便,白细胞满布,红细胞6~10个/HP,

舌苔腻、根较黄,脉象滑数,偶见促象。证属湿热下痢,治以苦寒清热:白头翁、马齿苋各30g,黄连、葛根各15g,黄芩、黄柏、秦皮各9g,白芍12g,广木香6g,水煎服;并同时输入5%葡萄糖盐水1 000ml,以纠正其轻度脱水,次日大便1次,腹痛减轻,体温正常,第3天未解大便,第4天大便无脓血、无腹痛及腹部压痛,大便培养入院时为宋内氏痢疾杆菌,1周后大便培养(−),出院。(时振声.《温病条辨》中有关治疗湿热的几个代表性方剂的临床运用体会[J].浙江中医药,1978,4(3):20-23.)

按:本例属于湿热型菌痢,故以白头翁汤加木香、芍药清热除湿,行气和血;因其初起尚有发热,故合葛根黄芩黄连汤以表里双解;马齿苋乃民间治痢之良药,加之以增强疗效。

例2 李某,36岁,工人。患腹痛自利之疾经久不愈,大便常带黏液,日三四行不等,近旬更觉增剧,头昏微痛,胃纳特呆,上腹胀满不适,下腹隐隐作痛,大便稀黏并有急胀感,脉缓濡而滞,左略弦,苔白腻而根微黄,口干苦,腹痛拒按,尤以脐周为甚,入夜则全身发热,肩背恶寒,必至次晨始解。思其自利日久,理应属虚,然腹满痛而拒按则为实象,脉濡滞而苔白腻,显系湿热郁滞与肠中腐垢胶结,以致不通则痛,此为病变之源。至于左脉略弦,寒热口苦,是邪居少阳之象。少阳之里为厥阴,故头昏微痛。纳呆腹满,中焦气机不畅。湿邪既困太阴,故寒热发于夜间。综而言之,病属湿热阻中,胆胃不和。治以清热利湿为主,兼以和解少阳,荡涤胃肠。方用三仁汤加茵陈、柴胡、黄芩、枳实、大黄。服3剂后大便黏液减少,腹胀轻释,里急腹痛亦缓,寒热亦减,再服3剂,腹胀痛全止,大便转常,寒热消失。(张震.三仁汤与湿热症[J].云南医药,1975(2):41-43.)

按:本例西医诊断为慢性菌痢,中医称为"久痢"。综观症状和舌脉,湿热征象较为明显,且湿热与肠中腐垢胶结,腑气不通,故方以三仁汤清化湿热,复加枳实、大黄导滞通闭。可见久痢亦不必拘泥于扶正固本,邪气偏重者,仍当以祛邪为务,有是证即用是药是也。

例3 余某,男,35岁,农民。1985年8月3日入院。

患者因劳动汗出口渴,返家途中痛饮凉水,而作腹痛,继而腹泻,发热,下痢赤白,红多白少,肛门灼热,大便日行20~30次。第3天来院就医,门诊以痢疾收入住院。查:体温39℃,脉搏90次/min,呼吸22次/min,血压130/90mmHg。急性病容,大便镜检:脓细胞(+++),红细胞(++),白细胞2~3个/HP。舌苔黄,脉濡数。证属湿热痢(热重于湿)。治以清热解毒,行血调气。投洁古芍药汤去肉桂加银花、桃仁、红花,3剂,水煎服,日进1剂,药至6剂诸症消失,大便镜检正常,痊愈出院。(向左菊.洁古芍药汤治疗急性菌痢 68 例[J].湖南中医杂志,1987(4):54.)

按: 洁古芍药汤乃治痢名方,有清热除湿,行气和血,导滞去积的作用。本例属湿热痢,故用是方去肉桂,加银花以增强清热解毒之力,复加桃仁、红花活血,是取"行血则便脓自愈"之意。

例 4 张某,男,39 岁。2005 年 9 月 18 日初诊。

患者恶寒发热 2 天,伴腹痛腹泻,日行 4~5 次,为脓血便,小便黄赤。曾服西药未效。大便常规:黏液(++),红细胞(+),脓细胞(++),吞噬细胞 0~2 个/HP。苔薄黄。此乃湿热蕴结肠腑、传导失司所致,治宜清热利湿。处方:葛根 12g,黄芩 6g,黄连 3g,藿香 6g,木香 6g,槟榔 10g,陈皮 10g,白芍 10g,甘草 4g,马齿苋 12g,生山楂 12g。3 剂,1 日 1 剂,水煎分服。9 月 21 日复诊:服上药大便减,1 日 2 次,已成形,守原方再进 6 剂。上方共服 9 剂,大便成形,腹痛亦止,大便常规正常,病告痊愈。(周玉麟.经方治疗急症验案 4 则[J].国医论坛,2011,26(6):8.)

按: 此患者根据症状和舌脉诊断为湿热痢,故治疗方法以清热利湿为主,方药选用葛根芩连汤合芍药汤加减。盖葛根芩连汤系《伤寒论》治协热下利的名方,用于本例诚属对证,并融以木香槟榔丸、芍药汤意,是取"调气则后重自除,和血则便脓自愈"之旨。方中马齿苋是治痢的单方妙药。

【临证备考】

用清热化湿汤治疗急性菌痢 100 例,其组方为:黄芩 9g,黄连 9g,生地榆 15g,刘寄奴 15g,当归 9g,白芍 15g,山楂 10g,木香 6g,玉片 10g,甘草 6g。每日 1 剂,5~10 岁儿童药量减半,5 岁以下小儿药剂量为三分之一。治疗结果:服 3 剂而愈者 32 例,占 32%;服 5 剂而愈者 42 例,占 42%;服 7 剂而愈者 17 例,占 17%;服 9 剂而愈者 9 例,占 9%;治愈率 100%。(苏爱芬.清热化湿汤治疗急性菌痢 100 例疗效观察[J].甘肃中医学院学报,1994(3):37-38.)

用葛根地榆汤为主治疗 72 例志贺氏Ⅰ型细菌性痢疾 72 例,其中湿重于热型 14 例,湿热并重型 35 例,热毒炽盛型 23 例。其组方为:葛根 15g,黄连 10g,黄芩 10g,丹皮 15g,地榆 20g,槐花 20g,木香(后下)9g,赤芍 10g,甘草 6g。每天服 2 剂,上、下午各 1 剂。治疗结果:湿重于热型痊愈 13 例,基本治愈 1 例;湿热并重型痊愈 32 例,基本治愈 3 例;热毒炽盛型痊愈 19 例,基本治愈 4 例。(黄东荣,林际芳.葛根地榆汤为主治疗 72 例志贺氏Ⅰ型细菌性痢疾[J].新中医,1981(7):20-22.)

用痢疾合剂治疗急性菌痢 90 例,其组方为白头翁 18g,黄柏 15g,马齿苋

30g,竹茹 15g,地榆 12g,木香 12g,杭白芍 12g,生石膏 15g,炙甘草 10g。依病情轻重每日 1~2 剂。治疗结果:治疗后临床症状完全消失,大便常规检查正常,临床治愈出院,平均住院日为 7.2 天。(李兴华.痢疾合剂治疗急性菌痢90 例疗效观察[J].中医杂志,1981(7):34.)

浙江省名医俞尚德认为急性菌痢一般属于湿热积滞为患,治法以清热化湿,调气行血为主,其经验方"加减白头翁汤"组成如下:白头翁 12g,秦皮 9g,黄连 3g,银花 15g,当归 9g,白芍 9g,木香 9g,枳实 9g,山楂 15g,酒制大黄 6~10g;慢性菌痢是由急性菌痢移行而来,一般为正虚邪滞之证,正虚邪不易去,邪滞正不能复。邪正之间既有偏虚偏实之异,湿热内蕴又有偏湿偏热之殊,故病情极为复杂。总的治法是健脾温肾,祛邪杀菌,不可滥用苦寒。其经验方"秦桂汤"组成如下:秦皮 10g,肉桂 3~6g,吴萸 3~5g,炒党参 9~15g,炒茅术 6~15g,煨木香 6~10g,马齿苋(或败酱草)15~30g,乌梅炭(或椿根皮)9~15g,炒神曲(或炒山楂)15~30g。(俞尚德.俞氏中医消化病学[M].北京:中国医药科技出版社,1997.)

魏氏用开泄复方治疗细菌性痢疾之湿热痢 37 例,方药组成为薤白 30g,栝楼 25g,黄芩、黄连各 12g,制半夏、石菖蒲、大腹皮、木香各 10g,藿香 6g。湿热明显、热重于湿者酌加苦参、秦皮;血热瘀阻、腹痛甚者酌配赤芍、丹皮;寒湿明显者酌添苍术、厚朴、炮姜;呕逆不止者酌伍砂仁、莲子肉、石斛;夹有食滞者酌参山楂、莱菔子。治疗结果,37 例中痊愈 35 例,有效 2 例,治愈率 94.59%,总有效率 100.00%。观察表明,开泄复方具有清热化湿解毒、调气行血导滞的功用,用于治疗细菌性痢疾的湿热痢可以起到抗菌消炎、排出毒素、减少肠道分泌的作用。(魏道祥.开泄复方治疗细菌性痢疾湿热痢 37 例[J].中国中医基础医学杂志,2011,17(2):221-222.)

李氏等运用老蛇盘合剂,治疗急性普通型细菌性痢疾 68 例,组方为老蛇盘 20~40g,黄柏 11g,白芍 9g,葛根 9g,地榆炭 15g,玉片 5g,山楂 15g,藿香 6g。其中,老蛇盘,味苦性平,具有清热凉血、解毒止痛、涩肠止痢、活血生肌、止血之功,主治湿热下痢、久泻不止、外伤出血、子宫脱垂、咽喉肿痛、痈肿疮毒等症。治疗结果 68 例患者均单独采用老蛇盘合剂治疗,近期治愈者为 62 例,治愈率为 91%,6 例无显效。从临床症状改善情况来看,体温恢复正常平均为1.2 天,腹痛消失平均为 2.5 天,里急后重消失平均为 3.5 天,大便镜检复常平均为 5 天,平均治愈天数为 5 天。(李薇,安欣欣.老蛇盘合剂治疗急性细菌性痢疾 68 例[J].光明中医,2003,18(6):57-58.)

七、伤　　寒

伤寒是由伤寒杆菌经消化道传染而引起的全身性急性传染病,以持续性发热,相对缓脉,肝脾肿大,玫瑰疹和白细胞减少等为主要临床特征,常发生于夏秋季节。从其临床表现和发病季节来分析,本病属于中医所称的"湿温"范畴。

【湿热与发病的关系】

湿热是本病的基本病因。盖夏秋季节,天暑地湿,湿热蒸腾,人若脾胃不健,湿邪内伏,再感受外界湿热秽浊之邪,由口而入,直犯胃肠,与体内伏湿相合,遂成湿温。薛生白《湿热病篇》说:"太阴内伤,湿饮停聚,客邪再至,故病湿热。"清楚地指出了湿热(湿温)病的发病机制。薛氏又说:"湿热病属阳明太阴经者居多,中气实则病在阳明,中气虚则病在太阴。"可见,脾胃是湿温病的病变中心。中气实者,指胃阳素旺,故感受湿热病邪之后,易从热化而表现为热重于湿,病变偏重于阳明胃;中气虚者,指脾阳偏虚,感受湿热病邪之后,易从湿化而表现于湿重于热,病变偏重于太阴脾。这是"外邪伤人,必随人身之气而变"(章虚谷语)的结果。

湿热侵犯人体,初起邪客肌表,可引起卫阳被遏,肺卫失宣而出现卫分证候;病邪进一步深入,则侵犯胃肠,充斥三焦,出现气分证候,此期有湿偏重和热偏重的不同表现。若湿热化燥化火,津液受劫,或出现腑实内结,甚或邪陷心包,入营动血,从而出现危重症候。病至恢复阶段,往往表现为气阴损伤未复,湿热余邪未清的现象。

【相关临床表现】

1. 湿热困表,卫气同病　症见恶寒发热,身热不扬,或午后热甚,有汗或无汗,身重体痛,头胀胸闷,恶心呕吐,便溏尿黄,全身困倦,面色淡黄而滞,舌白不渴,脉濡缓。

2. 邪恋气分,弥漫三焦　邪在气分,当分湿与热之孰轻孰重,湿偏重者,表现为发热渐高,汗出不解,脘闷腹胀,纳差便溏,恶心呕吐,小便黄短,口干不欲饮,或外发白㾴,舌苔黄白而腻,脉濡缓或濡数;热偏重者,症见蒸蒸发热,汗出较多,口渴欲饮,烦躁不安,大便溏黏不爽,或便秘腹胀,小便短赤,舌苔黄腻少津或黄燥,脉濡数或滑数。若湿热酿痰,上蒙心包,则见神志昏蒙,时昧时清,舌苔黄腻或浊腻;若湿热下注,则以大便溏泄,或滞下不爽,小便短赤灼热为主症,舌根苔黄腻。湿热留恋气分的时间一般较长,病情亦较复杂,这是本病的重要临床特征之一。

3. 湿热化燥,入营动血　湿热之邪久蕴,化燥化火,可使津液重伤,邪热内陷,直逼营血,干扰心包,引动肝风,可出现身热夜甚,心烦不安,神昏谵语,或手足抽搐,斑疹隐隐,舌质红绛少苔,脉象细数。更有甚者,有些患者可突然出现腹痛,便下鲜血或黑便,躁扰不安,甚或汗出肢冷,面色苍白,神志昏迷,舌淡无华,脉象微细急促等气随血脱的危象,尤值得高度重视。

4. 气阴两伤,余邪未清　多见于本病的缓解期和恢复阶段,表现为身热已退,或退而不净,倦怠乏力,少气懒言,面色不华,食少便溏,面浮肢肿,或暮热,盗汗,咽干。舌苔淡白或舌质红而少津,脉象濡弱或细数无力。

【相应治疗方法】

1. 湿热困表,卫气同病　治宜芳化宣透为主,方用藿朴夏苓汤或三仁汤加藿香、佩兰之类。

2. 邪留气分,弥漫三焦　治宜清热化湿,湿偏重者,化湿为主,兼以清热,方用藿香正气散加减;热偏重者,清热为主,兼以化湿,方用连朴饮、杏仁滑石汤。湿热夹滞,胶结肠道,大便滞下不爽者,可用枳实导滞汤。若腑实内结,当用凉膈散或小承气汤轻法频下。湿热郁蒸,外发白㾦者,用薏苡竹叶散宣透湿热。湿热酿痰蒙蔽心包者,用菖蒲郁金汤合苏合香丸,或至宝丹以祛除湿热痰浊,芳香开窍;湿热流注下焦者,以清利湿热为主,方用茯苓皮汤合六一散。

3. 湿热化燥,入营动血　邪入营分,宜清营解毒,透热转气,方用清营汤,热陷心包,神明被扰,则清宫汤合紫雪丹、至宝丹、安宫牛黄丸之类。热盛动风,用羚羊钩藤汤凉肝息风。血热妄行而见出血症候,当用凉血解毒,方用犀角地黄汤合黄连解毒汤化裁。若便血过多,出现气随血脱危症者,急当用独参汤益气固脱,或用生脉饮气阴两固,继以黄土汤加人参、地榆炭、银花炭、槐花之类。

4. 气阴两伤,余邪未清　治以扶正为主,兼清余邪。若气阴两亏,余热未退者,宜用竹叶石膏汤,或清络饮加沙参、麦冬之属;若热伏阴分,阴液不足而见朝凉暮热者,可用青蒿鳖甲汤;若下焦肝肾阴虚未复,可用加减复脉汤,或黄连阿胶汤化裁。此时正虚邪恋为病理特点,治疗须注意扶正不碍邪,祛邪不伤正,慎防"死灰复燃"。

【验案举例】

例1　徐某,女,19岁,学生。因持续发热7天,急诊入院。患者开始畏寒发热,全身不适,食欲不振,认为感冒而未经治疗。继则持续发热,下午较高,烦渴腹胀,解酱色水样大便,尿黄短赤。检查:体温41℃,苔黄微腻,脉滑数,表情呆滞,面部潮红,胸部可见散在玫瑰疹2~3个,心肺正常,腹部稍胀气,肝脾未扪及。化验:白细胞计数 $3.7 \times 10^9/L$,中性60%,淋巴39%,单核1%;肥达反应"0""H"凝集效价为1:640。临床诊断:伤寒(极期),中医辨证属湿温,热重于湿。拟宣开利气,清化湿热法。予三仁汤合白虎汤加减:杏仁6g,白蔻仁3g,苡仁20g,厚朴3g,淡竹叶12g,通草6g,滑石20g,知母10g,生石膏30g,山栀子10g,黄连5g,连翘15g。水煎冷服,1日2剂。

复诊:3剂药后,体温降至39℃,有饥饿感。守原方略有出入3剂。

三诊:体温正常,食欲增加,腹胀消失,大便正常,尿黄,但觉疲乏,苔薄少津,脉缓少力。此属邪却气阴已伤,以竹叶石膏汤加减,以益气生津,清除余热,嘱其饮食调养善后,半月病愈出院。(周辉,杜志恒,徐万锦.伤寒、副伤寒治验[J].新中医,1982(7):23-25,30.)

按:本例湿温,热重于湿,病邪留恋气分,弥漫三焦,故以白虎汤直清气分邪热合三仁汤宣上、运中、渗下并用,宣化三焦湿热,乃获良效。善后因气阴两伤,余热未净,故用竹叶石膏汤益气生津,兼清余热,诚属对证之治。值得指出的是,治疗湿温病,把好气分关十分重要,即在气分阶段能截断病邪进一步发展,防止内陷营血,这是提高疗效的关键。

例2 胡某,女,20岁。夏秋患湿温病(经西医检验诊断为肠伤寒),壮热不退,午后热升汗泄,头痛身重,耳聋目眩,胸胁满痛,骨节烦疼,咳嗽呕苦,小溲短赤,舌苔黄腻,时泛黏沫,口中甜味,脉弦数。湿热蕴结中焦,清浊悖逆。湿郁于表,则身重骨痛;湿蒸于上,则头痛耳聋;湿壅为热,结于胸中膜原,不能从枢转运而出,则胸满胁痛,为咳为呕;小溲短赤,乃湿阻通泄之路。唯汗出,使表郁之湿寻有出路,当因势利导,宣湿化浊,仿"三仁"意化裁,方用自定转枢化浊汤:香青蒿9g,淡黄芩9g,苦杏仁9g,生苡仁9g,瓜蒌仁9g,姜半夏6g,鲜芦根12g,大豆卷9g,鲜竹茹9g,佩兰梗6g,青云皮各4.5g,益元散(鲜荷叶包刺孔)9g。

经诊2周,以本方出入加减:身痛加秦艽;胸胁满痛加枳壳、郁金;咳嗽痰结加旋覆花、浙贝母或枇杷叶;呕恶加厚朴、藿梗;耳聋昏瞀加滁菊花、九节菖蒲;小溲短涩加赤茯苓。如身热不清,脉呈细数,舌质光绛,为营血俱伤,气液两耗,勉从"入营犹可透热转气"的原则,治以利枢透热,方用自定转枢透热汤:香青蒿6g,淡黄芩6g,生知母6g,制鳖甲9g,鲜芦根12g,瓜蒌仁9g,生谷芽9g,广郁金6g,西枳壳4.5g,益元散(鲜荷叶包刺孔)9g。

服药后 1 时许,突然下血,寒战,大汗出,肤冷如冰,沉睡不语,形似虚脱。本属胃气空虚,邪从战汗而出。急用西洋参 3g、生粳米 15g 煎汁,频频灌服以培元养胃,直至半夜始苏,热清身和,调理 1 月而康复;此后发肤尽脱而重生。(李聪甫.论治湿温病[J].新中医,1976(4):10–13.)

按:叶香岩《外感温热篇》云:"气病有不传血分,而邪留三焦,亦如伤寒中少阳病也。彼则和解表里之半,此则分消上下之势,随证变法,如近时杏、朴、苓等类;或如温胆汤之走泄。因其仍在气分,犹可望其战汗之门户,转疟之机括。"又说:"若其邪始终在气分流连者,可冀其战汗透邪,法宜益胃,令邪与汗并,热达腠开,邪从汗出。"观本例对病因、病机的分析及所用的治疗方法,悉遵叶氏的论述,特别是对战汗的处理,巧妙地运用"益胃"之法,即宗王孟英所谓"益胃者,在疏瀹其气机,灌溉汤水,俾邪气松达,与汗偕行,则一战可以成功也。"

例 3 叶某,女,30 岁,1994 年 8 月 15 日初诊。

患者病已数日,身热,心烦,胸脘痞闷,口渴不欲饮,舌红,苔黄腻,脉滑数。体温 39.8℃,肥达反应阳性("O"1:320,"H"1:320),诊断为伤寒。中医辨证为湿温(热重于湿),治以清热化湿,理气和中。处方:姜川连 3g,淡豆豉 10g,淡竹叶 10g,制川朴 10g,黑山栀 10g,生甘草 3g,石菖蒲 5g,芦根 30g,姜半夏 5g,六一散 10g。每日 1 剂,水煎服。服 5 剂后,诸症好转,唯腹胀满,口淡,纳呆,脉濡缓,属中焦湿郁未清,拟芳香化湿,和胃醒脾,以香砂养胃丸善后。(卢立广.湿温重症治验[J].山西中医,1996(4):35.)

按:本例湿温,辨证属热重于湿,故用连朴饮清热化湿而获良效。湿温邪在卫气,最宜辨别湿偏重、热偏重,抑或湿热并重。湿偏重者宜藿朴夏苓汤、藿香正气散之类;热偏重者用连朴饮、杏仁滑石汤、苍术白虎汤之类;湿热并重者,甘露消毒丹宜之。

【临证备考】

周氏用三仁汤治疗 37 例伤寒,获得满意效果。其基本方:杏仁 6~10g,紫蔻仁 3~6g,苡仁 15~20g,厚朴 3~6g,淡竹叶 10~12g,滑石 15~30g,山栀子 10~12g。服药法:极期者每日 2 剂,分 3 次服,热退改每日 1 剂,均以冷服为宜。疗效:服药 2~3 天内体温下降者 30 例,5 天内体温正常者 29 例;消化道症状 1 周内完全改善者 2 例,2 周内完全改善者 9 例,3 周内完全改善者 5 例,4 周内完全改善者 1 例。(周辉,杜志恒,徐万锦.伤寒、副伤寒治验[J].新中医,1982(7):23–25,30.)

熊氏认为伤寒在整个发病过程中具有湿温证候,将伤寒分为四个阶段进行论治：潜伏期治宜芳香辛散，宣化表里湿邪，方用藿朴夏苓汤加减治疗；高热期治宜燥湿泄热，通利三焦，药用黄连、连翘、白蔻、石菖蒲、滑石、茵陈、厚朴、半夏、淡竹叶、佩兰、山栀、茯苓、苍术、生石膏、知母、泽泻、陈皮、枳实、大腹皮、干姜、草果仁等，并根据湿热偏重及邪之所在不同部位而选用相应的药物；缓解期治宜健脾化湿清热，药用茯苓、薏苡仁、白蔻、滑石、厚朴、白术、茵陈、砂仁、白扁豆、苍术、陈皮、通草；恢复期治宜轻清芳化，涤除余邪，方用薛氏五味芦根汤化裁治疗并加健脾药，如白扁豆、薏苡仁、山药等。（熊玉仙．中医治疗伤寒副伤寒浅析［J］．实用中医内科杂志，2003，17（3）：214—215．）

对于本病是否可用下法，历来有所争论，中西医观点各不相同。王氏等认为，根据西医学的观点，伤寒最显著的病变是肠内淋巴组织的增生与坏死，泻下能引起肠蠕动的增强，有促成出血及穿孔的危险，故禁用泻剂。但中医在辨证论治的原则下，对本病清肠排毒导热外出，是利用下剂的，尤其是适当地利用大黄疗效非常显著。河北省中医进修学校附属医院报道，除湿清热药中加入大黄效果颇好。也有用大黄疗效显著，不用疗效较低的记载。一般来说，应用泻下剂都是缓下，猛烈泻下剂应该谨慎使用。（王瑞堂，郭淑卿，郭静生．湿温的辨证论治及体会［J］．广东中医，1961，6（4）：154—159．）

八、疟　疾

疟疾是人体感染疟原虫而引起的传染病，由按蚊传播，多发于夏秋季节，其他季节也有散在发病。临床以周期性寒战，高热，大汗，脾肿大和贫血为主要特征。由于感染的疟原虫种类不同，其临床表现和发作周期亦有所不同，临床有间日疟、三日疟和恶性疟之分。

中医早有疟疾的病名，《黄帝内经·素问》就有"疟论篇""刺疟篇"之专题论述。但中医所称的"疟疾"或"疟症"，还包括一些类似于疟疾寒战壮热、休作有时等症状的其他感染性疾患。

【湿热与发病的关系】

中医认为，本病的发生主要是感受"疟邪"，但往往兼感风、寒、暑、湿等时令邪气，尤其是暑湿之邪，常是本病的诱发因素，《素问·阴阳应象大论》谓："夏伤于暑，秋必痎疟。"盖夏秋季节，暑气旺盛，此时天暑地湿，自然界湿热交蒸，正是蚊毒、疟邪传播的最盛时期。由此可见，湿热在本病的发病上有着重要的作用。

【相关临床表现】

疟邪兼杂湿热为患者,中医称之为"湿疟"或"湿热疟",其病机多为邪客少阳半表半里,或伏于膜原,出入于营卫之间,正邪交争,则疟疾发作。主要症状是初起肢体酸楚,呵欠乏力,继则寒战鼓颌,寒罢则遍体灼热,汗出热退,如此发作有定时,每日或隔一二日发作一次,与正疟的症状基本相同。但湿疟常表现为身热不扬,汗出不畅,且伴头身重痛,肢节烦疼,呕逆胀满,胸膈不舒,舌苔黄白厚腻,脉象洪数或弦数。

【相应治疗方法】

总的治法是清热化湿,祛暑截疟。若邪客少阳,宜用柴平汤或蒿芩清胆汤;若邪伏膜原,则用达原饮。均可随证加入香薷、藿香、佩兰、扁豆衣、六一散等祛暑之品。尤值得指出的是,青蒿功擅清热解暑,为截疟良药;马鞭草功能清利湿热,民间多用以治疗疟疾,现代临床观察亦证实对控制疟疾症状,效果显著,此二药对湿热疟颇为对症。

【验案举例】

例1 丁左,年三十余,住沙塘营,业农。丁丑八月七日诊:劳力伤中,疟以截止,转成疟鼓,少腹坚满,食入脘阻,溲黄便薄,湿热袭脾,脉数腹灼,其势热炽。滑石五钱,赤白苓五钱,泽泻四钱,青陈皮二钱,大腹皮三钱,煨木香钱半,淡芩炭二钱,川楝子五钱,软柴胡六分,夜明砂七钱,冬白术二钱,刘寄奴四钱,车前子五钱,三白草四钱。另楮叶七十片,陈麦秸三两,煎汤代水。另鸡内金五钱,雄精二分,辰砂一分半,研末,茅根二两煎汤送服。3剂。鼓胀大退,原方增损,忌口,愈。(周小农.周小农医案[M].上海:上海科学技术出版社,1962.)

按:方中滑石、二苓、白茅根、泽泻、车前子等清利湿热;黄芩苦寒清热;柴胡、木香、川楝子疏肝理气;大腹皮宽中下气利水。以方测证,可知本例疟疾发作虽止,但湿热尚羁留三焦,气机壅滞,水道不利,而成疟鼓。

例2 孔某,女,26岁,已婚,工人。1979年5月18日上午8时入院。

患者5月15日开始发病,每于怕冷寒战10分钟后继之高热,持续2~3小时,微汗出热稍退,继而又反复发作,一日发作数次。17日在省某医院验血找到疟原虫,因停经45天,不能使用奎宁,转我院中药治疗。询其口干渴喜热饮,全身酸痛困重,胸闷呕恶,大便稀薄,小便清长。查体温38℃,舌体胖,质黯红,苔黄厚腻,脉寸关弦数,两尺滑。血液化验:白细胞12 800/mm³,中性78%,淋巴22%,查到疟原虫。尿常规:白细胞(+++),脓细胞(++),妊娠免疫试验阳性。西医诊断:疟疾、尿路感染、妊娠。中医辨证:湿热弥漫三焦,热重于湿。治则：清宣郁热，兼以利湿。处方：青蒿、条芩各 15g，生石膏 30g，竹茹、法半夏、陈皮、枳壳、草果各 9g，碧玉散 10g。当天寒热仍作，晚上 8 时体温达 40℃，至 12 时降至 38.2℃。次日寒热未作，体温 37.1~37.7℃。入院第三天起体温一直正常。上方服 4 剂后改用竹叶石膏汤、益胃汤益气和胃，兼清热生津。患者因原有下肢肌肉萎缩，继续住院治疗至 7 月 2 日出院。住院期间未再发热，化验多次均未查到疟原虫。（刘义生 . 也谈蒿芩清胆汤的临床应用 [J]. 江西中医药，1983（6）：30-31.）

按：蒿芩清胆汤功能清胆利湿，和胃化痰，对湿热客于少阳，胆胃不和，而见寒热往来，胸闷呕恶，舌苔黄腻，脉象弦数等症，有良好的效果。本例疟疾，其病机与临床表现与本方证颇相吻合，故投本方化裁而获显效。

例 3 赵男

二次高热，皆有退清时。当热之将作，凛然而头剧痛。时间虽不规则，颇类是疟。其苔腻，先以柴平汤消息之：柴胡 5g，黄芩 9g，党参 9g，厚朴 3g，姜半夏 9g，生苍术 5g，陈皮 5g，清炙草 5g，生姜 2 片，大枣 7 枚。（门人集体 . 章次公医案 [M]. 南京：江苏科学技术出版社，1980.）

按：柴平汤以小柴胡汤和解少阳邪热，合平胃散祛除脾胃湿邪，是治疗湿疟的常用方剂。

【临证备考】

刘氏认为，江南患疟多因湿热，见于夏秋，故每以蒿芩清胆汤加草果清胆利湿截疟，热甚者加石膏。一般服药 1~2 剂后疟不再作。（刘义生 . 也谈蒿芩清胆汤的临床应用 [J]. 江西中医药，1983（6）：30-31.）

瘴疟中有"湿热瘴"，症见寒战壮热，交替往来，汗出热不解，身目发黄，色鲜明或苍黄，口干不欲多饮，胸脘痞闷，恶心呕吐，身肢沉重，精神疲怠，小便色如浓茶，严重者尿少或尿闭，舌淡红，苔黄浊腻，脉濡数或细数。治宜清热利湿，辟秽化浊。可以茵陈蒿汤加味为基本方：茵陈 15~30g，栀子 10g，大黄（后下）10g，柴胡 10g，常山 10g，草果 6g，石菖蒲 10g，藿香 10g，木通、蔻仁各 10g。加减：身目苍黄，色不明润，湿重于热者，去大黄、栀子加白术、茯苓、泽泻、猪苓；尿少者，宜去草果、蔻仁，加车前草、猪苓、泽泻、凤尾草。（何绍奇 . 现代中医内科学 [M]. 北京：中国医药科技出版社，1991.）

阮氏认为，《黄帝内经》所谓痎疟，相当于秋间季节的时疟，由于夏受暑热夹有湿邪，至秋而发，叶天士所谓"秋暑晚发"，症见恶寒发热，寒轻热重，头痛，肢体骨节烦疼，呕恶胸闷痞满，口渴或不渴，苔白或黄，尿短红赤，脉弦大，一日一发，或间日一发。法宜清暑化湿，治以蒿芩清暑化湿汤：青蒿、黄芩、浙苓、半夏、川朴、苍术、青皮、陈皮、滑石、甘草、生姜、红枣。水煎，分 2 次服。又湿疟乃久受阴湿，湿气伏在太阴，《黄帝内经》谓因得秋气汗出遇风，及得之以浴水，湿舍于皮肤之内，与卫气并居。卫气者昼日行于阳，夜行于阴，此气得阳而外出，得阴而内搏，则疟日作者，症见恶寒而不甚热，身重头眩，肢节烦疼，呕逆胀满，胸膈不舒，脉象浮缓，舌苔白腻，法宜宣透膜原，治以达原饮加味：川朴、槟榔、煨草果、黄芩、藿香、浙苓、半夏、苍术、青皮、炙甘草、生姜。水煎，分 2 次服。（阮子骥.谈谈疟疾的辨证论治［J］.福建中医药，1958，3（5）：7-10.）

九、急性胃肠炎

急性胃肠炎是由各种不同致病因素引起的胃肠道黏膜的急性炎症性疾患，其主要临床表现是急性起病，恶心，呕吐，腹痛和腹泻。严重者可有发热，失水或酸中毒。一般 2~3 天即可恢复。多发生于夏秋季节。

本病属中医"呕吐""泄泻""霍乱"等病证的范畴。但中医所说的"霍乱"，与西医所称的"霍乱"含义有所不同，它既指真性霍乱，又包括急性胃肠炎等上吐下泻的病症。

【 湿热与发病的关系 】

《黄帝内经》说："诸逆冲上，皆属于火"；"诸呕吐酸，暴注下迫，皆属于热。"又说："湿胜则濡泻。"可见火也，热也，湿也，是引起呕吐、泄泻的主要病因。据临床所见，尤以湿邪为甚，但湿邪致病往往不是单一的，有寒湿互结，亦有湿热相合，其中湿热或暑湿之邪，更是本病的常见致病因素。

中医认为，胃主纳谷，其气宜降，所谓"胃气降则和"；脾主运化，其气宜升，所谓"脾气升则健"。脾胃保持升降协调，水谷始能受纳和消化，其精微物质始能吸收和运输全身。若外邪侵犯人体，特别是夏秋季节，暑湿旺盛，湿热交蒸，人体或因劳累过度，或因起居失宜，抗邪能力降低，外邪就会乘虚侵犯胃肠，致使胃肠功能失调，脾胃升降紊乱，如是则呕吐、泄泻交作。特别是饮食不节，如暴饮暴食，或食入不洁之物，或嗜食肥甘厚味等，皆可损伤胃肠，甚或招致湿热秽浊之邪直犯胃肠，致使胃失和降，脾失升清，清浊相干，变乱于肠胃之间，于是发生上吐下泻等症。《济生方》尝谓："饮食失节，温凉不调，或喜餐腥脍乳酪，或贪食生冷肥腻……动扰于胃，胃既病矣，则脾气停滞，清浊不分，中焦为之痞塞，遂成呕吐之患焉。"《景岳全书》亦说："饮食不节……以致脾胃受伤，则水反为湿，谷反为滞，精华之气不能输化，乃致合污下降而泻利作矣。"

当然饮食所伤，有伤于寒湿之邪者，亦有伤于湿热秽浊之邪者，证诸临床，后者则较为多见。

【相关临床表现】

因湿热或暑湿引起者，症见起病较急，恶心呕吐，呕吐物为食物，常带有较多的黏液，腹痛阵作，泄泻每日数次至十几次，泻下急迫，或泻而不爽，粪便呈黄色水样或稀糊状，气味臭秽，肛门灼热，烦热口渴，小便黄短，舌苔黄腻，脉象滑数或濡数。

【相应治疗方法】

清热利湿为主。方用葛根黄芩黄连汤合藿香正气散加减；若外感暑湿，发热恶寒表证未解者，方用新加香薷饮合六一散解暑清热，利湿止泻。凡夹食滞者，均可随证加入神曲、麦芽、山楂、鸡内金之类；呕吐较剧者，可另用苏连饮煎汤，徐徐呷服。

【验案举例】

例1 李某，女，16岁，学生。突起吐泻，腹痛，伴发热1天。因吃烂雪梨起病，先觉胃脘不舒，继而胸闷，恶心，呕吐，吐出食物残渣及胆汁，共3次，后又有肠鸣，腹痛拒按，腹泻，泻出黄色清稀水样便，无黏液及脓血，痛则泻，泻后痛减，口干但不欲饮，来诊时有发热（38℃），微恶寒，纳差，神疲，尿黄，舌苔白黄厚，脉濡数。为急性胃肠炎，治宜化浊清热，理气和中，用藿香正气散加减：藿香12g，大腹皮9g，法夏9g，云苓15g，葛根15g，黄芩9g，土茵陈12g，布渣叶12g，甘草4.5g，水4碗，煎2碗，分3次温服。隔天复诊，诸症俱除，但纳差，神疲，以四逆散加味善后。（陈庆全.藿香正气散新解［J］.新医学，1975（9）：454-456.）

按：本例急性胃肠炎，据其临床表现，特别是尿黄，苔白黄厚，脉濡数，显系湿热侵犯胃肠，脾胃升降逆乱所致。治用藿香正气散合葛根芩连汤化裁以清热化湿，运脾和中，甚合病情，故获桴鼓之效。

例2 刘某，男，32岁，1992年9月3日入院。3日前突然腹泻腹痛，日下大便7~8次，泻下急迫，伴有发热。曾在当地医院门诊，服诺氟沙星2天，泄泻不止，大便稀烂黄褐奇臭，纳呆神疲，入院前呕吐1次。体温38.4℃。舌苔薄黄腻，脉濡而数。粪检：白细胞（+++），红细胞（+）。即予口服清肠煎60ml，1日3次，并静滴5%葡萄糖盐水1 000ml。2日后，热退，大便减为每日3次。第4日大便基本正常。食欲恢复。粪检阴性。（章荣翔."清肠煎"治疗湿热泄泻80例［J］.四川中医，1995，13（11）：26.）

按：清肠煎由葛根、地锦草、藿香、车前草（详下文"临证备考"）组成，具有清热解毒、化湿止泻的作用，治疗湿热型泄泻，药简而效宏，值得取法。

例3 汤某，女，47岁。患病1日，腹痛肠鸣，大便泄泻，日六七行，无赤白黏滞相杂，亦无里急后重，泛漾欲呕，口苦而干，胸闷不畅，胃纳不振，脉弦，舌薄腻，舌质较红。此乃湿热蕴于肠胃，运化失健。治以清利湿热，健脾和胃。处以蒿芩清胆汤加煨木香5g，焦楂、曲各12g。上方服3剂，腹泻渐减，日二三行，质溏，余症亦减。再以原方续服3剂，泻止呕除而愈。（程聚生.蒿芩清胆汤的临床应用[J].江西中医药，1982（2）：35-36.）

按： 蒿芩清胆汤由青蒿、黄芩、陈皮、半夏、赤苓、枳壳、竹茹、碧玉散（即滑石、甘草、青黛）所组成，具有清胆、利湿、和胃的功效。本为湿热夹痰留滞少阳，症见寒热如疟，胸痞作呕而设。本例呕吐泄泻，辨证为湿热蕴于肠胃，运化失健，故用是方加木香、楂、曲以清利湿热，运脾和胃，理气消导而获效验。这是活用蒿芩清胆汤的例证，值得参考。

例4 王某，男，30岁。2016年6月16日初诊。呕吐伴腹泻6小时。患者因饮食不洁出现胃脘堵闷，恶心，呕吐胃内容物，伴腹痛、腹泻，大便呈水样，无黏液脓血便及发热，诊断为急性胃肠炎。舌淡红、苔白厚腻，脉弦滑。自服小檗碱效果不佳。辨证：湿浊内蕴，脾胃失和。治宜：辟秽化湿，调理脾胃。予藿香正气散加减，处方：藿香20g，苏叶10g，陈皮12g，法半夏12g，厚朴6g，茯苓20g，炒白术10g，桔梗10g，白芍10g，白头翁12g，生姜3片，大枣15g，炙甘草6g。3剂。水煎服。3剂后痊愈。（钟学文，廖奕歆.藿香正气散加减治疗杂病验案4则[J].江苏中医药，2016，48（12）：52-53.）

按： 湿浊内蕴，肠胃失和而致的吐泻，藿香正气散堪称历验不爽，本案可见一斑。

例5 刘某，女，25岁，工人。1995年6月15日入院。患者因感受暑邪，突发吐泻，在某院治疗，误用大黄，连进数剂，以致吐泻不止，懊恼闷乱。昼夜之间吐泻70余次，精神疲倦，两手发厥，水浆不能入口，脉沉细而迟，舌绛尖红，苔白腻如积粉。西医诊断为急性胃肠炎，中医诊断为暑湿腹泻。治宜清暑化湿。方用清暑化湿汤加减。药用青蒿穗9g，京半夏9g，淡豆豉9g，佩兰12g，茵陈12g，鲜生地12g，陈皮3g，黄连3g，草蔻仁3g，苍术6g，广木香6g，鲜藿香6g，甘露消毒丹9g，鲜荷叶边一块，武火水煎服，每日1剂。药进2剂，患者吐止，泻大减，两手不厥，舌转淡红，苔白。药已中病，首方去陈皮、苍术、淡豆豉、黄连、荷叶、鲜藿香、鲜生地、甘露消毒丹，加山栀子9g，石菖蒲9g，六一散9g，厚朴3g，继进4剂，病愈出院。（贾燕平，李超然，李保朝.中医治疗急症经验三则[J].吉林中医药，1997（4）：29.）

按:观其处方,重在清热化湿,芳香祛暑,药中鹄的,故获佳效。

【临证备考】

章氏用"清肠煎"治疗湿热泄泻 80 例,其组方为葛根 40g,地锦草 100g,藿香 30g,车前草 60g,制成 250ml 瓶装口服液,成人每次服 60ml,小儿 20~30ml,1 日 2~3 次。伴呕吐、失水或不进食者,酌情给予静脉补充葡萄糖水及电解质。治疗结果:治愈(服药 4 天,症状消失,大便化验正常)49 例,占 61%;好转(症状显著减轻,大便每日不超过 3 次)28 例,占 35%;无效(泄泻次数每日仍在 4 次以上,粪检仍有少量黏液白细胞)3 例。总有效率为 96%。(章荣翔."清肠煎"治疗湿热泄泻 80 例[J].四川中医,1995,13(11):26.)

肇庆市人民医院介绍用"消滞宁泻片"治疗急性肠炎 170 例,其组方为辣蓼、番石榴叶、布渣叶、车前草。上四味药各等分,研细末,混合压成片剂,每片重 0.5g。成人每日服 3~4 次,腹泻呕吐较剧的,每次服 6~8 片,轻的每次服 4 片,小儿酌减。本方具有利湿清热,健运脾胃之效。治疗结果:治愈 144 例,占 84.7%;有效 21 例,占 12.4%;无效 5 例。(肇庆市人民医院.消滞宁泻片治疗急性肠炎 170 例的报导[J].新中医,1974(4):35-36.)

姚氏等用葛根芩连加味汤治疗脾虚湿热型急性胃肠炎 30 例。处方:葛根、藿香、薏苡仁各 30g,黄芩、茯苓各 15g,陈皮、白术各 12g,黄连、炙甘草各 6g。每天 1 剂,水煎取汁 400ml,分 2 次温服。恶心呕吐甚者,小量多次口服。治疗结果:显效 26 例,有效 4 例,无效 0 例,总有效率 100%。(姚晓彬,包婷婷,吴建鹏.葛根芩连加味汤治疗急性胃肠炎临床疗效观察[J].新中医,2017,49(7):49-51.)

庄氏等用化湿(食)消滞汤治疗急性胃肠炎 63 例。组方为广藿香、葛根、厚朴、苍术、橘皮各 15g,黄连、木香各 10g,马齿苋 20g,薏苡仁 30g,天花粉 12g,甘草 6g。腹痛明显加延胡索 12g,肉桂 3g;腹泻甚加泽泻、白术、救必应各 15g;食滞加焦三仙(焦神曲、焦山楂、焦麦芽)各 10g;湿重加佩兰、茯苓各 15g。采用配方颗粒,每天 1 剂,开水冲服。治疗结果:痊愈 38 例,显效 14 例,有效 7 例,无效 4 例,总有效率 93.65%。(庄锦娟,钱香.化湿(食)消滞汤治疗急性胃肠炎 63 例临床观察[J].新中医,2013,45(7):26-28.)

魏氏用藿香化湿汤治疗急性胃肠炎 40 例。药物组成为藿香 30g,苍术 15g,草果 15g,陈皮 12g,茯苓 15g,泽泻 15g,焦三仙各 12g,京半夏 15g,黄连 10g,生姜 12g,葛根 15g,甘草 3g。腹痛加白芍 15g,木香 12g;发热加柴胡 15g。每日 1 剂,水煎 2 次,取汁 300ml,分 3 次温服。若呕吐剧烈者改为每次 20~30ml,频服。一般治疗 3 天。结果,40 例中,痊愈(呕吐、腹泻消失,血及大便常规、体温恢复正常）26例；有效（呕吐、腹泻明显缓解或消失,血及大便常规改善）12例；无效（呕吐、腹泻未缓解,或加用西药治疗）2例。总有效率95%。（魏田柱.藿香化湿汤治疗急性胃肠炎40例［J］.中国中医急症,2003,12（5）：469-470.）

魏氏用开泄法配伍芳化法治疗急性胃肠炎87例,其基本方为薤白30g,全栝蒌25g,藿香、佩兰、茯苓各12g,法半夏、杏仁、白豆蔻、石菖蒲、厚朴各10g。若湿重者酌加草果、槟榔、苍术、橘皮；湿浊化热者酌配左金丸、山栀、黄芩、芦根、滑石、冬瓜仁；秽浊重者酌入玉枢丹、生姜汁；寒甚添服纯阳正气丸；热著加用红灵丹。水煎剂,每日2剂,水煎4次,分4次服,每次200ml。治疗结果：痊愈74例,占85.06%；有效13例,占14.94%；无效0例。本组用药最多者6天,最少者4天。认为开泄法及其方药配伍有芳香泄浊、化湿和中的功用,可用于急性胃肠炎的治疗。（魏道祥.开泄法治疗急性胃肠炎的临床探讨［J］.四川中医,2006,24（7）：58-59.）

十、慢 性 胃 炎

慢性胃炎是一种常见病、多发病,它是由不同致病因素引起的胃黏膜层慢性炎症性病变,以上腹部疼痛胀闷,反酸,嘈杂,食欲不振等为主要临床表现,在疾病后期,可出现短气乏力,形体消瘦,贫血等虚弱症状。临床分慢性浅表性胃炎和慢性萎缩性胃炎两大类,两者的症状和体征虽有区别,但又密切相关,在同一病例中,两种病变可同时存在。

根据本病的临床表现,当属于中医"胃脘痛""痞满""吞酸""嘈杂"等病证的范畴,后期可归于"虚劳"。

【湿热与发病的关系】

中医认为本病的病因比较复杂,其中饮食不节、七情内伤、劳逸失度是常见的病因,而脾胃虚弱则是内在的主要因素。从病邪角度来看,湿热在本病的发病上往往起着重要的作用。究其湿热的成因,有因机体感受外界湿热之邪,侵犯脾胃；有因饮食不节,如恣食肥甘辛辣,过饮烈酒,以致湿热内生,或因嗜饮茶水和多食瓜果,以致湿邪内积,久蕴化热；更有因七情所伤,肝气郁结,湿随气滞,郁而化热所致。凡此湿热之邪,虽成因各有不同,但均可归于中焦,损伤脾胃,导致脾失健运,胃失和降,是病乃发。

历代医家在论述痞满、胃痛、吞酸等病证的病因病机时,十分重视湿热之邪所起的作用,如李东垣《兰室秘藏·中满腹胀论》指出:"有膏粱之人,湿热郁于内而成胀满者。"朱丹溪《丹溪心法·吞酸》"附录"一节也说:"吐酸是吐出酸水如醋,平时津液随上升之气郁结而久,湿中生热,故从火化,遂作酸味。"张璐《张氏医通·呕吐哕·吐酸》亦谓:"若胃中湿气郁而成积,则湿中生热,从木化而为吐酸。"可见湿热与本病的发病关系十分密切。

【相关临床表现】

据临床所见,慢性胃炎由湿热引起或与湿热关系密切者,主要有以下3种证型:

1. 湿热中阻,胃失和降　症见胃脘疼痛,有灼热感,脘宇胀闷,食欲减退,胃中嘈杂,反呕酸水,口苦口臭,口渴不欲引饮,大便秘结或溏而不爽,尿黄,身重肢倦,舌红苔黄腻,脉多滑数。

2. 肝气郁结,湿热互滞　症见胃脘胀痛,引及胁肋,胀甚于痛,胸脘痞闷,嗳气吞酸,胃呆纳少,心情急躁易怒,口苦黏腻,尿黄,舌苔薄腻微黄或黄腻,脉象沉弦或涩。

3. 脾胃虚弱,湿热留恋　若脾胃气虚兼有湿热者,症见胃脘隐痛,或有灼热感,脘宇痞闷,食欲不振,反呕酸水,口中黏腻,短气乏力,面色萎黄,大便偏溏,尿色偏黄,舌淡红苔薄黄腻,脉象濡弱带数;若胃阴不足兼夹湿热者,症见胃部灼热隐痛,胃中嘈杂,似饥非饥,食欲减退,口干舌燥,五心烦热,大便干结,舌红少津或有裂纹,苔薄黄腻,脉象细数。

以上3种证型,前二者以邪实为主,后者偏于正虚。

【相应治疗方法】

1. 湿热中阻,胃失和降　治以清化湿热,运中和胃,方用大黄黄连泻心汤合温胆汤加减,连朴饮、甘露消毒丹亦可随证择用。

2. 肝气郁结,湿热互滞　治宜疏肝理气,清化湿热,方用柴胡疏肝散合左金丸、金铃子散,复加蒲公英、半枝莲、白花蛇舌草、苡仁、茯苓、黄芩、藿香等清化湿热之品。

3. 脾胃虚弱,湿热留恋　脾胃气虚兼有湿热者,治宜健脾益气,清化湿热,方用六君子汤、参苓白术散、半夏泻心汤加减;胃阴不足兼夹湿热者,治宜滋养胃阴,清化湿热,方用一贯煎、沙参麦门冬汤加减。以上各方,均可加入黄连、黄芩、蒲公英、虎杖、半枝莲、藿香、苡仁、芦根之类以清热化湿。

此外,久病入络,瘀血阻胃,更兼湿热为患者,临床亦可见之,治法宜活血通络为主,方用丹参饮合失笑散,复加上述清热化湿之品。

【验案举例】

例1 吴某,男性,58岁。初诊:1991年11月5日。

主诉:反复腹胀3年,又作1个月。

病史:患者近3年来常感脘腹部作胀不适,饮食不慎易发,近1个月中胃脘部又感胀滞,热灼,口苦。在某医院检查胃镜示:浅表性胃炎、十二指肠球炎。病理切片:慢性活动性胃炎伴肠化(胃窦部、胃体)。B超示:脂肪肝。

诊查:脘腹胀满,有热灼感,嗳气,大便烂,苔黄根腻,脉细弦。

辨证:饮食所伤,湿热内蕴,胃失和降。

中医诊断:痞证。

西医诊断:慢性胃炎。

治则:清化和中。

处方:川连5g,吴茱萸1g,厚朴12g,象贝15g,炒枳壳12g,大腹皮9g,姜半夏9g,蒲公英30g,白蔻仁粉(冲)6g,炒米仁30g,炒陈皮9g。7剂。

二诊:嗳气、热灼感已减,腹胀亦趋宽缓,大便转正常,脉细弦,原法出入。上方去大腹皮、白蔻仁粉、陈皮,加乌贼骨18g,玫瑰花(后下)9g。7剂。(潘智敏.杨继荪临证精华[M].杭州:浙江科学技术出版社,1999.)

按:湿热中阻,胃失和降,法用清热化湿,调畅气机,诚为对证之治。方中重用蒲公英,现代研究证实本品能抑制幽门螺杆菌,为治胃炎的常用药物,尤适合于湿热型胃炎。

例2 张某,男,56岁。1994年6月6日初诊。

心下痞塞、脘腹胀满年余,伴口苦纳呆,胃脘疼痛,嗳气,大便秘结。胃镜示:肥厚性胃炎。舌红,苔黄腻。证属湿热蕴胃,治宜清热化湿,健脾和胃。方用变通甘露消毒丹加味:滑石、茯苓、生地、草决明各30g,陈皮、木通各12g,藿香、白蔻仁、茵陈各10g,石菖蒲、白术、沙参、薄荷、麦芽各15g。每日1剂,水煎2次分服。

二诊:服药9剂后,诸症减轻,脉弦细,舌红,苔根黄腻。上方去薄荷、草决明,加大黄15g,生石膏30g,以增清热泻火、除湿消痞之力。

三诊:又服6剂后,脘胀满闷,心下痞,胃脘痛大减,纳谷好转,二便正常,有轻度嗳气。上方去生地、藿香,加砂仁6g,蒲公英30g。服药6剂,诸症悉除。再守方6剂,以资巩固。(葛保安.变通甘露消毒丹治疗湿热型胃炎66例[J].浙江中医杂志,1995(10):444.)

按:本例属湿热型胃炎,舌红,苔黄腻是其明证。盖甘露消毒丹原治湿温时疫,以本方化裁移治于湿热型胃炎,意在清热化湿,健脾和胃,泂合病机,故能获满意疗效。

例3 宋某,男,40岁,1993年3月6日就诊。

胃脘部灼痛3年,脘部痞满,进食后加重,不思饮食,时有反酸,口干且苦,舌质红,苔黄腻,脉弦滑略数。纤维胃镜检查结果:慢性浅表性胃炎伴胆汁反流。辨证为湿热积中(热重于湿),肝胃郁热,治以清热化湿,泄肝和胃,方投温胆汤加连翘15g,蒲公英10g,黄连8g,吴萸5g。服药1个疗程,胃脘部灼痛、口苦反酸明显减轻,于上方加川楝子10g,砂仁5g,续服1个疗程,食欲正常,诸症消失,再于原方中加入白术15g,继服1个疗程,共治疗3个疗程,复查胃镜:胃黏膜大致正常,未见胆汁反流,随访半年,未见复发。(常建国,向德志,陈科.加味温胆汤治疗湿热型胃脘痛的体会[J].内蒙古中医药,1998(3):19-20.)

按: 章虚谷曰:"湿热邪归脾胃。"故临床湿热型胃脘痛并不鲜见。本例辨证为湿热积中,肝胃郁热,治用温胆汤加蒲公英、连翘以清热化湿,复合左金丸泄肝和胃,药证相符,故疗效较好。

例4 王某,女,52岁,2015年8月18日初诊。

脾主四肢,为气血生化之源。脾土素弱,运化失健,湿邪内生,困顿肢体,以致四肢倦怠,精神不振,脘宇不舒,偶有嗳气。脉来濡缓,舌苔糙腻,显系脾虚湿滞之象。其尿色黄,更是湿邪蕴热之征。治宜健脾化湿,兼以清热,标本兼顾可也。党参15g,制苍白术各10g,茯苓10g,陈皮6g,制半夏9g,川朴花9g,藿香9g,佩兰叶9g,米仁18g,茵陈15g,泽泻9g,滑石12g,生甘草5g,7剂。

二诊(2015年8月25日):药后症情明显改善,诸恙悉减,舌苔变薄,显系湿化脾健之兆象。治守原法巩固疗效。党参15g,制苍白术各10g,茯苓10g,陈皮6g,制半夏9g,川朴花9g,藿香9g,佩兰叶9g,米仁18g,茵陈15g,泽泻9g,滑石12g,生甘草5g,7剂。

随访:先后就诊共3次,诸症悉瘥。(庄爱文,王文绒.盛增秀验案说解[M].北京:中医古籍出版社,2017.)

按: 本案系慢性胃炎患者。现症四肢倦怠,精神不振,脘宇不舒,小溲色黄,舌苔糙腻,显属湿热为病,其证湿重于热。《医林绳墨》指出:"如湿胜者,当清其湿;热胜者,当清其热。湿胜其热,不可以热治,使湿愈重;热胜其湿,不可以湿治,使热愈大也。"故方中以藿朴夏苓汤苦温燥湿为主,清热为辅,六君子汤益气、健脾、燥湿,合而用之,共奏健脾化湿,标本兼顾之功效。药证熨帖,遂收佳效。

例5 罗某,女,61岁,2015年5月19日初诊。

患者 1 年来口干,口苦,口黏腻,易饿,小便黄赤。脉来弦细,舌苔薄腻微黄。胃镜提示慢性浅表性胃炎。证属湿热蕴中,胃火偏亢。治宜祛除湿热,清泻胃火。方用连朴饮。川朴花 9g,黄连 6g,焦山栀 9g,制半夏 9g,黄芩 10g,蒲公英 18g,藿香 9g,佩兰叶 9g,干芦根 15g,茵陈 18g,滑石 12g,茯苓 10g,7 剂。

二诊(2015 年 5 月 26 日):药后症情明显改善,口发腻显减,舌苔变薄,乃湿热渐化之象,唯口苦仍存,此胃火未清使然。治守原法巩固疗效。川朴花 9g,黄连 6g,焦山栀 9g,制半夏 9g,黄芩 12g,川石斛 9g,藿香 9g,佩兰叶 9g,鲜芦根 30g,茵陈 15g,蒲公英 20g,滑石 12g,茯苓 10g,7 剂。

随访:先后就诊共 3 次,诸症显减。(庄爱文,王文绒.盛增秀验案说解[M].北京:中医古籍出版社,2017.)

按:本案口腻、小便黄赤、舌苔薄腻微黄,乃湿热蕴结所为;口苦、口干系胃火偏亢使然;易饿是"火能杀谷"之象。四诊合参,显属湿热蕴中,胃火偏亢之证。故方中以连朴饮苦寒清热为主,化湿为辅,同时配伍清泻胃火之品,共奏祛除湿热,清泻胃火之功。药中肯綮,其效显著。

例 6 吴某,女,64 岁,2015 年 7 月 7 日初诊。

患者胃脘胀闷多年,常伴口苦,西医胃镜检查提示:萎缩性胃炎,幽门螺杆菌阴性。就诊时,脘宇胀闷不适,口苦明显,伴尿色时黄,畏寒怯冷,腰酸,面色萎黄,四肢不温,脉象弦缓,舌苔白腻。此为湿邪夹热,蕴结中宫,阳气阻遏不宣所致,治宜祛湿通阳。广藿香 9g,制半夏 9g,川朴 6g,茯苓 9g,泽泻 9g,猪苓 9g,滑石 12g,茵陈 15g,米仁 15g,炒谷麦芽各 10g,制苍术 10g,炒白术 10g,生甘草 5g,佩兰叶 9g,炙鸡内金 9g,白蔻仁 6g,7 剂。

二诊(2015 年 7 月 14 日):药后脘宇胀闷已减,尿色转淡,湿热渐有化机,唯动辄汗出,畏寒怯冷,脉象弦缓,舌苔尚腻。再拟原法加补气固表之品。制川朴 6g,广藿香 9g,茯苓 9g,猪苓 9g,制苍术 10g,炒白术 10g,泽泻 9g,佩兰叶 9g,滑石 12g,茵陈 15g,米仁 15g,白蔻仁 6g,炒谷麦芽各 9g,黄芪 20g,防风 5g,7 剂。

三诊(2015 年 7 月 21 日):药后症情显减,脉弦缓,苔薄腻。嗳气,善放矢。证属胃失和降,气机不畅,而湿热渐化,尚未廓清。治宜原法,以增强疗效。黄芪 20g,制苍术 10g,炒白术 10g,防风 5g,旋覆花(包煎)10g,赭石 12g,陈皮 6g,枳壳 9g,广木香 6g,砂仁(后下)6g,制半夏 9g,藿香 9g,佩兰叶 9g,炒谷麦芽各 10g,炙甘草 5g,7 剂。

随访:先后就诊共 4 次,自觉无不适。(庄爱文,王文绒.盛增秀验案说解[M].北京:中医古籍出版社,2017.)

按：湿邪夹热，蕴结中宫，气机阻滞，故胃脘胀闷；湿热上蒸于口，则口苦；湿热邪气久羁，阳气阻遏不宣，故而畏寒怯冷，四肢不温；面色萎黄，脉象弦缓，舌苔白腻，乃湿邪阻滞之征象。治法宗叶天士"通阳不在温而在利小便"之意。予藿朴夏苓汤健脾祛湿，斡旋中州；取四苓散、六一散之类利水除湿，为方中主要部分。辅以鸡内金、炒谷麦芽醒胃悦脾，促进消化。全方燥湿利湿并用，俾湿去而阳气得复，中焦自安，遂获良效。

【临证备考】

用清中化湿汤治疗湿热型慢性胃炎 100 例，其组方为苍术 10g，厚朴 10g，半夏 10g，陈皮 12g，黄连 10g，竹茹 12g，茯苓 15g，枳壳 10g。每日 1 剂，水煎早、晚分服。治疗结果：痊愈 38 例，显效 43 例，好转 19 例。认为慢性胃炎的活动期以湿热交阻脾胃为主者并不少见，其病机为湿热蕴结，痰湿郁热交阻于中焦，气机枢转失畅，脾失健运，胃失和降。治法宜祛除湿热，清化中焦，疏通气机，清中化湿汤即具有此等功效。（金维良，郭黎明，谷越涛.清中化湿汤治疗湿热型慢性胃炎 100 例[J].山东中医杂志，1997，16（7）：304.）

用变通甘露消毒丹治疗湿热型胃炎 66 例，其基本方由滑石、木通、藿香、白蔻仁、茵陈、石菖蒲、白术、茯苓、生地、沙参、薄荷、陈皮、麦芽组成。每日 1 剂，3 个月后复查胃镜。治疗结果：51 例近期治愈，5 例显效，4 例好转，6 例无效。认为变通甘露消毒丹重在清解渗透，兼能健脾行气化浊，用于湿热并重，脾失健运之慢性胃炎所致的胃脘痞、胀、满、痛之症，最为相宜。（葛保安.变通甘露消毒丹治疗湿热型胃炎 66 例[J].浙江中医杂志，1995（10）：444.）

治疗湿热性胃脘痛 42 例，包括慢性浅表性胃炎 18 例，肥厚性胃炎 24 例，其中伴反流性食管炎 16 例，胃溃疡 4 例，十二指肠炎 8 例；经组织学证实有非典型增生 14 例。治疗方法：以平胃散为主方，苍术 15g，厚朴 10g，橘皮 15g，甘草 3g，生姜 3 片，大枣 10g，鱼骨 30g，黄芩 15g，砂仁 10g，水煎，每日 1 剂，分 2 次服。结果：治疗后 6 天疼痛消失 8 例，余 34 例于 9~12 天明显好转，15~20 天基本消失。胃镜复查示胆汁反流基本消失，胃液色清；胃窦蠕动规则，幽门开合良好，食管内反流消失；胃黏膜增粗现象不同程度的减轻。合并消化性溃疡者溃疡全部消失，合并十二指肠炎者均好转。（袁兆荣，袁杰.湿热性胃脘痛证治[J].山东医药杂志，1997，37（10）：55.）

庄氏用佛手四黄汤治疗脾胃湿热型胃炎 22 例，方药组成为佛手 15g，黄芩、黄连、黄柏各 10g，黄芪 30g。偏于肝胃不和者加砂仁 8g，兼血瘀者加用丹参 20g。1 日 1 剂，水煎服，疗程为 4 周。治疗结果：治愈 17 例，显效 2 例，有效 1 例,无效 2 例;显效率 86.36%,总有效率 90.91%。其认为幽门螺杆菌（Hp）感染是大多数慢性胃炎的主要病因,而 Hp 感染属中医湿热之邪的范畴,湿热中阻是 Hp 感染最常见的证候,故采用清热祛湿、理气健脾、扶正祛邪为主的治法,能获得较好疗效。（庄洪顺.佛手四黄汤治疗脾胃湿热型胃炎 43 例[J].中国中医药现代远程教育,2011,9（18）:30-31.）

司氏用黄连温胆汤加减治疗脾胃湿热型慢性胃炎 50 例,药用黄连 10g,陈皮 10g,半夏 10g,茯苓 10g,甘草 10g,枳实 10g,竹茹 15g。湿偏重者加苍术、藿香、佩兰燥湿醒脾;热偏重者加蒲公英、黄芩、连翘清胃泄热;反酸者加乌贼骨、煅瓦楞子制酸止痛;气滞胀满者加厚朴、香附理气消胀;气逆呕吐者加赭石、旋覆花降逆止呕;食积停滞,纳呆少食者,加炒三仙、莱菔子消食导滞。每日 1 剂,清水煎至 200ml,早晚分 2 次温服。治疗结果:治愈 18 例,占 36%;显效 21 例,占 42%;有效 7 例,占 14%;无效 4 例,占 8%;总有效率 92%。（司坚.黄连温胆汤加减治疗慢性胃炎（脾胃湿热型）50 例临床观察[J].黑龙江中医药,2016,45（2）:19-20.）

陈氏用加味连朴饮治疗慢性胃炎脾胃湿热型 80 例,药用黄连 10g,厚朴 10g,法半夏 8g,石菖蒲 8g,淡豆豉 18g,焦栀子 12g,茯苓 15g,芦根 15g,蒲公英 15g,薏苡仁 20g,陈皮 8g,甘草 5g。胀满者加枳实 10g,白术 12g,竹茹 15g;呕吐者加紫苏叶 12g,法半夏改为姜半夏 10g;疼痛甚者加川楝 9g,延胡索 9g,刺猬皮 10g;纳差者加麦芽 15g,神曲 6g,鸡内金 12g;大便不爽加芡实 20g,砂仁 5g,木香 6g。水煎 2 次过滤取汁 400ml,分早中晚 3 次温服,每天 1 剂,连续 2 周为 1 个疗程,连续 2 个疗程。治疗结果:临床痊愈 22 例,显效 40 例,有效 10 例,无效 8 例,总有效率 90%。（陈庆敏.加味连朴饮治疗慢性胃炎脾胃湿热型 80 例[J].光明中医,2014,29（9）:1875-1876.）

张氏等用加味清中汤治疗湿热中阻型慢性胃炎 48 例,药用黄连 10g,栀子 10g,制半夏 15g,茯苓 12g,草豆蔻 6g,陈皮 10g,甘草 3g。湿偏重者加苍术 15g,藿香 10g;热偏重者加蒲公英 30g,黄芩 10g;恶心呕吐者加竹茹 10g,橘皮 10g;纳呆少食者加神曲 30g,谷芽 15g,麦芽 15g;胃酸过多者加瓦楞子 15g,海螵蛸 15g;痛甚者加白芍 10g,延胡索 10g;腹胀者加厚朴 6g,砂仁（后下）5g;明显便秘者加大黄（后下）10g。以上药物每日 1 剂,水煎温服,连续 1 个月。治疗结果:痊愈 17 例,显效 17 例,有效 6 例,无效 8 例,总有效率 83.33%。（张斌华,易小明.加味清中汤治疗湿热中阻型慢性胃炎疗效观察[J].中国中医药现代远程教育,2017,15（9）:53-54.）

刘氏用平胃散加味治疗慢性胃炎脾胃湿热证 40 例,药用苍术 10g,厚朴

10g,陈皮10g,茯苓10g,白术10g,薏苡仁10g,蒲公英10g,甘草3g,疼痛甚者加用延胡索10g,丹参10g;腹胀明显者加佛手10g,枳壳10g,嗳气吞酸者加海螵蛸10g,赭石10g;恶心呕吐者加法半夏10g,生姜6g;口淡乏味者加山楂10g,炒麦芽10g。治疗结果:痊愈者14例,显效者18例,有效者5例,无效者3例,总有效率为92.5%。(刘涵容.平胃散加味治疗慢性胃炎脾胃湿热证的临床研究[J].光明中医,2017,32(21):3104-3106.)

陆氏等用芩参方治疗脾胃湿热型慢性胃炎68例,基本方:黄芩15g,铁树叶15g,蒲公英15g,苦参10g,绿萼梅10g,佛手10g。如见嗳气、痞胀者可加厚朴、八月札;嘈杂反酸者可加煅瓦楞子、海螵蛸;舌苔厚腻者可加藿香、苍术、佩兰;脾气虚弱者可加党参、生黄芪;胃阴不足者可加玉竹、沙参、石斛;胃纳差者可加山楂、神曲、谷芽、麦芽、鸡内金;胃脘痛甚者可加延胡索、川楝子、檀香;伴溃疡者可加白及、凤凰衣;病程久者可加当归、丹参、牡丹皮、赤芍药;伴肠化、异型增生者可加藤梨根、野葡萄藤、莪术。每日1剂,水煎取汁400ml,早晚2次分服。8周为1个疗程。治疗结果:痊愈8例,显效17例,有效33例,无效10例,总有效率为85.3%。证实芩参方治疗脾胃湿热型慢性胃炎有较好的临床疗效。(陆瑞峰,王俊,李琰,等.芩参方治疗脾胃湿热型慢性胃炎68例疗效观察[J].河北中医,2013,35(10):1469-1470.)

邹氏用清利化浊方治疗脾胃湿热型慢性胃炎40例,方剂组成为:黄连10g,厚朴10g,黄芩10g,半夏10g,茵陈10g,陈皮10g,佩兰10g,防风10g,枳壳10g,薄荷10g,茯苓20g,白豆蔻10g。将上述药物加水400ml,浸泡1小时,煎30分钟,取汁200ml;二煎加水400ml,取汁200ml,两煎混合,分早晚2次,饭后服用,连续服用14天。14天为1个疗程,治疗结束1个月后随访。治疗结果:显效27例,有效11例,无效2例,总有效率95.00%。认为清利化浊方治疗脾胃湿热型慢性胃炎的临床疗效显著,治疗总有效率高且不良反应少。(邹济源.清利化浊方治疗脾胃湿热型慢性胃炎的临床疗效分析[J].中国现代药物应用,2016,10(17):261-262.)

姚氏用清热和胃法治疗慢性胃炎脾胃湿热证40例,方剂组成为:党参20g,茯苓15g,半夏12g,陈皮、黄芩、苍术、厚朴、炙甘草各10g,黄连6g,大枣5枚;以上各味药加200ml水煎服,每天1剂。治疗结果:痊愈14例,有效23例,无效3例,总有效率92.5%。认为清热和胃法在慢性胃炎脾胃湿热证的治疗中,对于改善患者临床症状及胃镜下表现等都具有积极意义。(姚燕萍.清热和胃法治疗慢性胃炎脾胃湿热证临床疗效观察[J].临床合理用药杂志,2016,9(17):49-50.)

王氏用清热化湿舒胃法治疗脾胃湿热型慢性胃炎 100 例,方剂组成为:藿香 10g,川朴 15g,法半夏 12g,茯苓 20g,黄芩 20g,郁金 10g,柿蒂 15g,蒲公英 30g。加减:胃痛甚者加延胡索、川楝子、郁金;大便不爽者加大黄、枳实;恶心呕吐者加竹茹、生姜、佩兰;纳呆者加鸡内金、谷芽、麦芽。用法:每日 1 剂,分 2 次服用,疗程共 4 周。治疗结果:治愈 29 例,好转 69 例,无效 2 例,总有效率 98%。认为脏腑功能失调是慢性胃炎的主要发病因素,而湿热证为主要证候之一,故治疗宜以清热化湿舒胃法,标本兼顾,使脾胃得健,脏腑气血调和,气机调畅,同时配合非药物疗法,去除各种可能的致病因素,以减少病因对胃黏膜刺激,取得满意疗效。(王智勇.清热化湿舒胃法治疗脾胃湿热型慢性胃炎 100 例 [J].中国中医药现代远程教育,2014,12(5):44–45.)

王氏等用清胃汤治疗脾胃湿热型慢性胃炎 70 例,方剂组成为:黄连、茯苓各 12g,厚朴、栀子、白蔻仁、竹叶各 10g,陈皮、丹参、制半夏各 9g,滑石 30g,薏苡仁 15g。1 日 1 剂,水煎服,取汁 200ml,分早晚两次空腹温服。治疗 4 周,在治疗期间忌油腻、肥甘厚味以及刺激、生冷之品。保持情绪舒畅,避免情绪刺激。治疗结果:痊愈 37 例,显效 19 例,有效 9 例,无效 5 例,总有效率 92.9%。此方由连朴饮合三仁汤化裁而成,具有清热利湿的作用,对改善脾胃湿热型慢性胃炎患者的腹胀、食少、便溏、恶心等方面疗效突出。(王相东,杨帆.清胃汤治疗脾胃湿热型慢性胃炎的临床观察 [J].陕西中医,2015,36(11):1443–1445.)

马氏用清中汤加减治疗湿热中阻型慢性胃炎 42 例,方剂组成为:白芍 15g,鸡内金 15g,白术 15g,重楼 15g,郁金 15g,柴胡 15g,厚朴 15g,茯苓 10g,陈皮 10g,黄连 10g,栀子 10g,法半夏 10g。严重便秘者加生大黄(后下)10g,胃中灼热严重者加蒲公英 15g,口干舌燥者加麦冬 15g,食欲不振者加焦三仙各 15g,采用水煎服,1 口 2 次,分早晚服用。治疗结果:显效 25 例,有效 15 例,无效 2 例,总有效率 95.2%。方中各药物联合使用,具有清热化湿、缓急止痛、理气和胃的功效,对治疗湿热中阻型胃炎具有显著的疗效。(马燕.清中汤加减治疗湿热中阻型慢性胃炎的临床观察 [J].中医临床研究,2016,8(21):88–89.)

潘氏用三仁汤加减治疗脾胃湿热型慢性胃炎 132 例,方剂组成为:枳壳 10g,飞滑石 15g,生薏苡仁 20g,黄连 5g,厚朴 10g,半夏 10g,白豆蔻 10g,杏仁 10g,山栀子 10g,竹叶 10g,通草 6g。热重者加蒲公英 10g;湿重者加藿香 8g,佩兰 10g。每天 1 剂,煎制成汤,分 3 次于饭前半小时服用。治疗结果:显效 109 例,有效 18 例,无效 5 例,总有效率 96.2%。本方可清胃热,化内湿,佐以理气,使气通且湿去,热清而脾健,各症自消,对脾胃湿热型慢性胃炎的治疗效果明确。(潘应明.三仁汤加减治疗脾胃湿热型慢性胃炎疗效观察[J].中国医药科学,2012,2(15):101,113.)

十一、消化性溃疡

消化性溃疡,因其溃疡部位主要在胃与十二指肠,故又称胃与十二指肠溃疡,简称溃疡病,是一种常见病、多发病。本病以上腹部疼痛为主要临床表现,常兼有嗳气、反酸、恶心、呕吐等症状。

根据本病的临床症状,当属中医"胃痛""胃脘痛"等病证的范畴。

【湿热与发病的关系】

中医认为,本病的病因与饮食不节、情志失调和脾胃虚弱的关系最为密切,而这三者的病理变化,均可形成湿热,因此湿热是消化性溃疡病不可忽视的致病因素。

饮食不节,如暴饮暴食,饥饱失常,可损伤脾胃,致中焦运化不健,湿浊内生,积久化热,而成湿热,特别是平素恣食肥甘辛辣,过饮烈酒等,脾胃湿热内蕴,则更为明显。情志失调,如忧思恼怒,情怀抑郁,最易招致肝郁气滞,疏泄失职,如是则肝气横逆,中犯脾胃,使脾胃运化失司,湿聚化热,湿热由生。脾胃素虚之人,运化怯弱,内湿之产生,更属易易。若脾胃阴亏,阳热偏旺,则湿邪从阳而化热,湿热乃成。

上述各种病理变化而形成的湿热,阻滞中焦,使胃失和降,气机不畅,从而引起胃脘疼痛,胀闷不舒,嗳气,恶心,呕吐等症。

【相关临床表现】

消化性溃疡中医辨证属湿热型者,其主要临床症状是胃脘部灼热疼痛,痞胀不舒,口苦口臭,反酸纳呆,口干不欲饮,恶心呕吐,大便偏溏,小便短赤,舌红苔黄白而腻或黄腻,脉象滑数或濡数。

值得指出的是,湿热型溃疡病其病性一般属实,但由于本病病程漫长,患者正气大多偏虚,因此临床上每多出现虚实兼夹或本虚标实的证候,如既见面色萎黄,神疲乏力,气短声低等脾胃虚弱的症状,又兼有上述湿热中阻的征象,临证须细加辨识。

【相应治疗方法】

湿热型溃疡病,若证候偏实者,治宜清热化湿,理气运中为主,方如连朴饮、甘露消毒丹、小陷胸汤等化裁。若虚中夹实者,治当扶正祛邪,如脾胃气虚而兼夹湿热,方用半夏泻心汤加减;胃阴不足而兼有湿热,方用一贯煎或沙参麦门冬汤加黄芩、黄连、藿香、朴花、蒲公英之类。

现代研究发现湿热型溃疡病,其发病常与感染幽门螺杆菌有关,而某些中药如黄芩、黄连、虎杖、蒲公英等有杀灭和抑制该菌的作用,故在中医辨证的基础上,适当选用上述药物,可望提高疗效。

【验案举例】

例1 李某,男,42岁,干部。

反复发作胃脘部疼痛4年余,加重3天,于1992年3月2日来院就诊。症见:胃脘部灼热闷痛,嗳气,反酸,纳呆,口苦,口干不欲饮,舌边尖红,苔黄腻,脉弦滑。根据脉证,诊断为"胃脘痛"。柴胡疏肝散合左金丸治疗,服药3剂,除反酸略有减少外,余症依然。后做纤维胃镜检查,报告为"十二指肠球部溃疡"。鉴于用上述方药效不显,再细察其症,患者除胃脘部疼痛外,还兼有口苦,口干不欲饮,苔黄腻,脉滑等湿热征象,故此诊断为"湿热型胃脘痛"。处以连朴理气汤治疗。药用黄连10g,黄芩10g,厚朴12g,半夏6g,石菖蒲10g,蒲公英30g,苏梗10g,吴萸6g,砂仁6g,芦根15g,滑石12g。服上方2剂后,胃脘部疼痛明显减轻,饮食增加,续服上方3剂,胃脘痛消失,不反酸,舌苔薄腻微黄。继服原方7剂,以巩固疗效。后以上方研末,每日2次,每次服10g,坚持服用。3个月后做纤维胃镜检查,十二指肠球部溃疡已愈合。随访3年,胃脘痛未见复发。(柴良辉.连朴理气汤治疗湿热型胃脘痛30例[J].湖北中医杂志,1996,18(5):22–23.)

按:本例初诊投以疏肝理气之剂,其效不显。复诊根据口苦、口干不欲饮、苔黄腻等症状,辨证为"湿热型胃脘痛",治用清热化湿、运中理气之连朴理气汤,由于药证相符,遂获桴鼓之效,足见临床辨证施治之重要性。

例2 毛某,男性,67岁,1994年11月26日入院。

因上腹部疼痛反复发作8年,伴黑便2天收入院。曾多次胃镜提示十二指肠球部溃疡。入院时黑便色如柏油,每日2次,量约250g,腹痛隐隐,伴头晕,吐酸明显,舌质淡、苔黄腻,脉细数。查血红蛋白70g/L,大便"OB"(邻甲联苯胺法)强阳性。在禁食补液的基础上,给紫珠草、檵木、蒲公英、乌贼骨各30g,浙贝10g,生大黄(后下)5g。2剂后黑便减少,每日量约100g,质溏,黄腻苔渐退。仍守上方3剂,大便色转黄,胃脘部隐痛减,舌质淡、苔薄白,大便"OB"阴性。乃改用健脾温中止血法:党参、炒白术、浙贝、阿胶(烊冲)、生地各10g,生黄芪、乌贼骨、蒲公英各30g,茯苓15g,生甘草、淡干姜各5g。5剂后胃部隐痛除，大便“OB”持续阴性，痊愈出院。（潘善余. 消化性溃疡出血与脾胃湿热关系探讨[J]. 浙江中医杂志，1998，33（3）：110-111.）

按：该文作者经验，溃疡病人当其发生上消化道出血时，常存在脾胃湿热的标证和脾胃虚寒的本证。根据急则治其标的原则，出血时主要运用清热化湿止血法，以紫珠草、檵木、蒲公英、大黄为基本方，随证化裁；血止之后，用补益脾胃善后。本例即是按上述治法步骤进行治疗而收全功。

例3 花某，男，42岁，工人。1974年12月17日初诊。

患胃小弯溃疡10余年（1967年经某医院胃肠钡餐造影证实），平时经常作痛，曾出血2次，本月4日又有呕血，经治疗后血已止，但胃脘胀痛不已，痛无定时，反酸颇多，口苦口酸，口干而臭。舌苔前半黄腻，根厚色黑，质胖青紫，脉象弦细。根据以上各症，结合舌苔特点，断为肝胃同病，湿热夹瘀交阻，不但气机郁滞，湿热熏蒸，兼有宿瘀阻络之象。治拟辛开苦泄，化瘀止痛：川连3g，吴萸1.5g，半夏9g，赤白芍各9g，制川军6g，木香9g，煅瓦楞子30g，失笑散（包）12g。3剂。

二诊（12月20日）：胃脘胀痛，反酸口渴等症均已减轻，口臭亦退，近两日稍能安眠。苔厚黑腻大半已化，脉弦细。再拟上方续进：原方加佛手干9g，陈皮9g。4剂。

三诊（12月24日）：黑腻之苔已化，余症亦瘥，脉如前。仍以前法以善其后：原方3剂。（上海中医学院附属龙华医院. 黄文东医案[M]. 上海：上海人民出版社，1977.）

按：本例病因病机较为复杂，瘀血、湿热交相为患。方中川连、半夏、川军辛开苦降，具有清热祛湿之效，合失笑散、赤白芍、木香等，活血行瘀，理气止痛，共奏其效。

例4 朱某，女，52岁。2000年4月初诊。

患者因反复上腹部隐痛反酸2年，加剧1周来院就诊。经某省级医院诊断为胃窦及十二指肠复合性溃疡，溃疡灶约1.5cm×1.8cm大小，幽门螺杆菌阳性，建议手术治疗。因患者拒绝手术治疗而来院保守治疗，给予中西药结合治疗（西药按常规用药8周），药用：蒲公英10g，黄芩12g，白花蛇舌草10g，川朴10g，木香10g，枳壳10g，槟榔10g，黄连5g，吴茱萸5g，当归10g，丹参10g，薏苡仁30g，水煎服。上方加减服用10剂后自觉症状基本消失。平素患者喜温畏寒，体倦乏力，食欲不振，大便溏薄，改处方为：党参10g，白术10g，茯苓10g，炙甘草10g，红枣30g，黄芪10g，当归10g，丹参10g，薏苡仁30g，水煎服。上方加减服用50剂。3个月后胃镜复查溃疡消失。至今未复发。（詹程胹. 吴滇治疗消化性溃疡经验［J］.中华中医药学刊，2007，25（7）：1332-1333.）

按：本例幽门螺杆菌阳性。据临床观察，慢性胃炎或消化性溃疡病，幽门螺杆菌阳性者，多见于中医辨证为湿热型。蒲公英、黄芩、黄连、白花蛇舌草等是抗幽门螺杆菌的常用药物。

例5　胡某，男，24岁，学生。2010年7月2日初诊。

胃脘疼痛3个月，空腹明显，食后痛减，喜温喜按，嗳气时作，反酸较频，胃纳尚可，夜寐安和，大便日一行，色黄成形，舌偏红，苔黄腻，脉细弦。胃镜示：十二指肠溃疡（A1期）。拟方温中健脾，清化湿热。方选黄芪建中汤合左金丸加减。处方：炙黄芪10g，杭白芍15g，嫩桂枝5g，炙甘草5g，乌贼骨15g，大贝母6g，仙鹤草15g，生苡仁15g，川百合15g，川黄连3g，吴茱萸1g。14剂。三七粉60g，白及粉60g，每次各2g，藕粉调服，早晚各服1次。

二诊（2010年7月16日）：胃痛不显，仍有反酸，夜寐尚可，苔薄少，脉细。治再益气和胃。原方加竹茹10g，28剂。三七粉60g，白及粉60g，每次各2g，每日3次，藕粉调服。

三诊（2010年8月16日）：现胃痛已缓解，反酸减少，大便时有不成形，舌红，苔薄少，脉细，治再前方出入。复查胃镜：十二指肠球部溃疡（S1期）。原方加葛根10g，14剂。三七粉60g，白及粉60g，早晚各2g，藕粉调服。（叶柏.单兆伟教授治疗消化性溃疡经验［J］.辽宁中医药大学学报，2011，13（12）：17-18.）

按：患者长期伏案，缺乏煅炼，再加学习紧张，致使肝气不调，气郁化热，热与湿相合，而致湿热内蕴，寒热错杂。治疗采取益气温中、清化湿热的方法，标本兼顾，寒温并用，病乃获愈。方中藕粉调服之剂，颇有特色，值得效法。

【临证备考】

治疗湿热性胃脘痛42例（其中含胃溃疡4例），以平胃散为主方，药用苍术15g，厚朴10g，橘皮15g，甘草3g，生姜3片，大枣10g，鱼骨30g，黄芩15g，砂仁10g，水煎，每日1剂，30天为1疗程，治疗1疗程后复查胃镜。结果：治疗后6天疼痛消失8例，余34例于9~12天明显好转，15~20天基本消失。其中4例胃溃疡者溃疡全部消失。认为湿热性胃脘痛的诊断依据有如下几点：①剧烈胃痛，主要在胃脘处；②胃脘胀满不适，恶心纳呆，严重者伴有呕吐，物浊难闻；③舌苔黄厚而腻，口苦，这是诊断湿热性胃脘痛的主要客观指标之一。（袁兆荣，袁杰.湿热性胃脘痛证治［J］.山东医药杂志，1997，37（10）：55.）

用连朴理气汤治疗湿热型胃脘痛30例（其中含胃溃疡2例，十二指肠球部溃疡7例），其组方为：黄连6~12g，厚朴10~15g，石菖蒲10~12g，半夏

6~12g,蒲公英 30g,苏梗 10g,陈皮 10g,芦根 15g,吴茱萸 6~10g,砂仁 6g,滑石 12g,黄芩 8~12g。水煎服,每日 1 剂,7 天为 1 疗程。治疗结果:显效 20 例,有效 9 例,无效 1 例,一般 1 个疗程即获显效,2~3 个疗程便可痊愈。(柴良辉.连朴理气汤治疗湿热型胃脘痛 30 例[J].湖北中医杂志,1996,18(5):22-23.)

潘氏在《消化性溃疡病出血与脾胃湿热关系探讨》一文中认为:脾胃湿热是消化性溃疡出血的重要环节,从收治的 102 例胃与十二指肠溃疡出血的病人来看,当出血正发作时,90 例有脘腹痞闷,舌淡红苔黄腻,脉细数的表现,中医辨证属脾胃湿热证。消化性溃疡的病人,有脾胃虚弱的病理存在。当溃疡出血时,血溢于胃肠,血为黏腻肥甘之品,会进一步影响脾胃运化功能,酿成湿热,而成脾胃湿热证。西医学认为,胃、十二指肠溃疡病多存在幽门螺杆菌的感染,当溃疡面侵蚀到血管,造成血管破裂,则引起溃疡面的出血。溢于肠胃内的血液是细菌良好的培养基。这样,出血容易加重胃、十二指肠黏膜的炎症;胃、十二指肠黏膜的炎症又妨碍了破裂血管的修复,加重了溃疡面的出血。因此,脾胃湿热是消化性溃疡出血病机的重要一环。(潘善余.消化性溃疡出血与脾胃湿热关系探讨[J].浙江中医杂志,1998,33(3):110-111.)

王氏等用加减半夏泻心汤治疗湿热中阻型消化性溃疡 35 例,药用制半夏 10g,竹茹 6g,木香 10g,厚朴 10g,黄芩 9g,川黄连 5g,蒲公英 15g,延胡索 12g,茯苓 15g,威灵仙 15g,白术 12g,没药 10g。若胃痛连胁,或每因情志因素而痛作,肝郁气滞症状明显者,加柴胡、香附;胃痛固定不移,伴刺痛感,有瘀血症状者,加蒲黄、五灵脂;胃痛甚者加丹参饮或炒蒲黄、炒白芍;嗳气较频者,加旋覆花、沉香;反酸甚者,加乌贼骨、瓦楞子。治疗结果:临床疗效显示治愈 7 例,显效 14 例,有效 12 例,无效 2 例,总有效率 94.3%;胃镜疗效显示治愈 25 例,显效 6 例,有效 3 例,无效 1 例,总有效率 97.14%。(王雅春,李向哲.加减半夏泻心汤治疗湿热中阻型消化性溃疡 70 例[J].光明中医,2014,29(5):967-970.)

姚氏等用清热化湿愈疡合剂治疗消化性溃疡脾胃湿热证 65 例,药用清热化湿愈疡合剂(由黄连、蒲公英、苦参、苍术、佩兰、菖蒲、陈皮、半夏、厚朴、白及、地榆、甘草等中药组成,经山东省食品药品监督管理局批准,鲁药制字 Z0420030030,由滕州市中医医院制剂室生产),每次 30ml,每日 2 次,于饭前 1 小时温服,6 周为 1 疗程。治疗结果:证候疗效显示治愈 39 例,显效 8 例,有效 11 例,无效 7 例,总有效率 89.23%;溃疡疗效显示治愈 39 例,显效 8 例,有效 10 例,无效 8 例,总有效率 87.69%。(姚德才,王洪京.清热化湿愈疡合剂治疗消化性溃疡脾胃湿热证 65 例［J］. 光明中医，2010，25（11）：2011–2012.）

陈氏用连朴理气汤治疗清中汤合平胃散治疗消化性溃疡脾胃湿热证 60 例，药用：黄连、栀子、陈皮、半夏、茯苓、甘草、苍术、厚朴、九节茶、蒲公英、白及、丹参。气虚者加党参、黄芪、白术，去黄连、栀子；肝郁明显者加柴胡、郁金。水煎服，1 日 1 剂，服用 1 个疗程，时间为 6 周。治疗结果：治愈 35 例，显效 7 例，有效 12 例，无效 6 例，总有效率 90.0%；其中，溃疡疗效显示治愈 35 例，显效 7 例，有效 11 例，无效 7 例，总有效率 88.3%。（陈建平. 清中汤合平胃散治疗消化性溃疡脾胃湿热证效果分析［J］. 中国卫生标准管理，2015，6（32）：149–151.）

谭氏等用愈疡胃泰汤治疗消化性溃疡湿热证 77 例，药用：法半夏 10g、吴茱萸 10g、白术 20g、茯苓 20g、党参 20g、蒲公英 15g、土大黄 15g、厚朴 15g、黄芪 10g、黄连 10g、炙甘草 10g，热偏盛者法半夏、吴茱萸各减为 6g，湿偏盛者黄芩、黄连各减为 6g，每剂文火浓煎 3 次，共取汁 400ml，1 日 1 剂，分早起、晚睡时 2 次口服。以 6 周为 1 疗程，疗程满后复查胃镜。治疗结果：治愈 60 例，显效 11 例，有效 4 例，无效 2 例，总有效率 97.4%。（谭家鹏，陈绪亮，毛德文. 愈疡胃泰汤治疗消化性溃疡湿热证 77 例［J］. 湖南中医药导报，2002，8（4）：165–166.）

十二、胆囊炎与胆石症

胆囊炎与胆石症是肝胆系统的常见病、多发病。胆囊炎是由于胆道感染细菌，或因结石、化学因子的侵袭而发生炎症，据其病程的久暂，临床可分急、慢性两大类。胆石症多因胆汁的成分比例失调或炎症所引起。胆囊炎与胆石症常互为因果，合并为患。其主要临床表现为发热，右上腹部胀痛或阵发性绞痛、压痛明显，部分病人可出现黄疸。

中医无胆囊炎、胆石症的病名，据其临床症状，当属于"胁痛""黄疸""结胸""痞满""胆胀"等病证的范畴。

【湿热与发病的关系】

从中医病因学分析，胆囊炎与胆石症的主要病因是湿热，其病位在于肝胆、脾胃。究其湿热的成因，有受之于外者，即湿热之邪侵袭人体，脾胃和肝胆最易受邪，于是脾胃失运化之权，肝胆失疏泄之职，而引起胁腹疼痛，脘闷纳差，恶心呕吐，面目发黄等症；也有因饮食不节，嗜食膏粱厚味，或酗酒过度，或喜食辛热之物,致脾胃损伤,湿热内生,从而影响了肝胆疏泄功能,其病乃成;更有因情志不遂,郁怒伤肝,使肝失疏泄,横逆犯胃,致脾胃升降失调,运化不健,湿热由是而生,反过来又阻碍肝胆疏泄之功能,胁痛、黄疸诸症乃作。至于结石的形成,多因湿热煎熬胆汁,结成砂石,阻滞胆道,而成胆石症。

【相关临床表现】

胆囊炎与胆石症的临床表现相似,其由湿热引起者,症见寒战,发热,右胁下胀痛或剧烈绞痛,放射至同侧肩背,脘腹胀闷,饮食减少,厌油腻食物,恶心呕吐,或面目发黄,小便黄赤,舌红苔黄腻,脉弦滑数。上述临床表现,多见于急性或慢性急性发作病例。至于慢性患者,一般症势较缓,症情较轻。

【相应治疗方法】

疏肝利胆、清化湿热是其主要治法,并根据"六腑以通为用",常结合通腑泻实之法。常用方剂有龙胆泻肝汤、胆道排石汤、排石汤1号、排石汤6号、清胆利湿汤,亦可用小陷胸汤加清化湿热之品。若兼大便秘结、腹胀满者,可选用大柴胡汤加茵陈、山栀、郁金、虎杖等。慢性病例,可用柴胡疏肝散合金铃子散加茵陈、山栀、蒲公英、金钱草、虎杖、黄芩等清热化湿解毒之品。

【验案举例】

例1 张某,女,35岁。1992年7月12日初诊。右胁下阵发性疼痛10余天,夜间为重。西医检查为"胆囊炎",用西药不缓解。症见右胁下剧痛,放射至肩背,白天胀闷不舒,晚间剧痛不已,食欲减少,恶心欲呕,二便尚可;舌苔黄白而腻,舌质淡,脉滑数。湿热蕴结,肝胆热盛。治宜清化湿热,疏理肝胆。方用金钱草60g,生山栀10g,龙胆草10g,柴胡10g,炒川楝子10g,合欢皮30g,赤芍12g,片姜黄10g,虎杖20g,生苡米20g。4剂,水煎服。

7月17日二诊:服药后疼痛明显减轻,白天仍有胀闷感,守前方,金钱草加至90g。病人共服药20余剂,症状消失。(田瑜.清化湿热法运用心得[J].中国医药学报,1995,10(1):32-34.)

按:本例重用金钱草,意在清热解毒、渗湿利胆。大量的临床实例证明,本品对胆囊炎、胆石症均有良效,尤适合于湿热类型。

例2 王某,男性,39岁。

阵发性寒热,出现黄疸,伴右上腹部疼痛,每隔12~15日发作一次,已达半年余。化验检查:白细胞28 300/mm³,中性93%,淋巴7%;小便尿胆原阳性;总蛋白及白/球比值正常,黄疸指数35U,范登堡反应直接、间接均阳性,脑絮(+),硫酸锌浊度9U,胆固醇200mg%;胆汁培养为大肠杆菌。先后在某医院等住院4次,诊断为慢性胆囊炎急性发作。

现症：近数月来，先时觉腹中隐痛，旋即寒热往来，继而出现黄疸，口苦，恶心，胃纳减退，大便在发病时出现白色，多便秘，小溲黄赤，舌苔中后微黄带浊、前半白腻，脉象弦滑。

辨证：湿遏热伏，胆腑不净，邪气久稽，胃失和降，证属少阳阳明同病。

立法：化湿清热，舒胆和胃。

处方：柴胡、黄芩、茵陈、黑山栀、升麻、元明粉、郁金、枳壳、败酱草、厚朴、半夏、甘草。

服上方30余剂后，基本控制了病情的反复发作，继以原方去厚朴、茵陈，加党参、当归等，连服100余剂，体重增加5kg，恢复工作。追踪观察3年，身体健康。（浙江省中医研究所文献组.潘澄濂医论集［M］.北京：人民卫生出版社，1981.）

按：方用柴胡加芒硝汤化裁，意在和解少阳，兼通腑实，并清化湿热。方中茵陈、山栀、芒硝、郁金等均有利胆作用。

例3 胡某，女，29岁。1977年8月30日初诊。

阵发性右胁疼痛已历二年余。初起每年疼痛二三次，近1年中每月疼痛一二次，痛甚如绞，难以忍受，伴有恶寒发热，呕吐苦酸水液，曾住院治疗，疑为慢性胆囊炎、胆石症，未做胆囊造影。经消炎止痛处理后，疼痛缓解。近日又复发，右胁疼痛，波及胃脘，有时嗳气或呕吐恶心，纳差，神疲，口苦咽干，大便干结，三四日1次，小便短赤。舌尖红，苔根黄腻，脉象弦细。病属肝胆湿热，失于疏泄，阳明燥实内结，腑气不畅。治宜疏肝泄胆，清热通腑。

处方：柴胡12g，黄芩10g，白芍12g，枳实10g，茯苓12g，金钱草30g，栀子10g，大黄10g，生姜10g，当归10g。

1977年9月6日二诊：服上方6剂，右胁疼痛减轻，嗳气呕吐亦除，腑气已通，大便初硬后溏，每日1次，胃已不痛，但有胀满感，小便仍黄，舌尖红，苔转薄白，脉弦细。查肝功能正常。再以原方增删，减大黄之量，去栀子、生姜，加大腹皮、车前子。

1977年9月23日三诊：服上方5剂后，疼痛基本消失，胃脘胀满亦有减轻。自觉上方有效未来复诊，又照原方服6剂后，右胁痛止，胃胀近消，唯纳谷不香，神疲乏力，大便溏薄。去大腹皮、大黄、金钱草，减柴胡，入山药、扁豆、神曲，以健脾胃，巩固疗效。上药又进6剂，诸病痊愈，3个月随访病未复发。（董建华.临证治验［M］.北京：中国友谊出版公司，1986.）

按：本例乃少阳兼腑实之证，故方用大柴胡汤加减和解少阳，兼通腑实，复入金钱草、栀子等清热利胆之品，而获效验。临床实践证明，大柴胡汤对胆囊炎、胆石症中医辨证属少阳兼阳明腑实者,效果显著。

例4 患者,女,45岁,2016年3月10日初诊。

主诉:右胁疼痛伴胃脘胀痛10天。患者10天前因饮食不适出现右胁疼痛牵至后背,伴恶心呕吐,于当地医院行彩超示:胆囊内强回声。给予消炎利胆片、兰索拉唑口服,效差。现症见:右胁痛牵至后背,伴胃脘胀痛,餐后明显,恶心,无呕吐,无发热寒战,口干口苦,纳眠差,大便日行1~2次,质黏腻,小便色黄,伴灼热感,舌红苔黄腻,脉弦滑。就诊后复查腹部彩超报告示:胆囊结石并胆囊炎。西医诊断:急性胆囊炎,胆囊结石。中医诊断:胁痛,证属湿热内蕴。方用清肝利湿汤加减,处方如下:柴胡12g,白芍30g,茵陈15g,金钱草30g,鸡内金12g,白术30g,枳实30g,青皮12g,陈皮12g,甘草6g。水煎服200ml,日1剂,早晚分服,共7剂。

二诊:患者右胁痛明显减轻,稍有恶心,仍有纳差、眠差,大便质黏,小便可。原方加入炒麦芽30g、炒谷芽30g以健脾消食。

三诊:患者右胁痛较前减轻,后背疼痛明显缓解,食欲好转,眠可,二便调,舌红苔黄,脉弦滑。因患者年近中年,易激动、思虑,情绪波动较大,每因情绪波动而加重。故加玫瑰花12g,延胡索24g,郁金15g以疏肝解郁、行气止痛;酒大黄9g通腑以利胆。7剂,水煎服,配合口服熊去氧胆酸胶囊250mg,1日2次,以增加胆囊收缩功能,促进排石。

四诊:患者自述无明显疼痛感,纳眠可,二便调,舌红,苔淡黄,脉弦。上方去陈皮、青皮,加海螵蛸15g、白及12g以抑酸、保护胃黏膜,继服14剂,熊去氧胆酸胶囊继服2月,巩固疗效。(张檬.王伟明论治胆囊炎经验浅述[J].中国民族民间医药,2016,25(12):71,73.)

按:胆囊炎、胆石症常相兼为患。观其清肝利湿汤,是由四逆散加味而成。前后四诊处方,多用疏肝利胆、清利湿热为法。其中,金钱草、郁金、鸡内金为利胆排石的常用之品,酆意滑石亦可加入,若见腑实证,大黄、芒硝在所必需,《伤寒论》柴胡加芒硝汤、大柴胡汤可随证选用。

例5 袁某,女,76岁,2014年5月20日初诊。

主诉:寒战发热伴恶心呕吐1天。患者神清,精神差,寒战发热伴恶心、干呕,胸胁胀痛,纳少,寐欠安,二便调,舌质红,苔黄腻,脉滑数。查体:测体温38.5℃,腹壁紧张,有压痛。上腹部B型彩超示:胆囊增大,胆囊壁增厚。查血常规示:白细胞计数12.1×10^9/L,中性粒细胞89%,红细胞计数1.02×10^{12}/L,血红蛋白浓度115g/L。查心电图示:窦性心动过速。中医诊断为内伤发热,少阳湿热证;西医诊断为胆囊炎。治以清胆利湿,降逆止呕。药用:青蒿、生薏苡仁各 30g,黄芩、麸炒枳壳、陈皮、清半夏、碧玉散、茯苓、炒苦杏仁、姜厚朴各 10g,竹茹 15g,甘草 6g。3 剂,每日 1 剂,水煎早晚分服。

服药后诸症减轻,体温降到 37.8℃。效不更方,继予 5 剂,服药后诸症明显减轻,体温正常。(常伟,张景凤.蒿芩清胆汤治疗发热验案 2 则[J].山西中医,2015,31(1):56.)

按:本例的病理症结在于湿热蕴结肝胆,胆热犯胃。治用蒿芩清胆汤化裁,意在清肝利胆、降逆止呕,且清化湿热寓于其中,可谓别具匠心,终收湿热除、胆胃和之良效,厥自瘳。

例 6　王某,男,40 岁。2012 年 1 月 3 日初诊。

主诉:反复右胁肋部疼痛伴口苦 2 年余,每进食油腻食物则痛甚,伴心烦,脘腹痞满、嗳气、恶心欲吐、全身困重,纳呆,大便干结难解,小便黄,舌红,苔黄腻,脉弦滑。查体:右上腹压痛(+),墨菲征(+)。外院 B 超检查提示:正常大小胆囊,胆囊壁增厚,回声增强,边缘粗糙,伴有胆囊结石高回声。查血、尿淀粉酶(−)。西医诊断:慢性胆囊炎。中医诊断:胁痛,证型为肝胆气滞,湿热内蕴。治当疏肝利胆,清利湿热。处方:青蒿 10g,黄芩 10g,枳壳 15g,竹茹 10g,茯苓 10g,法半夏 10g,陈皮 10g,滑石 10g,夏枯草 10g,大黄(后下)10g,龙胆草 10g,川楝子 10g,麦芽 10g,神曲 10g,白芍 15g,甘草 6g。7 剂,每日 1 剂,水煎至 250ml,饭后温服。

二诊:1 周后复诊,上述症状明显减轻,大便稀溏,日行 2 次,原方去大黄、枳壳,再服 7 剂,服法同前。10 天后回访症状已全部消失。1 个月后复查 B 超提示:胆囊基本正常。随访未复发。(戴丽莉,林培政.林培政教授运用蒿芩清胆汤治验举隅[J].广州中医药大学学报,2013,30(2):253–254.)

按:本案与上例均用蒿芩清胆汤为主方而取效,用药加减虽有所不用,却收异曲同工之妙,值得玩味。

例 7　患者,男,45 岁。右上腹剧烈疼痛半天余,体温 38.8℃,恶心,呕吐,进食即吐,口苦,咽干,巩膜及全身皮肤发黄,尿黄,大便秘结,舌质红,苔黄厚腻,脉滑数。查体:右上腹压痛。B 超检查示:胆囊内可见多个强光团伴声影,最大直径 0.8cm,胆总管内可见一强光团伴声影,直径约 0.7cm,胆囊壁厚 0.5cm。西医诊断为胆囊结石合并胆总管结石胆囊炎。中医诊断为腹痛,证属肝胆湿热。治以通腑泻下,清热利湿。处方:大黄(后下)12g,枳实 15g,芒硝 9g,厚朴 12g,青皮、制香附、茵陈、栀子、郁金、清半夏、木通、泽泻、车前子(包煎)各 10g,金钱草、蒲公英各 30g,水煎服,3 剂。1 剂后大便通畅,体温下降。继服 2 剂后体温降至正常,腹痛减轻,胃肠道症状改善,黄疸症状减轻。(黄曼.大承气汤加减在急性胆囊炎急性发作治疗中的应用[J].光明中医,2012,27(9):1863–1864.)

按: 是患实为湿热蕴结肝胆,兼夹阳明腑实之证,发黄、右上腹剧痛、尿黄、便秘、舌红苔厚、脉滑数,是其明证。"六腑以通为用""通则不痛",故用大承气汤合茵陈蒿汤化裁而获效。

【临证备考】

名医俞尚德主任医师经验:对胆囊炎与胆石症,治法宜清热解毒,抗菌消炎,苦寒通降,利气疏郁,促进泌胆,排出结石,通则不痛。其经验方"利胆汤"组成:炒茅术5~8g,生甘草8~10g,赤芍8~10g,姜黄12~15g,广木香6~10g,炒枳壳5g,酒大黄5~15g,蒲公英20~90g。病史长久者,加炮甲片、桃仁、苏木等;炎症重及慢性胆囊炎者加银花、酒炒黄柏等;胆总管结石者加四川金钱草、玄明粉、虎杖等;肝内胆管结石者,加红灵丹;不透X线阳性结石者加三棱、莪术、山楂(以上三药可能有碎石作用)等;胆道出血者加大青叶、柿霜、三七粉等;有黄疸者,加茵陈、对坐草等。(俞尚德.俞氏中医消化病学[M].北京:中国医药科技出版社,1997.)

名医杨继荪主任医师认为急性胆囊炎的病因病机可归纳为"肝胆气滞""湿热蕴结",而"湿热蕴结"又可分为热重于湿和湿重于热。热重于湿者,治法为清热除湿、疏肝利胆,兼通腑气。基本方:柴胡10g,黄芩30g,姜半夏10g,川厚朴12g,茵陈30g,黑山栀9g,生白芍15g,枳壳12g,生军(后下)9g,玄明粉9g,生姜4片;湿重于热者,治法为温运化湿,疏利肝胆,佐以清热。基本方:制苍术12g,厚朴12g,姜半夏12g,陈皮9g,柴胡9g,郁金12g,过路黄30g,炒黄芩15g,白蔻仁粉(冲)6g,川连4g,吴茱萸2g,炒枳壳12g,广木香6g,生姜4片。(潘智敏.杨继荪临证精华[M].杭州:浙江科学技术出版社,1999.)

以清胆利湿汤治疗湿热型慢性胆囊炎102例,结果临床治愈率为19.6%,显效率为47.1%,有效率为20.6%,总有效率为87.3%。清胆利湿汤主要由茵陈、黄芩、栀子、柴胡、元胡、厚朴、半夏、青皮、陈皮、川楝、郁金、白芍等组成,每日1剂,水煎服。获效后改清胆利湿丸,每日3次,每次6g。疗程为4周。(佘靖,张炳厚,刘红旭,等.清胆利湿汤治疗肝胆湿热型慢性胆囊炎的临床及实验研究[J].中医杂志,1996,37(12):725–727.)

用生大黄10g,元明粉10g,龙胆草6~10g,开水浸泡5分钟,服上清液。重的1日2次。治疗急性入院的胆囊炎、胆石症116例,结果全部临床治愈。其中12例加用自制胆胰汤(柴胡3g,茵陈15g,黄芩10g,木香10g,枳实10g,地丁草30g,白芍10g),每日1剂。(虞佩英,汪朋梅,马荣庚.硝黄泡服治疗急性胆囊炎胆石症116例[J].江苏中医,1981(4):49.)

南京铁道医学院附属医院中医科介绍用清胆合剂加外敷法治疗急性胆囊炎53例,取得一定疗效。清胆合剂组方:败酱草30g,枳实10g,黄芩15g,黄连5g,全瓜蒌20g,广郁金10g,广木香10g。水煎服。外用"栀黄散"组方:山栀10g,生军10g,芒硝10g,冰片1g,乳香3g,共为细末,为1次量,加蓖麻油30ml,75%酒精10ml,蜂蜜适量,调为糊状,敷于胆囊区,每天1次,每次可保持8~12小时(其中12例加用外敷)。治疗结果:临床治愈27例,占51%;好转25例,占47%;无效1例,占2%。(南京铁道医学院附属医院中医科.清胆合剂加外敷法治疗急性胆囊炎53例[J].山东中医杂志,1984(1):22-24.)

常氏等用疏肝利胆汤治疗慢性胆囊炎肝胆湿热证30例,药用柴胡15g,香附12g,茵陈20g,金钱草20g,川芎10g,延胡索10g,川楝子10g,枳实15g,陈皮12g,郁金15g,黄芩8g,生白芍12g,炙甘草6g。疼痛较著者加姜黄10g,呕吐甚者加旋覆花(包煎)12g、赭石15g、竹茹10g,腹胀甚者加厚朴10g、莱菔子15g、大腹皮12g、槟榔10g,湿热重黄疸者加虎杖12g、龙胆草6g、山栀10g,大便干结难下者加生大黄6g,有结石者加海金沙12g、鸡内金12g。连续治疗4周为一疗程,治疗2个疗程判定疗效。治疗结果:痊愈9例,显效7例,有效10例,无效3例,总有效率89.7%。(常增伟,高彩霞.疏肝利胆汤治疗慢性胆囊炎肝胆湿热证临床观察[J].实用中医药杂志,2018,34(2):164-166.)

雷氏用清利肝胆法治疗慢性胆囊炎肝胆湿热证39例,药用金钱草20g,元胡20g,白芍15g,郁金15g,黄芩15g,木香15g,柴胡10g,川楝子10g,车前子10g,甘草7g,大黄5g。湿重者去黄芩、大黄,恶心呕吐者加半夏、竹茹。治疗结果:痊愈18例,显效12例,有效6例,无效3例,总有效率92.3%。(雷宇.慢性胆囊炎肝胆湿热证应用清利肝胆法的临床疗效[J].中国现代药物应用,2016,10(7):265-266.)

吴氏用五金散加减治疗湿热型胆囊炎30例,药用海金沙(包煎)6g,金钱草20g,郁金30g,川楝20g,鸡内金6g,柴胡10g,虎杖15g,酒制大黄6g,水煎服,每日服1剂。进行4周的治疗,在用药期间停用其他利胆消炎类药物。治疗结果:痊愈15例,显效5例,有效8例,无效2例,总有效率93.33%。(吴巧灵.用五金散治疗湿热型胆囊炎的临床效果研究[J].当代医药论丛,2015,13(6):44-45.)

党氏等用利胆和胃方治疗肝胆湿热型慢性胆囊炎60例,药用金钱草30g,

青皮 18g,姜半夏 12g,枳壳 10g,木香 10g,醋元胡 15g,郁金 10g,白芍 15g,炙甘草 6g。胁痛剧烈者,加蒲黄、五灵脂、佛手、香橼;胁痛牵引后背者,加姜黄;脘腹胀满者,加厚朴、枳实、大腹皮、炒莱菔子;食欲不振,加焦三仙、隔山消、炒莱菔子;大便溏泄者,加车前子、茯苓、泽泻、炒苡仁;大便干结者,加火麻仁、生大黄。治疗结果:治愈 18 例,显效 24 例,有效 14 例,无效 4 例,总有效率 93.3%。(党中勤,李昆仑.利胆和胃方治疗肝胆湿热型慢性胆囊炎 60 例临床观察[J].中国民族民间医药,2014,23(20):47–48.)

陆氏用柴芩清胆汤治疗肝胆湿热型慢性胆囊炎 48 例,药用柴胡 20g,茵陈 20g,白芍 20g,金钱草 20g,蒲公英 20g,黄芩 15g,枳壳 15g,茯苓 15g,白术 15g,香附 15g,木香 15g,甘草 15g,水煎服,1 日 1 剂,分早晚 2 次服用,连续治疗 4 周为 1 个疗程,2 个疗程后观察疗效。治疗结果:痊愈 26 例,显效 15 例,有效 5 例,无效 2 例,总有效率 95.83%;胆囊彩超影像显示痊愈 25 例,显效 14 例,有效 5 例,无效 4 例,总有效率 91.67%。(陆剑豪.柴芩清胆汤治疗肝胆湿热型慢性胆囊炎的临床研究[J].中医临床研究,2014,6(29):84–85.)

梅氏用清肝利胆汤治疗 60 例湿热型慢性胆囊炎患者,药用金钱草 20g,元胡 20g,郁金 15g,木香 10g,川楝子 10g,白芍 15g,黄芩 15g,柴胡 10g,车前子 10g,大黄 5g,甘草 7g。伴有胆石者加海金沙、鸡内金;湿重者去黄芩、大黄,加砂仁、茯苓;黄疸重者加枳壳、茵陈;纳呆腹胀者加麦芽、山楂;严重恶心呕吐者加半夏、竹茹;烧心、反酸者加水红花子、莱菔子、红豆蔻;大便不爽者去大黄、黄芩,加黄连。水煎服,1 日 2 次,分早晚饭后 0.5 小时温服。治疗结果:治愈 10 例,显效 32 例,有效 14 例,无效 4 例,总有效率 93.33%。(梅雪峰.清肝利胆汤治疗 120 例湿热型慢性胆囊炎患者的临床疗效[J].内蒙古中医药,2012,31(18):7.)

卜氏用通胆排石丸治疗肝胆湿热型胆囊结石症 100 例,药用:茵陈 40g,栀子 15g,生大黄 15g,柴胡 15g,虎杖 30g,延胡索 15g,枳壳 30g,川楝子 30g,槟榔片 10g,乌梅 15g,焦山楂 15g,麦芽 20g,青皮 10g,鸡内金 20g,金钱草 60g,白芍 30g,甘草 10g。此方共研面,制成小蜜丸,每 6 丸为 1g,1 次 10g,每日 2 次,温开水送服。以 10 天为 1 个疗程,观察 2 个疗程,疗程期间停用其他治疗药物。治疗结果:治愈 18 例,好转 80 例,未愈 2 例,总有效率 98.0%。(卜滢.通胆排石丸治疗胆石症 100 例临床观察[J].辽宁中医杂志,2008,35(6):894.)

十三、慢 性 腹 泻

慢性腹泻是临床上常见的一种症状,以大便次数增多,粪便溏薄等为主要临床表现,且病程在 2 个月以上者。本症可见于多种疾病,如过敏性结肠炎、溃疡性结肠炎和慢性肠炎等,均可出现腹泻这一症状。中医所称的"泄泻"可分暴泻、久泻两大类型,慢性腹泻即属于后者。

【湿热与发病的关系】

一般来说,久泻多属虚证、寒证,前人有"久泻无火"之说,但证诸临床,久泻属实属热,特别是虚实兼夹或寒热错杂者亦不鲜见。所谓"实"和"热",当然是指邪气而言,其中湿热在发病上占有重要的地位。究其湿热的成因,有因六淫外感,如夏秋季节,人体感受暑湿之邪,湿热蕴结胃肠,久而不去,致肠道失分清别浊之职,传导失常,发为久泻;有因饮食不节,如嗜饮茶酒,喜食肥甘厚味或辛辣之物,积湿生热,湿热蕴结脾胃,羁留肠道,致生泄泻;也有因阳旺体质,感受湿邪之后,邪从热化,变为湿热,久客胃肠,以致泄泻缠绵不止;更有因暴泻误治失治,如误用温热药物,使病性由寒转热,或早用收敛固涩之剂,致邪气锢结不解,病情久延,久泻乃成。总之,湿热之邪既可外受,又可内生;既可以是主因,又可以是次要因素(如正虚邪恋),加之湿性黏滞,与热相合,如油入面,难分难解,致病情缠绵不已,其在久泻的发病学上是不容忽视的。

【相关临床表现】

湿热性久泻的主要临床表现是:大便次数增多,粪便呈黄褐色,或带有黏液脓血,有热臭气,泻下急迫,或泻而不爽,腹痛,肛门灼热,心烦口渴,小便黄短,或有身热,舌苔黄腻,脉象滑数或濡数,病情反复发作,缠绵不已。

以上的临床表现,多见于慢性腹泻的急性发作,此时常以邪(湿热)实或正虚邪实为主;至于发作缓解和休止期,则以正气虚弱(如脾胃气虚、脾肾阳虚等)或正虚邪恋为突出,临床当细加辨证。

【相应治疗方法】

急性发作时,以清热化湿为主,方用葛根黄芩黄连汤、白头翁汤加减,连朴饮、三仁汤亦可选用。暑湿内蕴而致者,可在上列方中加六一散、扁豆衣、藿香之类。

发作缓解和休止期,或正虚邪恋者,治宜扶正为主,兼以清化湿热,如脾胃气虚者,用六君子汤或参苓白术散合葛根黄芩黄连汤化裁;脾肾阳虚者,用附子理中汤加黄连、藿香、黄芩、煨葛根、茯苓、苡仁之类。

【验案举例】

例1 叶某,男,45岁。1995年7月8日初诊。

诉因职业特点而长期饮食、起居无规律。平素嗜烟酒辛辣,患慢性结肠炎已8年余。近1个月来每天大便3次以上,便质黏滞,有黏液脓血样便排出,伴轻度腹胀,腹隐痛,里急后重,食欲不振,曾自服多种中西药物无效而来诊。观其面色萎黄无华,神差体倦,舌红、苔黄厚而腻,脉弦滑数。大便常规检查可见少量黏液丝及脓细胞(++),镜检红、白细胞满视野。大便培养未见细菌生长。结肠镜检可见降结肠及乙状结肠黏膜充血、水肿,黏膜糜烂。临床诊为慢性结肠炎急性发作,证属大肠湿热气滞。治宜清热祛湿,行气消滞法。方用清肠消滞汤加入槐花15g。3剂,每日1剂,水煎2次,日服2次。服药后复诊,诸症减轻,守原方随症加减续服12剂,临床症状消失,复查大便常规转正常,结肠镜检黏膜基本正常。嘱其忌食生冷辛辣之品以巩固疗效,追踪半年,未见复发。(徐培焜.清肠消滞汤治疗湿热气滞型慢性结肠炎47例疗效观察[J].新中医,1997,29(12):18-19.)

按: 清肠消滞汤(详见下文"临证备考")由黄连、黄柏、陈皮、枳实、槟榔、白头翁等组成,具有清热燥湿、行气消滞之功效,对于湿热蕴结肠道,气机阻滞而引起的久痢、久泻,甚为合适,故效果显著。

例2 韩某,男,45岁,1963年1月21日初诊。

大便溏泄已5年,一般日2次,大便时夹黏液,常伴腹痛,舌苔薄黄腻,脉沉细而弦。证属脾虚气滞,下焦湿热郁滞,治当健脾温中,佐以清化湿热。方药用:黄附块9g,炒党参9g,炒于术9g,茯苓12g,炙甘草2.4g,煨木香4.5g,壳砂4.5g,炙鸡金9g,煨姜3片,红枣5枚。服7剂。二诊:大便日1次,仍溏薄,较前畅通,黏液减少,腹部仍有隐痛,舌苔薄黄,脉沉细而弦,再继原方加入天仙藤9g,酒炒白芍9g,继服7剂。三诊:大便已正常,黏液已除,腹痛基本消失,嘱服理中丸6g,日2次,长期吞服以利巩固。(史奎钧,吕直,吴美倩.史沛棠[M].北京:中国中医药出版社,2001.)

按: 史沛棠是浙江已故名老中医。本例慢性腹泻虚实夹杂,寒热互见,所谓"实"和"热",是指湿热蕴结肠道。方用附子理中汤合香砂六君治其本,其中黄附块系附子经黄连水炮制而成,为寒热并用之法,对脾胃虚寒,兼有湿热而见便溏夹有黏液之症,甚为适用。若无黄附块,可以附子、黄连同用。

例3 赵某,女,40岁。初诊日期:1995年5月28日。

患者自1991年6月以来,大便常溏,每遇饮食不注意尤其是吃油腻后即腹泻，每小时可达 3~4 次，并杂有大量黏液，伴肠鸣腹痛，无里急后重，无痢疾史。多次粪便化验无异常。发作严重时，输液加用抗生素有效。平时经常服用"克痢痧"（中药制剂）亦有效。食欲欠佳。患者于 1988 年因绒毛膜癌曾做子宫切除术。苔薄滑，脉细弦。处方：炒茅术 10g，葛根 15g，茯苓 30g，制厚朴 10g，肉桂 5g，秦皮 10g，干姜 5g，炒防风 10g，煨木香 10g，马齿苋 20g，炒神曲 30g，7 剂。复诊：诉诊后已停服克痢痧。服前方后，大便成形，每日 1 次，无腹痛。处方：前方加荜茇 5g，7 剂。三诊：大便每日 1 次，前段干结如栗，后段正常，无黏液。偶有右下腹痛，得矢气则和。处方：炒茅术 10g，葛根 15g，茯苓 30g，肉桂 5g，秦皮 10g，马齿苋 20g，乌药 10g，红藤 15g，炒枳壳 10g，青皮 6g，炒神曲 30g，7 剂。四诊：大便每日 1 行，微溏，有 2 次见少许黏液。无腹痛，食欲好转。处方：前方去青皮，加干姜 5g，7 剂。以后续诊数次，大便均成形，吃油腻后偶见微量黏液，腹无不适。（俞尚德.俞氏中医消化病学［M］.北京：中国医药科技出版社，1997.）

按：本例久泻亦为寒热错杂，虚中夹实之证，湿热之邪尚留滞不清，故方中兼用葛根、秦皮、马齿苋等清热祛湿解毒之品。

例 4 患儿某，男，8 岁。初诊日期：2012 年 10 月 27 日。

主诉：反复腹泻 4 月。患者 4 个月前恣食生冷后出现腹泻，日 7~8 次，经活菌制剂、保护肠黏膜等治疗，腹泻稍减轻至 3~4 次，理中散、参苓白术散、五苓散、葛根芩连汤等多方治疗均无效。4 个月来患儿体质量下降 5kg 余。诊时见：精神倦怠乏力，语声低微，面色萎黄，纳呆呕恶，脘腹胀满，汗多黏腻，腹泻，日 3~4 次，质稀，黏滞不爽，小便短赤。舌稍红，苔厚腻，脉略数无力。西医诊断：慢性腹泻。中医诊断：腹泻（湿热泻）。方药：三仁汤加减。杏仁 10g，炒薏苡仁 10g，白蔻仁 6g，淡竹叶 10g，厚朴 6g，木通 10g，滑石 10g，清半夏 6g，黄连 3g，藿香 9g，防风 6g，甘草 6g，3 剂，1 日 1 剂，水煎服。服药 1 剂后患儿汗出明显增多，腹泻反增多，日 7~8 次，尿色赤。后 2 日腹泻次数锐减至每日 1~2 次，仍偏稀，胃纳大增。

二诊（10 月 30 日）：腹泻好转，大便略稀，日 1~2 次，胃纳开，言语有力，活动过多时仍有乏力、汗多等，尿色不赤。舌淡红，苔白略厚，脉缓数，深按无力。方药：三仁汤合参苓白术散加减。杏仁 10g，炒薏苡仁 10g，白蔻仁 6g，清半夏 6g，厚朴 6g，木通 9g，党参 10g，炒白术 10g，砂仁（后下）6g，桔梗 6g，滑石 12g，甘草 6g。3 剂，1 日 1 剂，水煎服。后以健脾利湿之方收效。（冯刚，郑宏，郑启仲.郑启仲教授应用三仁汤经验［J］.中华中医药杂志，2015，30（7）：2400-2402.）

按：三仁汤出自《温病条辨》，是治湿温初、中期邪在肺脾的主方。本方以宣展肺气、斡旋中焦为出发点，旨在收气化则湿化、脾运则湿除之效。本例方证熨帖，故获效验。

例5 周某，男，68岁。初诊日期：2014年5月7日。

患者7余年来腹泻未断，日三五次到十余次不等，伴有腹痛，大便中夹有胶冻，食荤腥则泻，多食蔬菜亦出现腹泻加重情况，并且伴有完谷不化，体重下降15kg余，目前体重50kg左右。多家医院诊治罔效，检查肠镜、大便常规、大便培养等排除感染性腹泻、炎性肠病、肠道肿瘤等疾病。刻下：腹泻，日五六次至七八次不等，便次以上午为多，午后及夜间尚可，大便稀散不成形，完谷不化，便前腹中隐痛，并且夹有胶冻，不伴有发热、脓血便，无里急后重，面色萎黄，体倦乏力，舌淡黯、苔薄黄腻，脉沉细。考虑脾阳虚弱，湿热困阻。处方：党参10g，炒白术10g，茯苓10g，黄连1.5g，黄芩6g，炮姜6g，干姜6g，藿香10g，煨木香6g，煨葛根10g，车前子（包煎）10g，防风10g，乌梅10g，赤石脂20g，焦三仙（各）10g。5剂。

2014年5月14日二诊：患者诉服用3剂后大便稍稍成形，便次减少。后仍以上方加减出入，湿热得以清利后，处方以健脾温阳为主，稍佐黄连，先后服药30余剂而愈。（万圆圆，丁冬梅."术连姜梅饮"治疗慢性腹泻验案3则[J].江苏中医药，2016，48（3）：53-54.）

按：中阳亏虚、湿热困脾是本例的病理症结所在，洵为本虚标实、寒热错杂之证。故治疗以温中补虚、清化湿热为法，术连姜梅饮实熔理中汤、葛根芩连汤、乌梅丸等方于一炉，乃扶正祛邪、寒温并用之方，其组方用心良苦，令人深省。

【临证备考】

应用自拟清肠消滞汤治疗47例慢性结肠炎急性发作期患者，根据中医辨证均属湿热气滞型，其组方为：黄连、黄柏、陈皮、枳实、槟榔各10g，白头翁、鸡蛋花各30g，地榆、木棉花各20g，厚朴12g。治疗结果：痊愈26例，好转19例，无效2例，总有效率为95.74%。认为慢性结肠炎的病因病机为饮食、起居失调，或过食生冷肥甘辛辣，造成脾胃功能紊乱，运化失职，清浊不分，湿滞肠道，久蕴化热，湿热互结，阻滞气机，升降失常。本病缓解期以虚证多见，发作期多表现为实证，证属肠道湿热气滞。清肠消滞汤具有清热燥湿，行气消滞之效。（徐培焜.清肠消滞汤治疗湿热气滞型慢性结肠炎47例疗效观察[J].新中医，1997，29（12）：18-19.）

刘树农教授认为，对慢性泄泻的治疗，应着重于祛邪，着重于通利。在用通法的基础上,清利肠间湿热以祛肠间之邪,自无疑义。目前认为清利湿热药具有消炎作用的如蒲公英、夏枯草,具有凉血清热解毒的炒银花,破瘀消肿的败酱草,消炎止痛散疮疡的白芷和《金匮要略》用以治"腹痛有脓"的苡仁等药,皆在所必用。(史宇广,单书健.当代名医临证精华·慢性腹泻专辑[M].北京:中医古籍出版社,1992.)

杜雨茂教授经验:久泻重祛邪,大法通为要。因长期泄泻,后天不健,营养匮乏,多表现为肌肉消瘦,动则气喘,食后饱胀等虚弱之象。同时,是证又有口唇红赤,舌尖红,大便臭秽,或伴有肛门灼热感,里急后重,口渴喜饮,脉数,苔黄而腻等热毒蕴结之证。故治疗时,虽有虚象,而不受补,清热解毒,兼以扶正,解决主要矛盾方为得法。若热毒不清,一味补正,则有助邪之弊,病必不除,甚或火上加油,势更猛烈。邪毒一清,正气自复,所谓邪去而正自安。余于临证,常分别施治,热毒较重,后重明显,或夹有脓血者,以白头翁汤化裁。若热象较轻者,每以葛根芩连汤变化投之。但应注意,此证毕竟为久泻,正气必然不足,应用此法时,可酌加沙参、麦冬、太子参等益气养阴之品,以顾护正气,方为万全。(史宇广,单书健.当代名医临证精华·慢性腹泻专辑[M].北京:中医古籍出版社,1992.)

翟氏等用茵陈五苓散加味治疗湿热型化疗相关性腹泻30例。药物组成为:猪苓15g、茯苓、茵陈、炒白术、黄芩、白芍各12g、泽泻、桔梗、防风各9g、败酱草、炒薏苡仁各30g、桂枝、生甘草各6g。每日1剂。食少纳呆者加焦山楂、炒谷芽、炒麦芽各12g;恶心呕吐者加姜半夏、竹茹各10g;脘腹胀满者加陈皮、厚朴各9g。治疗7天为1个疗程。治疗效果:痊愈16例,显效7例,有效5例,无效2例,总有效率93.3%。本方诸药相配,清湿热,升清阳,降浊阴,使脾气健运,湿邪得去,诸症自消。(翟鑫,冯正权.茵陈五苓散加味治疗湿热型化疗相关性腹泻30例[J].浙江中医杂志,2017,52(12):886.)

张氏等用葛根芩连汤合平胃散加减治疗小儿秋季腹泻(湿热型)40例。药物组成为:葛根6g、黄芩1g、黄连3g、陈皮6g、苍术4g、厚朴3g、半夏3g、竹茹5g、藿香5g、茯苓6g、炙甘草5g。发热者加柴胡;腹痛者加白芍;里急后重者加木香,槟榔;纳差者加焦山楂,焦神曲;腹泻次数较多且稀水样便者加地锦草、石榴皮。水煎取汁80~150ml,分2~3次温服,年龄过小患儿可分多次服用,每天1剂,3天为1个疗程。治疗效果:显效22例,有效15例,无效3例,总有效率92.5%。本方有清肠解热、健脾化湿止泻之功。(张凌波,郝瑞芳.葛根芩连汤合平胃散加减治疗小儿秋季腹泻(湿热型)40例临床研究[J].亚太传统医药,2016,12(20):126-127.)

十四、肾小球肾炎

肾小球肾炎有急、慢性之分,是内科的常见病、多发病。急性肾炎以血尿,蛋白尿,水肿,高血压为主要临床特征。其病因复杂,以链球菌感染后引发最为多见,属中医风水、水肿、溺血等病症的范畴;慢性肾炎临床特点为病程长、进展缓慢,除有急性肾炎的临床表现外,大多数患者有不同程度的肾损害,虽然部分患者是由急性肾炎发展而成,但大多数慢性肾炎并非由急性肾炎转变而来,而是一开始即呈慢性肾炎的临床表现,本病属中医"水肿""虚劳""溺血""腰痛"等病症的范畴。

【湿热与发病的关系】

湿热是肾小球肾炎的基本病邪,并贯穿病程的始终。刘氏等统计了451例原发性肾小球病,发现与湿热有关者达187例(占41.46%)。其中急性肾炎70/160例,慢性肾炎80/144例,肾病综合征34/128,隐匿性肾炎3/19例(刘普希,陈学英.肾炎湿热病机的形成及演变[J].中医杂志,1995,36(1):54.)。有报道原发性肾小球疾病,湿热证的发病率为47.95%~100%,也有统计资料表明为69.74%(余江毅,熊宁宁,余承惠,等.肾病湿热病理的临床分析和实验研究[J].中国中西医结合杂志,1992,12(8):458-460.)。由此可见,湿热在肾炎发病上的重要地位。湿热形成的原因大致有以下几个方面,其一是外感六淫,风邪热毒内侵,与湿相搏,形成湿热;其二是脾肾素虚,水湿内生,久蕴化热,而成湿热;其三是长期使用激素或温补之药,助长阳热,与湿相合,湿热乃成;其四是水肿期大量应用利水药,使阴液受损,阳热偏亢,与体内之积湿互结,而成湿热。根据临床所见,其主要病机为:

1. 湿热侵袭肌表,肺失宣降之性 盖肺主通调水道,下输膀胱,若湿热病邪由外表而入,致肺气郁闭而失宣发和肃降之职,就会导致水道不通,水液不得下输膀胱,潴留体内,出现咽痛、咳嗽、尿少、浮肿等症。

2. 湿热阻滞中焦,脾胃升降失调 湿热之邪,以脾胃受病居多,薛生白尝谓:"湿热病属阳明太阴经者居多,中气实则病在阳明,中气虚则病在太阴。"联系肾炎来说,有的因脾胃素弱,运化不健,以致水湿内生,积久化热;有的因感受湿热之邪,归于脾胃,均可导致中焦气机升降失调,水液不得畅行排泄而潴留体内,浮肿乃生。

3. 湿热流注下焦,肾脏功能失职 湿性下流,最易流注下焦,致肾失封藏之职,又失化气行水之权,是以出现蛋白尿、浮肿等症状。且湿热久蕴下焦,若湿偏胜,可损伤肾阳;若热偏胜,可消烁肾阴,久而久之,终致肾之阴阳俱竭,功能衰败,邪浊羁留,而成危症。

【相关临床表现】

1. 湿热侵袭肌表,肺失宣降之性　　初起恶寒发热,咽喉赤痛,胸闷咳嗽,肢体困倦,继则面目或全身浮肿,小便短赤,舌苔薄腻微黄,脉象浮数或滑数。多见于急性肾炎或慢性肾炎急性发作。

2. 湿热阻滞中焦,脾胃升降失调　　头面遍身浮肿,脘腹胀闷,或腹膨大,恶心呕吐,不思饮食,大便溏薄或秘结,小便黄赤量少,舌苔黄白而腻或黄腻,脉象滑数或濡缓。急、慢性肾炎,肾功能不全者均可见上述症状。

3. 湿热流注下焦,肾脏功能失职　　全身浮肿,面色无华,腰酸乏力,小便混浊量少或反多,甚或恶心呕吐。若合并尿路感染,则见尿急、尿频、尿痛、尿色黄赤,舌质红苔黄腻,脉象沉细带数或滑数。急、慢性肾炎和肾功能不全均可见上述症状。

【相应治疗方法】

1. 湿热侵袭肌表,肺失宣降之性　　治宜宣肺行水,清利湿热,方选麻黄连翘赤小豆汤、三仁汤、五皮饮合五苓散,重点在于宣展肺气,使肺复通调水道,下输膀胱之职,同时气化则湿热亦化矣。又要注意合用清热解毒之药,如银花、连翘、野菊花、板蓝根、蒲公英、紫地丁、白花蛇舌草之类。

2. 湿热阻滞中焦,脾胃升降失调　　治宜运脾利水,清化湿热,方选胃苓汤、导水茯苓汤、杏仁滑石汤加白茅根、白花蛇舌草、冬瓜皮、玉米须、益母草、车前子、平地木之类;若恶心呕吐甚者,宜用黄连温胆汤;若腹部膨大,形证俱实者,可用己椒苈黄丸或疏凿饮子,但用之宜慎。

3. 湿热流注下焦,肾脏功能失职　　当辨明虚实主次而治。若湿热偏胜,以邪实为主者,治宜清利下焦湿热,方如八正散、小蓟饮子、萆薢分清饮之类;若肾虚为主,兼夹湿热者,当标本兼治,于补肾方(如六味地黄汤、肾气丸)中加入大小蓟、玉米须、白茅根、益母草、猪苓、车前子、川牛膝、瞿麦、萹蓄之属。

总之,根据肾炎的病因病机特点,在治疗中,要始终注意清利湿热,导邪外出,切勿一味蛮补,致使湿热锢结,病必难愈。

【验案举例】

例1　郑某,女,45岁,搬运工人,1979年6月23日诊。

患者于1周前突发畏寒发热,肢体酸楚,继则出现腰痛,小便不利,面目浮肿。曾经某医院门诊诊治。尿检:蛋白(+++),脓细胞(+),管型少许,诊断为急性肾炎,注射青霉素及口服双氢克尿噻等效果不著,而转请治疗。现全身及面目均肿,按之凹陷,肾区有叩击痛,小便短少,伴畏风发热,体温37.8℃,肢体困倦,脘闷纳呆,大便溏,舌质淡红,苔腻微黄,脉濡。追查病因,据谓平时劳动汗出,常有脱掉衣服,用冷湿毛巾擦拭习惯。参照证因,拟为湿邪犯中郁表,不能通调水道,水气泛滥发为水肿。治宜宣散化湿,利水消肿,以三仁汤加减。

处方:杏仁、白蔻(后入)、桂枝各6g,香薷、黄芩、川朴、泽泻各9g,生苡米12g,滑石15g,通草4.5g。2剂。

二诊(6月25日):药后恶风除,热退,尿利,肿减,脘闷纳呆亦瘥,大便如常,但腰部仍痛。尿检:蛋白(++),脓细胞少许,舌苔已转薄,脉缓濡,体温37.1℃。表邪已解,但水湿尚甚。

处方:上方去香薷、桂枝、黄芩,加苍术、车前子各9g,以加强健脾燥湿利水。4剂,每日1剂。

本方连进4剂后,浮肿基本消退,尿蛋白仅少许,诸症皆愈。最后用六君子汤加生芪、苡米、车前子、泽泻以益气健脾利湿,又服5、6剂以巩固效果。后经随访始终未见复发,照常拉板车,搞搬运劳动。(刘友梁.三仁汤的临床应用[J].福建中医药,1983(1):16-18.)

按:三仁汤功在宣肺运脾,清热利湿,故对湿热郁表犯中,肺失通调水道,脾失健运之职而引起的水肿,奏效迅捷。以方测证,本例当属于湿重于热之证。

例2 邱某,女,17岁,农民。1973年7月6日就诊。

1周前入山采薪,途遭雨淋,全身湿透如浸,次日感全身沉重不适,咳嗽咽痛,其父自取草药一握,煎服后,咽痛已瘥,咳嗽减轻,但周身渐见浮肿,且肿势日剧,急求治西医,尿常规检验:蛋白(++),红细胞(++),颗粒管型(+),诊断为"急性肾小球肾炎",建议中药治疗而转诊余处。患者全身浮肿,按之没指,凹陷不起,肢体困倦,胸闷不适,偶有咳嗽,腹胀纳少,大便溏,小便少,舌质稍红,苔白厚腻,脉沉缓。证属水湿外袭,浸淫肌表,肺失宣化,脾不健运,三焦不利,水道不通,治以芳香化湿,宣肺健脾,通利三焦。处方:

杏仁9g,薏苡仁15g,白蔻仁6g,厚朴6g,半夏9g,通草5g,茯苓、皮各12g,桑皮9g,藿梗9g,大腹皮9g,陈皮6g,冬瓜皮12g,苍术9g。水煎服,每日1剂。嘱忌盐食。

上药连服5剂,浮肿已消大半,尿量增多,胸闷减轻,咳嗽已除,饮食增进,尿常规检验:蛋白(+),红细胞(+)。治宗前方去藿梗,加白茅根15g,再进

6剂。

药后浮肿全消,饮食、二便均正常,尿常规复查已呈阴性,唯感肢软乏力,遂以参苓白术散加减作汤剂调治而愈,至今未复发。(曾救凡.三仁汤的临床应用[J].中医杂志,1982(7):46–47.)

按:湿热外袭,肺失宣降之性,脾失健运之职,水湿潴留体内,浮肿乃作。方用三仁汤加减,意在宣肺气而化湿热,助脾运而祛水湿,湿热化,水湿祛,则浮肿自消矣。此证亦属于湿重于热者。

例3 吴某,男,23岁,1994年5月10日初诊。

患者有肾病综合征病史1年,20天前外感后出现头面及周身高度浮肿,腹部膨隆,尿黄赤,尿少,24小时尿量400~500ml,曾用呋塞米等利尿剂效果不明显,伴口干口苦,脉沉滑,舌苔厚腻。

西医诊断为肾病综合征,中医诊断为水肿,辨证属脾胃湿热壅盛,肺失通调,肾失气化,三焦水热壅滞之阳水,投加味疏凿饮子上中下分消水热。

药用:商陆15g,槟榔20g,茯苓15g,大腹皮15g,椒目10g,赤小豆50g,秦艽15g,羌活10g,木通15g,泽泻15g,车前子15g,萹蓄15g,黑白丑(碎)各15g,水煎服,每日1剂。服药2剂,尿量增多,24小时达1 000ml左右。服药6剂,24小时尿量达1 500ml,浮肿明显消退,其他诸症减轻,唯大便稍有不爽,加大黄7.5g通腑泄热,继服3剂,大便通畅,尿量24小时达2 500ml,水肿基本消退,尿色淡黄,舌苔转薄,尿蛋白(+)~(++),继以益气养阴,清利湿热法治疗3个月,尿蛋白转阴而临床治愈。(张佩青,李宝祺,马龙侪.张琪从湿热论治慢性肾病经验举要[J].黑龙江中医药,1995(4):1–3.)

按:对于慢性肾病,务必辨明虚实而治,临床以虚中夹实证者最为多见。本例为三焦湿热壅滞,决渎失职所致的水肿、膨胀,属阳水实证,故用疏凿饮子化裁攻逐水饮,分消湿热而获良效。若正气偏虚者,本方应慎用或忌用。

例4 李某,男,32岁。2004年3月26日初诊。

患者于2003年11月无明显诱因出现颜面及双下肢浮肿,至当地医院就诊,查及尿蛋白(+++),红细胞2~4个/HP,血压150/85mmHg,诊断为慢性肾炎。经西医利尿剂及对症支持治疗,浮肿消退,血压降至正常,尿中蛋白减少至(++)。后每当劳累及感冒后,浮肿又现,尿中多泡沫,为求进一步诊治遂来我院。患者腰部酸胀不适,小便多见泡沫,困倦乏力,口干口苦,喜饮不多,纳呆食少,舌质红黯苔黄厚腻,脉滑数。尿常规检查:尿蛋白(++),隐血(+),红细胞0~2个/HP。肾功能正常。证属湿热蕴结,瘀血阻络,内风暗动。治以清热祛湿,化瘀通络息风。药用:藿梗15g,苍术10g,法夏15g,薏苡仁20g,茵陈

20g,黄芩15g,栀子15g,龙胆草6g,芡实30g,金樱子30g,丹参30g,川芎15g,虫蜕15g,地龙20g,僵蚕20g,全蝎(冲服)10g。水煎服,每日1剂。并给予清热化湿口服液口服,每日3支。

4月14日二诊:患者精神状况改善,口苦症状减轻,仍感觉腰部酸胀不适,尿检发现蛋白(+),舌质黯红,苔黄腻。上方去龙胆草、薏苡仁,改苍术为白术15g、全蝎6g,加寄生15g、川断15g。继续服清热化湿口服液。

4月28日三诊:患者口干、腰胀等症状减轻,现仅偶有腰胀,困倦乏力,口干,睡眠欠佳,舌质红,苔微黄腻,脉细数,尿检为阴性。证属气阴两虚,湿热夹瘀。治宜益气养阴,祛湿化瘀。药用:北沙参20g,太子参20g,黄柏15g,知母15g,芡实30g,金樱子30g,白术15g,赤小豆30g,丹参30g,川芎15g,薏苡仁20g,地龙20g,僵蚕20g,川断15g,枸杞15g,酸枣仁30g。水煎服,每日1剂。并嘱加玉屏风颗粒冲服以预防感冒。后以此方加减,调理近1年,病情稳定。(何玉华,梁勇,李飞燕.叶传蕙教授从湿热论治肾炎蛋白尿[J].四川中医,2005,23(8):9-10.)

按:叶氏认为肾炎蛋白尿形成多以邪实为主,即使本虚较为明显,也是因实致虚,而邪实中以湿热最为多见,而湿热留恋是肾炎蛋白尿反复发作迁延不愈的重要因素。故在治疗中主以清热祛湿,同时多配合使用活血祛风、益气养阴等治法,以达到邪祛蛋白消的目的。

例5 丁某,女,29岁,2014年8月初诊。

患者患慢性肾炎3个月,肾穿刺病理诊断为系膜增生性肾小球肾炎,在外院曾服用肾炎康复片、金水宝胶囊等近2月,未见疗效,后至中医院治疗。诊见:患者大量蛋白尿,小溲黄赤多泡沫,无腰酸,体形偏瘦,不耐劳累,纳少,口不渴,大便干溏不一,舌边多齿痕,苔薄黄,脉细。查血压:100/60mmHg,心肺听诊未见异常,腹部平软,双下肢无明显水肿,尿蛋白(+++),红细胞29个/HP,白细胞6个/HP;血常规、肝肾功能正常。病机:脾气虚弱,兼夹湿热,治以益气健脾,佐以清利。处方:炙黄芪30g,太子参20g,白术15g,茯苓15g,山药15g,芡实15g,炒薏苡仁15g,葛根12g,枳壳12g,鸡内金10g,车前草15g,石韦30g,穿山龙45g,炙甘草3g。7剂,水煎服,1剂1日。

二诊:患者服用后无明显不适,将上方穿山龙加至60g,续服7剂。三诊:纳食增进,大便基本成型,舌边齿痕,苔薄黄,脉细,复查尿常规:尿蛋白(+),红细胞3个/HP。二诊方继续服用3个月,患者胃纳、体力明显改善,定期复查尿蛋白渐转阴。(乔松芝,冯松杰.冯松杰治疗慢性肾小球肾炎[J].吉林中医药,2016,36(7):667-670.)

按：慢性肾炎从临床观察,大多属本虚标实之证。"本虚"多为脾肾亏虚,"标实"多为湿热邪毒羁留,本案即是其例。故用药以参苓白术散为主方以扶正,石韦、车前草、穿山龙等清利湿热以祛邪,标本兼治,始奏良效。

【临证备考】

张氏认为:肾脾虚衰在慢性肾病病机演变中起重要作用,但邪气留滞对该病的影响亦不容忽视。就邪气而言,最主要的有水湿、湿热、瘀血,然"湿热"是一个特别重要的病理因素,湿热内蕴对肾病的恢复和发展有极重要的影响,因此,应将清利湿热法贯穿整个治疗过程,如慢性肾炎急性发作期或肾病综合征由外邪侵袭而致水肿加重,临床表现面目水肿或周身水肿,尿少等症,此期应以利水消肿为先,此水肿期多兼夹湿热之证,临床应细加辨识。慢性肾病水肿消退或有轻度水肿,蛋白尿或血尿仍存在,临床有腰酸乏力,尿混浊或黄赤,苔腻,脉滑等症,此时应以祛邪与扶正并行,即补脾益肾与清利湿热并用,尤应注重清利湿热,祛邪方可以安正。(张佩青,李宝祺.张琪从湿热论治慢性肾病经验举要[J].黑龙江中医药,1995(4):1-3.)

刘氏等认为:急性肾炎的湿热病机多由湿热伤表,肺脾湿热或入侵下焦所致,久蕴不解,易致慢性。慢性肾炎复感湿热时邪或湿随风寒而伤表,邪从热化,又可导致慢性肾炎急性发作。脾胃湿热是慢性肾炎所常见,可由湿热伤表演变而来,亦可由下焦湿热波及中焦所致。湿热久蕴,水蓄血瘀,络脉阻滞,缠绵难愈,演变莫测。从阳明燥化则伤阴,从太阴湿化则伤阳。或脾肾兼病,或肝肾合病,晚期肾与膀胱开合、气化功能衰惫,湿浊内停不能外泄,酿成终末期尿毒症,终至不救。(刘普希,陈学英.肾炎湿热病机的形成及演变[J].中医杂志,1995(1):54.)

刘氏等认为:湿热是慢性肾炎的基本病邪。湿热产生的原因:①水肿期大量利水,耗伤阴液,滋生内热;②病程绵长,湿邪郁久化热;③外感六淫,毒热侵袭,与湿相搏,形成湿热;④其他原因如过服温阳之药,阳复太过,或用激素等药物,每易生热,再与水湿相合而成。湿热可停留于上焦、中焦、下焦以及肌表等,其偏上焦者可见咽痛,口苦,咳嗽,胸闷,面赤,午后低热等;中焦者可见胸痞纳差,恶心呕吐,大便溏泄不爽,口中黏腻;下焦者可见尿赤涩热不适,混浊不清;肌表经络者可见关节胀痛,皮肤瘙痒,疖肿时起,或见皮疹。尿中出现蛋白与湿热留着体内,影响脾肾的统摄封藏,精微下流密切相关;尿中有血为湿热损伤血络,亦可扰脾使之统血无权;高血压与湿热停留,清阳不升,或阻滞气机,血脉不利,或湿热耗伤阴液,清窍失养有关。湿热又是慢性肾炎病情持续进展的重要因素。大部分慢性肾炎患者可分为四个时期:①水湿潴留期；②水湿郁而化热期；③湿热相持期；④湿热转为湿浊瘀血期。治疗上阻断湿热这一关键的病理环节，自然有利于正气恢复，邪去正自安。清热利湿常选用蒲公英、紫地丁、益母草、车前子、白花蛇舌草等，根据正虚情况，酌加扶正之品，常收到较好疗效。（刘红，于尔康.湿热与慢性肾炎［J］.山西中医，1997，13（1）：55-56.）

用补肾清泄法治疗慢性肾炎湿热证271例，方选"肾7方"（自拟验方）：女贞子15g，旱莲草15g，黑大豆20g，蒲公英15g，泽泻10g，茯苓12g，薏苡仁20g，车前草15g，白茅根30g，赤芍10g，牡蛎20g，大黄4g。日1剂。本组患者应用本方最多93剂，最少36剂，平均45剂。治疗结果：慢性肾炎肾功能正常肾虚湿热证217例，治疗后尿检正常65例（29.95%），基本正常54例（24.88%），好转77例（35.48%），无效21例（9.68%），近期总有效率90.32%；慢性肾炎肾功能不全肾虚湿热证54例，治疗后显效9例（16.67%），好转32例（59.26%），无效13例（24.07%），近期总有效率75.92%。该文作者发现肾虚湿热证在慢性肾炎中发病率为66.96%，其成因是直接感受湿热之邪，或感受热毒之邪与水湿互结，湿从热化，形成湿热。亦常见于长期使用激素，每易导致阴虚阳亢，水湿热化；亦有沿用温补药物治疗肾炎的套路，导致阴伤，湿热更甚。湿热或热毒伤肾，总以伤肾阴为要，故肾虚湿热证的"肾虚"之本质是肾阴虚。肾虚湿热证的病机为虚实夹杂，本虚标实。（朱鸿铭，朱传伟.补肾清泄法治疗慢性肾炎肾虚湿热证271例［J］.山东中医药大学学报，1997，21（2）：124-125.）

用清利湿热治疗慢性肾衰伴大量蛋白尿16例，其基本方：制苍术15g，六月雪30g，石韦、金钱草各15g，白花蛇舌草30g，海金沙、威灵仙各15g，炒生地10g，桑寄生、牛膝、枳壳各15g，丹皮、炒桃仁、焦楂曲各10g，穿山甲片6片。治疗3个月为1疗程。治疗结果：近期疗效缓解1例，显效4例，有效9例，无效2例；远期疗效肾衰进展速度明显减缓，效果较为满意。该文作者认为，肾炎大量蛋白尿提示肾小球存在免疫性炎症反应，中医辨证属湿热瘀毒久留体内，损害肾脏，导致肾衰竭，故治疗主张用清利湿热法为主。（熊宁宁.清利湿热治疗慢性肾衰伴大量蛋白尿16例［J］.辽宁中医杂志，1998，25（11）：519.）

贵阳中医学院（现为贵阳中医药大学）附属医院内科认为急性肾炎化热是所有患者的同一转归，无论初起是风寒、风热或寒湿水肿，终将逐渐转化为湿热蕴结。因此，对急性肾炎水肿期的治疗主要抓住表邪、水湿、化热三个环节，适时地予以解表、祛湿、清热。急性肾炎恢复期主要是湿热未尽，部分患者于湿热消退的过程中逐渐出现肾阴虚,湿热留恋时间较长,可达数月至1年以上。这一阶段的治法仍应以祛邪为主,芳香化湿清热利尿是主要治疗法则。据临床所见,很多患者在肿退后常有一段时间自感身热,多汗,多尿,甚或夜尿,此属湿热留恋不退,对于这类患者应辨清湿热留恋于何处,湿与热孰轻孰重,因势利导地予以清除。例如食差,腹胀,便溏为湿热留恋于脾胃,湿重于热,非脾虚,不可用参术,以防助热,宜芳香健脾;腰胀痛,尿少者为湿热留恋于下焦,非肾虚,不可用六味、八味之类,以防助其湿热,宜清利下焦;微汗不彻或一直无汗,面色苍白,双睑微浮者为湿热留恋于上焦,湿重于热,非阳虚,不可温,宜宣肺芳化;多汗不止,舌淡,脉缓濡者为卫阳不固,湿热留恋于肺卫,营卫失和,用温补固摄多无效,宜麻黄配芪、芍固卫和营兼祛余邪;入睡前烦热心悸出汗,舌红,脉细数者为阴已虚,湿热扰于阴分,非阴虚盗汗,滋阴敛汗常碍邪而无效,宜用青蒿、鳖甲引邪外出;手足心热,心悸失眠,腰痛血尿,舌尖红,苔黄腻,脉细数者为心肾阴虚湿热未退,非阴虚内热,用知柏地黄常碍其湿热,宜用二至、导赤之类;头昏头痛,多梦,失眠,胸闷口苦,小便黄少,舌红苔黄腻,脉弦、血压高者为湿热留恋肝胆,非阴虚阳亢,滋阴潜阳无效,且碍湿邪,宜用龙胆泻肝汤之类。(贵阳中医学院附属医院内科.试谈急性肾炎的中医病机及治疗规律[J].新医药学杂志,1978(2):20-22.)

李氏用清利湿热法为主治疗肾炎蛋白尿30例。药用萆薢15g,泽泻10g,车前草12g,生薏苡仁20g,茯苓12g,凤尾草15g,白花蛇舌草20g,丹参10g,红花4g,生黄芪20g,怀山药12g,炒陈皮6g,炙甘草4g。伴镜下血尿者,去丹参,酌加白茅根、茜草炭、小蓟等;水肿明显者,加猪苓、益母草等;湿热重者,加黄柏、滑石等。上述中药水煎服,日服1剂,连服4个月。治疗效果:完全缓解8例,缓解18例,无效4例,总缓解率86.67%。治疗后比治疗前在24小时尿蛋白定量上有明显好转。(李惠娟.中医清利湿热法为主治疗肾炎蛋白尿30例[J].四川中医,2007,25(11):55-56.)

赵氏用益肾清利剂治疗慢性肾炎肾虚湿热证21例。药用黄芪30g,白术10g,山萸肉10g,杜仲20g,泽泻15g,石韦20g,白花蛇舌草20g,三七粉3g。每日1剂,水煎成200ml,分早晚2次服用。以30天为1个疗程,治疗2个疗程后进行疗效观察。治疗效果:疗效方面,临床痊愈4例,显效4例,有效10例,无效3例,总有效率85.7%;证候疗效方面:临床痊愈6例,显效4例,有效8例,无效3例,总有效率85.7%。(赵霞."益肾清利剂"治疗慢性肾炎肾虚湿热证21例临床观察[J].江苏中医药,2011,43(7):40-41.)

十五、泌尿系感染

泌尿系感染是由各种致病微生物感染直接引起的尿路炎症,以发热,腰痛,尿急,尿频,尿痛为主要临床表现。从病变部位上来讲,可分为上尿路感染和下尿路感染,前者如肾盂肾炎,后者如膀胱炎和尿道炎。本病属中医"淋证"的范畴。

【湿热与发病的关系】

泌尿系感染,从中医病因学来分析,其发病与湿热毒邪侵袭,脏腑功能失调有关,病位主要在肾与膀胱,病机主要为肾虚膀胱湿热。特别是在急性发作期,湿热病邪往往是其主因。明·王肯堂指出:"淋病必由热甚生湿,湿生则水液混凝结而为淋。"究其湿热的成因,大多受自于外,如外阴不洁,秽浊之邪上犯膀胱,酿成湿热;也有因过食肥甘酒辛,湿热由内而生,蕴结下焦;或因郁怒伤肝,肝失疏泄,积湿生热,下注膀胱,或患丹毒疮疖,热毒波及膀胱。凡此,均可引起膀胱气化失司,水道不利,发为淋证。湿热久羁下焦,若热偏胜,会耗伤肾阴,若湿偏胜,会损害肾阳,导致正虚邪恋的病理变化。据临床观察,在急性或慢性急性发作病例中,一般以邪实为主;在慢性病例中,大多以正虚为主,但湿热病邪亦不可忽视,因为邪气留恋,往往导致症状反复发作,使病情逐渐加重或恶化。总而言之,湿热病邪贯穿于本病的始终,在发病学上占有极其重要的地位。

【相关临床表现】

1. 湿热侵袭,蕴结膀胱　症见恶寒发热,小便频数,淋沥不尽,尿道涩痛,小便赤热,小腹拘急,腰部酸痛,舌红苔黄腻,脉象滑数。

2. 肝胆湿热,流注下焦　症见寒热往来,口苦心烦,恶心呕吐,腹胁腰痛,尿急,尿频,尿痛,小便黄赤灼热,舌红苔黄腻,脉象弦数。

3. 湿热久羁,脾肾亏损　病久不已,或反复发作,使正气受损,特别是脾肾两脏的功能失调。脾虚者,可见面色不华,四肢倦怠,少气懒言,食欲不振,腹胀便溏,舌质嫩红苔薄白,脉象濡缓。肾虚者,一般以肾阴虚为多见,症见面色潮红,腰痛绵绵,足膝无力,五心烦热,口干咽燥,尿有热感,舌红少苔,脉象细数;肾阳偏虚者,则见面色㿠白无华,畏寒怯冷,四肢不温,腰膝酸痛,尿频清长,面目虚浮,舌淡苔薄白,脉象沉细而迟。据临床所见,此类病例大多虚中夹实,遇劳即可急性发作,出现尿急,尿频,尿痛等排尿异常的症状。

【相应治疗方法】

1. 湿热侵袭,蕴结膀胱　方用八正散、小蓟饮子化裁,药选车前草、金钱草、海金沙、白花蛇舌草、败酱草、山栀、黄柏、马齿苋、凤尾草、滑石、萹蓄、瞿麦、石韦之类。

2. 肝胆湿热,流注下焦　方用龙胆泻肝汤加减,或小柴胡汤合五苓散去桂枝,加清利湿热之药。

3. 湿热久羁,脾肾亏损　宜扶正祛邪并用,标本兼治。脾虚者用参苓白术散或六君子汤化裁;肾阴虚宜六味地黄汤,肾阳虚者用金匮肾气丸。在扶正的同时,均应加入清利湿热之品,切勿一味滋补,使湿热锢结,病必难愈。

值得指出的是,本病在急性期,务必遵照明·吴又可所说的"客邪贵于早逐",注重清利湿热,解毒祛邪。特别应注意自觉症状已基本消除,而尿检或细菌培养仍阳性者,切勿误认为病已痊愈,妄投补益之药,仍当重视祛邪,除寇务尽,否则容易转为慢性。

【验案举例】

例1　张某,女,34岁。病起2日,小溲频急,灼热且痛,溲色黄赤,低热(37.7℃),稍有恶寒,口苦且干,腰微酸痛,脉象弦,舌苔薄腻,舌质红。小便常规化验:蛋白(+),红细胞(++),白细胞(+)。此乃湿热蕴结下焦,膀胱气化不利,治予清利湿热。处以蒿芩清胆汤去枳壳,加萹蓄草15g,白茅根30g,凤尾草20g。服上方4剂后,小溲频、急、热、痛均减,余症亦轻,再以原方继服4剂,小便化验正常,诸症均除。服知柏地黄丸调理,巩固疗效。(程聚生.蒿芩清胆汤的临床应用[J].江西中医药,1982(2):35-36.)

按:本例尿路感染,其病因病机为湿热内蕴,邪留三焦,膀胱气化不利,故用蒿芩清胆汤清化三焦湿热,复加萹蓄、白茅根、凤尾草清热利湿,获效迅捷。据该文作者经验,蒿芩清胆汤对邪留三焦,气化失司,湿热内蕴之胆囊炎、尿路感染、胃炎、急慢性肠炎、盆腔炎等,酌加对症药物,每收良效,值得参考。

例2　患者某,女,34岁。患慢性肾盂肾炎1年余,曾用抗生素及中药治疗,病根未除,每遇劳累及感冒即发。本次发病数日,尿频涩痛,腰膝酸软,手足心热,口干饮水不多,舌红苔淡黄薄腻,脉沉细。化验尿常规:尿蛋白(+),白细胞(++),红细胞少许。辨证为肾阴不足,湿热羁留。治宜滋补肾阴,清热利湿。处方:生地黄15g,地骨皮10g,丹皮10g,麦冬10g,女贞子10g,蒲公英20g,白茅根20g,车前子10g,石韦10g,生甘草6g。服药5剂,症状减轻,效不更方,再服5剂,诸症消失。后改服知柏地黄丸2个月。随访1年,未见复发。(刘家义,郭旭霞.论阴虚夹湿证[J].山东中医药大学学报,1998,22(1):19-21.)

按：本例辨证为肾阴不足，湿热羁留，属本虚标实之证，故治疗以滋补肾阴固其本，清热利湿图其标，方药颇为妥切。若投纯补之剂，势必助长病邪，湿热锢结，病无向愈之日矣。

例3 王某，女，35岁。1982年3月25日初诊。

3个月前曾患"泌尿系感染"，经用抗生素后好转。10日前因劳累而致高热，头痛，怕冷，恶心，尿频，右侧腰痛，诊断为肾盂肾炎。经治疗热度不减，自觉症状无明显改善，特来院求治。检查：发育营养一般，体温39.2℃；血象：白细胞计数15 600/mm³，中性78%；尿常规：蛋白少许，白细胞（++++），红细胞（++）。脉滑数，舌苔薄黄；右肾区叩痛明显。诊断：急性肾盂肾炎，属淋证湿热型。治宜清热解毒，利尿通淋。方用清淋解毒汤（见按语）加柴胡、黄芩。服3剂后热降，尿道刺激症状明显改善。继用上方加减，标本兼治，以善其后。半月后，尿复查均已转阴，又调理1个月而告痊愈。随访1年未见复发。[浙江省中医管理局.浙江名中医临床经验选辑（第一辑）[M].杭州：浙江科学技术出版社，1990.]

按：清淋解毒汤系该文作者的经验方，由银花、车前子、萹蓄各15g，连翘、黄柏各10g，凤尾草、蛇舌草、滑石各30g，甘草梢6g组成，具有清热解毒，利水通淋之效，故对湿热型淋证，效果显著。

例4 张某，女，54岁，2012年7月4日初诊。

主诉：反复尿频尿急5年，加重1月。患者5年前无明显诱因出现尿频、尿急症状，服用诺氟沙星胶囊后好转，其后反复发作，服用抗生素只能暂时控制症状，每当劳累及感冒必发，苦不堪言；1月前因外出旅游症状明显加重，中段清洁尿培养示：细菌数5.42×10⁵个/ml，静脉使用抗生素左氧氟沙星后，症状有所改善，7月2日复查中段清洁尿培养示：细菌数4.12×10⁵个/ml。诊见：尿频、尿急，无尿痛，腰酸痛，夜尿2次，大便尚可，纳食差，睡眠欠佳。舌红、苔黄腻，脉沉细。尿常规：尿沉渣白细胞数135.2个/μl。西医诊断：泌尿系感染；中医诊断：淋证（劳淋），证属脾肾亏虚，膀胱湿热。治宜补益脾肾，清热利湿。拟用泌感方加减，处方：生地黄、茯苓、山药、山萸肉、瞿麦、萹蓄、蒲公英、合欢皮、川续断各15g，乌药、益智仁各10g。3剂，水煎服，日1剂，早晚空腹温服。

二诊（2012年7月6日）：患者诉服药后尿频、尿急症状较前稍有好转，夜尿2次，纳食睡眠可，大便正常，舌红、苔根部黄腻，脉沉细。中段清洁尿培养示：细菌数2.13×10⁵个/ml，尿常规：尿沉渣白细胞数108.4个/μl。效不更方，守前方7剂继服。

三诊（2012 年 7 月 13 日）：服药后患者尿频、尿急症状明显好转，余症基本消失，舌红、苔根部稍黄腻，脉沉细。中段清洁尿培养示：细菌数 1.13×10^4 个 /ml，尿常规：尿沉渣白细胞数 34.2 个 /μl。其后偶有复发，在前方基础上据临床症状做相应调整，巩固治疗半年而愈，多次复查尿培养及尿常规均为阴性。（巴元明，夏晶．邵朝弟运用"泌感方"治疗泌尿系统感染经验［J］．新中医，2014，46（2）：29-30．）

按："邪之所凑，其气必虚"。本例发病之因，乃年过半百，肾精已虚，加之久病体虚益甚，湿热之邪乘虚侵入膀胱，且留恋不去。故图治之法，应权衡邪正虚实情况而施，本案用药，可资参考。

例 5 王某，女，48 岁。2010 年 2 月 26 日初诊。

患者 6 年前出现尿频、尿道口不适，口服抗菌药物，症状时轻时重，反复发作。尿常规：白细胞（+++），尿细菌培养：菌落计数 >105/ml。刻诊：尿频，尿道口不适，偶有尿急、尿热、尿痛，小腹冷痛有堵塞感，烦热汗出，畏寒，纳可，眠欠安，舌黯红，苔薄黄，脉滑数。西医诊断：泌尿系感染。中医诊断：热淋。证属阴阳两虚，湿热内蕴。治宜温肾阳，滋肾阴，佐以清利湿热。方用：仙茅 10g，淫羊藿 10g，当归 10g，巴戟天 10g，知母 6g，黄柏 6g，石韦 15g，蒲公英 15g，萹蓄 15g，冬葵子 15g，柴胡 10g，沉香 6g，乌药 10g，炒枳壳 10g，琥珀（分冲）3g，海螵蛸 30g。日 1 剂，水煎 2 次，取汁 300ml，分早晚 2 次服，服 7 剂。

2010 年 3 月 5 日二诊：患者尿热消失，仍觉尿频，尿道口不适，小腹坠胀，偶有尿急、尿痛，纳可，眠欠安，大便偏稀，舌黯红，苔薄黄，脉细滑。药初见效，初诊方加减：仙茅 10g，淫羊藿 10g，当归 10g，巴戟天 10g，知母 6g，黄柏 6g，石韦 15g，蒲公英 15g，车前草 15g，马齿苋 15g，炒山药 15g，海螵蛸 30g，肉桂 6g，柴胡 10g，乌药 10g。日 1 剂，服 7 剂。

2010 年 3 月 12 日三诊：患者自觉尿频，小腹坠胀，尿道口不适，午后低热，体温在 37.2℃左右，咽部轻度充血，纳寐可，舌质黯，苔根黄腻，脉沉细无力。药已见效，二诊方加减，药物组成：知母 6g，黄柏 6g，当归 10g，石韦 15g，蒲公英 15g，鱼腥草 15g，车前草 15g，滑石 10g，柴胡 10g，乌药 6g，琥珀（分冲）3g，炒薏苡仁 15g，炒黄芩 10g，金银花 15g，沉香 6g。日 1 剂，服 7 剂。

2010 年 4 月 2 日四诊：患者小腹坠胀，尿频，余无明显不适，纳寐可，舌黯红，苔薄黄，脉沉细。尿常规：隐血（±），白细胞（−）。药已中的，三诊方加减：仙茅 10g，淫羊藿 10g，当归 10g，巴戟天 10g，知母 6g，黄柏 6g，石韦 15g，蒲公英 15g，萹蓄 15g，柴胡 10g，乌药 10g，沉香 6g，琥珀（分冲）3g，海螵蛸 30g，黄芪 12g。日 1 剂，服 14 剂。患者随访 2 个月病情未复发。（董绍英，魏华娟，

潘莉,等.赵玉庸教授治疗慢性泌尿系感染验案3则[J].河北中医,2015,37
(1):10—12.)

按:《诸病源候论》称淋证的病因"由肾虚而膀胱热故也",被历代医家奉
为圭臬。试观本例的病因病机,与此证合,故治疗以二仙汤加减,肾阳肾阴俱
补,复加清利湿热、解毒通淋之品以祛除病邪。

【临证备考】

黄星垣提出,急性发作阶段(包括急性肾盂肾炎的初期和慢性肾盂肾炎
急性发作),重点清利湿热,用柴芩汤(柴胡24g,黄芩18g,石韦30g,广木香
9g,萹草30g,车前草30g)加减,每日2剂,分6次服,一般守方1周,多能退
热、缓解尿路症状。非急性发作阶段(包括慢性肾盂肾炎与急性肾盂肾炎尿
路症状缓解后),扶正祛邪,标本同治,用疏肝益气汤(柴胡、党参、黄芪、莲子、
地骨皮、麦冬、茯苓、车前草、远志、石菖蒲、甘草)加减,每日1剂,守方1月,
多能收到症状消失、不易复发的良好远期效果。(何绍奇.现代中医内科学
[M].北京:中国医药科技出版社,1991.)

用银蒲八正散治疗急性肾盂肾炎32例,其组方为银花、蒲公英、紫地丁各
30g,萹蓄15g,车前子、瞿麦、滑石各12g,栀子10g,大黄6g,木通、生甘草梢各
5g。治疗结果:治愈30例,无效2例。一般服药2~3剂症状即有明显减轻,
10剂左右小便检查呈阴性。(韩生江.银蒲八正散治疗急性肾盂肾炎32例
[J].浙江中医杂志,1983(2):58.)

用消淋汤治疗急性泌尿系感染150例,获得满意疗效。基本方:蒲公英、
生栀子、黄芩各15g,益母草、车前草、金钱草、旱莲草、地锦草、萹蓄各20g,白
茅根30g,甘草梢6g。小儿酌减,连续10天为1疗程。治疗结果:急性肾盂肾
炎痊愈47例,有效2例,无效1例;慢性肾盂肾炎急性发作痊愈42例,有效
3例,无效1例;急性膀胱炎、尿道炎痊愈54例。150例中做尿细菌培养为阳
性,治疗后130例转阴,尿菌转阴率为86.7%。(汪秀华,何国兴.消淋汤治疗
急性泌尿系感染150例[J].浙江中医杂志,1986(9):396.)

王氏认为急性肾盂肾炎的病因为湿热;病变部位重点在肝,与肾、膀胱
关系密切。病机为肝经湿热壅遏,旁流入肾,下注膀胱,膀胱气化失司而产生
"淋"。主张从肝论治,采用自拟加减龙胆泻肝汤,治疗百余例次,获得了满意
的疗效。其组方为:柴胡12g,胆草12g,栀子12g,黄芩12g,白花蛇舌草30g,
楂肉30g,当归12g,苡仁12g,泽泻12g,木通12g。腰痛、尿频、尿急、尿痛严重
加半枝莲、石韦、滑石、甘草;湿热伤阴加生地;恶心、呕吐严重加大黄、半夏。
(王元甫.试论急性肾盂肾炎从肝论治[J].四川中医,1983(3):22—23.)

王氏用萹草通淋煎剂治疗泌尿系感染下焦湿热型淋证 66 例。药用：萹草 30~40g，白茅根、车前子各 10g，蒲公英、虎杖各 15g，每日 1 剂，分 3 次，饭前服用，服药 14 天。治疗结果：治愈 31 例，显效 17 例，有效 13 例，无效 5 例，总有效率 92.4%。（王剑发 . 萹草通淋煎剂治疗泌尿系感染的临床观察［J］. 齐鲁药事，2008，27（11）：695-696.）

钟氏用复方凤芪颗粒治疗泌尿系感染（下焦湿热型）90 例。药用复方凤芪颗粒（湖南省中医药研究院制剂室生产，批号 20000301），温开水冲服，每次 10g，每日 2 次，服用 6 周。此颗粒组成为：凤尾草、马鞭草、白茅根、萹蓄、瞿麦、败酱草、黄芪等。治疗结果：近期治愈 33 例，显效 25 例，有效 25 例，无效 7 例，总有效率 92.2%。方中诸药同用，主次井然，祛邪而不伤正，扶正而不恋邪，有相得益彰之妙。（钟颖 . 复方凤芪颗粒治疗泌尿系感染 90 例临床观察［J］. 湖南中医杂志，2002，18（2）：21-22.）

金氏等用金钱通淋口服液治疗泌尿系感染下焦湿热型淋证 40 例。药物组成为：金钱草、海金沙、石韦、白茅根、忍冬藤等。口服，每次 20ml，每日 3 次；疗程 14 天。治疗结果：治愈 13 例，显效 11 例，有效 11 例，无效 5 例，总有效率 87.5%。治疗结束后随机抽取 14 例（治愈 4 例，显效 4 例，有效 6 例），门诊随访 6 个月，尿菌培养及尿常规均为阴性，随访结束时测定肝、肾功能，血常规及心电图均无异常发现。（金亚明，胡仲仪，沈玲妹，等 . 金钱通淋口服液治疗泌尿系感染［J］. 上海中医药杂志，2000（2）：28-29.）

许氏等用加减五味消毒饮治疗热淋（下焦湿热证）128 例。药物组成为：银花 10g，蒲公英 20g，野菊花 10g，黄柏 10g，紫花地丁 15g，鱼腥草 20g，木通 10g，甘草 3g；小便短赤者加车前子、茯苓；大便秘结，苔黄腻者加大黄、枳实；湿热伤阴者加生地、白茅根；体虚者加党参、黄芪。水煎服，每日 1 剂，急者（体温超过 39℃者）日服 2 剂。治疗结果：痊愈 106 例，好转 20 例，未愈 2 例，总有效率 98.4%。（许振宜，许晋生 . 加减五味消毒饮治疗热淋 128 例［J］. 福建中医药，1996，27（2）：17.）

十六、泌尿系结石

泌尿系结石是泌尿系的常见病、多发病之一，包括肾、输尿管、膀胱和尿道结石，以腰痛、血尿、尿中时夹砂石为主要临床表现。本病属中医"石淋""溺血""腰痛"等病证的范畴。

【湿热与发病的关系】

《诸病源候论》说:"诸淋者,由肾虚而膀胱热故也。"指出了淋证的共同病因病机是"肾虚膀胱热",即肾虚是本,膀胱热是标。就石淋而言,其"膀胱热",多系湿热蕴结下焦。究其湿热的成因和砂石的形成,大多为平素喜食肥甘辛热之物,或嗜酒太过,酿成湿热,流注下焦,煎熬尿液,日积月累,遂成砂石,发为石淋,诚如《中藏经》所说:"虚伤真气,邪热渐强,结聚而成砂。又如以水煮盐,火大水少,盐渐成石之类。"《金匮要略心典》亦比喻为"犹海水煎熬而成盐碱也"。

【相关临床表现】

《金匮要略》载:"淋之为病,小便如粟状,小腹弦急,痛引脐中。"《中藏经》更清楚地指出:"砂淋者,腹脐中隐痛,小便难,其痛不可忍,须臾,从小便中下如砂石之类。"本病可分急性期和慢性期两大类型,其临床表现为:

1. **急性期** 小便频急,尿道涩痛,或尿时中断,尿色红赤混浊,尿出砂石,甚则突发腰腹剧痛如刀割,放射至前阴或大腿内侧,患者往往屈曲蜷缩,伴面色苍白,冷汗淋漓,恶心呕吐,尿中带血,舌质红,苔黄腻,脉象滑数或弦数。此期多呈现实证。

2. **慢性期** 腰部酸痛,或少腹空痛,精神疲乏,面色不华,小便时有涩痛,或尿出砂石,舌红少苔,五心烦热,脉象细数或细弱。多见于久病不愈,正气日衰,尤以肾阴耗伤为著,表现为本虚或虚中夹实之证。

【相应治疗方法】

1. **急性期** 以清热利湿、通淋排石为主,方用八正散、石韦散、尿路排石汤Ⅰ号方、尿路排石汤Ⅱ号方。

2. **慢性期** 以补肾排石、标本兼施为治。肾阴虚者,方用六味地黄汤;脾肾两虚者,方用参芪地黄汤。均可加入通淋排石之品。亦可采用尿路排石汤Ⅲ号方。

近年来,随着对泌尿系结石病因病机认识的提高,其治疗方法亦有所改善,除了常用清热利湿的方法外,还重视与活血、理气、溶石等法的联合应用,使疗效有很大的提高。临床常用的药物有:金钱草、海金沙、鸡内金、滑石、桃仁、王不留行、穿山甲、芒硝、乌药、川楝子、琥珀粉、鱼脑石、冬葵子、萹蓄、瞿麦等。

【验案举例】

例1 徐某,男,22岁。1981年7月21日初诊。

起病已2月余,腰痛阵作,近来加剧,尤以劳动后为甚,痛剧时放射至少腹、阴茎。经某医院X线摄片,显示右肾区有2粒0.5cm×1.5cm的结石阴影,在当地曾服中药数10剂,阅其方,系八正散去大黄,加海金沙、金钱草之类,服后除疼痛部位稍觉下移外，余症未减。自觉神疲乏力，面色欠华，时有冷汗，小便短涩而色赤。舌质红苔薄白，脉细缓。尿检：蛋白（＋），红细胞（＋＋＋），白细胞（＋）。证属湿热耗伤正气，久利损及阴液，已非单纯清热利尿排石之剂所能济事，姑拟八正散去大黄，加党参、生地以益气养阴。5 剂后精神转佳，汗止，尿长，尿检正常，仍守原法，上方加牛膝、地龙。3 剂后突觉小便艰涩，稍用力后，排出 2 粒黄豆大小结石，嗣后腰痛不作，小便如常，诸恙悉瘥。（吴光岱．八正散加减治疗泌尿系结石［J］．浙江中医杂志，1983，18（2）：59.）

按：八正散是治疗泌尿系结石的有效方剂，适用于湿热蕴结下焦，煎熬尿液而成砂石的石淋实证。本例前医用本方加减未获效验，究其原因，是因为本虚标实之证，而纯用通利之药，忽略固本。故后医仍用八正散为主方，并加益气养阴之品，标本兼顾，遂获良效。

例2 刘某，女，40 岁。

1983 年 3 月 21 日初诊：素有胸痹，最近 1 周来左下腹酸痛，反复发作 4 次，痛则难忍汗出，拍片发现左侧输尿管结石，大便干结不下，纳少，口干，苔薄黄而干，脉弦细。辨证为湿热下注，尿液煎熬成石。治法清热利湿，通淋排石。处方：金钱草 20g，海金沙（包）20g，草薢 10g，晚蚕沙（包）10g，鸡内金 5g，广郁金 10g，酒军 3g，枳实 10g，车前子（包）10g，生地 10g，瞿麦 10g。6 剂。

3 月 27 日二诊：少腹疼痛减轻，仍有隐痛，大便尚干，纳谷不香，苔黄，脉弦细，原意出入再进：旋覆花（包）10g，赭石（先下）10g，广郁金 10g，焦三仙各 10g，枳壳 10g，大腹皮 10g，酒军 5g，金钱草 20g，块滑石 10g，丹参 10g，炒枣仁 10g。6 剂。

4 月 4 日三诊：药后大便通畅，小便时排出 2 块绿豆大结石，纳食增加，胃脘满闷减轻，再以原意出入：半夏 10g，瓜蒌 10g，枳壳 10g，陈皮 6g，竹茹 6g，茯苓 10g，通草 5g，焦三仙各 10g，甘草梢 3g，车前子（包）10g。6 剂。药后诸症消失。（董建华．临证治验［M］．北京：中国友谊出版公司，1986.）

按：湿热下注，尿液煎熬成石，发为石淋，治用清热利湿，通淋排石，颇为合辙，于是取效。方中金钱草、海金沙、鸡内金、车前子、瞿麦等，为通淋排石之要药。

例3 徐某，女，42 岁，职工。1989 年 10 月初诊。

患者反复发作性腰部绞痛伴肉眼血尿 2 月。曾摄腹部平片发现右肾结石数枚（0.4cm×0.6cm 左右），伴小便赤涩，脉弦，舌质红，苔黄腻。证属下焦湿热，蕴结成石，阻于尿道，气化不利。治拟清利湿热，排石通淋。处方：苍术 10g，川柏 10g，川牛膝 10g，石韦 10g，冬葵子 10g，瞿麦 12g，沉香 6g，乌药 6g，琥珀（研末分吞）3g，王不留行 10g，滑石（包煎）15g，泽兰 15g，泽泻 15g，车前子（包煎）12g。

服14剂，腰痛发作渐缓，血尿也有改善，仅偶尔镜检可见红细胞（+），尿黄，小便微有灼痛，舌脉如前，原方续服。

上方服20剂后，腰痛消失，小便常规检查未见异常，复查腹部平片已无结石阴影。（史宇广，单书健．当代名医临证精华·淋证专辑［M］．北京：中医古籍出版社，1992．）

按：小便赤涩，舌红苔黄腻，是辨证下焦湿热的着眼点。方用三妙丸合通淋、行气、化瘀之品，洵为对证之治，故获卓效。

例4 曾某，男，38岁，2015年6月13日初诊。

患者半年前因无明显诱因下突发右侧腰部隐痛难忍，此后每于劳累后发作，其间曾至当地医院就诊，超声检查提示右肾大量泥沙样结石，诊断：右肾结石，予以抗感染、止痛等对症治疗。但上症仍时有发作，特来我院寻求中医治疗，现症见：右侧腰部隐痛，伴恶心欲吐，自汗，心慌，尿频、尿急，尿色黄无肉眼可见血尿，纳寐差，大便微溏，舌紫黯舌边少许瘀点，苔黄腻，脉弦滑。西医诊断：右肾结石（泥沙样），中医诊断：石淋（湿热夹瘀证）。治宜清热利湿，通淋排石，兼活血化瘀。具体处方：广金钱草30g，车前草30g，鸡内金15g，郁金10g，海金沙15g，石韦20g，土茯苓20g，丹参20g。7剂，每日1剂，水煎温服。

2017年6月20日复诊：患者述服药至第5剂时已无明显腰部疼痛不适，无恶心欲吐。再嘱患者按原方继续服药7剂，后复查泌尿系B超提示右肾无泥沙样结石。（曾晓虹．运用三金汤加减治疗泌尿系结石经验［J］．临床医药文献杂志（电子版），2017，4（67）：13257-13258．）

按：该文作者原按："本病属于中医淋证范畴，其由饮食失宜、湿热等因素而成，主要病机是湿热内蕴，煎熬水液所致。由于有形实邪阻滞气机，不通则痛，以金钱草、鸡内金、海金沙化石通淋，而久病必瘀，因湿热实邪阻滞，经络气血运行不畅而导致，舌紫黯、边有少许瘀点表明其内有瘀血，故拟三金汤加以郁金、丹参行气活血、化瘀通络，患者苔黄腻，湿热较重故加以土茯苓以增强其化湿之功。"允称中肯恰当之按。

例5 宋某，女，60岁，2015年3月31日初诊。

患者原有腰椎间盘突出、慢性泌尿系感染病史，自觉小便急迫，量少色黄，伴腰痛。脉象弦缓，舌苔薄黄。诊断为淋证，辨证属下焦湿热，治宜清利下焦湿热，佐以强腰止痛。药用：白花蛇舌草20g，败酱草15g，桑寄生15g，大蓟12g，小蓟12g，瞿麦12g，萹蓄12g，杜仲12g，焦山栀9g，泽泻9g，猪苓9g，茯苓9g，黄柏9g，川断9g，川牛膝9g，陈皮6g，甘草梢5g，7剂。

二诊（2015年4月9日）：药后尿急显减，唯感手指微麻（原有高血压病史），治守原法化裁。药用：大蓟12g，小蓟12g，焦山栀9g，滑石12g，萹蓄12g，白花蛇舌草20g，泽泻9g，猪苓9g，败酱草15g，川牛膝9g，陈皮6g，生甘草5g，7剂。

随访：先后就诊共4次，诸恙悉瘥。（庄爱文，王文绒.盛增秀验案说解［M］.北京：中医古籍出版社，2017.）

按：《诸病源候论·诸淋病候》说："诸淋者，由肾虚而膀胱热故也"；"肾虚则小便数，膀胱热则水下涩。数而且涩，则淋沥不宣。故谓之淋。"巢元方以肾虚为本，膀胱热为标的淋证病机分析，为后世多数医家所宗。本案患者年已六旬，原有腰椎间盘突出、慢性泌尿系感染病史，本已肾气不足，加之湿热毒邪，客于膀胱，气化失司，水道不利，故而小便急迫，量少色黄；腰为肾之府，湿热之邪侵犯于肾故伴腰痛；脉象弦缓，舌苔薄黄，系湿热为病之象。方中以小蓟饮子化裁清利湿热，辅以桑寄生、杜仲、川断、川牛膝等补肾强腰。诸药配伍，共奏清利湿热，强腰止痛之功，是以获效。

【临证备考】

用排石汤治疗泌尿系结石62例，获得较满意的疗效。其组方为：金钱草20~60g，车前子（或草）、滑石、海金沙各15~30g，牛膝、王不留行各15~20g，枳壳、冬葵子各12~15g，鸡内金10~15g（或粉剂6g冲服），琥珀粉（冲服）3~6g。每日1剂。每周施行总攻疗法1~3次，每次1剂，加水750ml，煎取500ml。按总攻疗法要求1次服完。治疗结果：治愈43例（其中输尿管结石37例，左肾结石3例，双肾并左输尿管结石1例，膀胱结石2例），好转5例，无效14例，总有效率为77.42%。治愈时间最短者1天，最长155天。（刘政，曾宝光，陈业强.排石汤治疗泌尿系结石62例［J］.广西中医药，1989（6）：7-8.）

徐嵩年主任医师经验：石淋证见小便涩痛，尿液混浊或黄赤，尿中有时排出砂石，或排尿突然中断，尿道刺痛，甚者腰腹绞痛，尿中带血，脉弦滑数，治宜清热利湿，排石通淋。处方：金钱草30g，冬葵子15g，鸡内金15g，石韦30g，木通9g，海金沙（包煎）15g，瞿麦穗30g，朴硝（冲）9g，青木香12g。排尿不畅者，加升麻9g，党参12g，滋肾通关丸（包煎）15g；小便中断或尿中带血者，加制大黄9g或青宁丸（吞服）3~4.5g；腰腹绞痛者，加失笑散（包煎）15g，香附12g；尿常规检查，白细胞多者，选加龙葵15~30g，蒲公英30g，地丁草30g，鹿衔草30g等。简便方：冬葵子90g，石韦30g，芒硝15g，甘草9g，肉桂6g。共研极细末，和匀，每服3g，日服3次，温开水送下。（史宇广，单书健.当代名医临证精华·淋证专辑［M］.北京：中医古籍出版社，1992.）

邓铁涛教授经验：石淋的主要矛盾在于湿热内蕴，砂石阻络。治疗上务使用逐石汤：金钱草 30~60g，海金沙 3g（冲服，或海金沙藤 20g），木通 10g，生地 12g，白芍 10g，琥珀末 3g（或沙牛末 1.5~3g，冲服），广木香（后下）4.5g，鸡内金 6g，小甘草 4.5g。方中金钱草清热利湿化石，为主药；海金沙、木通利水通淋，鸡内金消石，为辅药；琥珀末祛瘀通络止痛，木香行气解郁止痛，为佐；生地、白芍利水而不伤阴，用作反佐；小甘草治茎中痛，和诸药以为使。（史宇广，单书健.当代名医临证精华·淋证专辑［M］.北京：中医古籍出版社，1992.）

张氏用单味大剂量金钱草治疗泌尿系结石 38 例。结石部位：肾结石 12 例，输尿管结石 24 例，尿道结石 2 例。结石直径：横径≤0.8cm，纵径≤1.2cm。治疗方法：用金钱草 300g 加水 3 500~4 000ml 浸泡 20 分钟，用武火煮开后改文火 30 分钟，余药液 2 500~3 000ml 于当天饮完，适当跳跃运动，4 周为一个疗程，根据病情治疗 1~4 个疗程后观察疗效。治疗结果：治愈 16 例，有效 21 例，无效 1 例，总有效率为 97.37%。（张亚娟.金钱草治疗泌尿系结石 38 例［J］.中国城乡企业卫生，2009（2）：108.）

何氏等用通淋丸治疗泌尿系结石 100 例。药用：金钱草 30g，海金沙 15g，车前子 10g，瞿麦 10g，琥珀 5g，生地 15g，木通 10g，大蓟 10g，黄柏 15g，地丁 15g，川萆薢 10g，土茯苓 25g，猪苓 10g，台乌药 10g，甘草 10g。将上药除去杂质及非药用部分，先将琥珀碾成粉末，余药蒸熟烘干或晒干后，碾成粉末，过 120 目筛，与琥珀粉末拌匀，炼蜜为小丸，烘干、消毒后装入瓶子，每瓶 60g。治疗期间停服其他排石药物，通淋丸每次口服 6g，3 次 / 天，温开水送服，服药 15 天为一疗程，连服 1~3 个疗程后判定疗效。治疗结果：痊愈 68 例，好转 28 例，无效 4 例，总有效率为 96%。（何敏，林汉森.通淋丸治疗泌尿系结石 100 例［J］.广东医学，2005，26（10）：1429-1430.）

徐氏用三金三琥汤治疗泌尿系结石 36 例。药用：金钱草 60g，海金沙（包煎）15g，鸡内金 10g，三七粉（分冲）3g，琥珀末（分冲）3g，白芍 15g，甘草 5g，石韦 12g，冬葵子 12g。湿热重者，加瞿麦、萹蓄、黄柏、滑石；气虚者，加黄芪、党参；肾阳虚者，加补骨脂、菟丝子、制附子；肾阴虚者，加生地、女贞子；结石久不移动、或腰腹疼痛加剧、结石有下移倾向者，加大黄、厚朴、怀牛膝、王不留行、莪术；血尿者，加白茅根、小蓟；伴有肾盂积水者，加黄芪、桂枝或附片。每日 1 剂，水煎 2 次混合后分 2 次温服。同时嘱病人多饮开水，每日做 10~30 分钟跳跃活动，20 天为 1 疗程，3 个疗程结束时评定疗效。治疗结果：治愈 20 例，好转 12 例，无效 4 例，总有效率为 88.9%。在治愈的 20 例中，服药 1 个疗程 11 例，2 个疗程 5 例，3 个疗程 4 例。（徐明.三金三琥汤治疗泌尿系结石 36 例［J］.四川中医，2002，20（8）：47.）

十七、前列腺炎

前列腺炎是泌尿外科和中医男科的常见病、多发病,好发于20~40岁的青壮年,临床分为急性前列腺炎和慢性前列腺炎两种,以后者为多见。本病病因复杂,常反复发作,缠绵难愈,往往与后尿道炎、精囊炎及附睾炎等同时发生,且互为因果。

本病的主要临床表现是尿道口常有白色分泌物溢出,尿意频数,滴沥不尽,会阴、少腹及腰骶胀痛,或伴有阳痿、早泄、性欲减退等症。据其临床症状,本病属于中医淋证(膏淋、劳淋)、白浊、精浊等病证的范畴。

【湿热与发病的关系】

中医认为,本病的病位在肾与膀胱,且与肝经关系密切。病因病机主要是湿热流注,血脉瘀阻,肾精亏虚,三者往往是夹杂互见,互相影响,尤其是湿热下注是导致本病的重要因素,《医学心悟》尝谓:"浊之因有二,一由肾虚败精流注;一由湿热渗入膀胱。"显然已将湿热列为白浊的主要病因。探究湿热的形成,有因嗜食膏粱厚味,辛辣炙煿之品,或茶酒无度,损伤脾胃,脾运失健,酿生湿热,循经下注;有因衣裤污染,房事不洁,湿热秽浊之邪侵入肝肾,蕴积精室;有因冒雨涉水,或久居湿地,寒湿之邪侵入体内,郁久化热,致湿热流注下焦,等等。更值得指出的是,湿久不化,可以生痰,而湿热陷于经隧,又可使气血运行不畅,遂生瘀血,以致痰瘀互结,而痰瘀阻滞经脉,反过来又不利于湿热的消散,于是形成恶性循环。再者,湿热久留下焦,若湿重者,能损伤肾气(或肾阳),所谓"湿胜则阳微也";若热重者,能耗灼肾阴,从而出现湿热羁留,肾阴肾阳损伤的虚实互见的病理现象。总而言之,湿热是本病的最基本、最重要的致病因素,常贯穿病程的始终,值得高度重视。

【相关临床表现】

1. 下焦湿热壅盛,流注精室　症见寒战高热,小便频数,尿道疼痛有灼热感,或刺痒不适,尿道口常有白色黏稠分泌物溢出,多出现于尿末或大便努挣时,会阴、少腹及腰骶胀痛,尿色黄浊,心烦口渴,舌红,苔黄腻,脉象滑数或濡数。多见于急性前列腺炎或慢性前列腺炎急性发作时。

2. 湿热久羁入络,痰瘀互结　症见前列腺肿大或反缩小质硬,有压痛,骶部、会阴、下腹部、腹股沟区、睾丸胀痛明显,尿末或便后尿道口可有黏性分泌物溢出,舌紫黯,有瘀点,脉象沉涩等。多见于慢性前列腺炎。

3. 湿热损伤气阴,正虚邪恋　若肾气损伤者,症见头晕耳鸣,精神疲乏,腰膝酸软,夜尿频多,或阳痿,早泄,性欲减退,舌淡红,脉沉弱等;若肾阴耗伤者,症见头晕目眩,耳鸣不聪,口干咽燥,五心烦热,盗汗,腰膝酸软,足跟疼痛,舌红,脉细数无力等。在上述症状的同时,兼见尿色偏黄,尿后余沥不净或尿道口有白色黏稠分泌物溢出,舌苔薄黄腻等湿热未清的症状。多见于慢性前列腺炎。

【相应治疗方法】

1. 下焦湿热壅盛,流注精室　治宜清热利湿,解毒通淋为主,方选八正散、萆薢分清饮、抽薪饮、大分清饮等加减,败酱草、白花蛇舌草、龙胆草、鱼腥草、土茯苓、大黄、蒲公英等清热解毒之药,均可随证加入,亦可佐以王不留行、桃仁、丹参、马鞭草、泽兰、红花等活血化瘀之品。

2. 湿热久羁入络,痰瘀互结　治宜活血祛瘀、化痰散结为主,方选复元活血汤、少腹逐瘀汤、桂枝茯苓丸等化裁,并加入萆薢、车前子、土茯苓、白花蛇舌草、泽泻等清利湿热药物;亦可加入浙贝母、夏枯草、穿山甲等化痰软坚散结之品;瘀重者,三棱、莪术、水蛭等亦可择用。

3. 湿热损伤气阴,正虚邪恋　大法宜扶正祛邪。若肾气虚者,方用参芪地黄汤化裁;肾阳虚者,肾气丸、右归丸宜之;肾阴不足者,六味地黄丸、知柏地黄丸、左归丸随证选用。在上列方药的基础上,均可佐以清利湿热,解毒通淋之品;活血化瘀之药,亦可随证加入。

【验案举例】

例1　柳某,男,35岁。1988年3月初诊。

2年多来,会阴部坠胀不适,腰酸胀痛,尿道涩痛,刺痒不适,尿频,尿终滴白。舌质黯有瘀点,脉弦涩。直肠指诊:前列腺饱满,质稍硬,有触痛。化验:前列腺液卵磷脂小体少量,白细胞8~10个/HP。诊断为慢性前列腺炎。辨证属湿热下注,气血郁阻。治宜:理气散瘀,利湿清热,解毒通络。方用自拟前列汤:萆薢、败酱草各30g,蒲公英、穿山甲、王不留行、沙苑子、知母各10g,连翘、黄柏、川楝子、赤芍各15g,煎汤服。药渣煎水1 000ml坐浴,每日2次,每次20分钟。10剂后症减。上方加减再进20剂,诸症大减,唯仍感头昏,腰酸,乏力。上方加菟丝子、女贞子各15g,又服10剂后诸症消失。查前列腺液:卵磷脂小体60%,白细胞1~3个/HP,余均正常,随访2月,未复发。(白玉全.慢性前列腺炎治验[J].四川中医,1992(12):34-35.)

按:本例慢性前列腺炎辨证为湿热下注,气血郁阻,故药用萆薢、败酱草、蒲公英、知母、连翘、黄柏清热利湿解毒;穿山甲、王不留行、川楝子、赤芍理气活血消肿。并采用内服与外治（坐浴）结合，其效益彰。

例2　杜某，男，38岁，1988年3月初诊。

自述第二次结婚前有遗精史，婚后腰骶部钝痛，会阴坠胀，尿频热痛，头晕乏力，面部虚浮。某省级医院诊断为前列腺炎。诊其舌苔黄腻，脉滑数。前列腺液检查报告：卵磷脂小体明显减少，白细胞50个以上，并有多量脓细胞。证属湿热蕴结下焦，治以清法为主，药用自拟清源通淋汤（生地、苦参、土茯苓、虎杖、萹蓄、滑石、花粉、黄柏、蜂房、石菖蒲、甘草），连服4剂，会阴部坠胀减轻，尿频热痛也明显好转，舌苔由黄变白。前方去萹蓄、滑石，加草薢、薏苡仁，再服6剂，诸症减轻，前列腺液检查，卵磷脂小体明显增多，白细胞降到12个，脓细胞已不见。用二诊方去苦参、蒲公英、黄柏，加桑螵蛸、莲子肉、黄芪、川断、首乌，连服12剂后，症状基本消失，前列腺液基本正常，继续调治1个月，病获痊愈。（李永清，于雪梅．辨证治疗前列腺炎125例[J]．吉林中医药，1991（2）：13-14．）

按：本例由湿热蕴结下焦而致，用清热利湿、解毒通淋的方药治之，迅获效验，善后加用补气益肾之品，标本兼治，病获痊愈。然滋补之药，在湿热方张之时，切勿误投，以免邪留不去，后患无穷。

例3　冯某，男，43岁。

初诊（1978年4月14日）：患前列腺炎已3月，曾在某医院泌尿科用抗生素治疗，前列腺液检查白细胞始终为（+++），症状未见减轻，故来我科中药治疗。顷诊少腹会阴作胀不舒，尿频尿急，时有滴白，腰酸腿软，脉弦细，苔黄腻。直肠指检：前列腺体肿大不明显，表面光滑，边缘整齐，质地较韧，有触痛感，中央沟存在。前列腺液镜检：白细胞（+++，成堆），红细胞3~5个/HP，精子（+）。尿常规检查：蛋白微量，白细胞（+），脓细胞2~4个/HP，精子（+）。证属湿热下注，瘀血凝滞。治拟清热利湿解毒，活血化瘀。处方：当归15g，丹参10g，赤芍10g，丹皮10g，留行子10g，黄连2g，川柏6g，草薢15g，银花15g，蒲公英15g，车前子（包）10g，茯苓10g，泽泻10g，每日1剂，水煎服。

复诊（5月12日）：上方连服1月，小便滴白渐少，少腹会阴作胀亦瘥，尿频尿急缓解，前列腺液复查：白细胞（++），精子（++）。治宗前法，上方继服。

三诊：上方又服35天，尿频尿急消失，腰腿酸软亦减。前列腺液复查：白细胞1~2个/HP。精子少许。尿化验正常，前列腺体检查正常。上方减去黄连、黄柏、车前子，嘱服7剂。

1979年5月29日，因感冒来诊时诉说，前列腺炎症状消失。1980年8月20日随访：前列腺炎症状未见复发，疗效巩固。（沈楚翘．中医治疗慢性前列腺炎 70 例报告［J］. 江西中医药，1981（3）: 12–13.）

按: 本病在病因病机上常湿热与瘀血交相为患，互为因果，本案即是其例。治用清热利湿与活血化瘀并施，颇切病机，宜乎取效也。

例 4 患者某，男，45 岁，2009 年 3 月 26 日初诊。患前列腺炎 5 年余，伴有尿频、尿急、尿痛，阳痿早泄，腰酸发凉，疼痛，大便溏，口渴严重，饮水后缓解，口干，舌黯红苔黄厚，脉滑略数。处方: 苍术 15g，黄柏 15g，生薏米 30g，生地 15g，杜仲 15g，车前子 15g，瞿麦 20g，葛根 15g，甘草 15g，木瓜 15g，竹叶 15g，7 剂。二诊: 好转，口渴大减，舌苔转白，上方加茯苓 20g，怀牛膝 20g，砂仁 10g。三诊: 舌微红，苔薄黄，上方加知母 15g、牡丹皮 15g，去葛根。四诊: 明显好转，上方 7 剂。五诊: 痊愈。（吴鑫宇，陆雪健，段富津. 段富津教授治疗慢性前列腺炎验案探析［J］. 世界中西医结合杂志，2017，12（12）: 1673–1675，1734.）

按: 据临床观察，慢性前列腺炎中医辨证多属肾虚所致，五子衍宗丸较为常用。本例辨证为"膀胱湿热证"（作者原按语）而用四妙散化裁，其舌苔黄厚，口渴，脉滑数是辨证的着眼点。

例 5 钟某，男，43 岁，2016 年 11 月 15 日初诊。

患者 1 年前出现尿频、尿急，夜尿 1~2 次，偶有小腹部坠胀不适。查前列腺液常规: 白细胞 +++/HP，诊断为前列腺炎，予以盐酸左氧氟沙星胶囊口服 2 周后，症状缓解。其后，患者多次因饮酒或嗜食辛辣后上述症状复发加重。患者就诊时症见: 尿频、尿急、尿痛，尿路灼热，排便时尿道口白色分泌物，小腹及腰骶部坠胀疼痛，阴囊潮湿。舌红、苔黄腻，脉滑数。查前列腺液常规示: 白细胞 ++++/HP，卵磷脂小体 +/HP。西医诊断: 慢性前列腺炎；中医诊断: 精浊。辨证: 湿热蕴结证。治法: 清热化湿，利尿排浊。药用: 当归 15g，浙贝母 15g，苦参 10g，滑石（包煎）10g，乌药 20g，益智仁 15g，黄柏 15g，苍术 15g。7 剂，水煎服，每 2 日 1 剂，1 日 2 次。注意事项: 戒烟戒酒，禁食辛辣油腻之品，忌久站久坐，适量运动。

二诊（11 月 29 日）: 患者小便次数减少，尿急、尿痛明显减轻，尿道口已无分泌物。舌淡红、苔薄白，脉缓。上方去黄柏、苍术、益智仁、乌药，加瞿麦 15g、萹蓄 15g、薏苡仁 30g。服用 2 周后，患者仍有尿频，但次数明显减少，已无尿急、尿痛，小腹部及腰骶部坠胀明显好转。前列腺液及尿常规检查均正常。（黄平平，黄晓朋，郭亭飞，等. 当归贝母苦参丸治疗湿热下注型前列腺炎验案［J］. 亚太传统医药，2017，13（20）: 106–107.）

按: 移用《金匮要略》治妊娠小便难当归贝母苦参丸治疗前列腺炎，确是活用经方的楷模,启发良多。又处方中用朱丹溪二妙散,亦是古方今用的范例。须仔细品味。

例6 患者,男,29岁,2012年3月28日初诊。

主诉:尿频,尿后滴白1年加重1周。患者平素嗜酒及辛辣厚味,1年前因劳累、过度饮酒而发病,曾自服抗生素,症状有所缓解,未予重视,病程迁延未愈,1周前,房事后症状加重。刻诊:尿频、尿急、尿道灼热刺痛,大便后尿道口出现滴白,右侧腹股沟处胀痛连及睾丸,偶感刺疼,纳少眠差,大便调,舌黯红,苔黄腻,脉弦滑。前列腺液常规:卵磷脂小体(++),白细胞(++)。西医诊断:慢性前列腺炎;中医辨证:湿热蕴阻下焦。治宜清热利湿,解毒散结。处方:萆薢15g,黄柏15g,生薏苡仁25g,土茯苓15g,泽泻10g,白花蛇舌草15g,败酱草15g,蒲公英10g,栀子10g,延胡索15g,牡丹皮10g,川牛膝15g,荔枝核6g,橘核6g,甘草5g。7剂,水煎,内服及灌肠。二诊:症状减轻,效不更方,守上方继投7剂,用法同上。三诊:服药后,诸症皆失,继上方减败酱草、栀子、荔枝核、橘核,加怀山药15g、白术10g,连进7剂以巩固疗效。(王建茹,唐雪勇,刘学伟,等.杨志波教授以萆薢渗湿汤异病同治验案举隅[J].中医药导报,2012,18(11):12-13.)

按:据临床所见,嗜食肥甘酒酪、辛辣炙煿,尤其是房劳过度,是引起前列腺炎特别是湿热型患者的重要原因,读此案,当需识此。

【临证备考】

用自拟龙鱼萹草汤治疗前列腺炎39例,取得了满意疗效,其组方为:龙胆草、土茯苓各10g,鱼腥草、萹草、马鞭草、蒲公英各15g,白茅根20g。每日1剂,水煎服,10天为1疗程。治疗结果:经1疗程治疗显效23例,占58.97%;好转11例,占28.21%;无效5例,占12.82%。经2个疗程治疗显效33例,好转5例,无效1例,总有效率达97.44%。认为前列腺炎系湿热之邪蕴结下焦,结聚会阴,影响膀胱气化功能所致,所以清热利湿为治疗本病的基本大法,鱼龙萹草汤即宗此意而立,具有清利湿热,解毒消肿散结之功。(张宏俊.龙鱼萹草汤治疗前列腺炎39例[J].湖南中医杂志,1992(3):44,49.)

利用清肝利胆佐以化瘀祛痰制成的湿热清口服液治疗急性前列腺炎33例、慢性98例,并分别与西药诺氟沙星治疗急性前列腺炎28例、慢性76例的结果进行比较研究。结果表明:对于急性前列腺炎湿热清组较诺氟沙星组疗效稍差;但对于慢性前列腺炎,湿热清组则较诺氟沙星组明显为优。湿热清口服液由龙胆草、柴胡、车前子、栀子、黄芩、千里光、王不留行、矮地茶等药组成,每次15ml(相当于原生药20g)。每天服3次,每次服1支,餐后服。

认为本病多因肝郁气滞,湿因气阻,或胆经湿热侵及肝经,致肝胆同病,湿热循经下注阴器,从而出现诸多症状。(廖方正,曾凡,衡先培,等.湿热清口服液治疗前列腺炎的临床观察[J].成都中医药大学学报,1997,20(1):15-18.)

辨证治疗慢性前列腺炎83例,其中湿热型46例,治用自拟龙胆草糖浆(由龙胆草、败酱草、马齿苋、川萆薢、通草、川牛膝、滑石组成),每瓶168ml,每日口服2~3次,每次20ml,1个月为1个疗程。治疗结果:湿热型46例中,治愈17例,显效12例,有效10例,无效7例。(陈子胜,欧春.辨证治疗慢性前列腺炎83例临床小结[J].浙江中医学院学报,1992(3):16-17.)

施汉章教授经验:治疗湿热邪毒蕴结的慢性前列腺炎,用清热利湿解毒活血法,药用败酱草15g,虎杖10g,赤芍20g,王不留行10g,生苡仁30g,萆薢15g,黄柏10g,石菖蒲10g,石韦10g,木通10g,蒲公英15g。湿热盛而排尿疼痛加龙葵、白茅根、淡竹叶、灯心、滑石;湿重去黄柏,加茯苓、泽泻;小便滴白加益智仁、乌药;疼痛明显加乳香、徐长卿;尿道发痒加白鲜皮。(刘春英,赵树森.施汉章治疗慢性前列腺炎经验[J].中医杂志,1992(10):21-22.)

苏氏等用治浊固本汤加减治疗湿热型慢性前列腺炎40例。药用:莲须10g,黄连6g,砂仁(后下)6g,黄柏12g,益智仁15g,法半夏10g,茯苓12g,猪苓12g,炙甘草6g,滑石12g,怀牛膝12g,丹参10g,延胡索10g,萆薢10g。上药用水500ml,煎后取汁200ml,一次100ml,一天2次,饭后口服,2周为一个疗程。服药期间,给予心理疏导或生活指导,嘱患者注意劳逸结合,适当体育锻炼,保持规律性生活,禁烟酒及辛辣刺激性食物。治疗结果:治愈3例,显效11例,有效19例,无效7例,总有效率82.5%。(苏刚岭,李志国,李斌.治浊固本汤加减治疗湿热型慢性前列腺炎40例[J].光明中医,2017,32(14):2051-2053.)

王氏等用前列汤治疗湿热下注型慢性前列腺炎55例。药用:肉桂15g,王不留行30g,黄柏15g,砂仁15g,车前子15g,萹蓄15g,瞿麦15g,滑石20g,灯心草20g,淡竹叶20g,半枝莲30g,鱼腥草30g,蒲公英30g,紫花地丁30g,鸡内金20g,石韦20g,甘草15g,水煎服,每日1剂,早晚2次温服。服药2周为一疗程,持续治疗两个疗程。治疗结果:临床治愈10例,显效16例,有效26例,无效3例,总有效率94.55%。(王丽丽,常艳宾,郑佳新.前列汤治疗湿热下注型慢性前列腺炎的临床观察[J].黑龙江中医药,2017,46(3):8-10.)

卢氏等用程氏萆薢分清饮联合八正散加减治疗湿热蕴结型慢性前列腺炎60例。药用:萆薢20g,黄柏12g,石菖蒲10g,茯苓15g,白术15g,莲子心6g,丹参15g,车前子15g,金银花15g,瞿麦12g,萹蓄12g,滑石10g,栀子10g,

大黄 6g，甘草 6g。每日 1 剂，水煎 2 次，共取汁 400ml，早晚分服 200ml。两组均以 1 月为一个疗程，连续治疗 2 个疗程。治疗期间忌烟酒、辛辣食物以及久坐。治疗结果：治愈 31 例，显效 13 例，有效 9 例，无效 7 例，总有效率 88.33%。（卢恒，张华，梁卓．程氏萆薢分清饮联合八正散加减治疗湿热蕴结型慢性前列腺炎的临床观察［J］．光明中医，2016，31（23）：3387-3389.）

苏氏等用前炎清方治疗湿热型慢性非细菌性前列腺炎 30 例。药用：黄芪、萆薢各 20g，旱莲草、虎杖、黄柏、菟丝子、金钱草、丹参、红藤、石菖蒲、枸杞子各 10g，女贞子 15g，甘草 5g。水煎服，每日 1 剂，早晚分服。2 周为 1 个疗程。治疗结果：治愈 12 例，显效 10 例，有效 6 例，无效 2 例，总有效率 93.3%。（苏劲松，高荣芳，陈扬前．前炎清方治疗湿热型慢性非细菌性前列腺炎临床观察［J］．山西中医，2016，32（11）：18-19.）

崔氏用龙胆泻肝汤加减治疗湿热下注型慢性前列腺炎 33 例。药用：龙胆草、车前子各 6g，栀子、柴胡、泽泻、甘草、当归各 10g，黄芩 12g，生地 15g，通草 30g；热毒严重者，加连翘 15g、金银花 10g，前列腺质韧者，加泽兰 10g、桃仁、赤芍、乳香各 6g，会阴区疼痛者，加橘核 6g、延胡索 10g。清水浸泡后熬制，1 日 1 剂，取汤汁 200ml 服用，1 日 2 次。治疗结果：治愈 17 例，显效 11 例，有效 4 例，无效 1 例，总有效率 96.97%。（崔宏亮．龙胆泻肝汤加减治疗湿热下注型慢性前列腺炎的临床疗效［J］．云南中医中药杂志，2016，37（6）：34-36.）

十八、风湿性关节炎

风湿性关节炎是关节炎的一种，属变态反应性疾病，是风湿热的主要症状之一。其主要临床表现是一个或多个关节疼痛，多呈游走性。受累关节多为肩、肘、腕、膝、髋等大关节，急性发作时病变关节可出现红、肿、热、痛，但不化脓。急性炎症一般于 2~4 周消退，不留后遗症，但常反复发作。

本病属中医"痹证"范畴。至于风湿活动影响心脏，可发生心肌炎，甚至遗留心脏瓣膜病变，则属中医"怔忡""心悸""心痹""气喘"等病证的范畴，本节不做讨论。

【湿热与发病的关系】

中医认为，风湿性关节炎的发病，与内外因均有密切关系。就内因而言，体质柔弱，或因饥饱劳倦、房事过度等，损伤正气，使气血不足，卫外不固，腠理空疏是导致外邪（主要是风寒湿热）侵入的主要因素，诚如《黄帝内经》所说:"邪之所凑,其气必虚";"邪不能独伤人,此必因虚邪之风,与其身形,两虚相得,乃客其形。"就外因而言,主要是感受风寒、风热、湿热、寒湿等邪气,其中湿热是重要致病因素。《黄帝内经》就有"湿热不攘,大筋软短,小筋弛长"的记载。金元医家张子和尝谓:"痹病以湿热为源,风寒为兼,三气合而为痹。"突出了湿热在痹证发病上的重要地位。清代医家叶天士在论述痹证时,也曾指出了因"暑喝外加之湿热,水谷内蕴之湿热"而引起的湿热痹,治法与风寒湿痹不同。究其湿热病邪之来路,有因天暑地湿,湿热蒸腾,人触冒其气者;有因居处潮湿,或久卧湿地,或冒雨涉水,致寒湿侵入人体,蕴而化热,湿热乃成;有因嗜食肥甘酒醴或辛热炙煿之物,湿热由内而生。凡此湿热之邪,均可浸淫经络,留滞筋脉,流注关节,而成湿热痹证。又湿热羁留,可与痰瘀交结,陷于经隧,阻滞筋骨,锢结根深,致关节红肿热痛反复发作,经久不愈,遂成顽痹之证。再者,痹证日久,人体正气愈耗,湿热留连,可演变成正虚邪恋的"虚痹",如气血虚痹、阳虚痹、阴虚痹等。

【相关临床表现】

湿热痹的主要临床症状是发热汗出,肢节烦痛或红肿热痛,或皮下结节硬痛,或红斑痒甚,周身困重,口渴不欲饮,纳呆腹胀,小便黄赤,舌苔黄腻,脉象滑数。

湿热痹经久不愈而成顽痹者,症见关节红肿热痛,反复发作,疼痛较甚,固定不移,不可屈伸,或疼痛兼有麻木,舌质带紫或见瘀斑,脉多细涩。

虚痹多见于久病患者,因其有气血阴阳亏虚之不同,其临床表现各不相同。若气血虚为主者,症见肢节酸痛麻木,时轻时重,兼见面色萎黄,形体消瘦,少气乏力,食少便溏,舌淡红,苔薄腻,脉象濡细等;若阳气虚为主者,症见肢节冷痛,得温痛减,兼见面色淡白,畏寒怯冷,四肢欠温,腰膝酸软,夜尿频多,大便溏薄,舌淡苔薄白或薄腻,脉象沉细而迟等;若阴虚为主者,症见骨节烦痛,筋脉拘挛,兼见面色潮红,五心烦热,或低热缠绵,咽干盗汗,身形瘦削,头晕目眩,腰膝酸软,足跟疼痛,舌红少苔或苔薄黄腻,脉象细数等。要而言之,虚痹是正虚邪恋之证,此时正气虚的表现比较突出,而湿热征象或隐或现,须细加辨证。

【相应治疗方法】

湿热痹急性发作时,以邪实为主,治宜清热除湿,通经活络,方用宣痹汤;病变部位偏于下肢者,方用三妙丸;热重湿轻者,方用白虎加苍术汤化裁。若见皮肤红斑,宜加鲜生地、丹皮、赤芍、茜草之属;若见皮下结节,宜加桃仁、赤芍、红花、当归、川芎、穿山甲、干地龙等活血化瘀、软坚散结之品。此外,忍冬藤、络石藤、桑枝、豨莶草、海风藤、海桐皮、虎杖等均有通经活络作用,可随证选用。

顽痹乃湿热与痰瘀交阻,邪陷经隧,闭着筋骨,锢结根深,治宜化痰祛瘀、通经活络为主,兼以清热除湿,方用身痛逐瘀汤、活络效灵丹合宣痹汤或三妙丸化裁,并遵叶天士"久病入络"之训,随证加入大活络丹、小活络丹以及露蜂房、全蝎、蜈蚣、乌梢蛇、地鳖虫、干地龙等虫类搜剔之品,以增强疗效。

虚痹治宜扶正固本,兼以祛邪(湿热)。气血虚痹方用独活寄生汤或八珍汤化裁;阳虚痹方用附子汤或真武汤加减;阴虚痹方用归芍地黄汤出入。虚痹而湿热留连者,上述各方可加防己、苡仁、滑石、虎杖、晚蚕沙、忍冬藤、苍术、黄柏、牛膝之类,并配合通经活络之品。

【验案举例】

例1　患者自述患风湿性关节炎2年余,周身关节时有疼痛,昨夜因过饮"二锅头"斤余,又恣食辛辣厚味之品,今日晨起突见右踝关节红肿,疼痛难行,遂来我科就诊。查体:T39.2℃,右踝关节红肿热,疼痛拒按,屈伸不利,口干,心烦,舌质红苔黄腻,脉细数。实验室检查:WBC(白细胞)19.5×10^9/L,ESR(红细胞沉降率)25mm/h,抗"O"阳性。诊为:风湿热痹,属湿热型。中医治疗:清热除湿,通络止痛。方用加味四妙散:苍术10g,黄柏15g,牛膝15g,苡米30g,防己10g,伸筋草20g,木瓜12g,川芎10g,地龙10g,忍冬藤30g,生石膏60g,独活10g,生地15g,水煎服,日2次。服药3剂,症状明显好转,原方生石膏改用30g继服。西医治疗:青霉素800万U,每日静滴1次,及时控制感染。经治疗15天,其中中医用药15天,西医用药10天,各项生化指标均转为正常,随访1年未复发。(薛鹏龙,莫日更高娃.中西医结合治疗风湿热痹34例[J].内蒙古中医药,1998(1):23-24.)

按:本例诊断为湿热型痹证,其辨证关键是发热,关节红肿热痛,舌红,苔黄腻。因病患在下肢关节,故治用四妙散加味以清热除湿,通络止痛。方中重用石膏以增强清热消炎之功,大量实践证明石膏用于热痹,效果显著。

例2　张某,男,32岁,农民。

初诊:周身关节肿痛,疼痛如掣,皮肤薄泽,恶寒壮热,汗出如雨,汗多而寒热不解,烦渴引饮,干哕欲吐,已经第5日,检查确诊为急性风湿性关节炎,转请中医诊治。脉弦而数,苔薄白腻,舌红。拟诊湿热痹证。桂枝白虎汤合桂枝芍药知母汤主之。桂枝尖10g,整麻黄(不去根节)10g,石膏(先煎)60g,知母15g,芍药15g,甘草5g,制附块15g,白术10g,茯苓10g,防己10g,薏苡仁30g,生姜皮10g,粳米1撮,3帖,两日服完。二诊:关节肿痛见轻,恶寒发热亦减,但汗出尚多,原方去麻黄加黄柏10g,3帖,两日服完。三诊:肿痛大减,热退汗亦少,唯尚烦渴,大便数日未解。脉见弦细,舌红欠润,转为顾阴。原方去石膏、附块、白术、姜皮,加秦艽10g,细生地10g,赤芍10g,3帖。四诊:关节痛几平,但肿未全退。得大便,热亦除。欲得食,并能起床活动,唯时感头晕。湿热已退,阴气未复,再为养阴廓清:生地10g,黄柏10g,赤白芍15g,知母10g,甘草5g,麦冬10g,桂枝10g,秦艽10g,苡仁15g,白术10g,淡竹茹10g,连皮茯苓15g,5帖。后调理数日即安。(史宇广,单书健.当代名医临证精华·痹证专辑[M].北京:中医古籍出版社,1988.)

按:白虎加桂枝汤治热痹,桂枝芍药知母汤治历节,均是经世名方。本例湿热痹,取两方合化,并加入防己、苡仁、黄柏等,共成清热除湿,温经止痛之剂,不数剂即获良效。因湿热伤阴,善后参入养阴之品,以收全功。

例3 刘某,男,48岁。1992年5月12日诊。

左膝关节以下疼痛,踝关节部位尤甚,持续不愈半年。症见踝关节部位明显红肿,疼痛拒按,活动受限,口干黏腻,渴不欲饮,小便色黄,大便不爽,苔黄腻,脉滑数。X线拍片检查,踝关节部位正常。证属湿热之邪流注关节,气血瘀滞所致。治以清热解毒,利湿消肿,通经活络,方用加味四妙汤(方见临证备考)加野菊花30g,忍冬藤、连翘各15g,穿山甲、地龙各10g。上方化裁,共服30余剂,临床症状消失,活动自如,行走正常,后又用上方调理半月,以固疗效。随访至今,未见复发。(邓存国,冯占录,潘学珍.中药治疗湿热痹30例[J].陕西中医,1995(2):58-59.)

按:湿热痹用清热解毒,利湿消肿,通经活络,自为正治之法。四妙汤即二妙丸(苍术、黄柏)加牛膝、苡仁,治下肢湿热痹证,效果卓著,为临床所习用。

例4 梁某,女,56岁。1984年5月29日初诊。

患者有高血压病史14年,患风湿性关节炎4年,一直用长效青霉素与抗风湿治疗,病情反复不定,甚至有日渐加重之势。1985年5月8日血液检查:抗"O"1250,红细胞沉降率60mm/h。心电图检查:心肌劳累,结性逸搏,偶发结性期前收缩。诊见患者双膝关节痹痛,双腕关节及双腿酸痛,有时胸闷翳痛,舌红边尖有瘀斑,苔黄白腻,脉弦细而涩。为风湿热痹夹气血瘀阻为主。拟以祛风清热、化湿通痹、活血舒筋。处方:豨莶草、鸡血藤、桑枝、丹参各15g,当归、茯苓、宽筋藤各12g,白芍18g,钩藤、秦艽各9g,甘草6g。水煎服,每日1剂,3剂。

1984年6月5日二诊:病情未见好转,仍四肢关节痹痛,胸闷翳痛,并见头痛,下午足部浮肿,舌脉同前。继续宗前法,并在此基础上加强祛风通痹之力。处方:豨莶草、桑枝、白芍、宽筋藤、桑寄生、鹿衔草、丹参各15g,鸡血藤

24g,秦艽、制天麻、蕲蛇各9g,甘草6g。水煎服,每日1剂,4剂。

1984年6月12日三诊:服上药后关节痛、头痛均减轻,仍下午足肿,舌质淡黯有瘀斑,舌苔微黄而腻,脉细涩。遵1984年6月5日方加茯苓20g,7剂。

1984年7月17日四诊:上方服7剂之后,关节痹痛明显减轻,足肿亦大大减退。继续服用7剂之后,足已不肿,关节仅轻度酸痛,胸痛已无,仅活动过多时有胸闷。嘱用本方为主继续调治。(高日阳,韦丽荣.沈炎南教授运用中医药治疗风湿性关节炎验案2则[J].光明中医,2015,30(11):2406-2407.)

按:本例中医辨证为风湿热邪侵入经络,造成经络闭阻不通,不通则痛。盖痹证日久,邪气深陷经隧,前贤所谓"久病入络"是也。此等证,寻常祛风胜湿,或清热利湿等药殊难取效,宜加入虫类搜剔之品,可收良效。故二诊加用蕲蛇,药后关节疼痛即减,是其验也。

例5 黄某,男,54岁。2001年7月26日初诊。

患者反复四肢关节酸痛5年,虽经中西药治疗,症状未见明显缓解。近来两膝关节疼痛,灼热微红肿、喜冷、拒按,肩背腰胁疼痛,步履维艰,周身倦怠乏力,伴口渴、胸闷,心烦。舌黯红、苔黄腻,脉弦数。查:ASO(抗链球菌溶血素O)试验625U,红细胞沉降率84mm/h。西医诊断:风湿性关节炎;中医诊断:湿热痹。证属风湿热邪相搏,痹阻经脉关节。治当清热通络,祛风除湿。方用当归拈痛汤去苦参、黄芩易黄柏,合桂枝9g,姜黄6g,忍冬藤20g,水煎服,1日1剂。5剂后疼痛尽消。后以独活寄生汤加减调摄月余.至今未复发。(辛雪香.当归拈痛汤临床新用[J].湖北中医杂志,2004,26(3):39.)

按:湿热痹临床颇为常见,尤其是江南地土卑湿,气候温热,湿热痹发病率较高,故吴鞠通《温病条辨》有宣痹汤之设(见方剂索引)。试观本例的症状,如关节红肿热痛,伴口渴、苔黄腻、脉弦数,湿热痹诊断无疑。所用方药,功擅清热祛湿、通络止痛,是以效佳。

【临证备考】

用加味四妙汤治疗湿热痹30例,其组方为黄柏、苍术、牛膝各15g,薏苡仁、鸡血藤、桑枝各30g,赤芍、木通各10g。水煎服,每日1剂,分3次服,连服30剂为1疗程。治疗结果:痊愈21例,占70.0%;有效7例,占23.3%;无效2例,占6.7%,总有效率为93.3%。认为湿热痹的病因病机是:外因为湿热之邪侵袭,内因为气血不足,外邪乘虚侵袭肌表,流注经络、关节,致使气血不行,血脉瘀滞,关节肿胀,"不通则痛",终成痹证。治则以清热化湿,活血消肿,通经活络为主。方中黄柏清热;苍术燥湿;牛膝活血通络,引药下行;薏苡仁清热利湿,舒筋除痹;木通利湿消肿,宣通血脉,以利关节;桑枝利关节以祛风;

赤芍、鸡血藤活血化瘀,通经活络。诸药合用,湿去、热清,气血运行,"通则不痛",痹证自除。(邓存国,冯占录,潘学珍.中药治疗湿热痹30例[J].陕西中医,1995(2):58-59.)

用二妙止痹汤治疗风湿热痹105例,其组方为黄柏、苍术、木瓜各15g,薏苡仁、桑枝、葛根、海桐皮、宽筋藤各30g。水煎服,每日1剂,温服。治疗7天后统计疗效。治疗结果:显效52例,有效50例,无效3例,总有效率为97.1%。本方取二妙散清热除湿,再加薏苡仁清热利湿,除痹止痛,通利关节,与葛根均能缓解肌肉痉挛;木瓜舒筋祛湿;桑枝、海桐皮、宽筋藤均能清热,祛风湿,舒筋活络。诸药合用,共奏清热祛风湿,通络止痹痛之功效。(梁爱珍.自拟二妙止痹汤治疗风湿热痹105例[J].新中医,1997(10):15.)

刘志明教授经验:热痹的治疗,总的原则是清热利湿,疏风通络。李东垣之当归拈痛汤,主治湿热为病,肢节烦疼,肩背沉重,胸膈不利,遍身疼痛,足胫肿痛等症。吴鞠通之宣痹汤,主治湿聚热蒸,蕴于经络,寒战热炽,骨骱烦疼,舌质灰滞,面目萎黄的湿痹证。二方皆为治热痹之良方,并结合临证体会,随证选用,灵活变通,疗效满意。热痹热胜证,治宜清热利湿,宣痹通络。处方:当归12g,黄芩9g,知母12g,栀子9g,连翘12g,生甘草12g,生苡仁24g,防风12g,防己12g,羌、独活各12g,忍冬藤15g,海桐皮15g;热痹湿胜证,治宜利湿宣痹,清热通络。处方:当归15g,生苡仁24g,防己12g,苦参15g,滑石15g,生甘草12g,半夏9g,黄芩9g,连翘12g,防风12g,秦艽12g,忍冬藤15g,海桐皮12g;热痹阴虚证,治宜养阴清热,利湿宣痹。处方:当归15g,生地黄18g,知母12g,黄芩9g,连翘12g,生甘草15g,生苡仁24g,苦参12g,半夏9g,防己12g,海桐皮12g,忍冬藤15g,滑石15g。(史宇广,单书健.当代名医临证精华·痹证专辑[M].北京:中医古籍出版社,1988.)

和氏用上中下通用痛风方加味治疗风湿性关节炎45例。药用黄芪30g,当归30g,鸡血藤30g,骨碎补20g,苍术15g,地龙15g,淫羊藿15g,黄柏10g,川芎10g,炒神曲10g,桃仁10g,红花10g,威灵仙10g,羌活10g,白花蛇10g,桂枝10g,制南星8g,防己6g,龙胆草6g,全蝎6g,白芷6g;关节冷痛者,加川草乌;关节灼热痛者,加忍冬藤、知母、虎杖;关节僵直伸屈受限者,加络石藤、海风藤。以上中药水煎服,早晚各服用1次,女性患者经期可停药,服药1个月为1个疗程。治疗结果:显效21例,有效22例,无效2例,总有效率为95.6%。本方可起到扶正祛邪、温补肾气、祛瘀通络、清热利湿的作用,对于风湿性关节炎具有较好的治疗作用。(和生红.上中下通用痛风方加味治疗风湿性关节炎临床研究[J].亚太传统医药,2017,13(22):158-159.)

十九、类风湿关节炎

类风湿关节炎是一种以关节病变为主的慢性全身性自身免疫性疾病。其突出的病理特征为呈对称的多发关节炎,特别以手足指、趾、腕、踝等小关节最易受累;关节晨僵、疼痛肿胀,甚或关节变形及功能障碍是其主要临床表现,致残率较高。本病还可累及其他脏器,出现全身多系统受损,如肝脾肿大,二尖瓣病,胸膜炎等。

类风湿关节炎可发生于任何年龄,但好发于 20~45 岁,女性发病率比男性为高,男女之比约 1:3。

据其临床症状,本病当属于中医"痹证"范围,与"历节病"更为近似,后人称其为"尪痹""顽痹"。

【湿热与发病的关系】

西医学对类风湿关节炎的病因学与发病机制,还不十分明确。近年来通过实验研究和临床实践,大多数专家认为其发病与自身免疫、遗传、感染等因素有关。

中医学早在《黄帝内经》中就有"风寒湿三气杂至,合而为痹"的记载,痹者闭也,乃气血闭塞不通之谓,这是外因。然则人体正气内虚,诸如卫阳不足,腠理不密,或肝肾亏虚,筋骨不坚,皆易招致外邪侵入,闭阻经络,流注关节,发为痹证。因此本病是内外因联合作用的结果。这里值得强调指出的是,湿热在本病的发病学上占有重要的地位,究其湿热的来路,有直接感受外界湿热邪气,也有素体阳盛,内有蕴热,感受湿邪,邪从热化,或寒湿内蕴,郁久化热,而成湿热。大凡居处潮湿,冒雨涉水,汗后沐浴,或嗜食肥甘,恣饮酒醴,皆易形成湿热之邪,其与本病的发病,有密切的关系,特别是在本病的早期或急性发作时呈湿热证候者,比较多见。

【相关临床表现】

本病中医辨证为湿热痹者,症见关节疼痛肿胀,局部灼热,身热有汗不解,肢体沉重,关节僵硬,晨起尤剧,伴心烦,口苦而干,或口渴不欲引饮,小溲短赤,舌质红,苔黄腻,脉濡数或弦滑带数。

【相应治疗方法】

清热利湿、宣痹通络为治疗大法,方如宣痹汤、当归拈痛汤、加减木防己汤、四妙散等化裁。常用药物有:防己、连翘、忍冬藤、晚蚕沙、泽泻、山栀、萆蓣、土茯苓、黄柏、苍术、苡仁、木瓜、黄芩、牛膝、桑枝、片姜黄等。

久病入络，或气血不足，肝肾虚损者，又当以活血化瘀，通经活络，或补养气血，滋补肝肾，强筋壮骨为治。

【验案举例】

例1 张某，女，12岁，1987年8月10日初诊。

发热4月余，双膝关节及下肢红肿疼痛，经上级医院确诊为"类风湿关节炎"。经抗风湿、抗炎及激素治疗月余，症状时轻时重，近因停药病发，求余诊治。诊见：身热烦渴，体温39.8℃，肢体疲倦，咽喉红肿，舌红苔黄，脉滑数。双膝关节及踝关节红肿热痛，屈伸受限，双下肢胫前有1~1.5cm大小不等数个红色质硬之结节，突出皮肤表面，压之痛甚，不能行走。红细胞沉降率78mm/h，抗"O"<500，白细胞总数12.2×10^9/L，类风湿因子试验阳性，X线片示：两膝关节及踝关节骨质疏松及软组织肿胀。诊为：类风湿关节炎（热痹）。证属湿热化毒，蕴结筋脉，流注关节，瘀阻经络。治宜清热解毒，透骨通络，祛湿消肿止痛。用上中下通用痛风方（改丸为汤）加味：黄柏12g，苍术12g，胆南星5g，防己10g，神曲10g，桃仁8g，红花8g，龙胆草10g，怀牛膝10g，连翘12g，知母10g，石膏（先煎）50g，大青叶8g，水牛角15g，丹皮10g，生地黄15g。日1剂，水煎3次服。5日后热退痛缓，红肿渐消，已能行走。上方去石膏、知母、大青叶、水牛角，加薏苡仁5g，鸡血藤15g，全蝎3g，桑枝12g，又服15剂，斑消痛止，临床诸症消失，行走自如。化验摄片均正常。随访未复发。（张永兰，李宝军.上中下通用痛风方的临床应用［J］.吉林中医药，1992（4）：30.）

按：上中下通用痛风方出自《丹溪心法》，由黄柏、苍术、姜制南星、威灵仙、防己、神曲、桂枝、桃仁、红花、龙胆草、羌活、白芷、川芎组成，具有清热利湿，祛风通络，活血消肿之功。本例类风湿关节炎辨证为湿热化毒，蕴结筋脉，流注关节，瘀阻经络，治用本方加连翘、知母、石膏、大青叶、水牛角、生地、丹皮等以增强清热凉血解毒之效，对于"湿热痹"而偏重于热者，确是对证之治，是以奏效显著。

例2 戴某，女，48岁，1984年2月来诊。

3个月前发热咽喉灼痛，继则双手肩关节以下酸胀疼痛，逐渐延及双下肢、膝关节、踝关节、趾关节随之疼痛肿胀，活动失利。检查所见：两手腕关节、指关节明显肿大疼痛。中指及无名指轻度梭形，活动受限。两膝关节、踝关节肿胀微红，疼痛拒按，局部有灼热感。苔薄白，脉浮数。T38℃，红细胞沉降率65mm/h，抗"O"500，类风湿因子阳性。诊断类风湿关节炎急性发作。此湿热交阻，流注关节，治以透表清热，化湿通络。药用：净麻黄6g，连翘15g，赤小豆 20g,桂枝 5g,赤芍 10g,防风 15g,川牛膝 15g,忍冬藤 30g,乌梢蛇 15g,僵蚕 10g。上药服 5 剂,关节肿痛减,体温渐平,咽喉灼痛好转,续进前方,去麻黄加防己 15g,海桐皮 30g,连服 10 剂,除足趾关节背屈外,四肢关节疼痛有明显好转,红细胞沉降率降为 20mm/h。后以养血益气舒筋和络法而收功。（史宇广,单书健.当代名医临证精华·痹证专辑[M].北京:中医古籍出版社,1988.）

按:本例病机系湿热浸淫肌表,流注关节,症见关节红肿热痛且兼发热、脉浮等表证,方用麻黄连翘赤小豆汤化裁,既能清透肌表,又能化湿通络,药证相符,故获效验。

例3 陈某,女,26 岁,1999 年 4 月就诊。

主诉:双手指小关节及踝关节红肿热痛伴晨僵 3 月余。现病史:患者自诉产后月余即见双手指多个小关节及踝关节红肿热痛,晨起手指关节僵硬、痹痛,屈伸不利,渐见全身大关节游走性疼痛,曾在某医院诊断为"类风湿关节炎",经用甲氨蝶呤片、布洛芬缓释胶囊等治疗近 2 个月,症状无明显缓解。现就诊时自诉双手指多个指间关节及踝关节仍肿胀热痛、痛不可触,行走不便,需人搀扶,晨僵超过 1 小时,全身关节麻木、酸痛,呈游走性,并见纳呆口苦,面色苍白,大便稀溏,舌质淡苔黄腻,脉细滑。查体见双手指近端多个指间关节及双踝关节梭形肿胀、灼热,触痛明显,关节活动欠灵活,未见关节变形。实验室检查:类风湿因子(+),C-反应蛋白(+),红细胞沉降率 60mm/h。诊断:类风湿关节炎(急性活动期)。中医辨证:属风湿热型痹证。其病机特点为本虚标实,以气血不足为病之本,风湿热邪阻络、风湿热俱盛为病之标,且以邪盛标急为主。治疗上当以祛邪为务,以清热除湿、祛风通络为治则,方用四妙散加味:黄柏、萆薢、川牛膝各 12g,当归尾、苍术各 10g,薏苡仁 20g,防己、野木瓜、乌梢蛇、土茯苓各 15g,桑枝、忍冬藤各 30g,炙甘草 6g,3 剂,每日 1 剂。同时雷公藤多苷片、正清风痛宁片等。服药 3 天后关节症状改善不明显,但纳呆、口苦、便溏等湿热内盛的症状减轻,继续守方 7 剂后,关节红肿热痛、舌苔黄腻等症减轻,口苦、纳呆症状消失,考虑其湿热之邪虽未尽,但湿热俱盛之势大减,故在原方中去土茯苓、萆薢,加党参 15g,茯苓 12g,以增强健脾利湿的作用,服药 5 剂后,双手指指间关节、踝关节肿痛减轻,无红热,但仍有晨僵,偶见关节游走性疼痛,并见面色苍白,时见头晕、疲倦、汗多,舌淡苔腻微黄,脉细弱。此时病情已转为气血不足为主要病机,兼风湿热未尽,治法转以补益气血为主,兼祛风清热、除湿通络。方用独活寄生汤加减:黄芪、党参、何首乌、鸡血藤各 20g,防己、乌梢蛇、炒薏苡仁各 15g,茯苓、当归尾、白芍各 12g,苍术、黄柏各 10g,炙甘草 6g。服药 4 剂后自诉头晕、疲倦等症状好转,效不更方,继续守方治疗,隔日 1 剂。1 月后,诸症大减,关节肿胀消失,晨僵明显减轻,关节活动亦较灵活,行走自如,面色好转,脉象较前和缓有力,仅于天气变化时见关节少许疼痛,查类风湿因子(-),C-反应蛋白(-),红细胞沉降率 12mm/h。(刘孟渊.类风湿性关节炎的证治体会[J].中医杂志,2001(8):465-466.)

按: 患者气血不足,复感风湿热邪,痹阻经络,流注骨节,而病关节红肿热痛,属本虚标实之证。根据"急则治其标"的治疗原则,先予清热除湿,祛风通络,方用四妙散加味,药后邪势大减,关节红肿热痛症状得以缓解,而头晕、疲倦等虚弱症候却较突出,表明正气虚已上升为主要矛盾,故继以补益气血为主,兼顾标证,守方治疗,终获佳效。观其立法处方,次第分明,井然有序,值得借鉴。

例 4 窦某,女,46 岁,2013 年 4 月 30 日初诊。

主诉: 四肢关节疼痛 4 年,加重半年。患者 4 年前无明显诱因出现双手指间关节及双足跖趾关节疼痛,于当地医院诊为类风湿关节炎,服用帕夫林,来氟米特效果不甚,近半年症状加重,故来诊。现症见:周身关节疼痛,以颈项、腕、膝、髋、踝和手指关节疼痛为甚,行动迟缓,恶风怕凉,阴雨天无明显变化,纳眠可,二便可,双手肿胀,双腕、左膝及双踝关节肿,舌红苔薄黄,脉弦细滑。实验室检查:C-反应蛋白 2.13mg/ml,红细胞沉降率 36mm/h,类风湿因子 50IU/ml。西医诊断:类风湿关节炎;中医诊断:痹证,证属湿热痹阻,湿重于热。治则:清热利湿解毒。处方:葛根 30g,双花 20g,红藤 20g,黄芪 30g,威灵仙 20g,雷公藤 10g,蜂房 10g,白术 24g,茯苓 20g,猪苓 20g,防己 9g,白豆蔻 10g,穿山龙 30g,车前草 20g,独活 20g,桑枝 30g。共 24 剂,1 日 1 剂,水煎,分 2 次服。

2013 年 5 月 23 日复诊:周身关节疼痛减轻明显,颈项、腕、膝、髋、踝和手指关节仍痛,纳眠可,二便调,双手肿胀减轻,双腕、左膝及双踝关节肿胀减轻,舌黯红,苔薄白,脉弦细。在前方基础上去白豆蔻、桑枝加泽泻 24g,服法同前。

2013 年 6 月 20 日三诊:患者诸关节疼痛明显减轻,关节肿胀不明显,舌红苔薄黄脉弦细。实验室检查:类风湿因子(-),红细胞沉降率 18mm/h。患者病情稳定,在前方基础上加骨碎补 30g,共 24 服,服法同前,嘱患者定期检查。(杨峰,付新利.付新利教授治疗类风湿性关节炎经验[J].陕西中医学院学报,2015,38(6):36-38.)

按: 本例四诊合参,显属湿热痹证,故治疗以清热利湿解毒为法。方中雷公藤善治风湿痹证,唯本品有大毒,用之宜慎。

例 5 赵某,女,56 岁,2012 年 4 月 24 日初诊。

主诉:四肢对称性多关节肿痛 6 个月。患者 6 个月前出现手、腕、肘、肩、双膝及踝、脚趾多关节疼痛,双手晨僵约 1 小时缓解,间断服用醋酸泼尼松片 10mg/ 天及双氯芬酸钠。现双手、腕、肘、肩、双膝及踝、脚趾多关节疼痛,双手腕指关节肿,两手握不住,两腕屈曲受限,纳眠可,二便调,舌红、苔黄腻,脉滑数。辅助检查:环瓜氨酸多肽抗体(+),红细胞沉降率 46mm/h,类风湿因子 245.7IU/ml,C- 反应蛋白 57.85mg/L,肝、肾功能(-)。中医诊断:尪痹(湿热痹阻);西医诊断:类风湿关节炎。治法为清热解毒,祛风除湿,活血通络。药用:雷公藤、羌活、猫眼草各 15g,猪苓、土茯苓、金银花、板蓝根、虎杖、独活、川牛膝各 20g,川芎、黄柏各 12g,制川乌、白芥子各 10g。14 剂,每日 1 剂,水煎服。同时嘱其注意日常调护,适当锻炼,注意休息。

5 月 9 日二诊:症状减轻,两手指节仍有肿痛,两膝痛轻,醋酸泼尼松片改为 5mg/ 天,舌红、苔黄,脉滑。上方去黄柏,加茯苓皮 20g,土鳖虫 10g,继服 14 剂。

5 月 24 日三诊:症状减轻,关节基本不痛,两手指节肿消,仅有僵紧不适,醋酸泼尼松片已停用,舌红、苔白,脉缓。药用:雷公藤、羌活各 15g,猪苓、金银花、大血藤、虎杖、独活、黄芪各 20g,川芎、黄柏、桂枝各 12g,制川乌 6g,红花、白芥子各 10g,高良姜 5g。24 剂,隔日 1 剂。后配丸药巩固 1 年,现患者关节无不适。(苏海方,张立亭 . 张鸣鹤治疗类风湿关节炎经验浅析 [J]. 山西中医,2013,29(10):7-8.)

按:此患者外感风湿热等邪气,着于筋骨而成痹证。其诊断为"尪痹"(湿热痹阻)的着眼点在于舌红,苔黄腻,脉滑数,与寒痹显有区别。故治疗以清热解毒、祛风除湿辅以活血通络,洵为对证投剂。值得指出的是,类风湿关节炎后期,往往出现关节畸形僵硬,多系痰瘀互阻骨节使然,宜遵"久病入络"而用活血化瘀、祛痰通络之品,有望奏功。

例 6 史某,男,48 岁,2003 年 1 月 14 日初诊。

主诉:手关节、膝关节疼痛 1 年,加重 1 月。患者于 1 年前无明显诱因逐渐出现双手近端指关节、腕关节、双膝关节疼痛、肿胀,未予重视。2002 年 5 月在北京某医院诊断为类风湿关节炎(RA),给予甲氨蝶呤、柳氮磺胺吡啶等药物治疗,因服药后肝功能出现异常遂停药。近 1 月来,症状加重而来门诊求治。诊见:双膝、双手多关节疼痛、肿胀,局部皮温高,活动困难,伴双腕、双肘关节疼痛,活动轻度受限,周身倦怠乏力,心烦,口干,舌红苔薄黄,脉滑。检查:红细胞沉降率(ESR)78mm/h,类风湿因子(RF)137.5IU/ml,

C–反应蛋白(CRP)90mg/L,谷丙转氨酶(ALT)1 000.2nmol·s⁻¹/L,谷草转氨酶(AST)583.45nmol·s⁻¹/L。双手X线摄片示:符合类风湿关节炎改变。中医辨证:痹证。证属湿热痹阻,瘀血阻络。治以清热利湿,活血通络。处方:黄柏10g,薏苡仁、苍术、苦参、怀牛膝、茵陈、蒲公英各15g,土茯苓、泽泻、忍冬藤、青风藤、青蒿、金银花各30g,蜂房、全蝎各5g,蜈蚣2条。每天1剂,水煎服。

2003年2月12日二诊:小关节疼痛明显减轻,肿胀已不明显,双肘关节活动已不受限,仍感双膝关节疼痛、稍肿胀,站起困难,周身乏力,舌红、苔黄厚,脉滑。证属湿热久蕴,气阴两伤。治以清热利湿通络,佐以益气养阴。上方去薏苡仁、忍冬藤,加黄芪、石斛各30g。每天1剂,水煎服。

2003年3月22日三诊:双膝关节稍疼痛、肿胀,活动不受影响,仍感周身乏力,舌淡红、苔黄,脉沉细。痹证日久不愈,渐至肝肾不足,脾气虚弱,虚实夹杂。治以健脾补肾,清利湿热,活血通络。处方:黄芪60g,党参、白术、茯苓、淫羊藿、怀牛膝、薏苡仁、姜黄、木瓜、蒲公英各15g,补骨脂、杜仲各10g,蜂房5g,土茯苓、金银花、青风藤各30g。每天1剂,水煎服。

2003年5月22日四诊:关节疼痛消失,无肿胀,双膝关节活动自如,可骑自行车,胃纳、睡眠均可,二便调,舌红、苔薄黄,脉沉弦。续服上方30剂,以资巩固。(刘宏潇.冯兴华教授治疗类风湿性关节炎验案3则[J].新中医,2004,36(9):16–17.)

按:本案诊为湿热痹证,故清热祛湿、活血通络之法一以贯之。尤其是加入蜂房、全蝎、蜈蚣等虫类搜剔之药,以增强活血祛瘀、通络止痛之效,甚为得当。

【临证备考】

董建华教授治疗经验:验于临床,因湿聚热蒸,蕴于经络而拘急痹痛者,确不少见。湿热伤筋之痹,常见全身痹痛难以转侧,肢体拘挛重着,或遍身顽麻,或见皮下结节,皮肤瘙痒,尿黄,苔腻或黄腻,脉濡。舌苔对本证诊断尤属重要。此类痹证,用药切忌重浊沉凝,宜选轻清宣化,流动渗利之品,使经气宣通,湿热分消。根据长期临床经验,认为祛湿毒,利关节,以萆薢、晚蚕沙为妙。处方:萆薢10g,晚蚕沙10g,桑枝20g,苡仁20g,滑石10g,黄柏10g,苍术10g,防己10g,牛膝10g,木瓜10g。方以萆薢、晚蚕沙祛湿毒,利筋骨;苡仁、滑石淡渗利湿;黄柏、防己清热除湿;苍术、木瓜健脾燥湿;桑枝、牛膝疏筋活络。(董建华.临证治验[M].北京:中国友谊出版公司,1986.)

史济柱主任医师认为,筋骨痹以筋骨病变为主,与西医学"类风湿关节炎"相类。临床中将本病分为湿兼风寒和湿兼风热两型进行辨治。其中湿兼风热型主症为四肢关节红肿酸痛,从小关节发展至大关节,关节酸痛较甚,变形较快,发生于脊柱者腰脊顶背强直进行较快,某些病例伴有发热或长期低热。脉多濡或濡数,舌质红,苔薄黄而腻。治法宜清热利湿,活血祛风。常用方药为:生石膏30g,黄芩9g,知母9g,生苡仁15g,木防己9g,全当归9g,生甘草9g,络石藤15g,茵陈9g。本方以石膏、知母清热,黄芩清热燥湿,甘草、苡仁清热除湿止痛,当归活血,防己、茵陈清热利湿退肿,红肿甚者加紫草、忍冬藤,肤色发紫加红花、当归,肢节拘挛加山羊角、僵蚕。或用当归拈痛汤加减。(史宇广,单书健.当代名医临证精华·痹证专辑[M].北京:中医古籍出版社,1988.)

张沛虬主任医师将类风湿关节炎湿热阻络证分为以下两型,湿热轻型:以关节红肿热痛为其主症,伴发热,稍怕冷,若为风寒湿邪郁久化热者,可不发热或发热轻,兼见口干,苔薄白或薄黄,脉浮数者,病多偏表,常用麻黄连翘赤小豆汤加减,以疏解表热,利湿除痹。药用麻黄5g,连翘15g,赤小豆30g,防风10g,桂枝5g,赤芍10g,生甘草3g,忍冬藤30g,川羌活15g,生姜3片。若表证已罢,而关节肿痛仍著,则用经验方归芍豨草汤。药用当归15g,赤白芍各15g,豨莶草30g,秦艽10g,伸筋草15g,威灵仙15g,地龙10g,防风10g,生地30g,制乳、没各6g,桑枝30g;湿热重型:关节红肿疼痛加重,从小关节发展至大关节,关节疼痛剧烈,变形快,发热持续,或长期低热,脉濡数,舌质红,苔黄燥而腻。治以清热除痹,方用白虎加桂枝汤加减:桂枝5g,知母10g,生石膏(先煎)30g,黄芩15g,黄连5g,黄柏10g,络石藤30g,地龙10g,桑枝30g,忍冬藤30g,川羌活15g,清甘草5g。热盛者可以日2剂,分4次服。(宋祖敬.当代名医证治汇粹[M].石家庄:河北科学技术出版社,1990.)

李氏用清热通痹片合中药外敷治疗湿热痹阻型类风湿关节炎61例。内服药用清热通痹片(药物组成包括:雷公藤、苍术(麸炒)、防己、萆薢、黄柏、土茯苓、地龙、忍冬藤、川牛膝等),每次3片,1日3次,饭后服。外用外敷止痛散(药物组成包括:透骨草、乳香、没药、赤芍、红花、自然铜、雷公藤等),24小时换药1次,肿胀消失后停用。有皮肤溃烂、外伤化脓者不宜敷用。治疗结果:治愈12例,显效24例,好转21例,无效4例,总有效率93.44%。(李慧.清热通痹片合中药外敷治疗湿热痹阻型类风湿性关节炎[J].中国民间疗法,2015,23(7):63-64.)

姚氏等用当归拈痛汤治疗类风湿关节炎湿热痹阻证29例。药用:羌活 15g,茵陈蒿 15g,炙甘草 10g,猪苓 10g,泽泻 10g,防风 10g,知母 10g,苍术 10g,当归 10g,葛根 10g,苦参 10g,升麻 3g,黄芩 5g,白术 10g。1 日 1 剂,水煎 2 次,分早晚 2 次服,疗程 8 周。治疗结果:显效 7 例,进步 10 例,有效 7 例,无效 5 例,总有效率 82.7%。(姚璐莎,付中喜,范伏元. 当归拈痛汤治疗类风湿性关节炎湿热痹阻证临床观察[J]. 中医药导报,2013,19(2):61-63.)

王氏等用湿热痹冲剂治疗类风湿关节炎 46 例。药用湿热痹冲剂(药物组成包括:苍术、黄柏、萆薢、薏苡仁、防己、连翘、牛膝、防风、地龙、威灵仙、忍冬藤、桑枝),每日 3 次,每次 1 袋(5g),冲服,疗程为 3 个月,忌辛辣油腻。观察期间停用具有清热利湿、活血止痛作用的中成药;对短期服用甾体类止痛药者,应在使用本药 2 天内停用;对长期使用非甾体类止痛药者,原则上可维持原来药物不变。如在该药取效后,减量或停药。治疗结果:显效 3 例,有效 16 例,改善 19 例,无效 8 例,总有效率 82.61%。(王晶,张万明,罗艳华. 湿热痹冲剂治疗类风湿关节炎 46 例[J]. 中国地方病防治杂志,2012,27(4):313-314.)

张氏等用通络蠲痹汤治疗湿热痹阻型类风湿关节炎 30 例。药用:青风藤 15g,全蝎 3g,乌梢蛇 15g,防风 10g,苍术 12g,黄柏 6g,忍冬藤 20g,丹参 15g。每日 1 剂,文火水煎分 2 次口服,每次约 150ml。治疗结果:显效 14 例,进步 6 例,有效 5 例,无效 5 例,总有效率 83.3%。(张崇泉,郑闽,张炜宁. 通络蠲痹汤治疗湿热痹阻型类风湿性关节炎 30 例临床观察[J]. 中国中医药信息杂志,2009,16(3):65-66.)

章氏用湿热痹合剂治疗类风湿关节炎 40 例。采用自制的湿热痹合剂(由雷公藤、海风藤、宽筋藤、黄柏、土茯苓、苍术、薏苡仁、木通、川芎等组成),每次 50ml,每日 3 次,口服。治疗结果:临床控制 5 例,显效 10 例,有效 20 例,无效 5 例,总有效率 87.5%。(章光华. 湿热痹合剂治疗类风湿性关节炎临床研究[J]. 湖北中医杂志,2005,27(9):38-39.)

伍氏等用痹通汤治疗湿热内蕴型类风湿关节炎 36 例。药用:石膏 15g,知母 10g,薏苡仁 10g,黄柏 10g,苍术 10g,牛膝 15g,全蝎 3g,生地黄 15g,忍冬藤 15g,桑枝 15g,路路通 10g,白芍 15g,甘草 15g),水煎取汁 250ml,每日 1 剂,分 2 次服。以 2 个月为一疗程,连续服用 2 个疗程。治疗结果:临床治愈 5 例,显效 16 例,有效 12 例,无效 3 例,总有效率 91.67%。(伍群业,曹建雄. 痹通汤治疗湿热内蕴型类风湿性关节炎 36 例[J]. 中国中医药信息杂志,2004,11(4):349-350.)

二十、痛　　风

痛风是一种嘌呤代谢紊乱所致的疾病。临床以高尿酸血症,关节红肿热痛反复发作,关节畸形,肾实质性病变和尿酸结石,痛风结石形成等为主要特征。一般好发于中年男性。

本病的症状,与中医"痹证"颇相近似,故属中医学"痹证"的范畴。

【湿热与发病的关系】

中医认为,本病的病因病机主要是风寒湿热之邪乘虚侵犯肢体,阻滞经络,流注骨节,以致气血运行不畅,不通则痛,故引起关节疼痛,屈伸不利等症。而在诸多病邪之中,湿热之邪在发病上占有重要的地位。如张子和《儒门事亲·指风痹痿厥近世差玄说》谓:"痹证以湿热为源,风寒为兼,三气合而为痹。"盖湿热之邪有自外受,如居处和劳动环境潮湿,或夏秋自然界湿热蒸腾,人感受其气,发为痹证;更有因劳倦过度或嗜饮酒醴,过食厚味,致脾胃受伤,运化失职,湿自内生,久蕴化热,而湿热之邪阻滞经络,流注关节,于是痛风乃发。根据临床观察,本病初起和急性发作期多表现为关节红肿热痛的"热痹",究其病因,常与湿热有很大的关系。至于慢性患者,往往呈现正虚邪留,虚实夹杂,加之久病入络,痰瘀交阻,是其主要矛盾,但在不少患者中,湿热留着不去,常是导致关节红肿热痛反复发作的重要原因,不容忽视。

【相关临床表现】

中医辨证为湿热型的痛风,其主要临床表现是关节红肿热痛,手不可近,痛势较急,多兼有发热,口渴或渴不欲饮,心烦,小便黄赤,舌红,苔黄腻,脉濡滑带数等症状。

【相应治疗方法】

治疗以清热利湿、通经活络为法,方用宣痹汤、加减木防己汤、当归拈痛汤化裁。若病变部位偏于下肢者,方用四妙散化裁。常用药物有:木防己、石膏、知母、忍冬藤、晚蚕沙、虎杖、苍术、黄柏、滑石、连翘、川萆薢、牛膝、苡仁、土茯苓、片姜黄等。

【验案举例】

例1　李某,男,40 岁。1990 年 6 月 27 日初诊。

体型肥胖,平时喜酒肉及海货,2 周前上午起自觉左足大趾隐隐作痛,夜间 12 时左足大趾疼痛加重,如刀割样,局部不能触动,次晨起床时左足大趾及二趾关节均红肿热痛。去本地医院求诊,按"风湿性关节炎"治疗,1周后有好转,但患趾关节仍隐隐作痛,活动不利。今日再次发作,来我院门诊,诊见左足大趾及二趾关节肿胀疼痛,行走时左足大趾不能触地,口渴,面色灰白。舌淡,苔黄腻,脉数。实验室检查示:抗"O"正常,胶乳凝集试验阴性,红细胞沉降率40mm/h,血尿酸450μmol/L。诊为痛风性关节炎。予土茯苓50g,生石膏、生米仁各30g,苍术、知母、萹蓄、车前子各10g,川草薢、猪苓、茯苓、瞿麦各20g,玄参、丹皮各15g,木通3g。嘱每日大量饮绿茶,并戒酒及高蛋白类食物。5剂后复诊,左足大趾及二趾关节疼痛已消失,局部肿胀消退,舌淡、苔薄腻,脉缓有力,复查红细胞沉降率为19mm/h,血尿酸亦降至正常范围。按前法去石膏、苍术,加生山楂15g。10剂后局部关节已不疼痛,红细胞沉降率亦降至正常。续用前方10剂,隔日煎服以巩固疗效。随访1年无复发。(陈进义.运脾利尿凉血方治疗痛风性关节炎55例[J].浙江中医杂志,2001(6):251-252.)

按: 患者平时喜酒肉,湿热内蕴可知。症见关节红肿热痛,苔黄腻,脉数,显系湿热阻滞脾胃,流注骨节使然。处方重用清热利湿之品,切合病机,故克奏肤功。

例2 王某,男,48岁,干部。1998年9月4日初诊。

足趾关节疼痛反复发作已2年余,曾在某医院诊为痛风,予别嘌呤醇、秋水仙碱、消炎痛等治疗,痛获缓解。近因饮酒,疼痛又作,右足蹑趾关节红肿,压痛明显,不能行走,经用中西药物治疗效果不显。红细胞沉降率、抗"O"正常,血尿酸510μmol/L,舌质黯红,苔黄而腻。良由湿热下注,痹阻经络,治拟清热利湿、通络止痛,药用:玄参、忍冬藤、豨莶草各18g,当归12g,甘草、苍术、黄柏、丹皮、秦艽、桃仁各10g,薏苡仁30g。服10剂,关节红肿明显减轻,已恢复工作。续服30剂,疼痛消除,复查血尿酸240μmol/L。半年后随访未复发。(蒋蓉蓉.四妙勇安汤临床应用举隅[J].浙江中医杂志,2001(6):263-264.)

按: 该医案经治医师蒋氏认为:痛风多因长期饮酒,过食厚味,酿湿生热,以致湿热内蕴,流注关节,经络痹阻而成。本例患者病程虽长,但湿热仍盛,故以清热利湿为治疗大法,方用四妙勇安汤合三妙散化裁。据云用此法治疗痛风,疗效满意。若湿盛者加防己、土茯苓;热盛者加连翘、水牛角;痛甚者加乳香、没药、六轴子;对反复发作,迁延不愈兼有气血不足、肝肾两虚者,可酌加补益气血、滋养肝肾之品。

例3 赵某,男,28岁。2014年10月21日初诊。

主诉: 右膝关节间断肿痛5个月。患者于2012年第一次出现左足第1跖趾关节痛明显,入夜加剧。2013年1月第二次发作,症状如前。2014年4月15日于某医院查肾功能:血肌酐(Cr)92μmol/L,尿酸(UA)649μmol/L。间断服用双氯芬酸钠缓释片及秋水仙碱片控制症状。2014年5月出现右膝关节肿痛,活动受限。刻诊:右膝关节肿痛,左足第1跖趾关节疼痛,上下楼梯困难,纳寐可,二便调,舌红,苔黄腻,脉弦滑。西医诊断:痛风;中医诊断:痛风。证属湿热瘀毒。治宜清热化湿,解毒通络。处方:秦皮20g,萆薢30g,车前子(包煎)30g,泽泻20g,黄连10g,防己10g,海桐皮20g,防风15g,忍冬藤30g,生甘草6g。1日1剂,水煎2次取汁300ml,分早、晚2次服。服7剂,忌食生冷辛辣、海鲜腥膻之品。

2014年10月29日二诊:患者右膝关节肿痛明显好转,下肢仍乏力,纳可,寐安,二便调,舌淡红,苔黄腻,脉弦滑。初诊方加木瓜20g,伸筋草20g,川芎10g。服7剂。

2014年11月12日三诊:患者未诉明显不适,纳寐可,二便调,舌质红,苔黄腻较前减轻。复查肾功能:血肌酐(Cr)94.8μmol/L,尿酸(UA)286.4μmol/L。二诊方去防己、海桐皮,加荷叶10g,牡丹皮10g。服14剂。

2014年11月26日四诊:患者右膝关节肿痛大减,乏力,运动时稍欠力。纳寐可,二便调,舌黯红,苔白腻,脉弦细。三诊方继服14剂。

2014年12月10日五诊:患者右膝关节肿痛消,可承受适量运动,纳寐可,二便调,舌红苔白。复查肾功能:血肌酐(Cr)112μmol/L,尿酸(UA)345.6μmol/L。嘱严格遵循痛风饮食注意事项。随访1年,痛风未发作,肾功能正常。(辛瑜,吴沅皞.刘维应用清热化湿、解毒通络法治疗痛风经验[J].河北中医,2017,39(8):1129-1132.)

按:"痛风",中医与西医均有此病名,但西医的痛风有特异的诊断标准(如尿酸增高),而中医的痛风泛指关节疼痛的一类病症,包括风痹、痛痹、白虎历节等。本例痛风为西医病名,其病因中医认为系"湿热瘀毒"流注骨节,故治疗以清热化湿、解毒通络贯穿全过程,随证加减,终获临床痊愈。

例4 张某,女,59岁。2015年3月16日初诊。

主诉:双膝、双踝关节肿痛20余天,伴活动不利半个月。症见:双膝关节肿痛,压痛,局部发热,色红,与天气无关,已服双氯芬酸钠双释放肠溶胶囊、正清风痛宁缓释片及中药外敷,有所缓解,发作严重时,痛剧如针刺刀割,局部可见发红,灼热明显,夜晚痛醒,口干欲饮,口苦,偶有晨僵,纳差,小便黄,大便正常,舌红,苔黄腻,脉滑数。查:血尿酸489μmol/L,红细胞沉降率40mm/h,C-反应蛋白11mg/L。中医诊断:热痹,证属湿热痹。西医诊断:痛风,风湿热。

拟祛风除湿通络,药用:苍术10g,黄柏10g,牛膝10g,薏苡仁20g,忍冬藤10g,玄参10g,当归10g,栀子10g,土茯苓10g,萆薢10g,蚕沙10g,地龙10g,威灵仙10g,甘草5g。14剂。半个月后复诊,患者关节肿痛减轻,关节灼热感好转,食纳可,二便正常,余无特殊,原方续服14剂,诸症消失。(廖亮英,旷惠桃,王莘智,等.旷惠桃运用双合四妙宣痹汤治疗痛风经验[J].湖南中医杂志,2016,32(8):36-38.)

按:本案治法系四妙丸加味。处方中土茯苓、萆薢、蚕沙功擅祛湿解毒;忍冬藤清热通络之效显著,为热痹常用之药。临床值得推广应用。

例5 患者,男,55岁,2014年4月15日初诊。

主诉:手指、足趾小关节肿痛3年余,加重1周。患者形体肥胖,3年前因经常饮酒,屡进膏粱厚味,饱受风寒,时感手指、足趾肿痛,以夜间为剧,右手食指中节僵肿破溃,以后每于饮酒或劳累、受寒之后,即疼痛增剧,去医院就诊,查血尿酸高达918μmol/L,确诊为痛风,服用别嘌呤醇,症状有所好转,但因胃痛不适而停药。就诊时患者右手食指中节、足趾小关节疼痛,食少,脘痞,大便黏滞,排便不爽,少寐,多梦,口苦,感觉口黏腻,苔黄腻,舌质紫黯,脉弦数。四诊合参,辨证为湿浊内蕴、痹阻经络,治以泄浊化瘀、蠲痹通络为法。处方:土茯苓40g,熟大黄10g,萆薢20g,积雪草20g,猫须草20g,蒲公英30g,秦皮20g,蚕沙20g,马齿苋20g,生牡蛎30g,威灵仙15g,泽泻15g,泽兰15g,地龙15g,牛膝15g,姜黄20g,䗪虫10g。7剂,每日1剂,水煎服。

二诊:患者服药后疼痛减轻,足趾之肿痛缓解,苔薄,舌紫,脉细弦。药既奏效,继进之,上方加僵蚕15g、露蜂房10g。14剂,每日1剂,水煎服。

三诊:患者疼痛明显减轻,僵肿渐消,苔薄,舌质衬紫已化,脉弦,血尿酸值已接近正常,前法继进,加入补益肝肾之品以善其后,上方加桑寄生15g、续断15g。再服14剂,后改为丸药继续服用,以巩固疗效。(齐广瑞,宋立群.宋立群教授治疗痛风验案举隅[J].广西中医药大学学报,2015,18(4):43-44.)

按:本例作者原按颇为贴切,录之如下:本病患者形体肥胖,又有饮酒史,喜食膏粱厚味,导致脏腑功能失调,内伤脾胃,脾胃升清降浊无权,湿浊内蕴,因湿浊阻滞于血脉之中,难以泄化,与血相结而为浊瘀。由于本病痛风处于发作期,病机以浊瘀痹阻经络为主,故在治疗上以"泄化浊瘀"治其标为主,在瘀浊得化后,再加用补益肝肾之品治其本以善其后,使脏腑得以协调而趋康复。

例6 李某,男,55岁,2010年6月24日初诊。

主诉:左足关节反复发作红肿热痛8年,加重半月。该病发作时痛如针刺,行动受限,缓解期局部关节畸形膨大。曾在多家医院就诊,诊断为痛风,相继服用秋水仙碱、立加利仙、别嘌呤醇等药物治疗,症状仍未得到控制。半月前症状复发,入夜尤甚,自觉发热汗出,纳食欠佳,小便短赤,大便黏腻不爽。查体:体温 36.8℃,左足第一跖趾及右手第二掌指关节可见红肿,活动受限,舌红、苔黄腻,脉弦滑。化验血尿酸示:635.4μmol/L,白细胞:10.4×10^9/L,尿微量蛋白 36μmol/L。辨证属湿热蕴结,气滞血瘀。治以清热燥湿,活血通络为法。药用:生黄芪 30g,怀牛膝、苍术、黄柏、萹蓄、瞿麦、络石藤各 15g,枳壳 20g,川芎、当归、黄连、桑枝、桂枝各 10g。每日 1 剂,水煎 2 次,取汁 400ml,早晚分服。服药期间忌食高嘌呤食物,戒酒。

二诊:药进 4 剂后,关节红肿疼痛明显减轻,无发热汗出,加土茯苓、荠菜花各 15g,以增清热利湿之效。续服 7 剂。

三诊:跖趾关节、掌指关节红肿疼痛消失。原方去桑枝、萹蓄、瞿麦,加地龙 10g,桃仁、红花各 10g,赤芍 15g,以活血化瘀,通经活络。再服 14 剂。

四诊:关节无肿痛,活动自如,纳可,二便如常,舌淡红、苔薄黄。复查血尿酸:294μmol/L,白细胞:6.2×10^9/L,尿微量蛋白 28μmol/L。并嘱低嘌呤饮食。随访 10 个月未复发。(李丽雅,张宗礼.三妙丸临床治验 3 则[J].山西中医,2011,27(12):40-41.)

按:本案利湿药采用治疗淋证的萹蓄、瞿麦之类,可谓匠心独运,别开生面。还有荠菜花之用,值得细玩。

例7 汪某,男,46 岁,2016 年 4 月 18 日初诊。

痛风病史 10 余年,每次发作症见关节疼痛,服用西药秋水仙碱等治疗。近两日关节疼痛加剧,以左踝关节为甚,步履艰难,由亲人扶来就诊。顷诊患者面色晦滞,精神不振,呈痛苦状,左踝关节红肿热痛,扪之灼热,小便黄赤。脉象弦细,舌苔薄腻。系湿热流注下焦,客于骨节,痹阻经络,不通则痛。证属湿热痹,病名"历节"。治宜清热利湿,宣痹通络。方用苍术白虎忍冬汤、宣痹汤、四妙丸合化。药用:制苍术 10g,生石膏(先煎)20g,知母 10g,忍冬藤 30g,防己 9g,滑石 12g,晚蚕沙 12g,米仁 20g,连翘 12g,赤小豆 15g,川牛膝 9g,黄柏 9g,独活 6g,赤芍药 12g,川萆薢 10g,土茯苓 18g,威灵仙 12g,7 剂。

二诊(2016 年 4 月 25 日):药后左踝关节红肿热痛已止,行动自如,舌苔变薄,脉仍弦细。此乃湿热得化,骨节活利,经络通达之佳象。原方扬鞭再进,以巩固疗效。药用:制苍术 10g,生石膏(先煎)20g,知母 10g,忍冬藤 30g,滑石 12g,防己 9g,晚蚕沙 12g,米仁 20g,连翘 12g,赤小豆 15g,黄柏 9g,独活 6g,川萆薢 12g,土茯苓 15g,威灵仙 12g,川牛膝 9g,赤芍药 12g,生甘草 5g,7 剂。

随访:自觉症状基本消失,能坚持正常工作。(庄爱文,王文绒.盛增秀验案说解[M].北京:中医古籍出版社,2017.)

按:本例系湿热流注下焦,客于骨节而致。西医诊断为痛风,中医诊断为历节。以苍术白虎忍冬汤、宣痹汤、四妙散合化治之。盖苍术白虎忍冬汤系盛师的经验方,由苍术白虎汤加忍冬藤而成,功擅清热化湿,通经活络;宣痹汤出《温病条辨》,为治疗湿热痹证的传世良方;四妙散由朱丹溪二妙散加味而成,善治下肢湿热痹证。合之共奏清热利湿,祛风通络之功。由于抓住湿热流注下焦的主要病机,药证恰合,遂获良效。

【临证备考】

浙江省名中医杨继荪认为痛风急性发作期的症状类似热痹,其治疗的经验方组成为:防风12g,苍术9g,黄柏12g,知母12g,秦皮12g,忍冬藤30g,徐长卿30g,花槟榔12g,苏叶6g,川芎12g,王不留行12g,晚蚕沙(包)20g,泽泻30g,炒莱菔子12g。具有清热祛湿、活血通络等作用。(潘智敏.杨继荪临证精华[M].杭州:浙江科学技术出版社,1999.)

朱松毅主任医师经验:湿热交作之气分热痹,症见关节肿胀疼痛,局部发热,重着,常累及肘、腕、膝、踝诸关节,伴有心烦,胸闷,脉滑数,苔黄腻,治宜清热化湿,祛风通络,方选连朴饮加减。常用川连、黄芩、黄柏、制半夏、淡豆豉、山栀、生熟苡仁、川朴、猪茯苓、豨莶草、老鹳草、忍冬藤。其中豨莶草善治缠绵风气,老鹳草祛湿通络。热痹见气分热盛者,多为急性发作期,而湿热交作之证临床较常见。由于湿性黏滞,关节肿痛重者,每每缠绵不去。以清热化湿治疗时,一般上肢常选芳香化湿,多用小川连、藿香、佩兰、黄芩、桑枝等品;下肢常选黄柏、苍术、牛膝、防己等清化下焦湿热之品。临床可见热清而湿着不去者,此时当去清热药,而以健脾化湿、舒筋通络治之。(史宇广,单书健.当代名医临证精华·痹证专辑[M].北京:中医古籍出版社,1988.)

编者按:朱氏上述经验,不仅适合于风湿性关节炎之属于湿热型者,即湿热型痛风,亦可借鉴。

薛盟主任医师经验:湿热痹(类风湿关节炎、痛风),尪痹,症见指、趾挛急变形,疼痛部位于肩、肘、腕、膝、外踝等处较明显,甚则手不能握,足不能步,肌肤灼热,口干,溲黄,苔黄腻,脉小弦数,此《黄帝内经》所谓"阳气多,阴气少",即热痹是也。治宜和营清热以祛风湿。方用自拟通痹土茯苓汤:土茯苓30g,生黄芪9g,五加皮9g,秦艽15g,海桐皮15g,鬼箭羽15g,蜈蚣2条,炮甲片9g,桑枝30g,赤白芍各15g,木通9g,羚羊角粉(吞)0.6g。此方以土茯苓甘淡性平之品作主药,利湿分消,得黄芪扶助正气,羚羊清热解毒,其效尤著。临证用此法治疗类风湿关节炎、痛风,多应手奏效。服后,胃部如有不适感时,加蜂蜜 60g,分 2 次冲入药汁服。或于方中加陈皮 9g,炙草 7g;如痛在上肢,加桂枝 9g;腰膝以下,加苍术、黄柏各 9g,川怀牛膝各 15g;肢体麻木,加防己 15g,地龙 9g;浮肿,加生白术 15g,赤小豆 30g;发热,加白薇 10g,鸭跖草 15g;红细胞沉降率快者,加忍冬藤、蒲公英各 30g。(史宇广,单书健.当代名医临证精华·痹证专辑[M].北京:中医古籍出版社,1988.)

治疗痛风性关节炎 55 例,基本方为土茯苓、川萆薢、焦山楂各 20g,猪苓、瞿麦、萹蓄、车前子、玄参、黄柏各 15g,生米仁、青风藤各 30g,白术、丹皮各 10g。15 天为 1 疗程,一般治疗 2~3 个疗程。治疗结果:49 例治愈,4 例有效,2 例无效,总有效率为 96.4%。临床体会到多数患者由于平时嗜酒及高脂高蛋白食物,易化湿生热,湿热滞于脾胃,从而导致足太阴脾经和足阳明胃经所循行的足大趾等部位出现红肿热痛。其基本方具有健脾化湿,利尿泄浊,清热凉血之功,故能奏良效。(陈进义.运脾利尿凉血方治疗痛风性关节炎 55 例[J].浙江中医杂志,2001(6):251-252.)

又,消痛饮(当归、牛膝、防风、防己、泽泻、钩藤、忍冬藤、赤芍、木瓜、老桑枝、甘草)加减治疗本病 18 例,结果显效 15 例,有效 3 例。该方具有清热利湿,通络止痛的功效。(叶伟洪.消痛饮治疗痛风性关节炎 18 例报告[J].中医杂志,1990,31(4):40-41.)

夏氏等将 80 例痛风患者随机分为 2 组,其中观察组 41 例服用四妙丸合宣痹汤加减治疗,基本方:苍术 10g,黄柏 10g,薏苡仁 30g,川牛膝 10g,地龙 10g,连翘 10g,防己 10g,丹皮 10g,生山栀 8g,土茯苓 20g,萆薢 10g,忍冬藤 30g。发热者加生石膏(先煎)15~60g,知母 10g,桂枝 8g;疼痛难忍者加延胡索 10g,威灵仙 10g,制乳香 10g,制没药 10g;红肿较甚者加滑石 30g,半边莲 10g,半枝莲 10g;发于下肢者加独活 10g;发于上肢者去川牛膝加桂枝 8g,桑枝 10g;热郁津伤者加水牛角(先煎)30g,生地 15g,玄参 15g,麦冬 10g;兼有瘀热阻滞者加桃仁 10g,红花 10g,蜈蚣 1 条,乌梢蛇 10g;兼有肝肾亏虚者加桑寄生 15g,枸杞子 15g;兼有气血不足者加当归 10g,党参 15g,鸡血藤 30g;兼有痰浊者加半夏 10g,陈皮 10g。水煎,每日 1 剂,早晚分服。结果表明观察组与西药常规治疗组比较具有疗效更佳,无副作用,复发率低的明显优势。(夏卫明,钟青.四妙丸合宣痹汤加减治疗痛风 80 例临床观察[J].江西中医药,2017,48(4):35-37.)

王氏等用五藤逍遥丸治疗湿热蕴结型痛风 26 例。给予五藤逍遥丸(药物组成为:炒白术 12g,海风藤 15g,青风藤 20g,忍冬藤 15g,怀牛膝 20g,秦艽 15g,茯苓 20g,木香 9g,细辛 3g,桑枝 20g,鸡血藤 30g,白花蛇舌草 15g,白鲜皮

15g，半枝莲 12g，连翘 10g，知母 9g，甘草 6g，络石藤 15g）6g，每日 3 次，口服。治疗结果：服药 1 周，临床控制 2 例，显效 21 例，有效 2 例，无效 1 例；服药 2 周，临床控制 9 例，显效 15 例，有效 1 例，无效 1 例。（王丽萍，郭永昌，宜娟娟．五藤逍遥丸治疗湿热蕴结型痛风的临床研究[J]．中医临床研究，2017，9（10）：108-109.）

江氏等用金藤痛风饮治疗原发性痛风急性期湿热蕴结证 50 例。给予金藤痛风饮（药物组成为：秦艽 12g，秦皮 10g，羌活 5g，独活 15g，防风 10g，防己 10g，泽泻 10g，泽兰 10g，川牛膝 10g，忍冬藤 15g，车前子 10g，金钱草 20g，甘草 5g），每剂煎煮 3 次，共浓缩为 450ml，分装 3 袋，口服 1 袋 / 次，3 次 / 天，疗程 7 天。治疗结果：临床痊愈 24 例，显效 11 例，有效 13 例，无效 2 例，总有效率 96%。（江顺奎，侯敏，杨瑞宇，等．金藤痛风饮治疗原发性痛风急性期湿热蕴结证 50 例疗效观察[J]．内蒙古中医药，2016，35（16）：2-3.）

刘氏等用清热解毒、利湿化浊法治疗痛风 36 例。药用：秦皮 20g，黄连 10g，防风 10g，车前子（包煎）10g，土茯苓 30g，萆薢 30g，威灵仙 10g，豨莶草 15g，每日 1 剂，水煎服，每剂 2 煎，共 400ml，分 2 次服。治疗结果：临床痊愈 5 例，显效 15 例，有效 10 例，无效 6 例，总有效率 83.33%。（刘维，吴沅皞，张磊，等．清热解毒、利湿化浊法治疗痛风的临床随机对照试验[J]．中华中医药杂志，2016，31（3）：1113-1116.）

二十一、糖 尿 病

糖尿病是一种常见的内分泌代谢病，是由于体内胰岛素的相对或绝对不足而引起糖、脂肪、蛋白质代谢的紊乱。其主要临床表现为多饮，多食，多尿，消瘦，疲乏等，严重时发生酮症酸中毒；实验室检查发现血糖过高、糖尿和葡萄糖耐量减低。常见的并发症和伴随症有急性感染、肺结核和心血管、肾脏、眼部及神经系统等病变。

根据本病多饮，多食，多尿，消瘦等临床特征，当属于中医"消渴""消瘅"等病证的范畴。

【湿热与发病的关系】

中医传统认为，消渴病的主要病机是"阴虚燥热"，其病变部位主要在肺、胃、肾，即肺阴、胃津、肾液亏虚而导致燥热偏胜是本病的基本病理机制。但现代临床观察研究发现，有相当一部分患者，特别是形体偏胖者，可呈现以湿热为主或夹有湿热的症状,因此湿热病邪在本病发病上的作用,不容忽视。

究其湿热的形成,有因饮食不节,尤其是嗜食肥甘,醇酒厚味,使脾胃受伤,运化失健,湿浊积滞,久而化热,酿成湿热,耗损津液,而生消渴,诚如《素问·奇病论》所说:"此人必数食甘美而多肥也,肥者令人内热,甘者令人中满,故其气上溢转为消渴。"再者情志失调,肝郁气滞,横乘脾土,使脾失健运,内湿停积,日久化热,消烁胃津,消渴乃成,或湿热阻遏气机,阻碍津液敷布,导致肺、胃、肾等脏器乏液濡润,消渴由是而作。

【相关临床表现】

湿热型糖尿病的主要临床特征是口黏或口苦,口渴欲频频少饮或不欲饮,有饥饿感但纳谷不香,脘腹痞闷,形体丰满却倦怠乏力,尿色偏黄,舌苔黄腻,脉象濡数或滑数。

【相应治疗方法】

治宜清热化湿,方选连朴饮、黄芩滑石汤等化裁;若阴虚兼有湿热者,当养阴兼以清化湿热,方用甘露饮加减。

值得注意的是,治疗湿热的药物大多偏燥,误用久用易损伤津液,因此对于湿热型糖尿病患者,应用化湿之药,须中病即止,毋使过也,特别是对于阴虚兼有湿热者,更应扶正与祛邪并施,不可专事清化湿热,一旦湿热消退,此类药物即当撤去。

【验案举例】

例1 曹某,男,62岁,工人,1995年6月初诊。

糖尿病病史8年,近2年血糖经常波动于12~18mmol/L水平,中餐前尿糖(+++~++++)。在外院先后住院3次,来我院就诊时刚出院1月,并继续用药:每日早餐前注射正规胰岛素8U,同时每日口服格列本脲片10mg,二甲双胍1.5g。患者形体肥胖,经常口臭口苦,或齿龈肿痛,口渴欲饮,饮水不多,饥而少食,大便不实欠爽,头晕重,神倦怠,小溲黄,舌偏红而胖,边有齿痕,舌苔黄厚腻,脉细滑。查空腹血糖9.1mmol/L,中餐前尿糖(+)。辨证:消渴日久,脾气受损,运化失司,湿热壅盛,充斥三焦。拟清化湿热,补脾生津。处方:苍白术各12g,黄连3g,黄芩15g,生薏苡仁30g,六一散30g,黄芪30g,沙参15g,山药15g,花粉15g,葛根15g,石斛15g,玄参10g,白蔻仁3g。服药1周后,诸症有所改善,效不更方,续服50余剂,其间略有加减,并逐步停用胰岛素,格列本脲片减至5mg/日,二甲双胍减至0.75g/日。两月左右,诸症若失,舌苔转薄白,复查血糖6.0mmol/L。此后,以健脾滋肾法调治,有时视脉症变化加用清化湿热之品,症情稳定。门诊随访半年,血、尿糖控制理想。(肖燕倩.糖尿病从湿热论治［J］.河南中医，1997（2）：83-84.）

按： 本例症见口臭口苦，口渴饮水不多，溲黄，舌苔黄厚腻，显系湿热蕴结之象，故方用苍术、黄连、黄芩、苡仁、六一散等清热化湿之品，配合补脾生津，标本兼治，而获良效。可见糖尿病的病机，不可一概以"阴虚燥热"论之，其中湿热为患者，亦不鲜见，值得重视。

例2 糖尿病合并乙肝，男，38 岁。

入院前门诊诊断为糖尿病，经西药治疗血糖由 13mmol/L 降至 7.6mmol/L；但临床症状无改善，要求中药治疗。入院检查肝功能：ALT 0.89μkat/L、AST 0.64μkat/L、γ-GT（γ-谷氨酰转肽酶）120U/L、AKP（碱性磷酸酶）206U/L、TBIL 29.33μmol/L、DBIL 8.3μmol/L、HBsAg（乙型肝炎表面抗原）（+）、HBeAg（+）、HBcAg（乙型肝炎核心抗原）（+），血糖 7.6mmol/L、尿糖（++）。诊断：糖尿病；乙型肝炎。消瘦，面色黄黯，气短，身倦乏力，口腻不爽，腹胀，溲赤，舌红边有齿痕，苔黄腻，脉细弦软。辨证：气阴两虚、肝经湿热。嘱停服一切降糖药，改用汤药治疗。处方：黄芪、太子参、山药、黄芩各 10g，茵陈、半枝莲各 20g，虎杖、天花粉、紫丹参各 15g，柴胡、黄连、蔻仁各 6g，厚朴 9g。服用 20 剂，诸症悉减。血糖 6.8mmol/L，尿糖（±）。肝功能：ALT 0.45μkat/L、AST 0.35μkat/L，γ-GT 80U、AKP50U/L、TBIL，DBIL 均转正常，HBcAg、HBeAg 均转阴性。继用上方加减 20 余剂，血糖、肝功能全部正常，HBsAg（-），痊愈出院。（董萍.益气解毒法治疗气虚湿热证案例三则［J］.蚌埠医学院学报，1995，20（4）：260.）

按： 本例罹患糖尿病和乙肝，据其临床表现，辨证为气阴两虚，肝经湿热，故用参、芪、山药、花粉补益气阴，且这四味药临床和实验证明有降糖作用；芩、连、虎杖、茵陈、厚朴、半枝莲、蔻仁等功擅清热祛湿，湿热内蕴而致的乙肝、糖尿病均宜之；柴胡、丹参疏肝活血，乃治疗乙肝的常用药物。诸药相合，共奏补气养阴，清热化湿之功。与病因病机甚合，故糖尿病、乙肝均获显效，洵有一箭双雕之妙。

例3 陆某，男，68 岁。2014 年 11 月 19 日初诊。

患者发现糖尿病 3 年余，平时服用阿卡波糖片，血糖控制不理想，就诊时空腹血糖 10.5mmol/L，餐后血糖 15mmol/L，善饥，大便稍干不畅，口干，下肢皮肤瘙痒不已，胃纳一般，夜寐欠安，小便入夜两次，精神尚可，脉缓，舌红苔薄黄腻且润。诊断为 2 型糖尿病，辨证为气虚湿热证。处方：生黄芪 30g，党参 10g，生地 30g，黄连 5g，黄芩 10g，黄柏 6g，苍、白术各 10g，知母 10g，生石膏 15g，葛根 10g，肉桂 3g，赤、白芍各 15g，怀牛膝 30g，川芎 15g，丹参 10g，地锦草

30g。每天1剂，水煎2次，每次取汁120ml，早晚分服。

2015年1月28日二诊：血压130/70mmHg，空腹血糖8.2mmol/L，胃纳一般，胃部灼热、善饥、口黏，夜尿每日2次，精神尚可，入夜平安，脉左小弱，大便通而不畅，舌红苔薄黄，气虚湿热之证。处方：生黄芪30g，当归10g，生地30g，黄连5g，黄芩10g，黄柏6g，桂枝5g，赤、白芍各15g，玄参15g，天、麦冬各10g，苍、白术各10g，丹参15g，葛根10g，知母10g，生石膏15g，地锦草30g。

2015年5月6日三诊：空腹血糖6.5mmol/L，饥饿感减少，胃部灼热感消失，精神尚可，口黏减而未已，消瘦作然，脉左尺部细滑而小数，舌红苔薄白，气虚湿热之证。处方：生黄芪30g，党参9g，黄连5g，桂枝5g，黄芩9g，黄柏6g，白芍9g，生石膏15g，知母9g，苍、白术各9g，天花粉15g，佩兰15g，苏叶15g，法半夏9g，枳实9g，地锦草30g。

2015年5月20日随访，患者诸症减轻，空腹血糖控制在5~7mmol/L，餐后2小时血糖为8~10mmol/L。（刘珺，王博，颜琼枝，等.颜乾麟教授论治2型糖尿病经验［J］.浙江中医药大学学报，2017，41（7）：582–585.）

按：本案处方熔补中益气、清热祛湿、生津养液于一炉，对气虚湿热证糖尿病，诚为对证之治。耐人寻味的是，方中地锦草一药，据文献介绍是治疗糖尿病的特效单方，尚需进一步观察研究。

例4 患者，男，35岁，2014年11月5日初诊。

患者2个月前经体检发现空腹血糖6.8mmol/L，口服葡萄糖耐量试验2小时后血糖10.8mmol/L，左侧血压：135/98mmHg，右侧血压：128/88mmHg。自行服用降糖药，血糖下降不明显，遂来就诊。诊见：腹型肥胖，身体倦怠，胸闷气短，食欲差，饮食无味，食后腹胀，头重头晕，大便酒后不成形，小便正常，睡眠正常，舌质红、舌苔黄腻满布全舌，脉沉弱。辅助检查：心电图未见异常。西医诊断：糖耐量减低；中医诊断：脾瘅。辨证：湿热壅滞，痰瘀互结。治法：清热祛湿，化瘀降浊。药用：陈皮10g，半夏10g，茯苓7.5g，生甘草10g，枳实10g，竹茹10g，黄芩10g，酒芍药15g，三七7.5g，葛根15g，生姜10g，大枣10g。患者服药7剂后复诊，自诉食欲改善，头重头晕减轻，精神状态明显好转，身体有劲，但晨起口干口渴、咽痛遂加天花粉30g、生地黄20g以养阴清热生津。继用7剂后，胸闷气短症状消失，左侧血压：130/88mmHg，右侧血压：125/80mmHg，舒张期血压降低，脉压差变大；空腹血糖6.3mmol/L，口服葡萄糖耐量实验2小时后血糖8.8mmol/L。效不更方，继用14剂后，患者自觉腿脚轻快，心情愉快；左侧血压：120/70mmHg，右侧血压：116/75mmHg，血压恢复正常；空腹血糖5.5mmol/L，口服葡萄糖耐量试验2小时后血糖7.0mmol/L，血糖亦恢复正常。

停止服药,建议患者戒烟戒酒,多吃水果蔬菜,增加体育锻炼,养成良好的生活习惯。(王甜甜,谭杰军,张福利.张福利运用分消走泄法治疗糖尿病糖耐量减低经验[J].山东中医杂志,2016,35(6):542-543.)

按:用温胆汤加味治疗湿热壅滞、痰瘀互阻所致的糖尿病,其方其药,临床并不多见,可备一格,以资借鉴。

例5 患者某,男,81岁,因"口干、多饮多尿2年,加重伴视物模糊1周"于2011年3月16日就诊。

患者2年前无明显诱因下出现口干、多饮、多尿症状,遂于外院就诊,查血糖升高(具体数值不详),诊断为2型糖尿病,给予二甲双胍片及阿卡波糖片口服控制血糖,血糖控制水平不详。发病来患者未系统监测血糖,未调整降糖药物,空腹血糖11~13mmol/L,餐后血糖不详。1周前,患者无明显诱因下出现视物模糊,于外院诊断为糖尿病性视网膜病变。刻下症见:口干欲饮,视物模糊,口中异味,无头晕头痛,无恶心呕吐,无心慌胸闷,双下肢无麻木、疼痛,无腰酸腰痛,纳差,眠差梦多,小便黄,大便干,2天未解,平素依赖开塞露通便。舌红,苔黄腻,脉弦滑。空腹血糖:13.3mmol/L,餐后血糖:16.1mmol/L。糖化血红蛋白12.0%。西医诊断:2型糖尿病;中医诊断:消渴病(湿热困脾),脾胃湿热证。治疗以健脾利湿,养阴清热为主,药用:生地黄15g,熟地黄15g,黄芩12g,炒枳壳9g,麦门冬12g,天门冬9g,茵陈12g,石斛15g,炙甘草12g,枇杷叶15g,白茅根15g,鸡内金24g,黄连12g,土茯苓15g。7剂,水煎服,日1剂。嘱清淡饮食。

二诊:2011年3月23日,服药2剂后,大便下,诉第1天为硬球状,后几日逐渐变为黄脓便。口干、多饮多尿减轻,口中异味明显减轻。视物模糊未见明显好转。舌淡红,苔黄腻,脉弦滑。查空腹血糖12.1mmol/L,餐后血糖15.1mmol/L。石斛改为24g,续服14剂。

三诊:2011年4月6日,视物模糊减轻,略有口干,梦少。舌质淡红,苔黄腻,脉小滑。查空腹血糖9.1mmol/L,餐后血糖12.2mmol/L。考虑湿浊中阻,蕴久化热,一时难以除去。处方:上方加入苍术12g,白豆蔻12g。14剂,水煎服,日1剂。

四诊:2011年4月20日,患者无明显不适症状,无视物模糊。查空腹血糖6.1mmol/L,餐后血糖9.6mmol/L。患者自诉搬家,行动不便,嘱续服前方半年,并逐步减少西药用量。

五诊:2011年12月27日,患者自诉近半年已经停止服用降糖西药,汤药1周服用2次。昨日查空腹血糖4.3mmol/L,餐后血糖5.6mmol/L,糖化血红蛋白4.5%。(段传皓,张松青,薛荃.崔桐华教授从脾胃湿热论治糖尿病湿热困脾型患者1例[J].基层医学论坛,2016,20(1):87-88.)

按: 本案处方实为甘露饮(见方剂索引)化裁,功在祛湿热、养阴液,用于阴虚湿热所致的糖尿病,颇为合适。

【临证备考】

治疗30例2型糖尿病患者,中医辨证为湿热内蕴,以川连、栀子、厚朴花、枳壳、菖蒲、清夏、云苓各10g,葛根20g为基本方,随证加减,结果治愈4例,占13.3%;显效15例,占50.0%;有效9例,占30.0%;无效2例,占6.7%,总有效率为93.3%。认为湿热内蕴,气机阻遏是湿热型糖尿病的主要病机。该型糖尿病多见于40岁以上的中老年患者,形体多丰满或肥胖,素体多痰湿,复加饮食不节,损伤脾胃,或情志所伤,肝郁气滞,横乘脾土,均可导致脾失健运,水湿内生,积聚成痰,日久痰湿化热,湿热熏蒸三焦,或壅于肺,或阻于胃,或留于肝胆,阻遏气机的运行,从而进一步阻碍津液敷布,由此形成恶性循环,以致糖尿病并发症迭出不穷。并认为清热化湿,疏理气机是治疗湿热型糖尿病的有效方法,其基本方即体现了这一治法。临证体会使用本法,关键在于用药有度。因湿热型糖尿病属缠绵之疾,治疗不可求之过急,必须抓住腻苔的变化,细查其厚薄湿度,参以他症,明晰机制,寒凉之药用量不可过猛,以免冰扼脾胃,湿邪留恋不去,应边清化湿热,边疏理气机,方可事半功倍。(刘维,杨晓砚.2型糖尿病从湿热辨治的疗效观察[J].天津中医,1995,12(3):13.)

肖氏认为历代医家对糖尿病病机特点及转变规律有较为集中的认识,即阴虚为本,燥热为标;气阴两虚,阴损及阳,阴阳两虚。由此而设立的消渴诸方,大抵以养阴润肺,清胃补肾为主,故有"消渴有燥无湿"之说。但临床实践发现,尚有相当一部分患者(往往为体态偏胖、血糖长期难以控制者,或兼有并发症者),辨证分型错综复杂,兼夹湿热症候者,甚则湿热症候为主者不在少数。对消渴之有湿热见症者,遣方用药应注意不能囿于消渴病以阴虚为本,而忌用化湿之法,致湿热病邪胶着不解,病程迁延不愈,同时也不能执于其有脾虚之因,而一味强调补气,以致甘温助热,加剧阴伤燥热。临床应将清化湿热与补脾生津法兼而用之,疗效满意。(肖燕倩.糖尿病从湿热论治[J].河南中医,1997(2):83-84.)

彭氏从地域条件、人体体质及饮食习惯等因素,结合临床实践,论述了消渴病从湿热论治的重要理论和临床意义,并认为我国南方及东南亚一带,湿热型消渴病尤为常见,因此提出消渴不能"唯重养阴润燥",祛湿清热法也是治疗消渴病的重要方法。(彭万年.消渴病湿热证治探讨[J].新中医,

1998（12）：3.）

张氏等用泻肝利湿方治疗湿热型 2 型糖尿病早期 70 例。药用：柴胡、龙胆草、茯苓、半夏各 9g，生地 24g，元参、当归、赤芍、白芍、炒苍术、炒白术各 15g，车前子 12g，肉桂 4g，黄芩、炒枳实、栀子各 6g，黄连 5g，每日 1 剂，分早晚两次，于餐前或餐后 1 小时服。疗程为 2 个月。治疗结果：显效 34 例，有效 30 例，无效 6 例，总有效率 91.43%。（张德贵，崔晓燕，宋学芳，等．泻肝利湿方治疗湿热型 2 型糖尿病早期临床观察［J］．山西中医，2016，32（2）：43-44，48.）

魏氏等用脾瘅宁方治疗脾虚湿热型糖尿病前期 56 例。药用：佩兰、苍术、茯苓各 15g，黄连、大黄各 6g，泽泻、黄芪、党参各 10g，黄精、葛根各 9g。加减：口燥咽干者加白茅根、芦根；心胸郁闷，情志不舒者加合欢花、柴胡；胸满、胸闷者加薤白、瓜蒌皮；脘腹痞闷者加半夏；痛经者加益母草。每日 1 剂，水煎 200ml，早晚口服。服药期间不服用其他影响血糖的药物，忌食肥甘厚味，调畅情志，保持规律生活方式。连续治疗 7 天为 1 疗程，治疗 4 个疗程。治疗结果：临床痊愈 21 例，有效 32 例，无效 3 例，总有效率 94.64%。（魏文鹤，王东．脾瘅宁方治疗脾虚湿热型糖尿病前期 56 例［J］．山西中医，2017，33（8）：45-46.）

岳氏等用苦辛运中法治疗新诊断 2 型糖尿病（湿热困脾型）33 例。药用：葛根 30g，黄芩 15g，黄连 15g，苍术 20g，厚朴 15g，陈皮 15g，鸡内金 15g，荔枝核 15g，炙甘草 3g。形体偏胖者，加山楂 15g，荷叶 15g；胸闷甚者，加全瓜蒌 30g；胃热炽盛者，加石膏 30g；痰浊内盛者合苍附二陈汤。每日 1 剂，水煎温服，每次 150ml，早中晚饭前半小时服用。治疗结果：显效 5 例，有效 26 例，无效 2 例，总有效率 93.9%。（岳仁宋，杨彩虹，王帅．苦辛运中法治疗新诊断 2 型糖尿病（湿热困脾型）的临床疗效观察［J］．时珍国医国药，2014，25（4）：887-889.）

郑氏用清热燥湿健脾中药治疗湿热困脾证初发 2 型糖尿病 42 例。药用：半夏 9g，苍术 15g，陈皮 15g，茯苓 15g，黄芩 15g，黄连 20g，玄参 15g，干姜 6g，丹参 25g。水煎 200ml，早晚分服。8 周为 1 个疗程。治疗结果：显效 20 例，有效 16 例，无效 6 例，总有效率 85.7%。（郑杰．清热燥湿健脾中药治疗湿热困脾证初发 2 型糖尿病的临床研究［J］．中医学报，2013，28（9）：1350-1351.）

周氏等用泻心承气汤治疗 2 型糖尿病湿热困脾证 38 例。药用：黄连 20g，黄芩、茯苓、枳实、厚朴各 15g，法半夏、苍术、乌梅、丹参各 10g，干姜 3g，大黄 3~10g（根据大便情况，大黄煎煮时后下或不后下，并适当增减用量，维持大便每天 1~2 次),每天 1 剂,水煎取 300ml,分早晚 2 次口服。治疗结果:显效 14 例,有效 19 例,无效 5 例,总有效率 86.84%。(周晓燕,韦湘林,黄艳. 泻心承气汤治疗 2 型糖尿病湿热困脾证临床研究[J]. 新中医,2011,43(6):32–33。)

余氏等用黄连温胆汤治疗湿热困脾型初发 2 型糖尿病 78 例。药用:麦冬 15g,竹茹、茯苓各 10g,法半夏、枳壳、黄芩各 9g,陈皮、黄连各 6g,甘草 3g。口渴明显者加天花粉、石斛;胸闷头晕,舌质黯红或有瘀斑、瘀点者加丹参、鸡血藤;脾虚便溏者加白术、山药。每天 1 剂,水煎服,分 3 次餐前口服。疗程为 2 个月。治疗结果:治疗后空腹血糖、餐后 2 小时血糖、糖化血红蛋白、空腹血胰岛素、餐后 2 小时胰岛素、总胆固醇、甘油三酯、高密度脂蛋白胆固醇、低密度脂蛋白胆固醇、肝肾功能及体重指数等均较治疗前改善。(余晓琳,陈军平. 黄连温胆汤治疗湿热困脾型初发 2 型糖尿病 78 例临床观察[J]. 新中医,2010,42(4):25–26。)

二十二、高 脂 血 症

血脂是血浆中脂质的总称,包括诸多脂溶性物质,其主要成分为胆固醇、甘油三酯及磷脂等。若血浆脂质中一种或多种成分的浓度超过正常高限时称高脂血症。由于血浆中脂质大部分与血浆中蛋白质结合,因此本病又称为高脂蛋白血症。临床上根据胆固醇与甘油三酯含量,可分高胆固醇血症、高甘油三酯血症和高胆固醇高甘油三酯血症三个类型。高脂血症是引起动脉粥样硬化的首要因素,动脉硬化可引起冠心病、高血压、中风等心、脑血管疾病;高脂血症还与糖尿病、胆石症、脂肪肝等疾病的发病有密切的关系,所以危害甚大。

本病属中医"眩晕""痰湿""浊阻""湿热"等病证的范畴。

【湿热与发病的关系】

高脂血症易发生于高脂高糖饮食的人群,特别是随着人们生活水平的提高,饮食结构的改变,本病的发病率有上升趋势。从中医的病因学分析,本病的发生,与以下几种因素有着密切的关系:

一是饮食不节,尤其是过食膏粱厚味或嗜酒无度,以致脾运受伤,精微不布,湿热渐积,痰浊内停,阻遏血脉,发为胸痹、中风等疾,诚如《医学心悟》所说:"凡人嗜食肥甘或醇酒乳酪,则湿从内受。……湿生痰,痰生热,故卒然昏倒无知也。"

二是久坐少动,好逸过度,致脾胃功能呆滞,摄入的饮食物艰于消化和吸收,造成过剩的营养物质堆积体内,聚湿生痰,久郁化热,而成湿热或痰热之邪,壅滞经脉,戕害五脏。

三是情志失调,特别是郁怒伤肝,肝气横逆,肝阳上亢,脾胃受其侵犯,运化失健,湿浊内生,湿渐化热,与膏脂相结,痹阻血脉,是病乃发。

总之,由于饮食、起居和情志失调,导致心、肝、脾、肾等脏器功能紊乱,湿热内生,痰瘀互结,浊脂淤滞,痹阻血脉,是其主要病理机制,其中湿热是本病发病的重要因素之一,不可小视。

【相关临床表现】

本病中医辨证属湿热郁结型者,症见眩晕头痛,头重,口中黏腻,渴不引饮,胸闷腹胀,纳谷不香,小溲黄短,或见浮肿,舌红,苔黄腻,脉象滑数。

【相应治疗方法】

治宜清热化湿,消脂通脉为主,方选消脂汤、降脂煎剂、降脂灵冲剂、茵陈合剂、健脾降脂汤(以上4方见下文"临证备考")等化裁。常用药物有茵陈、泽泻、苦参、黄连、决明子、山楂、苍术、茯苓、虎杖、大黄、葛根、菊花、苡仁、荷叶等。

【验案举例】

例1 李某,男,58岁。1984年12月10日初诊。

患高血压8年,体形肥胖,常感头晕目眩,胸闷不适,心烦口苦,上肢麻木伴颤动。舌淡红,苔薄黄,脉弦滑。血压170/100mmHg,心、肺(-),心电图正常。胆固醇319mg%,甘油三酯271mg%,β-脂蛋白702mg%。证属痰湿兼肝阳偏亢。治宜利湿化痰、平潜肝阳。药用降脂煎(由茵陈、泽泻、大黄、山楂组成,详见下文"临证备考")加石决明、白菊花、制首乌各15g。服药1月后症状改善。复查血脂:胆固醇176mg%,甘油三酯83mg%,β-脂蛋白227mg%。血压150/90mmHg。再以原方为丸巩固治疗1月,症状完全消失,血压稳定,血、尿常规及肝功能正常。1年后复查血脂,三项结果仍正常。(许宏大,廉和平.降脂煎剂治疗高脂血症30例疗效观察[J].四川中医,1988(1):35.)

按:本例形体肥胖,痰湿素盛可知,症见眩晕,胸闷,心烦,口苦,苔黄,脉弦滑,痰湿也已化热,且伴肝阳上亢,故方用茵陈、泽泻、大黄清泻湿热,加菊花、石决明、首乌滋肝潜阳,山楂导滞消脂,药证相符,效验乃彰。

例2 曹某,女,53岁。2014年2月19日初诊。

患者于2014年2月12日查体时发现血脂异常,总胆固醇6.5mmol/L,甘油三酯2.94mmol/L,低密度脂蛋白胆固醇3.72mol/L,载脂蛋白-A 11.06g/L,载

脂蛋白 –B 1.24g/L，因担心西药降脂药损伤肝脏，故求中药治疗。症见：不欲饮食，口苦，腹胀，时有腹痛，自觉身体困重，大便日行 1 次，夜寐尚可。舌黯红，苔黄腻，脉弦。证属脾虚痰湿，拟以行气健脾、化痰祛湿为法，佐以清泻肝火、活血化瘀。处方：木香 10g，香附 10g，藿香 10g，茯苓 10g，苍术 15g，炒白术 15g，山楂 15g，黄精 15g，红景天 10g，玉米须 40g，荷叶 15g，白芍 20g，炙甘草 10g，龙胆草 6g，黄连 3g，菊花 10g，丹参 15g，川芎 10g，当归 10g。7 剂，水煎服，1 日 1 剂，早晚分服。并嘱患者清淡饮食，加强活动。

2014 年 2 月 26 日复诊：患者诉服药 3 天后，渐思饮食，各症状改善明显，然于前日吃海鲜后，出现反酸、烧心症状。观其舌黯红，苔薄黄，脉弦数。在上方基础上加旋覆花 10g，赭石 30g，紫灵芝 6g，郁金 10g。7 剂，水煎服，1 日 1 剂，早晚分服。并嘱其 7 剂药服完后查生化全项。

2014 年 3 月 7 日，患者服药后复查生化全项示：总胆固醇 4.84mmol/L，甘油三酯 1.50mmol/L，低密度脂蛋白胆固醇 3.09mol/L，载脂蛋白 –A 11.24g/L，载脂蛋白 –B 0.99g/L，余未见异常。故嘱继续服用上方 7 剂，以巩固疗效。（占新辉，符思，王微 . 王微教授治疗高脂血症经验［J］. 长春中医药大学学报，2015，31（1）：38–39）

按： 本例辨证为脾虚痰湿证，其实热邪亦盛，故治疗以行气健脾、化痰祛湿为法，并佐以清泻肝火、活血化瘀。用药紧扣病因病机，箭无虚发，宜其取效也。

例 3　张某，男，56 岁。初诊日期：2011 年 6 月 10 日。

患者既往有高血压病史，因体检发现血脂异常，总胆固醇（TC）7.05mmol/L，甘油三酯（TG）4.62mmol/L，低密度脂蛋白胆固醇（LDL–C）4.07mmol/L，高密度脂蛋白胆固醇（HLD–C）0.64mmol/L。B 超检查示：重度脂肪肝。刻诊：形体高大肥胖，胃痞，牵引右胁肋不适，乏力，口腻口苦，大便溏而不爽，夜寐欠佳，偶有盗汗，舌质偏红、苔黄腻，脉细滑。处方：太子参 10g，炒白术 20g，制苍术 20g，茯苓 10g，茯神 10g，陈皮 10g，法半夏 10g，炒黄柏 3g，熟薏苡仁 20g，土牛膝 15g，泽泻 15g，绞股蓝 15g，荷叶（后下）10g，生山楂 15g，夜交藤 20g，熟酸枣仁 15g，浮小麦 10g，生甘草 3g。另予口服血脂康胶囊。并嘱清淡饮食，畅达情志，增加运动。

二诊（6 月 20 日）：胃脘、胁肋不适好转，体力渐复，口仍腻但不苦，大便成形，夜寐稍安，未见盗汗，苔黄腻渐化。诸症有减，宗原方小其制再进。

三诊（6 月 30 日）：诸症大减，脾气得健，湿热得清，阴虚得复。查血脂四项：总胆固醇（TC）5mmol/L，甘油三酯（TG）3.62mmol/L，低密度脂蛋白胆固醇（LDL–C）3.01mmol/L,高密度脂蛋白胆固醇（HLD–C）0.82mmol/L。处方:太子参10g,炒白术10g,制苍术10g,茯苓10g,陈皮10g,法半夏6g,熟薏苡仁10g,绞股蓝15g,荷叶（后下）10g,生山楂15g,紫丹参10g,炙甘草3g。上方连服60天,复查血脂各项指标基本在正常范围内,腹部B超显示轻度脂肪肝。嘱患者继续加强运动,减轻体重,少进肥厚之品。（李冬方,顾宁.顾宁辨治高脂血症经验［J］.上海中医药杂志,2013,47（6）:14–15.）

按: 根据此患者的症状以及舌脉,中医辨证当为湿浊阻滞中焦,故治法以健脾祛湿为主;又因患者有睡眠欠佳、盗汗之症,故少佐以安神养阴敛汗之品。二诊诸症稍减,故继以守方服用。三诊失眠、盗汗之症已无,故方则专以祛湿健脾,连服两月余,诸症均已消失,故嘱患者继续加强运动以减轻体重,并少进肥厚之品以善后。处方中山楂、泽泻、荷叶,现今多用于降脂之药。

【临证备考】

汕头二院冠心组用茵陈合剂（茵陈、泽泻、葛根各15g,日1剂,分3次服）治疗高脂血症104例,其中胆固醇高于230mg%者71例,平均值为266.3mg%,治疗后平均值为225.5mg%;甘油三酯高于150mg%72例,平均值为265.4mg%,治疗后平均值为202.3mg%;治前β–脂蛋白在（++）或以上者51例,治后复常者27例,占52.9%;治前β–脂蛋白（++）或以上者73例,治后39例恢复正常,占53.4%。（广东省汕头市第二人民医院冠心病小组.茵陈合剂治疗高脂血症104例小结［J］.新中医,1976（3）:36–39.）

用健脾降脂汤治疗高脂血症32例,取得满意疗效。其组方为:党参、茯苓、茵陈各12g,白术、苍术、僵蚕、虎杖各10g,生山楂24g,大黄6g。每日1剂,分3次服,连服1个月。治疗结果:32例甘油三酯增高者平均下降值为68.72~14.62mg%,平均下降率为28%。16例兼胆固醇增高者平均下降值为30.27±6.27mg%,平均下降率为11.6%。32例高密度脂蛋白平均上升值为10.91±2.11mg%,平均上升率为25.8%。（周健.健脾降脂汤治高血脂症32例［J］.江西中医药,1989（2）:45.）

虎杖浸膏片在上海各医院试用于136例高脂血症患者,疗程1月,降胆固醇总有效率达89%,降甘油三酯总有效率达88%。（孟琳升.中医降脂八法［J］.上海中医药杂志,1979（6）:27–30.）

用降脂煎剂治疗30例高脂血症,获得较好效果。其组方为:茵陈15g,泽泻15~30g,大黄3~5g,山楂15~30g。每日1剂,分2次服,连服1月为1疗程。治疗结果:30例胆固醇高者,治前为232~410mg%,治后为120~355mg%,平均下降70.17mg%,其中23例降至正常,2例下降但未达正常范围,无效5例;

甘油三酯升高者 25 例,治前为 135~500mg%,治后为 67~350mg%,平均下降 69.84mg%,其中 20 例下降至正常,无效 5 例;23 例 β– 脂蛋白升高者,治前为 450~1074mg%,治后为 248~929mg%,平均下降 220.22mg%,其中 19 例降至正常,1 例下降未达正常范围,无效 3 例。(许宏大,廉和平. 降脂煎剂治疗高脂血症 30 例疗效观察[J]. 四川中医,1988(1):35.)

应用降脂灵冲剂(由茵陈、黑山栀、苍术、黄柏组成)治疗高脂血症 100 例,并与烟酸肌醇酯组 26 例及脉通丸组 30 例对照观察。治疗结果:降脂灵冲剂对各类高脂血症均有显著疗效;各组治疗后降血脂有效例数以降脂灵冲剂为最多。认为饮食不节,过食肥甘,损伤脾胃,同时肝胆疏泄功能不畅达,不能泌输精汁而引起脾之消谷运化功能失调,转化为痰浊,浸淫脉管,血行受阻而诱发胸痹心痛、眩晕等疾病,降脂灵冲剂即是针对上述病因病机而拟订的有效方药。(静文英,富贵恩,陈亦玑,等. 中药降脂灵治疗高脂血症 100 例临床观察[J]. 中国中西医结合杂志,1986(1):21–22,3.)

编者按:综观上述报道,其组方中所用主要药物,诸如茵陈、泽泻、大黄、虎杖、葛根、苍术、茯苓、山栀、黄柏等,均有清热祛湿作用,可见湿热是本病的主要病因之一。此类方药,若用于湿热型高脂血症,当更有效。

二十三、肥 胖 病

肥胖病又称肥胖症,是人体内脂肪堆积过多所引起的一种疾病。一般认为当体重超过正常标准 20%,而排除水钠潴留所致的浮肿或肌肉发达等因素,即称肥胖。本病的主要临床特征是形体肥盛,气短乏力,或易饥善食等,但轻度肥胖可无明显症状。肥胖常与动脉粥样硬化、糖尿病、高血压、高脂血症、肾病综合征等发病有密切关系。随着人民生活水平的提高和饮食结构的改变,本病的发病率明显增高,尤其是青少年罹患本病者亦有上升趋势,值得高度重视,积极防治。

中医学对肥胖病早有认识,如《黄帝内经》的体质分类中,就有肥人、膏人、肉人等记述,《素问·奇病论》还指出:"肥人令人内热,甘者令人中满。"至于减肥的治疗方法,内容亦较丰富,很值得发掘和研究。

【湿热与发病的关系】

肥胖的发病原因较多,从中医病因学分析,其发病与湿热有一定关系。究其湿热的形成,主要是由于饮食不节,食量过多,供大于求,尤其是过食肥甘酒酪之品,损伤脾胃功能,运化不健,水谷精微不布,聚湿生痰,郁久化热,湿热交结,升降失常,发为肥胖;其次是久卧久坐,好静少动,以致能量消耗减少,营养物质过剩,化为膏脂,蓄积体内,湿热由是而生,使人体臃肿肥胖。

【相关临床表现】

湿热蕴结型的肥胖病,主症为形体肥盛,头胀眩晕,肢体困重,倦怠乏力,口苦而干,或口中黏腻,易饥善食,小便黄短,舌红苔黄腻,脉沉滑小数。

【相应治疗方法】

治宜清热利湿,宣通壅滞,方选防风通圣散化裁,或用其他减肥方。

【验案举例】

例1 徐某,男,58岁。1982年6月3日初诊。

身高155cm,体重104kg,腹围118cm。腹胀,嗜睡,嗜食肥甘,步行缓慢,动作迟钝,脉弦数,舌红,苔黄腻厚浊。此属饮食过度所致,拟通腑法,处方:厚朴10g,枳实10g,大黄(酒制)10g,郁李仁15g,山楂12g,另用苦丁茶煮服适量。1日1剂,20剂后,体重下降到98kg,腹围115cm,腹胀减轻。以后续有好转,但终因患者不能节制饮食,又不愿从事运动,体重最低时保持95kg,不再下降。(江幼李.肥胖的中医治疗[J].北京中医学院学报,1985,8(2):26-28.)

按: 嗜食肥甘,湿热内蕴可知,症见腹胀,嗜睡,动作迟钝,舌苔黄腻厚浊,分明湿热兼夹食滞,腑气不通,故用小承气汤加味通腑消滞。方中苦丁茶,《本草再新》谓其"消食化痰,除烦止渴,利二便,去油腻"。今人用以降脂,有一定疗效。

例2 颜某,女性,35岁,工人。

肥胖已14年,伴头晕,头痛,多梦,疲乏及浮肿,行走时心悸,气促,月经不调。体检:对称性肥胖,体重82.5kg,身高163cm。血压110/80mmHg。甲状腺无肿大。心肺(-)。皮肤无紫纹,腹壁脂肪厚,下肢有凹陷性浮肿,膝反射迟钝,舌质红,脉弦。化验:胆固醇388mg%,葡萄糖耐量正常,基础代谢率及甲状腺吸碘[131]率正常。心电图正常。诊断:重度单纯性肥胖,肝热夹湿型。

处方:柴胡6g,丹皮6g,赤芍9g,枳壳4.5g,海桐皮15g,海金沙9g,苓皮15g,泽泻9g,南楂9g,油麻稿60g。

嘱忌甜食,同时服维生素B_1及肌醇。1周后复诊,体重减轻4kg,头痛消失,善饥及浮肿症状好转。继续按上方加减,3个月后症状明显好转,体重显著减轻,胆固醇降至227mg%。半年后随访,症状基本消失,月经正常,体重减轻16.5kg。(张闾珍,王刃余,林哲章.中西医结合治疗单纯性肥胖130例临床观察[J].福建医药杂志,1980(6):1-3.)

按：本例肥胖症,辨证为肝热夹湿型,故于清泻肝热的同时,兼用海金沙、苓皮、泽泻等清利湿热之品。药物治疗之外,还嘱患者忌甜食,以"甘者令人中满"故也。

例 3 赵某,男性,35 岁。2015 年 8 月 7 日初诊。

患者身高 178cm,体重 104kg。患肥胖症已将近 10 年。平时应酬较多,饮食不节,嗜食肥甘厚味,不喜运动。自述近 2 周神疲倦怠,身体困重,嗜睡,口中黏腻,胃脘痞满,时有头晕,纳差,大便日行 1 次。否认高血压、糖尿病等病史。刻下诊见:舌质红、苔黄腻,脉弦滑。西医诊断:单纯性肥胖;中医诊断:湿热困脾型肥胖。治以健脾理气,渗利湿热。方以三仁汤加减。药用:麸炒薏苡仁 10g,炒苦杏仁 10g,姜厚朴 10g,清半夏 10g,砂仁 12g,麸炒苍术 10g,炒山楂 15g,陈皮 10g,连翘 30g,皂角刺 10g。水煎服,每日 1 剂,分 2 次服。并嘱患者平素清淡饮食,增强运动,控制体重。患者共来诊 3 次,服药约 3 个月,并随症加减。3 个月后患者体重共下降 10.5kg,停药 3 个月后随访,体重未再增加。(王媛媛,冯志海. 冯志海教授治疗湿热型肥胖验案 2 则［J］. 中国中医药现代远程教育,2017,15（4）:129–131.）

按：三仁汤系吴鞠通《温病条辨》治湿温的名方,其作用是宣上、畅中、渗下,分消湿热。该方一般多用于外感热病,本案用于杂病(湿热困脾型肥胖病),乃异病同治之例,即"有是证即用是药"之意也。

【临证备考】

用轻身降脂乐(由何首乌、黄芪、夏枯草、冬瓜皮等组成)及天雁减肥茶(由干荷叶、车前草等组成)分别治疗单纯性肥胖 120 例及 107 例,治疗 30 天后两组平均体重降低 1.69kg 和 1.53kg。两种减肥中成药均具有安全、有效、副作用少的特点,而且减肥作用不受性别和肥胖程度的影响。认为肥胖症的病机为多痰多湿,多气虚,故其治则应利水通腑以祛痰湿而治其标,益气健脾以运化水液而治其本。兼实热者当清其热,热甚伤阴者佐益其阴,痰湿瘀滞者又当利湿涤痰而祛瘀滞。轻身降脂乐为益气养阴清热利湿,具有兼治标本的减肥药物所组成;天雁减肥茶是以降脂利湿治标为主的减肥药物所组成。(韩明向,周宜轩,王志强,等. 轻身降脂乐、天雁减肥茶治疗单纯性肥胖 227 例临床疗效观察［J］. 安徽中医学院学报,1989（2）:21–23.）

编者按：上述两方,均含有清热利湿的药物,诸如冬瓜皮、荷叶、车前草之类。以方测证,可见湿热是引起肥胖的主要原因之一。

王氏自拟减肥轻身方,其组方为黑白牵牛子 10~30g,炒草决明、泽泻、白术各 10g,山楂、制首乌各 20g,试用于临床,减肥效果确实。是方以牵牛子为主药,因其能利大小便,除气分湿热,三焦壅滞,逐瘀消饮,久服令人体轻瘦。(王光权.减肥法初探[J].浙江中医杂志,1985(3):128.)

对 800 例单纯性肥胖患者进行了中医辨证分型分析。结果表明单纯性肥胖症患者以脾虚痰湿(354 例,占 44.25%)、胃热湿阻(208 例,占 26.00%)二型最多,提示脾胃在脂质代谢中的重要地位,同时也表明湿热在本病发病学上的重要地位。(申屠瑾.800 例单纯性肥胖患者与中医分型的关系[J].中国医药学报,1990(6):22–23,55.)

叶氏等运用三黄汤治疗单纯性肥胖症 34 例。药物选用三黄汤(由天江药业生产的颗粒剂配制,相当于生药剂量为黄连 3g,黄芩 10g,制大黄 6g),每日 1 剂,冲水 200ml,分 2 次口服。疗程为 3 月。服药后,患者症状改善明显;中药组患者饥饿感明显缓解,摄食量与治疗前相比减少;同时,治疗前有便秘的患者,其便秘情况也有了很大程度的改善。另外,患者身体质量指数和腹围降低,甘油三酯(TG)指标明显改善。(叶丽芳,尚文斌,赵娟,等.三黄汤治疗单纯性肥胖症临床观察[J].南京中医药大学学报,2016,32(3):242–244.)

二十四、白 塞 病

白塞病又称眼、口、生殖器综合征,是一种累及多系统、多器官的复发性、顽固性的慢性疾病。临床以虹膜睫状体炎和前房积脓、口腔溃烂、泌尿生殖器溃疡为主要特征。本病还可侵犯皮肤、关节、消化道、神经和心血管系统等,从而出现局部或全身性的多种病变。西医学对本病的病因尚未明确,有感染、自身免疫反应、纤维蛋白溶解活性缺陷、精神因素及胶原病、维生素缺乏等学说。

根据本病的临床表现,与中医学中的"狐惑病"相似,早在 1700 多年前,张仲景《金匮要略》就有这方面的记载,现代运用其理法方药治疗白塞病,获得了一定疗效。当然,张氏所描述的"狐惑病"的症候群,只是白塞病的部分症状,对其病变的复杂性,限于历史条件,未能详细记述。

【湿热与发病的关系】

中医认为,狐惑病多因湿邪浸淫,热毒遏郁,内攻脏腑,侵上犯下所致。诚如《金匮释义》所说:"狐惑病者,亦是湿热蕴毒为病。"根据"审证求因"的原则,结合白塞病的临床表现,认为本病之始,多因感受湿热毒邪,常贯穿病程的始终。究其成因,有因热病后湿热毒邪未尽;有因久居潮湿之地,湿毒侵袭人体;有因夏季感受暑湿之邪;有因嗜食肥甘厚味和辛热炙煿之物,湿热内蕴;

亦有寒湿内侵,若阳旺之体,邪从热化,而为湿热,等等。总之,湿、热、火、毒是本病的重要病因。

湿热毒邪既可浸淫肌肤,又可侵犯脾、胃、心、肝、肾诸脏腑,"上熏下淫"是其主要病理特点,从而形成多系统、多器官的病变,出现错综复杂的临床症状;又因湿为黏腻之邪,与热相搏,如油入面,难分难解,以致病情缠绵,反复发作。

【相关临床表现】

由于湿热毒邪所客的部位有所不同,临床可分以下几种证型:

1. 脾胃湿热 见症以口腔溃烂疼痛为主,牙龈肿痛,兼有外阴溃疡,皮肤有散在红色斑丘疹,伴发热,心烦口臭,渴喜冷饮,反酸嘈杂,或干呕作呃,舌红,苔黄腻少津,脉象濡数或滑数。

2. 肝胆湿热 双目红赤肿痛,口腔及外阴溃破,灼痛腐臭,甚则流脓渗液,发热,口苦而干,胁肋胀痛,烦躁易怒,或女子带下色黄,男子睾丸肿痛,大便偏干,小便黄赤,舌红,苔黄腻,脉象弦滑带数。

3. 湿热下注 见症以外生殖器溃疡为主,外阴红肿疼痛,影响行走,兼有口腔溃烂,双目红肿,身热口渴,小便灼热涩痛,大便黏腻或秘结,在女子可见带下黄稠,舌红,苔黄腻根部尤甚,脉象滑数或沉数。

需要指出的是,由于本病湿热毒邪大多上熏下注,弥漫三焦,病邪波及多系统、多脏器,因此上述三型往往交错互见,甚至出现更复杂的症候。

【相应治疗方法】

总的原则是清热祛湿、凉血解毒,并根据上述三型,采取相应的治疗方法。

1. 脾胃湿热 以清热化湿,辛开苦降为主,热伤胃津者,兼以甘寒生津,方选甘草泻心汤,或玉女煎合清胃散化裁。

2. 肝胆湿热 以清泄肝胆,利湿解毒为主,方用龙胆泻肝汤加减。

3. 湿热下注 以清热利湿,泻火解毒为主,方用二妙散合黄连解毒汤化裁,或配用导赤散。

常用的药物有黄连、黄芩、黄柏、生石膏、知母、丹皮、石斛、银花、连翘、蒲公英、生地、龙胆草、竹叶、木通、生甘草、人中黄、土茯苓、苦参、板蓝根、山栀、泽泻、车前子等。口腔溃疡可配合中成药锡类散、冰硼散、西瓜霜,喷溃疡之处;外阴溃疡可用苦参等煎汤外洗患处。

【验案举例】

例1 王某,男,25岁,社员。

从1971年4月初开始口内破溃,反复发作,同时出现阴茎溃烂。经某市医院诊断为白塞病,并收入院治疗。经用各种疗法观察40余天未见功效,病情逐渐加重,继而出现眼部症状,故于 1972 年 5 月 26 日介绍来院会诊。检查所见:视力:右眼 0.1,左眼 0.2;双眼混合充血,结角膜周围右 5 点,左 7 点处各有一绿豆大小之溃疡,双角膜混浊(薄翳),KP(角膜后沉积物)(+),虹膜充血。口内颊部黏膜有散的溃疡 3~5 处,大者如豆,小者如粟,边缘红晕。阴茎龟头及冠状沟有两个小豆粒大小之溃疡,行走不便,口苦,咽干,尿赤,舌质红,苔薄黄,脉弦数。

诊断:白塞病。此系肝经湿热、毒邪蕴滞而为患,法当解毒清热降湿,用解毒清热除湿汤加减。

处方:当归 12g,土茯苓 30g,赤小豆 25g,守宫 4 条,板蓝根 50g,蜂房 15g,连翘 15g,滑石 9g,菊花 15g,胆草 15g,黄芩 9g,生地 15g,草决 15g,黄柏 15g,甘草 15g。水煎服。另取羚羊角 3g 锉末煎水饮之。

眼用 5% 小檗碱眼膏点眼,日 2~3 次。口内吹敷人中白散(人中白、儿茶、西瓜霜、蟾酥等共研极细末),日 1~2 次。阴茎外用苦参(适量)煎汤洗之,洗后溃疡处撒上或用香油调敷鱼脑石粉。

患者服用本方 18 剂后,症状全部消失。追踪 3 年,未见复发。(齐强 . 中医治疗白塞氏病临床初探 [J]. 吉林中医药,1981(3):21-23.)

按:解毒清热除湿汤是该文作者的经验方,经临床观察对本病有较好的疗效(见下文 "临证备考")。本例内外兼治,其效显著。

例2 王某,男,45 岁,军人,于 1972 年 4 月 12 日初诊。

该患 10 年前,先见口腔黏膜及舌部溃烂,散在小溃疡,继则阴茎及阴囊出现溃疡。曾于北京、上海诸医院就诊,诊断为白塞病。经醋酸泼尼松片等多药治疗,效果不明显。近日来,头晕乏力,纳少倦怠。检查:舌系带附近有一黄豆粒大之椭圆形溃疡,阴囊处有一绿豆大圆形溃疡。见其面色不华,嗜卧怠惰,少气懒言,下肢轻度浮肿,舌质淡、舌体胖嫩、舌尖红,脉沉细无力。诊为狐惑病,证属脾气虚,脾湿留恋肌腠。治宜健脾益气兼泄热除湿。用甘草泻心汤合导赤散加减。处方:生、炙甘草各 25g,党参 40g,干姜 15g,黄芩 10g,黄连 10g,清半夏 15g,茯苓 30g,生地 20g,竹叶 15g,莲子 10g,大枣 10 枚,水煎服。每日 1 剂,连服 8 剂,舌及阴囊之溃疡皆消,诸症悉除。(毛翼楷 . 中医对白塞氏病的认识和治疗 [J]. 吉林中医药,1982(3):19-21.)

按:本例病程已久,除见白塞病征象外,伴现头晕乏力,纳少倦怠,舌质淡,舌体胖嫩,脉沉细无力等虚弱症候,属本虚标实之证。"本虚" 即脾气虚;"标实" 乃湿热留滞,故用甘草泻心汤合导赤散健脾益气,泄热除湿,标本兼治,遂获良效。

例3 齐某,男,50岁,农民。

因发热,口腔溃疡8天,1992年1月8日入院。患者于5年前始发口腔溃疡,有时伴生殖器部溃疡,经服"消炎止痛药"缓解,本次发病因感冒初起发冷发热,渐至口腔溃烂疼痛,以会厌部为甚,不能吞咽,伴胃痛,恶心呕吐,口干,尿赤,便溏,双目红赤,疼痛流泪,四肢大关节呈游走性疼痛,查T37.9℃,精神差,呈痛苦病容,各部浅表淋巴结不肿大,双眼结膜充血,口腔内可见多处大小不等之浅在溃疡,白苔,周围有红晕,腭垂水肿,生殖器亦可见数处溃疡,心界不大,心率52次/min,律齐,各瓣膜区无杂音,双肺正常,腹软,肝脾未扪及,左上腹压痛明显,双下肢小腿部可见数枚结节性红斑,大小不等,质较硬,触之疼痛,各关节无畸形,舌质红,苔厚腻,脉缓,血常规正常,红细胞沉降率40mm/h,免疫球蛋白IgG(免疫球蛋白G)18g/L、IgA(免疫球蛋白A)6g/L、IgM(免疫球蛋白M)3g/L,X线胸部正位片示:两肺门阴影增大,肺纹理增强。诊断为:白塞病,中医诊断为狐惑病,属湿浊热毒蕴阻。治以清热利湿,化浊解毒。药用:黄连、黄芩、黄柏、山栀各10g,生薏米15g,蒲公英30g,白芷10g,土茯苓15g,苍术10g。每日1剂,水煎服;西药口服醋酸泼尼松片每日30mg,分3次口服。共治疗1周,口腔及生殖器溃疡渐缩小,疼痛明显减轻,自觉身热,测体温不高,上方去山栀、白芷、苍术,加知母、丹皮、麦冬、百合各10g,以护其阴,服5剂而痊愈出院。(刘艳春.中西医结合治疗白塞氏病26例[J].辽宁中医杂志,1994(1):31-32.)

按:本例用黄连解毒汤清热解毒,加蒲公英以增强解毒之效;复加苡仁、苍术、土茯苓以渗化湿浊,并结合西药治疗。遣方用药,切中病机,故获桴鼓之效。

例4 王某,女,22岁,工人,1985年10月15日入院。

2个月来发热,口舌糜烂,进食困难。曾在县医院诊断为口腔炎,口服大量维生素类药物,不见好转。近2周外阴部出现散在溃疡,关节疼痛,四肢皮肤可见结节性红斑,两目红赤,视力逐渐模糊,口苦咽干,舌质红,苔黄腻,脉弦滑。西医诊断:白塞病活动期。中医辨证:肝胆湿热,湿毒内蕴。龙胆泻肝汤加减。处方:龙胆草20g,柴胡15g,栀子15g,黄芩15g,苦参30g,生地20g,土茯苓25g,泽泻15g,苡仁25g,菊花15g。水煎服,1日1剂,日分4次服。连服7日,热退能食,除有关节疼痛外,其他症状均有好转。后加牛膝30g,苍术20g。连服22剂后痊愈出院。(陈敏,金友,韩丽.中药治疗白塞氏病78例临床观察[J].中医药学报,1987(4):29-31.)

按:本例出现典型的白塞病症候群,伴见口苦咽干,脉弦滑,舌红,苔黄腻,故辨证为肝胆湿热,湿毒内蕴,龙胆泻肝汤能泻肝经湿热,解毒之效亦著,乃为对证之治,宜乎取效也。

例 5 孙某,男,31 岁,2013 年 8 月 24 日初诊。

患者 5 年前因关节疼痛、口腔溃疡于某医院诊断为白塞病,近 2 年曾口服帕夫林、沙利度胺、甲氨蝶呤等药物,效果不显。2013 年 3 月于某医院采用中药治疗,疗效欠佳,为求进一步诊疗,特前来就诊。症见:周身大小关节偶有游走性疼痛,一般于晚上 12 时至次日清晨 3 时发作,1 周左右可自行恢复,口腔溃疡反复发作,用眼稍过度便有干涩酸胀感,生殖器偶有溃疡,双手掌有散在红斑,疼痛发作时伴有体温升高,为 37.5~38℃,口渴,食后胃部有胀满感,伴有呃逆、嗳气,纳眠差,大便先干后稀,肛周瘙痒,小便可。舌红,苔黄厚,舌根剥落,脉沉缓。现未服用任何西药。既往史:扁桃体切除术后,过敏性紫癜,鼻窦炎。西医诊断为白塞病;中医诊断为狐惑病,辨证属热毒炽盛、湿热内蕴,治宜清热解毒祛湿。处方:金银花 20g,大血藤 20g,雷公藤 10g,黄芩 15g,黄连 10g,黄柏 12g,熟大黄 10g,羌活 15g,独活 20g,红花 10g,荜澄茄 12g,甘草15g,吴茱萸 5g。24 剂,每天 1 剂,水煎服,连服 6 天,停 1 天。

2013 年 9 月 28 日二诊:患者口腔溃疡轻起,两肩、髋部疼痛,背部轻痛,四肢肌痛,苔白,脉沉细。上方去红花,加川牛膝 15g。24 剂,每天 1 剂,水煎服。尔后每个月均来复诊,病情稳定,在上方基础上稍加改动。

2014 年 4 月 12 日复诊:实验室检查示血常规、尿常规、肝功能均正常。偶有口腔溃疡,四肢大关节轻痛,眠差,舌光滑少苔,脉沉细。处方:雷公藤 10g,黄芩 12g,黄连 10g,黄柏 12g,熟大黄 10g,沙参 15g,麦冬 10g,羌活 15g,川芎 12g,栀子 10g,荜澄茄 12g,甘草 12g。24 剂,每天 1 剂,水煎服。尔后每个月均有来复诊,在上方基础上加减。

2015 年 2 月 14 日复诊:患者口腔溃疡轻起,关节偶有轻痛,双手掌略有红斑,舌红,苔少,脉沉缓。处方:雷公藤 10g,黄芩 15g,黄连 10g,黄柏 12g,熟大黄 10g,沙参 15g,麦冬 10g,玄参 12g,赤芍 20g,红花 10g,荜澄茄 12g,甘草15g。24 剂,每天 1 剂,水煎服。患者之后坚持服药,口腔溃疡很少发作,生殖器溃疡已良久不见,关节近几个月未发作,后将汤剂改为丸剂继续服用,患者病情趋于稳定。(高明亮. 张鸣鹤治疗白塞病验案 1 则[J]. 湖南中医杂志,2016,32(11):102.)

按:该文作者对本例的证治阐释说:张教授指出白塞病属于"热痹"范畴,提出清热解毒法应贯穿白塞病治疗的始终。其临床多运用金银花、大血藤清热解毒;黄连、黄芩、黄柏清热燥湿,清三焦火毒;酒大黄通腑泻浊,使热毒之邪有所出。方中聚四味苦寒清热药于一剂,上下俱清,直折火毒,诸症可除。白塞病病机为肝、脾、肾亏虚为本,湿热毒蕴为标,运用大量苦寒之品清其毒邪,会伤及脾胃,故常配伍荜澄茄、吴茱萸等温热之品,既可制约诸药之苦寒,又可健运脾胃。白塞病易于复发,且如若病情反复发作,则会伤气耗阴,此时多运用沙参、麦冬、玄参等以清热养阴。病情得以控制,但仍会有正气亏虚,故在病情缓解期仍需继续服用中药,巩固疗效,待症状、检验指标等恢复正常后,多将汤剂改为丸剂而继续用药。

例6 患者,男,29岁,2015年8月12日初诊。

患者反复口腔溃疡10余年,每年发作5次左右,近3年无明显诱因出现口腔溃疡加重,累及咽喉部,溃疡深大,不易愈合,且周身皮肤反复出现痤疮样皮疹。2015年1月阴囊出现1处溃疡,某院查ANA(抗核抗体)谱、ANCA(抗中性粒细胞胞浆抗体)及血管炎三项均为阴性,红细胞沉降率(ESR)16mm/h,超敏C反应蛋白(hs-CRP)5mg/L,诊断为白塞病(BD),予白芍总苷(因服后腹泻停用)及甲泼尼龙16mg,每日1次;后减至8mg,每日1次,维持。用药后阴囊溃疡愈合。刻下症:舌尖部2处约4mm×4mm溃疡,咽喉部1处约3mm×3mm溃疡,无阴囊溃疡,背部皮肤痤疮样皮疹,时有瘙痒感、面红,小便调,大便干,纳眠可,舌红、有齿痕,苔黄腻,脉滑。复查ESR 9mm/h,hs-CRP 2mg/L。辨证为湿热毒蕴,治宜清热解毒、除湿凉血。方选四妙勇安汤加味,方药组成:金银花15g,玄参15g,当归10g,生甘草10g,赤小豆30g,生地黄20g,赤芍20g,牡丹皮10g,知母10g,黄柏10g,黄连9g,生薏苡仁30g,射干10g,牛蒡子15g,芦根30g,白茅根30g。7剂,每日1剂,水煎分2次温服。甲泼尼龙维持原剂量继续口服。

2015年8月19日二诊:患者无新发口腔溃疡,咽喉处溃疡明显缩小,背部皮肤痤疮样皮疹散在,舌红,有齿痕,苔白腻,脉滑。治宗前法,上方去射干、牛蒡子,加荷叶10g、紫苏叶10g。14剂,服法同前。甲泼尼龙8mg与6mg每日交替顿服。

2015年9月2日三诊:患者无新发口腔溃疡,咽喉处溃疡愈合,舌尖处溃疡面积缩小,背部无新发皮疹,舌红,苔薄白腻,脉滑。效不更方,在二诊方基础上去黄连、白茅根,7剂,服法同前。甲泼尼龙6mg,每日1次,口服。已见效机,仍需巩固善后。(李南南,韩淑花,王鑫,等.周彩云运用四妙勇安汤加味治疗白塞病经验[J].北京中医药,2017,36(9):813-815.)

按: 四妙勇安汤(玄参、当归、银花、甘草)出自《验方新编》,原治热毒型脱疽,本案将其移用于白塞病,因其病机为"湿热毒蕴",故以本方加味而收良效,体现出中医"异病同治"的特色。

【临证备考】

用自拟方解毒清热除湿汤为主,结合辨证论治治疗白塞病 34 例,结果痊愈 27 例(其中复发 5 例),中断治疗和无效 7 例,总有效率为 79.4%。解毒清热除湿汤的组方为:当归 12g,土茯苓 30g,赤小豆 25g,守宫 4~8 条,蜂房 15g,生甘草 12g,板蓝根 25g,鹿角 25g,连翘 15g,薏苡仁 15g,泽泻 9g。(齐强.中医治疗白塞氏病临床初探[J].吉林中医药,1981(3):21-23.)

用中西医结合治疗白塞病 26 例,中药以清热利湿解毒为主,兼以护阴,方用黄连解毒汤为基本方:黄连、黄芩、黄柏、山栀各 10g。湿热邪毒壅盛,体壮便秘加生大黄、龙胆草、知母、银花、土茯苓等;兼阴虚内热加地骨皮、丹皮、胡黄连、白芍、生地、生甘草;湿热郁久,气阴两亏加怀山药、百合、生苡仁、升麻、麦冬、太子参;对脾虚湿盛则不用上方,而选用六君子汤为主方,酌加健脾化湿理气之砂仁、白蔻、广木香、佩兰等。外用方以黄连、苦参、生甘草共煎浓汁,涂敷于溃疡局部,每日 4~5 次。西药以对症治疗。结果治愈 20 例,好转 6 例。认为本病多见湿热秽浊蕴阻之征,湿热秽气上以熏灼口腔,下以渗蚀阴部,湿热留连不去,病久不愈导致阴伤,气虚及气阴两虚等症,故治以清热解毒、利湿化浊为主,兼以护阴益气。(刘艳春.中西医结合治疗白塞氏病 26 例[J].辽宁中医杂志,1994(1):31-32.)

用自拟方知柏三参汤为主治疗白塞氏综合征 10 例,其组方为:太子参 15g,首乌 20g,生芪 30g,北沙参、玄参、知母各 15g,黄柏 10g,银花 20g,丹皮、山栀各 9g,土茯苓 20g。并配合外用药:①青吹口散(口腔):煅石膏、煅人中白各 9g,青黛 3g,薄荷 0.9g,黄柏 2.1g,川黄连 1.5g,煅月石 18g,冰片 3g。②青黛散(阴部):青黛 6g,石膏、滑石各 120g,黄柏 60g。本组病例均以中药治疗,1 个月至 1 个半月为 1 疗程。治疗结果:显效 3 例;有效 5 例;无效 2 例。(王袭祚.内服、外用中药治疗白塞氏综合征 10 例[J].辽宁中医杂志,1990(1):17-18.)

用甘草泻心汤合重剂板蓝根治疗狐惑病,急性发作期具体治法是①100% 板蓝根注射液 4ml 肌内注射,每日 2 次,5~10 天为 1 疗程;或口服板蓝根冲剂 10~20g,每日 2 次,5~10 天为 1 疗程。②甘草泻心汤(用生甘草)随证化裁:有皮肤或黏膜糜烂、溃疡者,加苡仁、苦参;眼部症状明显者加龙胆草、栀子、菊花;有热象者,加栀子、柴胡;关节疼痛者,加牛膝、苍术;阴液不足者,加麦冬、生地;脏腑燥实者,加生大黄、芒硝;大便秘结者加炙大黄。③外用药:若有肌肤糜烂、溃疡者,可先用板蓝根 30~100g 煎液冲洗患处,再撒溃疡粉(黄芩、黄连、黄柏各 10g,硼砂、冰片各 3g,外阴糜烂加苦参 10g,共研为细粉)敷患处。

治疗结果：13 例急性发作者，临床治愈率为 100.0%。随访年内有复发者 5 例（8 人次），治愈率为 61.5%。（姚念宏．甘草泻心汤合重剂板蓝根治疗狐惑病远期疗效观察［J］．山东中医杂志，1989（6）：17.）

秦氏等用白塞湿清方治疗湿热壅盛型白塞病 26 例。药用：土茯苓 30g、忍冬藤 30g、玄参 20g、薏苡仁 30g、生石膏 10g、香附 20g、黄芪 30g、白茅根 20g、泽兰 15g、丹参 30g、黄芩 15g、麦冬 20g、甘草 9g。以上药物冷水浸泡 30 分钟，采用自动煎药机煎煮 30 分钟，自动封装机封袋，每袋 200ml。每次服用 200ml，早、晚各 1 次。治疗结果：显效 9 例，有效 15 例，无效 2 例，总有效率为 92.31%。（秦涛，程永华，郭超，等．白塞湿清方治疗湿热壅盛型白塞病临床观察［J］．风湿病与关节炎，2017，6（5）：31-34.）

李氏等用中药治疗白塞病湿热壅盛证 40 例。用中药配方颗粒剂（江阴天江药业有限公司：茯苓 4g，淡竹叶 1g，菊花 1g，秦皮 6g，地黄 6g，黄芩 2g，柴胡 3g，甘草 0.5g），用 200ml 左右温开水冲服，早晚饭后服用。治疗结果：痊愈 1 例，显效 23 例，有效 8 例，无效 8 例，总有效率为 80%。（李娟，李泽光，黄吉峰，等．中药治疗白塞病湿热壅盛证 40 例［J］．中国中医药现代远程教育，2014，12（9）：31-32.）

姜氏用大剂量土茯苓内服外洗法治疗白塞病 42 例。药用：土茯苓 30~120g，半枝莲 20g，白花蛇舌草 20g，薏苡仁 20g，滑石 20g，黄柏 20g，虎杖 15g，生甘草 6g。口腔溃疡甚者，加蒲公英 30g、黄连 10g；目赤肿痛者，加蝉蜕 9g、密蒙花 10g；伴皮下结节者，加山慈菇 10g、白芥子 10g、莪术 12g；虚热者，加生地黄 20g，牡丹皮 15g。水煎服，日 1 剂。对外阴及口腔溃疡甚者，配合土茯苓、苦参各 50g 浓煎频漱口，同时煎汤清洗外阴，每日 2 次。上方连用 6 天为 1 个疗程，一般 1~3 个疗程临床症状即可消失。此后以上方为丸，配合知柏地黄丸服用 1~2 个月以善后。治疗结果：痊愈 11 例，显效 24 例，有效 5 例，无效 2 例，总有效率为 95.2%。（姜萍．土茯苓内服外洗治疗白塞病［J］．中医杂志，2002，43（1）：12-13.）

二十五、子 宫 颈 炎

子宫颈炎是子宫炎症性病变，是因子宫受物理（如外伤、产伤）、化学（如强酸、强碱）、生物（如细菌、病毒、滴虫）的刺激和侵袭而引起。临床分为急、慢性两种，急性者较少见，以慢性者居多，是妇科最常见的疾病。其主要临床表现是白带增多,色黄白相兼,或如脓状,或夹有血丝,小腹胀痛,腰背酸疼,或有发热。由于炎症的长期刺激,少数患者可诱发子宫颈癌,因此对本病应引起高度重视,积极防治。

本病属中医"带下病"的范畴。

【湿热与发病的关系】

本病的发病,与湿热邪毒的侵害有密切的关系。湿热有自内生者,如脾土虚弱,运化失健,水湿内停,郁久化热,或平时恣食膏粱厚味,嗜饮酒醴,酿生湿热,或七情内伤,肝郁化火,横逆犯脾,致脾湿积滞,与肝热相互为患,湿热下注,损及任带,带下病由是而作;也有因外感而致者,如经期涉水淋雨,居处卑湿,湿热之邪可直接侵犯下焦,损伤任带,或因流产、分娩、手术创伤,或洗澡用具不净,或不洁性交等,皆可招致湿毒秽浊之邪由下而入侵,发为带下病。

【相关临床表现】

子宫颈炎中医辨证属湿热型者,症见白带增多,色淡黄或呈脓样,质稠黏,有臭气,阴部多见灼热瘙痒,伴胸闷口黏,心烦口苦,小腹坠胀作痛,腰背酸疼,小便黄短,舌红,苔黄腻,脉象滑数或弦数等。

病久若兼脾、肾虚衰者,除见有上述湿热症状外,可伴见面色不华,精神疲乏,食少便溏,腰膝酸软,脉濡细或沉弱等虚弱症候。

【相应治疗方法】

治宜清热利湿解毒为法,方选草薢渗湿汤、龙胆泻肝汤、止带方、四妙散等加败酱草、红藤、蒲公英、土茯苓、木槿花、白花蛇舌草、紫地丁之类以增强清热解毒之力;再配合裘氏榆柏散(地榆120g、黄柏120g。上两药研细末和匀备用。直接将药末喷于宫颈表面,每日1次,10次为1疗程)、妙颈散(上海中医学院妇科教研组验方,由青黛9g,青果核6g,月石60g,炉甘石90g,人中白90g,黄柏70g,西瓜霜30g,甘草30g,石膏15g,冰片1g,黄连1g,硼砂1g组成。上药共研细末,先清除子宫颈上黏液,将药粉喷于子宫颈糜烂处,每日1次,10天为1疗程。治疗期间禁止性生活。)等局部上药。实践证明,采用内治与外治、局部与整体相结合的治疗方法,可望提高疗效。

病久兼脾、肾虚衰者,可采取扶正祛邪、标本兼治的方法,如脾虚者,可选用参苓白术散、六君子汤之类;肾虚者,可选用六味地黄丸、左归丸、右归丸之类。在补益正气的同时,均应加入上述清热利湿解毒的方药,以防闭门留寇,贻邪为患。

【验案举例】

例1 朱某,29岁。诉带下颇多,有时夹有赤色,经净后5~6天即有带,外阴不痒,末次月经方净,腰有酸楚。脉细滑,舌苔薄白腻。西医诊断为"子宫颈重度糜烂",中医辨证为下焦湿热。用榆柏散30天后,症状显著减轻。妇科复查,诊断为"宫颈轻度糜烂",继用前法以奏全功。(浙江省中医院.裘笑梅妇科临床经验选[M].杭州:浙江科学技术出版社,1982.)

按:榆柏散由地榆、黄柏两药组成(详上文),清热祛湿解毒之力较强,治疗子宫颈糜烂堪称药味简单,应用方便,疗效显著,符合简便廉验的要求,值得取法。

例2 张某,42岁,职工。1983年9月1日初诊。

带下时多时少,赤白相兼已5~6年,五心烦热,低热已有4月,有时小便失禁,月经周期尚调,末次为本月初,苔薄黄,质胖,边红,脉濡。西医诊断:宫颈糜烂Ⅱ~Ⅲ度。此为胞宫湿热,浸淫带脉为赤白带下;营阴已虚,湿热之邪郁蒸为五心烦热;但久患带下,下元不固,故小便失禁。治拟养阴清热理带,愈带丸加减:青蒿、地骨皮、炒川柏、炒当归、东白芍、椿根皮、赤石脂(包)各10g,炒生地12g,炒银柴胡、炒川芎各5g,淡干姜2.4g。7帖。服药后白带量少,偶有赤带,上方略作加减,又服7帖。嗣后赤白带下止,兼证亦减。(中华全国中医学会浙江分会,浙江省中医药研究所.医林荟萃第十二辑[M].浙江省卫生厅,1989.)

按:本例宫颈糜烂,中医辨证为阴虚湿热带下,属本虚标实之证,故治以养血滋阴以退虚热,复加川柏、椿根皮等清热祛湿以止带。

例3 杜某,女,56岁。患宫颈糜烂10年。腰腹痛,经多处求治无效,糜烂面占整个宫颈,为Ⅲ度。呈乳头状,接触出血,并发阴痒(阴道炎)。用六药汤熏洗,涂宫糜散3次,症状好转,带少,阴痒减轻。继用药11次治愈。查宫颈表面光滑,无糜烂面,无自觉症状。两月后复查未复发。(王素惠.宫糜散治疗宫颈糜烂[J].辽宁中医杂志,1980(5):36,25.)

按:宫糜散由儿茶、枯矾、黄柏、冰片组成;六药汤由百部、蛇床子、苦参、艾叶、明矾、防风组成(均详下文"临证备考"),用于湿热下注引起的宫颈糜烂、阴道炎等,颇为对证,可资临床参考。

例4 患者,女,38岁。2013年9月13日初诊。

主诉:白带量多2个月。平素月经规律,27日一行,经期3~5天。近两个月出现带下量多,质地时稀时干,色白,无异味。小便短赤,大便3~5日一行。妇检:子宫颈炎。诊断:带下病(湿热型)。治法:清热利水止带。用药:牵牛子6g,黄芩10g,炙大黄10g,滑石30g,椿根皮20g,苍术10g,贯众20g。

二诊:带下已愈,大便仍结。用药守上方,牵牛子加至10g,菝葜20g,

14剂。（李婷，马大正.马大正老师治疗带下病经验介绍[J].浙江中医药大学学报，2015，39（12）：864-866.）

按：本例中医辨证为"湿热型带下病"，清热利湿自是不易之法。处方妙在用牵牛子泻水通便，大黄泻热通便，滑石淡渗利尿，旨在使邪热之邪从二便而出，充分体现了中医"给邪以出路"的治疗原则。

【临证备考】

用宫糜散治疗宫颈糜烂，疗效满意。其配方：儿茶15g，枯矾10g，黄柏5g，冰片3g。共研极细末，加适量香油或豆油，或甘油调成软膏剂，装瓶备用。用法：阴道、宫颈常规消毒后，将软膏涂患处，每次1g。如合并湿热下注的阴痒症（阴道炎、滴虫性阴道炎），采用六药汤熏洗后再如上法处理。六药汤组方：百部30g，蛇床子50g，苦参30g，艾叶20g，明矾15g，防风15g。水煎，趁热熏洗，后坐浴。（王素惠.宫糜散治疗宫颈糜烂[J].辽宁中医杂志，1980（5）：36，25.）

用枯矾散治疗71例宫颈糜烂，结果治愈31例，占43.7%，显效17例，占23.9%；有效12例，占16.9%；无变化6例，占8.5%；加重3例，占4.2%；近期复发2例，占2.8%。总有效率为84.5%。枯矾散的组方为：枯矾、儿茶、五倍子、白及、硇砂、冰片。以上六味药研为粉末，混合即得，装瓶备用。用药方法：将脱脂棉作为碗状，中央穿以棉线制成带线之棉碗，高压消毒后，载以药粉，以窥镜扩张阴道，暴露子宫颈，如白带过多时可用棉球揩净，将药粉直接接触子宫颈糜烂之患处，用棉碗固定，将棉线留于阴道口外，24小时后自行将阴道内之棉碗拉出。每5日上药1次，5次为1疗程，月经期间停上药，用药期间禁止性生活，并忌食腥辣等刺激性食物。用药5~7天后有膜样阴道管型样物排出。（杨俊明.枯矾散治疗71例宫颈糜烂疗效观察[J].陕西中医学院学报，1986（2）：19-20.）

用消糜栓治疗子宫颈糜烂542例，其组方为：硼砂、蛇床子、川椒、枯矾、血竭等，每粒重1.5g。本栓剂具有消炎、活血、燥湿、止血、去腐生肌等作用。用法：上药前先行清洗外阴，临睡前将栓剂放入阴道深处。隔日1次，每次1粒，5~8天为1疗程。治疗结果：治愈率达60%，总有效率达94%。（刘淑琴.消糜栓治疗子宫颈糜烂542例临床观察[J].江苏中医杂志，1987（5）：10.）

杨氏等用宫颈炎康栓Ⅰ号治疗慢性子宫颈炎58例。将苦参、冰片、苦杏仁等药物研末制成栓剂（由广西南宁市康华制药厂提供）。阴道给药，于月经干净2~3天后开始用药，晚上临睡前将药栓轻轻置于阴道后穹隆，每次1粒，隔天1次，10次为1疗程。治疗结果：痊愈5例，显效15例，有效31例，无效

7 例,总有效率达 87.93%。(杨伍凤,欧阳惠卿,李淑云.宫颈炎康栓Ⅰ号治疗慢性子宫颈炎 58 例疗效观察[J].新中医,2000,32(12):15–16.)

梁氏等用宫颈炎Ⅰ号方治疗宫颈糜烂(湿热瘀结型)30 例。药物选用宫颈炎Ⅰ号方(方药组成:椿皮、黄柏、苦参、血竭、儿茶、黄芪、乳香、没药,由湖南中医药大学第二附属医院制剂室制成栓剂)。于月经干净 3 天后开始给药,上药前清洗干净外阴,将药物置入阴道深处紧贴宫颈,每晚 1 次,每个月经周期用 10 天,连续 10 天为 1 疗程,观察 2 个疗程。治疗结果:痊愈 12 例,显效 10 例,有效 7 例,无效 1 例,总有效率为 96.7%。(梁惠珍,尤昭玲,王敏.宫颈炎Ⅰ号方治疗宫颈糜烂(湿热瘀结型)30 例临床观察[J].中医药导报,2011,17(3):29–30.)

李氏等用复方紫草油治疗慢性宫颈炎 60 例。药用复方紫草油(药物组成为:生大黄、紫草、黄柏、冰片、麻油),由制剂室制备。使用时用窥阴器充分暴露宫颈,擦净局部分泌物,使用消毒棉球(带线),浸沾紫草油,棉球浸占面积略大于宫颈糜烂面,贴于宫颈表面,按压棉球,缓慢退出窥阴器,24 小时自行取出,7 次为 1 疗程,共治疗 2 个疗程。治疗结果:痊愈 28 例,显效 14 例,有效 14 例,无效 4 例,总有效率达 93.33%。(李伟莉,陈丽娟.复方紫草油治疗慢性宫颈炎临床观察[J].中国社区医师(医学专业半月刊),2009,11(16):142.)

黄氏用妇科消炎散治疗宫颈炎 100 例。药用蛇床子 250g,地肤子 120g,黄柏 60g,黄连 30g,五倍子 100g,冰片 9g,滑石 250g,青黛 90g,将各药物研为细末,过筛为粉剂,混合均匀。使用时取膀胱截石位,用阴道窥器充分暴露宫颈;用 1% 新洁尔灭棉球消毒外阴、阴道、宫颈;用干棉球除去阴道分泌物,擦干宫颈,使宫颈表面无分泌物附着,于宫颈糜烂处涂上少许浓 P.P(1/5 000 高锰酸钾)液,注意保护阴道黏膜;取妇科消炎散 0.5~1g 敷于宫颈糜烂处。在月经干净 3~5 天后开始上药,每周 2 次,3 周为 1 疗程。治疗结果:痊愈 55 例,好转 37 例,无效 8 例,总有效率达 92%。(黄碧珠.妇科消炎散治疗宫颈炎疗效观察[J].北京中医,1995(6):32–33.)

二十六、盆腔炎

盆腔炎系妇女盆腔内生殖器官及其周围结缔组织发炎的总称,包括子宫内膜炎、子宫肌炎、附件炎及盆腔结缔组织炎等,炎症可局限于某部位,也可涉及整个内生殖器。按其发病过程及临床症状可分为急性和慢性两种,后者多由前者转变而来。其主要临床表现是发热恶寒，下腹疼痛，带下黄浊，有臭气，小便频数赤热，或肛门坠胀感等，慢性者常伴腰酸、乏力等虚弱症状。本病是妇科常见病、多发病，严重危害妇女的身心健康。

本病属于中医"带下""热入血室""腹痛""癥瘕"等病证的范畴。

【湿热与发病的关系】

本病的主要病因是湿热邪毒，《素问玄机原病式·热类》在论述带下病因时说："下部任脉湿热甚者，津液滴溢而带下。"《傅青主女科·带下》亦说："带下而色黄者……其气腥秽……乃任脉之湿热也。"盖湿热之形成，有因感受六淫之邪，如暑湿外袭，或淋雨涉水，或居处潮湿，致湿邪侵入体内，郁久化热，湿热下注胞门，带脉失约，发为带下；有因饮食失节，或劳倦过度，脾气受伤，运化失健，水谷精微不能生化气血，反聚而为湿浊，蓄而成热，湿热下注，损伤任带二脉，遂致带下、腹痛诸症乃作；更有因经期产后，忽视卫生，或洗澡用具污染，或房事不洁，以致感染湿热邪毒，侵犯胞宫，而为带下。由是观之，湿热是本病的基本病因，诚如《类证治裁·带下》所说："带下系湿热浊气流注于带脉，连绵而下。"

【相关临床表现】

本病属湿热型者，症见恶寒发热，少腹疼痛拒按，带下色黄质稠，或呈脓性，或夹血液，气味臭秽，心烦不宁，口苦咽干，小便黄赤灼热，或有尿急、尿频、尿痛，大便偏干或溏滞不爽，舌质红，苔黄腻，脉象滑数或濡数。多见于急性或慢性急性发作时。

本病迁延日久，常呈正虚邪恋，虚实兼夹，临床除见湿热的征象外，还出现面色不华，头晕目眩，神疲乏力，饮食减退，腰骶酸痛，足膝无力等脾肾虚弱的症状。

【相应治疗方法】

对于湿热邪毒引起的盆腔炎急性和慢性急性发作期，治疗应以清热利湿解毒为主，方选银翘红酱解毒汤、萆薢渗湿汤、四妙散、止带方等化裁；若肝经湿热下注者，龙胆泻肝汤亦可选用。

慢性盆腔炎多见脾肾虚弱，湿热留连，治宜扶正祛邪，可根据症情于健脾或补肾方药中寓以萆薢、败酱草、土茯苓、红藤、黄柏、车前子、猪苓、泽泻、椿根皮、滑石、白花蛇舌草等清热利湿解毒之品。此外，本病的病变组织常粘连肿胀，特别是久病入络，瘀血阻滞，可形成癥瘕积聚（炎症包块），因此，治疗上在重视清热利湿解毒的同时，还须注意活血祛瘀，如桃仁、红花、当归、川芎、丹参、延胡、三棱、莪术等亦可随证择用。

【验案举例】

例1　季某,40岁。

发热恶寒,左下腹痛,在外院用过多种抗生素未见效,就诊时体温39℃,妇科检查宫体正常大小,左附件有囊性块物,压痛。予以清热解毒,活血化瘀之剂,药用:黄芩、黄连、黄柏、山栀、红藤、银花、滑石、大黄、川朴、丹参。服药3日后体温正常,大便1日数行,腹痛明显减轻,后去大黄、山栀,加苍术、半夏调理而愈。(宋祖敬.当代名医证治汇粹[M].石家庄:河北科学技术出版社,1990。)

按:本例急性盆腔炎,症见发热,腹痛,且检查左侧附件有肿块,显系湿热邪毒流注下焦,瘀血阻滞所致。方用黄连解毒汤加味,重在清热解毒利湿,兼以活血祛瘀,药切病机,故获捷效。

例2　尹某,女,39岁,初诊日期1978年1月21日。

患者于1976年1月流产后,下腹两侧开始疼痛,腰痛,倦怠乏力,精神不振,白带量多,色黄,质黏,有时尿频;经期下腹胀痛加剧,月经周期提前,血量多,色黯红,末次月经为1978年1月13日。脉象沉弦略数。舌质红,苔白稍腻。妇科检查提示慢性盆腔炎。辨证:气滞血瘀,湿热下注。治法:行气活血,清热利湿。处方:醋柴胡9g,制香附10g,大赤芍9g,全当归9g,醋元胡7g,炒灵脂7g,细木通9g,猪苓10g,泽泻10g,萆薢9g,炒芥穗7g,水煎服。

上方连服6剂,白带减少,小便通利,仍有腰腹痛,上方去猪苓、泽泻,加败酱草10g,又连服4剂,腹痛减轻,腰部仍有困痛,未来就诊。于2月7日月经来潮前来诊治,下腹痛剧,血多色黑并有条块,脉沉弦,宜在经期温经化瘀。处方:酒当归10g,川芎片6g,大赤芍7g,紫丹参9g,醋元胡6g,炒灵脂7g,生蒲黄10g,官桂4g,益母草15g,炒干姜1g,水煎服,连服4剂。

2月13日复诊,经行已净,下腹仍隐隐胀痛,有时肛门坠重,带下白色,今予保留灌肠法。处方:苏木15g,赤芍10g,没药9g,元胡9g,焦山楂10g,败酱草15g;加水300ml,煎余100ml,用5号导尿管插入肛门15cm处,徐徐灌入,每于睡前灌入1次。10次后,下腹胀痛消失,白带明显减少,又5次后,自觉痊愈而停药。(黄惠卿.妇科证治验录[M].呼和浩特:内蒙古人民出版社,1982.)

按:盆腔炎疾患,其病因病机多为湿热下注,气滞血瘀,本案即是其例。治法清热利湿,行气活血并施,甚合病机,宜乎取效也。方中败酱草有清热解毒、排脓破瘀的作用,是治盆腔炎的常用药物,效果显著。

例3　陈某,女,41岁,初诊日期:1978年2月9日。

患者自1975年春节后,不明原因下腹两侧疼痛,剧痛难忍已达数日,发作时胃痛、恶心、呕吐,曾去某院外科检查,收入观察室观察对症治疗,3天后病情好转,亦未下诊断。出院后数日,下腹又开始疼痛,时轻时重,白带量多,经期腹痛胀坠加剧,末次月经为1978年1月27日。西医诊断:慢性盆腔炎;卵巢脓肿。辨证:热毒壅盛,气血凝积。治法:清热解毒,行气活血。处方:金银花15g,蒲公英15g,败酱草15g,生苡仁25g,冬瓜仁20g,大赤芍9g,制香附10g,醋元胡7g,细木通9g,生甘草5g,水煎服。

内服6剂后,腹痛明显减轻,又6剂,腹痛消失,白带已止,2月25日月经来潮,腹痛不显,仍有下腹胀坠,色黑质黏。给少腹逐瘀汤,内服3剂后,月经停止,胀坠消失。(黄惠卿.妇科证治验录[M].呼和浩特:内蒙古人民出版社,1982.)

按: 本例用药虽重在清热解毒,行气活血,但从所用苡仁、木通等药来看,湿热流注下焦亦是病因病机的重要环节。方中苡仁、败酱草,乃取法于《金匮要略》薏苡附子败酱散,意在排脓祛瘀。

例4 黄某,女性,35岁。初诊日期:2017年8月3日。

主诉: 间断下腹隐痛半年,加重伴腰困3天。患者平素月经规律,8/30天,量中,LMP(末次月经日期):2017年7月10日。有痛经,无需服药缓解。3天前游泳、进食辛辣刺激后腹痛加重,发作频繁,腰困明显,偶有肛门坠胀感,无转移性右下腹疼痛。阴道黄色分泌物较多,无异味及瘙痒。自觉发热1天,自测体温最高37.5℃,伴乏力,大小便正常。妊1产1。内诊:外阴(-);阴道畅,黏膜充血,大量脓性带;宫颈充血;宫体前位,5cm×4cm,质中,活动,压痛明显;附件:左附件区增厚,压痛,右侧附件(-)。辅助检查:白带涂片:WBC3+,线索3+,上皮3+,清洁度Ⅲ度;B超:盆腔积液,约2.6mm;左侧附件区可探及囊性回声区,约4.3cm×2.8cm。舌脉:舌质红苔黄腻,脉弦滑数。西医诊断:慢性盆腔痛。中医诊断:妇人腹痛,湿热瘀结证。治疗原则:清热除湿,疏肝解郁,化瘀止痛。用药:银花藤30g,蒲公英30g,柴胡15g,黄芩12g,枳壳15g,赤芍15g,苍术15g,黄柏15g,薏苡仁24g,怀牛膝15g,生蒲黄15g,炒五灵脂15g,延胡索20g,炒川楝子15g,皂角刺12g,红藤15g,鱼腥草12g,茜草12g。14剂,水煎服,1日2次,饭后60分钟服用(经期可服用,如经量多时停药)。

二诊(2017年8月18日):腹痛、腰困较前明显缓解,无发热。LMP:2017年8月9日。刻下症:小便正常,大便偏干,睡眠较差,舌红苔黄,脉滑数。内诊:分泌物量多,非脓性;宫体压痛明显减轻;左附件区增厚,轻压痛。予上方减黄芩、皂角刺、红藤、鱼腥草、茜草,再加酸枣仁15g,柏子仁15g,丹参15g,生地20g。银花藤、蒲公英减量,改为各20g,继服14剂。

三诊(2017年9月2日):腹痛、腰困自觉症状消失。刻下症:大小便正常,睡眠一般,舌红苔黄,脉滑。内诊:分泌物不多,宫体轻压痛,附件区未及异常。继服上方10剂。

四诊(2017年9月14日):患者未诉特殊不适。刻下症:大小便正常,纳眠可,舌淡红苔薄白,脉平。内诊未见异常。辅助检查:白带涂片:WBC+,清洁度Ⅰ度;B超:子宫双附件未见异常。患者病情治疗效果满意,未给患者开方药。嘱患者注意休息,加强锻炼;避免辛辣刺激,调节情志。(刘洋,周洁,张晋峰,等.银蒲四逆散加减治疗湿热瘀结型慢性盆腔痛急性发作举隅[J].黑龙江中医药,2017,46(5):21-23.)

按:本例中医辨证为"湿热瘀结",其处方得力于四妙散(苍术、黄柏、怀牛膝、薏苡仁)之祛除湿热。盖四妙散是由二妙散(苍术、黄柏)衍化而成,功擅治疗湿热流注下焦病证。用于本例,颇为得当。

例5 蒋某,29岁,于2010年12月3日初诊。

主诉:右下腹坠胀痛,伴腰骶痛1年,加重1个月。1年前因同房后出现下腹坠胀痛,曾于外院就诊,诊断为盆腔炎,给予抗生素输液治疗,症状好转。近1月来右下腹胀坠痛反复发作,腰骶酸痛,经期加重,末次月经2010年11月26号,经量少,色红,有瘀块,经前情绪烦躁易怒,白带量多,色黄,质稠。舌黯,有瘀点。脉弦滑。孕产史:孕3产1。妇科检查:外阴已婚已产型;阴道畅;宫颈轻度糜烂;宫体后位,大小正常,质中,活动可,轻压痛;附件右侧压痛,条索状增粗。B超检查:右附件混合性占位病变(炎性包块2.8cm×3.2cm)。中医诊断:妇人腹痛。西医诊断:盆腔炎性疾病。辨证属湿热瘀结。治法:清热除湿,化瘀止痛。药用:银花藤20g,蒲公英15g,柴胡10g,枳壳15g,赤芍15g,苍术12g,黄柏12g,薏苡仁24g,川牛膝15g,生蒲黄(包煎)20g,五灵脂(包煎)15g,延胡索15g,炒川楝子10g,土茯苓15g,夏枯草15g,川续断20g,制香附15g。水煎服,每日1剂,早晚分服。连服6剂。并予银甲片1盒。用法:口服,1次4片,1日3次。中药灌肠方:7剂,中药封包外敷下腹部30分钟,每天1次,连用7天。耳穴:选取子宫、卵巢、内分泌、肾上腺、盆腔、交感,贴王不留行籽后穴位按压,5日1换,每日每穴按压2~4次,每穴每次1分钟。4次为1个疗程。

复诊(2010年12月10日):自觉服药后症状明显好转,下腹疼痛减轻,腰骶痛减轻,白带量少,继用上方加减治疗。

三诊（2011年1月25日）：服药1个月后，患者诉自觉症状消失，经妇科检查子宫及附件区压痛消失。B超检查：双侧附件正常。随访3个月，病情无复发，患者病愈。（陈绍菲，何甜甜，魏玮，等. 魏绍斌教授治疗湿热瘀结型盆腔炎经验介绍［J］. 云南中医中药杂志，2011，32（12）：3-5.）

按： 本案处方主要由四逆散、四妙散、金铃子散合化而成，功在清利湿热、化瘀止痛，对"湿热瘀阻型盆腔炎"堪称对证。同时也可看出四妙散对下焦湿热引起的诸多病证，颇为适用。

【临证备考】

用大黄牡丹皮汤化裁加穴位封闭治疗湿热型盆腔炎60例，获得了显著疗效。其组方为：大黄（后下）12g，丹皮15g，桃仁12g，冬瓜仁15g，蒲公英30g，紫地丁30g，车前子（另包）15g，广木香12g，甘草6g，非经期每日1剂，水煎，分2次服；盆腔穴封方法：经期盆腔封闭，每日1次，连用5~7天。药用生理盐水20ml加2%利多卡因2.5ml加洁霉素1.2g，或青霉素320万U，或庆大霉素16万U，以上方案可交替使用，连续用3个月经周期。取穴方法：采用同身寸，于耻骨上2寸正中线旁开2寸之交界处。封闭前令患者排空膀胱，用7号针头注射至腹直肌前鞘处，无回血情况，推药，患者可有酸麻胀感，双侧穴位交替使用。治疗结果：治愈56例，占93.33%；好转4例，占6.67%；无效0例；总有效率100%。（吕玉玲. 大黄牡丹皮汤化裁加穴位封闭治疗湿热型盆腔炎60例体会［J］. 实用中西医结合杂志，1997（3）：263-264.）

用三黄虎杖汤治疗盆腔结缔组织炎、子宫肌炎、子宫内膜炎、输卵管卵巢炎等128例，其组方为：黄芩15g，黄柏15g，黄连15g，虎杖30g（有块时加丹参10g），煎水100ml，药液38℃时行保留灌肠，每日1次，10次为1疗程。治疗结果：痊愈95例，显效19例，进步9例，总有效率为96.1%。（胡熙明. 中国中医秘方大全：妇产科分卷·儿科分卷·肿瘤科分卷［M］. 上海：文汇出版社，1989.）

用盆腔解毒汤治疗急性盆腔结缔组织炎、急性子宫内膜炎、急性子宫肌炎、急性输卵管卵巢炎等56例，其组方为：红藤30g，败酱草20g，蒲公英20g，丹参15g，赤芍15g，苡仁15g，土茯苓15g，丹皮10g，金铃子10g，甘草10g，水煎服，功能清热解毒，消瘀散结，渗湿止痛。药渣用文火炒热后加醋30g拌匀，温敷下腹患处。治疗结果：痊愈35例，有效19例，总有效率为96.4%。（胡熙明. 中国中医秘方大全：妇产科分卷·儿科分卷·肿瘤科分卷［M］. 上海：文汇出版社，1989.）

中国中医科学院西苑医院妇科研究室用妇科七号片治疗慢性盆腔炎

303 例,并以 44 例作为空白对照。该药片由败酱草、黄芩、柴胡、苡仁、赤芍、川楝子、陈皮七味药组成,制成糖衣片,每片含生药 0.35g,每日服药 3 次,每次 5 片,20 天为 1 疗程,连续观察治疗 1~3 个月。治疗结果:药物组有效 295 例 (97.4%),其中显效以上 209 例 (69.0%),疗效较对照组为优,有非常显著差异 ($P<0.001$)。认为湿热乃本病主要因素,而湿热凝聚,气滞血瘀,又是其主要病机所在,故该病应抓住湿、热、瘀三方面论治,而妇科七号片正是具有清热利湿、化瘀止痛、健脾疏肝的作用。(王清华,蔡连香,李俊芳.妇科七号片治疗慢性盆腔炎的疗效观察——附 347 例临床分析[J].中医杂志,1986(8):31-33.)

王氏等用妇人止痛方治疗慢性盆腔炎 84 例。药用:大血藤 30g,败酱草 30g,土茯苓 30g,五倍子 15g,生薏苡仁 15g,香附 15g,当归 15g,五灵脂 15g,桃仁 10g,红花 10g。水煎至 400ml 灌肠,温度 39~41℃,月经干净后用药,1 周为 1 个疗程,连续治疗 2 个疗程。治疗结果:治愈 37 例,显效 29 例,有效 15 例,无效 3 例,总有效率为 96.4%。(王品,李勤.妇人止痛方治疗慢性盆腔炎 84 例疗效观察[J].湖南中医杂志,2018,34(2):60-61.)

高氏用加减红藤败酱汤治疗湿热瘀结型慢性盆腔炎 30 例。药用:红藤 15g,败酱草 15g,薏苡仁 10g,茯苓 10g,黄柏 10g,莪术 10g,赤芍 10g,丹皮 10g,丹参 10g,延胡索 10g,皂角刺 9g,桂枝 6g,1 日 1 剂,分 2 次温服。以 3 周为 1 个疗程,经期停药,连续观察 2 个疗程。治疗结果:痊愈 7 例,显效 14 例,有效 6 例,无效 3 例,总有效率为 90.0%。(高倩.加减红藤败酱汤治疗湿热瘀结型慢性盆腔炎的疗效分析[J].中外医疗,2017,36(31):163-165,168.)

蔡氏等用慢盆方治疗湿热瘀结型慢性盆腔炎 30 例。药用:败酱草 30g,皂角刺 30g,鬼箭羽 30g,苡仁 30g,红藤 20g,菝葜 30g,留行子 30g。自经净后 2 天开始服用,日服 1 剂,水煎服,1 日 2 次,至经期停服。以 1 个月为 1 个疗程,连续治疗 3 个疗程后判定疗效。停药 1 个月后随访一次。用药期间停止一切针对本病的治疗方法。治疗结果:痊愈 5 例,显效 16 例,有效 8 例,无效 1 例,总有效率为 96.7%。(蔡艳,杨慰,杨晓萍.慢盆方治疗湿热瘀结型慢性盆腔炎临床观察[J].四川中医,2016,34(2):144-146.)

张氏等用红藤消痛饮治疗慢性盆腔炎湿热夹瘀证 50 例。药用:红藤 15g,败酱草 15g,当归 10g,赤芍 10g,白芍 10g,延胡索 10g,柴胡 10g,川续断 10g,桑寄生 12g,薏苡仁 15g。腰骶酸痛明显者加杜仲、菟丝子各 15g,大便秘结者加生大黄 10g。水煎取汁 300ml,取 50ml 睡前保留灌肠外,其余分早晚两次饭后温服,连服 10 天为 1 个疗程。另外,将留取药液倒入冲洗器中,每晚临睡前排空大便,屈膝左侧卧位,臀部垫高,冲洗器乳头涂上肥皂水后插入肛门,用手加压把药液注入直肠。连续服本药 3 个疗程后观察疗效。用药期间嘱患者注意经期及性生活卫生,注意保暖,忌食辛辣刺激食物,保持心情舒畅,加强锻炼,增强体质。治疗结果:痊愈 25 例,显效 13 例,好转 10 例,无效 2 例,总有效率为 96%。(张莎,王哲.红藤消痛饮治疗慢性盆腔炎湿热夹瘀证 50 例[J].河南中医,2013,33(10):1756–1757.)

二十七、阴 道 炎

　　阴道炎包括老年性阴道炎、滴虫性阴道炎、霉菌性阴道炎(念珠菌性阴道炎)等,是妇科临床上较常见的疾患,以外阴瘙痒,白带增多,其气腥臭等为主要临床表现。本病属中医"带下""阴痒"或"阴蛋"等病证的范畴。

　　【湿热与发病的关系】

　　《女科经纶》载:"妇人阴痒,多属虫蚀所为,始因湿热不已。"《校注妇人良方》亦说:"妇人阴内痒痛……湿热所致。"可见湿热是引起本病的主要因素。盖脾主运化,若脾脏虚弱,运化失职,水湿停滞,郁久化热,湿热下注,可致带多阴痒;又肝脉抵少腹绕阴器,若肝经湿热下注,亦可引发上述病症。更值得指出的是,湿热下注可为菌虫的侵入和繁殖创造有利的条件,所谓"湿热化虫",殆即此意,尤其是平时不注意卫生,衣裤不净,污染阴户,或不洁性交,加之下焦湿热蕴结,更易招致阴道炎的发生。概而言之,本病的病因主要是湿热和菌虫,其病位虽在阴道,但与内脏特别是脾、肝两脏的功能失调有密切的关系。

　　【相关临床表现】

　　由湿热引起的阴道炎,其主症为带下增多,色黄白相兼,或如脓样,或浑浊如米泔,呈泡沫状,其气腥臭,阴户瘙痒难忍,灼热疼痛,小便短赤,或排尿频急作痛,胸闷不舒,少腹坠胀,心烦易怒,口苦而干,舌红,苔黄腻,脉象滑数或濡数等。

　　【相应治疗方法】

　　治宜清热祛湿为主,兼以解毒灭菌杀虫,采取内服与外治相结合的方法。内服用萆薢渗湿汤、龙胆泻肝汤、止带方、清解汤等化裁;外用方用裘氏蛇床子洗剂(蛇床子 9g,五倍子 9g,苦参 9g,黄柏 9g,苏叶 3g。煎汁外洗)、黑龙江中医学院验方外用熏洗方(大青叶 20g,双花 25g,公英 50g,黄柏 50g,地丁 25g,苦参 25g,乳香 5g,没药 5g,龙胆草 5g,白花蛇舌草 25g。煎汤趁热先熏后洗,日 2 次）等。

【验案举例】

例 1 彭某,26 岁,工人。1962 年 10 月初诊。

常流白带已 3~4 月,病势加剧,色白转黄如脓性样,有腥秽,外阴部瘙痒,小溲短赤,大便难下,腰酸口干,食欲尚可。脉象细数,苔薄黄。检查白带为霉菌,诊断为"霉菌性阴道炎"。外洗蛇床子洗剂,内服清解汤。嘱外洗早晚各 1 次,内服药 7 剂。

二诊:经治疗后,大便润,小溲清,阴道脓性分泌物减少,色转白,外阴瘙痒亦瘥。脉细滑,苔薄黄。复查白带,霉菌阴性。嘱继续服用前方 10 剂。

三诊:外阴瘙痒已止,胃口正常,口干已除,白带极少,无腥秽。脉细,苔薄。停外用药,继服补肾方收功。(浙江省中医院.裘笑梅妇科临床经验选 [M].杭州:浙江科学技术出版社,1982.)

按:清解汤(药物组成:凤尾草 6g、红藤 15g、紫地丁 9g、土茯苓 15g、栀子 6g、黄柏 3g、黄芩 9g、白果 10 枚)和蛇床子洗剂是裘氏治疗湿热带下,阴道炎的经验方,两方组方合理,功效显著,值得取法。

例 2 张某,女,38 岁,已婚。1993 年 7 月 20 日就诊。

主诉患外阴瘙痒症 10 个月。曾口服甲硝唑,外用妇炎灵、PP 粉洗浴,症状有所缓解,但停药后又复发。妇科检查:外阴红肿,阴道内白带多,化验白带发现霉菌(++),诊断为湿热证阴痒,投以霉滴洗剂,煎煮熏洗,并嘱将换下内裤浸泡于熏洗过的药液中,30min 后取出洗净晒干。3 剂后复诊:诸症消失。妇科检查:外阴(-)。阴道清洁度为Ⅰ度,白带量多,色正常,取白带化验(-)。再予霉滴洗剂 2 剂,以巩固疗效,随访至今未复发。(陈邦芝.霉滴洗剂治疗湿热证阴痒 115 例[J].江西中医药,1996,27(5):13.)

按:本例阴痒,西医诊断为念珠菌性阴道炎,中医辨证为湿热下注,所用霉滴洗剂,由蛇床子、蜀椒、黄柏、苦参组成(详下文"临证备考"),有清热燥湿、杀虫止痒之功,采用熏洗方法,使药效直达病所,取效较捷。

例 3 于某,女,41 岁,已婚。1973 年夏季初诊。

今年来带下增多,黄白相兼,秽臭,外阴部奇痒,头晕心慌,口苦胸闷,性情急躁,小便不畅,排后尚有解溺感。唇红面赤,脉弦大,舌黯红,苔薄黄。阴道液抹片检查:霉菌阳性。滴虫阴性。证乃肝经郁热,夹湿下迫所致。治拟清肝泻火,佐以利湿。处方:龙胆草 9g,生栀子 9g,枯黄芩 6g,软毛柴 4.5g,小生地 15g,车前草 15g,建泽泻 9g,小木通 9g,甘草 3g,土茯苓 15g,生薏米 24g,白鲜皮 9g,椿根皮 15g。服 3 剂。另以鲜一枝黄花 250g 煎汤外洗。

次诊：药后带下大减，阴痒消失，诸症悉平。阴道液抹片复查：霉菌转阴性。又予上方2剂以巩固之。（福州市人民医院.孙浩铭妇科临床经验［M］.福州：福建人民出版社，1978.）

按：肝经湿热下注而致带多阴痒，西医诊断为"念珠菌性阴道炎"，方用龙胆泻肝汤加减，意在清利肝经湿热，杜绝霉菌滋生繁殖的条件，其病得愈，可谓治本之法。

例4 刘某，女，30岁，干部，2004年3月5日就诊。

患者外阴瘙痒时轻时重，平素嗜食辛辣。近3天会阴部奇痒难忍，坐卧不安，虽抓破皮肤也难以止痒，查带下量多、色黄、质稠、有腥臭味，取白带涂片，显微镜下观察，报告为霉菌性阴道炎。患者舌苔黄腻，脉数。中医辨证属湿热下注。治宜清热燥湿，杀菌止痒。方用白头翁汤加减：白头翁15g，黄柏10g，秦皮8g，马鞭草10g，苦参10g，生甘草5g。1日1剂，水煎服。另用白头翁30g，黄连10g，黄柏15g，秦皮15g，马鞭草30g，大黄20g，明矾15g，蛇床子30g，苦参30g，金银花20g。水煎外洗，1日2次。并嘱患者穿宽松纯棉内裤，内衣裤要勤换，洗后在太阳光下曝晒，少食辛辣刺激性食物。用药3天，外阴瘙痒大减，带下量仍多。嘱其内服药停用，外洗药再坚持用半个月。半月后诸症悉除，随访至今病未复发。（王改敏.白头翁汤临床运用举隅［J］.甘肃中医，2007，20（1）：18.）

按：白头翁汤系《伤寒论》治热痢的传世名方，功在清热祛湿、解毒止痢。本案将此方移用于湿热下注引起的"念珠菌性阴道炎"，可谓"异病同治"的范例。为医者，当知灵活变通，所谓"神而明之，存乎人也"。

例5 患者某，女，49岁，职员，于2011年6月21日初诊。

患者因子宫全切术（因子宫肌瘤行手术）后9年，阴痒、阴部灼热感间作2年，伴带下多，色黄，质稀，尿痛，无躁热、汗出、心烦等不适，妇科检查示：外阴发白，阴道壁菲薄，右附件放射到腰骶部酸痛，左附件未及异常。舌红苔白，脉细。治以清热利湿止带，处方：苍术15g，黄柏15g，生地黄20g，赤芍10g，牡丹皮10g，蛇床子12g，山药15g，山萸肉10g，白芷10g，薏苡仁30g，桑寄生10g，杜仲10g，牛膝10g，夏枯草10g，蝉蜕9g，水煎服，1日1剂，共7剂。外用处方：蛇床子15g，苦参15g，黄柏10g，白芷10g，白蒺藜10g，外用，1日1剂，共7剂。

2011年6月28日复诊：症状减轻，舌红苔白，脉沉细，内服方去牛膝10g，加川楝子10g，虎杖15g，增强清热利湿，水煎服，1日1剂，共7剂；外用方加紫草15g增强局部活血之功，外用，1日1剂，共7剂，后随访病已愈。（哈虹，刘蓉蓉,闫颖,等.张吉金教授治疗老年性阴道炎验案3则[J].光明中医,2012,27(10):1963-1964.

按: 中医诊断应四诊合参,本例治以清热利湿止带,可知湿热系主要病因。但患者临床表现为"舌红苔白,脉细",与湿热有间,此时当参合外阴瘙痒、带下色黄、尿痛等其他症状,方能做出正确的诊断。"舍脉从症""舍舌从症",此之谓也。

【临证备考】

采用带净止痒栓治疗湿热带下病300例,对照组采用洗必泰栓治疗60例,结果治疗组总有效率为93.33%,对照组总有效率为88.33%。单项临床观察表明,带净止痒栓对滴虫性阴道炎及非特异性阴道炎均有显著疗效。带净止痒栓由黄柏、苦参、蛇床子、川椒、百部、樟脑、儿茶等组成,有清热燥湿、杀虫止痒之功。每粒含生药1.4g,每日上药1次,每次1枚,由医生用窥阴器扩张阴道,擦净阴道分泌物,将药置于阴道,然后取出窥阴器。用药期间每日清洁外阴,禁止性交,经期停药。7天为1疗程。(李淑敏,石鹤峰,宋红湘.带净止痒栓治疗湿热带下病300例观察[J].中国中医药信息杂志,1998,5(12):43-44.)

用霉滴洗剂治疗湿热证阴痒155例,其中霉菌性阴道炎62例,滴虫性阴道炎59例,老年性阴道炎23例,外阴湿疹11例。治疗方法:霉滴洗剂由蛇床子、蜀椒各25g,黄柏、苦参各15g组成,有湿热燥湿、杀虫止痒之功,每日1剂,加水1 500ml煎取药液倒入盆中,熏洗阴部30min,1日2次,每剂煎煮2次使用。治疗结果:显效118例,占76.1%;有效33例,占21.3%;无效4例。总有效率为97.4%。(陈邦芝.霉滴洗剂治疗湿热证阴痒115例[J].江西中医药,1996,27(5):13.)

用三黄粉治疗霉菌性阴道炎、滴虫性阴道炎等380例,其组方为:黄连60g,黄芩60g,紫草根60g,枯矾120g,硼砂120g,冰片2g。诸药烘干磨粉,过120目筛。本方具有清热解毒、收湿消肿、杀虫止痒的作用。用2g撒在阴道内,并在阴道口、大阴唇、小阴唇处均扑布本药粉,1日1次。5~7天为1疗程。治疗结果:痊愈311例,好转69例。其中霉菌性阴道炎345例,痊愈276例,好转69例;滴虫性阴道炎35例,均获得痊愈。(胡熙明.中国中医秘方大全:妇产科分卷·儿科分卷·肿瘤科分卷[M].上海:文汇出版社,1989.)

用苍柏红藤汤治疗湿热带下150例,其中白带镜检找到霉菌者68例,找到滴虫者25例,伴有其他妇科炎症者50例。苍柏红藤汤组成:苍术、苦参、椿根皮各12g,黄柏、茯苓、泽泻各10g,红藤、薏苡仁各15g,败酱草15~20g。水煎服,每日 1 剂,半个月为 1 疗程。白带多而阴痒严重者,配合应用外洗方:百部、蛇床子、白鲜皮、苦参、黄柏各 15g,土茯苓 30g,苍术 12g。煎汤过滤后坐浴,每日 1 次。治疗结果:服药 1~2 个疗程后,114 例痊愈,28 例好转,8 例无效,总有效率为 94.7%。(林珍莲.苍柏红藤汤治疗湿热带下 150 例[J].浙江中医杂志,1997(9):390.)

庄氏等用蛇床子阴洗方外用联合知柏地黄丸口服治疗肾虚湿热型老年性阴道炎 80 例。蛇床子阴洗方,由蛇床子 30g、百部 30g、苦参 15g、黄柏 15g、淫羊藿 15g、当归 15g 组成,水煎 2 000ml,外阴熏洗(先熏,待水温 35℃左右时坐浴)10~15 分钟,每日 2 次,连续用药 14 日为 1 个疗程;知柏地黄丸(兰州佛慈制药股份有限公司,国药准字 Z62020887),由知母、黄柏、地黄、山药、山茱萸、泽泻、牡丹皮、茯苓组成,每次 8 粒,每日 3 次,口服,连续用药 14 日为 1 个疗程。治疗结果:痊愈 57 例,有效 19 例,无效 4 例,总有效率为 95.00%。(庄美芬,束兰娣.蛇床子阴洗方外用联合知柏地黄丸口服治疗肾虚湿热型老年性阴道炎疗效观察[J].北京中医药,2015,34(8):657-658.)

陈氏等用参叶洗剂熏洗坐浴治疗老年性阴道炎 30 例。治疗用外用参叶洗剂,药用人参叶 15g,野菊花 15g,苦参 20g,黄柏 20g,淫羊藿 15g,补骨脂 15g,银花藤 15g,蒲公英 15g,七叶一枝花 15g,薄荷 10g,甘草 10g。洗净,加 2 000ml 水浸泡 30 分钟后煎 30 分钟,第 2 次加水 1 000ml 煎 20 分钟,合并两次滤液,倒入盆中,趁热蹲于盆上,以药液之热气先熏蒸外阴,待药液降温后再洗涤外阴,后再坐浴 30 分钟。每日 1 剂,睡前坐浴 1 次。7 天为一疗程,连续使用 2 个疗程,治疗期间停服及停用其他治疗老年性阴道炎的药物以及可能影响观察结果的药物。治疗结果:临床疗效,痊愈 7 例,显效 12 例,有效 7 例,无效 4 例,总有效率为 86.67%;证候疗效,痊愈 6 例,显效 12 例,有效 9 例,无效 3 例,总有效率为 90.00%。(陈红,杨艳.参叶洗剂熏洗坐浴治疗老年性阴道炎临床观察[J].实用中医药杂志,2014,30(8):756-757.)

戚氏等用利火汤加减治疗湿热型阴道炎 80 例。药用:大黄 9g,白术 15g,茯苓 9g,车前子 9g,王不留行 9g,黄连 9g,栀子 9g,知母 6g,石膏 15g,刘寄奴 9g。熏洗时加入芒硝 30g,花椒 30g,将药物加水 1 000ml,第一次煎煮 30 分钟煎成 200ml,每次 100ml,早晚分服;再加水第二次煎煮 10 分钟,去渣取药液 2 500ml,加入芒硝、花椒,趁热熏洗外阴局部,后用带线消毒脱脂棉球沾药液塞于阴道深处,第二天早晨取出,每天 1 次,共 7 天。治疗结果:治愈 48 例,显效 18 例,有效 8 例,无效 6 例,总有效率为 92.5%。(戚越,杨凌,卢丽芳,等.利火汤加减治疗湿热型阴道炎 80 例[J].山东中医杂志,2013,32(6):397-398.)

刘氏用知柏地黄汤化裁治疗老年性阴道炎 20 例。药用：知母 15g，黄柏 10g，熟地 10g，山药 20g，粉丹皮 15g，泽泻 10g，茯苓 15g，茵陈 20g，苍术 10g，甘草 6g。带下量多、色黄质稠、有腥臭味、舌红、苔白腻微黄、脉细者，加红藤、蒲公英；外阴瘙痒较甚者，加地肤子、苦参、白鲜皮；带下夹血丝者，加仙鹤草、茜草炭；纳呆乏力、大便稀溏者，加白术、怀山药、黄芪；头昏、面色少华者，加当归、首乌、阿胶、枸杞子。每日 1 剂，水煎服。连续治疗 3 个月。治疗期间注意饮食清淡，避免过度劳累、感冒；讲究卫生，勤换内衣、内裤，被褥用开水烫、日晒；不食辛辣食物等。治疗结果：治愈 4 例，显效 11 例，有效 2 例，无效 3 例，总有效率为 85.0%。（刘春丽. 知柏地黄汤化裁治疗老年性阴道炎 20 例［J］. 安徽医药，2004，8（5）：330–331.）

二十八、新生儿黄疸

新生儿黄疸是指新生儿期因血中胆红素升高所致的以全身皮肤、黏膜和巩膜黄染为特征的一种临床症状，它有生理性与病理性之分。凡婴儿出生后 2~3 天皮肤、巩膜出现轻度黄疸，足月儿于出生 10~14 天左右自行消退，禀赋虚弱的早产儿持续时间较长，一般情况良好，食欲尚可，二便正常，且无其他临床症状者，此为生理性黄疸；若于生后 24 小时内出现黄疸，2~3 周后仍不消退，甚至继续加深，或黄疸退而复现，或于生后 1 周甚至数周后出现黄疸，临床症状较重，精神萎靡，食欲不振者，此为病理性黄疸。

据其临床特征，中医学称其为"胎黄""胎疸"。

【湿热与发病的关系】

本病的发生与湿热有密切的关系，主要是由于孕母感受湿热，传入胎儿；或婴儿于胎产之时，出生之后，感受湿热邪毒而发。如《证治准绳·幼科·胎黄》说："小儿生下遍体面目皆黄，状如金色，身上壮热，大便不通，小便如栀汁，乳汁不思，啼哭不止，此胎黄之候，皆因乳母受湿热而传于胎也。"《幼科铁镜·辨胎黄》也指出："胎黄由娠母或受湿热，传于胞胎，故凡生下，面目通身皆如黄色，壮热便秘溺赤者是也。"可见感受湿热是本病发病的关键因素。

【相关临床表现】

新生儿黄疸的主要临床表现为肌肤、面目发黄。因湿与热各有所偏，其临床表现也不尽相同。热重于湿者，表现为面目皮肤发黄，黄色鲜明如橘子色，精神疲倦或烦躁不安，不欲吮饮，大便秘结，小便短赤，舌红苔黄；若湿重于热者,表现为黄疸不深,精神疲软,乳饮减少,大便溏泄,小便色黄,舌苔薄黄而腻。

【相应治疗方法】

清热利湿退黄是其主要的治疗方法,但还须根据湿热的孰轻孰重分别治之。如热重于湿者,宜清热祛湿,利胆退黄,方用茵陈蒿汤加减,常用的药物有:茵陈、栀子、大黄、黄连、黄芩、黄柏等;湿重于热者,宜健脾利湿,清热退黄,方用茵陈四苓散(茵陈五苓散去桂枝)加减,常用的药物有:茵陈、白术、茯苓、泽泻、猪苓等。

【验案举例】

例1 钟某,男,出生16天。1996年8月6日入院。

其母代诉:患儿出生后第2天出现皮肤发黄,经当地医院治疗效差而转我院儿科,以新生儿黄疸收入院。体检:T38.4℃,P(脉搏)140次/min,R(呼吸)42次/min。诊见患儿皮肤、巩膜中度黄染,小便深黄,大便烂呈黄色,日行3次,并见发热,哭闹,烦躁,胃纳差,舌红,苔黄腻,指纹紫滞至气关。肝右肋下1.5cm,质软,边界钝。实验室检查:血WBC10.5×10⁹/L,Hb(血红蛋白)152g/L,PLT(血小板)280g/L。查乙肝五项:HBsAg阳性,HBsAb(乙型肝炎表面抗体)阴性,HbeAg阳性,HbeAb(乙型肝炎E抗体)阴性,HBcAb(乙型肝炎病毒核心抗体)阳性。TP(总蛋白)53.0g/L,ALB34.6g/L,TBIL325μmol/L,DBIL19μmol/L,GPT150.03nmol·s⁻¹/L。其余各脏检查均正常。西医诊断为新生儿高胆红素血症、乙肝病毒携带者。中医诊断为胎黄,证属湿热内蕴。治以清热利湿退黄。方用自拟退黄汤。处方:茵陈15g,薏苡仁10g,丹参5g,甘草3g。加水150ml,煎至50ml,加少许蜜糖喂服,每日1次,连续5剂。

二诊:患儿面色红润,胃纳佳,二便正常,皮肤、巩膜黄染退尽。复查肝功能:TP58.7g/L,ALB35.2g/L,TBIL15μmol/L,DBIL6μmol/L,GPT200.04nmol·s⁻¹/L。临床痊愈出院,嘱带药5剂巩固疗效,并定期复查。(严跃丰,江凤霞,彭惠柔.自拟退黄汤治疗胎黄症57例[J].新中医,1997(11):29.)

按: 本例以清热利湿为主,佐以活血,药虽简单,但由于对症下药,迅即获效。

例2 李幼,5天。

孕母脏气有热,熏蒸胎儿,早产匝月。生后面身色黄如橘,二便正常,乳食不减,肝脾未及。处方:茵陈6g,陈皮1.5g,黑山栀、猪苓、茯苓、生苡仁各4.5g,丝通草1.2g。2剂,煎汤代茶缓服。半月后复诊,色黄消退,恢复正常。(奚伯初儿科医案初生儿疾病——胎疸与胎黄[J].上海赤脚医生杂志,1979,5(1):

12—13.)

按：孕母禀赋有热，致胎儿早产，生后即现黄疸，且色黄如橘，显属阳黄之证，治用清热利湿法，使热去湿除，黄疸自然消退而恢复健康。

例3 高某，男，足月儿，2011年5月15日初诊。

患儿出生后36小时出现目黄、身黄。其黄鲜明，哭闹不安，乳食不思，腹满，按之尚软，尿黄，大便秘结。舌质红、苔黄腻，指纹紫滞见于气关。实验室检查示：血总胆红素为263.2μmol/L，直接胆红素为33.4μmol/L，间接胆红素为299.8μmol/L。药用：茵陈12g，栀子、白茅根、郁金、泽泻各6g，大黄、黄芩、车前草各5g。每日1剂，水煎服。服药4剂，大便通畅，小便黄赤，黄疸减退，舌苔薄腻。原方去大黄、白茅根，加茯苓、白术各6g，砂仁、陈皮各3g以健脾运湿。共服6剂，患儿黄疸基本消退，面色转润，乳食正常，小便清长，大便色黄。（丛方方，石秀丽，李霞.茵栀退黄汤治疗新生儿黄疸验案2则[J].山西中医，2011，27（10）：29.）

按：患儿黄疸色鲜明，伴便秘，舌红，苔黄腻，证属湿热阳黄，殆无疑义。故用清热利湿、泻下腑实的茵栀退黄汤，迅即获愈。

【临证备考】

中国福利会国际和平妇幼保健院儿科用黄疸茵陈汤治疗40例新生儿高胆红素血症，其中ABO溶血症16例，Rh溶血症2例，感染2例，病因不明20例。用黄疸茵陈冲剂（茵陈15g，制大黄3g，黄芩9g，甘草1.5g）分3次，奶前用5%糖水20ml冲服。连服3～5日。16例ABO溶血症（其中4例胆红素超过20mg%）服药3天后，胆红素全部下降至低于或接近12.5mg%。作者认为，本方有抑制抗A、抗B作用，故ABO溶血症服药后，可能阻止抗体继续溶血。本方除有抑制免疫抗体作用外，对原因不明及感染引起的高胆红素血症也同样有效，而且疗效显著。本组40例除3例（Rh2例，不明原因1例）换血外，都是在服本方3~4日恢复正常。（中国福利会国际和平妇幼保健院儿科.黄疸茵陈汤治疗新生儿高胆红素血症[J].新医药学杂志，1973（8）：21-23.）

袁氏等针对近年来新生儿高胆素血症发生率的逐渐增高，通过早期服用茵陈汤加减，降低新生儿血清胆红素浓度，从而降低新生儿高胆红素血症的发病率，取得了较好的疗效。方剂组成：茵陈9~15g，山栀9g，淡竹叶9g，茯苓9g，泽泻9g，大黄（后下）1~3g，每剂煎成10ml，适量加糖，每次5ml，每日2次口服，服用3~5天。通过300例临床对照，统计学处理有显著差异。茵陈汤加减有清热化湿、利胆退黄之功效。能加速新生儿胆红素代谢，降低血清胆红素水平,对新生儿高胆红素血症有较好的预防作用。(袁新华,富琴琴,曹凤珠,等.早期服用茵陈汤对新生儿胆红素代谢的影响[J].现代中西医结合杂志,2000(1):5-6.)

解放军301医院用茵栀黄注射液(即6912注射液),治疗112例各种原因引起的新生儿溶血症。根据血清检查确定高胆红素血症者共76例,其中11例血清胆红素高于20mg%,治疗结果平均1~3、4天开始退黄,全部病例有效,平均11~14天完全消退。剂量为茵栀黄注射液40ml加等量10%葡萄糖溶液静脉滴注,每日1次,个别严重病例可以加量至60ml~80ml,用至黄疸明显减轻为止。(江育仁.中医儿科学[M].北京:人民卫生出版社,1987.)

用自拟退黄汤(茵陈、薏苡仁各10~15g,丹参5~10g,甘草1~3g)治疗新生儿黄疸57例,结果治愈(TBIL恢复正常)43例,有效(TBIL下降30μmol/L以上)14例。总有效率100%。见效时间最快1天,最慢5天,平均治愈时间7天。(严跃丰,江凤霞,彭惠柔.自拟退黄汤治疗胎黄症57例[J].新中医,1997(11):29.)

王氏等报道从清热解毒、疏肝利胆立法,以加味茵陈蒿汤(茵陈50g,栀子10g,大黄5g,郁金15g,金钱草10g,甘草10g),治疗新生儿黄疸103例。若热偏重加黄芩10g,板蓝根10g,大青叶20g;湿偏重加茯苓20g,白术、泽泻、车前子各10g。用法:2剂合并浓煎至150ml,分2天服,日服2次,结果痊愈71例(占68.9%),好转21例,总有效率为89.3%,一般经治3周即可获愈。(王汝钖,宁世清,李跃祥,等.中药治疗新生儿肝炎综合征103例疗效观察[J].辽宁中医杂志,1984(3):24-26.)

张氏用退黄冲剂治疗新生儿及婴儿黄疸56例。退黄冲剂的处方组成:茵陈9g,黄芩、栀子各4g,滑石、生甘草各3g,糖粉10g,糊精5g,共制成颗粒18g,成品规格为6g×6袋为一盒,内服。早产新生儿每日2次,每次1/3袋;1个月内新生儿,每日2次,每次1/2袋;2~3个月儿童,每日3次,每次1/2袋;4~6个月儿童,每日2次,每次1袋;7个月~1岁儿童,每日3次,每次1袋;温开水冲服。7天为1个疗程。治疗结果:痊愈48例,好转7例,无效1例,总有效率为98.21%。(张明利.退黄冲剂治疗新生儿及婴儿黄疸56例[J].陕西中医,2010,31(7):820-821.)

王氏等用茵枣汤治疗新生儿黄疸62例。药用:茵陈15g,黄芩3~5g,黄柏3~5g,甘草3g,大枣1枚。大便溏薄者加白术3g;吐奶者加藿香3g,竹茹3g。水煎服,加水适量,每剂煎2次,煎取60ml,2日1剂,1日服4~6次。治疗结果:治愈53例,好转7例,无效2例,治愈率85.5%,总有效率为96.8%。

（王丽梅,黄淑琴,李祥.茵枣汤治疗新生儿黄疸62例[J].四川中医,2010,28（11）:95.）

朱氏用清热利湿、疏肝健脾法治疗新生儿黄疸35例。药用:茵陈10g,山栀子3g,制大黄3g,柴胡3g,白芍5g,茯苓10g,白术5g。恶心呕吐者加半夏、竹茹;胎便延迟排出者制大黄改为生大黄;腹胀纳差者加焦三仙、厚朴。每日1剂,每日3次,每次服10ml,其服3~5剂,同时给予蓝光照射1~2天。治疗结果:患儿经治疗后黄疸完全消退（消退时间为4.86±1.26天）,血清总胆红素降至正常,痊愈出院。（朱丽霞.清热利湿、疏肝健脾法治疗新生儿黄疸[J].中国中医药信息杂志,1998,5（6）:26-27.）

二十九、婴幼儿腹泻

婴幼儿腹泻是儿科临床比较常见的疾病之一,以大便稀薄,便次增多,或如水样为特点。一年四季均可发生,但尤以夏秋季为多见。在年龄上,年龄愈小发病率愈高,尤以2岁以内的婴幼儿为多见。本病中医根据其病因、临床表现以及证候性质的不同,而有不同的名称:如暑泻、痰泻、寒泻等,本节主要讨论的是因湿热而引起的泄泻。

【湿热与发病的关系】

婴幼儿腹泻的发生与湿热有密切关系,特别是夏秋季节,自然界暑气旺盛,湿热交蒸,小儿脏腑柔弱,抗病能力不强,最易感受暑湿之邪,侵犯肠胃,而成湿热泄泻。午雪峤主任医师说:"小儿泄泻,有因伤食,有因脾虚,也可因外感或湿热所致。其中湿热泄泻居多,伤食者次之,脾虚者较少。"并进一步指出:"小儿泄泻,常感湿感热,故热证、实证居多。"确是经验之谈。

【相关临床表现】

婴幼儿腹泻因湿热所致者,其主要临床表现是:大便次数增多,泻下稀薄,水分较多,或如水注,粪色深黄而臭,或微见黏液,腹部时感疼痛,烦躁哭闹,食欲不振,或伴泛恶,肢体倦怠,发热或不发热,口渴,小便短黄,舌苔黄腻。

【相应治疗方法】

小儿泄泻属湿热引起者,总的治疗方法是清热利湿解毒,常用方剂为葛根芩连汤加减,常用药物有:葛根、黄芩、黄连、银花、连翘、苍术、白头翁、马齿苋、鱼腥草、铁苋菜等。若舌苔厚腻,渴不欲饮,湿重于热者,加苍术、藿香、厚朴之类以芳香化湿。若泻下酸腐而臭,蛋花样或夹有不消化食物者,合保和丸加减。

本病治疗时须注意的是泄泻次数频多易造成脱水,应及时补充水分,可口服,必要时可配合输液疗法进行治疗。

【验案举例】

例1 许某,男,2岁,1976年8月4日初诊。

母代诉:高烧,泄泻已半天多。现在症:患儿于昨日中午开始发热,继而腹泻,腹痛和呕吐,啼哭不宁,因服生产队卫生员煎的防暑降温药水,下午稍解,晚上又复发,泄泻如注,呕吐繁频,至今晨6时许就诊,计泄泻20余次。检查:患儿呈急性病容,Ⅱ度脱水,体温39.5℃,脉搏140次/min,呼吸36次/min,心跳快,节律不齐,无病理性杂音,肺正常,肝脾未及,腹肌紧张,拒按,泻下物如水,色黄,不呕吐,睡中露睛,舌红苔薄,少津,脉濡数。证属暑湿时邪内扰肠胃而为病。治宜清热利湿,葛根芩连汤为主,佐以益胃生津之品:葛根6g,炒黄连6g,炒黄芩6g,白头翁9g,藿香叶3g,蒲公英6g,地锦草6g,鲜石斛9g,天花粉3g,生甘草3g。1日1剂分服。服上药2剂后,热退泻止,唯有时干呕呃逆,乃泻甚损及胃阴之象,继上方去藿香加党参9g,茯苓6g,2剂,嘱其母加强调理而安。(赵汉波.小儿泄泻治验[J].新中医,1978(6):44.)

按:暑热夹湿,扰于肠胃,升降失调,清浊不分,上吐下泻作矣。清热化湿,乃不易之法,方用葛根芩连汤加味,甚合病机,故效验亦彰。

例2 陈某,女,1岁零6月。1981年9月11日诊。

其母诉,腹泻3天,日10余次,粪便呈黄绿色,夹有未消化的食物残渣,气味酸臭,发热,腹痛。查见:患儿烦躁,腹胀,肛门周围、会阴部皮肤发红,口干,小便短赤。体温38.3℃,舌苔黄腻,脉数。诊为湿热泄泻,治以清热化湿解毒。处方:炒白术、苍术、黄柏、葛根各8g,炒鸡内金、黄连各5g,煨木香3g,马齿苋、生山楂各10g,车前草15g,水煎服。1日1剂。3剂痊愈。(张维天.婴幼儿腹泻治验3例[J].四川中医,1989,7(1):15-16.)

按:葛根芩连汤对湿热泄泻屡有卓效,不仅治成人如是,小儿患者亦然,上述2例足以证之。

例3 吴某,女,2岁,2008年7月15日就诊。

患者腹泻蛋花样水便5天,每日7~10次,无呕吐,有低热37.5℃左右,口渴,胃纳欠佳,尿少而黄。曾在海口某医院住院,静滴药物(具体不详)治疗4天,无明显好转。就诊时见其舌略红、微黄苔。药用:干姜2g,黄芩6g,车前子6g,山楂炭6g。服药后明显好转,解稀便每日降至2~3次,继予2剂泻止。(王欢,李成光.李成光治疗婴幼儿湿热型腹泻经验[J].中国中医基础医学杂志,2016,22(4):558.)

按:该患儿低热、口渴、尿黄、舌略红、微黄苔,湿热之象不言而喻,故为"湿热型腹泻"。至于处方用药,原作者分析说:干姜温运脾阳止泻,黄芩清热利湿,车前子渗湿使湿从小便走。患儿因胃纳欠佳,故以山楂炭消食兼收涩止泻。全方仅4味药,但兼顾清热、利湿、温运、收涩,药后泻止,疗效明显。

【临证备考】

江育仁教授指出:小儿腹泻以夏秋季为多,临床以湿泻和湿热泻为常见,尤好发于2岁以下婴幼儿。湿泻易伤阳,湿热泻则最易伤阴,甚则可致阴阳两伤。如何掌握其偏湿和偏热的关系,是防治小儿腹泻的关键所在。治疗本病,利湿首选苍术,清热重在黄芩。苍术性味微苦,芳香悦胃,醒脾助运,疏化水湿,故对脾失输化,湿胜则濡泻病例作用较好。……黄芩性味苦寒,具有清热燥湿的功效,适用于湿热泻之偏热者。用时宜炒熟存性,可增强止泻的作用。(史宇广,单书健.当代名医临证精华·小儿腹泻专辑[M].北京:中医古籍出版社,1988.)

张氏经验:湿热泻,热胜于湿,治宜苦泄清热,淡渗利湿,佐以调脾养阴。药用:葛根5g,黄芩5g,黄连2g,甘草3g,藿香5g,乌梅8g,山药10g,滑石5g,竹叶3g;湿热泻,湿胜于热,治宜芳香化湿,健脾止泻。药用:藿香5g,白术5g,陈皮5g,焦山楂5g,云苓5g,猪苓4g,泽泻4g,乌梅6g,山药8g,滑石6g,竹叶3g。(宋祖敬.当代名医证治汇粹[M].石家庄:河北科学技术出版社,1990.)

陕西中医学院附属医院马氏报道:该院自1979年8月至1986年6月采用葛根芩连散配合液体疗法,治疗小儿急性肠炎(湿热型泄泻)528例取得显著的疗效。自制葛根芩连散组成如下:葛根10g,黄芩10g,滑石15g,木香3g,连翘10g,双花10g,甘草3g。上药研成细末,混合均匀使用。用法按1g/岁/次,日服3次。脱水病儿采用ORS(口服补液盐)液体口服液为主的补液治疗,轻度脱水及中度脱水均采用ORS补液。如呕吐严重不能口服者或有重度脱水电解质紊乱及循环衰竭者,先用静脉补液,累积损失补充后,改用ORS补充继续丢失或生理需要量。结果,528例全部治愈,平均住院天数为5.2天。其中≤5天者367例,占69.5%;>5天者161例,占30.5%。[马丕美.葛根芩连散治疗小儿肠炎528例临床小结(摘要)[J].临床儿科杂志,1988,6(4):241-242.]

黎氏经验:湿热泄泻,或曰可以葛根黄芩黄连汤统治之。以余之见,似有欠妥之处。湿者,阴邪;热者,阳邪也。其性不同,用药迥异。用清用温,各有所宜。湿重者,非温而不可化。若症见泻下稀溏,夹带黏液,臭味不甚,口唇虽干,而不欲多饮,舌虽红而苔白腻,此为湿重于热。余常重用砂仁、藿香、木香等芳香温通之品,以化湿浊;佐用苡仁、茯苓等分利水湿,辅以清热。食积化湿者,兼用神曲消食导滞。若便下黄褐臭秽,口渴烦热,舌红苔黄,是热重于湿,自当以清热为主,辅以除湿。然幼儿阴阳稚弱,药性过偏,易伤其正。芩、连性属大寒,过用易伤胃气,反有助湿之弊。元气不固者,更可因而洞泄不止,临床屡见不鲜。故体虚羸弱者,以及秋冬寒冷之时,芩、连切勿滥用。且其味苦难咽,于婴儿亦非所宜。余喜用性味平和之火炭母、连翘、地榆之类,配合芳香温通之品,寒温调配得宜,使湿热分途而去,每获捷效。(宋祖敬.当代名医证治汇粹[M].石家庄:河北科学技术出版社,1990.)

邝氏用珠芽蓼止泻颗粒治疗婴幼儿腹泻83例。药用珠芽蓼止泻颗粒(临汾宝珠制药有限公司生产),功能清热燥湿,常用于肠炎,细菌性痢疾,婴幼儿腹泻属大肠湿热者。幼儿一次5g,婴儿一次3g,一日3次,首剂加倍,用药7天为一疗程,并按100ml/(kg·d)进行补液。治疗结果:治愈43例,显效29例,有效7例,无效4例,总有效率95.18%。(邝鹏.珠芽蓼止泻颗粒治疗婴幼儿腹泻的临床研究[J].时珍国医国药,2015,26(4):925.)

刘氏等治疗婴幼儿腹泻44例。药用:苏梗6g,厚朴6g,黄连4g,木香6g,炒扁豆6g,茯苓6g,焦三仙15g,藿香6g,陈皮6g。1日1剂,水煎服,共80~100ml,分3~5次服用。治疗结果:治愈34例,好转7例,无效3例,总有效率93.18%。(刘伟伟,王国达,李宝珍.健脾利湿、苦辛化燥法治疗婴幼儿腹泻44例[J].天津中医药大学学报,2010,29(1):32.)

肖氏用健脾祛湿汤治疗婴幼儿秋季腹泻80例。药用:石榴皮5g,藿香6g,苍术6g,云苓10g,白术6g,葛根10g,泽泻6g,猪苓6g,车前子10g,焦三仙各10g,甘草3g。伴呕吐者加法半夏6g。上方水煎服用,每日1剂,分2次服,剂量可随年龄大小增减。治疗结果:显效45例,有效33例,无效2例,总有效率97.5%。(肖斌.健脾祛湿汤治疗婴幼儿秋季腹泻80例临床疗效观察[J].四川中医,2012,30(1):95-96.)

三十、小儿夏季热

夏季热是发生于盛夏时期一种特有季节性疾病,一般从五六月份开始,一直到秋凉后才痊愈,临床以持续发热,口渴,多尿为特征,多发生于三岁以下的小儿,故又称小儿夏季热。据现代研究报道,老年人由于身体虚弱,或病后体亏,也常有本病的发生。

本病属中医的"湿温""暑湿""暑温"等病范畴。

【湿热与发病的关系】

从中医病因学来分析,患者的体质虚弱是引起本病的主导原因。但疾病的发生与湿热有着密切的关系。

如前所述,夏季热是暑天特有的季节性疾病,特别好发于江南卑湿之地(根据临床调查,本病的发生江南地区明显高于北方)。盖夏令天暑地湿,暑邪犯人每多夹湿,加之患者素体亏虚,不能耐受暑湿之气熏蒸而发本病。北京儿童医院裴学义教授根据自己多年的临床经验认为:夏季热是由于"暑湿合邪而兼有秽浊疫毒戾气侵入肌体而发病"。可见湿热是本病发生的主要原因。

【相关临床表现】

夏季热主要临床表现为长期发热不退,热度会随着外界气温的升高而加重,一般早晨较低,而午后较高,并有口渴,多饮,多尿,汗闭或少汗,舌苔黄腻,脉多濡数。患病日久,出现形体消瘦,精神烦躁,夜寐不安等症候。根据其临床表现的不同,本病又有热重于湿或湿重于热之不同。

热重于湿　高热持续,头晕头重,烦躁吵闹,面色潮红,口渴且苦,多饮而贪凉,脘腹不适,汗出黏腻,胃纳减少,大便干结,小溲短赤,舌质红,苔薄腻,脉浮数。

湿重于热　热度时高时低,缠绵日久,头身困重,身倦思眠,口干不喜饮,脘胀不饥,面色淡黄不华,汗闭,舌淡红,苔白腻或黄腻,脉濡数。

【相应治疗方法】

热重于湿　清热涤暑,兼以利湿。方用王氏清暑益气汤加减化裁。常用药有:西洋参、西瓜翠衣、莲梗、黄连、石斛、麦门冬、竹叶、知母、甘草。可酌加藿香、佩兰等。热盛者,加石膏、银花、连翘等。

湿重于热　健脾化湿,清热祛暑。方用钱氏七味白术散加减。药用白术、茯苓、甘草、藿香、木香、葛根。可酌加银花、连翘、鸭跖草等。

但需注意的是,夏季热是发生于盛夏时期的季节性疾病,持续性的发热,极易耗伤津液,故在治疗时应注意对阴液的顾护。

【验案举例】

例1　黄某,女,3岁。1981年8月31日初诊。患儿自入夏以来,纳谷不香,形瘦肢倦。近10天来体温增高,持续在38.5℃上下,肌肤少汗,口渴喜饮温水,尿频而清长,大便溏薄,舌质转红苔白滑,脉濡。此乃暑伤脾气,气化失利,湿邪内阻,津液不能正常输布所致。治宜健脾益气,祛暑化湿。拟用清暑饮祛除暑湿之邪以解其外；合钱氏白术散健脾化湿以布津；佐益智仁、山药、乌药以温肾缩泉。药用葛根12g，青蒿5g，广木香3g，西党参6g，茯苓6g，粉甘草3g，飞滑石6g，鲜荷叶10g，鲜西瓜翠衣15g，怀山药10g，益智仁6g，乌药6g。4剂后胃纳增加，大便成形，渴饮尿频见减，体温渐趋正常。守方服至10剂时，诸恙尽除，一切复常。嘱其每日用白莲子10g，白木耳3g，煎汤代茶，加冰糖少许，频频饮用，巩固善后。（邵继棠.清暑饮治疗小儿夏季热[J].辽宁中医杂志，1985（7）：31.）

按：本例以健脾益气而治其本，清暑利湿而治其标，标本同治，诸恙得瘥。

例2 黄某，女，4岁。发热20余天，怠惰嗜卧，胃纳不佳，渴不多饮，大便溏薄，心烦不安，据称患儿已连续3年于夏令发病，体温38.3℃，心肺正常，血象及大便常规无殊。诊为小儿夏季热暑湿型，予七味白术散加青蒿为基本方（党参、白术、茯苓、甘草、木香、藿香、葛根、青蒿），加佩兰、滑石，服3剂后，热减纳增，精神好转；续服3剂，一切基本恢复正常；以七味白术散原方3剂巩固。（于庆平.七味白术散加青蒿治疗小儿夏季热[J].浙江中医杂志，1984（6）：258-260）

按：本例患儿由于脾胃虚弱，湿浊不运，暑湿相合而成病，故用党参、茯苓、甘草益气健脾；木香、佩兰、藿香之芳香，化湿健运；葛根之甘寒，既能解肌热，又能除烦渴；滑石淡渗利湿，甘寒清热；更加青蒿一味，以清热祛暑。标本兼顾，故获良效。

例3 高某，男，3岁半。1982年7月8日初诊。

发热微寒已6天，经西药治疗后，体温仍在38.5℃以上。症见口苦而渴，微欲热饮，头重蜷卧，汗出不畅（扪之黏手），脘闷不饥，偶见泛恶，腹胀不舒，小溲短黄。舌红苔薄黄兼腻，脉滑数。指纹淡紫透气关。此乃阳明暑热夹湿，脾为湿困，热处湿中。治以清阳明胃热透邪于外，燥太阴脾湿疏利于内，俾使湿热各有去路。处方：石膏20g，知母5g，山药12g，苍术3g，厚朴5g，半夏3g，茯苓、竹茹各6g，枳实3g，扁豆、连翘、淡竹叶、滑石各6g，芦根15g，甘草2g。药服2剂，遍身时有微汗，热降神爽；继服2剂，体温正常，小便清利，但微有泛恶，食后腹满。苔微腻，舌红转淡，脉濡缓。以原方去石膏、知母、竹茹、滑石，加藿香、佩兰、佛手、生麦芽芳香理气化湿醒胃，服3剂而瘥。（唐承孝.小儿夏季热证治举隅[J].江苏中医杂志，1986（5）：3-4.）

按：热处湿中，湿蕴热外，湿热相合，故一二诊清热与祛湿并用，俾湿热分离，病邪易解；三诊热退而脾胃蕴湿未净，故去寒凉之品，参入芳香宣气以化湿开胃，使脾胃气机通调，其病乃瘥。

例 4 唐某,男,5 岁。1980 年 7 月 12 日初诊。初因伤暑恶热,复又贪凉冷饮,继之寒热不清,午后热象较著。经用西药治疗 4 天,仍头痛身热,覆被仍无汗出,身蜷思寐,口干不饮,脘胀不饥,小便短少,面色淡黄不华。切肤不甚热,久按热增。舌淡红,苔白腻、根部苔露黄,脉浮濡稍数。体温 38.5℃。此乃外感暑湿,郁阻中焦,湿遏热伏,兼寒邪束表,以致暑热为寒湿所遏,阳郁不外达,热郁更甚。治以辛香宣透开表,醒脾化湿,兼清热涤暑。处方:苏叶 5g,葛根 10g,蝉衣 2g,香薷、厚朴各 5g,淡竹叶 6g,滑石 10g,甘草 2g。

服 1 剂后,漐漐汗出,寒止热降,体温 38℃,小便增多。原方去苏叶、葛根,加藿香、佩兰各 3g,助芳香宣化以和中;服 2 剂,热退身凉,腻苔渐化,脉濡缓。唯食少气乏,身软无力,拟七味白术散加楂肉、麦芽,服 3 剂而收全功。(唐承孝 . 小儿夏季热证治举隅[J].江苏中医杂志,1986(5):3-4.)

按: 本例系外感暑湿,湿中蕴热,郁阻中焦,兼有寒邪束表。故用辛香宣透以开表邪,醒脾化湿以利内湿,兼用清热涤暑而祛内热,使湿热两清,表邪外解而愈。

例 5 王某,男,4 岁。发热 10 多天,多于午后加重,伴有哭闹不安,嗜睡,不思饮食,大便溏,1 日 4~5 次,小便量多。舌质红,舌苔白腻,脉象濡数。辨证为暑热夹湿证。药用:党参、葛根、白术各 6g,云苓、甘草、连翘、佩兰各 3g,木香 1g,藿香 4g,竹叶 2g,佩兰 4g,炒山药、炒苡仁各 6g,连翘、香薷各 3g,3 剂。药后,热退,精神振,食纳可,大便日 1 次,又服上方加减 5 剂后诸症消失,后改服藿香正气丸和参苓白术散以善后。(曹稳侠 . 浅谈小儿夏季热的辨证论治[J].陕西中医,2008,29(10):1407-1408.)

按: 患儿发热、嗜睡、便溏,参之舌脉,诊为暑热夹湿(湿重于热)之证,故治疗以祛暑化湿为主。药后诸症缓解,改服化湿健脾之成药以善后。

例 6 邱某,男,19 个月,2000 年 8 月 25 日初诊。

患孩半月来发热时高时低,体温最高可达 40℃以上,一般在 38℃左右,炎热天气时体温尤高渐现明显,开始于附近门诊治疗,发热不减,伴有口渴,夜间饮水多,有时一次连饮两大杯,小便频而量多、色清白。再经某医院门诊检查治疗,口服中西药 10 多天,输液治疗 1 周,体温仍波动于 38~39℃,无汗,服退热药时微有汗出。前来门诊求治,体温 38.3℃(腋探),心率 144 次 /min,律尚整,呼吸 32 次 /min,形体消瘦,面色㿠白带苍,头颅外观较大,前囟约 1.5cm×2.0cm,前颅骨缝明显存在,头发稀少、色灰赤,伴口渴饮水,日约 20 次,小便清长而频多,日约 2L,无汗,皮肤干涩,精神较差,轻度咳嗽,夜间可闻有轻微哮鸣声,五官端正,反应尚灵敏,但言语较慢,只发少量单音,唇舌嫩红,苔白中厚,脉濡软而数。

患儿系第一胎,早产三周,顺产,饮食正常,大便正常,经X线、B超、血液检查均未发现明显病理性改变。证属小儿夏季热,暑湿困于上,肾元虚于下,故拟清解暑湿,温下益元为治。药用:浙青蒿3g,扁豆花4g,川朴花3g,六一散4.5g,焙附子1.2g,正川连2g,太子参4g,薏苡仁6g,黄芪4g,白术3g,覆盆子3g。水350ml煎取80ml,分次温服,日服一剂。另用鲜荷叶、荷梗、地胆头、西瓜翠衣煎水加蜂蜜作饮料。上方治疗10天,体温降至37~37.6℃,但仍口渴多饮,小便清长,少汗,唇舌淡红,舌苔白,脉濡略数,仍守上法。经上方加减治疗半个月,体温恢复正常,口渴、小便频多基本解除,身有汗出,治则以补益肾元、填精益髓,以治先天肾气不足之五迟、解颅,从而巩固疗效。(陈越.自拟清暑温下汤治疗小儿夏季热32例[J].中医药学刊,2003,21(4):615-616.)

按:本例据其症状,实属先天禀赋不足之体质(解颅、五迟),加之感受暑湿,而病小儿夏季热,故采取辨体与辨证相结合的疗法。

【临证备考】

运用加减五叶芦根汤(藿香叶3g,佩兰叶2g,鲜荷叶15g,薄荷叶3g,麦门冬10g,芦根10g,天花粉10g,参须5g。参须放水适量蒸兑,其余药水煎,先将麦冬、花粉加入200ml水中,沸后再煎5~10分钟,入其他药,沸后再煎1分钟)。每日1剂,分2次服。治疗暑热夹湿之小儿夏季热患者12例,结果全部获愈。加减五叶芦根汤由薛氏五叶芦根汤化裁而来,方中藿香叶、佩兰叶、薄荷叶、鲜荷叶能轻宣气机,芳香醒胃,清暑化湿;麦冬、花粉、芦根能生津止渴;参须益气生津。诸药配合,切中病机,故疗效较佳。(蒋治平.治疗小儿夏季热24例的临床观察[J].中医杂志,1987(2):21.)

熊氏将35例小儿夏季热患者根据其临床表现分为两型进行治疗。①暑热型:治以芳香透表,佐以清热。用小儿夏季热Ⅰ号:藿香、青蒿、麦冬、竹叶各6g,六一散10g,薄荷(后下)3g。口渴加天花粉6g;热甚加黄芩9g。②消渴型:治以养阴清热,生津益气。用小儿夏季热Ⅱ号:北沙参10g,麦冬、天花粉各9g,知母、五味子各4.5g,生石膏、水牛角各6g。烦渴加乌梅9g;热甚加重水牛角的用量,一般为9g。结果15例痊愈,仅服药3~12剂;17例有不同程度的改善,服药3~9剂;3例无效。(熊九如.小儿夏季热35例临床分析[J].中级医刊,1980(7):14.)

以芳香苦泄法为主,自订清暑化湿汤(青蒿、佩兰、豆豉、郁金、川朴、黄连、制半夏、淡酒芩、橘皮、竹茹)治疗小儿夏季热,结果全部患儿短期内均治愈,收效较捷。(徐迪华.辨证分型治愈暑热症九例的初步报导[J].中医杂志,1961(2):21-24.)

姜氏等用石斛饮治疗小儿夏季热 54 例。药用：鲜石斛 6g，薄荷、连翘、钩藤、黄芩各 3g，冬瓜子 5g，青蒿、甘草各 2g，鲜荷叶（包煎）一角，六一散 15g。每日 1 剂，水煎内服。视情况予 2~6 剂。治疗结果：显效 31 例，有效 19 例，无效 4 例，总有效率 93%。（姜鹤林，金秋玲．石斛饮治疗小儿夏季热 54 例［J］.浙江中医杂志，2010，45（11）：808.）

苏氏用益气清暑退热汤治疗小儿夏季热 35 例。药用：太子参、鲜荷叶各 10~20g，西瓜翠衣 15~30g，麦冬、石斛、淡竹叶各 6~9g，黄芩、藿香、玄参、白芍、青蒿、连翘、香薷各 3~9g，甘草 3~6g，粳米适量。该方为 1~6 岁小儿的常用量。里热重者加黄连，惊悸不安、抽搐者加钩藤、僵蚕，呕吐者加竹茹，汗出者减香薷。剂量随年龄及体重大小调整，每日 1 剂，用水煎 3 次，服用 3~4 次，3 天为一疗程，治疗 2 个疗程。治疗结果：治愈 31 例，好转 3 例，无效 1 例，总有效率 97%。（苏冀渝．益气清暑退热汤治疗小儿夏季热 35 例［J］.实用中医药杂志，2004，20（2）：71.）

罗氏用解暑益阴饮治疗小儿夏季热 134 例。药用：荷叶、西瓜翠衣各 9g（鲜品倍量），地骨皮、生地皮各 6g，大枣 3g，炙甘草 2g。诸药煎后置冷，加蜂蜜适量调匀，频频饮用，每日 1~2 剂。热甚、面红者，加生石膏 9g；渴甚、尿短涩者加花粉、芦根各 6g；烦燥，小便黄者加淡竹叶 3g；汗多者则大枣、炙甘草倍量。治疗结果：治愈 101 例，好转 23 例，无效 10 例，总有效率 92.5%。其中，病程在 5 天以内者 53 例，5 天以上者 81 例。（罗楚兵．解暑益阴饮治疗小儿夏季热 134 例［J］.湖北中医杂志，2007，29（12）：8.）

三十一、手足口病

手足口病是由感染柯萨奇病毒 A 组引起的急性传染病，临床以发热和手足皮肤、口咽部发生皮疹为特征。一年四季均可发生，夏秋季节居多，人群普遍易感，尤以 5 岁及以下儿童发病率为高，具有明显的季节性、流行性和传染性，危害性较大。

中医虽无此病名，但据其传染性和临床症状，当属时疫、温病、湿温、疱疹等病范畴。

【湿热与发病的关系】

多数医家认为，湿热邪毒是本病的重要致病因素。盖湿热是由湿与热两邪相合而成，它既可来自外界，又可因机体内在环境失调而成，一般由"内外相引"（薛生白语）而致人为病。湿热引起疫病，古今文献多有论述，如清代医家张石顽说："时疫之邪,皆从湿土郁蒸而发。"林珮琴《类证治裁》亦有同样记述："疠邪之来,皆从湿土郁蒸而发,触之成病,其后更相传染。"均明确指出了湿热与疫病发病的密切关系。联系手足口病来说,其病多发生夏秋季节,其时天之热气下迫,地之湿气上腾,人在气交之中,体怯者最易吸入湿热邪毒,着而为病。小儿脏腑娇嫩,尤以肺脾两脏不足为其体质特点,肺不足卫外不固则疫邪易从口鼻而入,脾不足运化不健则内外湿邪易聚,郁蒸化为湿热。湿热疫毒内外交攻,上下浸淫,诸症由是而作,诚如张涤教授对其病因病机分析说："湿热疫毒由口鼻而入,内侵肺脾,肺居高位,邪先犯之,属卫外合皮毛,邪毒犯肺,肺气失宣,故发病初期可见发热、咳嗽、流涕等症。脾主四肢肌肉,开窍于口,脾经连舌本,散舌下。湿热邪毒透于肌表,热毒郁而为疹,湿又聚而成疱,故见手足部疱疹、循经脉上行则见口舌疱疹。"（王华,张涤,李博,等.张涤教授治疗小儿手足口病经验[J].中医药导报,2015（1）:100.）

【相关临床表现】

初期有发热、咳嗽、流涕等类似感冒症状,常伴恶心、呕吐、纳呆、腹泻等胃肠道症状。其典型症状为口腔、舌、颊部出现程度不等的疱疹,手足出现粟粒大疱疹和斑丘疹,皮疹以掌、臀为好发部位。舌苔多为黄腻或黄白而腻。少数患者可出现神昏谵语、抽搐痉厥等湿热疫毒内陷心包的危重症状。

【相应治疗方法】

治宜清热化湿解毒为主,常贯穿疾病的全过程。常用方剂有连朴饮（适用于热重于湿）,甘露清毒丹（适用于湿热并重）。若热毒较甚,夹湿为患,宜用清瘟败毒饮加祛湿之品;若邪陷心包,可选用安宫牛黄丸、紫雪丹、至宝丹、菖蒲郁金汤。

国家卫生健康委员会2018年5月印发《手足口病诊疗指南》,对本病出疹期湿热蕴毒,郁结脾肺证的诊疗方案如下:

1. 症状　手、足、口、臀部等部位出现斑丘疹、丘疹、疱疹,伴有发热或无发热,倦怠,流涎,咽痛,纳差、便秘。甚者可出现大疱、手指脱甲。

2. 舌象脉象指纹　舌质淡红或红,苔腻,脉数,指纹红紫。

3. 治法　清热解毒,化湿透邪。

4. 基本方　甘露消毒丹。

5. 常用药物　黄芩、茵陈、连翘、金银花、藿香、滑石、牛蒡子、白茅根、薄荷、射干。

6. 用法　口服,每日1剂,水煎100~150ml,分3~4次口报。灌肠,煎煮取汁50~100ml,日1剂灌肠。

7. **加减** 持续发热、烦躁、口臭、口渴、大便秘结,加生石膏、酒大黄、大青叶。

8. **中成药** 可选用具有清热解毒、化湿透疹功效且有治疗手足口病临床研究报道的药物。

【验案举例】

例 1 张某,男,1岁11个月,于2014年6月4日就诊。

6月2—3日有发热,最高体温38.5℃,昨日下午热退,今日未发热。昨日始手、口腔部见较多红色疱疹,稍有咽痛,稍有咳喘,少痰,精神尚可,纳可,二便调。查体:咽红,口腔及咽喉壁可见较多的大小不等的红色疱疹,舌质红,苔薄黄,微腻,指纹紫。根据发病季节及临床表现诊断为"手足口病",辨证为湿热夹毒,邪犯肺脾。治以清热利湿解毒。药用茵陈5g,滑石20g,芦根10g,牛蒡子3g,紫花地丁5g,蒲公英5g,桑白皮5g,地骨皮5g,玄参5g,白果2g,紫苏子2g,甘草3g。5剂,水煎服。嘱清淡饮食,在家隔离。服药后疱疹减少,余疱疹均已结痂,无咽痛,咳嗽好转,纳可,二便调。病愈。(王华,张涤,李博,等.张涤教授治疗小儿手足口病经验[J].中医药导报,2015(1):100.)

按:本例据其症状,当知湿热疫邪尚在气分,即病位在肺脾,故处方用药一则宣展肺气,俾气化则湿化;二则清利湿热,以复脾运。并兼用地丁、蒲公英等解毒之品,以消疫毒。方药熨帖,遂获痊愈。

例 2 郑某,男,1岁7个月,于2013年2月15日初诊。

患儿因手掌和足跖出现红色斑丘疹2天来诊。初起因发热、烦躁不安、纳差,在当地诊为"咽炎",予头孢曲松静脉点滴,体温不退。近2天手足出现皮疹。查体:体温38.3℃,手掌和足跖边缘有红色米粒大或黄豆大斑丘疹,分布稀疏,疹色红润,根盘红晕较著,个别皮疹上有小水疱,疱液清亮。口腔、两颊黏膜及咽峡部可见小疱疹、溃疡面,伴轻咳,疲倦,纳差,大便3天未行,小便黄,舌质红,苔黄厚腻,脉浮滑数。诊为手足口病。血常规:WBC12.9X10⁹/L,中性粒细胞59%,淋巴细胞38%,CRP13mg/L。中医病机:时邪疫毒由口鼻而入,内侵肺脾,水湿内停,与毒相搏,外透肌表。治法:宣肺解表,清热化湿。方药:金银花6g,连翘6g,黄芩6g,薄荷3g,白蔻仁6g,藿香6g,石菖蒲4.5g,滑石10g,茵陈6g,板蓝根9g,射干6g,瓜蒌12g。二诊:服药3剂后,体温已正常,手足水疱消失,病变部位仍有少许红疹,大便已通,无咳嗽,舌质红,苔厚腻。守上方去瓜蒌、板蓝根,再服4剂,皮疹消失,痊愈。(林甦.甘露消毒丹在儿科外感时疫病中的应用[J].福建中医药,2013,44(3):43-44.)

按:本例手足口病,尿黄、舌红、苔黄厚腻,脉浮滑数,是辨证为湿热疫毒的着眼点。因邪偏于卫气,故治疗以宣肺解表,清热化湿为法,观其方药,系银翘散、甘露消毒丹合化而成,颇切病因病机,是以奏效卓著。

例3 患儿王某,男,6岁,就诊于1996年8月10日。

发热3天,口腔黏膜、舌及手掌、足跖出现疱疹1天就诊。诊见烦躁,体温38.2℃,咽赤、口腔黏膜、舌边有散在疱疹或溃疡,溃疡为圆形,直径约2mm,色灰黄、手掌、足跖见数个红色丘疹和疱疹,大小不等,疱疹呈长圆形、内有混浊液体,心肺腹部未见异常,舌质红,苔黄腻,脉濡数。临证诊为手足口病,辨证为邪在气营,治以清热解毒,利湿凉营透疹,给予黄连5g,车前子、芦根、赤芍、紫草、厚朴、蝉蜕、羌活、薄荷各10g,金银花、板蓝根各20g,1剂水煎浓为60ml,每次20ml,日3次。服药4剂病情明显好转,口腔溃疡已愈合,手足疱疹已干缩,热退,舌质略红,舌苔白,给予芦根、车前子、薏米、薄荷各10g,竹叶、板蓝根各15g,服用2剂以善后。(孙贵福,张伟,宋立群.手足口病临床治验[J].中医药信息,1998(2):50.)

按:本例"邪在气营",从温病卫气营血的辨证角度来看,疫邪已较卫气阶段深入一层,因此病情显得较重,故治法在清热利湿的同时,配伍赤芍、紫草凉营之品。其实牡丹皮亦可加入。

例4 李某,男,2.5岁,2001年7月23日初诊。

患儿平素嗜食煎炸之品,2天前出现流口水,拒食,舌尖、舌面上有3~4个米粒大小溃疡点,下唇内侧见有4~5粒疱疹,手足掌心、口唇周围及臀部均见米粒大小疱疹,疱浆混浊,伴发热(T38.6℃),流涕,口臭流涎,烦躁,哭吵不宁,夜寐不安,腹胀,大便干硬,2天未解,小便短赤,舌红,苔黄厚,脉滑数,指纹紫滞。血常规检查:WBC13.6×10⁹/L,N(中性粒细胞)0.64,L(淋巴细胞)0.36。西医诊断为手足口病。中医辨证属脾胃积热,心火上炎,复感湿热毒邪,热毒火炽。治以清心火,利小便,凉血解毒,去湿除积热。予清心导赤散原方加生石膏(先煎)20g,服2剂药后热退,大便已通畅,口腔溃疡疼痛减轻,手足掌心疱疹亦退,尚有纳欠佳,口稍渴。上方去生石膏、黄连,再进2剂,口腔溃疡愈合,小便转清。后以健脾养阴护胃之药调理,处方:太子参、生地黄各10g,石斛、玄参、山药、沙参、麦冬各6g,甘草3g。服2剂病愈。(肖达民,刘艳霞.清心导赤散治疗小儿手足口病30例[J].新中医,2002(8):51.)

按:"内外相引"是本例的病因,即内有脾胃积热,心火上炎,外则复感湿热毒邪,两者相搏,其病较为复杂,治疗需内外兼顾。清心导赤散(方详下文"临证备考")功能清心泻脾,凉血解毒,清利湿热,投之正合病机,故获捷效。继以健脾养阴护胃善后,亦颇妥当。

【临证备考】

肖氏等治疗小儿手足口病 30 例,全部病例均为心胃之火炽盛,复感湿热邪毒所致,治以清心泻脾,凉血解毒,清利湿热为主。方用自拟清心导赤散加减内服。药物组成:生地黄、滑石、板蓝根各 15g,金银花、白鲜皮、苦参各 10g,牡丹皮、竹叶、通草各 6g,黄连 5g,灯心草 5 扎,生甘草 3g。3 岁以下儿童剂量酌减。每天 1 剂,水煎分 2~3 次服。若发热甚者,加生石膏、青天葵;口渴不欲饮,苔黄腻等湿热症状明显者,加藿香、佩兰、薏苡仁。结果 30 例均获治愈。其中服 3 剂治愈 10 例,服 4 剂治愈 18 例,服 6 剂治愈 2 例。认为因小儿体质不同,感邪轻重有别,故临床表现也有不同,临证时应根据症状辨证加减。此外,因湿热毒邪最易困脾,故寒凉之品不可过剂,以免伤脾碍胃;湿热偏盛者,宜以利湿化湿为主,以期热随湿去。后期则应以健脾益气、养阴护胃为主善后调理。本病为肠道病毒所致,小儿患病后易出现因舌痛而拒食,流口水,哭吵不寐等症,个别病例甚至可引起心肌炎、脑炎等严重并发症,临床上应密切观察病情的变化,必要时配合西药积极治疗。(肖达民,刘艳霞.清心导赤散治疗小儿手足口病 30 例[J].新中医,2002(8):51.)

陈氏等探讨苦黄散外洗对肺脾湿热型小儿普通型手足口病的治疗效果。方法:选取该院诊治的肺脾湿热型小儿普通型手足口病患儿 80 例,随机分为对照组和观察组,其中对照组采取单磷酸阿糖腺苷等抗病毒治疗,观察组在对照组的基础上给予苦黄散外洗(基本组方:苦参、黄柏、百部、忍冬藤、蛇床子、地肤子、野菊花、三丫苦各 15g),每天 1 剂,制成粉散剂,使有效成分在开水浸泡时充分析出,水温在 37~38℃时,将患处浸泡在药液中(使药物由皮肤吸收效果更佳)外洗,每日 2 次,每次 10~15min),观察两组患儿的病情恢复情况,并从体温复常时间、皮疹消退时间、症状改善等方面对治疗效果进行评价。结果:观察组有效率为 92.50%,对照组为 70.00%,两组比较差异具有统计学意义($P<0.05$);观察组体温复常时间为(3.34±1.56)天,明显少于对照组的(5.45±2.43)天,差异有统计学意义($P<0.05$);观察组皮疹消退时间为(6.12±1.69)天,与对照组的(10.38±2.25)天比较,差异有统计学意义($P<0.05$)。结论:在西医治疗的基础上,使用苦黄散外洗治疗小儿普通型手足口病,可提高临床疗效,缩短发热时间,加快皮疹消退,有效促进患儿康复。(陈青,岑杨成,钟斌,等.苦黄散治疗普通型手足口病肺脾湿热证临床研究[J].蛇志,2016,28(4):407–409.)

占氏观察甘露消毒丹合银翘散加味(金银花、连翘、茵陈、黄芩、川贝、射干、薄荷、藿香、佩兰、薏苡仁、白豆蔻、芦根、滑石、甘草)治疗手足口病临床疗效。方法：将60例手足口病Ⅰ期（证属肺脾湿热）患儿随机分为对照组和治疗组各30例。对照组采用西药对症治疗，治疗组采用甘露消毒丹合银翘散加味口服中药治疗。观察两组治疗前后临床主要症状及体征改善或消失情况（发热、疱疹消退，精神恢复，血常规、肝功能、心肌酶恢复情况）。结果：治疗组在缩短疗程，改善症状，预防变证方面均优于对照组（P<0.05）。结论：甘露消毒丹合银翘散加味治疗手足口病Ⅰ期（证属肺脾湿热）患儿临床疗效好，值得临床推广应用。（占华龙.甘露消毒丹合银翘散加味治疗手足口病临床疗效观察[J].湖北中医杂志，2014，36（11）：15-16.）

邓氏报道自拟口疮汤治疗手足口病观察组46例：采用自拟口疮汤治疗。处方：贯众3g，连翘15g，鱼腥草18g，芦根、败酱草、白芷、茯苓各10g，白鲜皮8g，车前草、羌活、神曲、麦芽、甘草各6g，白及5g。加减：咳嗽加杏仁、苏梗；流涕加杏仁、苏叶。每天1剂，水煎或配方颗粒剂（服前沸水冲化），分3~4次于饭前30~60分钟口服。对照组40例：给予阿昔洛韦注射液（15~20）mg/kg·d加入5%葡萄糖注射液100~250ml中静脉滴注，每天1次。治疗结果：观察组46例中显效34例，占73.91%；有效11例，占23.91%；无效1例，占2.17%；总有效率97.93%。对照组40例中显效11例，占27.50%；有效16例，占40.00%；无效13例，占32.50%；总有效率67.50%。观察组总有效率明显高于对照组（P<0.01），差异有统计学意义。（邓丽芳.自拟口疮汤治疗手足口病46例[J].中国民间疗法，2012，20（6）：36-37.）

甄氏等辨证治疗儿童手足口病120例，分湿热外受、湿热蕴结两型。湿热外受型方药：银翘散合六一散加减。金银花、连翘、牛蒡子、桔梗、薄荷、竹叶、芦根、蝉蜕。若湿偏重者可加生薏苡仁、白豆蔻、藿香；热毒重者加大青叶、板蓝根。湿热蕴结型方药：清热泻脾散加减，药用黄连、栀子、黄芩、石膏、生地黄、牡丹皮、茯苓、灯心草、大青叶、板蓝根。若口唇干燥加麦门冬、芦根；若齿龈红肿、大便干结者加枳实、大黄。治疗结果：120例患者，经服药7~10天，治愈（临床症状体征均消失）102例，好转（临床症状体征大部分减轻）18例，有效率为100%。（甄薇，常冬梅，王笑楠.中医辨证治疗儿童手足口病120例[J].中国民间疗法，2010（6）：36-37.）

钱氏用解毒透疹汤治疗手足口病54例，其基本方为银花、连翘、大青叶、板蓝根、紫花地丁、蝉衣、浮萍各10g，黄芩6g，滑石（包）9g，生甘草3g。加减法：发热咽痛者加柴胡、桔梗；便秘者加生大黄；津伤明显者加天花粉、玄参。每日1剂，水煎早、晚分服。口腔糜烂溃疡吹敷西瓜霜，对手足臀部疱疹予黛矾散（青黛散加明矾）麻油调敷患处。54例患儿均治愈，其中46例在1周内治愈,8 例因局部感染严重于 8~12 天内治愈,所有患儿皮疹消退后未留色素沉着或疱痕。(钱焕祥. 解毒透疹汤治疗手足口病 54 例[J]. 实用临床医药杂志,2005,9(8):74.)

张涤教授认为手足口病患儿就诊时一般是在发疹期,主要证型是湿热夹毒型,治法以清热利湿解毒为主,由于手足口病的潜伏期较短,发疹初期常伴有表证,治疗上佐以疏风清热,解毒透疹之法。虽然手足口病预后一般良好,但是小儿有"发病容易,传变迅速"的病理特点,易造成暴发流行,且少数发生变证的重症患儿可危及生命,因此要做到早发现、早就诊、早治疗、早隔离。(王华,张涤,李博,等. 张涤教授治疗小儿手足口病经验[J]. 中医药导报,2015(1):100.)

三十二、带 状 疱 疹

带状疱疹是一种由水痘——带状疱疹病毒引起的常见急性疱疹性皮肤病,多发生于春秋季节,发病不受年龄限制,以成年人较多见,罹患后一般可获免疫。其主要临床表现为发疹前有低热,乏力,食欲不振等全身症状及患部皮肤有灼热感或神经痛,继则该处皮肤出现潮红,其上发生簇集性的丘疱疹,小如粟米,大如绿豆,迅速变成水疱,内容澄清透明,疱壁紧张发亮,基底红晕,数日后水疱混浊化脓,最后干燥结痂,多沿某一周围神经分布,排列呈带状,一般发生于身体一侧,不超过体表正中线,常见于腰肋间,其次为颜面部。神经痛为本病的主要特征之一,常伴随病程始终,部分患者特别是老年病人在皮损完全消退后仍遗留明显的神经分布性疼痛,可持续数月之久。

本病中医称"缠腰火丹""蛇串疮""蜘蛛疮""蛇丹"等。

【湿热与发病的关系】

本病的发生,与湿热有着密切的关系。《医宗金鉴》"缠腰火丹"记载:"干者色红赤,形如云片,上起风粟,作痒发热,此属肝心二经风火……湿者色黄白,水疱大小不等,作烂流水,较干者多疼,此属脾肺二经湿热。"《赵炳南临床经验集》认为:"本病的发生,可因情志内伤以致肝胆火盛;或因脾湿郁久,湿热内蕴,外受毒邪而诱发。毒邪化火与肝火、湿热搏结,阻遏经络,气血不通,不通则痛,故症见灼热疼痛;毒热蕴于血分则发红斑;湿热凝聚不得疏泄则起水疱。因此肝胆热盛,脾湿内蕴为本病的实质,皮肤发生水疱,剧烈刺痛为其症状的主要特征。"证诸临床,本病多因肝胆或脾胃湿热蕴结,复感时令毒邪而发病，即既有内在的因素，又有外感的诱因，"内外相引"，其病乃发。

【相关临床表现】

本病属湿热型者，一般症见皮疹淡红，起黄白水疱，疱壁松弛，易糜烂渗出，疼痛较轻而缠绵，口不渴或渴不欲饮，胃呆少纳，腹胀便溏，小便黄短，舌质红，苔黄白厚腻，脉象濡滑带数。辨证时须分清热重于湿，抑或湿重于热，其中疹红的深浅，局部灼热和口渴的程度，舌苔的润燥，大便的干溏等，是辨证的关键。赵炳南指出："缠腰火丹每有水疱发生，故均有湿邪，又水疱可分两种，第一种基底鲜红（多伴口苦，咽干，脉弦）；第二种基底淡红（多伴纳呆，腹胀，脉缓），二者均属湿热，区别在于前者热重于湿，后者湿重于热。"（北京中医医院，首都联合大学中医药学院，《名老中医经验全编》编委会. 名老中医经验全编：下册［M］.北京：北京出版社，1994.）诚为阅历有得之言，足资辨证时参考。

【相应治疗方法】

热重于湿者，宜清肝火利湿热，方用龙胆泻肝汤加减；湿重于热者，方用除湿胃苓汤化裁。大青叶、板蓝根现代药理试验证明有抗病毒作用，均可随证加入；乳香、没药、延胡等有活血止痛之效，亦可随证配伍；发于头面者，可加野菊花、牛蒡子；发于下肢者，可加牛膝、黄柏。

还可配合外治法，如三黄洗剂，或用青黛粉、二妙散、三妙散干撒，或用生麻油调搽。上述方药均有良好的清热祛湿解毒作用。

【验案举例】

例1　崔某，男，43岁，初诊日期：1971年11月16日。

主诉：右侧胸部起疱剧烈疼痛10余天。

现病史：10余天前，右侧胸部及背部起红色水疱，逐渐增多，排列成条状，疼痛难忍，不发烧，诊为"带状疱疹"。服用西药、打针及外用药后，水疱渐干，但疼痛仍不减退，坐卧不安，夜不能眠，遂来院门诊。

检查：右侧前胸、后肩部及颈部集簇状黯红色疱疹，周围有黯红色浸润。

脉象：弦滑。

舌象：苔薄白腻，舌质红。

西医诊断：带状疱疹。

中医辨证：肝胆湿热，气滞血瘀（蛇丹）。

立法：清利湿热，凉血解毒。

方药：龙胆草12g，连翘15g，炒栀子9g，公英15g，干生地30g，丹参15g，木通9g，元胡9g，乳没各6g，川军9g，车前草9g，滑石块30g。

外用黑色拔膏棍加温后外贴。

1971 年 11 月 19 日:服上方及外用药后,疼痛减轻,晚上能安睡,次日可以坚持工作,3 剂后疱疹已退,局部残留皮肤发红,有痒感,口微干,改用除湿胃苓汤加减 3 剂,临床治愈。(北京中医医院.赵炳南临床经验集[M].北京:人民卫生出版社,1975.)

例 2 闫某,女,14 岁。1985 年 8 月 6 日初诊。

患者腰以上水泡样疱疹成带状分布,疼痛 1 周,晚间为重,哭闹不安,并伴有口干少饮,食纳不振,精神倦怠;舌苔黄腻,舌质淡,脉滑数。用西药不效,改服中药。证属湿热内蕴,邪毒外发。治以清泻肝胆湿热。方用金银花 20g,蒲公英 10g,滑石 15g,天花粉 10g,生甘草 10g,地榆 6g,大青叶 20g,黄柏 10g,龙胆草 10g,白蒺藜 15g。4 剂。8 月 19 日:疱疹渐回,已结痂。(田瑜.清化湿热法运用心得[J].中国医药学报,1995(1):32–34.)

例 3 符某,女性,37 岁,1994 年 9 月 12 日初诊。

诉右乳下刺痛连腰背 3 天。检查:右乳下至腰肋处皮肤红润充血,有成簇的含液疱疹,呈带状排列,伴头晕,咽干,溲赤,便秘症状,舌质红,舌苔白腻夹有黄色,脉滑略数,证属肝胆湿热内蕴,外蒸经络所致,为湿性缠腰火丹,治以泻肝胆湿热之法,拟龙胆泻肝汤加板蓝根、苍术、厚朴、陈皮,每日 2 剂,早晚服用,外用醋调六神丸,3 天后复诊,明显见轻,部分疱疹干瘪,继用上法 4 天后复诊,大部分疱疹干瘪结痂,痛痒症状消失,二便通利。再用上法,汤剂日服 1 付,4 天后疱疹全部结痂治愈。(王毓兰.龙胆泻肝汤与六神丸治疗带状疱疹[J].海南医学,1995(4):250.)

按:带状疱疹以肝胆湿热内蕴,外蒸经络而发者,临床最为常见,以上 3 例均属此种类型,故立法悉以清利肝胆湿热为主,或兼以凉血解毒,或佐以活血止痛,或内外兼治,获效颇捷。

例 4 患者某,男,58 岁,2014 年 4 月 12 日初诊。

主诉:左背侧起簇状疱疹伴疼痛 20 天。现病史:左背侧起成簇形带状疱疹,用青霉素、利巴韦林等治疗,效果不明显。疱疹区域附近皮部疼痛,疱疹色红,疲倦乏力,口干。输液治疗后手干起皮,易急躁,心烦易怒,纳少,失眠,入睡困难,多梦,易醒,大便不成形,小便正常,舌淡苔腻微黄,脉弦数稍滑,左脉细,右脉弦数滑。西医诊断:带状疱疹。中医诊断:缠腰火丹,证属肝经湿热。治以清热解表,利湿养肝。处方:葛根 90g,升麻 10g,白芍 10g,甘草 6g,黄芪 10g,青蒿 10g,羌活 10g,板蓝根 10g,陈皮 10g,苍术 10g,酸枣仁 10g,蜈蚣(研末冲服,首日服 3~4 条,以后每日增加 1 条,增加 7~8 条为止,痛感消失后停药)50 条。连服 14 剂后,疼痛明显减轻,全身症状亦有改善。后给予饮食调治。随访,诸症悉除。(巫鑫辉,车志英,姚涛,等.王国斌教授运用升麻葛根汤加减治疗带状疱疹经验[J].中医研究,2015,28(6):45-47.)

按:带状疱疹辨证为肝经湿热证,临床一般以龙胆泻肝汤为主方,效果显著。本案用升麻葛根汤亦取得较好疗效,可供参考。

例5 李某,女,76岁,教师,2012年10月13日初诊。

主诉:右侧胸胁部及右肩胛部疼痛6天。心电图示:ST段改变,余未见异常。考虑心肌缺血,予麝香保心丸、复方丹参片、血塞通片治疗5天,效果不佳。近1天疼痛部位皮肤出现皮疹。诊见:右侧胸胁部、右腋下、右肩胛部肌肤出现云片状红色丘疹,见粟米大至绿豆大的成簇水泡,累累如串珠,排列成带状,疱群之间皮肤正常,疱疹部位灼热疼痛,痛如针刺,神疲乏力,面色晦黯,汗多,口干,不思饮食,二便正常,舌体胖大,舌质黯淡有齿痕,舌苔黄,脉沉细。患者有糖尿病史8年,长期服磺脲类药物治疗,空腹血糖8.76mmol/L。诊为带状疱疹,属正气不足,湿热毒邪内蕴,血行瘀滞。治宜补益正气,清热解毒除湿,活血化瘀通络。药用:黄芪30g,女贞子30g,连翘30g,白花蛇舌草30g,青黛(包煎)15g,薏苡仁30g,土茯苓30g,茵陈30g,丹参30g,牡丹皮10g,红花6g,桔梗15g,郁金30g,甘草3g。2剂。2日1剂,水煎服,1日3次,饭前服。同时将疱疹部位皮肤消毒后,用皮肤针强叩刺局部皮肤至隐隐出血,局部拔火罐5分钟左右,拔出皮下瘀血后,用消毒棉签拭去瘀血,再行消毒(一般只拔火罐1次)。并嘱其用芙蓉树鲜叶适量,捣绒,用蜂蜜调敷患处,1日1次。

二诊(2012年10月18日):经内外合治4天后,病变部位疼痛明显减轻,疱疹部位皮肤颜色变浅,疱疹结痂。药中病机,仍宗前法治疗。药用:黄芪30g,女贞子30g,枸杞子30g,白术15g,薏苡仁30g,连翘30g,白花蛇舌草30g,青黛(包煎)15g,丹参30g,牡丹皮12g,红花6g,郁金30g,桔梗15g。3剂,服法同前。嘱其不再外敷药物,保持皮肤干燥、清洁。

三诊(2012年10月24日):3剂尽,疱疹部位脱痂,皮肤颜色微黯红,病变部位时而刺痛。病初愈,治以扶正活血通络法。药用黄芪30g,女贞子30g,枸杞子30g,山药30g,葛根30g,桑枝30g,青黛(包煎)15g,丹参30g,牡丹皮10g,红花6g,僵蚕15g,桔梗15g,荔枝核15g。3剂,服法同前,以资巩固。随访半年,已恢复如初。(高晔,陈大双,景欣,等.景洪贵主任医师治疗带状疱疹的经验[J].国医论坛,2015,30(2):29-30.)

按:此患者年老体弱,感受湿热毒邪,郁于机体而发病。正气不足,湿热蕴结,血行瘀滞为此患主要病机,病变部位主要在肺脾肝,属虚实夹杂之证,补益正气,清热解毒除湿,活血化瘀为治疗大法。在内服中药的同时,加上针刺拔罐、外敷药物等法。内外合治,故疗效显著。

例6 患者某女,25 岁,初诊日期 1971 年 9 月 7 日。

主诉:左侧胸背部起红斑水疱伴针刺样剧烈疼痛 1 周余。现病史:1 周前患者左侧胸背皮肤起红斑,继而出现散在的丘疹,水疱,逐渐增多,簇集带状分布,疼痛难忍,曾经治疗(具体不详),但水疱未退而且疼痛未减,影响睡眠,遂来我院门诊。检查:左侧胸背部簇集绿豆大小水疱,部分水疱中央稍塌陷,基底潮红,带状分布。舌脉象:舌苔薄白,脉细滑稍数。西医诊断:带状疱疹。中医辨证:肝胆湿热。立法:清肝胆湿热,解毒止痛。方药:清肝胆湿热解毒止痛汤加减。龙胆草 9g,黄芩 9g,黄连 4.5g,连翘 9g,金银花 15g,天花粉 15g,大青叶 15g,制乳香 9g,制没药 9g,野菊花 9g,干生地 15g,赤芍 9g,丹皮 9g。外用黑色拔膏棍 100g。上方服 3 剂,9 月 13 日疼痛减轻,已能入睡,触痛已消失,疱疹也见消退,热象渐退,按上方小其剂加白术以助气,加杜仲以引经。处方如下:龙胆草 9g,黄芩 9g,黄连 4.5g,丹参 12g,干生地 15g,赤芍 15g,地丁 12g,元胡 9g,白术 9g,杜仲 9g。上方服 3 剂,9 月 16 日症状基本消失,方用调理气血佐以清热之剂以收功。再进 3 剂后治愈。(刘志勇,马一兵,王莒生,等 . 赵炳南治疗带状疱疹经验[J]. 中国中西医结合皮肤性病学杂志,2017,16(4):365-367.)

按:本患者根据发病部位及临床表现,诊为带状疱疹,辨证属肝胆湿热证,故治疗以清泄肝胆湿热为主,佐以凉血活血。方药用赵炳南清肝胆湿热解毒止痛汤治疗,此方在龙胆泻肝汤的基础上,增加了一些凉血活血药物以解血分热毒。

【临证备考】

以龙胆泻肝汤加板蓝根为主方进行增减,疱疹干性、焮痛重者加郁金、红花、元胡;湿性者合四苓散、平胃之类;疱疹红肿者加用黄连、银花、连翘、白鲜皮等。局部外用醋调六神丸。治疗带状疱疹 9 例,全部治愈,疗程最短 10 天,最长 25 天,平均 14 天。认为本病病位在身体侧面,为肝胆经络所行,发病急剧,肿痛灼热,疱疹含液,糜烂渗液,证属肝胆湿热为患,《医宗金鉴》依丘疹是否含液分干性和湿性两型,与西医学的顿挫性和大疱性相合,以龙胆泻肝汤为主加减,与本病证相合,故疗效颇佳。醋调六神丸增加了清热解毒、消肿止痛之功,与内服汤剂相得益彰。据有关药理研究资料,柴胡、龙胆草、板蓝根、连翘、黄芩、银花等具有抗炎、抗病毒、减低毛细血管通透性,增强单核细胞吞噬功能等作用,所以疗效优良。(王毓兰 . 龙胆泻肝汤与六神丸治疗带状疱疹[J]. 海南医学,1995(4):250.)

用自拟抗病毒汤为基本方,中医辨证分型加减治疗重症带状疱疹33例,平均住院(家庭病床)治疗21天,全部治愈。见效天数最短3天,最长5天。其组方为:柴胡8g,茵陈30g,黄芩12g,生地15g,银花15g,连翘10g,大青叶15g,板蓝根30g,虎杖9g,贯众9g,人参叶9g,黄芪9g,徐长卿9g,龙胆草9g。该方具有清利肝胆湿热,凉血解毒,消肿止痛等作用。(谢义达,谢舜辉.辨证分型治疗重症带状疱疹33例临床观察[J].上海中医药杂志,1990(1):22-24.)

扛板归外敷治疗带状疱疹38例,其法取扛板归新鲜全草(无鲜品时干品亦可)50~100g,捣烂加醋调和成泥状,敷于患部,然后在其上用干净塑料膜剪成带状覆盖药面,用胶布固定,1日换药1~2次。治疗结果:敷药后8小时内疼痛减轻。疼痛消失时间:31例疼痛在3天内消失;7例为4天。疱疹消退时间:27例于4天内消退;11例为5天。38例全部治愈,无神经痛后遗症。认为带状疱疹为湿毒之邪夹风火壅滞于肝胆、脾胃经络所致。扛板归功能清热利水(湿)消肿,活血解毒,故用之获效。(张毓华.扛板归外敷治疗带状疱疹[J].湖北中医杂志,1991(1):14.)

翁氏用加味龙胆泻肝汤治疗肝胆湿热型带状疱疹32例。药用:龙胆草6g,柴胡6g,生地15g,泽泻15g,车前子15g,黄芩9g,栀子9g,木通6g,当归6g,甘草3g,延胡索10g,郁金10g,香附6g。水煎服,分2次温服,每次100ml。外用青黛加味膏及五宝散敷贴。10天为1疗程。治疗结果:痊愈20例,显效6例,有效3例,无效3例,总有效率90.6%。(翁树林.加味龙胆泻肝汤治疗肝胆湿热型带状疱疹32例临床观察[J].中医药通报,2013,12(2):46-48.)

王氏等用二味拔毒散治疗带状疱疹60例。药用内服:龙胆草15g,栀子10g,黄芩12g,柴胡12g,生地黄10g,泽泻10g,当归15g,车前子10g,木通10g,苍术10g,厚朴10g,陈皮12g,猪苓10g,赤茯苓15g,白术10g,滑石10g,防风10g,肉桂3g,甘草6g,灯心草6g。水煎服,1日1剂,分2次服;外用:二味拔毒散(药物组成为雄黄和白矾)水调外搽患处,每日1次。9天为1疗程。治疗结果:痊愈24例,显效32例,好转4例,无效0例,总显效率93.33%,总有效率100.00%。(王丹,谌莉媚.二味拔毒散治疗带状疱疹的临床研究[J].光明中医,2016,31(2):162-165.)

肖氏用解毒活血利湿法治疗带状疱疹33例。药用:蒲公英15g,生地黄20g,连翘、栀子、川楝子、延胡索、丹参、车前子各10g,木通6g,大黄、制乳香、制没药各5g;疱疹发于腰部者,加杜仲10g;疱疹发于胸胁部者,加全瓜蒌15g;疱疹发于后背部者,加伸筋草10g;热毒重者,加龙胆草10g;湿甚者,加猪苓、茯苓各 10g;斑色紫黯者,加赤芍、丹皮各 10g。1 日 1 剂,水煎服,每剂煎 3 次,分 3 次口服。治疗结果:33 例全部治愈。其中 20 例 3 天治愈,11 例 6 天治愈,2 例 9 天治愈。(肖金. 解毒活血利湿法治疗带状疱疹 33 例[J]. 安徽中医临床杂志,1999,11(4):246.)

三十三、湿 疹

湿疹是一种常见的皮肤炎症反应性疾病。本病以皮疹呈对称性和多形性(即红斑、丘疹、丘疱疹、水疱、渗出、糜烂、结痂、肥厚及苔藓样变等),且剧烈瘙痒,反复发作,易成慢性为其临床特征。可发生于任何年龄,男女均可发病,无明显的季节性。发病部位常见于头、面、四肢远端暴露部位以及阴部、肛门等处。临床有急性、亚急性和慢性等三种类型。

中医根据其发病部位和年龄,有不同的病名,如皮疹泛发于全身的称为"浸淫疮";发于耳部的称为"旋耳疮";发于阴囊的称为"绣球风""肾囊风";发于手部的称为"病疮";发于腿部的称为"湿毒疮";发于婴儿的称为"奶癣"。

【湿热与发病的关系】

西医学认为湿疹的病因比较复杂,既有外在因素(如物理和化学刺激等),又有内在因素(如先天素质、神经系统功能、营养或新陈代谢障碍等),但往往是多种内外因素同时致病。

中医则认为"湿"是本病的主要发病因素,常贯穿病程始终,其中湿与热合,而为湿热,在本病的发病学上尤占有十分重要的地位。盖湿热之邪,有自外受,有自内生,而脏腑之中,脾胃与之关系尤为密切。因脾胃属土,湿为土之气,人若感受湿热之邪,脾胃首受其害,薛生白尝谓:"湿热病属阳明太阴经者居多,中气实则病在阳明,中气虚则病在太阴。"指出了脾胃为湿热病变之中心,也说明脾胃对湿热之邪有其亲和性。另一方面,人若嗜食肥甘厚味,过饮茶酒,恣食鱼虾海味发物,辛热炙煿,易致脾胃受伤,运化失健,湿从内生,蕴而化热,湿热浸淫肌肤,湿疹由是而发。证诸临床,本病的发生,往往是内外因联合作用的结果,而内因常起主导作用。

【相关临床表现】

如前所述,湿热是引起本病的主要病因,因此临床常出现一系列的湿热征象,其典型的症状是皮肤潮红,出现丘疱疹、水疱、糜烂、渗出等。在辨证时,还须综合全身症候,分清湿与热之孰轻孰重,热重于湿者,一般以红斑、丘疹为主,兼见丘疱疹、水疱,并伴见身热、口渴、心烦、小便黄赤、大便干结,舌质红,苔黄腻偏干,脉象弦滑带数等;湿重于热者,一般以丘疱疹、水疱为主,并出现糜烂、渗出,兼见红斑、丘疹,并伴见肢体困倦,脘闷纳减,大便偏溏,舌苔白腻或微黄而腻,脉象缓滑等。

【相应治疗方法】

总的治法是清热祛湿,兼以凉血解毒。若热重于湿者,方用龙胆泻肝汤加丹皮、银花、连翘、蒲公英、败酱草、地肤子、白鲜皮之类,八正散亦可选用;若湿重于热者,方选萆薢分清饮合二妙散、胃苓汤、三仁汤等化裁。

本病宜采取内外兼治的方法,外用药有青黛散掺皮损糜烂面;或用三黄洗剂药汁涂患处。若瘙痒剧烈者,可用蛇床子适量煎汤外洗;皮损有继发感染化脓者,外涂四黄膏;或用三黄洗剂。

【验案举例】

例1 刘某,女,17岁。颜面、前额、鼻翼两侧、颊部皮肤均有脓疱样疙瘩,红润且硬,大者底有0.8cm,明显高于皮肤,小者如米粒大,有一定的疼痛和瘙痒,其他部位没有,发病一个多月未用药物治疗。口渴,便干,小便色黄,舌尖红,苔微黄,脉弦。平时喜食辣椒等辛味和鱼虾肉蛋。西医诊断:面部湿疹。中医辨证:湿热蕴久化热,热重于湿。宜清热、除湿、解毒。方药为:龙胆草6g,黄芩9g,泽泻9g,栀子6g,生地15g,车前草15g,连翘9g,槐花9g,菊花9g,甘草3g,茵陈9g,陈皮6g,白术9g。每次取药5剂,中间据症略有加减,共服30剂,痊愈,追访6个月未复发。(张义霞,王政才,刘芳.清热利湿健脾治疗湿疹[J].黑龙江中医药,1996(6):23-24.)

按:湿疹辨证为热重于湿者,治用龙胆泻肝汤加减效果显著,本案即是例证。

例2 毕某,女,45岁。初诊日期:1975年7月8日。

主诉:头皮瘙痒起小疙瘩流水结痂已4年。

现病史:4年来头皮经常瘙痒起小疙瘩,抓破流黏水结黄痂,时轻时重,反复发作,屡治少效。

检查:头皮部大片皮损上覆脂溢鳞屑,抓破处可见溢水、糜烂和血痂、黄痂,沿前额可见境界清晰略有浸润、潮红、溢水之皮损。舌苔薄黄腻,脉弦滑。

西医诊断:脂溢性湿疹。

证属:脾胃湿热上蒸。治则:利湿清热。方药:生地30g,公英9g,黄芩9g,茯苓9g,泽泻9g,木通6g,车前子(包)9g,六一散(包)9g,丹皮9g,水煎服,6剂。外用生地榆90g,分5天水煎凉湿敷,每日敷4次,每次敷半小时。

二诊:(7月14日)药后溢水已少,痒感减轻,舌质红,苔黄腻。上方加大青叶9g,服6剂。外用同前。

三诊:(7月21日)经治疗后见效,但头部两侧皮损仍红,觉痒,大便干燥,舌苔薄黄而腻。上方去丹皮、赤芍、大青叶,加生大黄(后下)3g。

四诊:(7月26日)头额部皮损已明显减轻,稍见鳞屑,微痒。舌质淡,苔薄黄腻,脉细滑。上方去生大黄,加当归9g,赤芍9g。外用祛湿膏。

五诊:(8月2日)皮损逐渐趋轻,已不溢水,尚觉轻度瘙痒。舌苔脉象同前。继服上方6剂。

六诊:(8月9日)皮损基本治愈,偶痒。继服上方加苍耳子9g,5剂,以资巩固疗效。[中医研究院广安门医院.朱仁康临床经验集(皮肤外科)[M].北京:人民卫生出版社,1979.]

按:本例内外兼治,其中外治以生地榆水煎湿敷,方法简便,效果显著,值得取法。

例3 徐某,男,30岁,初诊日期1971年4月12日。

主诉:身上起红疙瘩,瘙痒流水已半个多月。

现病史:半个月前腹部出现红色疙瘩,瘙痒,晚间尤甚,搔后皮疹增大,流黄水,局部皮肤大片发红,逐渐延及腰部、躯干等处,诊断为急性湿疹。曾服"苯海拉明",静脉注射"溴化钙",用醋洗,均未见效。大便干,小便黄,口渴思饮。

检查:胸、背部皮肤轻度潮红,有散在红色小丘疹,自米粒大至高粱米粒大,下腹部及腰部呈大片集簇性排列,并掺杂有小水疱,部分丘疹顶部抓破,有少量渗出液及结痂,臀部也有类似皮疹。脉象:沉细稍数。舌象:舌苔薄白,舌质正常。

西医诊断:急性湿疹。中医辨证:湿热蕴久化热,发为急性湿疹,热重于湿。

立法:清热凉血利湿。方药:胆草9g,黄芩9g,栀子9g,生地30g,赤芍15g,茵陈15g,紫草根12g,地肤子15g,茅根15g,生甘草6g。

上方服21剂后,皮疹逐渐消退,疹色变淡,腹部、股内侧偶尔出现红色小丘疹,兼见有风团样损害。按前法佐以养血凉肝之剂:胆草9g,黄芩9g,生地30g,赤芍15g,当归12g,茵陈15g,女贞子30g,旱莲草12g,刺蒺藜15g,生甘草6g。

上方继服15剂,皮损消失,临床治愈。(北京中医医院.赵炳南临床经验集[M].北京:人民卫生出版社,1975.)

按：对于热重于湿的湿疹，临床应用龙胆泻肝汤化裁，堪称历验不爽，是案亦足以证之。

例4 患者，男性。

近1个月心烦焦虑，四肢躯干见红色丘疹，大小不一，密集成片，瘙痒不休，食辛辣之品后加重，曾西医治疗但仍反复发作，故来求治。查体可见四肢躯干红色丘疹，局部有渗出，部分有黯红结痂，舌质紫黯，舌红，苔薄黄，脉滑数。西医诊断：湿疹；中医诊断：湿疮，湿热浸淫型。治以祛风除湿，清热解毒。处方，内服：土黄芪30g，生地20g，连翘20g，虎杖20g，土大黄20g，丹皮20g，赤芍20g，甘草10g，7付，日1剂，水煎取汁300ml，早晚分服；洗剂：麻黄10g，荆芥25g，防风20g，艾叶15g，川椒15g，芒硝50g，冰片5g，水煎取汁1 000ml，患部浸泡擦涂，可每日数次。1周后患者再诊，四肢躯干红色丘疹减少，局部有渗出，部分黯红结痂，瘙痒减轻，大便秘结，舌质紫黯，舌红，苔薄黄，脉滑数。上方虎杖改10g，加羚羊角丝（单煎）2g，7付，日1剂，水煎取汁300ml，早晚分服，湿疹洗剂继续使用。1周后，患者皮肤红色丘疹，瘙痒症状好转，继续口服汤药及湿疹洗剂1周，以巩固治疗。（李倜，赵金坤，李姣.国医大师卢芳治疗湿热浸淫型湿疹的经验［J］.中国卫生标准管理，2017，8（26）：118-120.）

按：湿热浸淫而发湿疹，采取内外兼治方法，意在祛风除湿，清热解毒，洵属对证投剂。内服方中虎杖用得巧妙，既能清热利湿，又能活血解毒，本品临床一般多用于黄疸、跌打损伤，湿疹用之，比较少见；外洗方发表通里俱用，组方颇有特色，功效显著，值得效法。

例5 患者，女性，68岁。初诊日期：2014年4月7日。

主诉：间断面部发痒伴水疱，脱屑3年。患者3年前夏季无明显诱因出现面部，双手泛发片状红斑，最大者4cm×5cm，随后起丘疹、水疱伴瘙痒，就诊于外院皮肤科诊断为"湿疹"，予口服西替利嗪、氯雷他定，外用卤米松软膏治疗2天后症状缓解，此后患者多次发作湿疹，每次用西药3天左右，症状即可缓解。1个月前患者再次出现面部、四肢散发水疱，服前药5天后四肢水疱结痂，瘙痒减轻，但面部水疱持续存在，伴渗出，瘙痒明显，遂来诊。现症见：面部水肿，额头、两颧附近片状红斑伴少量渗出，脱屑，瘙痒明显，双手心可见新发成簇水疱伴轻度瘙痒，自汗，口干，眠差多梦，饮食可，平素易感冒，大便黏滞不爽。舌淡，胖大有齿痕，苔薄黄，脉沉细。西医诊断：湿疹；中医诊断：湿疮，肺脾两虚，湿热内蕴证。治法：温阳健脾益肺，清热祛湿。方用：生黄芪30g，桂枝15g，防风9g，茯苓18g，炒白术30g，干姜9g，当归12g，赤芍、白芍各15g，麦冬18g，五味子9g，紫草9g，苦参9g，栀子6g，牡丹皮9g，生甘草9g。7剂，1日

1 剂。水煎服。

二诊（2014 年 4 月 14 日）：患者诉面部红斑颜色变淡，渗出减少，双手新发水疱减少，仍有瘙痒，睡眠较前改善，觉乏力，大便黏滞不爽。舌淡胖大有齿痕，苔薄白，脉沉细。上方减苦参，栀子；加荆芥、辛夷、蝉蜕各 9g，制附子（先煎）15g，党参 30g，生黄芪量增至 45g。

三诊（2014 年 4 月 28 日）：患者诉瘙痒较前明显减轻，头面、双手未再新发水疱，乏力改善，大便黏滞减轻，舌淡红胖大，苔薄白，脉沉细。上方减荆芥、辛夷、紫草、牡丹皮、蝉蜕，加黄芪至 60g，肉桂 15g，川椒 9g，山茱萸 30g。依上法巩固治疗 1 个月后患者诉湿疹症状基本消失，电话随访 1 年未再发作。（王铁柱，史琦，阎玥，等 . 从肺脾论治湿疹 [J] . 世界中医药，2017，12（2）：369-372 .）

按：本例为虚中夹实证，治法标本兼顾，初诊仿黄芪建中汤培补肺脾以扶其本；用苦参、茯苓清热祛湿，紫草、丹皮、赤芍等凉血活血，荆芥、蝉蜕祛风止痒以治其标。处方配伍合理，故奏良效。这里值得指出的是，苦参一药，无论内服抑或外洗，治疗湿疹效佳。

例 6 单某，女，6 岁，2013 年 5 月 17 日初诊。

患儿自 2011 年 2 月起全身出现米粒大小的红色丘疹，瘙痒难耐，至今已 2 年有余。冬季稍缓，春暖加剧，夏秋之季尤重，曾去多家医院诊治均未见效。现症见：全身皮肤满布粟粒状红色丘疹，顶部见有白色点状物，融合成片，布满抓痕及血痂，皮肤略潮。舌边齿痕，舌红，苔黄腻，脉滑数。中医诊断为小儿慢性湿疹，证属湿热内蕴，脾虚血燥，外发肌肤。治以健脾燥湿，清热，养血润肤。处方：荆芥 10g，连翘 10g，赤芍 10g，蝉蜕 3g，白僵蚕 10g，蒺藜 10g，牛蒡子 10g，淡竹叶 10g，灯心草 1g，石斛 15g，三七 10g，刺猬皮 10g，蜂房 6g，黄连 1.5g。服药 3 剂，瘙痒大减，皮疹渐消。前后共服药 2 周，疹退痒止。（蔡江，伍利芬，徐荣谦 . 徐荣谦教授治疗小儿慢性湿疹经验 [J] . 中医儿科杂志，2016，12（3）：8-9 .）

按：该文作者以本案为例，介绍徐荣谦教授治疗小儿湿疹的经验：徐教授认为"小儿慢性湿疹为风、湿、热互结，深伏于内，外发肌表所致，故缠绵难愈。方中荆芥为血中气药，其性辛温，连翘苦寒，前者解表，后者清里，二药相配，一温一寒，一表一里，互相配合，相得益彰；黄连燥湿与利湿并用，以增祛湿之功，湿邪一解，风热无所依，热随湿去，风解于外，其病自愈；僵蚕、蝉蜕祛风止痒，使内郁之风热得清，肌腠之风热得散，则皮疹及瘙痒顿解；佐以蒺藜、牛蒡子解表透疹；淡竹叶、灯心草清热利尿祛湿，使内热里湿由小便而去；再加化痰祛风通络之刺猬皮、蜂房,透邪外达而获速效。诸药配伍,清热利湿,润燥养血,药证合拍,取效显著"。如此说解,读后启发良多。

【临证备考】

用清热利湿健脾治疗湿疹 13 例,其基本方为龙胆草 6g,黄芩 9g,黄连 6g,栀子 6g,泽泻 9g,生地 15g,车前草 15g,连翘 9g,槐花 9g,茯苓 9g,白术 9g,枳壳 6g。每日 1 剂,瘙痒明显加白鲜皮、地肤子、苦参;发于面部加菊花;发于头部加藁本;发于腰部加杜仲;发于上肢加姜黄,下肢加牛膝;湿盛加黄柏、苍术;病久加当归、赤芍、白芍等。治疗结果:痊愈 5 例,基本痊愈 8 例。1 个月内痊愈 2 例,其余均在 1~3 月内治愈。(张义霞,王政才,刘芳.清热利湿健脾治疗湿疹[J].黑龙江中医药,1996(6):23-24.)

名医赵炳南对湿疹的治疗,很重视标本兼治,内外兼治的整体与局部相结合的治则,既重视湿热的表现,又重视脾失健运的根本原因。对于热盛者则用胆草、黄芩、栀子、连翘清湿热火邪;黄柏、泽泻、茵陈、车前草(子)除湿利水;槐花、生地凉血解毒;白鲜皮、地肤子、苦参祛风止痒。对于湿盛者,则用厚朴、陈皮、茯苓、木通健脾燥湿利水;泽泻、茵陈、车前子、黄柏利湿清热;甘草和中。临证时多佐用白术以健脾补气,助后天之功,以运化水湿。在治法的运用上,是先治其标,待湿热消退之后,则理脾助运以治其本。所以理脾化湿可说是治疗本病的根本,使机体内部的运化功能发生变化,才能从根本上治疗本病,这是一个基本原则。(北京中医医院.赵炳南临床经验集[M].北京:人民卫生出版社,1975.)

用苍术米仁汤治疗 31 例急慢性湿疹患者,其组方为:苍术 15g,米仁 50g,黄芩 15g,川芎 15g,白蒺藜 15g,苦参 20g,白鲜皮 20g,赤芍 15g,生甘草 15g,水煎服。本方功能清热燥湿,祛风止痒,活血化瘀。若渗液多,伴感染者,加板蓝根 30g,双花 30g,或蒲公英 30g;渗液糜烂加紫草 20g。治疗结果:痊愈 25 例,显效 2 例,好转 3 例,无效 1 例,总有效率为 96.8%。(胡熙明.中国中医秘方大全:外科分卷·伤骨科分卷[M].上海:文汇出版社,1989.)

北京中医医院皮肤科用马齿苋去湿方治疗 24 例湿疹患者(急性湿疹 10 例,慢性湿疹 14 例),其组方为:马齿苋 30g,龙胆草 9g,黄柏 15g,红花 9g,苦参 15g,蛇床子 15g,泽泻 15g,大黄 6g,甘草 9g,水煎服。本方功能清热解毒,退肿利湿。治疗结果:痊愈 4 例,显效 4 例,有效 7 例,无效 9 例,总有效率为 62.5%。(胡熙明.中国中医秘方大全:外科分卷·伤骨科分卷[M].上海:文汇出版社,1989.)

朱氏等用加味五味消毒饮外洗治疗湿热壅盛型湿疹 28 例。药用:野菊花、金银花、蒲公英、紫花地丁、地肤子、土茯苓、白鲜皮、天葵子、苦参、生甘草；热盛者加黄芩、山栀子；兼有外感风热者加防风、蝉蜕、连翘。水煎取汁，每日1剂，待水温降至约40℃时，用纱布或毛巾直接蘸药液擦洗患处，以利有效成分透皮吸收，每日2次，每次擦洗时间以3~5分钟为宜，按湿疹面积大小自行调节时间。治疗时间为2周。治疗结果：治愈21例，好转4例，未愈3例，总有效率89.3%。随访半年发现复发1例，复发率为3.6%。（朱化珍，陈晨，陶剑青，等．加味五味消毒饮外洗治疗湿热壅盛型湿疹临床观察［J］．天津中医药，2017，34（11）：745-746.）

张氏等用湿疹方治疗小儿湿热浸淫型湿疹33例。用湿疹方外用，湿疹方药物采用四川新绿色药业科技有限公司生产的中药免煎配方颗粒，药物组成：白鲜皮20g，地肤子20g，生地榆50g，苦参30g，土茯苓50g。用法：每2日2剂，外用。根据免煎中药包装方法：每剂分装为两格，为保证药汁质量，每日冲一格，每格冲100ml备用。每次清洁皮肤后，用纱布蘸取适量药液涂擦患处，无需清水再冲洗，每日4次，未用完者弃之，疗程7天。服药期间注意饮食起居，避免接触过敏原。治疗结果：痊愈16例，显效8例，有效6例，无效3例，总有效率90.9%。（张丽，肖和印，陈艳霞，等．湿疹方治疗小儿湿热浸淫型湿疹33例［J］．环球中医药，2017，10（7）：876-878.）

徐氏用加味龙牡二妙汤联合外用中药煎剂治疗湿热浸淫型湿疹32例。药用，内服：煅牡蛎、生龙骨、仙鹤草、地榆炭各30g，黄柏、侧柏炭各20g，防风10g，行常规煎煮，取150ml药液，继续煎煮2次，同取150ml药液，充分混合，早晚温服1次；外用：马齿苋、苦参、马鞭草各5g，行常规煎煮，对药汁进行过滤，放置于室温环境下冷却，待到药汁冷却到30℃时，采用无菌纱布折叠至5~6层，稍比皮损范围大，将纱布浸泡于药液中，取出轻拧，以不滴水为宜，将其外敷于皮损部位，反复湿敷，早晚各进行1次，每次持续20分钟。以8周为1个疗程。治疗结果：痊愈8例，显效15例，有效6例，无效3例，总有效率90.63%。（徐镇军．加味龙牡二妙汤联合外用中药煎剂治疗湿热浸淫型湿疹临床观察［J］．亚太传统医药，2016，12（21）：126-127.）

刘氏等用马齿苋外洗方治疗湿热型湿疹30例。给予马齿苋外洗方，药用金银花、野菊花、百部、地榆、马齿苋各30g，水煎外洗，1日1剂，每日2次。治疗4周。治疗结果：基本痊愈9例，显效15例，好转5例，无效1例，总有效率96.67%。（刘少芬，杨玉峰．马齿苋外洗方治疗湿热型湿疹的临床疗效研究［J］．河北中医药学报，2017，32（1）：23-25.）

毛氏用清热化湿方联合炉甘石洗剂治疗湿热内蕴型湿疹46例。内服药用：生地黄 15g，灯心草 20g，竹叶 20g，甘草 12g，白鲜皮 30g，茵陈 20g，枳壳 12g，泽泻 20g，栀子 15g，黄芩 15g，生白术 12g，赤茯苓皮 15g。若胃脘满闷、纳呆者加广藿香 10g，砂仁 8g；若患者渗出较多者加滑石 20g，薏苡仁 20g。分早晚 2 次服，1 日 1 剂，水煎服。外涂药用：炉甘石洗涤剂（药物组成：甘油，苯酚，氧化锌，薄荷，炉甘石）1 天 3~4 次。治疗周期为 1 个月。治疗结果：痊愈 35 例，显效 5 例，有效 2 例，无效 4 例，总有效率 91.30%。（毛立东．清热化湿方联合炉甘石洗剂治疗湿热内蕴型湿疹的临床观察［J］．中国现代药物应用，2016，10（17）：258-259.）

三十四、痤　疮

痤疮，俗称"粉刺""青春痘"，是青春期常见的一种毛囊皮脂腺的炎症，表现为丘疹、脓疱、结节等，它多发于皮脂腺分布较多的部位，如面部、胸背部。《诸病源候论》载："面疮者，谓面上有风热气生疮，头如米大，亦如谷大，白色者是。"

【湿热与发病的关系】

中医认为本病多因肺热熏蒸，血热郁滞肌肤，或脾失健运，水湿内停，湿郁化热，酿湿成痰，湿热夹痰，凝滞皮肤而发疹；或过食油腻、辛辣食物，脾胃积湿生热，或冲任失调，湿热火毒不能下行，反而上逆，阻于肌肤，导致皮肤疏泄功能失畅而成痤疮。湿性黏滞，缠绵难解，故湿热型痤疮病程较长。

【相关临床表现】

1. 肠胃湿热型　皮疹红肿疼痛，伴便秘溲赤，纳呆腹胀，苔黄腻，脉滑数。

2. 肝胆湿热型　皮疹红肿疼痛，伴烦躁易怒，口苦，两胁胀痛，小便黄赤，妇女可见白带黄稠，舌红苔黄腻，脉象弦滑。

3. 脾虚湿热型　颜面皮肤油腻不舒，皮疹色红不鲜，发而不透，有丘疹、脓疱或结节等，病程较长，反复发作，同时伴有神疲纳呆，便秘或便溏，舌淡胖，边有齿痕，苔薄腻，脉濡滑。

【相应治疗方法】

治宜清热祛湿，凉血解毒。多用内服与外用方结合治疗的方法。

肠胃湿热型可用茵陈蒿汤化裁，药用茵陈、大黄、栀子、枳壳、厚朴、生地、赤芍等；

肝胆湿热型可用龙胆泻肝汤加减，药用车前子、龙胆草、黄芩、栀子、虎杖、苡仁、泽泻、焦楂、蒲公英、紫花地丁等；

脾虚湿热型可用参苓白术散加减，药用党参、苍术、白术、茯苓、怀山药、白扁豆、蒲公英、黄连、紫花地丁、生甘草等。

外治：用中药煎汤熏蒸或外洗患处，或用中药面膜敷面等，药用茵陈、紫花地丁、野菊花、白花蛇舌草、苦参、栀子、土茯苓等。

【验案举例】

例1 王某，男，22岁，工人。1996年4月12日初诊。

粉刺、丘疹此起彼伏发作1年余，颜面潮红，粉刺脓疱，焮热疼痛，口鼻干燥，大便秘结，小便黄赤，舌红苔薄黄腻，脉弦滑。此为肺胃湿热蕴阻肌肤，外感毒邪，治以清除肺胃湿热，佐以化毒，予：枇杷叶10g，桑白皮10g，黄芩10g，栀子10g，野菊花8g，黄连6g，白茅根30g，生槐花15g，赤芍10g，苦参10g，生大黄（后下）6g，蒲公英20g，局部感染处外用氧氟沙星凝胶。服药5剂后，其颜面潮红有所减退，二便正常，原方大黄减量至4g，加生白术10g，生苡仁5g，守方服用1个月，其饮食二便均保持正常，面部皮肤损害逐渐痊愈。嘱其注意面部皮肤卫生，保持饮食清淡，避免油腻及辛辣之品，半年后随访未复发。（郭梅华.清除肺胃湿热法治疗寻常性痤疮32例［J］.江苏中医，1997（11）：24.）

按：方中枇杷叶、桑白皮清肺泻肺，黄芩、栀子、黄连清热除湿，野菊花、苦参清热解毒，白茅根、生槐花、赤芍清热凉血，诸药合用，湿热得除，痤疮自清。

例2 张某，女，24岁，1997年10月8日初诊。

额部、双颊为主散在米粒至高粱大小的丘疹、脓疱，皮损中掺杂有黑头粉刺，自觉满脸烘热、灼痒、疼痛，月经来潮前加剧，口臭，喜冷饮，大便干燥，舌质红，苔黄，脉滑略数。证属肺胃湿热，外感毒邪，血热蕴结。治宜清肺胃湿热，凉血解毒化郁。药用自拟消痤汤。处方：桑白皮10g，枇杷叶10g，黄芩10g，白花蛇舌草30g，土茯苓15g，当归10g，苦参10g，香附10g，益母草6g，柴胡6g，全瓜蒌30g，大黄（后下）10g，生甘草10g，水煎服，每日1剂。二诊：服药3剂，皮损减轻，部分开始消退，面部烘热，痒痛缓解，大便通畅，续服上方。三诊：共服上方14剂，皮损大部变平，未出新疹，油性分泌物减少，经前皮损加重情况明显缓解，舌质黯红，苔白，脉弦滑，于前方去大黄、瓜蒌，加生白术10g，生薏米10g。四诊：又服7剂，皮损消退，自觉症状消失，达临床治愈。（王同庆.自拟消痤汤治疗寻常痤疮60例［J］.北京中医，2000（3）：25-26.）

按：本例证属肺胃湿热，方用桑白皮、枇杷叶、黄芩泻肺清热，白花蛇舌草、苦参、土茯苓清热除湿，当归、柴胡、香附、益母草疏肝理气，活血调经，生甘草调和诸药。

例3 张某,女,22岁,导购员,1998年6月初诊。

患者半年前双侧面颊部痤疮,口服苦参丸,外用苯甲酰液,药后症状减轻,后因工作繁忙,未坚持治疗,致病情时轻时重。检查:双侧面颊及口周紫红色丘疹密布,大小不一,部分有脓尖,伴红肿疼痛。病人自觉口臭,便干,舌质红,苔黄腻,脉濡数。辨证:湿热蕴结。治法:清热化湿通腑。处方:茵陈12g,苡仁2g,苦参12g,栀子12g,黄柏12g,连翘12g,野菊花12g,鸡冠花12g,丹皮12g,当归12g,陈皮12g,甘草6g,服10剂。同时3日1次中药面膜治疗,外涂痤疮膏每日2次。10日后复诊,见丘疹大部消退,脓疱未见。继服前方5剂而愈。(查秀明.痤疮70例的中医辨证治疗[J].北京中医,1999(4):54.)

按:本例患者证属湿热蕴结,药用茵陈、苡仁、栀子、黄柏、丹皮等清热利湿,连翘、野菊花、苦参等清热解毒。诸药合用,湿热得清,痤疮自愈。

例4 张某,男,36岁,2015年12月9日初诊。

主诉:反复发作面部痤疮10年余。患者自诉喜食辛辣之品,于10年前无明显诱因面部起痘,其间反复发作,治疗经过不详。现痤疮散在分布于口周部,有脓头,触之疼痛,色红,部分留有痘痕,头面部油腻,脱发,偶耳鸣,易口干。纳眠可,大便偏干,小便微黄。舌红苔黄,边有齿痕,脉滑数。诊断:痤疮。辨证属湿热蕴结。处方:黄芩9g,黄连12g,黄柏9g,蒲公英20g,泽泻20g,茯苓15g,陈皮12g,川牛膝30g,枇杷叶20g,连翘18g,野菊花15g,丹皮15g,甘草6g,侧柏叶30g,生槐米15g。每日1剂,水煎400ml,分早晚2次服用,共6剂。嘱其清淡饮食,1周后复诊。

二诊(2015年12月16日):服药后痤疮红肿疼痛症状减轻,偶有新发痤疮,余症纳眠舌脉同前。上方改蒲公英30g,侧柏叶40g,加玄参15g,丹参30g,骨碎补20g。6剂,水煎服,日1剂。

三诊(2015年12月23日):服药后部分痤疮消退,口干、皮肤油腻等症状较前缓解。纳眠,小便可,大便稍干,舌红苔白腻。上方改黄芩12g,黄柏12g,玄参18g。6剂,水煎服,日1剂。

四诊(2015年12月30日):服药后痤疮明显减轻,仅剩个别痤疮未消退。考虑效果良好,继续原方治疗。6剂,水煎服,日1剂。(史作田,谷雨明,徐云生.徐云生教授治疗湿热蕴结型痤疮验案[J].内蒙古中医药,2017,36(7):31-32.)

按:本例辨证为湿热蕴结型痤疮,其关键在于喜食辛辣之品,症见头面多油腻,便干,尿黄,苔黄,脉滑数。故处方以黄连解毒汤为主方,随证加减而获良效。

例5 徐某,女,28岁,初诊:2015年10月1日。

患者面部散在痤疮,脸颊及下颌部明显,色红,痒痛,皮硬内软(脓包样),口干口苦,鼻塞,夜寐尚可,纳少,大便质黏,一天1~2次,小便尚可,舌苔黄厚腻,脉滑数。证属脾胃湿热蕴结,治以清热利湿,软坚散结。药用:陈皮10g,茯苓20g,茵陈20g,竹茹15g,丹皮10g,龙胆草10g,白及10g,枳壳10g,连翘20g,鸡内金10g,苍术20g,泽泻20g,半夏10g,玉竹20g,辛夷10g,地肤子20g,白鲜皮20g,地骨皮20g,五味子10g,夏枯草10g,皂角刺10g,7剂,水煎服。并配伍丹参酮胶囊清血分热,达到抗菌消炎的目的,结合本院制剂黄连消肿膏、消敏膏局部涂擦。

二诊(2015年10月11日):患者自觉痒痛好转,未再长新的痤疮,且较前柔软,鼻塞消失,上方去辛夷,加三棱10g,莪术10g,增强破血行气之力。水煎服,7剂。

三诊(2015年10月17日):患者面露喜色,自诉面部痤疮渐见平坦,食欲较前改善,舌红苔黄,上方去连翘、鸡内金,加乌梅10g敛肺生津。14剂,水煎服。

四诊(2015年11月1日):患者自觉痤疮渐近平坦,现面部尚遗留痘痕,不光滑,故继给汤药7剂巩固疗效,并予本院院内制剂归草润肤膏局部涂擦。提醒痤疮患者日常生活中节饮食,忌辛辣及油腻之品,保持心情舒畅,注意面部护理,温水洗面,忌滥用护肤品。(郭真如,宋平.宋平运用温胆汤加减治疗脾胃湿热型痤疮[J].现代中医药,2016,36(5):71-72.)

按: 本例用温胆汤加减清除体内痰热湿毒,治疗脾胃湿热蕴结所致的痤疮,是对温胆汤应用的拓展和发挥,足资借鉴。

例6 患者某,男,23岁。2014年8月27日初诊。

主诉:面部皮疹6年。刻下症见:额头、双颊、下颌多丘疹、小脓疱,色红,疼痛,鼻周皮肤红,大便日1次,小便调,舌绛红,苔黄腻,脉滑。辨证:湿热证。治法:清热除湿。处方:金银花20g,连翘15g,紫花地丁15g,野菊花10g,马齿苋15g,茵陈15g,黄连6g,白花蛇舌草15g,丹参15g,生甘草6g,焦山楂10g,生地榆10g,天花粉10g,白芷10g,陈皮10g,赤小豆10g。水煎温服,1日1剂,1次200ml,早晚各1次。

二诊:服药7剂后,口周仍新发红丘疹,色素沉着明显,舌尖红苔薄白,脉弦细滑。遂调整用药,具体如下:金银花10g,连翘15g,紫花地丁15g,野菊花10g,马齿苋15g,茵陈15g,黄连9g,焦山楂10g,肉桂3g,生地黄15g,牡丹皮10g,赤芍10g,白芷6g。煎服方法同前。

三诊:服药7剂后,口周新发红丘疹,小脓疱,舌红苔薄,脉沉弦。再次调整方药如下：金银花 10g，连翘 15g，紫花地丁 15g，野菊花 10g，黄连 9g，肉桂 3g，生地黄 15g，赤芍 10g，白芷 6g，天花粉 10g，黄柏 6g，知母 10g，陈皮 6g，赤小豆 10g，煎服方法同前，服药 7 剂。共治疗 3 周后，未见新发，遗留少量色素沉着，临床基本痊愈。（苗芸凡，曲韵，姚春海．姚春海教授治疗寻常痤疮验案4 则［J］．中医药导报，2016，22（11）：89-90．）

按：《素问·至真要大论》谓："诸痛痒疮，皆属于心。"心者，火也。本例痤疮的表现，与湿热邪毒引起的"疮疖"无异。故处方用药以清心火、解热毒、消肿排脓为主，且黄连、黄柏、茵陈、赤小豆等均有清除湿热作用。

【临证备考】

用三仁汤加减基本方治疗痤疮 138 例，方用杏仁 10g，蔻仁（后入）3g，生苡仁 50g，竹叶 10g，滑石 10g，生枇叶（去毛）10g，桑白皮 15g，白花蛇舌草30g 等，每日 1 剂，上药浸泡半小时，再煎煮半小时，每剂煎 2 次，药液混合后分早晚 2 次服用，1 个月为 1 疗程，连续服用 2~3 个疗程，服药期间忌辛辣、烟酒、海腥发物。结果临床治愈 102 例，占 73.91%；好转 31 例，占 22.46%；无效5 例，占 3.62%。总有效率为 96.38%。（卢晓梅．三仁汤加减治疗痤疮 138 例［J］．实用中医内科杂志，2000（3）：21-22．）

兰氏等认为寻常性痤疮多因饮食不节，过食肥甘厚味，肺胃湿热蕴结，复感毒邪，或肝郁气滞，或冲任不调所致。用芩参粉刺清口服液治疗寻常型痤疮68 例，药用黄芩、丹参、连翘、栀子、白花蛇舌草、益母草、黄精、柴胡、桑白皮、枇杷叶等，每 10ml 含生药 8.5g，结果痊愈 23 例，显效 29 例，有效 12 例，无效4 例，总有效率为 94%。检查发现男性痤疮患者血清雌二醇（E2）水平升高，而女性迟发性或持久性痤疮患者血清睾酮（T）明显高于健康对照组，经中药芩参粉刺清口服液治疗对患者性激素水平有一定调节作用，使较高的 T 和 E2均趋于下降。（兰东，齐树梅，司天润，等．芩参粉刺清口服液治疗寻常型痤疮的临床观察［J］．中国中西医结合杂志，2000（8）：622-623．）

采用中药痤疮饮加味治疗痤疮 162 例，药用瓜蒌皮、茯苓各 12g，黄芩、天葵子各 9g，当归、薏苡仁各 20g，丹参 15g，水煎服，日 1 剂，5 周 1 疗程。结果有效率达 94.4%。此方有清热利湿、消肿散结的作用，现代药理提示瓜蒌皮、黄芩、当归、丹参、天葵子均有不同程度的抑制金黄色葡萄球菌、大肠杆菌及皮肤真菌的作用。（戴宗凤．中药治疗痤疮 162 例［J］．陕西中医，2000（3）：119．）

用中药加熏蒸治疗肠胃湿热型痤疮 186 例，方用 II 号消痤饮：双花 15g，连翘 15g，地丁 15g，野菊花 10g，蛇舌草 15g，白芷 10g，苦参 10g，生大黄 9g，栀子 10g,土茯苓 15g,生草 6g。结果痊愈 109 例,占 58.60%;显效 43 例,占 23.12%;有效 31 例,占 16.67%;无效 3 例,占 1.61%。总有效率为 98.39%。(马宽玉,王益平,李惠娟.中药加熏蒸治疗痤疮 380 例[J].陕西中医学院学报,1998(3):17.)

用单味茵陈治疗痤疮 100 例,取茵陈 50g,水煎,每日分 2 次口服,7 天 1 疗程,结果痊愈 65 例,显效 33 例,好转 2 例,总有效率 100%。(何家清,张锦章,徐红.单味茵陈治疗痤疮 100 例疗效观察[J].临床皮肤科杂志,1987,16(4):214.)

王氏等用丹芩消郁合剂结合刺络拔罐法治疗肝郁湿热型痤疮 35 例。药用:丹芩消郁合剂(上海中医药大学附属曙光医院院内自制制剂,主要成分:牡丹皮、黄芩、柴胡、白芍、当归、生地黄、山药、茯苓、薄荷、甘草,批号:沪药制字 Z04100610),每日早晚各 1 次,每次 35ml,饭后 0.5 小时口服。刺络拔罐操作方法:取大椎穴、双侧曲池穴,局部酒精消毒后,持 1ml 无菌注射针,针头直刺入皮 1cm,提插捻转得气后摇大针孔出针,保证每个穴位出血量约0.1ml,随即用闪火法将火罐迅速拔在刺血部位,留罐 10 分钟后起罐,起罐后,将皮肤上的血迹用生理盐水棉球擦洗干净,再用碘伏棉球消毒针孔,每周 1 次。治疗结果:临床痊愈 13 例,显效 13 例,有效 7 例,无效 2 例,愈显率 74.29%,总有效率 94.29%。(王丽莉,余安胜,窦丹波,等.丹芩消郁合剂结合刺络拔罐法治疗肝郁湿热型痤疮 35 例[J].河南中医,2017,37(10):1823-1825.)

卢氏等用清热除湿解毒方治疗寻常痤疮肠胃湿热证 51 例。药用:龙胆草 10g,黄芩 10g,黄连 10g,黄柏 10g,金银花 30g,白茅根 30g,生石膏 30g,连翘 20g,生地 15g,大青叶 15g,车前草 15g,六一散 15g,每日 1 剂,水煎服,早晚 2 次温服,治疗 4 周。治疗结果:痊愈 8 例,显效 16 例,有效 22 例,无效 5 例,总有效率为 90.2%。(卢静,刘秀敏,韩晓东,等.清热除湿解毒方治疗寻常痤疮肠胃湿热证的临床研究[J].南京中医药大学学报,2017,33(2):125-128.)

杨氏等用清热除湿汤治疗湿热型痤疮 32 例。药用:龙胆草 10g,车前草 15g,黄芩 10g,生地 15g,白茅根 30g,大青叶 15g,生石膏 30g,六一散 15g。水煎服,取汁 400ml,分 2 次于早、晚餐后 1 小时温服,疗程为 4 周。治疗结果:临床痊愈 7 例,显效 13 例,有效 9 例,无效 3 例,总有效率为 90.63%。(杨岚,李元文,曲剑华.清热除湿汤治疗湿热型痤疮的临床观察[J].实用皮肤病学杂志,2016,9(1):56-58.)

杨氏用自拟痤疮合剂治疗寻常型痤疮胃肠湿热证 44 例。药用:黄芩、天花粉、白芷、甘草各 10g,赤芍、拳参、当归、连翘各 15g,地黄、土茯苓、益母草、金银花、野菊花、皂角刺各 20g,生石膏 30g。水煎服,每日 1 剂,取汁 300ml,早晚分 2 次服,连服 4 周。治疗结果:痊愈 10 例,显效 16 例,有效 13 例,无效 5 例,总有效率为 88.6%。(杨宁.自拟痤疮合剂治疗寻常型痤疮胃肠湿热证 44 例临床观察[J].云南中医中药杂志,2016,37(1):41-42.)

曲氏等用中医药内外合治法治疗痤疮肺胃湿热证 33 例。药用:黄芩、生石膏、连翘各 20g,百部、丹皮各 10g,生薏苡仁 30g,水煎服每日 2 次,每次 150ml;面部清洁后蒸汽热喷,同时使用粉刺针排出白头粉刺、黑头粉刺和丘疹脓疱内的脓液后,外敷相应消炎石膏膜,方用:制大黄 5g,马鞭草、丹参各 10g,每周 1 次。治疗结果:痊愈 2 例,显效 12 例,有效 17 例,无效 2 例,总有效率为 93.94%。(曲韵,郎娜,姚春海,等.中医药内外合治痤疮的随机对照临床试验[J].中国中医基础医学杂志,2015,21(2):198-199.)

三十五、黄　褐　斑

黄褐斑是发生于面部的一种色素沉着性皮肤病,多见于女性,好发于颧、鼻、额及口周围,损害为黄褐色或咖啡色斑片,形状不同,大小不等,边缘多清楚,表面光滑无鳞屑。

本病属中医"黧黑斑""面尘"等病证的范畴,《外科证治全书》有"面色如尘垢,日久煤黑,形枯不泽,或起大小黑斑,与面肤相平"的记载。

【湿热与发病的关系】

黄褐斑的病因病机,传统多从"忧思抑郁,血弱不华,火燥结滞而生面上"立论。《灵枢·经脉》注意到本病发病与足少阴肾、足厥阴肝、足少阳胆、足阳明胃诸经的病理变化有关。近代医家在继承前人学说的同时,做了不少阐发,有学者认为其与肝郁脾虚,湿热内蕴也有密切的关系。盖脾主运化,若脾脏虚弱,运化失职,水湿停滞,郁久化热,湿热熏蒸于面,瘀血阻滞,黄褐斑乃成,临床常见于妊娠、口服避孕药、妇科病及肝病患者。

【相关临床表现】

湿热多与肝郁脾虚或血瘀相兼为患,此类黄褐斑,多见于妇科炎症严重的中青年妇女,斑块多深浅不一,颜色晦黯,且多分布于两颊,皮肤直观感觉粗糙,往往伴有腰痛,小腹痛,咽干口苦,发热,烦躁,经血晦黯混浊,带下浓稠而色黄,小便黄等。舌质偏红或黯紫,苔黄而厚腻,脉象弦数或濡数等。

【相应治疗方法】

治宜清热利湿，散风活血，采取内服与外治相结合的方法。内服用茵陈五苓散、五白散（白菊花、白僵蚕、白茯苓、白扁豆、白附子）等化裁；外用方或用化斑霜（当归、白芷、丹参、紫草）外涂面部，配合面部按摩、石膏倒模；或用五白膏（白及、白芷、白蔹、白附子、白丁香）敷面。

【验案举例】

例1 朱某，女，40岁，工人。初诊1990年9月18日。

患者于1986年服激素后，面部出现黄褐斑，对称于两颊部，呈蝴蝶形，逐渐发展至鼻部及口唇周围，颜色加深，边缘清楚，表面光滑，大便秘结则黄褐色增深，无自觉症状，因影响美容而来求治。追问病史，患者原有不孕症，经前乳房胀痛，月经后期，已停经70多天，苔薄黄，脉弦滑，证属脾虚湿热内阻，上泛于面，兼有气滞血瘀，拟运脾清化湿热，兼以活血化瘀。处方：苍术10g，白术10g，黄柏10g，苡仁10g，牛膝10g，当归10g，柴胡10g，赤芍10g，生地10g，川芎10g，苏木10g，泽兰叶10g，香附10g，乌药10g，制川军10g。10月9日二诊：前方服7剂斑色渐退，续服7剂，黄褐斑明显好转，月经已行，大便通畅，原方去苏木、泽兰叶、川军，续服7剂。10月16日三诊：面部黄褐斑基本消退，乳头发痒，腰酸乏力，舌边有齿痕，苔薄黄，脉弦滑。处方：苍术10g，黄柏10g，苡仁10g，牛膝10g，青陈皮各10g，橘叶10g，王不留行10g，当归10g，桑寄生10g，独活10g，僵蚕10g，枳壳10g，焦谷麦芽各10g。12月4日四诊：前方服21剂，黄褐斑退净，经前乳胀已消，追访半年，黄褐斑未见复发，月经周期正常。（巢伯舫.女性黄褐斑80例治疗小结［J］.北京中医，1992（6）：34-35）

按：本例原有不孕症，伴有经前乳房胀痛，月经后期，大便秘结则色斑增深，苔薄黄，脉弦滑，证属脾虚湿热内阻，气滞血瘀，故方中用四妙散之苍术、黄柏、牛膝、苡仁等健脾清热化湿之品为主，兼以理气活血，而获良效。

例2 李某，女，29岁，已婚。工人。1985年8月12日就诊。

患者黄褐斑2年余，月经周期错后半月，血块多，经前腹痛腹胀，乏力，白带多，色黄而稠。查患者前额可见4cm×3cm大小咖啡色斑片，舌质黯红，苔薄白，脉沉细兼弦。证属气滞血瘀，湿热下注，治宜理气活血，清利湿热。处方：柴胡10g，泽兰10g，红花10g，白僵蚕10g，白茯苓15g，白菊花10g，白芷10g，丹参15g，茵陈20g，冬瓜皮15g，当归10g，赤芍10g，益母草15g。服药7剂后复诊，斑色转淡，白带减少，腹胀减轻，继用10剂后，黄褐斑消退。（哈刚.黄褐斑50例临床小结［J］.北京中医，1988（2）：30-31.）

按：处方乃五白散加减，盖五白散功能祛湿散风，方中白附子逐寒祛湿，白茯苓、白扁豆健脾除湿,白菊花、白僵蚕入肝经祛风清热,是治疗黄褐斑的良方。本例有气滞血瘀、湿热下注症象,故加丹参、柴胡、茵陈、冬瓜皮、泽兰、红花、益母草等。

例3 解某,女,34岁,已婚。护士。

患者因子宫内膜、宫颈、卵巢及附件广泛炎症及附件的多处粘连而就医于广州多家医院,某大医院建议其做子宫、卵巢及附件的广泛切除手术。患者犹豫不决而就诊于我处。自述腰痛,小腹痛,经血混浊,每行经则多日淋漓不断,带下黄而稠,烦躁而睡卧不安,见患者两颊布满黄褐斑,色深而晦黯。舌质红,边尖有明显瘀斑,苔黄而腻,有腐象,脉数而见涩。此肝胆湿热下注兼下焦蓄血之象,拟清泄肝胆兼以活血化瘀。处方:龙胆草5g,柴胡10g,黄芩10g,炒山栀10g,金钱草10g,白花蛇舌草20g,当归10g,赤芍10g,丹参10g,桃仁5g,红花5g,益母草15g,川芎10g,滑石15g,阿胶10g,生甘草5g。5剂,自觉腰痛减轻,小腹已不痛,白带减少,两颊斑块开始消退,斑块与正常皮肤间的界限已模糊不清。上方加减连服15剂,诸症消失,精力倍增,妇检未见炎症,除右眼眶下尚存一颜色略深的斑块外,其余消退。(陈广源.试论妇女黄褐斑之中医内治法[J].上海中医药杂志,1996(6):34-37.)

按:本法多用于妇科炎症严重的中青年妇女,此类患者之斑块多深浅不一,颜色晦黯,且多分布于两颊,皮肤直观感觉粗糙。往往伴有腰痛,小腹痛,咽干口苦,发热,烦躁,经血晦黯混浊,带下浓稠而色黄等,舌质大多偏红或黯紫,舌苔黄而厚腻,脉多弦数或濡数。

【临证备考】

以五白散(方见上)为主方治疗50例黄褐斑患者,其中湿热下注型以五白散加茵陈15g,白术10g,柴胡10g,黄柏10g,益母草15g,丹参15g。服30剂为1疗程。从50例临床观察所见,湿邪为患较为多见,占全部病例的48%,对于此一证型,以健脾除湿或清利湿热法治之,效果较好。(哈刚.黄褐斑50例临床小结[J].北京中医,1988(2):30-31.)

以苍术10g,苡仁30g,黄柏10g为基本方,随症加减治疗80例黄褐斑患者。如黄带气臭加土茯苓30g,猪苓10g;白带加猪苓10g,苡仁30g,椿根皮30g等。结果痊愈30例(占37.5%);显效22例(占27.5%);好转27例(33.75%);无效1例(占1.25%)。总有效率为98.75%。(巢伯舫.女性黄褐斑80例治疗小结[J].北京中医,1992(6):34-35.)

哈氏治疗各种证型黄褐斑100例,其中湿热下注型用茵陈五苓散、二妙丸加减。日1剂,水煎服,30日为1疗程,疗效满意。(哈刚.黄褐斑100例临床治疗分析［J］.中国医药学报,1995（5）:37–38.）

以加味当归芍药散（当归、白芍药、川芎、白术、茯苓、泽泻、玉竹、白芷、白僵蚕 10g）治疗面部黄褐斑 35 例,其中脾虚湿热型加苍术、黄柏各 10g,薏苡仁、土茯苓各 30g,日 1 剂,水煎服,并用部分药液熏洗面部患处 10~15 分钟,取得良好效果。（熊晓刚.加味当归芍药散治疗面部黄褐斑 35 例［J］.河北中医,2000（4）:295.）

冯氏用化湿散瘀汤结合洗面方治疗黄褐斑 104 例,用内外合治法。内服化湿散瘀汤:赤茯苓 30g,茵陈、白鲜皮各 15g,郁金、紫草各 12g,甘草 5g,参三七粉（兑服）2g。水煎服,每日 1 剂,分 3~5 次服用。肝胆湿热偏盛,口干苦或带下增多者,加苦参、龙胆草;久病阳虚或湿从寒化而致寒湿凝滞者,加白术、附片;肝胆气郁,胁痛明显者,加柴胡、香附子;脘痞纳差者,加麦芽、鸡内金。外用洗面方:苦参、土茯苓各 3 份,蛇床子 2 份,苍术、白芥子、苍耳子、白芷各 1 份。按比例各取适量,煎水,洗面,并揉搓之。每日 1~3 次,每次约 5 分钟。治疗结果:有效率为 100%。其中,经治 1 个月痊愈者 10 例;治疗 2 个月愈者 17 例;治疗 3 个月愈者 42 例;经治 4~5 个月愈者 30 例;治疗 6~8 个月愈者 5 例。（冯石松.化湿散瘀汤结合洗面方治疗黄褐斑［J］.四川中医,2002,20（3）:64.）

三十六、痱 子

痱子是由于夏季汗液排泄不畅而引起汗腺周围发炎的一种皮肤病。主要表现为患处局部出现红色丘疹,刺痒疼痛,如不及时采取治疗措施,抓破后可引起感染,发展成为毛囊炎、疖肿或溃疡。

本病西医称之为"红色粟丘疹",中医学文献中有"痱子""痱疮""痤痱"等记载。

【湿热与发病的关系】

痱子是发生于夏秋高温季节特有的季节性疾病。盛夏时节,酷暑难当,暑必夹湿,暑湿熏蒸皮肤,闭塞毛孔,使汗孔开合失常,汗液排泄不畅,稽留肌腠而成此病。由此可见,暑热夹湿是引起本病的主要原因。

【相关临床表现】

痱子的临床表现较为典型,中医学文献中也颇多论述,如《小儿卫生总微论方》说:"其状细碎,累累如粟芥之类,色赤而痒,多生额、头、胸、背之上,甚至遍身。"《外科正宗》也指出:"痱痛者,密如撒粟,尖如芒刺,疼痛非常,浑身草刺。"对痱子的症状做了详尽的描述。据临床所见,本病初起时仅见皮肤上片状红斑,继则发出多数密集之丘疹或丘疱疹,如针头大小,扪之烙手,内含透明浆液,自觉皮肤瘙痒、刺痛和灼热难忍,小儿患者因热或哭闹后更甚。并可见身热少汗,肌肤灼热,烦躁不安,影响睡眠,大便偏干,小便短黄,舌红苔薄腻,指纹紫等症。如因刺痒抓扒而感染成脓疱者,则为"痱毒",《外科大成》说:"痱者先以水泡作痒,次变脓疱作疼。"成痱毒者往往伴有发热,烦躁吵闹,局部淋巴结肿大等症。

【相应治疗方法】

清暑利湿乃是痱子的主要治疗方法,暑清湿除,肌肤不为湿热之邪所困,汗液能正常的排泄,则痱子无由生也。方可选新加香薷饮或清暑汤(方见验案1)加减。常用的药物有:银花、连翘、香薷、青蒿、佩兰、绿豆衣、薄荷、竹叶、天花粉、鲜扁豆花、车前子、六一散等。

【验案举例】

例1 李某,女,1岁。

背部粟般的红色丘疹密集,指头般的水疱数个。经前医治疗无效,余采用内服清暑汤:连翘、花粉、赤芍、泽泻、车前草各6g,银花、滑石各7g,甘草1g。外用干藕节、白芝麻各20g为末,调蜜涂疮面,肌注"鱼腥草针",每日2次,每次1ml。经治3天,服药2剂痊愈。(黄家雄.小儿痱疮治验[J].四川中医,1985(7):35.)

按:清暑汤乃《外科真诠》方,具有清热退暑,利湿解毒的作用,用其治疗小儿痱子,甚为对症,故获效迅捷。

例2 姜某,女,1岁,初诊日期:1987年8月6日。

患儿因天气炎热,汗出较多,头、颈部起红色皮疹3天,外用痱子粉后,无明显好转,皮疹增多,疹有脓头,伴烦躁,夜卧不宁,纳呆,口干多饮,大便黏而不爽。检查:前额、头皮、颈部可见成片的针尖大小的红色皮疹,颈部可见6个脓头皮疹,舌红苔薄腻,脉濡。诊断:痱毒。治宜清暑解毒,芳化理脾。药用:鲜藿佩各6g,竹叶6g,绿豆衣10g,银花10g,蒲公英10g,生苡仁10g,茯苓10g,马齿苋10g,六一散(包)10g,配以10滴水外洗。服上方3剂后,大部分皮疹变黯,脓头皮疹消失,胃纳转佳,大便正常。嘱常服绿豆汤调治而愈。(赵丽平.小儿皮肤病从脾胃论治五法[J].山西中医,1990(3):19-20.)

按:炎夏季节,酷暑夹湿,袭于肌表,患儿出汗过多,不易蒸发,汗管和汗孔闭塞,汗液潴留,痱子由生。由于治不及时,转为痱毒,故治以清暑热而解痱毒,理脾胃而利湿邪,热清毒除湿祛,诸恙自解。常服绿豆汤,是取其清暑利湿解毒之功。

例3 李某,男,12岁,学生。2001年7月18日初诊。

痤痱一身,以项颈、胸背、大腿内侧为显著,痛痒难忍。生性怕热,每年夏秋之际则发作,每天中午要在河水里游泳纳凉,晚上则痤痱发作。痤痱似红色疹子,如粟米样,汗出后痒而灼痛,吵闹不安。处方:生麻黄5g,杏仁、青蒿、连翘、竹叶各10g,生石膏、赤小豆各30g,芦根20g,生甘草6g。服3剂后,痤痱隐去大半,连服半月全部消退。(鲁明.麻杏石甘汤治疗皮肤病举隅[J].浙江中医杂志,2002(6):28.)

按: 本病处方实为麻杏石甘汤合麻黄连翘赤小豆汤化裁,两方均为仲景之方,功能宣解表热、清利湿热,与湿热郁滞肌肤而致的痤疮颇为对证。

例4 王某,女,68岁。1992年9月4日初诊。

患者1周前肘窝和胸部出现瘙痒性的丘疹颗粒,搽用风油精、香水等品效果不佳,症急剧加重。诊见:双肘窝以及左上胸部广泛密布粟粒状小红丘疹,不分昼夜瘙痒,阵阵发作,痒甚时须搔至皮破出血后方得暂时安宁。患部成片,皮肤鲜红如赤,灼烫,破皮处已有黄水渗透,伴小便黄赤,大便硬。舌红苔薄,脉滑数有力。证属热毒、湿、风三邪为虐。宜解毒清热,凉血祛风除湿。处方:蒲公英、银花各50g,苦参、黄柏、丹参各15g,丹皮、蝉蜕各12g,地肤子30g,生大黄7g,生甘草6g。3剂,水煎服。外用庆大霉素药水涂其皮伤感染处。药后,瘙痒明显减轻,皮疹转为黯红,大部分接近消退,已不灼手,新出丘疹仅数粒,大便转溏。停用庆大霉素药水,前方去大黄,加元参、神曲、麦芽,外以蛇床子、黄柏、苦参煎汤作洗剂,不拘次数洗,保持透气通风,3日后痊愈。(龚继明.重症痱子治验[J].四川中医,1995(11):45.)

按: 本案系重症痱子治验。观其处方,清热解毒、祛湿止痒的药物及剂量较重,故效果亦彰。尤其是取蛇床子、黄柏、苦参煎汤外洗,力专效宏,值得效法。

【临证备考】

自制复方除痱液每日外涂4次,取得了满意的疗效。复方除痱液的组成:大黄30g,黄连15g,黄柏15g,苦参30g,白芷15g,甘草15g,明矾30g,炉甘石5g,硼砂5g,大蒜5g,鲜丝瓜叶10g,冰片30g,薄荷脑10g,甘油适量,香精适量,95%乙醇500ml,60%乙醇500ml,蒸馏水适量,共制成1000ml。治疗212例痱子患者,结果痊愈113例,显效75例,好转22例,无效2例,总有效率为99.06%。(王平,梅全喜,董普仁,朱富强,张金稳.复方除痱液的配制及效果观察[J].时珍国药研究,1991(2):73-75.)

运用洁尔阴、鱼腥草治疗小儿痱毒取得了满意的疗效。首先将患儿随机分成两组。治疗组 36 例,用洁尔阴洗液(蛇床子、艾叶、独活、石菖蒲、苍术等)按 1∶15 比例稀释,清洗痱毒局部皮肤后,外涂鱼腥草注射液,日 2~3 次,直至痊愈。对照组 30 例用传统治疗法,外用痱子粉(主要成分滑石、氧化锌)。两组抗生素及对症治疗相同。结果治疗组显效 30 例,有效 6 例,无效 0 例,总有效率为 100.0%;对照组显效 18 例,有效 10 例,无效 2 例,总有效率为 93.3%。结论:洁尔阴洗液具有清热燥湿、杀菌止痒作用,鱼腥草具有清热解毒排脓之功,二者配合,治疗本病疗效满意。(张慧珍.洁尔阴鱼腥草治疗小儿痱毒 36 例[J].中华实用中西医杂志,2000(8):1570.)

三十七、酒 渣 鼻

酒渣鼻是一种好发于颜面鼻部的慢性炎症性皮肤病。系血管运动神经失调所致。又名"酒渣样鼻炎""酒渣样痤疮""玫瑰痤疮"。好发于中年人,损害为鼻部、两颊及颏部,呈向心性分布,表面为弥漫性皮肤潮红,伴有丘疹、脓疱及毛细血管扩张等,患者多自觉鼻头部灼热,影响美容。

中医称本病为"赤鼻""糟鼻子"。

【湿热与发病的关系】

中医学认为本病属肺胃积热,上蒸于面,常由嗜酒、恣食荤腥辛辣,以致湿热内蕴,复因外感风寒,瘀血凝滞,毒热外发肌肤而成。《素问·刺热论》:"脾热病者,鼻先赤。"《外科大成》:"此由饮酒,热气冲面,故令鼻生皶,赤疱币然也。"

吴氏等认为其主要病因病机是患者喜食辛辣及肥甘厚腻,以致湿热积于胃肠,而阳明与太阴相表里,故阳明之湿热可传导至太阴肺,湿热内伏日久则化为痰热;或滥服温燥、补益药物致阳旺血热,炼津生痰,痰热互结而郁于肺;或湿热犯肺,蕴久化为痰热。壅肺之痰热随肺之呼吸,郁于皮毛,故可见皮肤丘疹、脓疱、结节、隆起、络脉充盈(毛细血管扩张),因火热之性炎上,肺又开窍于鼻,所以上述病变见于鼻面部或以鼻面部为重。(吴哲,常青.酒渣鼻中医病因、病机、病位及治疗初探[J].天津中医,2001,18(3):18-19.)

【相关临床表现】

早期鼻周油腻发亮,在颜面中部、鼻、前额和下颏等处可见红色斑点,时隐时现,受热或情绪激动时红斑或丘疹更为明显,其后,红斑或丘疹逐渐扩大,毛细血管扩张,毛孔增粗,鼻部常出现芝麻或黄豆大小的红色丘疹和脓疱,个别病人感觉疼痛,磨损后易出血。舌苔黄腻,脉弦滑。病程缠绵,迁延不愈。

【相应治疗方法】

肺胃湿热重者治疗当清肺泻热,祛痰化湿,方用清宁散加味(桑白皮、枇杷叶、葶苈子、赤茯苓、车前子、生石膏、黄芩、鱼腥草、熟大黄、厚朴、枳实、玄参、麦冬);素有肠胃湿热者则以清利中焦湿热为主,方用茵陈蒿汤加减,可选茵陈、山楂、野菊花、乌梅、凌霄花、丹参、栀子、丹皮、大黄等。

【验案举例】

例1　汪某,男,38岁,1982年9月6日初诊。

主诉:鼻端肿痛流脂反复发作1年余。

患者素体脾气虚弱,于1981年5月间因酗酒后大醉,翌日即感鼻尖微痛,并有粟粒样皮疹数枚,未予介意,数日后皮疹破溃溢脂并向鼻翼漫延,嗣后鼻端肿大,微赤微痒,经西药外搽、内服,初有小效,略久而失效。如此者一载有余。某中医数易清热解毒、凉血活血、清泻肺热及去腐生肌等方药调治,终以乏效而感棘手。诊其形体矮胖,面容虚浮萎黄,鼻尖高耸微赤,流脂,鼻翼糜烂,肠鸣时作,饮食一般,二便尚可,舌质淡润边多齿痕,苔白滑,脉濡。窃思鼻虽为肺窍,但与中央脾土有关,况且按鼻之五脏分候,鼻端亦属脾土,脉证合参,殆酗酒之后,脾土受伤,运化失司,湿浊酒毒内蕴,上溃鼻端使然,故清热解毒、清泻肺热及凉血活血等药乏效,今拟健脾利湿佐以解除酒毒之品消息之,处方:炒白术、茯苓、苡仁各30g,葛根25g,茵陈、泽泻各18g,藿香10g,蔻仁、干姜各6g。5剂。二诊:药后肿消大半,流脂消失,脉舌同前,守前方去藿香,加陈皮10g,续服5剂。三诊:诸症日益消退,面色红润,神采奕奕,与二诊方去蔻仁、茵陈,加党参15g,服10剂善后。(胡翘武.杂病从脾论治初探[J].新中医,1985(12):11-12.)

按:处方用药于健脾助运之中,寓以茵陈、苡仁、泽泻等清热利湿之品,其病机为脾虚湿滞,湿蕴化热,上熏于鼻可知,宜乎取效也。

例2　张某,男,24岁,未婚,工人,1986年3月初诊。

自述1年前发现鼻颊及尖部起红色皮疹,逐渐延及面部,曾用枇杷清肺饮、四环素、氯喹及维生素类药物内服,外擦硫黄制剂、糖皮质激素药膏等均无明显效果,每因食入刺激性食物后病情加重,伴有便秘。体检:前额、两颊、下颏、鼻尖及鼻翼两侧散在性红斑,丘疹,脓疱,黑头粉刺,萎缩性瘢痕,鼻梁部毛细血管露张。毛囊虫直检阳性。诊断:酒渣鼻中期伴发疱疮、毛囊虫皮炎、脂溢性皮炎。辨证:素有肠胃湿热,复感外邪,内外之邪相互搏结,上熏肺窍而成。治予清热利湿,健脾化浊。药用茵陈、山楂各 30g,野菊花、乌梅各 20g,凌霄花、丹参各 15g,栀子、丹皮、大黄各 10g,水煎服,每日 1 剂,服药期间禁食刺激、油腻食物。20 余剂病告痊愈。(郑翔.茵陈二花汤治疗酒渣鼻 74 例[J].湖北中医杂志,1989(1):21.)

按:方以茵陈蒿汤为主,并加凉血活血,醒胃悦脾之品,药证相符,故获良效。

例 3 张某,男,46 岁,厨师。

鼻尖部及面颊部长丘疹、脓疱近 15 年,鼻尖部弥漫性皮肤潮红,毛细血管扩张且有数个紫红色结节,口渴欲饮冷,舌质红,苔黄厚少津,脉滑微数,既往有慢支病史及习惯性便秘。患者平素喜食辛辣,爱饮补肾之药酒,嗜烟。1986年起曾在多家医院皮肤科及中医内、外科求治,均诊断为"酒渣鼻""寻常痤疮",口服过四环素、红霉素、强力霉素、甲硝唑、氯喹、1% 硫酸锌合剂及复合维生素 B、中药汤剂等,外用过复方硫黄洗剂、硫黄霜(膏)、白色洗剂、1%~2% 甲硝唑霜、2% 过氧化苯甲酰洗剂等,还行过封闭疗法及针刺疗法,均疗效不佳。接诊后辨证为湿热内蕴日久,致痰湿郁肺,治以清泻肺热,祛痰化湿,因患者有热盛伤津之象,用自拟清宁散加味,药物组成:桑白皮 15g,枇杷叶 15g,葶苈子20g,赤茯苓 15g,车前子 15g,生石膏 20g,鱼腥草 15g,黄芩 30g,熟大黄 12g,厚朴 15g,枳实 12g,玄参 25g,麦门冬 15g。口服并取汁湿敷,3 剂后大便日行2~3 次,如释重负,25 剂后,丘疹结节消失,脓疱干燥结痂,多年之便秘消失,慢性支气管炎所致咳嗽、吐痰明显好转,鼻尖部之弥漫性皮肤潮红及毛细血管扩张均显著好转,遂将熟大黄改为 10g,黄芩改为 20g,玄参改为 15g。45 剂后鼻尖部及面部皮肤恢复如常人,嘱患者平素坚持清淡饮食,戒烟戒酒,保持大便通畅。(吴哲,常青.酒渣鼻中医病因、病机、病位及治疗初探[J].天津中医,2001,18(3):18-19.)

按:本例乃湿热内蕴于胃,痰热蓄积于肺,形证偏实,且有热盛伤津之象,故治以清热利湿,泻肺通腑,兼以养阴生津,药后诸恙渐消,酒渣鼻亦渐向愈。

例 4 叶某,女,45 岁。2016 年 2 月 17 日初诊。

主诉:颜面反复起疹 3 年。患者自诉 3 年前因过食辛辣肥甘厚味出现鼻部潮红,表面油腻发亮,起少许米粒大小丘疹,当时未觉瘙痒疼痛,遂未予重视。之后患者病情逐渐加重,皮损范围扩大,痛苦不堪。现患者自觉灼热疼痛,遇热尤甚,纳差,睡眠欠佳,口渴,小便黄,大便干结,舌质红,苔黄腻,脉数。查体:前额中部、鼻部、唇周、颊部、颏部见持续性青紫肿胀红斑,上有圆形、黯红色针头到绿豆大小水肿性毛囊丘疹和脓疱,呈对称性,并有大量纵横交错毛细血管扩张。西医诊断：玫瑰痤疮。中医诊断：酒渣鼻，辨证为肺胃湿热蕴结证。处方，①内服汤药：金银花 15g，蒲公英 15g，紫花地丁 15g，天葵子 15g，桑白皮 15g，地骨皮 15g，丹参 15g，葛根 20g，连翘 10g，焦栀子 15g，薏苡仁 15g，枇杷叶 15g，大青叶 15g，山楂 10g，香附 10g，虎杖 15g，月季花 15g，野菊花 15g，夏枯草 15g，白芷 15g，甘草 15g。7 剂，水煎，每天 1 剂，分 2 次饭后温服。②内服西药：克拉霉素缓释片 0.5g，口服，每天 1 次，每次 1 片，餐中服。③面部刺络疗法 1 次。操作方法：患者取仰卧平躺位，严格消毒面部皮损范围，采用 11 号手术刀片 2 枚重叠在一起（目的是让划刺更加均匀细密，增强治疗效果），做由边缘向中心的划刺放血，手法宜轻、快、浅、密，划时不出血，划后 2 秒呈点状或露滴状出血，勿用棉签压迫划刺部位止血，待血自然流出片刻，稍凝固后用 0.9% 氯化钠注射液擦去即可，然后嘱患者 3~5 天勿接触水。④嘱患者忌食辛辣刺激食物和肥甘厚腻之品，注意生活规律，调摄情志，勿过度焦虑、烦躁。

二诊（2016 年 2 月 24 日）：患者颜面红斑由青紫转为黯红，肿胀消退，丘疹减少，诉疼痛灼热症状缓解，纳可，睡眠尚可。遂在上方基础上减夏枯草、白芷，加凌霄花、玫瑰花各 15g，7 剂。服法同前。其他治疗方法同前。

三诊（2016 年 3 月 2 日）：患者面部皮损进一步减退，颜色转淡，丘疹消退，未诉明显灼热疼痛，饮食、睡眠、二便尚可。遂在上方基础上减虎杖、山楂，加桃仁、红花各 15g，继续服用 7 剂。停服克拉霉素缓释片，改服丹参酮胶囊，每天 3 次，每次 4 粒，饭后服。继续面部刺络疗法 1 次。

四诊（2016 年 3 月 9 日）：患者皮损较前明显消退，颜色转为淡红色，未见新发丘疹，一般情况可。继服上药 7 剂，停服丹参酮胶囊，继续面部刺络疗法 1 次以巩固疗效。嘱患者若皮损消退可不必再来复诊。后随访患者未诉复发，且无其他不适，嘱其仍须注意饮食，调理情志，防止诱发。（罗自强，皮先明．皮先明治疗玫瑰痤疮验案 1 则［J］．湖南中医杂志，2017，33（6）：105-106．）

按：本例酒渣鼻，据其伴随症状口渴、尿黄、便秘、舌红、苔黄腻、脉数等，显然热毒夹湿为患，故治法以清热解毒、祛湿除热为主，方用五味消毒饮合枇杷清肺饮加减，配合外治法，堪称理法方药熨帖宜乎取效也。

【临证备考】

以"龙胆泻肝汤"为主方，随症加减及外用药物搽擦治疗 3 590 例酒渣鼻患者，其中热重者加黄连 10g，黄芩 10g，龙胆草 10g；鼻部糜烂渗出液较多者，加茯苓、黄柏、苍术、生熟苡仁、土茯苓各 12g。结果基本痊愈 718 人，占

20%,显效 1 185 人,占 33%,好转 1 382 人,占 37%,无效 359 人,占 10%,总有效率为 90%。(奚福林.中药治疗酒糟鼻 3 590 例[J].湖北中医杂志,1987(2):25.)

郑氏取《素问·热论》"脾热病者,鼻先赤"之意,认为酒渣鼻的主要发病机制是脾胃蕴湿积热上熏肺窍。故用茵陈二花汤治疗早、中期酒渣鼻 74 例,药用茵陈 30~50g,凌霄花 10~15g,野菊花 15~30g,山楂 20~30g,黄芩 10g,丹皮 10~15g,丹参 15~30g,栀子 10g,乌梅 15~30g,大黄 5~10g,水煎服,10 天 1 疗程,结果临床治愈 42 例;显效 28 例;无效 4 例,总有效率为 94.59%。(郑翔.茵陈二花汤治疗酒渣鼻 74 例[J].湖北中医杂志,1989(1):21.)

自拟清宁散加味治疗酒渣鼻 163 例,药物组成:桑白皮 15g,枇杷叶 15g,葶苈子 20g,赤茯苓 15g,车前子 15g,生石膏 20g,鱼腥草 15g,黄芩 20g,熟大黄 10g,厚朴 15g,枳实 12g,玄参 15g,麦门冬 15g。先将上药浸水 2~4 小时,然后煎 30 分钟左右,取汁 400ml,分 2 次饭后服,有丘疹、疱疹者再取汁湿敷患处,15 天 1 疗程。结果治愈 141 例,占 86.5%;明显好转 22 例,占 13.5%。总有效率为 100.0%。(吴哲,常青.酒渣鼻中医病因、病机、病位及治疗初探[J].天津中医,2001,18(3):18-19.)

敖氏等用清热燥湿杀虫法治疗酒渣鼻 84 例。内服药用:金银花 10g,蒲公英 10g,苍术 10g,薏苡仁 10g,苦参 12g,百部 10g,地肤子 20g,蛇床子 15g,党参 10g,黄芪 10g。肺热甚者加枇杷叶 10g,桑白皮 10g,黄芩 10g;胃热甚者加麦冬 10g,玉竹 10g,生石膏 20g,知母 10g;湿毒热甚者加黄连 10g,黄芩 10g,黄柏 10g,栀子 10g。每天 1 剂,煎服 2 次,每次水煎取汁 200ml,温服。10 日为 1 个疗程,用 20 日。外用中药面膜倒模、超声波中药离子透入相结合(面膜的配制:金银花 30g,蒲公英 30g,苍术 30g,薏苡仁 30g,苦参 30g,百部 30g,地肤子 30g,蛇床子 30g。研极细末,过 400 目筛,恒温 80℃灭菌 2 小时后备用,用时取药末与适量大豆粉混合,加白蜜适量,拌匀成稀膏备用。操作方法:使用时先清洁患处局部皮肤,经络按摩后,进行患处常规消毒,然后涂上药膏,将声头置于受治部位均匀移动,速度 1~2cm/ 秒,选用连续波,0.5~1 瓦特 /cm² 小剂量,每次 10~15 分钟,之后药膏留患处及面部,以硬膜粉或优质医用石膏粉调成糊,敷于患处及面部,15~20 分钟后揭去,清洗面部,2 天 1 次,10 天为 1 疗程。)治疗结果:痊愈 60 例,有效 20 例,无效 4 例,总有效率为 95.24%。(敖绍勇,吴正平.清热燥湿杀虫法治疗酒渣鼻 84 例[J].四川中医,2008,26(7):98-99.)

三十八、痔　疮

痔疮是一种常见病、多发病,是人体直肠末端黏膜下和肛管及肛缘皮下静脉丛淤血曲张、扩大形成柔软的血管瘤样病变。由于发生的部位和病理不同,临床表现也不一样,可分为内痔、外痔及混合痔。

【湿热与发病的关系】

中医对本病的病因病机,认为"夫痔者乃素积湿热",是由于外感湿、热、风、燥而致热毒蕴结,气血蕴滞不通而结聚于肛门而成痔;或过食炙煿辛辣之品,或嗜饮酒醴,湿聚热生,下注大肠,蕴结于局部,导致筋脉郁结弛解,冲突成痔。《丹溪心法》说:"痔者,皆因脏腑本虚,外伤风湿,内蕴热毒……故气血下坠,结聚肛门,宿滞不散"。外科医家薛己也提出痔疮乃湿热下注所致。

【相关临床表现】

湿热下注型痔疮多表现为肛门缘肿痛,糜烂滋水,大便干燥或秘结,或黏滞不爽,便时滴血、带血或射血,血色黯红,伴有发热头痛,渴不多饮,或口干口苦,食欲不振,小便赤黄。舌红,苔薄黄或黄腻,脉弦滑。

【相应治疗方法】

常用内服和外洗结合治疗的方法。

湿热下注型治以清热利湿法,方用脏连丸加减或清热利湿方(金银花、当归、蒲公英、槐花、陈皮、茯苓、车前子等);或消肿止痛方(土茯苓、萆薢、苡仁、苍术、黄柏、牛膝、赤芍、茜草、连翘等),或用单味苦丁茶;若是酒毒湿热所致,则应利湿解毒,方用苦参地黄汤(苦参、地黄)。

外用荣昌肛泰(烟台荣昌制药有限公司研制的一种治疗痔疮的中成药)敷脐治疗,或用苦参汤外洗。

【验案举例】

例1　陶某,男,73岁,1984年9月12日诊。

患内痔多年,1年发病数次,发病后痔核脱出,不易复位,若行、立时间长久,痔核亦自脱出。时下血如注,且疼痛。体形微胖,有嗜烟、酒史。现痔核脱出,大如拇指,色黯红,有两处溃疡,溃疡面呈鲜红色。查舌质淡,舌边紫黯,苔白腻,脉濡而细。治以止痛如神汤化裁:秦艽、当归尾、苍术、黄柏各12g,桃仁、皂角子(炮)、泽泻、槟榔、羌活各9g,地榆15g,大黄(后下)3g,炙黄芪18g。每日1剂,水煎服。

服 1 剂后,疼痛即止,下血减少,2 剂后,自觉症状消除。乃以补中益气汤加枳壳 5 剂善后。随访半年,未复发。(陶昔安.止痛如神汤治疗痔疮[J].四川中医,1988,6(7):26-27.)

按:此例病患乃脾虚生湿,蕴而化热,兼有气滞血瘀,所以治疗以活血化瘀、清热燥湿为主,止痛如神汤为《医宗金鉴》方,可"治诸痔"。方由秦艽、桃仁、皂角子、苍术、防风、黄柏、大黄、当归尾、泽泻、槟榔组成,具有活血化瘀、清热燥湿之功。

例 2 刘某,男,42 岁,机关干部,1992 年 7 月 14 日初诊。

自诉:自 1988 年起间歇性便血,伴大便干燥,肛门肿胀,反复发作。1 周前因饮酒诱发本病,现患者便血,肛门肿胀疼痛,行走坐卧活动受限,大便秘结,舌苔黄腻,脉弦滑数。肛门镜检:齿线以上,膀胱截石位 3、7、11 点处内痔出血。诊断:Ⅱ 期内痔。中医辨证分型:湿热下注型。方用仙鹤草 20g,夏枯草 15g,地榆炭 15g,槐花 15g,紫花地丁 20g,蒲公英 20g,金银花 15g,皂角刺 15g,当归 12g,全瓜蒌 20g,黄柏 15g,升麻 6g,生地 12g,赤芍 12g,甘草 6g,大黄 10g,芒硝(冲服)12g,黄连 6g,石膏 20g,水煎口服,每日 2 次,剩余药渣加水再煎,先熏后洗肛门,并配合膀胱经大肠俞挑刺 2 次(1 周 1 次),2 周后痊愈,随访 1 年未复发。(苗化南,陈泉.挑刺加中药治疗痔疮 67 例[J].黑龙江中医药,2000(3):50-51.)

按:本例大便秘结,舌苔黄腻,脉弦滑数,乃肠胃素有湿热蕴积,方中仙鹤草、银花、生地、赤芍、蒲公英、升麻、地榆炭、槐花、紫花地丁清热解毒,凉血止血;全瓜蒌、黄柏、大黄、芒硝、黄连、石膏清热除湿,通腑泻实;皂角刺、夏枯草软坚散结;甘草调和诸药,且具有清热解毒之功。

例 3 余某,男,58 岁,1999 年 6 月 18 日诊。

近 1 周来肛门有肿物脱出,便时滴血,每次 10~20ml。检查:Ⅱ 期环状混合痔脱出,水肿,内痔黏膜有点状溃疡,色深红,指套染血。舌质红,苔黄腻,脉濡数。诊断:环状混合痔。中医辨证为湿热型,遂用槐榆煎治疗:槐角、地榆炭、当归、生地各 12g,茜草、赤芍各 9g,虎杖、蒲公英各 6g,白及、白花蛇舌草、仙鹤草、荆芥穗各 30g,滑石 24g,葛花 9g。1 天 1 剂,水煎分 2 次服,并嘱患者用盐、矾各 10g,加温水 500ml,便后、睡前坐浴。用药 6 剂,出血完全停止,水肿减轻,症状消失。随访 2 年未复发。

按:方中槐角、仙鹤草、生地、茜草、荆芥穗、白及、地榆炭清热解毒,凉血止血;赤芍、当归、虎杖、蒲公英、白花蛇舌草等活血化瘀,清热除湿;滑石淡渗利湿;葛花善解酒毒。诸药合用,共奏清热利湿、凉血止血之功。(刘新华.槐榆煎治疗痔疮出血［J］.湖北中医杂志,2000（9）:39.）

例4 潘某,男,40岁,2014年6月28日初诊。

主诉:便血1月余,加重3天。患者有痔疮病史3年,3年来病情反复,发作时用马应龙软膏外涂,无其他治疗,逢过食辛辣则发病,近日便血加重,前来就诊。自述3天前饮酒及食辛辣物,大便溏泄,便而不爽,便中带血,厕纸上有血,色鲜红,排便时痔核脱出,便后可自行回纳,伴肛门灼热疼痛,口苦,尿黄赤短不畅,舌红苔黄腻,脉滑数。肛门视诊:肛周一圈赘皮外痔,肛周皮肤潮湿,色素沉着;指检:距肛3cm处可触及柔软团块,指套染血;肛门镜检:齿线上方截石位3、7点内痔突起,3点充血明显。中医诊断:湿热下注型痔疮。治法:清热利湿,消肿止血。内服方:马齿苋30g,败酱草30g,泽泻12g,车前子15g,旱莲草15g,红藤15g,地榆炭12g,槐角15g,丹皮9g,茯苓12g,黄芪12g,枳壳9g,香附9g。7剂,水煎服,早晚各一次;外洗方:鱼腥草12g,地肤子9g,防风6g,苦参9g,蛇床子9g,花椒9g,五倍子9g,黄柏6g,薄荷6g,甘草6g。7剂,水煎1 500~2 000ml,先熏蒸后坐浴,每日1次,每次15~20分钟。

二诊:患者述出血较之前减少,大便成形,肛周潮湿现象明显改善,肛门灼热疼痛症状减轻,痔核已不充血。在内服方上去枳壳,加熟地10g、白芍12g滋阴养血,防清热太过耗伤阴液;外洗方不变,各7剂以善后,巩固疗效。嘱患者晨起饮温水,养成良好排便习惯,饮食清淡,多食富含纤维食物,避免久坐,注意肛门清洁,每日定时用热水擦洗患处。半年后随访未复发。（罗金娥,欧春.欧春老师治疗湿热下注型痔疾的临床经验［J］.黑龙江中医药,2015,44（3）:42-43.）

按:本例辨证为"湿热下注型痔疮"的依据是:逢过食辛辣则病,肛门灼痛,口苦,尿黄,舌红,苔黄腻,脉滑数。其治以清热利湿、消肿止血为法,内外并用,特别是外洗方作用尤强,且直接接触病所,取效更捷,值得效法。

【临证备考】

用冷冻配合中药治疗痔疮,冷冻前后用苦参汤熏洗或坐浴患处,方用:苦参100g,黄连20g,龙胆草20g,白鲜皮20g,紫草20g,冰片6g。其中肿痛型证属气滞血瘀、湿热蕴聚,治宜活血化瘀、清利湿热,口服方用消肿止痛方:土茯苓30g,草薢15g,苡仁30g,苍术20g,黄柏15g,牛膝20g,赤芍30g,茜草15g,连翘20g,元胡20g,防风10g,紫花地丁20g,甘草9g。疗效满意。（岳明芳,燕山高,普建武.冷冻配合中药治疗痔疮276例［J］.云南中医中药杂志,1988（5）:25-26.）

用二妙散、槐花散加味内服配合电灼术治疗痔疮湿热素重,便溏不爽,大便前后下血,舌苔黄腻者,药用苍术、黄柏、槐花、黑侧柏、黑地榆、防风等,疗效较好。(林为星,张金华,林梓官.中药内服合电灼术外治痔疮 103 例[J].福建中医药,1993(3):26-27.)

用肛泰敷脐治疗痔疮 312 例,其中湿热下注型 167 例,先洗净脐周皮肤,揭去药片的 PVC(聚氯乙烯)膜,将药片贴在脐部,四周压紧,每日 1 次,每次 1 片,结果对止血、止痛、消肿和修复痔黏膜等均有较好的疗效,总有效率为 96.47%。肛泰选用盐酸小檗碱、冰片等组方,具有清热解毒、凉血止血、消肿止痛、燥湿敛疮的功效,适用于痔疮出现的便血、肿胀、疼痛。其方法简便,副作用小,见效快,值得临床参考。(李国栋,张燕先,姜春英,等.肛泰敷脐治疗痔疮临床观察[J].山东中医杂志,1997,16(11):493-494.)

用单味苦丁茶治疗湿热壅滞型痔疮 60 例,结果痊愈 10 例,显效 34 例,有效 13 例,无效 3 例,总有效率为 95.0%,痊愈和显效率为 73.4%,痔核消失和变小率为 73.3%,临床主要症状和体征消除和缓解率在 89.3%~97.2%。苦丁茶性味苦、寒,有清热解毒、化瘀止痛的功效,治湿热壅滞型痔疮,针对性较强,60 例临床观察结果表明,本品疗效确切,是内服治疗湿热壅滞型痔疮的理想药物。(崔亚萍,陈兵.苦地丁治疗痔疮临床疗效观察[J].陕西中医函授,1999(2):40-41.)

用瓦松消肿止痛液(方由瓦松、马齿苋、黄柏、大黄、朴硝、明矾、防风、侧柏叶、蛇床子等组成)坐浴治疗痔疮 587 例,对肿痛、便血、脱出、瘙痒等主要症状疗效显著,总有效率为 98.13%。大量临床资料表明,该方具有良好的清热利湿,消肿止痛,止痒止血的功效。(刘渝陵,赵存仙.瓦松消肿止痛液治疗痔疮的临床研究[J].云南中医中药杂志,2001(2):33-34.)

黄氏等用康痔丸治疗湿热下注型Ⅱ期内痔 50 例。药用康痔丸(醴陵市中医院制剂室制备,组方及制备:槐花 150g,地榆 50g,黄柏 150g,枳壳 50g,虎杖 100g,防风 50g,赤芍 50g,黄芪 150g,白芷 50g,阿胶 50g,天花粉 50g,大黄 50g,当归 50g,黄芩 50g,桃仁 50g,玄参 10g,肉苁蓉 50g。将前述药物组方制成蜜丸,100g 瓶装。制备工艺:将处方中药物称量核对后 70℃烘干,粉碎过 100 目筛,混匀得细粉。每 1 000g 细粉加炼制温蜜 1 100g,和药、搓条、分粒及搓圆,1 粒 2g,60℃干燥、再灭菌,整丸,质检,包装),1 次 10g,1 日 3 次,饭后服用。疗程为 14 天。治疗期间均禁烟酒,清淡饮食,忌食生冷、油腻、辛辣之物。治疗结果:痊愈 19 例,显效 14 例,有效 11 例,无效 6 例,总有效率 88.0%。(黄义,陈仕恒,李尼亚,等.康痔丸治疗湿热下注型Ⅱ期内痔 50 例临床观察[J].中医药导报,2016,22(9):70-71,77.)

崔氏用苦地丁治疗湿热塞滞型痔疮 60 例。药以苦地丁细粉每次 4g,每日 3 次,装空心胶囊口服,3 天为 1 疗程,总计服 3 个疗程。治疗结果:痊愈 10 例,显效 34 例,有效 13 例,无效 3 例,总有效率 95.0%。其中,内痔 14 例,痊愈 3 例,显效 9 例,有效 2 例,无效 0 例,总有效率 100.0%;外痔 25 例,痊愈 3 例,显效 13 例,有效 7 例,无效 2 例,总有效率 92.0%;混合痔 21 例,痊愈 4 例,显效 12 例,有效 4 例,无效 1 例,总有效率 95.2%。(崔亚萍、陈兵.苦地丁治疗痔疮临床疗效观察 [J].陕西中医函授,1999(2):40–41.)

柳氏用清热燥湿中药为主熏洗治疗痔疮 84 例。药用黄柏、黄芩、大黄、白芷、枳壳、苦参、五倍子、土茯苓、花椒各 30g,冰片 5g。将前药加水 2 000ml,煮沸后再煎 10 分钟,先熏后洗,1 天 1 次,时间约 20 分钟。以 10 天为 1 个疗程,1 个疗程结束后观察疗效。治疗结果:显效 36 例,有效 39 例,无效 9 例,总有效率 89.29%。(柳亮.清热燥湿中药为主熏洗治疗痔疮 84 例 [J].陕西中医,2012,33(1):63–64.)

魏氏等用中医内外合治法治疗痔疮 42 例。治疗方法,①内服:黄芩炭 12g,黄连 10g,生大黄 6g,连翘 12g,生地 15g,地榆炭 12g,当归 15g,赤芍 30g,桃仁 15g,荆芥 15g,皂角刺(包煎)4g,桔梗 10g,杏仁 9g,黄芪 20g,升麻 15g,瓜蒌 15g,陈皮 8g,甘草 6g。便血甚者加仙鹤草 15g,槐花炭 15g;疼痛甚者加川楝子 15g,延胡索 20g;湿热甚者加刘寄奴 9g,马鞭草 10g;便血久之脾虚乏力者加炒党参 15g,阿胶 10g,炒白术 15g。每日 1 剂,水煎服,连续治疗 1 周。②熏洗方:蒲公英 12g,生侧柏叶 9g,玄明粉 6g,花椒 15g,赤芍 12g,苍术 10g,黄柏 10g,苦参 12g。每日 1 剂,水煎,于大便后或睡前先熏洗后坐浴,1 次 30 分钟,1 日 2 次,连续治疗 1 周。③穴位按摩:患者取卧位,用手指按压、揉长强穴,1 次 4 分钟,1 日 2~3 次;用掌根或大拇指顺时针方向揉承山穴约 2 分钟,再换为逆时针按揉 2 分钟,按揉力度轻微,循序渐进,以局部感受酸胀感为度,1 日 2~3 次,两穴同时按摩,连续治疗 1 周。治疗结果:治愈 28 例,显效 10 例,未愈 4 例,总有效率 90.5%。(魏妮、梁靖华、孙林梅,等.中医内外合治治疗痔疮临床研究 [J].现代中西医结合杂志,2016,25(25):2811–2813.)

三十九、不明原因发热

不明原因发热是指发热症状经各种理化等检查,未能找到明确的发病原因,这在临床上并不鲜见。此类发热,特别是低热,往往迁延时日较久,多见于夏秋季节。

【湿热与发病的关系】

不明原因发热,从中医学观点分析,其病因多种多样,病机较为复杂,其中因感受湿热,留滞体内,阻遏气分而引起者,临床最为多见。因湿性腻滞,湿与热合,如油入面,胶结难解。证诸临床,不明原因发热,往往热势缠绵,经久不退,常与湿热合邪的特性有密切的关系,其在发病学上的重要地位,值得高度重视。

【相关临床表现】

由湿热引起的发热,常呈持续性,且汗出而发热不退,或退而复作,以身热不扬或长期低热为多见,伴见神疲乏力,肢体困重,食欲减退,脘腹痞胀,口渴不欲饮,大便偏溏或黏滞不爽,小便黄赤,舌红,苔黄白而腻或黄腻,脉象濡数或滑数。

以上是通常的见症,临床还须分辨病位之浅深,区别对待,常见的主要类型如下:

1. 湿热客于肌表　症见恶寒发热,无汗或少汗,头痛身重,或肌肉酸疼,舌苔薄腻,脉象浮紧。

2. 湿热留恋气分　症见发热,脘腹痞胀,恶心呕吐,胃呆少纳,口中黏腻,口渴不欲引饮或渴喜凉饮,舌苔黄腻,脉象濡数或滑数。

3. 湿热郁滞少阳　症见寒热如疟,寒轻热重,口苦膈闷,胸胁胀痛,恶心呕吐,吐酸苦水,舌苔黄白而腻,脉象弦数。

4. 湿热伏于膜原　症见先憎寒壮热,后但热不寒,傍晚热势益甚,胸闷呕恶,头痛烦躁,舌边深红,苔浊腻或白厚如积粉,脉象弦数。

5. 湿热流注下焦　症见发热,小便黄赤灼热,口渴,大便溏滞或秘结,舌红,苔黄腻根部尤甚,脉象弦滑带数。

【相应治疗方法】

总的治疗原则是清热祛湿,并根据病位之浅深和湿与热之孰轻孰重,辨证施治:

1. 湿热客于肌表　治宜宣化湿热,轻清透泄,方用三仁汤加大豆黄卷、藿香、佩兰之类。

2. 湿热留恋气分　治宜清热化湿,调和脾胃。若湿重者,方用藿朴夏苓汤加减;热重者,连朴饮化裁;湿热并重者,甘露消毒丹出入。

3. 湿热郁滞少阳　治宜清热化湿,利胆和胃,方用蒿芩清胆汤化裁。

4. 湿热伏于膜原　治宜开达膜原,辟秽化湿,方用达原饮或雷氏宣透膜原法加减。

5. 湿热流注下焦　治宜清热渗湿,通利州都,方用茯苓皮汤合二妙散化裁。

【验案举例】

例1　陈某,男,29岁,1961年9月20日初诊。

发热(体温38℃)已4个多月,住某医院2个多月,曾做多种检查,无其他发现,经治疗无效出院。诊见头痛身重,发热,午后尤甚,倦怠乏力,胸闷不饥,口渴不欲饮,二便正常,面色淡黄,苔白腻,脉濡而微数。此属邪气留恋气分,湿遏热伏之证。治宜宣化畅中,清热利湿,宗三仁汤加减。处方:生苡仁25g,杏仁15g,白蔻15g,通草7.5g,淡竹叶7.5g,川朴10g,半夏15g,滑石20g,丝瓜络20g。水煎服,连服2剂。

9月23日复诊:已不发热,余症大减,白腻苔已退大半。药已中病,前方再投2剂。

9月26日三诊:诸症已愈,唯觉乏力。此乃久病后脾虚之故,嘱服健脾丸10丸,每次1丸,姜枣煎水送下,日服2次,以巩固疗效。(柯利民.发热治验三则[J].广西中医药,1981(6):3-5.)

按:头痛身重,倦怠乏力,乃湿困肌表之象;湿热相合,"热得湿则郁遏不宣,故愈炽;湿得热则蒸腾而上熏,故愈横",遂使发热经久不退,且湿为阴邪,阴邪自旺于阴分,故午后发热尤甚;胸闷不饥,系湿邪阻滞肺胃,气机不畅,运化失职所致;面色淡黄,口渴不欲饮,苔白腻,脉濡数,是湿热为患之的根据。三仁汤功能宣肺畅中,清热利湿,使滞留卫气之湿热,得以从三焦分消,故应手取效。

例2　周某,男,62岁,某门诊部负责人。就诊日期:1996年5月21日。

因发热住某院20余天,叠行B超、CT(计算机断层扫描)等各项检查未明确诊断,西药治疗发热不退,怀疑其为血液系统疾病。症见精神萎靡,发热朝轻暮重,最高时达39℃,汗出而热不解,纳谷甚少不饥,口渴不引饮或喜凉饮,便秘二三日方行,溲热,苔黄腻,脉濡带数。病机为湿热羁留,缠绵不解。治拟清化湿热,施甘露消毒丹加减。药用:藿香10g,杏仁10g,生苡仁30g,连翘10g,淡黄芩10g,川厚朴7g,通草3g,滑石(包)12g,黑山栀10g,淡豆豉6g,姜半夏10g,炒枳实10g,绵茵陈12g,蔻仁(后入)4g,芦根15g。

服药3剂,热退至37.5℃。患者家属仍以原方予服2剂,热仍保持在37.5℃。于5月25日再次诊时见症情已减,而热未退净,苔灰腻微黄,脉濡缓。湿热之邪虽退未净。原方既效,仍以清化湿热之法治疗,药用原方去山栀、豆豉、芦根,加青蒿 10g,云茯苓 15g。服药 2 剂,热退至 37.2℃,即出院休养,随访热未再作。(王同卿.甘露消毒丹治愈不明原因发热[J].江苏中医,1998(5):47–48.)

按:本例症见发热朝轻暮重,汗出而热不解,精神萎靡,纳差,溲热,苔黄腻,脉濡数,显系湿热并重之证。药用藿香、杏仁、厚朴、豆豉、半夏、枳实、蔻仁宣肺运中,理气化湿;连翘、山栀、黄芩寒能清热,苦以燥湿;复加茵陈、芦根、滑石、通草甘凉淡渗,清利湿热;合之共奏清热化湿,通利三焦之效。

例3 肖某,男,24 岁,务农。

患者于 1987 年 7 月 14 日出现发热,微恶寒,头痛,T39.1℃,经用青霉素、复方新诺明、速效伤风胶囊及复方氨基比林等抗菌消炎、解热镇痛药物,体温暂降复升,继又邀中医诊治,用过新加香薷饮、小柴胡汤及银翘散等方,症状一直未能得到缓解。本院门诊检查:血常规:血红蛋白 11.5g/L,红细胞 460 万 /mm^3,白细胞 5 400/mm^3,中性 71%,淋巴 29%,大小便常规正常,肝功能无异常,胸透(−),肥达反应(−),胆囊区无压痛,全身检查也未发现异常,发热原因不明。刻诊:发热 T39.7℃,稍有恶寒,每日下午发热加剧,并且伴有呕吐,饮食不佳,口苦,小便短少,大便正常,舌质淡红,苔薄白稍腻,脉细弦稍数。证属少阳郁热,湿痰内阻,胃失和降,投蒿芩清胆汤加味:青蒿 12g,黄芩 12g,法半夏 10g,滑石 15g,茯苓 10g,陈皮 10g,竹叶 6g,竹茹 6g,枳壳 8g,砂仁 6g,甘草 6g。2 剂后体温下降,上午约 37.8℃,下午 38.4℃。再进 2 剂,T37.3℃,呕吐止,饮食增,小便清长,大便可,守方去砂仁加生怀山 15g,太子参 10g,再进 2 剂。症状消除,随访半年未复发。(邓甫开.蒿芩清胆汤治疗不明原因发热[J].江西中医药,1989(6):19.)

按:湿热郁滞少阳,枢机不利而见发热恶寒,呕吐,口苦,纳差,尿少,苔薄腻,脉弦细带数等症候,治法自宜清热祛湿,利胆和胃,蒿芩清胆汤当属对证之方,宜乎霍然取效。

例4 韩某,男,50 岁。

因每日下午或夜间恶寒,高热 23 天,于 1984 年 8 月 18 日入院。恙起 2 旬余,初感恶寒,微热,鼻流清涕,经治上呼吸道症状逐渐消失,嗣后恶寒发热呈规律性,每天傍晚 18—19 时即感恶寒,翌晨 2—3 时寒战,每欲盖 2 条棉被方缓,继之发热,体温高达 39~39.8℃,但无汗出,须臾体温渐降,然至傍晚症状再起,如此反复,缠绵不已,病程中,曾予中药及抗生素(青霉素、链霉素、氯霉素)治疗,未能奏效。体检及实验室检查无异常。察其人,面色不华,形体偏瘦,舌质黯红,苔黄腻满布;细询之,口渴而不欲饮,神疲纳差,小溲微黄,大便一二日一解、质干;按其脉,弦而稍数。此系感受暑湿,邪伏膜原,浊滞中阻,脾胃受困之候。方用达原饮:青陈皮各 5g,柴胡 9g,甘草 3g,黄芩 6g,姜夏 10g,草果 3g,槟榔 10g,厚朴 5g,枳壳 5g,煨姜 2 片,红枣 4 枚。3 帖。二诊,服达原饮后,寒战平,发热轻,身有微汗,数日来身出风疹,瘙痒不适,舌质绛,苔薄黄腻,大便尚通,解而不爽,证属湿热夹滞互结,胃腑失清,表邪未净。方用宣透清热之剂:麻黄 5g,连翘 12g,赤小豆 12g,银花 12g,鸡苏散(包)12g,豆卷 12g,杏仁、苡仁各 10g,赤芍、茯苓各 10g,风化硝、炒枳壳各 6g,大黄(后下)5g。4 帖。药后热势渐降,风疹略少,有时微汗,再予清热利湿,和中导滞之剂,调治 15 天,体温正常,诸羔均瘥。(陈德塈.谢昌仁治疗不明原因发热经验体会[J].时珍国医国药,2000(12):1154.)

按:达原饮方出吴又可《温疫论》,主治温疫(当属湿热疫)邪伏膜原,症见先憎寒而后发热,继而但热不寒,或发热傍晚益甚,舌苔白厚如积粉等。本例的临床表现和病机,与之颇相吻合,故用达原饮加裁开达膜原,辟秽化湿,药后寒战平,发热轻,身有微汗,舌苔变薄,并出现风疹,大便解而不爽,乃膜原之邪有表里分消之势,继用宣透湿热,和中导滞之剂,诸羔得安。

例 5　易某,女,57 岁。1980 年 9 月 3 日初诊。

患者发热半月余,伴恶寒。热势起伏,朝轻暮重,绵绵不愈。曾用中药及抗生素不效。西医诊断为不明原因发热。头痛胸闷,体倦肢困,口干作渴,泛泛欲恶。舌边带红,苔白腻而垢,脉弦滑带数。治拟开达膜原,辟秽化浊。药用:槟榔 12g,草果 6g,川朴 4.5g,炒白芍 9g,黄芩 9g,青陈皮(各)6g,茯苓 9g,半夏 9g,知母 9g。3 剂。

二诊(1980 年 9 月 6 日):患者服药后,形寒发热之症唯暮分小作,胸闷作泛之象亦有好转。腻苔稍化,脉弦滑。湿热之邪蕴蒸未解,再从前法。药用:槟榔 12g,草果 6g,川朴 4.5g,炒白芍 9g,黄芩 9g,陈皮 6g,茯苓 12g,半夏 9g,滑石块 9g,炒苡仁 9g,妙谷芽 9g,3 剂。

三诊(1980 年 9 月 9 日):患者发热恶寒、热势朝暮起伏之症已除,纳欲渐旺,精神有振,容易汗出。腻苔化而未净,脉象濡弱无力。湿热之邪化而未彻,脾土运化之功受遏未复,阳气尚未得以伸张。药用:炒白术 9g,云茯苓 9g,建泽泻 9g,滑石块 9g,川朴 4.5g,淡子芩 6g,藿香 9g,姜半夏 9g,广陈皮 6g,炒米仁 9g。3 剂。(刘春堂,胡文豪.开达膜原法治疗发热病 1 例[J].上海中医药杂志,1989(11):29-30.)

按:本例发热恶寒,亦由湿热阻遏膜原所致,泛恶、胸闷、舌边红、苔腻是其征也。故用达原饮、二陈汤合化开达膜原、祛除湿热而热自退。

例6 患者,男,2015年9月15日初诊。

患者因"间断发热1月余"就诊,自述最高体温39.7℃,并无规律,诊前各项相关检查(包括免疫全项、布氏杆菌、外斐反应、肥达反应、颅脑核磁、全腹CT、胸CT、生化全项、防癌五项、PET(正电子发射计算机断层显像)–CT等)均未有异常提示,为求缓解病情,此期间不定期自服"复方氨酚烷胺胶囊",但仍发热反复。就诊前两天于某医院急诊肌注地塞米松5ml后,体温自38.9℃降至36.8℃,次日发热又现。患者既往高血压病史2年,未规律用药。否认其他病史。刻下:身热起伏(最高39.4℃),倦怠乏力,面垢自汗,纳少,寐欠安,大便不爽。舌尖红,苔薄黄腻,脉滑细数。西医诊断:不明原因发热。中医诊断:内伤发热,辨为少阳湿热证。处方:青蒿(后下)30g,黄芩10g,清半夏10g,竹茹10g,碧玉散20g,炒枳壳20g,陈皮10g,黄连10g,干姜6g,党参30g,生牡蛎(先煎)20g,桂枝10g,白芍15g,炙甘草12g,白茅根30g,焦栀子20g,生姜3片,大枣4枚。7剂。水煎服,1次200ml,每天2次。

二诊(2015年9月21日):服药后前症改善,纳食增,寐尚安,仍于每天午后3点至晚12点自觉恶寒发热,最高体温为38℃,大便成形,2天1行,苔腻浊。前方微调用药剂量:黄芩30g,碧玉散30g,白芍30g,焦栀子30g,另加焦槟榔10g,淡豆豉10g,芦根30g,草果6g,酒大黄6g。7剂,水煎服,服法同前。

三诊(2015年9月28日):患者连日未见发热,心境大好,少汗面爽,乏力得舒,纳可,寐转安,偶有身热,最高体温37.1℃,唯手足心热,大便成形,日1行。舌淡红,苔薄白稍腻,脉弦小滑。前方去淡豆豉、酒大黄,加天花粉15g、淡竹叶10g,白茅根用量加至45g。再服7剂,嘱变化随诊。

2015年10月8日电话随访,患者自述体温如常已十余日,未见发热恶寒。纳可,寐安,已正常工作。(鲁玉,赵远红.中医辨治不明原因发热1例[J].环球中医药,2016,9(12):1521–1522.)

按:患者间断发热久延,据其身热起伏、倦怠乏力、纳少、舌尖红、苔薄黄腻等症状,显系湿热羁留气分之象。盖湿热为黏腻之邪,前贤有谓"热得湿而愈炽,湿得热而愈横",故治疗宗分消湿热,使两邪不相搏,则病易解。前后数诊,均以轻清宣透、清利湿热为务,希冀阻遏少阳之湿热得以分消走泄,则发热自退。

【临证备考】

15例白血病造血干细胞移植后不明原因发热的辨治,其中湿热型9例,症见发热多日,或汗出不畅,倦怠,口中苦黏,纳呆,或腹胀,舌体见齿痕,舌苔黄白厚腻,脉滑或濡。治以清热解毒除湿,药用黄芩12g,黄连10~12g,栀子 10g, 生石膏 30g, 柴胡 12g, 连翘 15g, 薄荷 6g, 藿香 12g, 茯苓 15~20g, 半夏 12g, 厚朴 15g, 苍术 12g。呕恶者, 加砂仁 9g, 紫苏 12g; 腹满纳呆者加焦三仙 30g; 伴咳痰者加桑白皮 15g, 杏仁 12g, 鱼腥草 20g。经治后 8 例显效 (体温降至正常), 1 例无效。(李海燕, 冯四洲, 韩明哲, 等.15 例白血病造血干细胞移植后不明原因发热辨治 [J]. 中医杂志, 1999 (8): 482-483.)

郑氏经验: 夏天暑热, 阴雨潮湿, 湿温发热证较多见, 多数病因不明, 用抗生素治疗无效, 中药用清热解毒银花连翘类疗效也不理想。每遇此证, 常用《温病条辨》黄芩滑石汤加味治疗, 收效颇佳。组方: 黄芩 9g, 滑石 9g, 茯苓皮 9g, 大腹皮 6g, 白蔻仁 3g, 通草 3g, 猪苓 9g, 水 6 杯煎取 2 杯, 渣再煎 1 杯分温 3 服。随证加减: 高热不退, 汗出热不解者为热重于湿, 加黄连、青蒿各 10g; 低热日久不愈者为湿重于热, 加苍术、石菖蒲、淡豆豉各 10g; 腹胀厌食, 恶心呕吐者加陈皮、清半夏各 10g; 大便干者酌情加大黄; 尿少黄者加竹叶。(郑德柱. 黄芩滑石汤治疗湿温发热的体会 [J]. 河北中医, 1998 (1): 39-40.)

下 篇

常用方剂

一、新加香薷饮

【出处】 《温病条辨》。

【组成】 香薷 6g 厚朴 6g 银花 9g 鲜扁豆花 9g 连翘 9g

【用法】 水煎 2 次分服。

【功效】 祛暑解表，清热化湿。

【主治】 暑温夹湿初起，复感于寒。症见发热头痛，恶寒无汗，身重体疼，口渴面赤，胸闷不舒，舌苔薄腻微黄，脉浮而数。

【方解】 本方即《太平惠民和剂局方》中香薷散加银花、连翘，将扁豆易为鲜扁豆花而成。方中以辛温芳香之香薷发汗解表，祛暑化湿为主；辅以银花、连翘辛凉解表，以清透上焦气分之暑热；至于鲜扁豆花，吴鞠通说："凡花皆散，取其芳香而散，且保肺液，以花易豆者，恶其呆滞也，夏日所生之物，多能解暑，惟扁豆花为最。"厚朴苦温，宽中散满，以化脾胃之湿。综观本方，辛温与辛凉合用，故适用于夏季感受暑湿，外有表寒而内有湿热之证。

【临床应用举例】

1. 病毒感染　张某，女，72 岁。病史：发热 3 天，始觉形寒，继则发热，日渐加重，周身酸楚，神识朦胧，经用西药治疗热势不降。检查：体温 39.8℃，白细胞总数 4 500，中性 70%，淋巴 28%，嗜酸性 2%，疟原虫（－），肥达反应（－）。胸透：心肺正常。尿常规：蛋白极微，脓细胞 0~2 个/HP。诊断：病毒性感染。辨证施治：病起 3 日，壮热少汗，形寒未罢，神志迷蒙嗜睡，午后为著，头昏，胸闷，纳呆，微有咳嗽痰少，口干苦而黏，但不欲饮，大便 4 日未行，小便黄少，舌苔白厚腻，两边有黏沫，中黄，脉象濡数。证属暑湿郁遏肌表，壅阻中焦，夹痰浊内蒙神机。治拟清暑化湿,方选新加香薷饮、藿朴夏苓汤。处方:香薷 3g,双花、连翘、杏仁、苡仁、茯苓、藿香、佩兰各 9g,豆豉、鸡苏散各 12g,川朴、蔻仁各 3g,姜川连 1.5g,法半夏 6g,陈皮 4.5g。上药服 2 帖,药后得汗,翌晨体温 38℃,肌肤灼热已减,神志转清。原方去香薷、双花、连翘、鸡苏散加苍术、郁金各 6g,全瓜蒌 15g,枳壳、枳实各 4.5g,焦山楂、六一散各 12g 以化湿导滞。日进 2 剂,大便得通,第 3 日晨热平,午后体温回升至 38℃,原方加香薷 3g,再服。入夜热势逆降,晨间测温恢复正常,乃续予芳化醒胃之剂善后。(江苏新医学院中医内科教研组,江苏新医学院第一附属医院内科.中医内科学[M].南京:江苏人民出版社,1977.)

2. **暑温夹湿**　治疗夏秋季急性热病 46 例,其中对暑温兼湿,症见发热,身重,胸闷,泛恶,苔薄白腻,脉濡数,治以清暑化湿,主方用新加香薷饮(香薷 9g,银花 9g,连翘 9g,川朴 6g,扁豆花 9g),效果显著。(周福梅,朱彬彬.以中医辨证为主治疗急性热病 46 例临床小结[J].黑龙江中医药,1987(1):18-19,17.)

张某,女,13 岁。一诊:1976 年 8 月 12 日。恶寒高热无汗,体温达 40℃以上已 5 天,初起头痛,现已止,口干不多饮,腹胀便溏,咽红而痛,脉浮小数,舌边红苔薄白。暑湿外受,兼有蕴湿,拟解表清暑化湿。陈香薷 4.5g,淡豆豉 9g,扁豆衣 9g,厚朴 6g,炒黄连 4.5g,大腹皮 12g,鲜藿佩各 9g,炒黄芩 9g,广木香 4.5g,焦楂曲各 9g,生米仁 30g。1 剂。二诊:1976 年 8 月 13 日。汗出身热未退,便溏 1 次,脉舌如前。前方去陈香薷。1 剂。三诊:1976 年 8 月 14 日。昨夜汗出颇畅,今晨身热虽减未退,咽痛亦轻,昨晨大便 1 次质软,口干减,舌尖红,苔白腻前半已化,脉小数。暑温有从外解之象,再拟清化。清水豆卷 12g,生山栀 9g,银花 12g,连翘 12g,鲜藿佩各 9g,茯苓 9g,炒黄芩 9g,川朴花 6g,炒米仁 18g,扁豆花 9g,六一散(包煎)18g。2 剂。(严世芸,郑平东,何立人.张伯臾医案[M].上海:上海科学技术出版社,1979.)

3. **咳嗽**　肖氏对夏令咳嗽,证属暑风袭肺,壮热无汗咳嗽,用新加香薷饮加前胡、桔梗、杏仁、桑叶,亦可以豆豉易扁豆花,取其解表宣肺之力,得汗则热退。(肖之常,肖子佛.时令咳嗽的用药经验[J].上海中医药杂志,1984(11):7-8.)

4. **乙型脑炎**　宋氏介绍治疗流行性乙型脑炎,对邪在卫分,主症为身热无汗,微恶风寒,身形拘急,头痛面赤,舌红苔薄白,脉濡数,证属暑湿郁表,卫外失调,治以辛温复辛凉,芳化暑湿,方用新加香薷饮加减(香薷、藿香、荷叶、银花、连翘、滑石、竹叶)。(宋祚民.小儿流行性乙型脑炎的辨证论治[J].北京中医,1983(2):34-36.)

又已故著名老中医蒲辅周认为,乙脑辨证属暑温夹风者,其发病迅速,即见高烧,头痛,抽风,嗜睡等,应急用新加香薷饮清暑祛风。如治患儿韩某,男,6岁。入院前2天,发热,头痛头晕,嗜睡并抽风2次,曾用解热剂无效,入院后,用西药治疗,病情继续加重,体温升高达40℃,嗜睡明显。第4日,蒲老会诊,症见高烧无汗,面潮红,嗜睡加深,偶有烦躁,舌质红,苔中白夹黄,脉浮弦数,知属暑温夹风,急以新加香薷饮加味清暑祛风,并借紫雪之力以开内闭,假葱豉之散以达表郁,佐六一之淡渗以通火腑,1剂体温正常,除颈部尚有轻度抵抗外,头痛、嗜睡诸症消失,前方继服1剂,不再用紫雪。暑清风去,停药观察,痊愈出院。(方药中,许家松.温病汇讲[M].北京:人民卫生出版社,1986.)

5. 暑温夹湿证　李某,女,37岁。发病时间为8月6日。发热、恶寒、咽痛10天,伴无汗,头重如裹,四肢酸痛不适,口干而不欲饮,胸脘痞闷,大便干结,小便短少色黄。曾到西医内科就诊,经胸透、血常规检查等,未发现异常。诊断为上呼吸道感染,曾先后口服酚氨咖敏颗粒、盐酸吗啉胍、先锋霉素,静滴利巴韦林,用药后常微汗出,发热稍退,但不久体温又再度升高,其间体温曾达40.1℃,如今来中医科就诊。时下体温39.6℃,诸症仍在,舌尖红,苔厚黄腻,脉濡滑数。中医诊断为暑温夹湿证。治宜祛暑解表,清热利湿解毒。方用新加香薷饮加味;银花15g,连翘15g,香薷6g,扁豆15g,川朴9g,黄芩9g,淡竹叶12g,通草10g,苡仁20g,藿香10g,荆芥10g,柴胡10g,薄荷(后下)5g,生甘草5g。服药3天,热退身凉,除纳呆、身倦外,余症消失。继续在原方基础上去通草、淡竹叶、荆芥,加佩兰12g,桑枝12g,连服4剂,诸症悉解,临床痊愈。(余希瑛.新加香薷饮加味治疗暑温证96例[J].广西中医学院学报,2000,17(1):40.)

6. 病毒感染性发热　王某,男。2001年8月无明显诱因出现高热,体温40.1℃,急性热病面容,畏寒,胸闷,口干苦,无汗,头痛,剧烈呕吐胃内容物,无腹痛腹泻,无鼻塞、流涕、喷嚏、咳嗽等明显外感表证。查血象:白细胞及中性粒细胞无明显升高。拟诊为病毒性感冒。予以西药抗炎、补液及物理降温,病情未见明显好转。现患者体温持续不降,烦躁不安,舌淡红,苔黄白腻,脉滑有力。病属表证未解,外邪内陷之证。治宜清热利湿解表,疏肝利胆,予以新加香薷饮合大柴胡汤加减。方用:香薷10g,厚朴10g,金银花15g,连翘15g,柴胡30g,黄芩10g,法半夏15g,生大黄5g,枳实10g,生姜2片,甘草6g,薄荷10g,竹茹10g。上方急煎10分钟,取汁200ml,分次少量频服,每次服20ml,服药1剂,体温开始下降,发热停止,再以其他方剂调息。(郭建辉.熊继柏教授临床验案二则[J].河南中医,2006,26(7):76.)

二、黄连香薷饮

【出处】　《医方集解》。

【组成】　黄连6g　香薷9g　厚朴9g　扁豆12g

【用法】　水煎2次分服。

【功效】　祛暑解表,清热化湿。

【主治】　夏季伤暑感冒,寒湿化热之证,症见发热恶寒,无汗,胸闷心烦,恶心呕吐,泄泻,腹痛,头痛及伤食吐泻等。

【方解】　暑多夹湿,故本方用香薷祛暑化湿以解表邪,古人有"香薷为夏季之麻黄"之说;黄连苦寒清里热而燥湿,共为主药。辅以厚朴化湿导滞,通导胃肠气机;扁豆健脾祛湿消暑。诸药合用,而成祛暑解表,化湿清热之剂,故可用于夏季伤暑感冒。

【临床应用举例】

1. 伤暑　汤某,女,29岁。一诊:1968年7月19日,体温40.9℃,壮热无汗2天,微恶寒,头痛,口干,胸闷,脉浮数,苔薄白而干。寒暑湿错杂之邪,蕴蒸气分,拟黄连香薷饮加味,解表清暑。炒川连2.4g,香薷6g,扁豆花9g,川朴花4.5g,淡豆豉12g,黑山栀9g,广郁金9g,鲜芦根1支,防风9g,鸡苏散(包煎)18g,1剂。二诊:1968年7月20日,体温38.5℃,药后微汗,身热较减,头痛倦怠,半夜略咳,口干,大便未解,脉仍浮数,苔薄。暑温表证减,腑气未通,仍守前法出入。前方去川朴花加枳壳9g,杏仁9g,1剂。三诊:1968年7月21日,体温36.7℃,得汗不多,但寒热已退,大便亦解,头痛未止,头汗齐颈而还,脉浮小滑,苔薄腻。暑温虽化未清,再拟芳香宣化。鲜藿、佩兰各9g,冬桑叶9g,菊花6g,薄荷(后下)3g,鲜芦根1支,茯苓12g,炒枳壳9g,桔梗4.5g,青蒿9g,白薇9g,3剂。(严世芸,郑平东,何立人.张伯臾医案[M].上海:上海科学技术出版社,1979.)

某女,16岁。6月,与同学郊游野外,是日烈日酷热,汗出甚多,在树荫乘凉,豪饮矿泉水2瓶后,汗出即收,渐觉凛凛恶寒,鼻流清涕,一身灼热烫手,但肌肤干燥无汗,神疲困倦,难以支持。同学见状,中途护送回家,父母急送医院就诊,拟以"风寒感冒"投荆防败毒散2剂,2日未效,乃邀余会诊。刻诊:体温 37.8℃,恶寒发热无汗,头胀昏重,泛恶欲呕,身重懒困乏力,整日恋床,清涕少许,溲短而黄,舌质红,苔白腻,脉濡缓,思虑再三,改投黄连香薷饮加味:黄连 3g,香薷(后下)6g,厚朴 6g,白扁豆 6g,茯苓 6g,通草 6g。1 剂微汗身轻,2 剂诸症消失,回校上课。(罗秀娟.清化退热法治疗湿热证举隅[J].广西中医药,1997,20(6):19-20.)

2. **小儿暑温** 赵某,男,7 岁,1963 年 8 月 16 日初诊。病史:暑季外感微寒,发烧无汗,已 5~6 日,起伏不解,现体温 38.6℃,轻微咳嗽,胃纳减少,口渴欲饮,大便溏薄,小便短黄。检查:舌苔薄黄质红,脉滑数。辨证:暑热伏内,风寒外闭。治则:祛湿解表,清热化湿。拟黄连香薷饮加味。方药:香薷 3g,白扁豆 6g,川朴 4.5g,黄连 2g,炒杏仁 4.5g,浙贝 4.5g,六一散 6g,赤苓 4.5g,青蒿 6g。水煎服。8 月 18 日二诊:服药 2 剂,得汗烧退,今日傍晚复又发烧,咳嗽,口不甚渴,全身有汗,大便未行,小便黄热,舌苔白质赤红,脉细滑数。证属外邪虽解,里热未清。按上方去香薷、黄连、杏仁、赤苓,加地骨皮 6g,炒知母 4.5g,炒黄芩 4.5g,赤芍 4.5g。水煎服。服药 2 剂痊愈。(王允升,张吉人,魏玉英.吴少怀医案[M].济南:山东科学技术出版社,1983.)

3. **小儿夏季热** 李某,男,1.5 岁,2000 年 8 月 29 日诊。1 个月来发热、咳嗽气促,曾在当地医院诊为支气管肺炎,经中、西医治疗,咳嗽气促逐渐好转,但发热持续不退。后又用青霉素、头孢曲松钠、护彤口服液等治疗,热稍退旋即复发,体温在 37.5~39.5℃。诊见患儿消瘦,目大无神,唇焦色黑,体温 39℃,手足心热,脘腹痞硬,口干时欲饮水,不欲纳食。舌红,苔白中黄,脉象浮弦滑数。诊断为小儿夏季热。治以消解暑湿,消磨积滞。方用黄连香薷饮加味。处方:香薷、淡豆豉、苏叶、建曲、枳壳、谷芽、麦芽、青蒿、连翘、橘皮各 10g,厚朴、胡黄连各 6g,焦山楂 15g。加水 500ml,浸泡 30 分钟,煎取 200ml,去渣。2 日 1 剂。服 2 剂后体温降至 37.6℃,仍见口渴,但饮水量明显减少,精神稍好转,纳食稍增。续服 3 剂后热退神安,后嘱增强体质,加强营养。(魏敏.黄连香薷饮加味治疗小儿夏季热 15 例[J].实用中医药杂志,2005,21(10):602.)

4. **暑泄** 曾某,男,30 岁。1988 年 8 月 5 日上午 11 时初诊。患者诉昨天下午突发畏寒发热,腹痛腹泻,呕吐少量食物残渣和黄绿色苦水,续而水泻如注,色黄而微臭,心烦,口渴饮水。舌苔白腻,脉濡数。大便常规:黄色水样便,脓细胞(+)。血常规:白细胞总数 6 400/mm³,中性粒细胞 65%,淋巴细胞 33%,嗜酸性粒细胞 2%。处方:黄连 5g,香薷 10g,木香 10g,白扁豆 15g,秦皮 10g,藿香 10g,厚朴 10g,茯苓 15g,焦白术 10g,法半夏 10g,六一散(包煎)

10g。水煎服，日 1 剂，服药 3 剂而愈。（龚景好 . 加味黄连香薷饮治疗暑泻 90 例小结［J］. 河北中医，1991，13（1）：5.）

三、藿香正气散

【出处】　《太平惠民和剂局方》。

【组成】　藿香 9g　紫苏 9g　白芷 9g　大腹皮 12g　茯苓 12g　白术 9g　陈皮 9g　半夏曲 12g　厚朴 12g　桔梗 6g　甘草 3g

【用法】　共为细末，每服 6g，姜、枣煎汤送服，日 3 次；或上方水煎 2 次分服。

【功效】　解表化湿，理气和中。

【主治】　外感暑湿秽浊，邪在卫气，肠胃失调，症见发热恶寒，头痛胸闷，腹痛拒按，呕吐，肠鸣泄泻，口淡，舌质淡红，苔白腻，脉濡缓。

【方解】　方中藿香芳香，化中焦脾胃之湿浊，理气和中，且有透表解暑作用，是为主药；辅以苏叶、白芷解表邪，利气机；厚朴、大腹皮燥湿除满，消滞；半夏、陈皮、桔梗理气化痰；茯苓、白术、甘草和中健脾化湿。诸药合用，功专祛湿解暑，辟秽化浊，对夏秋感受暑湿秽浊之证，确有良效。但本方中大都为温性药，本来较适宜于外感风寒、内伤湿滞之证，如果治疗湿热，尚需做适当加减，才能满足临床的需要。如吴鞠通在《温病条辨》中就列举了 5 条加减正气散的方证，其中的第 1、2、4 条均为湿热而设，可参考。

【临床应用举例】

1. 暑天感冒（胃肠型）　薛某，男，50 岁，教师。发热、恶寒伴腹泻呕吐 2 天。患者素体肥胖，2 天前因淋雨感暑湿而发病，经用银翘散加减治疗未见好转，来诊时仍发热 38.3℃，午后体温稍高，微恶寒，不思饮食，口干，但不欲饮，恶心，呕吐，初呕出胃内容物，后每日呕痰涎 3~4 次，胸闷腹痛，痛则泻，大便溏而不爽，日 3~4 次，伴头晕，头重，全身酸痛，口苦，口臭，舌质淡红，苔黄白厚腻，脉濡数，此为暑温，暑热引动内湿，即胃肠型感冒。以藿香正气散加减：藿香 12g，法夏 9g，云苓 15g，川朴 9g，蚕沙 12g，白花蛇舌草 15g，银花 12g，威灵仙 9g。日 1 剂，水 5 碗煎 2 碗，分 3 次服。2 剂后复诊，热渐退，但仍低热 37.3℃，吐泻已止，口干苦，纳差，疲倦，舌边红，苔薄黄，脉弦数带濡，以小柴胡汤加南豆花、麦芽。3 剂调理而愈。（陈庆全 . 藿香正气散新解［J］. 新医学，1975（9）：454–455，453.）

2. 湿温（副伤寒） 王某，男，20岁。病已10余日，起病怕冷，继之发热恶寒，全身酸痛，纳呆胸闷，体温39℃左右。曾在某医院就医，按副伤寒给予氯霉素等治疗，体温不退，又内服中药，仍发热不减，来门诊求治。患者身热不扬，虽汗出而不多，口渴不欲饮，周身酸楚，头晕目眩，面色微黄，语言轻微，四肢无力，无气以动，动则气喘，脘腹胀满，不思饮食，小便黄，大便干，体温38.5℃，脉濡弱，舌苔白腻。实验室检查：白细胞4 500/mm³，中性72%，淋巴28%。肥达反应"H"1:160。证属湿热郁遏气机，阻滞中焦，湿盛于热之候。治宜芳化宣中，淡渗利湿法。方用藿香正气散加减：藿香12g，川朴9g，半夏9g，茯苓15g，佩兰10g，杏仁9g，苡仁15g，陈皮9g，滑石9g，大豆卷12g，茵陈10g，大腹皮10g。水煎服。服药1剂后出汗，第2天早晨热退；午后复热。再服上方2付。3日后复诊：体温已降至正常，唯头晕身倦，纳差，无力。脉沉细，舌苔薄白。再服原方2剂，诸症均减。5日以后，由于饮食不当，引起胸闷恶心，胃脘堵塞。脉沉细微滑，舌苔薄白。仍以芳化和中，运脾醒胃治之，处方：藿香9g，川朴9g，陈皮9g，云苓10g，白术10g，半夏6g，神曲9g，枳壳6g，苡仁12g，甘草3g。水煎服，3剂后病愈。2个月后随访，未复发。（韩玲娣. 藿香正气散的临床应用[J]. 河南中医，1984（6）：41-42.）

3. 婴幼儿泄泻 梁氏报道，运用藿香正气散加减治疗婴幼儿泄泻63例，基本方：藿香6g，厚朴、苏梗各3g，腹皮、法夏、焦术各5g，茯苓10g（以上剂量为小儿1天量，水煎分3次服。2周岁以上患儿分量可酌加）。结果：服药后1天内泻止者24例；2天内泻止者21例；3天内泻止者12例；5天内泻止者4例；2例因服药10剂无效而停药。如治叶某，女，11个月。1983年8月12日初诊，食生梨汁而致泄泻已6天，每日泻下8~9次水样便，夹有蛋花样物。曾用过西药氯霉素药粉等，泄泻如故。察其舌淡红，苔薄白，腹略膨，按之无所苦，大便黄绿色，小便短小，口渴。指纹淡红。证属暑月饮食不慎，复感湿热之邪，脾胃升降失司而成泄泻。用基本方加粉葛根5g，干荷叶3g，车前子（包煎）10g，六一散（包煎）12g。1剂后，泄泻减为每日3~4次，再剂而愈。（梁学琳. 藿香正气散加减治疗婴幼儿泄泻63例[J]. 湖北中医杂志，1985（6）：17.）

4. 酸中毒 周某，女，16岁，学生。患糖尿病已3年。因发热恶寒，恶心呕吐，周身浮肿1天，于1986年2月9日就诊。查体：体温38.7℃，脉搏90次/min，呼吸26次/min，血压110/70mmHg。症见精神萎靡不振，面肿颧红，呼吸急促，四肢乏力，口渴欲饮，尿少而黄。舌边尖红，苔黄腻，脉浮数。检查：空腹血糖380mg%，尿糖（++++），二氧化碳结合力20容积%。因患者家属拒绝打针，要求以中成药暂时治疗，服藿香正气水 4 瓶，次日好转，再服基本方（藿香 15g，白芷 10g，红参 5g，茯苓 15g，陈皮 10g，白术 10g，法夏 10g，滑石 30g，白茅根 30g，甘草 5g）3 剂。2 月 11 日检查，二氧化碳结合力为 58 容积 %。（杨香锦 . 藿香正气散加减治疗酸中毒 98 例 [J]. 湖南中医杂志，1988（3）：43.）

5. **流行性乙型脑炎** 著名老中医蒲辅周认为，乙脑中辨证为升降失司，症见脘连腹胀，大便不爽，则以一加减正气散（藿香梗、厚朴、杏仁、茯苓皮、广皮、神曲、麦芽、绵茵陈、大腹皮）加减。若湿郁三焦，脘闷便溏，身痛舌白，脉象模糊，又需以二加减正气散（藿香梗、广皮、厚朴、茯苓皮、木防己、大豆黄卷、川通草、薏苡仁）加减。若秽湿着里，苔黄脘闷，气机不宣，久则酿热，则选三加减正气散（藿香、茯苓皮、厚朴、广皮、杏仁、滑石）加减。若秽浊着里，邪阻气分，舌白滑，脉右缓，则选用四加减正气散（藿香梗、厚朴、茯苓、广皮、草果、楂肉、神曲）加减。若秽湿着里，脘闷便泄，选用五加减正气散（藿香梗、广皮、茯苓块、厚朴、大腹皮、谷芽、苍术）加减。（史宇广，单书健 . 当代名医临证精华 · 温病专辑 [M]. 北京：中医古籍出版社，1988.）

6. **泄泻** 李某，女，26 岁，公司职员。主诉：腹泻伴发热 2 天。症见：腹泻水样便，夹少量黏液泡沫，无脓血，日 5~7 次，伴发热、恶寒，腹胀肠鸣，食欲不振，精神尚可，不痛不呕，无心慌头晕，口稍干，小便正常，舌淡红，苔白腻泛黄，脉细。既往体健。查：T37.9℃，BP（血压）120/60mmHg，全身皮肤及巩膜无黄染，心肺（－），腹平软，无压痛及反跳痛，肠鸣音活跃 6~8 次 /min，双下肢不肿。大便常规、隐血：水样便，白细胞（++），隐血（－）。血常规：正常。西医诊断：急性肠炎。中医诊断：暴泻（外寒内湿兼湿郁化热证）。治法：解表化湿，理气和中，兼清郁热。方药：藿香正气散加减。处方：党参、白术、茯苓、厚朴、法半夏、藿香、神曲各 10g，甘草、木香、黄连各 5g。5 剂，水煎服，1 日 1 剂，早晚分服。嘱以清淡营养易消化食物为主，忌辛辣油腻之品。后患者打电话告知服 3 剂中药后，腹泻即止，无发热等不适，疾病痊愈。（周胜强，黄孟君 . 黄孟君教授辨治泄泻的临床经验 [J]. 陕西中医，2014，35（5）：581–582.）

7. **哮喘** 患者，男性，51 岁，2016 年 8 月 11 日初诊。主诉：胸闷 2 周。患者 2 周前因感冒后即出现畏冷、发热，就诊于当地诊所，口服"酚麻美敏片"后畏冷、发热症状消失，出现胸部憋闷，周身乏力，困重，无气喘及咳嗽等症状，后就诊当地医院，查胸部 CT 提示：双侧纹理稍增多，心电图提示轻度心肌缺血，诊为"冠状动脉粥样硬化性心脏病，心绞痛，病毒性心肌炎？"，含服"速效救心丸、硝酸甘油"后症状可稍缓解，遂来就诊。症见：胸部憋闷，头稍昏重，纳差,大便溏薄,小便短赤。舌苔薄白而腻,脉濡数。行肺通气功能检查,支气管舒张试验阳性。追问家族史,其父有"支气管哮喘"病史。遂诊断为胸闷变异性哮喘。中医病机为外感暑湿秽浊之邪,内壅于肺,肺失宣肃,气滞心胸,发为胸闷,治予藿香正气散加减:藿香15g,紫苏梗10g,白芷12g,半夏9g,陈皮9g,桔梗9g,白术9g,茯苓12g,厚朴9g,大腹皮12g,甘草3g。服用7剂后胸闷等症状明显改善,续服3剂而愈,至今未复发。(张晶,卢峰.严桂珍教授治疗胸闷变异性哮喘的经验[J].广西中医药大学学报,2016,19(4):35-36.)

8. 梅尼埃病 患者男性,50岁,2013年4月20日就诊。症见头晕目眩,视物旋转,如坐舟车,胸腔恼闷,恶心,呕吐,兼头痛耳鸣,查眼球震颤。舌淡,苔白腻,脉浮滑。西医诊断为梅尼埃病,中医诊断为眩晕。处方:藿香10g,紫苏10g,厚朴12g,法半夏12g,茯苓12g,白术10g,陈皮10g,桔梗6g,白芷10g,大腹皮15g,泽泻15g,天麻10g,蔓荆子10g,石菖蒲10g。每日1剂,水煎400ml,分早晚两次饭后温服。服用6剂,诸症状皆除而病愈。(张新树.藿香正气散加减治疗梅尼埃病的临床讨论[J].中国医药指南,2015,13(1):219.)

四、麻黄连翘赤小豆汤

【出处】 《伤寒论》。

【组成】 麻黄(去节)6g 连翘12g 杏仁9g 赤小豆15g 大枣4枚 生梓白皮9g 生姜6g 甘草6g

【用法】 先煎麻黄,去上沫,再入其他药物同煎2次,分服。

【功效】 宣肺解表,清利湿热。

【主治】 伤寒外有表邪,瘀热(湿热)在里,症见身热,恶寒,无汗,体疼,小便不利,肤痒,身目发黄,舌苔薄黄腻,脉象浮数。

【方解】 《伤寒论》云:"伤寒瘀热在里,身必黄,麻黄连轺赤小豆汤主之。"以方测证,审证求因,当知本方证乃伤寒表邪不解,湿热内蕴,郁蒸而发黄疸。方以麻黄、杏仁宣肺解表;连翘、赤豆、梓皮清热利湿;生姜、大枣辛甘相合,调和脾胃。合之而成外解表邪,内清湿热之剂。

【临床应用举例】

1. 急性黄疸型肝炎 马氏治疗病毒性肝炎认为麻黄连翘赤小豆汤主治表邪尚存,或有寒热身痛,肌肤停湿浮肿,而内有瘀热,小便不利,周身发黄,属于表有寒湿,里蕴湿热之黄疸证。（马骥.中医治疗病毒性肝炎之我见[J].黑龙江中医药,1988(2):1-3,5.）

王氏常以本方治疗表邪瘀闭,湿热内阻,疫毒交争于肝胆之发黄,初期加减得当,疗效卓著。如急性病毒性肝炎,一般可加茵陈、板蓝根、泽泻等。若脾气虚弱不运加焦三仙、陈皮等;泛恶欲呕加佩兰、半夏;湿热均重加滑石、黄芩。如治黄姓,女,16岁。1979年9月14日初诊。身热恶寒,小便黄如浓茶1周。伴头痛,体倦嗜卧,四肢酸沉,肌肤作痒,纳呆泛恶,厌食油腻,双目黄如橘子色,烦热胸闷,口苦黏腻,脉弦滑。体温38.2℃。经化验,拟诊为急性黄疸型肝炎。此乃外邪束表,湿热疫毒入里,蕴结脾胃,郁滞肝胆。处方:麻黄、杏仁各10g,连翘、陈皮各15g,茵陈、赤小豆各30g,大青叶24g,桑白皮、藿香各12g,生姜6g,大枣6枚。水煎,分2次服。投上方6剂症见缓解,表证消失。继原方减麻黄,加柴胡12g,焦三仙各18g治之。以上方增损26剂,肝功能恢复正常,后用香砂六君子丸燮理以图巩固,随访2年,病愈如常。（王忠民,刘茜.麻黄连翘赤小豆汤加味临床辨证新用[J].黑龙江中医药,1985(6):25-26.）

2. 急性肾炎　用麻黄连翘赤小豆汤加减（炙麻黄、连翘、赤小豆、桑白皮、生姜皮、小青草、萹草、茜草根、蒲黄、白茅根）治疗急性肾炎118例,经治1~3个月,其中痊愈113例,无效5例。如治黄某,女,12岁。1986年8月3日诊。两下肢疮疖愈合不久,3天前开始面目浮肿,继而全身皆肿,肢节酸重,小便量少,发热,咽喉红肿疼痛,舌苔薄白,脉浮滑而数。尿检蛋白(+++),红细胞(+++),白细胞(++),管型(+),血压146/94mmHg。证属风水相搏,治拟疏风解表,宣肺利水,用麻黄连翘赤小豆汤加减:炙黄芪、连翘、赤小豆、桑白皮、蒲黄各9g,小青草、萹草、茜草根、车前子各12g,白茅根15g,生姜皮、生甘草各3g。服10剂,水肿消退,尿量正常,血压124/72mmHg,尿检:蛋白微量,红细胞少许,白细胞、管型均阴性,舌苔薄,脉细,治拟健脾补肾、清利余邪为主:生黄芪、炒山药、益母草、石韦各15g,山萸肉、蒲黄各9g,生地、小青草、萹草、茜草根各12g,生甘草3g。服5剂,体征消失,尿检正常。（盛辉,方善光.麻黄连翘赤小豆汤治疗急性肾炎118例小结[J].浙江中医杂志,1987,22(5):196.）

已故全国著名老中医潘澄濂研究员对急性肾炎中医辨证属风毒袭肺、气结水溢证者,用麻黄连翘赤小豆汤或越婢加术汤随证加银花、紫地丁、蒲公英、蒲黄、板蓝根、蝉蜕或僵蚕等,如治黄某,男,5岁,1976年10月12日就诊。患者于1975年秋,畏寒发热,咽痛,咳嗽,持续1周而治愈。经半个月后,又复咳嗽痰鸣,面目逐渐浮肿,小便减少。检查尿液:蛋白(+++),红细胞(+),颗粒管型（＋）；血象：白细胞 8 500/mm^3，中性粒细胞 82%，淋巴 15%，嗜酸性粒细胞 3%，西医诊断为急性肾炎，曾以青、链霉素治疗，时而缓解，时而复发。症见面目及四肢轻度浮肿，微热、咽红、咳嗽痰多，喘逆恶心，尿量减少。舌苔前半薄，中后黄腻，舌尖微红，脉象浮数。检查尿液：蛋白（＋＋＋），红细胞（＋），颗粒管型、透明管型各 0~3 个/HP。证属风毒外袭，治节失司，脾不散精，气结水溢，治宜疏表宣肺，健脾渗湿，方以麻黄连翘赤小豆汤加减，药用麻黄 2.5g，连翘、赤小豆各 15g，桑白皮、连皮苓、银花、生芪皮各 12g，白术 9g，杏仁 6g，鱼腥草 20g，红枣 4 枚，服方 5 剂，喘咳减轻，浮肿未消。检查尿液：蛋白（＋＋），红细胞 0~4 个/HP，颗粒管型 0~2 个/HP。前方合拍，减去银花，加陈皮 6g，继服 15 剂，浮肿消退。检查尿液：蛋白（＋），红细胞 0~2 个/HP，余正常。嗣后改用防己黄芪汤加生地、桑皮、知母、黄柏、益母草等药随证加减，服 4 个多月，并每月加注丙种球蛋白 1 支，以控制感染，经半年后症状消失，尿检正常，观察至今 8 年，未见复发。（潘澄濂．中医学对肾炎的认识和辨证论治［J］．浙江中医杂志，1984（9）：385–389.）

3. 荨麻疹　麻黄连翘赤小豆汤治疗荨麻疹，认为有良效。如 1961 年夏曾宗此方治一妇人，年 47，荨麻疹时发时消已有 2 年，每逢经期则更剧，发则颜面潮红起块，阴股及两胭疹片如云，瘙痒焮热，口渴，便秘，微有恶寒，脉弦而数，舌绛苔腻。观其脉证，当亦风湿蕴热、营卫失和之象，拟予宣风、散热、利湿为治，乃处此方出入进退，10 数服而愈，迄今 2 年未发。嗣后宗此方意，疗治多人，亦皆有效。（朱颜．麻黄连辂赤小豆汤的启示［J］．中医杂志，1964（2）：29.）

黄氏根据上述朱氏的经验，以本方加味治疗荨麻疹 4 例，效果满意。如陆姓，男，27 岁。荨麻疹状若地图形，全身瘙痒甚剧，时愈时作，缠绵 6 年；近年来复发次数增多，影响工作及睡眠。身感微恶寒，脉细数，舌薄白，体温 37℃，其他无特殊症状。处方：麻黄连翘赤小豆汤加僵蚕。服药 1 剂后，症状大减，服 2 剂而荨麻疹消失；为巩固疗效起见，原方继服 2 剂，未复发。（黄崇一．以麻黄连翘赤小豆汤治疗荨麻疹［J］．上海中医药杂志，1965（1）：9.）

4. 哮喘　宋姓，男，12 岁，1984 年 4 月 20 日初诊。患支气管哮喘半年余。适逢寒凉及劳累辄作。近日因感冒哮喘不休。症见恶寒发热，先咳后喘，气急进行性加重，呼吸困难明显，时张口抬肩，被动坐位，喉中痰鸣，咳吐泡沫样痰，偶呈黄色。渴不多饮，大便稀而臭秽。喘甚时胸闷心慌，口唇发紫，舌质红，苔腻，脉滑数有力。体检双肺布满哮鸣音，肺底部湿性啰音。证乃风寒犯肺，壅塞化热，肺气不利。拟麻黄连翘赤小豆汤加味：麻黄、桑白皮、甘草各

10g, 连翘、黄芩、地龙各 12g, 莱菔子 24g, 生姜、陈皮各 6g, 大枣 6 枚, 赤小豆 30g。水煎, 分 2 次服。药进 3 剂证即缓解, 唯轻度阵作, 爰宗前方再进, 5 剂后喘平哮止。嗣后遵补益脾肾之法调理半月以冀巩固, 随访 2 年, 未见复发。(王忠民, 刘茜. 麻黄连翘赤小豆汤加味临床辨证新用 [J]. 黑龙江中医药, 1985 (6): 25-26.)

5. 皮肤病 用麻黄连翘赤小豆汤治疗皮肤病 58 例, 其中荨麻疹 16 例, 花斑癣 10 例, 过敏性紫癜 10 例, 多形性红斑 6 例, 带状疱疹 4 例, 其他 12 例。治疗结果痊愈 49 例, 占 83%; 显效 6 例, 占 10%; 无效 3 例, 占 7%。总有效率为 93%。如治陈某, 男, 25 岁, 工人。1979 年 8 月诊。发现 "汗斑"(花斑癣)年余, 初为左项部一簇大如黄豆、小似芝麻, 色褐, 渐及左侧胸颈, 微痒, 搔之落屑, 经多方治疗未效。苔薄脉细。辨为湿热郁阻皮肤, 气血流通失畅。治拟宣表除湿、清热通络。方用: 麻黄 5g, 连翘、桑皮、杏仁、路路通、紫荆皮各 12g, 生苡仁 15g, 赤小豆、丝瓜络各 6g。嘱头、二煎内服, 三煎外洗。如此经 1 月, "汗斑" 全部消失。(李浩然. 麻黄连翘赤小豆汤治疗皮肤病 58 例 [J]. 陕西中医, 1985 (6): 253-254.)

6. 围产期湿疹 患者, 女, 27 岁, 2014 年 7 月 8 日邀诊。患者预产期前即周身出现皮疹, 瘙痒难忍, 医院诊断为湿疹, 因临盆在即, 未服用任何药物, 给予外用皮炎平软膏、炉甘石洗剂, 无效。现产后 3 天, 皮疹有增无减, 瘙痒加剧, 伴有心下痞闷, 医院予以口服氯雷他汀片, 无效。追问病史, 时值盛夏, 天气炎热, 患者常使用空调消暑, 生产期间医院病房也有冷气开放。查体见患者体态丰腴, 面色略苍白, 胸腹背部及四肢均可见红色皮疹, 散在抓痕, 部分已破溃。舌淡苔白腻, 脉浮滑兼数。辨证为产后血虚、风寒客表、湿郁三焦, 投以麻黄连翘赤小豆汤合四物汤加减。处方: 麻黄 10g, 连翘 10g, 杏仁 10g, 赤小豆 30g, 桑白皮 10g, 薏苡仁 30g, 熟地 10g, 当归 10g, 白芍 10g, 炙甘草 6g, 生姜 15g, 大枣 6 枚。7 月 15 日二诊, 服药 5 剂后, 周身微汗, 尿量略增加, 腹部皮疹有减轻, 四肢如前。原方有效, 继以加减服用。处方: 麻黄 10g, 连翘 10g, 杏仁 10g, 赤小豆 30g, 桑白皮 10g, 白鲜皮 10g, 桑枝 6g, 桂枝 10g, 党参 15g, 薏苡仁 30g, 熟地 10g, 生黄芪 30g, 当归 10g, 白芍 10g, 牛膝 6g, 炙甘草 6g, 生姜 15g, 大枣 6 枚。7 月 21 日三诊, 服药 5 剂后, 躯干及四肢皮疹渐消退, 唯手脚尚有疱状皮疹, 欲出不出, 奇痒难忍。处方: 麻黄 10g, 连翘 10g, 杏仁 10g, 赤小豆 30g, 桑白皮 10g, 白鲜皮 10g, 桑枝 6g, 桂枝 10g, 党参 15g, 薏苡仁 30g, 熟地 10g, 生黄芪 30g, 当归 10g, 白芍 10g, 牛膝 6g, 炙甘草 6g, 制附片 10g, 败酱草 15g, 生姜 15g, 大枣 6 枚。7 月 27 日四诊, 诸症皆愈。(王长立.麻黄连轺赤小豆汤加味治疗围产期湿疹1例[J].中医临床研究,2016,8（20）:92.)

7. 慢性肾小球肾炎　患者,女,27岁,会计,2012年4月26日就诊。主诉:发热、咽痛1周。1周前受凉后出现发热,体温最高达38.5℃,伴有咽痛,外院诊断"上呼吸道感染",给予头孢类消炎药治疗5天,体温恢复正常,咽痛症状较前缓解,就诊时诉乏力明显,恶风,偶有汗出,口干多饮,小便色深黄,大便偏干,尿常规提示镜下血尿30~50个/HP。既往慢性肾小球肾炎病史2年。舌质红,舌苔薄白,脉细滑。中医诊断"血证、感冒",辨证为表热里湿,治以宣透解表、清热利湿、凉血止血,方拟麻黄连翘赤小豆汤加减:生麻黄6g,连翘30g,赤小豆30g,杏仁10g,生石膏（先下）30g,紫苏叶10g,芦根15g,茜草15g,槐花15g,车前草15g,白茅根30g,苎麻根10g。服药7剂后,表证已去,仍有乏力、尿色深黄,舌质淡红,苔薄白,脉细,考虑肾虚夹热,中药后期治疗以滋阴清热、凉血止血为主。（范婷,李守然,张根腾.张根腾教授应用麻黄连轺赤小豆汤的经验浅析[J].中华中医药杂志,2013,28（8）:2335-2337.）

五、三 仁 汤

【出处】《温病条辨》。

【组成】杏仁12g　白蔻仁6g　白通草6g　滑石15g　竹叶9g　半夏9g　厚朴6g　薏苡仁15g

【用法】水煎2次分服。

【功效】宣畅气机,祛湿清热。

【主治】湿温初起,或暑温夹湿,邪在气分,症见头痛身重,恶寒少汗,面色淡黄,胸闷脘痞,午后身热,热势不扬,舌苔薄腻,脉象濡缓。

【方解】方中杏仁宣通上焦肺气,吴鞠通谓:"盖肺主一身之气,气化则湿亦化也。"白蔻仁芳香化湿,行气宽中;半夏、厚朴运脾燥湿,散结除痞;滑石、竹叶、薏仁、通草甘淡渗利,清泄湿热。因湿温、暑湿邪在气分,若单用苦温燥湿之品,则热愈炽;若专用苦寒清热之剂,则湿愈遏。鉴此,本方意在芳化淡渗,宣畅气机,使阻遏气分,弥漫三焦之湿热,得以轻清宣透,上下分消,如是则湿化热清,三焦通畅,诸症自除。

【临床应用举例】

1. 湿温　林某,男,47岁,农民。1976年7月13日诊。患者于旬日前自觉全身不适,继则出现恶寒发热,头痛身疼,食欲不振,经某医院门诊治疗,拟为感冒,给服复方醋柳酸片,并注射柴胡注射液,以及自服草药金钱吊葫芦(兰花参)等,不但未见效,而且病情日甚,发热逐日升高,尤以午后更甚,观其人面色苍黄,呈无欲状态,肌肤灼热,微有汗湿。体温上下午波动在38.2~39℃之间,手足心热,喜接触冷物,头晕重如裹,胸脘痞闷,口中黏腻,胃纳呆,喜热饮,仅进稀粥、藕粉糊等食物少许,腹部不适,便溏溲赤,脉象濡数,舌苔黄腻。分析证情,患者病势缠绵,午后热较甚,虽状类阴虚潮热,乃湿阻热伏之象,且时值长夏,湿邪主令,而得病之初又无鼻塞,流涕,或咽痛,咳嗽等"上感"症状,当属湿温病无疑。病虽迁延多日,邪仍留连气分,主以三仁汤加减:苦杏、白蔻(后下)、煮夏、厚朴、郁金、黄芩各6g,茯苓、淡竹叶各9g,苡仁12g,六一散(包煎)15g,2剂。二诊(7月15日):据述服第1剂药后,发热即减,现体温37.6℃,胃纳稍振,今晨起能进线面1小碗,但舌苔仍黄腻,脉濡缓,证已向善,议按前方意进退治之:黄芩、佩兰、滑石、淡竹各9g,白蔻(后下)、郁金、川朴各6g,绵茵陈、苡米各12g,通草4.5g。2剂。并以苡米煎汤代茶饮用。三诊(7月19日):服上方2剂后,患者又自行购服2剂。现发热已基本退净(体温37.2℃),脘闷舒,胃纳大增,其他诸症亦瘥,苔转薄腻,脉缓。病虽向愈,但余邪尚未尽,唯恐死灰复燃,尚宜防范。上方去黄芩、郁金、淡竹、滑石,加荷梗、茯苓各9g,六一散15g,3剂。每日仍以苡米汤代茶喝。1周后病人来院称谢,谓服药后病已痊愈。(刘友梁.三仁汤的临床应用[J].福建中医药,1983(1):16-18.)

2. 湿热痹证 郭某,女,49岁,职员。主诉:下肢关节肿胀痛月余,既往有"风湿症"史,每年春秋两季小腿部位常见有风湿结节出现,今年三月中旬开始下肢关节疼痛,几天前又见风湿结节,就诊于某医院,诊为"风湿症",遂投抗风湿药,服用多日病情不减,结节逐渐增多,且见关节肿胀。10日前疼痛加重,沉重肿胀,走路亦觉困难,午后发热(37.5~38℃),遂转请中医治疗,服用"祛风湿"中药6剂不见好转,故前来求诊。查:两下肢均有凹陷性水肿,关节肿胀,活动受限,膝踝关节周围均有风湿结节,两下肢重度静脉曲张。舌体稍大,苔白滑根部黄而微腻,脉滑数。证属湿热为痹(以湿为主)。方用三仁汤加味治之:杏仁15g,白蔻仁15g,薏苡仁30g,滑石30g,通草10g,清半夏10g,厚朴10g,竹叶10g,牛膝15g,赤芍15g。服药2剂,自觉小便增多,随之下肢肿胀减轻,疼痛亦缓解。服至4剂不再发热,后又进4剂诸症平复,结节亦大部消退。仍用前方(药量酌减,去赤芍,加鸡血藤25g)又服4剂病去痊愈(病10余年之静脉曲张亦有好转),观察3年,再未发。(候玉明.三仁汤治湿热痹症一则［J］.中医药学报，1986（2）：24.）

3. 汗证　杨某，男，15岁。因头部自汗出1月于1988年10月就诊。患者1988年8月患急性肝炎经治痊愈。1月前出现颈以上部位汗出明显，甚则如水洗般，曾用玉屏风散加敛汗类药治疗未效。刻诊：头颈部自汗出，稍动则如雨淋，伴头重，纳差，大便溏，小便尚正常。舌淡红，苔白厚腻，脉濡细。诊断：汗证。辨证为湿热未清，弥漫头部，阻碍清阳，气机不畅，营卫失调。治以宣畅气机，渗利湿热。三仁汤加减：杏仁、法夏各8g，苡米15g，蔻仁、厚朴各6g，滑石12g，茯苓10g，藿香5g。3剂，水煎服。二诊，服上药后，汗出大减，头重消失，自觉患病以来从未有如此舒适轻松感。纳食稍增，舌淡红，苔白腻较前薄，脉濡细。续服原方3剂。最后以参苓白术散加减收功。（刘鑫.三仁汤在临床上的运用［J］.四川中医，1998（1）：56.）

4. 泌尿系感染　马某，女，27岁，1982年5月17日初诊。该患尿频、尿痛1周，腰酸痛，尿常规：蛋白（＋），白细胞（＋＋），诊为尿路感染。中医诊见小溲频急，尿道灼痛，尿色黄灼，腰部酸痛，无寒热，口不渴，舌质微黄稍腻，脉弦，证属膀胱湿热。治宜清热利湿，通利膀胱。处方：杏仁5g，白蔻仁5g，竹叶5g，苡仁20g，半夏5g，通草10g，滑石10g，黄柏10g，知母10g，大青叶15g。水煎服，连服5剂诸症均减后加肉桂1g研粉，连服15剂病愈。（夏丽华，张启明.三仁汤临床运用举隅［J］.吉林中医药，1984（1）：19–20.）

5. 不寐　张某，男，47岁，干部。1979年8月10日初诊。失眠3年，精神萎靡，心烦不安，头晕昏沉。常服养血安神剂，终不见效。询之口干欲饮，饮后腹胀，口干益甚，溲少，心悸，脉濡数，舌胖质红，苔白润。证乃湿热上扰心神。拟三仁汤加远志12g，熟枣仁30g。服3剂后复诊，腹胀口干消除，入眠安然，继服6剂以固效，随访4年，未见复发。（靳士华.三仁汤临床运用举例［J］.陕西中医，1985（11）：504–505.）

6. 不明原因发热　王某，女，30岁，1980年8月3日初诊。该患不明原因持续高热5天，体温最高达39.2℃，体检及辅助检查无异常发现。服解热药，抗生素无效，来中医科就诊。诊见：发热，头痛，恶寒，身重身痛，口渴不欲饮，胸闷脘胀，时有咳嗽，大便不实，小溲短赤，舌苔薄黄微腻，脉濡数。证属湿邪外袭，郁闭三焦，气机受阻。治宜芳香宣化，疏调气机，以畅胸阳，重在治上。处方：杏仁10g，白蔻仁10g，苡仁20g，滑石10g，通草5g，厚朴10g，半夏5g，竹叶5g，黄芩15g。水煎服，每剂服3次，每日1剂，连服3剂后，诸症减轻，体温下降至37.8℃，小便畅利，大便正常，继服2剂，体温恢复正常。（夏丽华，张启明.三仁汤临床运用举隅［J］.吉林中医药，1984（1）：19–20.）

7. 痤疮　王某,男,27 岁,唐山市人。2010 年 9 月 8 日初诊。面部及背部油脂溢出,毛孔扩大,炎性丘疹脓疱黑头白头,自觉有瘙痒、灼热感已 7 年余,过食辛辣、海鲜、油腻等食物时诸症加重。同时伴头沉重,四肢酸懒,困倦无力,夜间时有盗汗。舌淡红,苔白腻,脉濡。曾使用过复方酮康唑、曲安奈德益康唑之类的软膏,亦口服过中药,均疗效不佳。中医诊断:粉刺(湿邪蕴于肌肤,蕴久化热成毒)。治法:宣肺化湿解毒。方药:三仁汤加味。处方:杏仁 10g,清半夏 10g,白蔻仁 10g,薏苡仁 15g,厚朴 10g,通草 8g,竹叶 8g,滑石 15g,枇杷叶 10g,前胡 10g,白前 10g,紫菀 10g,桔梗 10g,银花 10g,蒲公英 15g,野菊花 10g,紫花地丁 10g。每日 1 剂,水煎取汁 400ml,分 2 次服。共服一个疗程,诸症消失。随访 1 年未复发,仅留痘痕。(张国江,任朝霞,韩玉申,等.三仁汤临床应用举隅[J].中国中医药现代远程教育,2013,11(24):137–138.)

8. 小儿咳嗽　患儿余某,女,9 个月,因"发热咳嗽 5 天"于 2013 年 05 月 25 日入院。家长诉患儿饮食西瓜后出现发热,热峰达 39.7℃,口服退热药可暂退,仍反复,伴咳嗽咳痰,鼻塞流清涕,精神倦怠,曾口服阿奇霉素干混悬剂、氨溴特罗口服溶液、小儿豉翘清热颗粒等药后症状未见明显好转,门诊以"急性支气管炎"收入院。症见:患儿发热,体温波动于 37.4~38.8℃,精神疲倦,咳嗽,咳声不畅,痰多不易咳出,咳甚欲呕,汗多,口干不欲饮,纳呆,眠欠佳,大便溏,小便可。查体:神清,咽充血(+),双侧扁桃体无肿大,双肺呼吸音粗,未闻及干湿性啰音。舌质红,苔白厚腻,指纹紫滞于风关。辅助检查:血分析、肺炎支原体血清试验、呼吸道病原体 IgM 联检等未见异常。胸片示:双肺纹理增多、增粗,似见沿肺纹理分布絮状模糊,考虑支气管炎改变,支气管肺炎未排除。西医诊断:急性支气管炎。中医诊断:咳嗽(湿热蕴肺)。治以清热化湿、宣肺止咳为法,酌情加减消食导滞药物。方选三仁汤加减:薏苡仁 10g,豆蔻仁、苦杏仁、淡竹叶、姜厚朴、通草、滑石、法半夏各 5g,毛冬青 12g,前胡、紫菀、淡豆豉、神曲各 7g,麦芽 8g,甘草 6g,日 1 剂,水煎至 150ml,饭后分次温服。入院第 3 天查房,患儿热退,精神尚可,咳嗽较前减少,有痰,胃纳较前好转,二便调,舌红,苔白,指纹浮紫。舌苔较前变薄,治疗有效,效不更方,守方 3 剂后,患儿病情明显改善,偶咳嗽,有痰不多,胃纳欠佳,二便调,舌淡红,苔薄白,指纹淡紫,疾病后期,脾胃仍未完全恢复,应健脾养胃、保肺止咳,以参苓白术散为主方加减,3 剂后,电话随访,无咳嗽,胃纳佳,治愈。(赵灵平,廖永州.三仁汤加减治疗小儿湿热咳嗽辨证论治体会[J].中国中西医结合儿科学,2015,7(2):178–179.)

六、藿朴夏苓汤

【出处】《感证辑要》。

【组成】 藿香 9g 半夏 9g 赤苓 9g 杏仁 9g 厚朴 6g 淡豆豉 9g 白蔻仁 6g 猪苓 9g 薏苡仁 12g 泽泻 6g

【用法】 水煎 2 次分服。

【功效】 芳香化浊,理气渗湿,兼以疏表。

【主治】 湿温初起,身热恶寒,肢体困倦,胸脘痞闷,纳谷减少,口腻不渴,舌苔薄白而腻,脉象濡缓。

【方解】 方中藿香、淡豆豉芳化宣透,以祛在表之湿,使被遏之卫阳透达,则发热恶寒可解;厚朴、半夏、蔻仁理气醒脾,苦温燥湿,使中焦之湿得以运化,则脘闷,纳差,口腻自愈;赤苓、猪苓、薏仁、泽泻淡渗利湿于下,使邪有出路,所谓"治湿不利小便非其治也"。复加杏仁宣上焦肺气,通调水道,取"气化则湿自化"之义。诸药配伍,共奏宣肺运脾、渗利膀胱之功,俾湿邪得以从上、中、下三焦消弭。

【临床应用举例】

1. 副伤寒 李某,男,22 岁。起病迄今已 10 天,始觉怕冷,继则发热,体温 40℃左右,用抗疟药无效,某医院诊断为副伤寒,予以合霉素、链霉素,体温未退,来诊入院。诊见身热不扬,体温 38℃,汗出不多,周身酸楚,头昏面黄,胸闷不饥,小便黄,大便干,日行 1 次。舌苔白而微腻,脉濡。检查:白细胞 4 600/mm^3,淋巴 30%,肥达反应"H"1:16,"O"1:160。证属湿热郁遏气分,阻滞中焦,湿盛于热之候。治拟芳化宣中,淡渗利湿法,仿藿朴夏苓汤、三仁汤意。处方:藿香、佩兰、青蒿、杏仁、苡仁各 9g,川朴、通草各 3g,蔻仁(后下)2.5g,法半夏 6g,陈皮、炒枳壳各 4.5g,茯苓、大豆卷、滑石各 12g。药后,翌晨热平,午后回升至 39.5℃,继进 1 帖,热降不复再生,唯头昏身倦,纳少,舌苔薄,脉细。原方再投 1 日,诸症均瘥。转以芳化和中、运脾醒胃。调治数日,痊愈出院。(江苏新医学院中医内科教研组,江苏新医学院第一附属医院内科.中医内科学[M].南京:江苏人民出版社,1977.)

2. 慢性胆囊炎 赵某,女,64 岁。患者胃脘胀痛不舒 1 月,伴头晕,胸闷纳呆,疲乏无力,口黏,口苦,小便黄赤,大便较稀,每日 2~3 次。脉弦滑数,舌苔厚腻,舌中黄苔。1988 年 5 月胆囊造影检查,诊断为慢性胆囊炎。中医辨证:湿热中阻,蕴结肝胆。宜清热利湿,芳香化浊。用藿香10g,杏仁9g,薏苡仁12g,猪苓10g,泽泻10g,肉豆蔻10g,车前子(包煎)10g,苍、白术各12g,黄芩9g。服药9剂胃脘胀痛消失,胃纳增加,大便恢复正常,再服6剂以巩固疗效。(刘泽文.藿朴夏苓汤的临床应用[J].甘肃中医,1995,8(6):13-14.)

3. 湿温 杜某,男,26岁。患者发烧已1周,最高时达38.5℃,曾在乡卫生院应用抗生素治疗,热仍不退。于1987年9月30日来门诊看中医。查体:T38℃,头晕易困,微恶风寒,发热午后尤甚,身疲乏力,食少不香,尿黄,便溏,口中黏腻,舌淡苔白腻,脉浮缓。西医诊断:发热待查。中医诊断:湿温。辨证为湿热郁于肌表。立法:芳香化湿解表,方用藿朴夏苓汤加味。方药:藿香12g,厚朴10g,半夏10g,茯苓10g,枳壳10g,杏仁10g,薏米末10g,泽泻10g,猪苓10g,豆豉10g,荆芥10g,3剂。服药1剂后热退,3剂服后,症状已无,体温正常,舌淡苔白,脉沉弱。药后病除,不必进剂。(高才达.湿温发热治验[J].北京中医,1997(2):52-53.)

4. 咳嗽 唐某,女,54岁,2015年7月11日初诊。主诉:反复咳嗽5年余,加重3周。患者偶咳黄痰,多于夏秋时节明显,咽部有阻塞感,无胸闷气喘,曾多次在当地医院经青霉素等抗感染及化痰止咳治疗后无明显改善,遂来我院就诊。症见:咳嗽,咳黄痰,量少,无鼻塞流涕,口中黏腻,稍有口苦,咽部有阻塞感,身体困重,偶有恶心,纳差,小便色黄,大便黏腻不爽。舌质红,苔黄腻,脉弦滑微数。血象正常;胸部CT示:两肺纹理增粗。辨证属湿热郁肺,肺失宣降。治宜清热化湿,止咳化痰。选方:藿朴夏苓汤加味。药用:藿香15g,杏仁10g,白蔻仁10g,厚朴10g,法半夏10g,茯苓30g,薏苡仁15g,猪苓10g,泽泻10g,淡豆豉10g,连翘10g,赤小豆10g,桑白皮10g,桔梗10g,甘草6g。5剂,水煎服,每日1剂,分早晚2次温服。二诊:患者咳嗽咳痰已明显减轻,痰色及小便逐渐变清,咽部痰阻感基本消失,头身困重感明显减轻,口中仍有少许黏腻感,无口苦,恶心感尽去,大便不爽。舌淡红,苔淡黄微腻,脉左弦微滑,右弦微数。此乃湿热渐去而未尽除,应加强化湿之效。上方加砂仁10g,继服7剂。三诊:患者基本恢复,无明显咳嗽咳痰,纳食可,无身体困怠,大小便平,舌象恢复常态,脉弦略滑,未再服药。(邵文龙,喻强强,薛汉荣.薛汉荣运用藿朴夏苓汤经验举隅[J].中医药通报,2016,15(6):30-31,10.)

5. 自汗 林某,男,17岁:2000年5月因自汗1月余就诊。患者自述3月中旬冒雨踢球后发热,体温达39℃,周身酸楚乏力,自服银翘退热冲剂等药,迁延半月,虽热渐退,但诸症未见好转,并出现自汗不止,汗出黏手,伴肢体酸楚,困倦纳呆。舌质淡红,苔白腻微黄,脉濡。辨证属湿热遏郁,迫津外泄。治宜芳香宣化,调畅气机。拟藿朴夏苓汤加减,处方:藿香、佩兰、法半夏、杏仁、赤苓、白术、竹叶、泽泻、淡豆豉各 10g,厚朴、白蔻仁(后下)各 6g,苡仁 15g。服药 3 剂后,汗出减少,纳食增加,精神好转,继服 7 剂而愈。(李洁华.藿朴夏苓汤临床新用举隅[J].陕西中医,2002,23(5):464-465.)

6. 结石性胆囊炎　患者李某,女,56 岁,以"上腹痛伴发热、恶心、呕吐 4 小时"为主诉就诊。4 天前因进食油腻食物后上腹持续性胀痛,伴向右背部放射,伴恶心、呕吐、嗳气,体温 37.5℃。就诊症见:皮肤黝黑,面颊油脂较多,诉上腹疼痛较前缓解,自觉全身发热,暂无恶心、欲呕,口臭。舌质红,苔黄腻,脉弦数。辅助检查:WBC:9.6×10^9/L,NEU(中性粒细胞)%:76%。彩超:胆囊稍大,胆囊探及多个强回声影,最大直径约 1.5cm。考虑诊断:结石性胆囊炎。患者忌怕手术,要求先保守治疗。辨属湿热型,处方:藿香 15g,厚朴 15g,法半夏 15g,茯苓 20g,薏苡仁 20g,白扁豆 20g,白蔻仁 15g,隔山撬 30g,延胡索 30g,麦芽 15g,焦山楂 15g,鸡内金 15g,大黄 15g,栀子 15g,柴胡 15g,郁金 15g。8 剂,2 日 1 剂,水煎服,同时忌食辛辣、油腻。二诊:服用上述 8 剂后复诊,诉服药期间腹痛出现 1 次,疼痛可忍受,持续 1~2 小时后缓解,现症见:神清,精神可,无腹痛、腹胀,心情舒畅,无发热、恶寒,无恶心、呕吐。嘱患者继续服用上方剂 8 剂,再返复查彩超。三诊:患者诉腹痛未再发,心情大好,饮食可,纳可,眠可,无特殊不适。复查彩超:胆囊内探及稍多回声影,最大直径约 0.8cm。(张林,张闯,雷星星,等.王绍明教授藿朴夏苓汤治疗胆石症的经验分享[J].中国中医药现代远程教育,2016,14(2):59-60.)

七、菖蒲郁金汤

【出处】　《温病全书》。

【组成】　石菖蒲 9g　炒栀子 9g　鲜竹叶 9g　郁金 6g　木通 4.5g　连翘 6g　丹皮 9g　竹沥(冲)15g　灯心 6g　玉枢丹(冲)1.5g(一方无木通、灯心,有菊花、牛蒡子、滑石、生姜汁)

【用法】　水煎 2 次分服。

【功效】　清热化湿,豁痰开窍。

【主治】　湿热痰浊,蒙闭心窍,神明被遏,而见神识时清时昧,谵语,身不甚热,舌红苔黄腻或浊腻。

【方解】　本方为湿热蒸酿痰浊,上蒙心窍,神明被遏而设。方中菖蒲辛温芳香善化痰湿,辟秽开窍;郁金行气开郁,凉血散瘀,与菖蒲配合,相辅相成,均为主药;辅以竹叶、灯心、山栀、连翘清泻邪热,更有清心宁神之功;丹皮凉血散血,清厥少二经之热;竹沥清热滑痰,镇惊利窍;玉枢丹辟秽化浊,清热解毒,活血祛瘀尤见其长。合之而成清热化湿,芳香辟秽,豁痰开窍之剂,与温邪陷入心包所用的"三宝"(安宫牛黄丸、紫雪丹、至宝丹)作用自有不同。

【临床应用举例】

1. 病毒性脑炎　甘某,男,25 岁,民警。1979 年 12 月 15 日会诊。1 个月前发烧,鼻塞,流涕,咽干,自服羚翘解毒片等中药,3 天后症状加剧,症见发热,神识昏蒙;颈部略有抵抗感,巴宾斯基征阳性,脑脊髓液检查正常。经某医院神经科会诊和脑电图检查诊断为"病毒性脑炎"。经清瘟败毒饮、安宫牛黄丸及西药甘露醇、青霉素等治疗后,仍有不规则低烧,神志时清时昧,步履失常,行走时如醉状,并时时出现不自主啼哭,讲话时常结巴(平素正常),尿黄臭,舌质红,苔厚腻而浊,脉弦滑近数。证属:湿热酿痰,阻塞窍机。治拟:清热利湿,豁痰开窍。处方:石菖蒲、竹叶、牛蒡各 9g,郁金、菊花各 9g,板蓝根 18g,田基黄 24g,银花 15g,连翘 12g,滑石 24g,丹皮 6g,竹沥汁(分冲)1 支,至宝丹(分冲)1 粒。上药服 3 剂后烧退,神识偶有昧时,对答多数切题,余同前。照上方去至宝丹加玉枢丹并随证加减连服 1 个月痊愈。3 个月后随访已正常上班。(杜建,周金伙.菖蒲郁金汤临证治验[J].福建中医药,1983(5):20-21。)

2. 小儿麻痹症　谢某,男,3 岁,于 1982 年 10 月 28 日应邀会诊。患孩于 49 天前因发烧,流涕,咽痛,咳嗽已 2 天,在某医院拟"上感"治疗,服盐酸吗啉胍、红霉素等,第 2 天后高烧,烦躁,呼吸急促,惊叫,有时抽搐,神志模糊,怀疑"病毒性脑炎"收入住院。入院后因呼吸衰竭,即予气管切开,并用甘露醇、洛贝林、青霉素等药治疗,症状好转,后确诊为小儿麻痹症(延髓型)。经西药治疗 46 天,午后仍发烧,不能吞咽(鼻饲饮食),痰涎极多,白天流口水,几未间断。面瘫,时时傻笑,表情呆钝,双肺闻及痰鸣音,大便偏溏,舌质淡红苔黄腻根浊,脉细疾(126 次 /min)。证属:湿热郁蒸,酿生痰浊,痰蒙清窍,窍机失灵。治拟清热利湿,豁痰开闭。处方:石菖蒲 4.5g,连翘 9g,牛蒡、知母、竹叶、郁金、炒栀子、丹皮各 6g,胆星(冲)4.5g,滑石 12g,玉枢丹(磨冲服)1.5g,蛇胆川贝末(分冲)1 支。上药鼻饲灌服 4 剂后低烧已撤,痰涎明显减少。依原方再服 3 剂。诊肺部痰鸣消失,但仍不能吞咽,嗣后按上方去滑石、栀子、知母,加黄芪、地龙、赤芍。续服 7 剂后拔除气管导管,次日即能发音,又服中药 20 剂,吞咽恢复正常,傻笑消失,神志清楚,能下地行走,但面瘫未愈。方改补阳还五汤合牵正散加减带药出院,2 个月后随访唯哭笑时嘴向右侧歪以外,余均正常。(杜建,周金伙.菖蒲郁金汤临证治验[J].福建中医药,1983(5):20-21.)

八、甘露消毒丹

【出处】 《温热经纬》。

【组成】 飞滑石 450g　茵陈 330g　黄芩 300g　石菖蒲 180g　木通 150g　川贝母 150g　藿香 120g　薄荷 120g　白蔻仁 120g　连翘 120g　射干 120g

【用法】 上药晒燥共研细末,瓶装。或以神曲糊丸如弹子大。每服 9g,白水送下,1 日 3 次。

【功效】 利湿化浊,清热解毒。

【主治】 湿温时疫,邪在气分,症见发热口渴,胸闷腹胀,肢酸倦怠,咽肿溺黄,或身目发黄,舌苔黄腻,脉象滑数。

【方解】 王孟英说:"此治湿温时疫之主方也。"方中黄芩、连翘、薄荷清热解毒,宣透疫邪;藿香、菖蒲、蔻仁芳香化浊,开泄气机;贝母、射干宣肺化痰,清利咽喉;茵陈、滑石、木通清利湿热。诸药相配,清热不碍湿,祛湿不助热,且注重疏通气机,取"气化则湿化"之义,宜于湿热并重之证。

【临床应用举例】

1. 传染性肝炎　某,男,18 岁。4 月 15 日耕作被雨淋后,发热头痛,脘腹隐痛,茶饭不思,曾在当地卫生院求治,效果欠佳。1 周前出现双下肢轻度浮肿,病情加重于 5 月 31 日入院。体查:体温 38.3℃,脉搏 84 次 /min,血压 15/9kPa,急性热病容,皮肤巩膜无黄染,咽部充血(+),颈稍有抵抗,心肺(-),肝肋下 1.5cm,质中轻压痛,双肾区轻叩痛,双踝关节以下轻度凹陷性浮肿。实验室检查:血常规白细胞 10.6×10^9/L,中性 0.8,淋巴 0.19,大单核 0.01;尿常规蛋白(+),白细胞(+),胸片、心电图正常。肝胆超声波:肝右肋下 1.5cm,剑突下 7cm,肝波较密集微小波,胆囊(-)。入院后经多方面检查——排除钩端、肾炎、伤寒等,1 周后肝功报告:黄疸指数 7U,麝浊 13.5U,锌浊 22.5U,谷丙转氨酶 4 467mmol·s^{-1}。最后诊断:急性无黄疸型肝炎。一经确诊,即改中药治疗。

刻诊:体温 38~38.7℃之间,神疲懒言,乏力困倦,头昏沉喜卧,目睛不黄,腹满痞闷,身热不扬,清晨稍减,午后上升,口干喜冷饮,纳呆,便溏日行 2 次,小便黄短。肋下痞块痛而拒按,舌红苔黄腻,脉濡数。中医诊断:湿温证。治则:芳香化浊,清热利湿解毒,仿甘露消毒丹意:板蓝根 20g,金银花 10g,连翘 8g,黄柏 10g,虎杖 10g,茯苓 10g,佩兰(后下)8g,猪苓 10g,藿香 10g,甘草 8g。日服 1 剂;6 月 9 日上方去连翘、虎杖,加滑石(先煎)40g,通草 6g,青蒿(后下)8g;6 月 11 日上方再进 3 剂。煎服中药当日下午,体温 37.5℃,次日体温正常,临床症状逐日好转。1 周后肝功复查:黄疸指数 6U,麝浊 6.5U,锌浊 10.5U,谷丙转氨酶正常范围。患者说笑言谈,体勤纳增,溲清量多,浮肿消失。6 月 15 日守上方 10 剂带出院。随访至今未复发。(罗秀娟. 清化退热法治疗湿热证举隅[J]. 广西中医药,1997,20(6):19-20.)

又,李某,女,5 岁。1992 年 3 月 25 日初诊。患儿发烧,目黄,腹胀痛,口苦,乏力,小便黄赤,舌苔白厚而腻。查肝功转氨酶 150U,表面抗原阴性。证属湿热内壅,气机郁滞,肝胆疏泄失常。用甘露消毒丹加山栀、大黄、柴胡、葛根,3 剂热退,又 3 剂黄退,腹胀减,能进食,后去柴胡、葛根加焦三仙善后。1 月后症状消失,肝功复查正常。(马珍珠. 甘露消毒丹在儿科的临床应用[J]. 陕西中医,1995(4):179-180.)

2. 呼吸道感染　郑某,男,17 岁。1993 年 12 月 1 日初诊。自诉咳嗽月余,西医诊断为支气管炎,服中西药物治疗罔效。刻下咳声连绵,咯吐白色黏痰甚多,胸闷头重,身倦肢懒,伴有颐肿,耳中流出黄色渗出物。舌红,苔白腻,脉浮濡。询其致病之源,因升学考试,功课繁重,心中急躁,睡眠不佳,又患感冒而发病。刘渡舟老观其舌苔白厚,脉又浮濡,脉证合参,辨为湿咳,三焦气郁化热。疏方:白蔻仁 10g,藿香 10g,茵陈 15g,滑石 15g,通草 10g,菖蒲 10g,黄芩 8g,连翘 10g,浙贝 14g,射干 10g,薄荷(后下)2g,桔梗 10g,杏仁 10g,前胡 10g。嘱其忌食油腻厚味助湿之品。服至 7 剂咳嗽明显减轻,胸闷体疲亦大有好转。现痰未全净,大便偏干,提示有湿浊化热之象,上方减前胡、桔梗,加竹叶 10g,水红花子 10g,利湿清热从三焦祛邪外出。三诊时,咳嗽基本痊愈,颐消耳不流水,见其苔尚有白腻,乃用化湿和中之方,巩固疗效而愈。(刘燕华. 刘渡舟教授运用甘露消毒丹治疗湿咳病案 3 则[J]. 北京中医药大学学报,1995(3):53.)

用甘露消毒丹治疗肺系感染(中医辨证属湿热咳喘)68 例,其基本方为:滑石 15g,茵陈 15g,黄芩 10g,石菖蒲 10g,川贝母 10g,射干 10g,连翘 10g,藿香 10g,白蔻仁 4g,木通 3g,薄荷(后下)3g。随症加减:若咳喘甚者,加麻黄、杏仁;痰黄明显者加银花、蒲公英;头痛者加白芷、川芎;口渴不欲饮者加芦根;大便秘结者加生地、大黄;唇绀舌紫黯有瘀斑者加丹参。每日 1 剂,水煎分2 次服。治疗结果:临床治愈 42 例(占 61.8%),有效 24 例(占 35.3%),无效2 例(占 2.9%),总有效率为 97.1%。(陆修坤.甘露消毒丹治疗湿热咳喘68 例[J].江苏中医,1995,16(11):7.)

又有用甘露消毒丹加味治疗小儿湿热咳嗽 47 例,其中上感 27 例,支气管炎 18 例,支气管肺炎 2 例。治疗基本方为:滑石、茵陈、藿香、黄芩、连翘、石菖蒲、川贝母、木通、射干、薄荷、白豆蔻、白术。药量依患儿年龄酌情而定,水煎服,每日 1 剂。忌食生冷、辛辣、油腻等。治疗结果:32 例服药 3 剂痊愈;11 例服药 5 剂痊愈;4 例服药 9 剂痊愈。(李俊,孙琦.甘露消毒丹加味治疗小儿咳嗽临床体会[J].实用中西医结合杂志,1998(2):148.)

3. **湿热泄泻** 赵某,女,4 岁。1992 年 7 月 12 日初诊。患儿腹泻月余,泻下稀薄,腹痛,有少量黏液,发热,口苦,纳差,舌苔黄腻。大便常规化验WBC(+),黏液(+)。证属湿热蕴结脾胃,肠道气机不畅。用甘露消毒丹加猪苓、炒麦芽 6 剂痊愈。(马珍珠.甘露消毒丹在儿科的临床应用[J].陕西中医,1995(4):179-180.)

4. **慢性胃炎** 用变通甘露消毒丹治疗湿热型胃炎 66 例(均经西医确诊为慢性胃炎),其基本方由滑石、木通、藿香、白蔻仁、茵陈、石菖蒲、白术、茯苓、生地、沙参、薄荷、陈皮、麦芽组成。每日 1 剂,水煎分服。治疗结果:51 例近期治愈,5 例显效,4 例好转,6 例无效。(葛保立.变通甘露消毒丹治疗湿热型胃炎 66 例[J].浙江中医杂志,1995(10):444.)

5. **梅核气** 刘某,女,50 岁。自感咽部堵塞感近 3 月余,曾到其他医院就诊,诸医投以半夏厚朴汤等,然均不效,遂到我院就诊。述咽部有物梗阻,时欲吐不能,欲吞不得,伴胸部堵闷不舒,心烦,且每于午后加重,呃逆不反酸,口干不欲饮,便溏。舌质红,苔薄黄腻,脉弦滑。即诊为梅核气,证属湿热,治以清湿热、解热毒、利咽喉、调气机之法。予甘露消毒丹加减:茵陈 10g,藿香 10g,滑石 15g,石菖蒲 9g,连翘 9g,川贝母 9g,射干 9g,薄荷 3g,桔梗 6g,枇杷叶 9g,旋覆花(包煎)6g,杏仁 10g。开水煎服 4 剂。药后自觉咽喉部偶有发堵感,苔转为薄黄,余症俱除。复诊继守原方去石菖蒲、连翘、贝母,加沉香 2g,枳实6g,苏梗 10g,再服 3 剂而愈。(贺清,王红艳.甘露消毒丹治疗梅核气[J].云南中医学院学报,1996(2):30.)

6. **糖尿病** 梁某,男,43 岁,1997 年 5 月 23 日初诊。患糖尿病 2 年余。曾在新加坡等地多间医院求治,诊为 2 型糖尿病。服过多种降糖药,血糖控制欠佳(经常波动在 8~12mmol/L 之间)。亦找当地中医师治疗,服过不少清热养阴药物,效不显。来诊时症见:口渴,但喝水不多,胸闷心烦,倦怠乏力,腹胀,大便日 2~3 次,黏而不爽,尿浊色黄,多泡沫。舌黯红、苔黄腻,脉滑略数。5 月 20 日查空腹血糖为 10.8mmol/L,尿糖(++++)。中医诊为消渴病,证属湿热内蕴(湿热并重型)。处方:黄芩、石菖蒲、藿香、连翘、木通各 12g,滑石 18g,茯苓皮 24g,猪苓、茵陈、大腹皮各 15g,白豆蔻、炙甘草各 6g。水煎服,每日 1 剂。服药 3 剂后,口渴好转,胸闷、心烦、腹胀等症减轻,大便日 2 次,稍烂,尿较前清。舌黯红、苔微黄腻,脉略滑数。效不更方,继服 8 剂,患者口渴等症已微,无明显胸闷心烦,腹胀大减。大便每日 1 次,成条状,尿转正常。舌淡红,苔薄,苔心微黄,腻苔已化,脉转平缓。复查空腹血糖 6.9mmol/L,尿糖(+)。后以四君子汤合四逆散,加玉米须、丹参等调理善后。上述症状逐渐消失,二便转常。追访 3 个月,数次复查空腹血糖均在 5.1~6.3mmol/L 之间,尿糖转阴。(彭万年. 消渴病湿热证治探讨[J]. 新中医,1998(12):3.)

7. 疟疾　廖某,男,35 岁,工人,1982 年就诊。患者发热恶寒 3 月余,每日先恶寒,约半小时后开始发热,恶寒时虽厚衣重被不减。发热持续在 38~39℃,3~4 小时汗出热退,每日先寒后热 1 次,已持续 3 月余,伴形瘦,纳食差,食后腹部胀满,发热时口渴欲饮,热时汗出不能下达,小便深黄,有沉淀,大便不畅,舌苔白,脉沉数。证属湿热郁遏肌腠,气机疏达不利。治宜清利湿热,疏达气机法。处方:滑石 30g,茵陈 50g,条芩 10g,石菖蒲 8g,射干 9g,蔻仁 6g,木通 8g,藿香 8g,连翘 10g,贝母 10g,薄荷 6g,柴胡 9g。水煎服,每日 1 剂。连服上方 3 剂,恶寒发热消失,腹胀满已除,纳食渐增,大便通畅,原方去贝母加青蒿 9g,神曲茶 1 块,又进 5 剂。腹胀除,纳食馨,体温正常,病告痊愈。(刘向东. 甘露消毒丹治验四则[J]. 江西中医药,1987(4):25—26.)

8. 尿路感染　李某,女,40 岁,1982 年 9 月就诊。1 月来有低热感,昨日起少腹不舒,尿频尿急尿痛,恶寒发热(39.5℃),喉痛,尿检查:红细胞(+++),蛋白(+)。诊断为急性膀胱炎。注射庆大霉素,口服呋喃旦啶、磺胺类药。热不退反增,日发寒战 2 次,冷时发热很高,口渴欲冷饮,故求治于中医。症见少腹部胀痛,尿频尿急尿痛,舌质红苔白稍腻,脉弦数。证属湿热蕴结膀胱,气机郁遏,治宜清利湿热,通淋淡渗法。处方:滑石 40g,茵陈 30g,条芩 10g,石菖蒲 6g,木通 10g,贝母 9g,射干 10g,连翘 10g,桔梗 9g,银花 12g。水煎服,每日 1 剂。服上方 2 剂后,尿时刺痛消失,排尿次数减少为 7~8 次,寒热除,少腹仍有轻微疼痛,尿黄清长,尿检:红细胞(+),蛋白(−),白细胞少许,按上方去桔梗加杏仁服 3 剂,诸症消失,尿检正常。(刘向东. 甘露消毒丹治验四则[J].

江西中医药,1987(4):25-26.)

9. **低热** 李某,女,20岁,1984年4月28日诊。患者低热(38℃左右)月余,午后为甚,时汗出但热不退。伴有头身困重,胸闷,口苦,不思饮食,舌质红,苔黄腻,脉濡数。证属湿热蕴结中焦。治宜清利湿热,芳香化浊。处方:黄芩15g,滑石12g,茵陈12g,木通10g,石菖蒲10g,白蔻仁10g,藿香(后下)10g,佩兰10g,苡仁10g,苍术10g,连翘12g,银花12g。服5剂后,诸症消失而获痊愈。(魏仲德.甘露消毒丹验案二则[J].四川中医,1985(6):51-52.)

10. **百日咳** 张某,男,4岁,1976年10月5日诊。咳嗽阵作7天,咳则遗尿或鼻衄,时村中有百日咳流行。患儿面色红润,舌红,苔黄腻,脉滑数,胸透无明显改变。治以清热化湿、宣肺止咳。予甘露消毒丹去木通,加地龙,7剂咳止。其邻居两小孩同时感染,服之亦效。(苗晋.甘露消毒丹在儿科临床上的应用[J].浙江中医杂志,1980,15(10):462-463.)

11. **复发性口腔溃疡** 段某,女,34岁。2008年5月21日初诊。主诉:口疮病史5年余。患者曾经至多家医院就诊,诊断为慢性复发性口腔溃疡,服用多种维生素、西地碘含片及黄连上清片、肠清茶等治疗均未见明显疗效,近1年来已失去信心,放弃用药治疗。两月来因工作繁忙,饮食无规律,口疮加重而延中医治疗。诊见:口腔左颊、右舌边及下唇内见多个溃疡点,如芝麻样大小,疮面略凸,边缘稍红肿,遇进热食时则疼痛加重,晨起口臭而黏,心烦胸闷,夜眠欠佳,小便色黄。舌质边红,苔腻而黄,脉弦滑。证属脾胃湿热不化,上熏口舌所致。治宜清解热邪,渗化湿浊。方用甘露消毒丹加味。茵陈10g,黄芩10g,广藿香10g,石菖蒲12g,陈皮10g,薄荷(后下)10g,射干12g,川贝母12g,滑石15g,连翘15g,白术12g,豆蔻6g,土茯苓30g,薏苡仁30g,木通6g,神曲15g。每天1剂,水煎早晚分服。嘱服药期间忌食辛辣煎炸油腻之物,晚餐勿饱食,适当锻炼,戒除烟酒等不良嗜好。上药连服10剂,诸症相继告失。后以参苓白术散加减调治1周,至今未复发。(李龙骧.甘露消毒丹临床新用举例[J].中国中医药现代远程教育,2010,8(24):67-68.)

12. **食道炎** 刘某,女,37岁,因"胸胃脘不胀闷不舒20余天"就诊。胃镜提示:霉菌性食道炎。刻诊:吞咽梗阻感,胸闷胃胀,伴有食欲不振、大便稀溏、身体困倦、口苦乏味。舌苔黄腻,脉象滑数。西药已服用奥美拉唑,克拉霉素等,效果不明显。治以芳香化湿,和胃行气。用药:藿香15g;砂仁12g;白豆蔻10g,薏苡仁30g,茵陈蒿30g,浙贝母15g,法半夏10g,神曲20g,射干

10g,黄连 8g,厚朴 10g,甘草 6g。患者服药 6 剂后,症状明显缓解,后以六君子汤善后。(袁晓鸣.甘露消毒丹及其临床应用[J].河南中医,2012,32(1):95-96.)

九、连 朴 饮

【出处】 《霍乱论》。

【组成】 厚朴 12g 黄连 6g 石菖蒲 9g 制半夏 9g 豆豉 9g 山栀 9g 芦根 30g

【用法】 水煎 2 次分服。

【功效】 清热化湿,理气和中。

【主治】 湿热内蕴,脾胃升降失常,清浊相混,而见霍乱吐利,胸脘痞闷,不思饮食,舌苔黄腻,脉象滑数,小便短赤。

【方解】 方中厚朴《本草汇言》谓其能"宽中下气……凡气滞于中,郁而不散,食积于胃,羁而不行,或湿郁积而不去,湿痰聚而不清,用厚朴之温可以燥湿,辛可以清痰,苦可以下气也"。是方即取其行气化湿之功,配黄连之清热燥湿,半夏之和胃降逆,复参山栀、豆豉之清宣胸脘郁热,更入芦根清热渗湿,和胃止呕。用菖蒲者,以其功擅芳香化浊,醒胃悦脾故也。诸药相配,使湿热得去,秽浊得消,脾胃复升清降浊之职,则吐泻诸症可止。因本方作用偏于清热,故宜于热重湿轻之证。

【临床应用举例】

1. 湿温 郑某,女,45 岁。1990 年 8 月 5 日诊。5 日前因在田中锄草,突遭雷雨,遍身湿透,第 2 天即感恶寒发热。刻诊:身热较甚,按之灼手,体温 40.5℃,汗出热臭,胃部嘈杂似饥,不思饮食。脉濡而数,苔黄腻欠润。证属湿邪留于气分,渐以化热,且热重于湿。法宜辛开苦降。处方:川朴 10g,黄连 5g,京菖蒲 10g,制半夏 10g,豆豉 10g,山栀子 10g,芦根 60g。1 剂。二诊:身热已减,脉濡微数,苔腻已化。前方加谷芽、南沙参,去山栀子,再服 2 剂而愈。(骆洪军.透化渗清四法治疗湿温病[J].江苏中医,1995,16(7):43-44.)

2. 流感(胃肠型) 陶某,男,27 岁。初诊:1982 年 10 月 27 日。主诉持续高热 9 天,伴头痛、呕吐,于 1982 年 10 月 24 日以发热待查收入院。入院前曾用抗生素、解热镇痛剂、板蓝根冲剂等治疗,热势未降反升。入院后予银翘散加减,服 2 天体温依旧,请杨氏诊治。诊查:高热 11 天,体温 40℃,头痛头胀,全身肌肉酸楚疼痛,病起恶寒无汗,继而汗出,胸闷,恶心呕吐,大便溏薄,溲短赤热,口干不欲饮。舌质红,苔黄腻,脉滑数。辨证:属湿热蕴蒸气分,弥恋三焦。中医诊断:湿温(湿热并重)。西医诊断:发热待查,流感(胃肠型);伤寒? 治则:清化湿热,宣畅气机。处方:方用三仁汤合连朴饮加减。白蔻仁(杵细,后下)4g,杏仁12g,生米仁30g,连翘15g,炒黄芩12g,薄荷(后下)5g,川黄连3g,制川朴9g,大豆卷12g,炒大力子12g,郁金12g,姜半夏9g,淡竹叶12g,鲜芦根40g。每日服2剂,分4次服。二诊:服药2日后,汗出较多,热势略挫,体温39.3℃,头痛、头胀好转,胸闷恶心减轻,溲仍短赤。上方去白蔻仁、杏仁、姜半夏、炒大力子,加青蒿12g,藿苏梗各9g,滑石12g。服法同前。三诊:服上方药2日后,咽痛,头痛,全身疼痛显减,小溲黄,舌质红,苔较薄,湿已趋化,热势尚盛。体温39.2℃。上方去薄荷,加万氏牛黄清心丸2粒化服。续服一日后,身热渐降,体温38.7℃,稍恶心,泛吐清水。上方复加白蔻仁5g,姜半夏9g,白茯苓15g,仍以每日2剂,4次分服再进。3日后热尽退,体温恢复正常,诸症消失,痊愈出院。(潘智敏.杨继荪临证精华[M].杭州:浙江科学技术出版社,1999.)

3. **糖尿病** 从湿热辨治2型糖尿病30例,中医辨证为湿热内蕴,治疗基本方为:川连、栀子、厚朴花、枳壳、菖蒲、清夏、云苓各10g,葛根20g(编者按:此乃连朴饮化裁)。治疗结果痊愈4例,显效15例,有效9例,无效2例,总有效率为93.3%。(刘维,杨晓砚.2型糖尿病从湿热辨治的疗效观察[J].天津中医,1995,12(3):13.)

4. **伤寒与副伤寒** 李氏报道用连朴饮加减治疗伤寒与副伤寒35例,其基本方为:黄连、栀子各10g,厚朴、半夏、淡豆豉、菖蒲各12g,芦根15g。如热重于湿者,加黄芩12g,滑石、车前子各30g;白痦,加薏苡仁30g,竹叶12g;胸脘胀满,加草果、白蔻仁各12g;呕吐,加藿香15g,竹茹12g;腹泻,去淡豆豉、芦根,加茯苓12g,薏苡仁30g;大便隐血,加地榆炭20g,茜草炭12g。治疗结果:35例全部治愈。如治王某,男,15岁,学生。1982年9月22日起发热,经大队及公社卫生院注射青霉素和用解热镇痛药8天,病未好转,于9月30日来我院门诊。体温39.5℃,面色灰黯,精神萎靡不振,胸腹胀满,渴而欲饮,下利溲赤,舌质红,苔黄厚而腻,脉洪大。体检:心率90次/min,律齐,无杂音;两肺呼吸音粗糙;肝在肋下1.5cm,质软;脾大3cm,腹软,有轻度压痛;胸有散在玫瑰疹。实验室检查:胸透及心电图:正常;血检:白细胞4 000/mm³,中性68%,淋巴32%;尿检:蛋白(+),白细胞2~5个/HP,颗粒管型0~1个/HP;大便潜血试验:(+);伤寒血清凝集反应:"O"1:320,"H"1:320,

甲 1∶80,乙 1∶320;肝功能:谷丙转氨酶 140U。诊断为伤寒,辨证属湿温病之热重于湿型,治拟清热化湿,佐以化斑。基本方加黄芩、滑石、赤芍、地榆炭。1日3服,4剂3日服完。10月3日复诊:热退(38℃)神清,饮食增加,苔黄微腻,大便潜血试验阴性。前方去豆豉、芦根、地榆炭,加白蔻仁、藿香。1日2服,3剂,3日服完。10月6日三诊:诸症大减,体温37.7℃,脉搏75次/min;血检:白细胞 5 000/mm³,中性 69%,淋巴 29%,嗜酸性 2%;尿常规及大便潜血试验:均为阴性;肝功能:恢复正常;伤寒血清凝血集反应:"O" 1∶40,"H" 1∶80。予黄连、厚朴、白蔻仁、制半夏以清余邪。7剂后诸症消失,实验室检查均属正常。(李德俭.王氏连朴饮加减治疗伤寒与副伤寒 35 例疗效观察[J].浙江中医杂志,1985,20(6):253–254.)

5. **慢性肾功能不全** 患者,男,30岁,药师。2011年3月21日初诊。查血肌酐 136mmol/L,尿素氮 8.76mmol/L,原因不明,曾就诊于多家医院,因建议肾活检而拒绝,未行任何治疗。刻诊:胃脘胀痛,口中黏腻不爽,口苦,食欲旺盛,尤喜酒肉,大便稀溏、入水即散,小便色黄。苔黄腻,脉弦滑。查体未见明显阳性体征。超声检查双肾未见明显异常。诊断:慢性肾功能不全。证属中焦湿热。治法:清化湿热、利湿泄浊。方以王氏连朴饮加减:厚朴 9g,黄连 6g,栀子 9g,法半夏 9g,石菖蒲 9g,薏苡仁 15g,炒白术 9g,车前草 12g,芦根 12g。每日1剂,水煎服。服药3剂后,食欲大增,大便次数增多。守方继服1个月,复查血肌酐 106mmol/L,尿素氮 8.33mmol/L。苔黄腻,脉弦滑。守方继服1个月后,复查指标反弹如初。仔细追问,患者近期饮酒、肉食摄入大量增加,叮嘱严格控制饮食,调整作息、增加运动,前方加泽泻 9g、滑石(包煎)9g,以增加利水渗湿、清胃热之功,守方继服1个月后指标恢复正常,随访2年,未反复。(王巍.王氏连朴饮治验三则[J].中国中医药信息杂志,2014,21(11):117.)

6. **慢性胃炎** 某男,53岁。2012年3月22日初诊:反复发作胃脘痞满、疼痛2年,近1个月胃脘灼热疼痛,痞满饱胀,嘈杂,不思饮食,两胁不舒,晨起后反酸恶心,嗳气,口苦,舌淡苔黄腻,脉弦滑。胃镜报告:慢性浅表性胃炎伴糜烂,Hp(++)。中医辨证:湿热中阻。治以清化湿热,开郁和胃。方选连朴饮加减:法半夏 10g,厚朴 12g,黄芩 10g,黄连 6g,白蔻仁(后下)6g,石菖蒲 10g,栀子 10g,芦根 10g,苏梗 10g。10剂,1日1剂,水煎服。同服奥美拉唑 20mg,克拉霉素 500mg,阿莫西林 1g,1日2次,西药连服1周。2012年4月2日二诊:服药后,患者胃脘灼热胀满减轻,食欲好转,但夜间偶发胃脘隐痛,晨起仍感恶心,口苦而干,时有嗳气,舌质淡红,苔薄黄,脉弦缓。湿热未尽,气血凝滞,阴伤显露。治以清泻湿热,行气活血,养阴和胃。方选连朴饮加减:法半夏 10g,黄连 6g,白蔻仁(后下)6g,栀子 10g,芦根 10g,苏梗 10g,延胡索 10g,竹茹 8g,麦冬 10g,炙甘草 5g。10 剂,1 日 1 剂,水煎服。2012 年 4 月 12 日三诊:患者胃脘胀满消失,但有灼热感,嘈杂不适,偶有泛恶,口干舌燥,大便稍干。舌质淡红少津,脉弦细数。证属湿热中阻兼胃阴不足。治以清热化湿,滋养胃阴。药用黄连 6g,栀子 10g,芦根 20g,苏梗 10g,竹茹 8g,麦冬 10g,浙贝 10g,白及 10g,白芍 20g,炙甘草 6g。8 剂,1 日 1 剂,水煎服。2012 年 5 月 4 日四诊:患者胃脘偶有灼热、嗳气,余无不适,纳食正常,偶有口干,精神好转。舌质淡红苔薄黄,脉弦细。查 ^{13}C- 尿素呼气试验:Hp(−)。(王捷虹,刘力,汶明琦,等.连朴饮加味治疗幽门螺杆菌相关性胃炎[J].实用中医内科杂志,2013,27(6):114−115.)

7. 2 型糖尿病 曹某,男,56 岁。患糖尿病 3 年余。长期服用格列本脲片或格列齐特缓释片,症状基本稳定,尿糖保持在(+−~+)。2000 年 4 月中旬感四肢困重、乏力,纳差便溏,溺多色淡黄,口苦,口干,但饮水不甚多,空腹血糖 16.6mmol/L,尿糖(++++)。服格列本脲片由原来的 2~3 片增加到每日 6 片,症状不减,因恐于注射胰岛素而求诊于中医。前后服中药 10 余剂,两度更医,症状无明显改善,转而求诊于我处。笔者详审其症,见其舌红,苔黄腻,查其脉细滑稍数。据其舌、症合参,当辨为湿热蕴脾,脾失所运,方用连朴饮加减予之。药用:黄连 8g,厚朴 12g,茯苓 20g,苍术 12g,山栀 10g,石菖蒲 15g,半夏 10g,赤小豆 15g,竹叶 8g。1 日 1 剂,4 剂。患者服药 1 剂后,每 2 天即上门来告,口苦、口干明显减轻。即嘱格列本脲片减为每日 4 片。药尽复诊,患者述:以上诸症已减大半,大便 1 日 1 次,稍溏,精神体力明显好转,苔转薄黄稍腻,查尿糖(+),继用原方稍有增减,格列本脲片改为每日 2 片。1 周后复查尿糖(+−),空腹血糖 7.2mmol/L,诸症不显而停服中药。(刘洪流.连朴饮加减治疗 2 型糖尿病例析[J].实用中医内科杂志,2002,16(3):145−146.)

8. 发热 马某,男,35 岁。患者自诉低烧 1 月多,体温 37.5℃左右,面色黄,神疲体倦,纳呆,腹胀腹满,大便溏而不爽,小便色黄。舌质紫绛,苔黄腻干燥,脉濡滑。辨证为湿热阻滞、痰瘀交结。治拟清热化湿,化痰逐瘀。用王氏连朴饮加减。处方:黄连 3g,厚朴 10g,法半夏 10g,芦根 15g,石菖蒲 10g,藿香 10g,佩兰 10g,桔梗 12g,茯苓 15g,枇杷叶 12g,桃仁 12g,山楂 15g,炒谷芽 15g,玄参 12g。1 日 1 剂,水煎分 4 次服。服药 7 剂,低烧消退,腹胀、腹满减轻,神疲体倦有所改善。继予上方随症化裁服用 10 日以善后。(王晶,黄琴.黄琴教授应用王氏连朴饮治疗疑难杂症验案举隅[J].国医论坛,2013,28(3):31−32.)

十、黄连解毒汤

【出处】 《外台秘要》引崔氏方。

【组成】 黄连 6g　黄芩 9g　黄柏 9g　栀子 9g

【用法】 水煎 2 次分服。

【功效】 泻火解毒，清化湿热。

【主治】 一切实热火毒，充斥三焦，表里俱盛，症见狂躁心烦，口燥咽干，大热干呕，错语不眠，吐血、衄血，热盛发斑，疔疮肿毒，湿热黄疸，下痢，舌红苔黄，脉象滑数。

【方解】 本方由大苦大寒，泻火解毒的药物组成，是治火毒炽盛，充斥三焦的传世名方。方中黄连善清心胃之火，解毒之功亦著，故用作主药；配合黄芩清肺热，泻上焦之火；黄柏清肝肾，泻下焦之火；栀子通泻三焦之火，导热下行。诸药相伍，其泻火解毒堪称药专效宏。又芩、连、栀、柏俱为苦寒之品，寒能清热，苦能燥湿，故本方又是清热燥湿的良方，对湿热病证，尤其是热重于湿者，也有显著的效果。

【临床应用举例】

1. 菌痢　来某，男，30 岁，工人。患者因腹胀，大便脓血，里急后重，曾服合霉素、呋喃唑酮等未见明显好转，大便化验红细胞（+++），脓细胞（+++），黏液（+++），体温 37.8℃。于 1975 年 10 月 12 日以急性菌痢收住入院。入院后给予合霉素、氯霉素、醋酸泼尼松片、普鲁苯辛、呋喃唑酮、氢化可的松、维生素 C、葡萄糖、穿心莲片、中药等，病情未减，特别是腹痛加重，纳呆，便脓血（昼夜 30 余次），体温 38.8℃，脉洪大，舌尖红而干苔黄，证属湿热伤及胃肠，日久湿从热化，耗伤津血，治宜清热解毒，益阴止血，方用黄连 9g，黄芩 9g，黄柏 9g，葛根 15g，白头翁 15g，秦皮 12g，生甘草 6g，白芍 12g，木香 6g，连翘 15g，焦山楂 24g，焦地榆 15g（西药除用液体外，停用他药）。上方昼夜各服 1 剂，诸症减轻，体温下降，继服 2 剂，体温正常，精神食欲转好，大便基本正常出院。（张学文.黄连解毒汤的临床应用案例［J］.陕西中医，1980（2）：27-28.）

2. 胆道感染　郑某，男，35 岁，农民，1974 年 5 月 3 日初诊。据诉右上腹持续疼痛，痛连右肩，发热，干呕，目微黄染，大便秘结，小便黄赤，舌苔黄腻，脉象弦数。既往曾患胆囊炎，证属肝胆湿热，治拟清热利胆，方用：黄连 6g，黄柏、黄芩、栀子、枳壳、广木香、大黄（后下）各 9g，茵陈 30g。2 剂，日煎服 2 次。

5月6日复诊：服前方大便日解2次，腹痛减轻，热退，吐止，苔薄黄，脉缓，原方去大黄，继服3剂，诸症缓解。（胡立鹏.黄连解毒汤的临床应用[J].浙江中医药，1977，3（2）：33-34.）

3. 脓疱疮 用黄连解毒汤加味治疗本病50例，其基本方为：黄连2g，黄柏5g，黄芩5g，栀子3g，野菊花6g，白芍4g，甘草1g。每日2剂，水煎分4次服。另外将药渣煎水，外洗患部，每日2次。治疗结果：50例均痊愈。疗程最长5天，最短3天。如治喻某，女，2岁，1982年7月1日就诊。因患脓疱疮4天，曾用青霉素治疗无效。诊见患儿烦躁，头面部满布大小脓疱百余个，大的如黄豆，小的如绿豆，周围有炎性红晕，瘙痒，颈部淋巴结肿大，苔黄腻，脉浮数。体温38.8℃，白细胞2 230/mm^3，中性80%，淋巴20%。证属湿热邪毒相搏于肤表，发为脓疱疮。治以清热、解毒、燥湿。经上方治疗4天，脓疮消失，体温及血常规恢复正常。（余克勇.黄连解毒汤加味治疗脓疱疮50例[J].广西中医药，1986，9（3）：44.）

4. 急性肾盂肾炎 用黄连解毒汤加味治疗本病30例，中医辨证属湿热邪气蕴结下焦，其方药为：黄连、黄芩、黄柏各12g，栀子10g，甘草3g。发热加连翘12g，鱼腥草30g；血尿加当归15g，陈皮12g。每日2剂，每剂药煎2次，每次煎成100ml左右，1日服4次。脾虚加服补中益气丸，肾阳虚加服济生肾气丸，肾阴虚加服六味地黄丸。治疗结果：30例均治愈，疗程最长6天，最短3天。如治解某，女，30岁，已婚，农民。因畏寒发热，尿频尿急尿痛，于1982年5月28日以急性尿路感染收入某县医院住院治疗。入院后诊断为急性肾盂肾炎，先后用庆大霉素、甲氧苄氨嘧啶、氨苄青霉素、呋喃妥因等抗感染治疗及支持疗法，口服中药八正散7剂，共治疗10天，症状不解，6月6日转入诊治。诊见：急性热病容，表情痛苦，发热（T38.9℃），尿频，尿急，尿痛，尿道有烧灼感，小腹坠胀，腰痛，口干，喜冷饮，舌质红，苔黄腻，脉滑数。尿化验检查：蛋白（+），白细胞（+++），红细胞（++），脓细胞（++）颗粒管型（1~2个/HP）。辨证：热淋（湿热型）。治法：清热利湿。拟方：黄连解毒汤加鱼腥草30g，当归15g，陈皮12g，连翘12g。6剂，每日煎2剂，分4次服。6月9日二诊：发烧已退，尿痛、尿急、尿频基本消失，尿常规化验检查：蛋白（-），白细胞（3~7个/HP），红细胞（-），脓细胞（-），颗粒管型（-），仍守上方6剂，诸恙悉除。尿常规化验正常。于6月12日康复出院，迄今3年未见复发。（余克涌.黄连解毒汤加味治疗急性肾盂肾炎30例[J].湖北中医杂志，1985（6）：25.）

5. 皮肤病 用黄连解毒汤加味治疗皮肤病24例，其中慢性湿疹3例，脂溢性皮炎 3 例，牛皮癣 1 例，疥疮 4 例，全身瘙痒症 13 例，其病机均为毒、热、湿三邪阻滞营血，浸淫肌肤。基本药方：黄连 10g，黄芩 15g，黄柏 10g，栀子 15g，生地 30g，丹皮 15g，赤芍 10g，蝉衣 10g，僵蚕 10g，玄参 30g，苦参 30g，地丁 30g，土茯苓 30g。大便秘结加酒军 10g；慢性湿疹加苍术 15g，车前子 15g，苡仁 30g。治疗方法：水煎服，每日 1 剂，煎服完后，用药渣熬水洗擦患处。6 剂为 1 疗程。治疗结果：痊愈 7 例，占 29.2%；显效 11 例，占 45.8%；好转 4 例，占 16.7%；无效 2 例，占 8.3%。总有效率为 91.7%，平均治疗 2 个疗程，最多服 30 剂，最少服 6 剂。（洪秉光. 黄连解毒汤加味治疗皮肤病 24 例［J］. 重庆医药，1988（6）：49–50.）

十一、白虎加苍术汤（又名苍术白虎汤）

【出处】　《类证活人书》。

【组成】　生石膏（打碎）30g　知母 12g　生甘草 6g　粳米 1 匙　苍术 9g

【用法】　先煎石膏，再入其他药物同煎 2 次分服。

【功效】　清热燥湿。

【主治】　湿温热重于湿，症见壮热汗出，面赤气粗，心烦口渴，身重脘痞。苔黄微腻偏干，脉象洪数或滑数。

【方解】　本方为阳明胃热夹太阴脾湿，热重于湿之证而设。方以辛凉重剂之白虎汤清泻阳明胃热，复入苍术之苦温以燥太阴脾湿，虽是清热燥湿并用，然清热之功尤胜，故适用于热重于湿之湿热病证。

【临床应用举例】

1. 湿温　《丁甘仁医案》载：裘左，湿温八天，壮热有汗不解，口干欲饮，烦躁不寐，热盛之时，谵语妄言，胸痞泛恶，不能纳谷，小溲浑赤，舌苔黄多白少，脉象弦滑而数。阳明之温甚炽，太阴之湿不化，蕴蒸气分，漫布三焦，有温化热，湿化燥之势，症非轻浅，故拟苍术白虎汤加减，以观动静。生石膏三钱，肥知母钱半，枳实炭一钱，通草八分，制苍术八分，茯苓皮三钱，炒竹茹钱半，飞滑石三钱，仙半夏钱半，活芦根（去节）一尺，荷梗一尺。二诊：今诊脉洪数较缓，壮热亦大减，稍能安寐，口干欲饮，胸闷泛恶，不能纳谷，舌苔腻黄渐化，伏温渐解而蕴湿犹留中焦也，既见效机，毋庸更张，参入芳香淡渗之品，使湿热有出路也。熟石膏三钱，仙半夏钱半，枳实炭一钱，泽泻一钱，制苍术八分，赤茯苓三钱，炒竹茹钱半，荷梗一尺。三诊：热退数日，复转寒热似疟之象，胸闷不思纳谷,且有泛恶,小溲短赤,苔黄口苦,脉象左弦数,右濡滑。此伏匿之邪移于少阳,蕴湿留恋中焦,胃失降和。今宜和解枢机,芳香淡渗,使伏匿之邪,从枢机而解,湿热从小便而出也。软柴胡八分,仙半夏二钱,酒黄芩一钱,赤苓三钱,枳实一钱,炒竹茹钱半,通草八分,鲜藿佩各钱半,泽泻钱半,荷梗一尺。(张奇文. 温热病证治精华[M]. 北京:人民卫生出版社,1998.)

2. 钩端螺旋体病　治疗1例脑型钩端螺旋体病,开始用青霉素有效,但因停用太早,以致症状重现且日益严重,再用青霉素及广谱抗生素亦无济于事,乃请中医会诊。中医据其大汗,大渴,大热,脉洪大等症状,符合白虎汤证,遂大胆予以白虎汤,又因苔腻欲热饮,故加苍术,头痛加川芎,项强加羌活,处方为:生石膏30g,肥知母9g,生甘草6g,秫米15g,苍术12g,川芎6g,羌活6g。服1剂即应手取效。(吕再生. 苍术白虎汤治疗脑型钩端螺旋体病一例[J]. 福建中医药,1966(3):11–13.)

3. 热痹　余某,男,22岁。1978年12月23日诊。因持续发热3天,咽喉肿痛,关节游走性疼痛,心律失常而住院,治疗经旬,效果不显,应家属要求请中医会诊。刻诊:不恶寒,但发热,T 37.9~38.9℃,有汗不解,日晡烦躁懊恼,有难以明言之状,肩、肘、腕、髋、膝、踝、趾灼痛,上下无定处,肘膝且红肿,口渴频饮。舌红,苔黄中心厚腻,脉促。证属热痹,治宜清化湿热,除烦,祛风。方用苍术白虎汤合栀子豉汤出入。药用:生石膏30g,肥知母、白术、羌活、独活各10g,汉防己15g,川雅连3g,炒黄柏、生山栀、香豆豉、怀牛膝各10g,薏苡仁30g。3剂。二诊:身热已退其半,T 37.4~38.1℃,烦躁已定,饮水不多,肢节疼痛迭减,唯肘膝尚红肿,小溲涩痛,症情尚未稳定。伏思湿热之邪,非辛不开,非苦不降,遵此意立方。前方去山栀、豆豉,加龙胆草10g,赤猪苓各15g,广藿梗10g。3剂。三诊:日前不慎感寒,以致身热复起,T 37.8~38.7℃,且恶寒,咽喉肿痛,肘膝肿虽消而痛未已,幸小溲已不涩痛,厚腻之苔渐化色仍黄,有津。前方去黄连、龙胆草,加荆芥、防风各3g,板蓝根12g。3剂。另六神丸3瓶,每日3次,每次10粒。四诊:形寒已罢,身热亦减,T 36.8~37.5℃,四肢骨节之痛日有起色,再以退为进:生石膏30g,肥知母、白术、羌活、独活各10g,汉防己15g,炒黄柏、怀牛膝各10g,赤猪苓各15g,左秦艽10g,薏苡仁30g。3剂。服后1天即热退痛定,诸恙日趋消失而康复。(王少华. 白虎汤类方治疗风湿热[J]. 辽宁中医杂志,2002,29(5):256–257.)

4. 糖尿病　杨某,女,67岁。初诊日期:2010年6月2日。患者既往有糖尿病病史8年,平素服用二甲双胍片(0.5g/次,每日3次)、阿卡波糖片

（50mg/ 次，每日 3 次），FBG（空腹血糖）控制在 9.0mmol/L 左右。刻诊：身热面赤，烦渴难忍，多食易饥，身重脘痞。舌红、苔黄腻而干，脉洪滑而数。查：FBG 9.4mmol/L，BMI（身体质量指数）28.0kg/m²。证属热重湿轻，治拟清热为主，兼祛湿。方用白虎加苍术汤加减。处方：生石膏 20g，知母 10g，炙甘草 6g，苍术 15g，藿香 15g，佩兰 15g，天花粉 20g，葛根 20g。7 剂，每日 1 剂，水煎，早晚分服。二诊（6 月 9 日）：查 FBG 8.1mmol/L；患者烦热症状减轻，多食易饥、身重脘痞等较前缓解；仍觉口渴，腹胀不舒。嘱停用阿卡波糖片，中药于前方加黄连 10g，乌梅 20g，木香 10g，砂仁 10g。7 剂。三诊（6 月 16 日）：查 FBG 6.3mmol/L；口渴明显减轻，腹胀消失；舌淡红、苔白微腻，脉滑。上方继服 7 剂。后患者定期随诊，予上方加减服用，FBG 控制在 6.5mmol/L 左右。（李海松，梁苹茂 . 梁苹茂运用中药降糖验案 3 则 [J]. 上海中医药杂志，2011，45（8）：57–58.）

十二、薏苡竹叶散

【出处】《温病条辨》。

【组成】薏苡仁 12g　竹叶 9g　飞滑石 15g　白蔻仁 4.5g　连翘 9g　茯苓 15g　白通草 4.5g

【用法】共为细末，每次服 15g，每日 3 次，温水送下。

【功效】辛凉清热，甘淡利湿。

【主治】湿热郁闭经脉，流连气分，症见身热身痛，汗多自利，或汗出不彻，胸腹出现白痦等。

【方解】吴鞠通说："湿停热郁之证，故主以辛凉解肌表之热，辛淡渗在里之湿，俾表邪从气化而散，里邪从小便而出，湿热两驱，表里双解之妙法也"。全方以竹叶、连翘辛凉透热而解表，苡仁、滑石、茯苓、通草甘淡渗湿，白蔻仁芳香化浊，共同体现辛凉淡渗法则。本方药物似乎平淡，但注意气机之升降，故适宜于内外合邪的湿热郁闭气分之证。

【临床应用举例】

1. 湿温　高辉远教授曾治 1 例湿温发痦，由湿热流连气分，久羁不解，经络阻滞所致，治以因势利导，通阳宣痹，则湿始开，热始透。患者李某，女，12 岁，初秋发病，一见高热，即神识如蒙，伴有手足抽动，经中西医治疗，抽搐虽停，但体温初则持续在 39~40℃ 之间，继而在 38~39℃。午后尤甚，神识如蒙不改善,能出声音而不能言,右肢若废,头汗自出,身汗不彻,二便犹自行,白痦出现已10余日,舌苔白秽而腻,质不红,脉濡而数,住院约4旬之久,日进犀羚、白虎、安宫、至宝和各种抗生素,以及猴枣、狗宝等珍贵药品,寒凉清热,病邪不服,渐趋沉困,分析脉证,乃湿温为病,由于凉遏冰伏,以致外则湿郁经络,内则三焦闭阻,白痦出而不透,遂用吴鞠通薏苡竹叶散加味:薏苡仁12g,竹叶9g,茯苓皮9g,滑石块9g,茵陈蒿9g,通草3g,大豆卷9g,蚕沙9g,防己4.5g,荷叶9g。嘱进3剂,并停其他药物。归告蒲老,他认为湿温为病,黏滞羁留,通阳淡渗,最为要旨,用吴氏法,颇中病情。第3日,其父亲来电话云:服完前方,今晨已开始能言。午后复诊:患儿周身微汗,白痦渐已出遍,表情呈笑意,问思食否?以颤动低声回答,神识渐清,体温略降,脉濡不数,舌苔仍秽腻且厚,此乃湿渐开,热得越之象。宗原方去豆卷、蚕沙,加丝瓜络、木瓜再进2剂。三诊:体温续降,白痦已透,由于病程较长,正气已伤,余邪未尽,终宜益胃扶正,清撤余邪,缓缓调治而日见平复,无后遗症。(方药中,许家松.温病汇讲[M].北京:人民卫生出版社,1986.)

已故著名老中医董建华认为,对湿热困脾所致的发痦,症见发热朝轻暮重,缠绵不退,汗出酸臭,约周余后头颈胸腹可见白痦,脉濡数,舌红苔黄厚腻。治宜清气透痦,方用薏苡竹叶散加减。白痦中有红点者可加银花、连翘、丹皮;白痦枯黄瘪者加芦根、石斛、花粉等生津之品。(史宇广,单书健.当代名医临证精华·温病专辑[M].北京:中医古籍出版社,1988.)

又董老曾介绍1例白痦验案:牛某,男,20岁。1960年7月20日住某医院:发烧已有5天,体温逐渐上升(39℃以上),精神食欲不振,外院曾按感冒治疗不效。入院查体:体温39℃,脉搏76次/min,呼吸18次/min,营养发育一般,神清,表情淡漠,胸前可见大小不等3~4个红疹,压之退色,咽充血,扁桃体Ⅱ度肿大,无渗出液,肝于深呼吸时可及,脾未触及。西医诊断:肠伤寒?7月22日应邀会诊。诊见:发热头晕目眩,微汗出,腰部酸痛。前胸布红疹3~4个,白痦透露于颈项及胸部皮肤,散在饱满晶莹。舌苔薄腻,脉象濡缓。辨证:湿热郁蒸气分,困阻中焦,上蒸头目。立法:清化湿热,宣气透痦。方药:杏仁10g,苡仁10g,竹叶5g,连翘10g,大豆卷12g,六一散(包)10g,通草3g,茯苓6g,荷叶1角,芦根12g,佩兰6g,秦艽6g,2剂。复诊:药后湿热之邪得以宣化,体温已趋正常,精神好转,苔腻渐退,诸症均减。唯白痦继续外布,胃纳尚差,尚有余邪未清,必当乘勇追击,免穷寇为患,守原方出入。生苡仁10g,茯苓10g,竹叶5g,杏仁10g,藿香10g,佩兰10g,滑石10g,通草3g,大豆卷12g,

荷叶 1 角,神曲(包)10g。上方服 3 剂,脉静身凉,诸症均除,痊愈出院。(董建华.临证治验[M].北京:中国友谊出版公司,1986.)

2. 温毒　尹某,男,6 岁。1991 年 12 月 2 日就诊。素体湿盛,4 天前,右侧腮部肿胀作痛,发热(38.7℃),服板蓝根冲剂无效,投普济消毒饮去升麻、马勃,加生石膏、丹皮,同时外敷草药,病反加重,胸脘痞闷,恶心呕吐,饮食少进,渴不多饮,心烦不宁,大便稀,日 2 次,小便黄。舌红,苔黄腻,脉小滑数。证属风温病毒,夹湿壅腮。治宜宣利湿热,解毒散结。用薏苡竹叶散加味:薏苡仁 12g,淡竹叶 2g,通草 3g,金银花、连翘、大青叶各 9g。服 4 剂,右腮部痛止,尚有微肿,热退,呕止,能进米粥。脘部闷,口干,小便黄,舌红,苔黄滑,脉滑略数。以原方去白蔻仁、黄芩,加神曲 6g,甘草 2g。续服 3 剂,腮肿全消。(彭述宪,彭巍.薏苡竹叶散治验举隅[J].北京中医,1998,17(3):34.)

3. 风湿性关节炎(湿热痹)　用薏苡竹叶散加川乌治疗 149 例,方药:苡仁、竹叶、滑石、木通、连翘、白豆蔻、茯苓皮、制川乌(其中川乌须久煮 3 小时以上),结果痊愈 36 例,显效 75 例,有效 32 例,无效 6 例。(赵棣华,刘正才.代云波老医师治疗痹症的经验[J].新中医,1973(5):9—12.)

4. 湿疹　刘某,男,21 岁,于 2012 年 7 月 17 就诊。患者症见双下肢散在红色丘疹,有明显的瘙痒感,且每于夏季发作,曾用葡萄糖酸钙有效。纳可,夜寐流涎,大便每日 1~2 次,疲倦。舌淡苔白,脉弦。诊断为湿疹,辨证为湿热蕴表,血虚夹风。治宜清热利湿,养血祛风止痒。方药:生薏苡仁 30g,竹叶 12g,苦参 15g,白鲜皮 12g,白芷 15g,追地风 15g,浮萍 30g,牛蒡子 15g,当归 15g,独活 15g。7 剂,每日 1 剂,水煎服 400ml,分 2 次早晚空腹服。7 月 23 日复诊:湿疹已退,有少许色素沉着。原方加连翘 15g。7 剂,前法继服,以巩固疗效。后随访未复发。(贾志新,冯五金.薏苡竹叶散加减治疗湿疹验案一则[J].中国中医基础医学杂志,2014,20(6):844,846.)

5. 皮疹　王某,男,19 岁,2011 年 2 月 22 日就诊。患者面部及背部广泛多发皮丘疹,较皮肤颜色淡白,无皮屑。西医认为属于真菌性皮肤病,用内服、外用药物已近 1 年。患者诉一旦服用抗真菌药,则身浮肿,全身不适。皮疹有瘙痒,抓烂处有渗液,头昏,纳可,寐差,大便不干但难解。舌淡,苔白腻,脉缓。处方:薏苡仁 30g,淡竹叶 12g,滑石(包煎)30g,白蔻仁(后下)6g,连翘 15g,茯苓 30g,通草 10g,白鲜皮 30g,白蒺藜 30g。7 剂,配合外用西药,不内服西药。2011 年 3 月 3 日复诊:患者背上皮疹明显好转,但面上仍多,头昏,寐安。舌淡红,苔薄白,脉滑缓。处原方再进 13 剂。2011 年 3 月 15 日再诊:患者皮疹基本消失,大便稀,每日 2~3 次,乏力。拟原方酌加健脾之品,再进 7 剂以巩

固之。(彭小平,李勇华.瘙痒性皮疹辨治4例[J].中国中医急症,2014,23(2):356-357.)

十三、杏仁滑石汤

【出处】 《温病条辨》。

【组成】 杏仁9g 滑石9g 半夏9g 黄芩6g 郁金6g 厚朴6g 橘红4.5g 黄连3g 白通草3g

【用法】 水煎2次分服。

【功效】 清热利湿,行气散满。

【主治】 暑湿或伏暑,湿热弥漫三焦,症见身热汗出,烦渴,痞满,呕恶,自利,溺短,舌苔灰白。

【方解】 湿热为患,热邪与湿交混,治必以辛凉清热兼辛开苦降,调理气机而化湿邪为主。本方以杏仁宣肺气,通调水道而达膀胱以利湿邪;厚朴苦温燥湿利气而除痞满;黄芩、黄连苦寒清热化湿;郁金芳香走窍而开闭结;滑石、通草淡渗利湿;橘红、半夏强胃而宣湿化痰以止呕恶。诸药合用,使三焦之湿热得去,则诸恙可解。

【临床应用举例】

1. 伏暑 乙酉九月十八日:陶某,五十八岁。伏暑遇新凉而发,舌苔㿠白,上加灰黑,六脉不浮不沉而数,误与发表,胸痞不食,此危证也。何以云危?盖四气杂感,又加一层肾虚,又加一层肝郁,又加一层误治,又加一层酒客中虚,何以克当!勉与河间之苦辛寒法,一以通宣三焦而以肺气为主,望其气化而湿热俱化也。飞滑石五钱,杏仁四钱,藿香叶三钱,姜半夏五钱,苡仁五钱,广郁金三钱,云苓皮五钱,黄芩三钱,真雅连三钱,白蔻仁三钱,广皮三钱,白通草一钱五分。煮三碗,分三次服。廿三日:舌之灰苔化黄,滑而不燥,唇赤颧赤,脉之弦者化为滑数,是湿与热俱重也。滑石一两,云苓皮六钱,杏仁五钱,苡仁六钱,黄柏炭四钱,雅连三钱,半夏五钱,白蔻仁三钱,木通三钱,茵陈五钱。煮三碗,分三次服。(以下从略)(清·吴瑭.吴鞠通医案[M].北京:人民卫生出版社,1963.)

2. 肺心病合并感染 杜某,女,58岁,干部。肺源性心脏病病程中,因感冒而出现咳嗽痰多,痰色白黏长丝不断,满口发黏,咳痰不尽,口苦口干不欲饮水,胸闷痞满,腹胀下坠,大便黏滞不爽,汗出,溺短,脉象弦数,舌苔黄褐黏腻,虽有气阴两虚,但目前痰湿壅滞化热,充斥三焦,故予苦辛淡渗以清利湿热:滑石 15g,杏仁、黄芩、橘红、郁金、厚朴、半夏、大腹皮各 9g,黄连 6g。服 4 剂,黏痰减少,舌苔见退;又服 4 剂,黄褐黏腻之苔消失,腹胀下坠及胸闷痞满也见好转,大便较畅,汗出减轻,小便增加,病情稍见稳定,但仍口黏,自觉咽部黏痰仍有,因考虑原有气阴两虚,恐徒清利湿热治标,不去培本,痰湿仍能继续产生,乃予玉屏风散、生脉散加味。不料 2 剂后,舌苔又现黄腻,上述症状又再度出现,扶正反而恋邪不解,故仍以清利湿热治疗,药后病情又趋稳定,以后因故出院。(时振声.《温病条辨》中有关治疗湿热的几个代表性方剂的临床运用体会[J].浙江中医药,1978,4(3):20-23.)

3. 湿温　某,男,38 岁。因反复上腹部胀痛 3 月,加重 1 周,于 4 月 18 日入院。入院以"慢性胃炎"为治,症状有所缓解。第 3 日下午,发热体温 40℃,恶寒加盖衣被不减,对症处理汗后体温降至 38.5℃,但次日症状体温复燃。在实验室检查排除伤寒、疟疾、钩端病后,西药效果仍然欠佳,乃改中医治疗。刻诊:热势午后及入暮为剧,恶寒且发有定时,胸脘痞闷,腹部满胀,胸腹灼热,四末欠温,汗出不爽,便溏,溺赤短。舌红,苔灰白秽浊厚腻,脉濡数。治宜宣化气机,分消走泄。方以黄连温胆汤与杏仁滑石汤加减:黄连 9g,法半夏 9g,陈皮 6g,厚朴 9g,杏仁 10g,石菖蒲 10g,通草 6g,竹茹 6g,滑石(先煎)30g,茯苓 10g,甘草 6g。服药当晚 9 时,体温开始下降,天明体温正常,下午体温 37.5℃,灰白浊苔大减,胸腹痛胀减轻。原方再进 3 剂,诸症平息,1 周后痊愈出院。(罗秀娟.清化退热法治疗湿热证举隅[J].广西中医药,1997(6):19-20.)

4. 钩端螺旋体病　对钩端螺旋体病临床辨证为暑温型者,用银翘散合杏仁滑石汤治疗,取得较好的疗效。(西安医学院第一附属医院中医教研组.中医对钩端螺旋体病的治疗研究概况[J].陕西新医药,1974(4):51-56.)

5. 顽固性呕吐　骆某,女,49 岁,2012 年 8 月 7 日初诊。患者于 2012 年 7 月初外出旅游,因饮食不慎出现腹痛、腹泻,西药对症治疗后,症状暂时缓解,但两日后出现恶心、呕吐、腹泻,进食 1 小时即呕吐、腹泻,无怕冷、发热、出汗等,渐而仅能缓慢进食少量稀粥,既往有慢性胃炎、慢性腹泻病史 20 年,年初胃镜检查提示:浅表性胃炎,球部炎症。平时稍受凉即易出现胃痛、大便稀溏。现诊:若进食稍硬食物,如米饭、蔬菜,餐后旋即出现腹痛、呕吐,故不敢碰米饭,若进食面点类食物,也感餐后胃脘不适,出现紧缩感和食物上冲感,感觉食物已涌至食管上部接近咽部,张口就要吐出,现已 1 周未能正常饮食,只能缓慢进食少量稀粥,曾在外院点滴抗呕吐药治疗,均无效。刻下胃脘不痛,腹微胀,口黏口干不苦,饥而欲食,因惧怕呕吐而不敢进食,睡眠尚安,大便1日2次、质稀溏不成形、有腥味,小便平。舌质稍黯,苔白而厚腻,脉细涩。予杏仁滑石汤加味:杏仁10g,滑石(包煎)10g,黄芩10g,黄连6g,橘红10g,郁金10g,通草10g,厚朴10g,半夏10g,草果6g,藿香10g,炒谷芽10g。7剂。2012年8月14日二诊:服用上方至第3剂后,即感进食后呕吐明显减轻,食量有增,现进食少量面点软食后已无不适,但仍不敢进食米饭蔬菜等食物,若饥饿时进食,也仍有胃脘疼痛,近周腹泻好转,便质已成形,1天2次,不恶心,肠鸣有声,口黏稍干,舌苔厚腻色白,脉缓涩。予原方去黄连,加干姜10g,姜黄10g,益智仁10g,泽泻10g。7剂。2012年8月21日三诊:呕吐已止,自觉进食后胃脘畅通,现食欲好,能普食,餐后不胀不痛,二便正常,精神好转,已无明显不适。改用香砂六君丸调治,嘱其注意饮食调理,勿食生冷,随访3个月,病情未复发。(郭建生,刘晓峰.杏仁滑石汤治疗顽固性呕吐验案1例[J].江西中医药,2013,44(2):28.)

6. 热淋 陈某,女,41岁,2012年8月21日初诊。发热寒战2天,伴尿频尿痛,自服头孢类抗生素症状无明显改善。现患者发热寒战,头重腰痛,尿频尿急,尿时涩痛,小腹拘紧。舌红,苔黄腻,脉濡数。T 38.6℃,尿常规:白细胞(+++)、蛋白(+)、红细胞(++)。西医诊断为急性肾盂肾炎。中医诊断为淋证。证属湿热下注,膀胱气化不利。治宜苦寒清热,淡渗利湿。方选杏仁滑石汤加减。杏仁10g,滑石15g,黄芩10g,黄连3g,郁金10g,厚朴6g,半夏10g,通草6g,石韦20g,车前草15g,白茅根30g,甘草5g。每日1剂,水煎温服。服3剂后热退至T 37.2℃,尿频尿痛等减轻。续服上方10剂,诸症皆除,复查尿常规呈阴性。(戴红惠.杏仁滑石汤加减治验三则[J].实用中医药杂志,2014,30(10):968-969.)

十四、黄芩滑石汤

【出处】 《温病条辨》。

【组成】 黄芩9g 滑石9g 茯苓皮9g 大腹皮6g 白蔻仁3g 通草3g 猪苓9g

【用法】 水煎2次分服。

【功效】 清热利湿。

【主治】 湿温邪在中焦,湿热并重,症见发热身痛,汗出热解,继而复热,渴不多饮,或竟不渴,舌苔淡黄而滑或黄腻,脉象滑数或濡数。

【方解】 湿热留滞中焦,相互交结,吴鞠通明文指出"发表攻里两不可施",否则必变坏证,故以清热利湿为治其根本。方中黄芩清热燥湿;滑石、猪苓、茯苓皮、通草清利湿热;白蔻仁、大腹皮宣气而利小便,取"气化则湿化"之义。综观是方,实有"湿热两伤不偏治"之妙。

【临床应用举例】

1. 肺炎 胡肇基主任医师认为,肺炎中辨证属湿热蕴结者,因素体脾肺较虚,虽感温热之邪,但反应不显著,故表现为发热不扬;由于湿与热结,湿中酿热,热处湿中,午后热邪较盛,故体温升高,但其特点仍为汗出而热不退,可用黄芩滑石汤加减。(史宇广,单书健.当代名医临证精华·温病专辑[M].北京:中医古籍出版社,1988.)

2. 湿温 车某,男,24岁。1997年6月24日诊。突然发热,体温38℃左右,伴饮食不振,周身酸痛,无咽痛咳嗽,胸透及血尿常规检查未见异常。给青霉素加地塞米松等治疗4天,药后汗出热稍退,继而上升,体温时达38℃以上。诊时病人身有黏汗,脉滑数,舌红苔黄厚腻。证属湿温发热证。给予黄芩滑石汤加味。处方:黄芩、滑石、茯苓皮、猪苓、大腹皮各15g,黄连、陈皮、青蒿、白蔻仁、清半夏、甘草各10g,通草6g。水煎2次,早晚分服,1剂热渐退,3剂热清。(郑德柱.黄芩滑石汤治疗湿温发热的体会[J].河北中医,1998(1):39-40.)

3. 咳嗽 吴某,男,48岁,2010年7月28日初诊。平素喜饮酒,近半个月来咳嗽,痰多而黄稠易咯,胸闷气紧,身濡困重,发热汗出而热不退,曾在某医院诊为急性支气管炎,经西药抗炎及中药止咳化痰治疗效果不佳。症见咳嗽,发热,胸闷气紧,痰多黄稠而易咯,身濡困重,汗出而热不减。舌红,苔黄腻,脉滑数。证属湿温,内外合邪,上犯于肺,肺失宣降。治以清热渗湿,肃肺化痰止咳。方用黄芩滑石汤加味。处方:黄芩15g,滑石30g,茯苓15g,大腹皮15g,白蔻仁(后下)6g,通草10g,猪苓12g,杏仁(研碎)12g,半夏(研碎)18g,瓜蒌皮15g,郁金15g,桑白皮20g,淡豆豉12g,甘草6g。每日1剂,水煎服。服4剂后咳嗽痰黄稠、胸闷气紧、发热减轻,身困乏力亦减,舌红,苔薄黄腻,脉濡缓。上方黄芩减至12g,滑石减至16g。服4剂后咳嗽基本消失,诸症随之消失,继服六安煎以善其后。(陈燕萍.黄芩滑石汤加味治案三则[J].实用中医药杂志,2014,30(9):874.)

4. 小儿遗尿 周某,男,10岁。诉一直遗尿,1周遗尿2到3次,经多方治疗效不显,量不多,尿黄味臭,眠沉不易唤醒,唤醒神志朦胧,醒后不知,打鼾,鼻塞,大便偏干。舌质红,苔黄腻,脉浮数有力。有过敏性鼻炎病史。尿液分析无异常,双肾及膀胱 B 超未发现异常。给予黄芩滑石汤合缩泉丸加减,清利湿热、固涩止遗。药用:黄芩 12g,滑石 15g,茯苓皮 12g,山栀仁 10g,桑螵蛸 15g,乌药 15g,山药 15g,益智仁 15g,远志 12g,石菖蒲 15g,韭子 15g,金樱子 15g,补骨脂 15g,肉苁蓉 15g,菟丝子 15g,炙麻黄 5g,甘草 6g。5 剂,水煎服,日 1 剂。二诊:诉遗尿缓解不明显,遂在上方基础加防风 10g,苍耳子 10g,荷叶 10g。5 剂,水煎服,日 1 剂。三诊:诉遗尿明显缓解,1 周遗尿 1 次,晚上容易唤醒,有尿意时可自己醒来,打鼾减轻,偶鼻塞。上方炙麻黄 5g 改为 10g,5 剂。药后未再遗尿,痊愈。(田知音,余亮. 李秀亮教授治疗小儿遗尿经验[J]. 四川中医,2012,30(12):4-5.)

5. 肾移植术后水肿 曹某,女,43 岁。肾移植术后 3 年余,水肿 1 周就诊。平素口服环孢素 A、吗替麦考酚酯胶囊、醋酸泼尼松片三联抗排斥治疗。尿液常规检查:尿蛋白(++),24 小时尿蛋白 2.1g。肝肾功能正常。血环孢素 A 谷浓度:220ng/ml。刻诊:口苦,大便偏干,睡眠不佳,舌质红、边有瘀点,苔黄腻,脉弦滑。辨证属湿热之证。予黄芩滑石汤加味:黄芩、滑石各 15g,丹参、金钱草、茵陈各 30g,茯苓、猪苓、大腹皮、川芎各 12g,蔻仁 3g,制大黄 6g。14 剂。药后尿常规定性检查蛋白(+)。24 小时尿蛋白 1.1g。原方减大黄再进 14 剂,尿常规定性检查蛋白(+),24 小时尿蛋白 0.7g,水肿消失。(陈钦. 徐再春辨治肾移植术后经验[J]. 浙江中医杂志,2010,45(10):707-708.)

6. 伤寒 陈某,女,43 岁,1987 年 4 月 29 日初诊。发热 11 天。患者于 11 天前无明显诱因出现发热,体温可达 39.5℃,夜间尤甚,输液治疗近 1 周(具体用药不详),反复发热,汗出热解,继而复热,昨日化验肥达反应:O 凝集素 1:320,H 凝集素 1:160。西医诊断为伤寒。今来就诊。刻诊:持续发热,夜间尤甚,汗出热解,继而复热,周身酸痛,口黏而干不欲饮水,胸闷脘痞,不思饮食,恶心呕吐,舌红,苔薄、中根部薄黄腻,脉濡细略数。中医诊断:湿温。证属湿热胶结,气机不畅,升降失司,卫表遏闭。治宜祛湿清热,畅利气机,升清降浊,宣透郁闭。方用黄芩滑石汤合升降散加减。药用:金银花 18g,生薏米 15g,滑石(包煎)、炒杏仁、茯苓皮各 12g,猪苓、黄芩、大腹皮各 9g,白蔻仁(后下)、白僵蚕、通草各 6g,蝉衣(后下)4g。2 剂,每日 1 剂,水煎服。4 月 30 日二诊:发热减退,体温最高 37.6℃,同时汗出明显减少,身痛消失,口干口黏,胸闷脘痞,恶心呕吐等症均减轻,故继按上方加减调理 1 周,诸症悉除。(范星霞,柴崑,柴岩,等. 柴瑞霭治疗伤寒经验举隅[J]. 山西中医,2009,25(8):4-6.)

十五、三　石　汤

【出处】　《温病条辨》。

【组成】　飞滑石 9g　生石膏 15g　寒水石 9g　杏仁 9g　竹茹(炒)6g　银花(露更妙)9g　金汁(冲)1 酒杯　白通草 6g

【用法】　水煎 2 次分服。

【功效】　清热利湿,宣通三焦。

【主治】　暑热夹湿之邪弥漫三焦,症见身热、面赤耳聋,胸闷脘痞,下痢稀水,小便短赤,咳痰带血,不甚渴饮,舌红赤,苔黄滑。

【方解】　本方系微苦寒兼芳香法,即吴鞠通自谓"盖肺病治法,微苦则降,过苦反过病所,辛凉所以清热,芳香所以败毒而化浊也"。方中以银花、生石膏、寒水石之辛凉甘寒清热,杏仁宣通气分,竹茹清肺泄热,银花、金汁涤暑解毒,滑石、通草淡渗利湿。诸药合用,使气分之暑热得辛寒而清解,湿邪得气化而渗利也。

【临床应用举例】

1. 传染性肝炎　孙某,男,45 岁,干部。患急性无黄疸型肝炎已 4 月,经用苦寒渗湿剂治疗,谷丙酶由原来 500U 下降为 260U,麝浊 20U 下降至 12U,麝絮由(+++)转(++),乙型肝炎抗原阳性,因听说养血药对麝浊不正常有效,乃自服乌鸡白凤丸、当归丸,一月后麝浊降为 10U,麝絮(+),但谷丙酶反上升至 500U 以上,同时自觉乏力,肝区胀痛,腹胀脘闷,口苦口干喜饮,舌质稍红、有瘀斑及齿痕,苔薄黄而腻,脉象弦细。此湿热未尽,服补养药后,病邪留恋不解,现舌质稍红,口干口苦,喜饮,为略有阴虚之象,如用滋养肝阴则恋邪,若用苦寒清热又恐化燥伤阴,故予辛凉甘淡之剂,既可避免损耗肝阴,又能使湿热余邪得以消除;因有夹瘀,略佐活血通络。方用:寒水石、生石膏、滑石各 30g,杏仁、金银花、香附、焦楂肉、焦六曲各 9g,淡竹茹 6g,通草 3g,茜草、茯苓、旋覆花各 12g。服药半月,谷丙酶降至 210U,麝浊 8U,诸症均减,继服 1 月,肝功能全部正常,乙型肝炎抗原亦转为阴性。(时振声.《温病条辨》中有关治疗湿热的几个代表性方剂的临床运用体会[J].浙江中医药,1978,4(3):20-23.)

又已故著名中医学家方药中选用本方中"三石",即石膏、滑石和寒水石,名"减味三石汤",取其寒能清热,淡能渗湿,辛能散郁,甘能润养之力,避免苦寒化燥伤阴。临床运用时,常与扶正方药如加味一贯煎、加味黄精汤等配伍,对改善患者的精神、食欲,降低转氨酶等,有较好的疗效。如患者陈某,患乙型迁延型肝,乙型肝炎表面抗原多在 1∶32 以上,用加味一贯煎配伍三石,则使其乙型肝炎表面抗原连续 3 次均稳定在 1∶16 以下。又如北京中关村患者张某,患乙型迁延型肝,1981 年 3 月份其肝功能检查:谷丙转氨酶 271U,乙型肝炎表面抗原为 1∶1 024。亦予加味一贯煎配伍三石。服药 20 剂后,谷丙转氨酶降至 164U,乙型肝炎表面抗原降至 1∶64,精神有明显好转。但三石毕竟为寒凉之剂,只可暂用,不可久服,一俟湿热甫除,即应停用。(史宇广、单书健. 当代名医临证精华·肝炎肝硬化专辑[M]. 北京:中医古籍出版社,1988.)

2. 流行性乙型脑炎　已故著名老中医蒲辅周治疗"乙脑",对中医辨证属于热胜于湿,暑湿蔓延三焦,症见苔滑微黄,邪在气分者,选用三石汤。(史宇广、单书健. 当代名医临证精华·肝炎肝硬化专辑[M]. 北京:中医古籍出版社,1988.)

3. 痛风　李某,男,46 岁,2015 年 7 月 14 日初诊。患者因发热,双膝、左侧踝关节及左足第一跖趾关节肿痛来诊。自述确诊痛风 8 年,8 年间关节肿痛一直不断,但未有发热,病程中间断口服别嘌呤醇、苯溴马隆、秋水仙碱、双氯芬酸钠、依托考昔等药物,病情时轻时重,2 天前露天进食烧烤并大量饮酒,当天夜间出现足趾关节红肿疼痛。1 天前出现发热,体温 38.5℃,双膝及左踝关节肿痛,口服布洛芬颗粒,体温下降至 37℃,6 小时后体温又升至 38.5℃,尿酸:550μmol/L,C 反应蛋白:8.0mg/dL,红细胞沉降率:40mm/h,白细胞:10.50×10^9/L,中性粒细胞:0.65,足部 X 线片示:左足第一跖趾关节多发虫蚀样,穿凿样改变,考虑痛风性关节炎。左脚踝及双足趾多见痛风石,无破溃。患者现症:身热,面赤口渴不甚,关节红肿疼痛,不能触碰,周身酸楚,小便短赤,大便黏腻。舌红,苔黄腻,脉滑数。诊为慢性痛风急性发作,中医辨证湿热蕴结、热斥三焦。治以清热利湿,畅通三焦。遣方三石汤加减。药用:生石膏 30g,滑石 30g,寒水石 20g,土茯苓 30g,萆薢 30g,红藤 20g,生薏苡仁 20g,7 剂,水煎服,每日 1 剂。2014 年 7 月 21 日二诊:患者自述服药后 3 天体温即恢复正常,关节肿胀减轻,疼痛亦减轻,关节局部皮肤温度降低,口渴较前感觉明显,小便不多,大便不爽,原方加泽泻 30g,淡竹叶 10g,槟榔 10g,蚕沙 15g,续用 7 剂。2014 年 7 月 28 日三诊:患者体温稳定,关节症状明显缓解,除痛风石所在位置,余皮肤颜色均恢复正常,大小便利,舌苔厚腻之象减轻。建议服用水丸缓慢调理,但患者因自身原因,未再用药。(朴勇洙、韩隆胤、任晓杰. 三石汤加减治疗痛风急性发作验案[J]. 中医药信息,2017,34(4):78-79.)

4. 小儿遗尿　患儿刘某,男,7 岁。2003 年 7 月 13 日就诊。患儿睡中遗溺,不易唤醒,每夜 1 次,尿色黄。用三石汤加减清热利湿止遗。药用:石膏 30g,滑石 30g,寒水石 30g,通草 6g,麻黄 12g,桔梗 10g,韭子 15g,白芍 20g,桂枝 6g,菖蒲 12g。7 剂,日 1 剂煎服。2003 年 7 月 20 日再诉睡中遗溺次数减少,不易唤醒,尿色黄。上方去桔梗、桂枝,加老鹳草 15g,石兰藤 15g。7 剂,日 1 剂煎服。2003 年 7 月 27 日三诊,患儿偶有遗溺。上方加藿香 12g,佩兰 6g。继服 5 剂。(孙香娟,张玲,佘姝娅.常克主任中医师运用三石汤经验评析[J].中医药学刊,2004,22(10):1792.)

5. 耳聋　吴某,男,31 岁,农民。患者于 1994 年 9 月 3 日始觉恶寒,发热,间有几声咳嗽。第 2 天在聚餐回家渴饮凉开水 2 碗后觉腹部隐隐不适,每天发热,下午及夜间较高,近几天身热持续不退,体温在 39℃左右。9 月 8 日患者腹痛加剧前来就诊,诊见:腹部疼痛(以脐周为主),上脘痞塞感,高热(体温 39.2℃),面红而垢,心烦胸闷,耳鸣耳聋,口干但不欲多饮,咳嗽痰黄,大便稀烂,黄褐色,1 日 2~3 次,小便黄少。舌红,苔黄腻,脉滑数。诊为湿温,证属热重于湿,湿势弥漫三焦。治宜清利三焦湿热。方选三石汤加减:滑石 30g,生石膏(先煎)30g,寒水石 15g,北杏仁 12g,竹茹 15g,金银花 12g,通草 10g,黄芩 12g,大腹皮 12g,枳实 10g,木香(后下)10g,车前草 20g。服药 3 剂后,发热、耳鸣耳聋减轻,胸闷、心烦好转,效不更方,守上方去竹茹、通草,加石菖蒲 12g、胆星 10g,继服 3 剂。前后服药 12 剂,诸恙悉除。(史志云.温病耳聋治验 3 则[J].河南中医,2000,20(2):64.)

十六、蒿芩清胆汤

【出处】　《通俗伤寒论》。

【组成】　青蒿 9g　黄芩 9g　淡竹茹 9g　制半夏 9g　陈皮 6g　枳壳 6g　赤茯苓 9g　碧玉散(包煎,由滑石、甘草、青黛组成)9g

【用法】　水煎 2 次分服。

【功效】　清胆利湿,和胃化痰。

【主治】　湿热之邪,阻滞少阳,留恋三焦,胃失和降,症见寒热如疟,寒轻热重,恶心反酸,呕吐痰涎,或干呕呃逆,胸胁胀痛,口苦膈闷,脘腹痞胀,舌苔黄白而腻,脉象弦滑带数。

【方解】　方中青蒿苦寒芬芳,善透少阳邪热,黄芩清泻胆经郁火,均为主药;辅以半夏、陈皮、枳壳、竹茹祛湿化痰,和胃止呕,且能宣畅气机;赤苓、碧玉散清热利湿,导邪从小便而出,以为佐使。合之共奏清胆利湿,和胃化痰之功,俾胆热得清,痰湿得化,胃复和降,气机通畅,则诸症可解。

【临床应用举例】

1. 胆囊炎 潘某,女,52 岁。患慢性胆囊炎已 2 载余。昨日食少许肥肉后发热(38.3℃),微感恶寒,右胁及脘部胀痛,口苦且干,呕吐黄绿色液,纳谷不香,大便干燥,小溲黄赤,脉象弦数,苔薄黄而腻,舌质红。超声波检查:胆囊进出波 3cm,进出饱和毛波(++)。证属肝胆气滞、疏泄不利、湿热内蕴,治予疏肝利胆、清利湿热。处方:青蒿梗 30g,淡黄芩 10g,法半夏 10g,陈橘皮 6g,赤茯苓 12g,炒枳壳 6g,广郁金 12g,淡竹茹 12g,碧玉散(包)12g,金钱草 30g,生大黄 6g。上方服 3 剂后,大便日行 2~3 次,质溏,热势得降(37.5℃),脘胁胀痛已减,呕吐亦止。以原方之生大黄易熟大黄 6g,续服 4 剂,症情递减。再去熟大黄加虎杖根 20g,服 4 剂后热退,脘胁胀痛已止,唯胃纳欠香,改用健脾醒胃剂,服 5 剂后诸症悉平,胆囊超声波检查(-)。(程聚生.蒿芩清胆汤的临床应用[J].江西中医药,1982(2):35-36.)

2. 尿路感染 张某,女,34 岁。病起 2 日,小溲急,灼热且痛,溲色黄赤,低热(37.7℃),稍有恶寒,口苦且干,腰微酸痛,脉象弦,舌苔薄腻,舌质红。小便常规化验:蛋白(+),红细胞(++),白细胞(+)。此乃湿热蕴结下焦,膀胱气化不利,治予清利湿热。处以蒿芩清胆汤去枳壳,加萹蓄草 15g,白茅根 30g,凤尾草 20g。服上方 4 剂后,小溲频、急、热、痛均减,余症亦轻,再以原方继服 4 剂,小便化验正常,诸症均除。服知柏地黄丸调理,巩固疗效。(程聚生.蒿芩清胆汤的临床应用[J].江西中医药,1982(2):35-36.)

3. 暑湿发热 用蒿芩清胆汤治疗小儿暑湿发热,其临床特点为发热朝轻暮重,寒少热多,或汗出而热不退,或热退后又复升,并伴有脘痞、恶心呕吐、苔腻等脾胃症状,血象检查往往白细胞总数正常或略高,中性偏低。常用本方加连翘、芦根、山栀等为基本方进行治疗,疗效满意。如治叶某,女,2 岁。就诊日期:1982 年 7 月 27 日。发热 10 余天,体温 38℃,头面无汗,形体消瘦,昨日呕吐 2 次,舌红苔腻。西医治疗后热退而复升,此乃暑湿兼感风寒,治宜清泄少阳,佐以散寒。拟蒿芩清胆汤合香薷饮:连翘、芦根、赤茯苓、碧玉散(包)各 10g,青蒿、焦山栀、姜半夏各 6g,炒黄芩、香薷、扁豆各 5g,姜竹茹、川朴各 3g。服药 1 剂症减,2 剂热退身凉。(林钦甫.蒿芩清胆汤治疗小儿暑湿发热[J].浙江中医杂志,1985(6):254-255.)

4. 病毒感染 某,男,3 岁。5 月 16 日就诊:恶寒发热,午后上升,暮夜尤剧,天明得汗热退,但胸腹依然灼热烫手3天。伴泛恶干呕,口渴欲冷饮,溺赤而短。血常规:白细胞5.4×10^9/L,中性0.56,淋巴0.40,嗜酸性0.03,大单核0.01,疟原虫(−)。西医拟诊"病毒感染"对症处理,抗炎抗病毒治疗,连续3日,虽大汗淋漓,但热势退而复升,诸症不减。5月19日转中医治疗。刻诊:神疲困倦,闭目懒言,时又烦吵哭闹,鼻流清涕,口渴喜冷饮,舌红苔黄厚腻,午后3时,热势上升,肌肤灼手,午夜体温高峰39.7℃,胸腹烫手,天明大汗热退,但胸腹仍灼手烫热,其势与前3日相同,甚有规律。观之有寒热往来的小柴胡汤证,但热退胸腹灼手为该证特有;又见泛恶、身懒困倦、烦渴溺赤、苔黄腻等湿热留连三焦征象;尚有恶寒、流涕等卫阳壅遏,肺气不宣的表证,故不为一般发汗退热所奏效。宜清透少阳胆经气分之热,芳化中焦之湿,淡渗利下焦湿热为治,投蒿芩清胆汤加减:青蒿(后下)6g,黄芩5g,竹茹5g,法半夏3g,茯苓5g,枳壳3g,滑石(先煎)20g,甘草3g,青黛(包煎)3g,通草3g。1剂汗出热退,其效立验,扪及胸腹凉习清爽不复灼手,次日寻食纳增,溺清量多。原方再进2剂,诸症告愈,玩耍嬉笑如常。(罗秀娟.清化退热法治疗湿热证举隅[J].广西中医药,1997,20(6):19−20.)

5. 急性阑尾炎　用蒿芩清胆汤治疗急性阑尾炎42例,基本方为黄芩、半夏、陈皮、枳实、竹茹各10g,青蒿、茯苓各15g,滑石20g,青黛(冲)2g,甘草6g。水煎服,每日1剂,分早、中、晚3次服。治疗结果:临床治愈27例,显效12例,无效3例。如治杨某,男,33岁。1992年1月7日下午3时诊。清晨4时许出现右侧腹部持续疼痛,逐渐加重,自服土霉素、去痛片等药,疼痛不减。刻诊:急性痛苦病容,述右下腹痛甚,脘腹胀满,头晕乏力,恶心欲吐,右侧腰痛,小便色黄,尿道灼痛,大便稍稀。查体见右侧腹直肌紧张,麦氏点压痛,反跳痛,右侧肾区叩击痛阳性。体温37.3℃,WBC 14.2×10^9/L,N 0.94,L 0.03,E(嗜酸性粒细胞)0.03。尿常规检查:蛋白(±)。舌质红,舌苔中部薄黄,两侧黄腻略厚,脉弦略数。诊断为急性阑尾炎。辨证属湿热内郁、弥漫三焦,治当清透三焦,利湿行气止痛,方用蒿芩清胆汤加味。处方:青蒿、茯苓各15g,黄芩12g,半夏、陈皮、枳实、竹茹、厚朴、元胡各10g,滑石20g,青黛(冲服)2g,甘草6g。水煎服,每日1剂,早中晚分服。服1剂后右下腹痛大减,恶心欲吐消失,服3剂后复查血尿常规均恢复正常,诸症消除而痊愈。(王桂枝,谷万里,张梅红.蒿芩清胆汤治疗急性阑尾炎42例[J].陕西中医,1995(11):484.)

6. 周期性发热　游某,男,61岁,工人。1981年10月14日就诊。患者1981年初开始周期性发热,每5~7天必发热1次,持续5~6小时。多于夜间发作,先作冷继而发热,大汗出后热退,遗留神疲纳呆,头昏肢凉等症状。曾在某县医院住院 3 个多月,原因未明,治疗未效乃至南昌求治。末次发热是 10 月 11 日。诊其脉弦滑数,舌红边有瘀斑,苔白腻。辨证为湿热郁遏少阳,气血瘀阻,枢机不利。治则宜清湿热,兼以行气活血。处方:蒿芩清胆汤加郁金 15g,红花、川芎、赤芍各 10g,共 5 剂。10 月 19 日复诊:寒热未作(按以往规律当发),唯感头昏,余无不适。守上方再进 10 剂,此后一直未发热。(刘义生.也谈蒿芩清胆汤的临床应用[J].江西中医药,1983(6):30-31.)

7. 糖尿病 康某,男,48 岁。患者 5 年前查为糖尿病,中西医兼治未能根除。现仍饮多,纳多,溲多,尿糖(+++),血糖 130mg%,尿黄赤、混浊如膏,伴胸脘满闷,气短易汗出,舌淡苔黄滑腻,脉濡细。诊为气阴两亏,湿热阻遏三焦。治宜益气培阴以扶正,和胆利三焦以祛邪。方用蒿芩清胆汤(青蒿 6g,竹茹 9g,半夏 6g,赤苓 9g,黄芩 9g,枳壳 6g,陈皮 6g,碧玉散 9g)加川朴 3g,生芪、山药、山萸各 30g,知母、鸡内金各 10g,大黄 5g。进 54 剂而诸疾除,查尿糖为阴性。(田育民.蒿芩清胆汤的临床应用[J].陕西中医,1985(3):121-122.)

8. 胃痛呕吐 杨某,女,38 岁。1979 年 8 月 22 日诊。胃痛呕吐酸苦水 1 天,兼见寒热往来,寒轻热重,胸胁胀痛,嗳气,脘闷纳呆,胃中灼热,嘈杂不安,口苦口渴,小便短黄。舌红苔黄腻,脉弦滑有力。证系少阳胆经湿热乘胃,胃浊上逆所致。治宜清热利胆,和胃降逆。蒿芩清胆汤治之:青蒿 10g,黄芩 15g,青黛(包煎)10g,滑石 30g,枳壳 12g,陈皮 12g,法夏 12g,竹茹 12g,甘草 3g,茯苓 15g。连服 4 剂后病愈。(殷明贵.蒿芩清胆汤证验案[J].四川中医,1986(3):32.)

9. 咳嗽 患者,女,68 岁,体胖,久居一楼。患者从 2005 年 9 月初开始咳嗽、痰多、色黄而稠,到西医诊所就诊,服用西药(药名不详)及橘红痰咳颗粒,病情不减,越是严重。现症见咳嗽,痰多色黄而稠,胸闷,口苦,恶心,午后头晕,嗜睡,双膝以下肿胀,按之有凹陷,小便次数多,尤以夜尿明显,每夜起夜 7~8 次,但尿量不多、色黄。舌红,苔黄厚腻,脉滑数。辨证为三焦湿热。方用蒿芩清胆汤加味。处方如下:青蒿(泡服)20g,黄芩 15g,青黛(冲服)10g,竹茹 15g,枳实 10g,陈皮 10g,姜半夏 15g,滑石 20g,炒白术 15g,泽泻 30g,白芍 10g,瓜蒌 24g,桔梗 10g,杏仁 10g,茯苓 30g,冬瓜仁 30g。10 剂,1 日 1 剂,水煎 3 次,过滤兑匀,取汁 600~800ml,分 3 次服用。同时饮食禁忌辛辣燥火、甘甜滋腻之品。服用 5 剂后,自述咳嗽、咳痰、头晕、嗜睡已缓解大半,已无口苦、胸闷、恶心、水肿,夜尿减少至每夜 2 次,1 日尿液总量增多。嘱其坚持服用余下 5 剂。后电询,咳嗽、咳痰、头晕、嗜睡已无,感觉神清气爽,体质量亦减轻 4kg,欢喜不已。(夏丽.蒿芩清胆汤的临床运用及体会[J].光明中医,2017,

32（15）：2250-2252.）

10. 不寐 鲍某，男，57 岁。2013 年 3 月 4 日初诊。患者失眠半年，长期服用乌灵胶囊等，每晚也仅睡 3~5 小时，甚则需服地西泮 2 片方能入睡，伴精神紧张、形体消瘦、烦躁不安、失眠、口苦。舌质红，苔白腻，脉弦滑数。证属胆热痰阻，痰火扰心。治拟清胆和胃，化痰安神。蒿芩清胆汤加减：青蒿、黄芩、合欢皮、姜竹茹各 12g，淡竹叶 10g，姜半夏、炙远志各 9g，碧玉散（包煎）、茯苓各 15g，煅牡蛎（先煎）30g，石菖蒲 24g，生薏仁、焦薏苡仁、夜交藤、煅龙骨（先煎）各 15g，白豆蔻（后入）6g。7 剂后，患者睡眠好转，心烦、口苦明显减轻，偶觉乏力，舌脉如前。上方加郁金、炒山药各 15g。又进 7 剂后，患者睡眠明显好转。舌淡，苔白，脉弦细。再守前方 7 剂以巩固疗效。（沈元良．蒿芩清胆汤临床验案举例[J].浙江中医杂志，2015，50（1）：58-59.）

11. 汗证 刘某，女，30 岁。自诉手足心汗出多，无时间规律，伴口臭、眼角分泌物多，时有口干、口苦。患者平素性情急躁易怒，自觉咽中有痰；月经周期正常，每次行经 7 天左右；饮食可，二便调，睡眠差；舌淡红，苔薄黄腻，脉濡。予以蒿芩清胆汤加减，处方如下：青蒿 12g，炒黄芩 15g，黄连 6g，竹茹 15g，滑石 20g，青黛 10g，茯苓 20g，枳壳 15g，陈皮 15g，白豆蔻 15g，佩兰 10g，竹叶 10g，石菖蒲 20g，远志 15g，夜交藤 20g。4 剂，1 日半 1 剂，水煎服。服药后手足心局部汗出、口臭均明显减轻，失眠亦有改善，效不更方，再予以原方 4 剂巩固疗效。（张秀，王振兴，李云梅，等．王飞教授治疗汗证验案举隅[J].亚太传统医药，2015，11（16）：75-76.）

12. 口中异味 白某，女，43 岁。初诊日期：2014 年 5 月 26 日。患者糖尿病病史多年，血糖控制尚可。近 10 天自觉口苦、反酸水，时觉胸胁胀闷；纳差，寐欠安；小便黄少，大便可；舌淡红，苔厚腻微黄，脉滑。辨证：少阳湿热；治法：清利湿热；方以蒿芩清胆汤化裁。处方：青蒿 10g，黄芩 15g，竹茹 15g，炒枳壳 20g，半夏 15g，陈皮 12g，茯苓 20g，碧玉散 20g，龙胆草 10g，牡丹皮 20g，柴胡 12g，炒栀子 10g。每日 1 剂，水煎服。二诊（7 月 2 日）：口中酸苦感已消，然新发黏腻感并伴有甜味感；纳差依旧，体力不佳，乏力明显；二便尚可；舌淡红，苔微黄而腻，脉细弦。肝胆之热已除，脾热来袭，方以泻黄散化裁。处方：生石膏 30g，炒栀子 15g，防风 12g，广藿香 10g，甘草 10g，茯苓 45g，桂枝 20g，炒白术 20g，刺五加 30g。三诊（7 月 9 日）：口中甜腻感大减，体力亦有所恢复。效不更方，原方再进 14 剂，以固疗效。四诊（8 月 7 日）：患者因血糖控制不佳前来就诊，得知患者服上方后口甜黏、乏力等症消失。（韩一益．吴深涛辨治脾胃疾病临证经验[J].上海中医药杂志，2015，49（1）：8-9，27.）

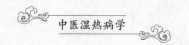

十七、达 原 饮

【出处】 《温疫论》。

【组成】 槟榔 9g 厚朴 6g 草果 9g 知母 9g 白芍 9g 黄芩 9g 甘草 3g

【用法】 水煎 2 次分服。用于疟疾者,宜发作前 3 小时许服。

【功效】 开达膜原,辟秽化浊,清热祛湿。

【主治】 温疫(湿热疫)或疟疾邪伏膜原,症见先憎寒而后发热,继而但热而无憎寒,或发热傍晚益甚,头痛身疼,胸闷呕恶,舌质红,苔白厚如积粉,脉象弦数。

【方解】 本方是吴又可《温疫论》治温疫邪伏膜原的主方。吴氏所论的"温疫",从其症状来看,似指湿热性质的一类疫病,包括西医学所称的伤寒、副伤寒、疟疾等。方中槟榔、厚朴、草果芳香理气,辟秽化浊,吴氏谓"三味协力,直达其巢穴,使邪气溃败,速离膜原",均为主药;辅以黄芩清热燥湿,知母、白芍滋阴和血,以防热邪耗伤阴液,并制槟榔、厚朴、草果三药燥烈之性,且知母又是清热良药;复参甘草清热解毒,调和诸药,以为佐使。合之而成开达膜原,辟秽化浊,清热祛湿之剂。

【临床应用举例】

1. 病毒感染性发热 治疗中医辨证为湿热郁遏的病毒性感染发热 16 例,收到较好的效果。治疗基本方为达原饮:槟榔 20g,厚朴 10g,草果 9g,知母 15g,白芍 20g,黄芩 15g,甘草 3g。每日 2 剂,每剂煎 300ml,每 6 小时服 150ml。治疗结果:16 例全部治愈,多数服药 4~6 剂后烧退,2 例 6 天烧退。(杨素珍.达原饮在治疗病毒感染性发热中的运用[J].中医杂志,1981(5):33-34.)

2. 湿热疫 患者男,23 岁,1991 年 2 月 24 日初诊。5 天前微恶风寒,继而但热不寒,微汗,头痛,咳嗽,口微渴。某医诊为风寒感冒,治用荆防散,不效,更医用银翘散,服药 2 剂,症不减,且见眼眶、眉棱骨痛甚,鼻干,不眠,口淡乏味,舌质红,苔黄少津,脉数。体温 38.5℃。据其脉症诊为湿热疫,病因邪遏膜原,邪侵肺卫,继而犯及阳明。治以驱除膜原及阳明经邪为主,兼以宣肺达表。方用达原饮加减:槟榔、厚朴、黄芩、知母、白芍、葛根、连翘、炒牛蒡子、川贝母各 10g,金银花、天花粉各 15g,薄荷、甘草各 6g,草果仁 3g。水煎 2 次分服，日 1 剂。2 剂病愈。（苏东升，康健．康子澄老中医运用达原饮的经验［J］．山东中医杂志，1996，15（4）：174–175.）

3. 湿温　患者女，21 岁，1989 年 9 月 14 日初诊。2 天前始感身体不适，昨日下午出现恶寒发热，头痛，肢体酸沉，口渴不欲饮，胸膈满闷，恶心不欲食，时有微汗出。刻诊：但热不寒，小便短赤，舌质红体胖大，苔薄白而腻，脉濡数。体温 38.5℃。诊断：湿温。治宜驱逐温邪，除湿化浊。方用达原饮加减：槟榔、厚朴、黄芩、白芍、知母各 10g，陈皮 6g，草果仁、甘草各 3g。日 1 剂，水煎 2 次分服。服药 3 剂，其症不减，反出现腰背项痛，眉棱骨痛，口苦，苔白如积粉满布，脉弦数。脉证合参，为邪热表里分传。方用三消饮加减：槟榔、厚朴、黄芩、白芍、知母、柴胡、羌活、葛根各 12g，大黄 20g，枳实、陈皮各 10g，草果仁、甘草各 3g。服药 1 剂大便泻下 3 次，诸症均减，原方又服 2 剂，症状完全消失。继服清燥养营汤 3 剂以善其后。（苏东升，康健．康子澄老中医运用达原饮的经验［J］．山东中医杂志，1996，15（4）：174–175.）

又有用达原饮化裁治疗小儿湿温发热 32 例，疗效颇佳。治疗主方为：槟榔 6~9g，厚朴 3~6g，草果 9~12g，黄芩 6~10g，柴胡 9~12g，滑石 9~15g，白茅根 12~20g，薏苡仁 12~15g，生甘草 3~6g。随年龄大小改变药量。加减：热重于湿加银花、连翘、生石膏、重用黄芩、柴胡，去滑石。湿重于热加藿香、佩兰，重用白茅根、草果、滑石、薏苡仁；湿热并重则重用黄芩、柴胡、槟榔，加藿香、半夏。每日 1 剂，煎两次取汁混合温服。治疗结果：服 1 剂药热度有所下降者 31 例，服药 3 日体温降至 37.5℃以下者 21 例，病程 6~9 日完全治愈。（李小荣，吴建民．达原饮化裁治疗小儿湿温发热［J］．四川中医，1998（2）：41–42.）

4. 流行性感冒　伏温亦是流行性感冒。苔腻、欲呕是肠胃型感冒，故难速效；寒热有起伏，可予达原饮：厚朴（研细末）3g，煨草果 6g，白芍 9g，酒炒黄芩 6g，槟榔 9g，知母 9g，粉草 3g，姜夏 9g。（朱良春．章次公医案［M］．南京：江苏科学技术出版社，1980.）

5. 斑疹伤寒　治疗 1 例本病患者，症见恶寒发热，周身酸楚，倦怠嗜卧，四肢乏力，口干不欲饮，胸闷口苦，食少乏味，胸腹部散布紫色疹点，压之退色，舌淡红，苔白厚腻，脉象弦滑，经西医化验检查确诊为斑疹伤寒，初诊辨证为湿浊阻遏，邪入少阳，治用三仁汤，肌注柴胡注射液未效，病情反而增剧，体温升至 40.3℃，辨证为温毒疫邪伏于膜原，遂改用达原饮加味（厚朴、草果、槟榔、芍药、半夏各 10g，知母、黄芩各 9g，柴胡 12g，甘草 4g，生姜 3 片，大枣 4 枚），并随症增减，服 20 余剂后，诸症平复，化验复查亦渐趋正常。（李浩，檀骏翔，朱金霞．达原饮加味治愈斑疹伤寒［J］．陕西中医，1985（3）：122–123.）

6. 厌食症 患儿刘某,男,6岁,不欲饮食半年余就诊。刻诊:不思饮食,上腹痛,汗出,伴手心出汗,磨牙,便干,4~5日1次,舌淡红胖嫩、有芒刺,苔腻略黄。平素易感冒。查胃镜示:慢性浅表性胃炎,Hp(+)。考虑为脾虚胃弱,气机运行失调,湿热盘伏于中焦膜原。用达原饮加减以开达膜原、解脾土之湿热为法。方为:草果10g,槟榔10g,厚朴15g,炒芍药15g,黄芩8g,知母8g,生黄芪20g,煅牡蛎30g,桂枝10g,黑顺片20g,杏仁30g,芒硝(后下)20g,炙甘草8g。二诊:患儿症状大减,便调,舌淡红、有芒刺,舌根黄厚。追问其平素性情急躁。继用达原饮加减。去芒硝,再用柴胡5g以增其解肝郁、畅气机之能,黑顺片30g、党参15g、炒白术10g固其健脾暖脾之力。三诊:患儿食欲增加,腹痛、汗出等症状未见,病情速愈。继达原饮加减巩固治疗。(赵小星,郭亚雄.郭亚雄运用达原饮治疗小儿厌食症经验[J].江西中医药,2017,48(8):29-30.)

7. 头痛 患者艾某,女,59岁,因"发热伴头痛7天"就诊。期间曾于外院就诊,检查示血常规:未见明显异常;尿沉渣:隐血(2+);肝功能:白蛋白35.8g/L、前白蛋白112mg/L,谷草转氨酶37U/L;血糖、血脂、电解质未见异常。心肌酶谱:LDH(乳酸脱氢酶)340U/L、CK(肌酸激酶)19U/L,肌钙蛋白未见异常;血凝全套:PT(凝血酶原时间)14.3sec,INR(国际标准化比值)1.18,APTT(活化部分凝血活酶时间)40.9sec;糖化血红蛋白:5.09%。心电图:窦性心律;完全性右束支传导阻滞。脑MRI(磁共振成像)+增强:双侧额叶多发点状缺血腔梗灶。脑脊液常规未见异常。脑脊液生化:氯132.3mmol/L。诊断为"病毒性脑膜炎",予抗病毒、止痛治疗后患者症状未见明显好转。诊时见:患者表情痛苦,以手抱头,憎寒壮热,不思饮食,恶心欲呕,大便黏腻,小便频数,舌红,苔如积粉,脉弦滑。时值盛夏,空气湿热,湿热之邪蕴蒸膜原所致,治疗以祛湿化痰、清热养阴为法。处方如下:槟榔15g,厚朴15g,草果10g,知母15g,赤芍15g,黄芩6g,甘草12g,杏仁12g,白蔻仁15g,陈皮10g,茯苓15g,薏仁15g,枳壳15g。7剂后患者发热、头痛、饮食较前好转,积粉苔渐退。效不更方,继续予上方5剂以巩固疗效,复诊患者上述症状俱除。(何华,姜蕊,林腊梅.达原饮加减临床验案三则[J].湖北中医杂志,2017,39(9):43-44.)

8. 高热 患者,男性,33岁,于2013年8月29日就诊,患者于两周前晚无明显诱因突发高热,体温39.5℃,伴有汗出、头痛口苦、恶寒泛恶,就诊于当地医院急诊,查常规血、尿、便、肝肾功能、心肺CT、腹部及泌尿彩超等检查均未见异常。先后予抗生素、发汗退热药及清热解毒中药(具体药物不详),症状未见明显改善,体温38.7~39.8℃,之后给予激素7天,热度曾减,但停药后发热又起。遂就诊于笔者所在医院门诊,现症见:午后 3 时发热恶寒,高热,体温 39.3℃,大汗出,汗出未见明显热退,恶寒,口苦心烦,胸部痞闷,头昏身重,纳呆泛恶,便干,舌质红,舌苔厚浊,脉弦滑。辨证为湿热阻遏少阳,少阳阳明合病。治宜燥湿辟秽,和解清热。方选达原饮合小柴胡汤、白虎汤加减。处方:槟榔 15g,厚朴 10g,草果仁 10g,黄芩 10g,柴胡 12g,半夏 9g,知母 6g,石膏 20g,陈皮 10g,茯苓 10g,豆蔻 10g,大黄(后下)3g,甘草 6g,生姜 3 片,大枣 12 枚。水煎服 300ml,6 小时服 2 次,连续 3 剂后体温下降至 38.5℃,由多汗转为少汗,精神好转,大便得解,诸症有所减轻。上方去大黄续服 2 剂后,体温 37.4℃,临床症状明显缓解,继服 2 剂,身热即退,后改以养阴和胃治法调理,方选清暑益气汤合沙参麦冬汤加减,连服 5 剂,发热未复。(秦姿凡,王保和.达原饮合小柴胡汤加减治疗高热的辨治体会[J].中国中医急症,2015,24(5):935-936.)

9. 布氏杆菌病 王某,女,52 岁,2011 年 3 月 4 日初诊。主诉:间断发热伴关节疼痛 2 个月。患者 2 个月前出现发热,最高体温达 40℃,伴恶寒,关节疼痛,偶有咳嗽,就诊于当地医院,疑为"感冒",应用解热镇痛药物(布洛芬等),朝服药,热退汗出,汗出如洗,暮复发热,如是反复,遂于 CDC(疾病预防控制中心)查布氏杆菌试管凝集试验,结果提示 1∶800,仔细询问患者曾于 6 个半月前至内蒙古 2 个月,其间曾食用羊肉,后查血培养提示马耳他布鲁菌,故初步诊断布氏杆菌病。西医以利福平、四环素和链霉素三联抗菌治疗 6 周后,仍间断低热,复查凝集试验提示 1∶100,再次三联抗菌治疗,但关节疼痛症状缓解不明显,遂来求治中医。诊见:午后低热,关节疼痛,肌肉酸痛,纳呆,二便调,眠差,苔白厚腻,脉缓。中医辨以邪阻膜原证,治以疏利透达膜原湿浊,方以达原饮加减。处方:厚朴 15g,草果仁 10g,石菖蒲 15g,藿香 10g,白蔻仁 15g,滑石 10g,知母 10g,黄芩 10g,羌活 10g,独活 10g。日 1 剂,水煎早晚分服。3 周后,患者诉体温恢复正常,夜寐安,关节疼痛较前明显缓解。于上方基础稍做加减,调理 2 个月后,患者症状全消,复查试管凝集试验 <1∶50,患者痊愈。(曹广秋.贾建伟从湿论治布氏杆菌病 1 则[J].河南中医,2013,33(5):764.)

十八、葛根黄芩黄连汤

【出处】《伤寒论》。

【组成】 葛根 15g 黄芩 9g 黄连 6g 甘草 6g

【**用法**】 水煎 2 次分服。

【**功效**】 解表清里,清热化湿。

【**主治**】 身热下利,胸腹烦热,喘而汗出,下利多恶臭气,肛门灼热,口渴尿黄,苔黄微腻,脉象滑数。

【**方解**】 本方《伤寒论》原为表证未解,因误下而成协热下利而设。方中葛根《名医别录》谓其能"疗伤寒中风头痛,解肌,发表,出汗,开腠理",本方即取其解肌清热之功,而为主药;配黄芩、黄连直清胃肠,且两药均有清热化湿作用,为治热利(湿热下利)之良药;甘草和中缓急,调和诸药,用作佐使。合之能使表热解,里热清,是以身热下利诸症可愈。

【**临床应用举例**】

1. 细菌性痢疾 83 医院传染科用本方治疗细菌性痢疾 40 例,其组方为葛根 9g,黄连 4.5g,黄芩 4.5g,甘草 4.5g。煎汤内服,每日 1 剂,一般 7 剂为 1 疗程。治疗结果:26 例治愈,治愈率为 65%。其中湿热型 36 例,达到临床症状完全消失。(83 医院传染病科. 葛根黄芩黄连汤治疗急性细菌性痢疾 40 例临床分析[J]. 江苏中医,1960(5):33-35.)

2. 婴幼儿腹泻 用葛根芩连汤配合世界卫生组织推荐的口服补液盐的改良配方米粉 ORS(口服补液盐)治疗 366 例湿热型婴幼儿腹泻,结果痊愈 360 例,无效 6 例,治愈率为 98.36%。(高光清. 葛根芩连汤配合 ORS 治疗湿热型婴幼儿腹泻[J]. 山西中医,1995,11(5):23-24.)

又有用本方加味(葛根 9g,黄连 3g,黄芩 9g,茯苓 9g,泽泻 6g,炒车前子 6g,甘草 3g)治疗婴幼儿秋季腹泻 22 例,止泻平均 3.4 天,住院日数平均 4.8 天,退热平均 2 天,止呕平均 1.1 天。并附 1 则典型病例:李雪艳,女,10 月,因高烧 4 天,腹泻每日 20 余次,水样蛋花样便,量多,进食进水后均吐,一日来精神差,于 1978 年 11 月 8 日收住院。当时体温 38.7℃,精神差,神志清,前囟及双眼凹陷,咽红,舌尖红苔白,指纹青紫,皮肤弹性尚好,心肺正常,腹胀气。大便常规:黄,不消化便,镜检见脂肪球。除按中度脱水静脉补液、禁食 8 小时外,以中药葛根芩连汤加味治疗(葛根 9g,黄芩 9g,尾连 9g,云苓 9g,车前子 6g,泽泻 6g,甘草 3g)煎水频服,每日 1 剂。1 剂后大便减为每日 2 次,量少色黄含奶瓣,呕止腹胀消。2 剂后大便每日 1 次,软便,体温降至 37℃以下,共住院 3 日,痊愈出院。(刘学鼎. 葛根芩连汤治疗婴幼儿秋季腹泻 22 例临床分析[J]. 中草药,1980,11(8):367.)

3. 小儿肺炎 王某,男,1 岁。发热(39.2℃),咳嗽气喘,鼻翼煽动,大便泻下冻状物,日 10 余次,心率快,两肺闻及湿性啰音,口唇发绀,苔白微黄,脉滑数。(血检:白细胞 16 400/mm³,中性 82%,淋巴 17%)。胸透:两肺纹理增粗,左侧较明显,提示:支气管肺炎。用葛根黄芩黄连汤合麻杏石甘汤:葛根9g,黄芩9g,黄连3g,甘草3g,麻黄3g,杏仁4.5g,生石膏15g,2剂,1日服。二诊:服药后患儿安静入睡,鼻煽已减,原方加鱼腥草15g,1剂。三诊:热已退,唯腹微胀,咳嗽喘促较微,舌质淡红,苔微腻,脉滑,继进消导畅中之品,原方加焦三仙9g,莱菔子9g,麻黄减至1.5g,症告痊愈。(王琦,盛增秀,蒋厚文,等.经方应用[M].银川:宁夏人民出版社,1981.)

4. 肠伤寒 以葛根黄芩黄连汤随证加减,治疗肠伤寒12例,取得较满意的效果。其基本方为:葛根30g,黄芩15g,黄连末(不入煎)9g,甘草9g,水煎,头煎和二煎混合分3次,每次冲黄连末3g服。(李霈之.葛根黄芩黄连汤加减治疗肠伤寒经验介绍[J].中医杂志,1959(6):34-36.)

5. 肠炎 黄某,男,35岁。1981年7月23日诊。患者昨日发热呕吐腹泻,经西医检查诊断为"中毒性肠炎"。予以补液纠正失水和酸中毒,仍便泻稀水,色黄臭秽,日达6次,身热头重,烦渴自汗,腹中隐痛,形体消瘦,眼眶凹陷,舌尖边红,中心苔黄,尿黄短少,脉濡数。此因暑湿内侵,下迫胃肠,升降乖逆,清浊难分,传化失常,利遂不止,当用逆流挽舟之法,解肌透邪,升津止泻,方以葛根黄芩黄连汤,再加入扁豆花、绿豆衣各10g清暑生津。1剂泻减,2剂泻止;继用甘淡渗湿,清暑益气之剂调养而愈。(邵章祥.葛根黄芩黄连汤的运用[J].四川中医,1989(3):11.)

6. 麻疹 胡某,女,4岁。1983年12月11日诊。患儿6日前发热,咳嗽,流涕,眼睑浮肿,泪水汪汪,倦怠思睡,食欲不振,大便稀溏,苔白,口腔颊部见"麻疹黏膜斑",已服辛凉解毒透疹之剂,肌注柴胡和庆大霉素针药,现身热躁扰,麻疹不透,诊见舌红,苔黄腻,脉浮滑数。麻疹时毒夹秽浊之邪,侵袭肺卫,蕴结阳明,阻遏气机,邪无由达,麻疹逾期不透,而用葛根黄芩黄连汤加蝉蜕、淡竹叶各10g,清轻宣化浊湿,苦辛畅达气机。喂服1剂,热减疹透,疹色红润,分布均匀;继以前方加花粉、石斛,生津解毒;再用甘淡之药,益胃化湿,依次收没而康复。(邵章祥.葛根黄芩黄连汤的运用[J].四川中医,1989(3):11.)

7. 淋证 张某,男,76岁,退休干部,2015年8月3日就诊。主诉:小便频急半年余,再发加重伴尿道灼痛6天。患者半年前因小便频、急、数等症状,入院行超声检查,诊断有"中度前列腺增生"。6天前因淋雨受凉上述症状再发加重,并出现尿道隐痛,少腹拘急,伴鼻塞、流涕等,自服"风寒感冒颗粒"后,感冒症状明显好转,但尿道疼痛加重。刻下症见:小便频数短涩,灼热刺痛,溺色黄赤,淋沥不尽,少腹拘急胀痛,且伴有腰痛,腰膝酸软,发热,口苦纳呆,神疲乏力,大便黏腻,每日 2~3 次,夜间眠差。查:急性面容,舌质红,苔黄腻,脉细滑数,体温 37.7℃。血常规检查:血红蛋白 125g/L,红细胞 4.2×10^{12}/L。白细胞 11.7×10^9/L。尿常规检查:尿蛋白(+),白细胞 15~20 个/HP,脓细胞 2~5 个/HP。西医诊断:急性泌尿系感染。中医诊断:淋证。辨证为湿热下注,蕴结下焦。治以清利下焦湿热,补脾益肾。予葛根黄芩黄连汤合无比山药丸加减:葛根 30g,黄芩 10g,黄连 10g,怀山药 15g,肉苁蓉 15g,生地黄 15g,黄芪 30g,茯神 20g,炒泽泻 15g,牛膝 15g,薏苡仁 30g,陈皮 10g,甘草 10g。共 7 剂,每日 1 剂,水煎服,分 3 次饭后温服。2015 年 8 月 10 日二诊:小便频数、灼痛及少腹胀痛有改善缓解,大便改善,舌红苔稍黄腻。前方中葛根、黄芩、黄连用量减半,续服 6 剂。2015 年 8 月 17 日三诊:小便稍频数,已无疼痛,诸症明显好转,舌淡红苔薄白,脉沉细。查血常规及尿常规均正常。前方去葛根、黄芩、黄连,加巴戟天 15g,杜仲 15g,山茱萸 15g,续服 10 剂。后随诊,患者痊愈,至今未发。(迟娜娜,苑春凤,李晓.葛根黄芩黄连汤加味治疗老年病验案举隅[J].云南中医中药杂志,2016,37(9):55-56.)

8. 小儿腹泻 患儿,男,10 月龄,2009 年 8 月就诊。患儿 1 日前因喂食不洁食物出现发热,最高 T39℃,无寒战;呕吐 2 次,为胃内容物,非喷射状,进食少;大便稀薄,渐转为蛋花汤样,气味臭秽,今日已 10 次水样便,无黏液及脓血;有尿,轻度脱水症状。查体示:精神尚可,哭时有泪,皮肤弹性稍差,腹软无包块。舌红,苔黄腻,指纹紫滞。血常规示:WBC11.6×10^9/L,N 46%,L42%。便常规示:水样便,白细胞(2+)。尿常规示:酮体(2+)。诊断:泄泻(湿热泻),给予葛根黄芩黄连汤加减,处方如下:葛根 6g,黄芩 6g,黄连 1g,甘草 4g,半夏 6g,木香 3g,泽泻 6g,日 1 剂,水煎服,80ml 分服,清淡饮食。同时给予西药对症治疗。次日就诊时热退,未见呕吐,腹泻次数减少到 5~6 次,质稍稀,尿量可。舌质红,苔薄黄,指纹淡紫。继服上方 2 剂腹泻止。(徐娜.葛根黄芩黄连汤治疗小儿腹泻举隅[J].内蒙古中医药,2014,33(20):41.)

十九、白 头 翁 汤

【出处】 《伤寒论》。

【组成】 白头翁 12g 黄柏 9g 黄连 9g 秦皮 9g

【用法】 水煎 2 次分服。

【功效】　清热燥湿，解毒止痢。

【主治】　湿热痢腹痛，里急后重，身热，下痢脓血赤白，肛门灼热，口渴欲饮，小便短赤，舌红苔黄腻，脉象弦滑带数。

【方解】　方中白头翁清热解毒，凉血止痢，为治热痢之要药，故用为主药；配以黄连、黄柏清热燥湿，泻火解毒，亦为治痢之良药；秦皮功擅清热凉血，其性收涩，协助白头翁清热解毒，凉血止痢，以作辅佐。四药配伍，共奏清热燥湿、解毒止痢之效，为治湿热痢（热痢）的经世名方。

【临床应用举例】

1. 细菌性痢疾　高某，女，45岁，工人，1978年7月6日诊。患者素健，误食不洁之物后，突然恶寒壮热，全身酸痛，口渴引饮，继则腹痛下痢，便色赤白，昼夜数十次，伴见里急后重，肛门灼热，小便短赤，舌质红，苔黄腻，脉滑数。检查体温39.5℃，白细胞计数18 600/mm^3（中性粒细胞86%，淋巴细胞14%），粪检红细胞（++++），脓细胞（+++），阿米巴未检出，副霍乱弧菌阴性。此系误食不洁之物，又逢暑湿当令，内外合邪，湿热火毒，壅滞肠中，发为湿热痢。治宜清热解毒，理气化湿，方取葛根芩连汤合白头翁汤加减。处方：葛根、白头翁、秦皮、银花、连翘、白芍各15g，黄芩10g，黄连6g，木香、川朴、甘草各5g，煎服。1日2剂，另以鲜红铁苋500g，浓煎加糖，代茶。药后热退（37.6℃），腹痛减轻，腹泻1日仍6次，但脓血便大减，口渴亦瘥，处方同上。送进3剂，诸症悉平。再以王氏清暑益气汤去竹叶、知母，3剂，以善其后。（巫伯康，吴小玲，戴舜珍. 清热解毒为主治疗四例高热[J]. 福建中医药，1984（3）：16-17.）

2. 阿米巴痢疾　张某，男，37岁。患脓血便已年余，时发时止，赤白不一，日五至七次不等，伴腹痛肠鸣，里急后重，肛门灼痛，且有坠胀感。脉象细滑，舌苔薄黄根腻。粪检找到阿米巴滋养体。症系湿热蕴结肠中，治以清热化湿解毒。拟用白头翁汤加味：白头翁12g，川连3g，炒黄柏4.5g，秦皮9g，炒银花12g，地榆炭9g，木香4.5g。连服5剂后，腹痛缓解，大便次数减至日二三次，肛门无坠胀感。又服5剂，下痢已止，大便正常，复查大便未找见阿米巴滋养体。（王琦，盛增秀，蒋厚文，等. 经方应用[M]. 银川：宁夏人民出版社，1981.）

3. 慢性非特异性溃疡性结肠炎　刘某，男，33岁。反复腹痛，腹泻黏液便间杂脓血便7年。服中西药终未治愈。近日加重，1980年9月19日入院治疗。检查：左下腹压痛明显，无包块，肠鸣音无亢进。便常规：脓血便，镜下脓细胞（+），红细胞（+），白细胞（+++++）；便培养：痢疾杆菌（-）；乙状结肠镜：在15cm之11点处见0.2cm至0.3cm范围之充血、黏膜粗糙、有出血点，血管不清有较多脓性分泌物。诊断：慢性非特异性溃疡性结肠炎。治疗：加减白头翁汤保留灌肠,共进 25 剂。自觉症状及体征均消失,便检及乙状结肠镜检查均正常,临床治愈出院。追访 1 年未复发。张学毅.加减白头翁汤灌肠治疗慢性非特异性溃疡性结肠炎 20 例[J].吉林中医药,1983(2):25.

4. **泌尿系感染** 孙某,女,28 岁,已婚。尿频,尿急,尿痛,小腹坠胀疼痛 3 日。症见恶寒发热,体温 38.5℃,口苦咽干,尿色红赤,便秘,肾区叩击痛(+),舌质红,舌苔黄腻,脉滑数。尿常规检验:蛋白(+),白细胞(+++),红细胞(++),脓细胞(++)。血常规:白细胞 12 500/mm^3,中性 80%。西医诊断:急性肾盂肾炎。中医诊断:淋证(热淋)。处方:白头翁 10g,黄柏 15g,黄连 15g,秦皮 15g,木通 15g,车前子 10g,萹蓄 15g,瞿麦 10g,大黄(后下)10g,大蓟 20g,鱼腥草 15g。水煎服,服药第 2 天后,症状明显减轻,4 天后自觉症状消失。继服 10 剂,尿检正常。(时培海.白头翁汤加味治疗急性泌尿系感染[J].黑龙江中医药,1986(6):40.)

5. **慢性盆腔炎** 李某,女,47 岁,2014 年 4 月 10 日初诊。患者以"腰腹隐痛下坠伴白带量多 10 余日"之主诉就诊。患者末次月经:3 月 20 日。经期无不适,经净后渐感腰腹下坠,隐痛不舒,阴道分泌物增多,质黏稠,色淡黄,有异味,瘙痒,且日益加重,并见口苦咽干,性急烦躁,尿频急,无尿烧灼感及尿不净感,舌质红,苔白厚,脉弦细滑。既往有高血压病史四五年,去年 5 月发现子宫脱垂,每于劳累后发作,常服药控制。中医诊断:带下病(湿热下注型),西医诊断:慢性盆腔炎。治以清利湿热,益脾固摄。处方:白头翁、秦皮、盐车前子(包煎)、盐泽泻、炒山药、炒薏苡仁、炒扁豆、金银花、连翘、蒲公英、紫花地丁、土茯苓、猪苓、茯苓各 15g,黄连 8g,生甘草 9g。7 剂,水煎服,1 日 1 剂。另外配合外洗药(药用:秦皮、蛇床子各 50g,黄柏、苦参各 40g,花椒 30g,生甘草 20g。1 日 1 剂水煎,外用先熏后洗)。4 月 17 日复诊,自述白带色黄量减,已无异味,腰腹隐痛下坠感及烦躁口干苦等症均明显减轻,上方去茯苓,加炒芡实、炙金樱子、覆盆子各 15g。7 剂,水煎服。停用外洗药。4 月 24 日 3 诊,诸症均愈,继续治疗高血压。(苗晓燕,刘永惠.刘茂甫教授治疗妇科血带杂病经验[J].陕西中医,2014,35(10):1396–1399.)

6. **急性肠炎** 刘某,男,56 岁,发病节气:小满后 6 天。该患者于 2 年前因腹泻到医院就医,诊断为"急性肠炎",经中、西药治疗,症状好转,此后反复发作。10 日前因饮食不洁而致腹痛、腹泻,曾静脉滴注西药,以及口服"小檗碱""颠茄磺苄啶片"等药,用时稍缓,停药加重。现腹痛、腹泻 1 日 7~8 次,泻后痛减,泻下黄、白状稀便带沫,恶寒发热,头痛而晕,目赤,胃胀而痛,食少纳呆,倦怠乏力,恶心欲呕,口干苦,舌燥,口臭,腰痛,五心烦热,夜不得卧,两胁胀痛,小便黄赤,面色黧黑,口唇绛而干,舌深红,苔白厚腻,脉滑,左关弦,尺弱,手足凉,额腹发热,下腹压之疼痛。此为湿热内蕴,肝郁肾虚之热利,治宜清热利湿,调畅气血。处方:白头翁20g,黄连30g,黄柏15g,黄芩10g,秦皮10g,木香10g,茯苓50g,肉桂15g,焦白术20g,甘草10g,4剂,水煎服,1日2次,饭前温服。结果:该患者服第一次药后,腹痛加重,而后明显减轻;第二次服药后,知饥饿,饮食增加。现大便已成形,无腹痛,但觉腰腿痛,余无不适,面虽黑已有光泽,唇红绛,舌红,苔薄白,脉寸滑,余沉弦。二诊用清开灵口服液巩固疗效。(张建伟.白头翁汤治疗急性肠炎的临床应用[J].中国民族民间医药,2012,21(17):114.)

7. 阴道炎 某,女,30岁,干部,2004年3月5日就诊。患者外阴瘙痒时轻时重,平素嗜食辛辣。近3天会阴部奇痒难忍,坐卧不安,虽抓破皮肤也难以止痒,查带下量多、色黄、质稠、有腥臭味,取白带涂片,显微镜下观察,报告为霉菌性阴道炎,患者舌苔黄腻,脉数。中医辨证属湿热下注。治宜清热燥湿,杀菌止痒。方用白头翁汤加减:白头翁15g,黄柏10g,秦皮8g,马鞭草10g,苦参10g,生甘草5g。1日1剂,水煎服。另用白头翁30g,黄连10g,黄柏15g,秦皮15g,马鞭草30g,大黄20g,明矾15g,蛇床子30g,苦参30g,金银花20g。水煎外洗,1日2次。并嘱患者穿宽松纯棉内裤,内衣裤要勤换,洗后在太阳光下曝晒,少食辛辣刺激性食物。用药3天,外阴瘙痒大减,带下量仍多。嘱其内服药停用,外洗药再坚持用半个月。半月后诸症悉除,随访至今病未复发。(王改敏.白头翁汤临床运用举隅[J].甘肃中医,2007,20(1):18.)

二十、茵 陈 蒿 汤

【出处】 《伤寒论》。

【组成】 茵陈18g 栀子9g 大黄6g

【用法】 水煎2次分服。

【功效】 清热利湿退黄。

【主治】 湿热黄疸。症见身目俱黄,黄色鲜明如橘子色,小便短赤或如浓茶样,大便不畅,腹微满,身热口渴,舌苔黄腻,脉象滑数或沉实。

【方解】 瘀热在里,不得外越,与湿邪交并,熏蒸于内,身必发黄。本方为治疗湿热黄疸(阳黄)的经世名方。方中茵陈为主药,功能清热、利湿、退黄;配以栀子清热泻火,通利三焦,使湿热从小便而出;又伍以荡涤肠胃,清泻瘀热的大黄,使湿热从大便而下。合之则湿热之邪得以前后分消,黄疸自退。

【临床应用举例】

1. **急性黄疸型肝炎** 郑某,男,36 岁。近 10 天来感头昏神疲,倦怠无力,巩膜皮肤黄如橘色,心烦口渴,懊侬不安,纳谷欠佳,中脘痞闷,右胁疼痛,少腹膨胀,小便黄赤,量少,大便秘结。查肝功能:黄疸指数 30U,锌浊度 17U,麝香草酚浊度 12U,絮状(+++),谷丙转氨酶 500U。舌质红,苔黄腻,脉弦数。证属湿热郁蒸发黄,热重于湿,治以清热利湿。用茵陈蒿汤:茵陈 15g,山栀 9g,生大黄(后下)15g,川柏 9g,郁金 6g。连服 7 剂后,黄疸显退,小便色转淡黄,尿量增多。原方减大黄为 6g,加谷麦芽各 9g,继治半月,诸症显著好转。俟湿热渐清,再以一贯煎加石膏、寒水石、滑石各 30g,数服而安。1 月后肝功能基本恢复正常。(王琦,盛增秀,蒋厚文,等.经方应用[M].银川:宁夏人民出版社,1981.)

2. **重症肝炎** 林某,男,24 岁,主诉:进行性疲倦,目黄,尿黄 20 余天,嗜睡 4 天。患者 20 多天前发现黄疸后即在当地卫生院以急性黄疸型肝炎治疗,未见好转,前症加重且于 4 天前出现昏昏思睡,纳差,腹胀,大便烂,即送我院就医,经检查神志朦胧,肝大右肋下 1cm,质软,有压痛及叩击痛,脾未触及,腹胀但无腹水征,未见皮下出血点及蜘蛛痣,口干苦但不欲饮,舌淡,苔黄白厚腻,脉濡数,黄疸指数 110U,血清胆红素 11mg%,谷丙转氨酶 630U,脑絮(+++),小便常规:蛋白(++),颗粒管型(+),符合重症肝炎的诊断,中医诊断为"急黄",属湿重于热。处方:绵茵陈 45g,山栀子 12g,大叶蛇总管(别名虎杖、土大黄)30g,田基黄 30g,苍术 12g,川朴 9g,菖蒲 9g,郁金 9g,麦芽 30g,水 6 碗煎碗半,分 3 次服,服 3 剂后神志稍清,苔略退,仍守原方 3 剂,诸症俱减,随用此方加减服 30 多剂,经中西医结合治疗 1 个多月,症状基本消失,肝功能除脑磷脂胆固醇絮状试验(++)外,其余全部正常。(陈庆全.茵陈蒿汤新解[J].新医学,1975(2):103-105.)

3. **急性胆囊炎** 金某,女,67 岁。1975 年 8 月 24 日急诊入院。今晨右上腹骤然疼痛,拒按,口苦咽干,恶心,呕吐黄水,两眼巩膜发黄,恶寒,高热,体温 39.5℃,少腹膨胀,大便 4 天未解,小便黄赤灼热,脉弦数,舌质红,苔黄腻,肝胆转枢失司,湿热蕴结,治以清热利湿,疏泄肝胆,方用茵陈蒿汤合大柴胡汤加减:茵陈 30g,生大黄 9g,玄明粉(冲)9g,木香 6g,金钱草 30g,蒲公英 15g,黄芩 9g,姜半夏 9g,姜竹茹 9g,山栀 9g,柴胡 9g,枳实 12g。连服 2 剂后体温降至 38.2℃,右上腹痛大减,呕吐渐止,巩膜黄染较淡,大便泻 2 次,色黧黑,小便量增多,仍以原方去半夏、姜竹茹,继服 3 剂而诸症消失。(王琦,盛增秀,蒋厚文,等 . 经方应用 [M]. 银川 : 宁夏人民出版社,1981.)

4. 胆石症　某,女,28 岁,教师。因右上腹部突然疼痛持续 4 小时,诊断为胆石症、慢性胆囊炎急性发作而住院。术后胆汁引流不畅,每日从 T 管排出 30~50ml。刻诊见右上腹不适,纳呆,口干苦,舌苔白腻,脉数,二便尚可。证属气滞湿热内蕴,治以清化湿热理气。方用茵陈蒿汤加厚朴、枳壳、广郁金、黄芩、金钱草、海金沙、鸡内金。服药 5 剂,胆汁引流增多,每日在 600ml 左右,唯脘部隐痛。原方去海金沙、鸡内金,加川楝子、延胡索。服药 3 剂,脘痛除,夹 T 管后腹中无不适,纳增,苔净。继予健脾理气清化之剂调理而愈。(叶景华 . 茵陈蒿汤加减于胆石症术后的应用 [J]. 上海中医药杂志,1985(4):33.)

5. 肿瘤并发症　患者,女,55 岁。2013 年 6 月 5 日初诊。主诉:嗅神经母细胞瘤术后 1 月。患者于 2013 年 5 月因嗅神经母细胞瘤行鼻腔肿物切除术,手术前后共放疗 4 个周期。今为求中医治疗收住我院,入院症见:鼻中偶有黄色黏稠分泌物,乏力,纳差,夜寐欠安,二便调。入院后突然出现身目轻度黄染,大便色浅,小便色深,偶有全身皮肤瘙痒。查肝功能异常、血尿胆红素升高,后查 PET-CT 见胰腺占位性病变,结合病史及检查结果,嗅神经母细胞瘤胰腺转移可能性大,胰腺肿瘤压迫胆道所致胆道梗阻黄疸可能性大。考虑择期予 ERCP(经内镜逆行胰胆管造影)减黄治疗,拟先予以中药控制患者病情。舌黯红,苔厚腻,脉滑。四诊合参,辨证为湿热中阻、毒邪蕴结证,予茵陈蒿汤加减,处方为:茵陈 20g,炒栀子 15g,大黄 10g,郁金 10g,金钱草 10g,生黄芪 15g,炒白术 15g,茯苓 10g,麦冬 10g,玄参 10g,紫河车 10g,白花蛇舌草 30g,仙鹤草 15g,炙甘草 6g。1 日 1 剂,水煎早晚分服。持续服用 10 天后,该患者复查胆红素未有持续性升高,遂行 ERCP 减黄术。(陈柯羽,张青 . 张青教授运用经方治疗肿瘤并发症验案 3 则 [J]. 中医药导报,2016,22(17):31-32.)

6. 黄疸　李某,女性,75 岁,初诊(2011 年 11 月 3 日):患者全身发黄两周。两周前患者出现右胁部间断性疼痛,随后出现巩膜及全身皮肤黄染,在当地医院静脉滴注保肝降酶药物(具体药物及用量不详)未得到满意疗效,故于今日来我院求诊。现症见:右胁部疼痛,可放射至右侧后背部,食肥甘厚味后疼痛加重,周身乏力,巩膜及全身皮肤黄染,时有恶心欲吐,口干口苦,气急腹胀,小便色黄如茶,大便正常,舌红苔黄腻,脉弦滑。患者既往胆囊炎、胆结石病史,彩超示:胆囊炎、胆结石;肝功:总胆红素 158.3μmol/L,直接胆红素 85.2μmol/L,间接胆红素 10.1μmol/L,谷丙转氨酶 82.3U/L,肝炎系列检查均为阴性。此乃湿邪与痰热瘀结、肝胆络脉阻滞,法当清热利湿、利胆退黄,方用茵陈蒿汤加减治之。处方:茵陈 30g,栀子 20g,大黄 10g,金钱草 20g,龙胆草 20g, 黄柏 15g, 泽泻 10g, 柴胡 20g, 郁金 15g, 鸡骨草 15g, 半夏 12g, 鸡内金 15g, 海金沙 15g, 甘草 15g, 7 剂, 水煎服, 每日 1 剂, 早晚温服。二诊（2011 年 11 月 11 日）：患者周身皮肤色黄减轻，右胁部疼痛减轻，无恶心欲吐，仍有口干口苦，腹胀，乏力，小便量多，大便每日 1~2 次，舌红苔腻，脉弦滑。辨证治法同前，上方加枳实 15g, 陈皮 15g, 虎杖 15g, 15 剂, 水煎服, 每日 1 剂, 早晚温服。三诊（2011 年 11 月 25 日）：患者巩膜、皮肤色黄消退，右胁部疼痛明显减轻，偶有口苦，腹胀减轻，精神好转，饮食尚可，小便量多，颜色逐渐变清，大便每日 1~2 次，舌淡红，苔白腻，脉弦细；肝功检查均正常。治宜调和肝脾、理气助运，方用茵陈蒿汤合香砂六君子汤加减。处方：茵陈 25g, 栀子 15g, 大黄 5g, 龙胆草 15g, 金钱草 15g, 香附 15g, 砂仁 12g, 党参 12g, 白术 10g, 茯苓 15g, 枳实 12g, 鸡内金 15g, 10 剂, 水煎服, 每日 1 剂, 早晚温服。三个月后随访，患者黄疸消退无复发，无其余明显不适。（潘洋，冯洁，徐明. 加味茵陈蒿汤治验二则［J］. 黑龙江中医药，2013, 42（2）：29-30.）

7. 胆管炎　张某，男，38 岁，工人。主诉间断乏力、尿黄 2 月，加重 4 周入院。患者乏力，尿黄，身目黄染，伴皮肤瘙痒，食欲下降，进食后恶心，胃脘胀满，口干口苦，大便秘结，舌红苔黄腻，脉弦。查体：体温 36.6℃，脉搏 79 次 /min，呼吸 20 次 /min，血压 110/70mmHg。形体消瘦，皮肤巩膜轻度黄染。未见肝掌及蜘蛛痣。腹平坦，腹软，全腹未及明显压痛及反跳痛及肌紧张。辅助检查：肝功能：ALT64.4U/L, TBIL62.58μmol/L, DBIL58.5μmol/L, FER（铁蛋白）312.1ng/ml。肝炎病毒指标均阴性，风湿病抗体均阴性，血、尿常规均正常。上腹部彩超示：肝内胆管壁异常回声改变。考虑为原发性硬化性胆管炎（肝内型）。中医诊断：黄疸（阳黄），痰湿瘀结。西医诊断：原发性硬化性胆管炎。治以利湿化痰行瘀。选方茵陈蒿汤加减。处方：茵陈 30g, 栀子 10g, 大黄（后下）6g, 丹参 15g, 柴胡 10g, 枳壳 10g, 赤芍 10g, 莪术 15g, 桃仁 10g, 红花 15g, 郁金 15g, 生甘草 10g。水煎服，分次服用，1 日 2 次。并嘱注意休息，清淡饮食，忌油腻及刺激性饮食。按上方服用 7 天后，患者乏力、尿黄、皮肤巩膜黄染、皮肤瘙痒渐轻，但仍有纳差，食后恶心欲吐，口干口苦等症状，舌红苔黄腻，脉弦。复查肝功能 ALT35.7U/L, TBIL36.37μmol/L, DBIL34.97μmol/L 效不更方，守原方加减：茵陈 30g, 栀子 10g, 丹参 15g, 柴胡 10g, 枳壳 10g, 赤芍 10g, 郁金 15g, 生甘草 10g, 苍术 10g, 厚朴 10g, 莱菔子 15g, 旋覆花 10g, 赭石 15g。上方服用 10 剂后，黄疸明显减轻，食量增加，未诉恶心及腹部不适，二便调，舌淡红苔薄黄，脉弦。复查肝功能 ALT30.4U/L, TBIL24.50μmol/L, DBIL19.74μmol/L; FER201.1ng/ml。症状好转，未诉其他明显不适。（王庆艳，刘文全. 中医药治疗原发性硬化性胆管炎1例[J].长春中医药大学学报,2012,28(1):89-90.)

二十一、栀子柏皮汤

【出处】 《伤寒论》。

【组成】 栀子12g 黄柏9g 甘草3g

【用法】 水煎2次分服。

【功效】 清泻湿热。

【主治】 湿热黄疸,身目发黄如橘子色,发热,心烦口渴,小便短赤,腹不胀满,大便通利,舌苔黄腻,脉象滑数。

【方解】 方中栀子善清烦热,《丹溪心法》说"山栀仁,大能降火,从小便泄出,其性能屈曲下降",故用为主药;配以黄柏之苦能燥湿,寒能清热,以增强清热祛湿之效;辅以甘草益胃,以免山栀、黄柏苦寒伤胃之副作用。本方清热利湿药简效宏,临床常与茵陈蒿汤或茵陈五苓散配合应用,治疗湿热黄疸(阳黄),堪称历验不爽。

【临床应用举例】

1. 黄疸型肝炎 刘某,女性,29岁,妊娠6个月。自1962年1月24日发病,2月2日入院。症见身目发黄,身热目干,口渴喜饮,腹胀纳差,便溏而臭,每日3~5次,舌质绛红,舌苔薄白,口出臭气,脉滑稍数。肝功能检查:血胆红素5.6mg%,TTT(麝香草酚浊度试验)14U,TFT(麝絮)(+++),CCFT(脑磷脂胆固醇絮状试验)(+++),SGPT(血清谷丙转氨酶)470U。脉证合参,系妊娠黄疸,湿热并重之候,拟茵陈蒿汤、栀子柏皮汤加减:茵陈45g,栀子10g,大黄10g,黄芩10g,黄柏10g,泽兰10g,香附10g,银花25g,竹叶6g,甘草15g。以上方加减服至3月10日,诸症逐渐消失,复查肝功能均恢复正常,母子平安而出院。(王占玺.伤寒论临床研究[M].北京:科学技术文献出版社,1983.)

2. 细菌性痢疾 采用栀子柏皮汤治疗急慢性痢疾21例,取得良好效果。方药组成:黄柏12g,栀子9g,甘草6g。加水150ml,煎取50ml,分2次服。如治陈某,男,24岁。患者操作回队后即发生腹痛,左下腹乙状结肠处压痛明显,腹泻先是黄色稀便,后转为脓血性黏液便,量少,日约18次,伴有里急后重感,畏寒,头痛,恶心,四肢无力。即以栀子柏皮汤治疗,当晚全部症状消失。(陈石兴.栀子柏皮汤治疗菌痢21例[J].福建中医药,1964(4):45.)

3. 黄疸　张某,男,64 岁。初诊(2000 年 11 月 8 日):病人家属代诉,患者因患黄疸、腹胀,从 4 月 25 日至 9 月 28 日在省级某医院住院治疗 156 天,诊断为:①胆汁瘀积性肝硬化;②慢性胆囊炎并胆囊多发性结石;③糖尿病(2 型)。由于病情不断发展变化,肝功能损害严重(血清谷丙转氨酶 253.8U/L),B 超发现脾静脉增宽,黄疸逐渐加深,并出现严重黑疸,于是出院转请中医治疗。诊见患者整个面色黧黑,黑色甚黯,状如烟煤。目黄、身黄、尿黄,兼见齿衄、鼻衄,伴心烦善饥,两胁及少腹胀痛,大便溏泄,足胫微肿,精神十分疲乏,口苦,舌苔黄滑腻,舌质紫黯,脉细数。辨证:湿热夹瘀型黑疸。治法:清湿热,祛瘀阻。主方:栀子柏皮汤合茵陈四苓散加味。处方:茵陈 30g,茯苓 15g,猪苓 10g,泽泻 10g,炒白术 10g,栀子炭 10g,黄柏 10g,丹皮 15g,赤芍 10g,茜草炭 15g,白茅根 15g,田七粉(另包冲服)15g。7 剂,水煎服。二诊(11 月 15 日):目黄、身黄略见减轻,腹胀、足肿明显减轻,鼻衄已止。但黑疸未减,齿衄仍作,两胁下仍胀痛,心烦,口苦,大便溏,舌紫苔黄腻,脉仍细数。药已取效,拟原方再进 7 剂。三诊(11 月 22 日):目黄、身黄明显减轻,面色黯黑略见转淡,但眼圈四周及鼻两旁黑色仍显深黯,足肿全消,齿衄间作,小便仍黄,两胁下尚有隐痛。舌质尚紫,舌苔转薄,黄白相兼,脉仍细数。治法不变,再拟前方加减。处方:茵陈 20g,茯苓 15g,猪苓 10g,泽泻 10g,炒白术 10g,黄柏 10g,栀仁 10g,丹皮 10g,桃仁 10g,赤芍 10g,茜草炭 15g,藕节 10g,炒鳖甲 20g,田七粉(另包冲服)15g。10 剂,水煎服。四诊(12 月 2 日):面部黑疸明显消退,唯两目眶部黯黑较显,目睛微黄,身黄已明显消退,齿衄已止,胁痛腹胀亦止。大便微溏,小便仍黄,食纳较差,舌苔转薄黄白腻,脉转缓象。诸症悉减,效不更方,拟原方再进 10 剂。五诊(12 月 12 日):黑疸明显消退,目眶部黑色明显转淡,目黄身黄基本消退,但觉脘痞食少,精神疲乏,小便尚黄,口中转淡,舌苔薄白腻,脉细缓。此热虽去而湿未尽,改拟化湿祛瘀法,选三仁汤加减善后。处方:茵陈 20g,薏苡仁 20g,杏仁 10g,白蔻仁 6g,厚朴 10g,通草 6g,滑石 15g,法夏 10g,丹皮 10g,赤芍 10g,栀仁 6g,田七片 15g。10 剂,水煎服。(熊继柏.疑难病证验案[J].湖南中医药大学学报,2007,27(3):67.)

二十二、龙胆泻肝汤

【出处】《医方集解》。

【组成】　龙胆草(酒炒)6g　黄芩(炒)9g　栀子(酒炒)9g　生地 12g

泽泻 6g　柴胡 6g　木通 6g　车前子 9g　当归（酒洗）3g　甘草 3g

【用法】　水煎 2 次分服。

【功效】　泻肝胆实火，清下焦湿热。

【主治】　肝胆实火上逆，症见头痛目赤，胁痛口苦，耳聋耳肿，急躁易怒，舌红苔黄，脉象弦数等；或湿热流注下焦而见小便淋痛黄赤，阴肿、阴痒，妇女带下黄稠，舌红苔黄腻，脉象弦滑带数等症。

【方解】　方中以龙胆草为主药，功擅泻肝胆实火，除下焦湿热；黄芩、山栀泻火清热见长，以增强龙胆草之作用，故为辅药；车前、木通、泽泻清热利湿，引湿热从小便而出；当归、生地滋阴养血，以防实火耗伤阴血，并防苦寒燥湿之药，再劫其阴，意在泻中寓补，疏中有养，俱以为佐；复加柴胡引诸药入肝胆之经，甘草调和药性，皆为之使。诸药相配，共奏泻肝火利湿热之效，故适用于肝胆实火上逆或湿热下注所引起的上述各症。

【临床应用举例】

1. 带状疱疹　陈某，男性，38 岁，1995 年 3 月 20 日就诊。诉右胁肋皮肤刺痛难忍，红赤 4 天，有感冒发烧史。检查：右胁肋部皮肤红肿，有成簇丘疹延伸至腰背部，痛觉过敏，伴有咽干烦躁，便秘症状，舌尖赤，舌苔薄黄，脉弦数，证为肝胆实火，复感外邪，热郁经络所致，为干性缠腰火丹，治以泻肝胆实火，通经解毒之法，拟龙胆泻肝汤加板蓝根、银花、连翘、郁金，每日 2 服，外用醋调六神丸。3 天后丘疹焮痛明显好转，皮肤炎性充血基本消退，二便通利。如上法继续治疗，4 天后炎性充血完全消退，偶有刺痛感，改为主方加板蓝根、郁金、赤芍、元胡、广皮，每日 1 服，7 天后症状完全消失。（王毓兰．龙胆泻肝汤与六神丸治疗带状疱疹［J］．海南医学，1995（4）：250–251.）

2. 阴痒（生殖器念珠菌病）　谢某，女，24 岁，已婚，个体户，海口人。1996 年 12 月份初诊。患者自觉外阴、阴道瘙痒，带下量多，性状如豆腐渣状。因搔抓后外阴疼痛，尿时外阴灼热感，伴有口苦口干，心烦不安，小便黄赤，苔黄腻，脉弦数的症状。查见：阴部红肿，带下量（+++），呈豆腐渣状，宫颈及小阴唇内侧发现几粒红点，皮损呈草莓状。取阴道及宫颈分泌物进行培养 + 涂片检测：念珠菌（+++），白细胞、短杆菌（++）。按肝胆湿热下注治疗。内服龙胆泻肝汤（丸）加金锁固精丸，连服 10 天，每天 3 次。用苏打粉 10 包，每日 1 包，以温开水 0.5kg 稀释进行阴道内冲洗，经用药后病者自觉舒服，过 4 天症状大减。（黄玉美．龙胆泻肝汤（丸）在皮肤性病的临床应用［J］．海南医学，1997（4）：281–282.）

3. 中风　用龙胆泻肝汤加减（龙胆草、黄芩、栀子、车前子、泽泻、当归、生地、柴胡、地龙、水蛭、三七粉,每日1剂,15天为1疗程),治疗肝胆湿热型中风60例,结果基本痊愈16例(占26.7%),显效17例(占28%),有效19例(占32%),无效8例(占13.3%)总有效率为86.7%。(柳杨彬.龙胆泻肝汤加减治疗中风60例[J].湖南中医杂志,1998,14(6):27-28.)

4. 尖锐湿疣　陈某,女,23岁,结婚未育,个体户,海口人。1995年1月复诊。自诉:阴道灼热感带下量多,呈黄色且有臭味,有时刺痛感。自手摸阴部有几粒赘生物,经本所医生用激光治疗,过了2个月自摸阴部的疣状粒数比初诊时多。查见:阴道口红肿,发现十几粒大小不等呈菜花状疣体。以醋酸白试验:疣面发白隆起,余无异常。根据患者的症状表现,中医认为本证属于肝胆湿热下注,用激光治疗,内服龙胆泻肝汤(丸),连服2个月,每天3次。嘱患者每个月进行1次复查,复查半年未发现疣,1年后随访患者,告知病已痊愈。(黄玉美.龙胆泻肝汤(丸)在皮肤性病的临床应用[J].海南医学,1997(4):281-282.)

5. 黄疸型肝炎　陆某,女,成年。患者数天前觉全身疲乏无力,食欲不振,右胁胀痛,极厌油腻,见之即恶心,继而眼睛及皮肤发黄。口苦,口干,小便少黄,大便稀烂,有时1天2~3次。检查:体温38.1℃,双眼巩膜黄染,皮肤亦略黄染,肝上界在第6肋间,下界肋下1.5cm,脾未触及,肝区有轻微叩击痛,心肺正常。肝功能检查:谷丙转氨酶235U,黄疸指数12U,脑磷脂胆固醇絮状试验(+++)。舌质红,苔黄腻,脉滑弦数。西医诊断为急性传染性肝炎(黄疸型)。中医辨证为肝胆湿热。拟龙胆泻肝汤加味治疗。处方:龙胆草9g,柴胡9g,木通4.5g,白芍10.5g,绵茵陈30g,车前子9g,白术10.5g,黄芩6g,生地9g,泽泻9g,山栀子9g,甘草3g。服上方6剂后,体温正常,黄疸逐渐消退,食欲增进,小便开始转清,肝区疼痛减少。按原方加神曲、延胡索、川楝子,再进20余剂,症状消失,黄疸消退,食欲正常,肝缩小至平肋,肝功能恢复正常。(陈绍昌.龙胆泻肝汤治验八则[J].广西中医药,1980(2):17-19.)

6. 尿路感染　黄某,女,工人。患者1星期来尿频、尿急、尿痛,近日来逐渐加剧,每天排尿20余次,有时甚至半小时或10分钟1次,量少,尿道有灼热感。尿常规检查:白细胞(++++),红细胞(+),蛋白少量。诊断为急性尿路感染。用呋喃旦啶、乌洛托品、四环素、氯霉素、磺胺异噁唑等药治疗效果不佳,改服中药。舌质红,苔薄黄,脉滑数稍弦。证属肝经湿热下注,拟龙胆泻肝汤加减治疗。处方:龙胆草4.5g,生地9g,山栀子9g,黄芩6g,车前子9g,金钱草9g,木通3g,川楝子9g,瞿麦9g,桔梗4.5g,甘草梢9g。服上方2剂后,诸症递减,再进上方3剂后,病告痊愈。(陈绍昌.龙胆泻肝汤治验八则[J].广西中医药, 1980（2）: 17-19.）

7. 痹证　患者肖某, 男性, 74 岁, 既往有慢性阻塞性肺疾病、痛风、高血压、股静脉炎病史。主诉: 腰腿疼痛麻木伴胸闷气喘 7 天。于 2017 年 3 月 16 日初诊, 诉: 腰膝酸痛, 脚痛行走困难, 足底麻木, 胸闷气喘、动则加重, 咳嗽、咯黄痰、量中, 神疲易累、思睡、精神不振, 怕冷, 心烦, 下半夜汗出, 纳食差、不欲进食、食后腹胀, 大便偏稀, 1 日 1~2 次, 小便正常, 嗜睡, 舌质偏红、苔黄腻, 脉弦滑有力。查体: 双下肢轻度水肿, 咽红, 右肺湿啰音。西医诊断: ①骨关节炎; ②慢性阻塞性肺疾病。中医诊断: ①痹证, 湿热内阻证; ②肺胀。治则为清热燥湿, 健脾醒胃。方选龙胆泻肝汤加减, 药用: 龙胆草 10g, 黄芩 10g, 栀子 6g, 泽泻 9g, 通草 6g, 当归 10g, 生地黄 10g, 柴胡 6g, 生甘草 6g, 车前子 10g, 陈皮 10g, 厚朴 6g, 炒麦芽 15g, 炒谷芽 15g, 鸡内金 10g。5 剂, 日 1 剂, 每日水煎两次, 分早晚两次温服。2017 年 3 月 27 日二诊, 患者腰膝酸痛减轻, 足底疼痛明显减轻, 活动不利较前减轻, 胸闷气喘稍减轻, 咳嗽稍减、以下午咳少许黄痰为主, 口干、上腭干减轻, 稍有心烦, 精神软, 纳食好转, 大便 1 日 1~2 次、质稀、量较前多, 夜寐可, 舌质红、苔白前 1/3 少苔、根部稍黄腻, 脉弦滑、力度较前减轻。查体: 双下肢水肿较前减轻, 咽仍稍红。效不更方, 继于龙胆泻肝汤加减, 药用: 龙胆草 10g, 黄芩 10g, 栀子 6g, 泽泻 9g, 通草 6g, 当归 10g, 生地黄 10g, 柴胡 6g, 生甘草 6g, 车前子 10g, 太子参 15g, 炒麦芽 15g, 炒谷芽 15g。7 剂, 日 1 剂, 每日水煎两次, 分早晚两次温服。2017 年 04 月 02 日三诊, 患者无足底疼痛, 腰膝无疼痛、稍有酸软, 无活动不利, 咳嗽咳痰减轻, 咳少量淡黄色痰, 无心烦, 无口干口苦, 精神好转, 无乏力, 二便平, 纳寐可, 舌质红、苔白, 脉弦。查体: 双下肢无水肿, 咽喉无红肿。下肢痹痛已除, 遂停药。（杨燕, 王丽华. 龙胆泻肝汤加减治疗下肢痹证医案举隅[J]. 中国民族民间医药, 2017, 26（18）: 84-85.）

8. 急性胆囊炎　王某, 男, 45 岁, 2015 年 5 月 12 日初诊。诉 2 天前突发恶寒发热, 体温 39.5℃, 胁痛口苦, 呕吐苦水, 肤黄, 腹胀, 尿少, 便秘, 舌质红, 苔黄腻, 脉滑数。查上腹肌紧、拒按。血白细胞总数 18×10^9/L, 总胆红素 38.8μmol/L, 直接胆红素 15μmol/L, 间接胆红素 23.8μmol/L。诊断: 胁痛（肝胆湿热）。治宜清热利湿, 疏肝解郁。方用龙胆泻肝汤加减。处方: 龙胆草 6g, 黄芩 10g, 栀子 10g, 泽泻 10g, 生地 10g, 车前子 20g, 柴胡 5g, 当归 10g, 金钱草 20g, 大黄 6g, 郁金 10g, 川楝子 10g, 玄胡素 10g, 鸡内金 15g, 6 剂, 水煎服。2015 年 5 月 19 日二诊: 服药 6 剂后, 患者热退, 胁痛、腹胀缓解, 大便顺畅, 小便通利, 肤黄渐退, 纳增呕止, 复查白细胞下降至 6.0×10^9/L, 胆红素下降,仍觉少气乏力,脉细弦,治宜益气健脾,佐以清热利湿。处方:党参 15g,炒白术 10g,茯苓 10g,山药 15g,郁金 10g,金钱草 20g,黄芩 10g,木香 10g,车前子 20g,薏苡仁 20g,10 剂。于 2015 年 6 月 29 日随访,患者精神佳,体力增,食欲旺,可正常上班。(田恬,汪超,尹莲芳.龙胆泻肝汤临床应用举隅[J].中华全科医学,2017,15(5):871-872.)

9. 汗证 章女,64 岁,2005 年 9 月 13 日就诊。主诉:汗出沾衣色黄,潮热已有 7 年,午后为甚,潮热时伴有黄汗出、心烦不宁,平时心情抑郁;舌左侧溃疡 1 个,直径 2~3mm,疼痛;另有大便前脐周疼痛,大便 1 日 1~2 次、不成形,便后腹痛止,舌质红,苔黄腻,脉细弦数。证属肝胆湿热、肝火上炎、肝木乘脾;治宜清利肝胆湿热,辅以养心安神、敛汗;方用龙胆泻肝汤合丹栀逍遥散、甘麦大枣汤加味,药用:龙胆草 12g,山栀 12g,黄芩 12g,柴胡 12g,生地 12g,当归 12g,车前子 15g,泽泻 12g,通草 6g,丹皮 12g,白芍 12g,白术 12g,茯苓 15g,薄荷 5g,浮小麦 24g,大枣 10 枚,甘草 10g,煅龙骨 30g,煅牡蛎 30g,地骨皮 12g,7 剂。二诊(9 月 20 日):服药后黄汗减少,脐周痛减,舌上溃疡消失,大便基本成形,苔黄腻化薄。上方去丹皮、白芍、薄荷、浮小麦、龙骨、牡蛎、地骨皮,泽泻增加至 15g,白术和茯苓增加至 30g,以图进一步健脾御肝,再予 7 剂。三诊(9 月 27 日):黄汗止,大便正常,但潮热改善尚不明显。(杨晓帆,崔晨,耿琦,等.蒋健以龙胆泻肝汤为主治疗黄汗经验[J].辽宁中医杂志,2015,42(10):1857-1860.)

10. 急性睾丸炎 李某,男,38 岁,2010 年 10 月 11 日以右侧睾丸疼痛、阴囊水肿、渗液瘙痒 5 天就诊。专科检查:右侧阴囊水肿,阴囊皮肤可见散在红斑、丘疱疹、水泡,伴有糜烂渗液自觉瘙痒明显,自觉睾丸疼痛,右侧腹股沟淋巴结肿大。舌质红,苔黄厚腻,脉象弦细数。诊断:急性睾丸炎并发急性湿疮,治则:清利湿热,疏肝理气。方选:龙胆泻肝汤加味,龙胆草、黄连各 8g,橘核 20g,栀子、黄芩、车前子(另包)、当归、泽泻、蛇床子各 10g,生地 12g,川楝子、连翘各 15g,通草、甘草各 6g。10 剂,每日 1 剂,水煎 2 次混合后早晚饭后分服。外用:连翘、生地榆、马齿苋、苦参、蒲公英、芒硝(烊化)各 30g,加水泡 30 分钟后煮沸小火煎 20 分钟,滤渣取汁,连煮 2 次。待凉后冷敷患处,每日 2 次,每次 30 分钟。10 月 20 日复诊:专科检查:睾丸及阴囊肿痛明显减轻,丘疹、水泡部分消失,红斑等较前颜色变淡,渗液消失,仍觉瘙痒,舌苔薄黄,脉象弦细略数。前方继用,去黄连,加延胡索、川草薢各 10g,白鲜皮 15g,白蒺藜 20g。7 剂,每日 1 剂,水煎 2 次混合后早晚饭后分服。外用药物不变,用法同前。10 月 31 日三诊:睾丸及阴囊肿痛基本消失,丘疹、水泡消失,红斑面积变小,颜色变淡,偶有瘙痒感,舌质淡红,苔薄白,脉象弦细。治疗按二诊方再服6剂,以巩固疗效。1周后所有症状全部消失,皮肤恢复正常,病告痊愈。(马科党,赵连皓.韩世荣主任医师临床验案三则[J].陕西中医,2015,36(7):908-909.)

二十三、二 妙 散

【出处】 《丹溪心法》。

【组成】 黄柏(炒) 苍术(米泔浸炒)各等分

【用法】 上2味研为细末,每服6~9g,日服2次,温开水送下。亦可作汤剂,水煎2次分服。

【功效】 清热燥湿。

【主治】 湿热下注所引起的两足痿软无力,足膝红肿热痛,步履艰难,或妇女湿热带下,或湿疮、淋浊等症,舌苔黄腻。

【方解】 本方是朱丹溪治疗湿热痹证的代表名方。方中黄柏性味苦寒,苦能燥湿,寒能清热,尤善于清下焦湿热;苍术性味苦温,功擅燥湿。二药相配,具有清热燥湿之功,多用于下焦湿热之证。《医学正传》于本方中加牛膝,名"三妙散(丸)",主治湿热下注,脚膝麻木热痛;《成方便读》于三妙散(丸)中加薏仁,名"四妙散(丸)",主治湿热下注,两足麻痿肿痛等症。

【临床应用举例】

1. 痛风性关节炎 用"痛风合剂"治疗本病60例,获得满意疗效。其组方为:苍术10g,黄柏10g,生米仁30g,土茯苓30g,金钱草15g,羌、独活各10g,制川、草乌各5g,木通5g,生地15g,车前子(包)12g,生甘草3g。每日1剂,水煎服。(编者注:本方为二妙散加味)并配合外敷消瘀止痛膏。治疗结果:显效27例,有效31例,无效2例,总有效率为96.7%。(俞有志.痛风合剂治疗痛风性关节炎60例[J].上海中医药杂志,1997(2):31-32.)

2. 热痹 用二妙散加味治疗热痹28例,其方药组成:苍术12g,黄柏15g,牛膝12g,苡仁30g,连翘20g,银花12g,海桐皮10g,豨莶草15g。1日1付,煎汤600ml,每次饮200ml,每日3次,1~2周为1疗程。治疗结果:治愈18例(占64.2%),好转8例(占28.6%),无效2例(占7.1%)。如治郑某,男,68岁。4天前因受凉而感周身关节酸痛,口干,自服感冒清片3天,右膝关节红肿热痛,活动时加重,口干,微恶寒,尿黄,到我科诊治,门诊以风湿关节炎收住,入院时右膝关节红肿热痛,活动不利且加重,口干,微恶寒,尿黄。查:右膝关节灼热,皮肤发红,关节肿胀,触痛。查红细胞沉降率16mm/h,抗"O"类风湿因子、C反应蛋白、尿酸均为阴性。中医诊断:热痹,辨证湿热阻络;西医诊断:风湿性关节炎。治则清热除湿,通络止痛。投二妙散加味。服药1周,右膝关节红肿热痛消失,口干,微恶寒,尿黄愈。复查红细胞沉降率8mm/h。随后出院。(王纪云.二妙散加味治疗热痹28例小结[J].云南中医中药杂志,1995(5):46-47.)

3. 风湿性肌炎 苏某,男,30岁,1976年3月6日入院。2月中旬,左侧小腿肌肉突然疼痛,约经半小时后自行缓解,后来类似情况反复发作5次。于2月24日两侧小腿肌肉疼痛加剧,行走困难,并伴头晕身困,大便溏,小便黄等症状。曾服中西药未见好转而送来我院就诊。诊见舌红苔白厚,脉象濡缓,体温37℃。两侧小腿肌肉压痛明显,局部未见红肿,需拄持拐棍才能行走,神经反射正常。辨为湿热下注,浸淫肌肤之证。治宜清热化湿,活血通络。方投四妙散加味:苍术15g,黄柏10g,薏苡仁25g,牛膝12g,秦艽12g,赤芍12g,归尾10g,红花8g。水煎分3次服,每天1剂,连服2天。3月8日二诊:服上方2剂后,两侧小腿疼痛大减,可丢掉拐棍步行,仅感活动不自然。守原方再进2剂。住院5天,诸症消失。(李树森.二妙散的临床运用[J].广西中医药,1984(1):23-24,27.)

4. 周期性麻痹 闭某,男,17岁,1976年4月6日入院。4月4日清晨,自觉四肢酸胀重着,至10时左右,双手不能上举,两下肢不能活动,无发冷发热头痛咳嗽等症,大便稀烂,日1~2次,无黏液脓血,尿黄无灼痛。4个多月前曾患类似病症,以西药治疗7天而愈。诊见血压138/80mmHg,神清,表情痛苦,被动体位,两侧提睾反射减弱,两侧膝、跟腱反射消失,肱二头肌、肱三头肌反射消失,四肢肌张力差。舌质红,苔微黄而腻,脉象滑数。辨为湿热痿证。治宜清热化湿通络。方投四妙散加味:苍术10g,黄柏15g,薏苡仁15g,牛膝12g,银花藤30g,鸡血藤20g,威灵仙10g。水煎分3次服。4月7日二诊:药后,半夜自觉四肢微热和麻木感,逐渐能活动,可自行翻身,今早能下床行走,经检查各肌腱反射均正常。上方共进3剂,于4月9日痊愈出院。(李树森.二妙散的临床运用[J].广西中医药,1984(1):23-24,27.)

5. 多寐 胡某,女,48岁,1980年6月18日初诊。嗜睡易倦,白天每2小时左右就得躺下睡一觉,不然困顿难堪。头昏略痛,有如物缠头部之感,视物不清,耳目失聪,周身沉重,小便黄赤。舌质红,苔腻略黄,脉象濡数。病已年余,曾服健神滋补之剂罔效。该患论证审因查脉,当从清热化湿为治,拟用二妙散。处方:黄柏15g,苍术20g。水煎饭后服。3剂。复诊:6月21日。

服完上药后,小便黄赤加重,视物略清晰,余无反应,按前方续进6剂。服完此药,诸症消除,精神清爽,唯胃部不适。按原方加草蔻10g,黄柏减为10g,又服2剂,清余邪,安中州,遂痊愈。(山广志.运用二妙散异病同治验案三则[J].黑龙江中医药,1984(5):46.)

6. 痢疾 王某,男,64岁,工人。时处酷暑,炎热郁蒸,饮食与湿热相结,气血凝滞不行,传导失职,遂成痢证,而见腹痛,里急后重,下痢脓血,赤白夹杂,发烧,口渴,脉滑数,苔黄腻等症。治以清热燥湿,调气行血法,方用二妙散合芍药汤化裁,3剂而愈。(刘树林,白秀珍.琐谈二妙散的临床应用[J].黑龙江中医药,1983(2):43,42.)

7. 带下 苏某,女,17岁,学生。黄白带下,量多,味腥臭,时下如烂肉样条状物,少腹重坠绵痛,经期超前,经血色深,脉沉缓,苔黄白而腻。诊为脾虚肝郁,下焦湿热内结所致。治以清热燥湿,健脾疏肝法,方用二妙散加味,并仿逍遥散法,3剂痊愈。(刘树林,白秀珍.琐谈二妙散的临床应用[J].黑龙江中医药,1983(2):43,42.)

8. 产后会阴切口感染 用二妙散加味治疗产后会阴切口感染32例,中医辨证属下焦湿热,治以清热燥湿,凉血解毒,其组方为:苍术30g,黄柏9g,大青叶30g。每日1剂,水煎2 000ml,熏蒸会阴部,1日2次。全部病人均做会阴切口扩创术。疗效观察:3天内全部病人会阴切口创面清洁无红肿,干燥,收敛。其中1天见效者20例,占62.5%,2天见效者10例,占31.25%,3天见效者2例,占6.25%。如治陈某,28岁。产前阴道检查1次。因胎儿宫内窘迫行产钳助产娩一女婴。羊水呈草绿色。产后持续低热37.5℃以上。产后第4天会阴切口拆线后部分裂开,局部红肿有脓液。经扩创后应用二妙散加大青叶熏洗患处,2天后病人会阴切口创面肿退,清洁、干燥,切口新生肉芽,于1周后出院。(张尤优,杨关通.二妙散加味治疗产后会阴切口感染32例[J].中医杂志,1989(1):62.)

9. 膝关节创伤性滑膜炎 用二妙散合身痛逐瘀汤治疗膝关节创伤性滑膜炎52例,基本方为:苍术、黄柏、桃仁、红花各9g,秦艽、羌活、地龙、川芎、没药、当归、牛膝、五灵脂、甘草各6g,香附3g。每日1剂,1周为1疗程。治疗结果:显效35例,有效15例,无效2例,总有效率为96.2%。认为此证属中医痹证范畴,其主要病理变化为血瘀阻络,湿热下注,因基本方有清热祛湿,活血化瘀,行血通络之功,故获良效。(郏东旭.二妙散合身痛逐瘀汤治疗关节创伤性滑膜炎[J].辽宁中医杂志,1997,24(2):71.)

10. 腰椎间盘突出症 以二妙散为主,配合物理疗法,治疗本病47例,取得满意疗效。其中内服方药为：黄柏、赤芍、土牛膝各 15g，苍术、车前子、薏苡仁各 20g，桑寄生、宽筋藤、木瓜各 30g，川芎 10g。每日 1 剂。治疗结果：治愈 37 例，好转 8 例，无效 2 例。如治陈某，女，42 岁，于 1993 年 10 月 9 日车送入院。患者从事仓管员工作，经常搬抬重物，于月前始觉腰部疼痛不适，并向右下肢延伸，伴右下肢麻木，近两天来疼痛加剧，不能行走，痛甚则下肢震颤，夜不能寐，大便少，小便短，口苦干，舌淡黯，苔黄厚，脉弦滑。体检腰骶部及右下肢沿坐骨神经走向深压痛，右直腿抬高试验阳性。门诊腰椎 X 线摄片未发现异常。入院后经腰椎 CT 检查确诊为 L5/S1 椎间盘突出，伴 S1 骨质增生。治以清热祛湿活血通络止痛法，方用二妙散加味。处方：黄柏、赤芍、乳香、没药各 15g，苍术、土牛膝各 20g，桑寄生、木瓜、宽筋藤各 30g，川芎 10g。配合使用维生素 B_1、维生素 B_{12}、谷维素、布洛芬缓释胶囊。每天上下午各行 1 次腰椎牵引，红外线照射，电脑多功能以及超短波治疗。经治疗几天患者能起床活动，但夜间睡眠、站立、扶持下行走时仍觉下肢牵拉样疼痛。上方加地龙 15g，蜈蚣 3g，牵引理疗每天 1 次，继续治疗 10 余天，患者能短距离独立行走，腰腿部疼痛基本消失，继续服用上方及理疗以巩固治疗。于 1993 年 11 月 20 日痊愈出院，追踪至今未见复发。（傅晓芸，方华．二妙散为主配合物理疗法治疗腰椎间盘突出症 47 例[J]．新中医，1996（11）：38.）

11. **湿疮** 赵某，男性，29 岁，2006 年 6 月 3 日初诊。阴囊处发现指甲大小红斑 1 月，瘙痒，挠破后出现水泡、糜烂和较多分泌物，并蔓延至整个阴囊皮肤，某院皮肤科诊为湿疹，西药疗效欠佳来诊。就诊时见阴囊皮肤潮红、糜烂，伴渗出物，瘙痒，夜间痒甚，小便短赤，舌红苔黄腻，脉滑数。中医诊断为湿疮，证属湿热毒蕴。治以清热利湿，解毒祛风。药用：苍术、黄柏、泽泻各 20g，土茯苓、薏苡仁、车前子各 30g，防风、苦参、白鲜皮、地肤子、生甘草各 15g。3 剂后瘙痒明显减轻，渗出减少。效不更方继服 3 周，药后患处皮肤颜色恢复正常，红肿消退，分泌物消失，溃烂愈合。（考希良，刘喆．二妙散临证验案举隅[J]．中国中医急症，2010，19（12）：2158–2159.）

12. **汗证** 患者张某，男，46 岁。2015 年 2 月 12 日初诊。主诉：夜寐汗多，加重 1 个月。刻下：夜寐汗出较多，伴烦躁，双足跟热痛，纳呆，厌油腻，大便黏滞不爽，小便色深，偶有排尿涩痛，舌红苔黄腻，脉滑数。中医诊为汗证，证属湿热内蕴，蒸津外出。治宜清热燥湿，敛营止汗。方用二妙散加味：苍术 15g，川黄柏 10g，川牛膝 10g，生薏苡仁 20g，浮小麦 20g，稻根须 20g，海桐皮 10g，路路通 10g，鸡血藤 10g，赤芍 10g，酒大黄 10g，当归 10g，甘草 6g，大枣 3 枚。7 剂，水煎服，1 日 1 剂。2 月 20 日复诊：汗出明显减少，睡眠好转，烦躁减轻，足跟热痛感消失,纳可,二便正常。前方去路路通、海桐皮、赤芍,浮小麦,稻根须易为 10g,加砂仁 6g,继服 3 剂。后复诊,诸症消失,纳可,寐安。(高卉,王耀光.黄文政教授二妙散加味验案四则[J].四川中医,2015,33(11):94-95.)

13. 坐骨神经痛　患者,女,50 岁。2001 年 5 月 20 日诊。患者腰痛连及左腿已有半年,近 20 余日来疼痛加重。某院诊断为坐骨神经痛。患者病起淋雨之后,腰腿疼痛,活动受限,生活勉强自理,小便时黄,大便如常,口苦。舌苔黄腻,脉弦紧。证属寒湿侵袭,久郁化火,气血瘀滞。治以清热燥湿,佐以活血通络。药用:苍术、秦艽各 12g,黄柏、乳香、没药各 10g,当归 10g,丹参 20g,牛膝 10g。水煎服,1 日 1 剂。5 剂后腿痛消失,腰痛亦大减,生活已能自理。守原方再服 5 剂,隔日 1 剂。1 年后追访,病未复发。(姬承武,李庆升.二妙散治验[J].山东中医杂志,2004,23(2):120-121.)

14. 痔疮　患者,女,35 岁。自诉肛门口肿物突出疼痛、大便时滴血 3 天,伴排便不畅、肛口坠胀,舌红,苔黄腻,脉弦。肛门检查:截石位 11~12 点肛缘见 3cm×2.5cm 柔软肿物隆起,表面呈紫红色,触痛明显,内痔充血明显,诊断炎性混合痔。证属湿热下注,治以清热利湿、凉血止血。药用:黄柏 9g,苍术 9g,鬼针草 20g,银花 15g,地榆 15g,槐花 15g,白芷 10g,生大黄 3g,枳壳 6g,生甘草 5g。连服 3 剂后大便通畅,便血症状缓解,肛口肿胀疼痛减轻。原方去大黄、白芷加薏苡仁 30g,赤小豆 30g,继服 3 剂后痊愈。(石荣,陈康.二妙散加味治疗肛肠疾病 3 例[J].福建医药杂志,2000,22(4):88-89.)

二十四、加减木防己汤

【出处】　《温病条辨》。

【组成】　防己 18g　桂枝 9g　石膏 18g　杏仁 12g　滑石 12g　白通草 6g　薏苡仁 9g

【用法】　水煎 2 次分服。

【功效】　清热利湿,通经除痹。

【主治】　湿热痹,症见发热,关节红肿热痛,筋脉掣痛,小便黄赤,舌苔黄腻,脉象滑数。

【方解】　木防己汤原出《金匮要略》,治疗膈间支饮,药用防己、石膏、桂枝、人参。本方去人参加杏仁、苡仁、滑石、通草而成,重点在于宣畅气机,即曹炳章所谓"郁则痹,宣则通也。"方中以善除肌腠之湿的木防己为主药,加石膏辛寒以清热,杏仁、滑石、通草宣肺利湿,反佐一味辛温的桂枝以通利血脉,增强宣痹止痛之功,故对湿热痹证有较好的疗效。

【临床应用举例】

1. 风湿性关节炎　张某,女,8岁,小学生。全身关节疼痛已数月,尤以踝关节为甚,红肿行走不利,喉痛,低热不退(体温 37.5~38.5℃),心律齐,心率84~120次/min,面色偏苍,精神较差,胃纳不振。舌质微红,苔薄白,脉细数。红细胞沉降率 30mm/h,血清抗"O"测定 1:1 250,白细胞 5 700/mm^3,心电图正常。拟为风湿热痹,用加减木防己汤治疗,方如下:防己 15g,桂枝 5g,石膏15g,杏仁 10g,滑石 10g,苡仁 10g,虎杖 15g,草薢 10g。连用 20 天,关节肿痛消失,低温消退,红细胞沉降率降至 13mm/h,抗"O"降至 1:625。(贝叔英.风湿性关节炎的中药治疗(附 60 例临床观察)[J].江苏中医,1980(3):35-37.)

2. 痿证　成,54 岁。腰间酸软,两腿无力,不能跪拜,间有腰痛,六脉洪大而滑。前医无非补阴,故日重一日,此湿热痿也,与诸痿独取阳明法。生石膏四两,杏仁四钱,晚蚕沙三钱,防己四钱,海桐皮二钱,飞滑石一两,草薢五钱,生薏仁八钱,桑枝五钱,云苓皮五钱,白通草二钱。煮 3 碗,分 3 次服。共服九十余帖。病重时自加石膏一倍,后用二妙散收功。(吴瑭.吴鞠通医案[M].北京:人民卫生出版社,1963.)

3. 类风湿关节炎　患者,女,30 岁。四肢关节肿痛 1 年余,加重 2 个月来诊。1 年前无明显诱因出现双手多个小关节肿痛,后逐渐发展至双踝关节、膝关节及肘腕关节亦肿痛。晨起关节僵硬,反复发作,曾在某省级医院诊断为类风湿关节炎,间断服用美洛昔康等抗风湿药物,可暂时止痛,停药后加重。近2 个月四肢关节肿痛加重,局部有灼热感,伴有口苦口干,心烦。检查:四肢关节明显肿大、畸形,触之灼热。舌质红,苔黄腻,脉滑数。化验红细胞沉降率85mm/h,类风湿因子(+)。西医诊断:类风湿关节炎(活动期)。中医诊断:痹证(湿热痹)。辨证:湿热毒邪痹阻经络,流注关节,络道不通。治法:清利热湿,凉血解毒,祛风通络。方药:加减木防己汤加味,组方:防己 9g,桂枝 9g,石膏 15g,杏仁 9g,滑石 15g,白通草 6g,生薏苡仁 30g,金银花 15g,忍冬藤 20g,土茯苓 15g,赤芍 12g,牡丹皮 9g,水煎服,每日 1 剂。服上药 14 剂后,关节肿痛明显减轻,复查红细胞沉降率降至 55mm/h,类风湿因子弱阳性。上方继服30 剂,关节肿胀消退,疼痛轻微。复查红细胞沉降率降至 20mm/h,类风湿因子(-)。为巩固疗效,仍守原方加减治疗 3 个月,患者诸症消失,化验类风湿因子、红细胞沉降率均在正常范围。随访 1 年未见复发。(项淑英,魏艳,彭向红.刘书珍运用《温病条辨》方治疗风湿免疫性疾病验案 2 则[J].中国民间疗法,2017,25(3):9-10.)

又,崔某,男,18岁。患者因双下肢关节肿痛2月加重1周,于1983年9月入院治疗。两个月前左踝关节扭伤,后用凉水洗足,次日左踝关节肿胀,相继左膝关节肿痛。经用青霉素、醋酸泼尼松片、阿司匹林、吲哚美辛等治疗,未见好转。入院前在某医院查左膝关节腔液穿刺,黄色混浊,李凡他试验(++),白细胞17.1×10^9/L,多核细胞0.48,淋巴细胞0.45,单核细胞0.05,嗜酸性粒细胞0.02,类风湿性因子强阳性,红细胞沉降率52mm/h。以"急性类风湿关节炎"入院治疗。查体温37.7℃,恶风汗出,口干喜饮,膝与踝关节胀痛有热感,小便短赤,舌尖红,苔白少津,脉细数。诊为风湿热痹,方用加减木防己汤治疗。防己20g,桂枝10g,生石膏30g,炒杏仁12g,滑石30g,通草6g,生薏苡仁30g,苍术10g,黄柏10g。水煎服,服药8剂后,关节热痛减轻,但体温未降,左膝关节肿痛如故,脉舌同前。此为风邪虽去但湿热稽留,再加清热利湿之品以退热。上方加青蒿15g,萆薢15g,秦艽15g。服药6剂,体温正常,关节肿痛止,下肢活动自如。查红细胞沉降率23mm/h,继服7剂后,痊愈出院。(毛德西.痹症辨治4则[J].河南中医,2005,25(11):72-73.)

二十五、当归拈痛汤

【出处】《医学发明》。

【组成】当归9g 茵陈15g 黄芩12g 葛根6g 苍术6g 白术6g 知母9g 猪苓9g 泽泻9g 羌活12g 升麻6g 人参(一方无人参)6g 炙甘草6g 防风9g 苦参6g

【用法】水煎2次分服。

【功效】祛风通络,清热利湿。

【主治】风湿热相搏所致的四肢关节烦痛,肩背沉重,或一身痛,或脚气肿痛,或舌有瘀点等。

【方解】方中当归活血化瘀通络,茵陈、黄芩、葛根、知母、苦参清热利湿通络,苍术、白术、猪苓、泽泻健脾渗湿,羌活、升麻、防风祛风宣痹,人参扶助正气,甘草调和诸药。诸药合用,使清热而不伤阳,温经而不热,培土而不燥,共奏清热通络、祛风利湿之功。

【临床应用举例】

1. 湿热痹 臧某,男,27岁,工人。1983年2月初诊,患者自诉两腿自膝至踝疼痛难忍,最初痛处遇热则减,后渐转为热痛,遇热则剧,需弯腰弓背而行,关节局部红肿,周身乏力,纳呆,尿黄赤,便秘,口渴,舌质红,舌苔黄腻,脉象弦数。抗链"O"试验:600U。证候分析:该患初病时为风寒之邪侵袭于下焦,故膝踝关节呈现寒痛症状。但因该患正值壮盛之年,素禀阳盛,致令寒邪从阳化热,呈现一派阳热症候,湿热蕴结,流于下焦,遂见踝关节疼痛红肿的湿热痹证。治以清热利湿,方用当归拈痛汤加减:茵陈20g、白术15g、茯苓15g、猪苓15g、泽泻10g、羌活15g、防己15g、当归15g、黄芩10g、苦参15g、知母15g、葛根15g、苍术15g、生石膏20g、甘草10g。初服3剂,疼痛减轻,红肿渐消,续服3剂,诸症若失,抗链"O"降至200U,其证痊愈。(李国平.当归拈痛汤治愈2例湿热痹[J].河北中医,1985(2):9.)

2. 淋证 柳某,女,37岁。1982年10月1日诊。小便频数刺痛,淋沥不爽,少腹作胀,头目昏重,形寒烦热,苔黄腻,脉濡数。证属湿热下注膀胱,拟当归拈痛汤加减:全当归、升麻、猪苓、泽泻、知母、黄柏、瞿麦、黄芩、苍术、白术各10g,羌活、防风各8g,木通6g,肉桂、琥珀(研粉分吞)各2g,六一散30g,山苦参、茵陈各15g。3剂后,诸症大减。续服3剂,告愈。(王应模.当归拈痛汤异病同治体会[J].浙江中医杂志,1986(6):305.)

3. 血尿 用当归拈痛汤治疗血尿53例,其中肾炎21例,肾盂肾炎7例,泌尿系感染20例,肾结石5例,中医辨证均属下焦湿热,或无证可辨者。处方以原方去人参,加蒲公英,煎服,每日1剂,分2次服,并停服一切中西药,1~2周为1疗程。治疗结果:显效30例,有效19例。如患者李某,男,72岁。1979年曾尿血,腰疼四肢无力,小便频数,小腹胀满,尿中有时有血块,经西医膀胱镜检查确诊为膀胱癌,因患者年老体衰,不适合手术治疗,十几年来用药多为止血消炎,但症状时轻时重。1984年7月来我处治疗,当时症见尿频、尿血,舌苔微黄,脉滑数,证属下焦湿热,拟以当归拈痛汤治疗,共服10剂,肉眼血尿消失,继用我院配制的"拈痛冲剂"维持,结果收效良好,不仅血尿停止,而周身症状也已改善。(单翠华,孙向春.当归拈痛汤治疗血尿临床观察(附53例疗效分析)[J].黑龙江中医药,1986(5):17-18.)

4. 外阴瘙痒 以当归拈痛汤随证加减内服,苦参二黄汤外用熏洗,治疗外阴瘙痒520例,结果480例痊愈,占92.3%;38例显效,7.3%;2例无效,占0.4%。如治杨某,43岁。新华公社八大队社员。1981年2月12日诊。病起5年,妇科检查诊断为阴道炎、滴虫病。症见外阴瘙痒灼痛,带多色黄,质浓、腥臭,便秘尿赤,口苦体胖。舌质红,苔薄黄腻,脉弦数。证属湿毒下注,治拟清热利湿,解毒杀虫。方用党参、苍术、穿心莲、仙人掌、半枝莲各15g,苦参、白术各 12g，升麻、黄芩、茵陈、当归、知母、泽泻、猪苓、黄柏各 10g，水芹菜 30g，蜈蚣 2 条。外用苦参二黄汤熏洗。5 剂后痒止证退，带色正常，白带检查：滴虫（＋）。嘱熏洗半月，复查：滴虫（－）。（凌绥百．辨证治疗阴痒 520 例［J］．浙江中医杂志，1986，21（6）：303-304.）

5. 带下　陈某，女，40 岁，1970 年 8 月 1 日诊。患带下 6 年有余。量多色黄，有异气，阴部瘙痒，面色浮黄，头目昏重，内热体痛，微感恶寒，精神倦怠，苔黄腻，脉濡数。证属湿热下注为带，拟当归拈痛汤加减：羌活、防风、升麻、黄芩、葛根、苍术、白术、泽泻、茯苓、莲须、贯众炭各 10g，墓头回 12g，椿根白皮、党参、苦参、茵陈各 15g，煅牡蛎 30g。另用山苦参 30g，生明矾 20g，蛇床子 2g，黄柏 10g，煎汤熏洗坐浴，早晚各 1 次。10 日后带下显著减少，瘙痒已止，内热体痛好转，续服 10 剂，诸症均瘥。以调理脾胃，补益下元而愈。（王应模．当归拈痛汤异病同治体会［J］．浙江中医杂志，1986（6）：305.）

6. 慢性荨麻疹　用当归拈痛汤治疗 1 例湿热所致的下肢关节肿痛患者，方用当归、防风、猪苓、泽泻、黄芩、知母、苦参、白术、党参各 10g，羌活、苍术、升麻、甘草各 6g，茵陈、葛根各 15g。不仅关节肿痛获愈，而且反复发作 10 多年的慢性荨麻疹亦意外痊愈。此后又用本方治疗慢性荨麻疹急性发作属于湿热者 30 多例，亦取得了满意疗效。一般服药 7~15 剂，皮疹消退，痒感消失。（江一平．曹仁伯治湿浅谈［J］．浙江中医杂志，1985（7）：470-472.）

7. 瓜藤缠（下肢结节性红斑）　顾某，女，45 岁，工人。1985 年 3 月 25 日初诊。小腿每于外感后发作结节性红斑已有 2 年。上周感冒后，小腿又出现结节性红斑，肿胀疼痛，伴关节酸痛，头晕乏力，纳食减少。来诊时小腿外侧见有胡桃、花生大小之红斑结节多个，皮色鲜红，扪之灼热，压痛（＋）。查：红细胞沉降率 30mm/h，抗“O”正常。苔薄黄，脉濡数。证属外邪内袭脉络，湿热蕴阻下焦。治以宣散外邪，清热利湿，散结通络。处方：羌活 6g，防风、猪茯苓、泽泻、苍术、丹参、当归各 10g，茵陈 15g，黄芩、知母各 6g。服药 5 剂，皮色复常，结节缩小，疼痛消失，继取原方 5 剂调治而愈。（曾让言．当归拈痛汤治疗皮肤病验案举隅［J］．江苏中医，1986（12）：10-11.）

8. 痛风　以当归拈痛汤加减治疗痛风 40 例，处方：羌活、独活、防己、防风、葛根、木瓜、忍冬藤、松节、当归、赤芍、苍术、茵陈、虎杖根、甘草、猪苓。病患上肢加桑枝，下肢加牛膝，关节变形加海风藤、天仙藤、威灵仙。症状消退再续服药 2 周。部分患者以后再服二妙丸 2~4 周。治愈 7 例，有效 29 例，无效 4 例，总有效率 90%。（夏涵，周蓉．当归拈痛汤加减治疗痛风 40 例疗效小结［J］．中医杂志，1987（2）：60.）

又,患者某,男,66岁。于2007年11月5日来院初诊:右手关节肿痛反复发作6年余。开始发作时仅右手关节疼痛,随着病情进展,肿痛关节逐渐增多,跖趾、踝、膝、指掌、腕、肘等关节均有疼痛,肿胀变形,散在小硬结,疼痛剧烈,活动受限,以右手食指关节肿痛最为明显。伴有小便黄赤,舌质胖淡,边有齿痕,苔白,脉弦。实验室检查:血尿酸(UA)598mmol/L。诊断:痛风性关节炎,慢性迁延期。中医辨证为湿热痰瘀互结证。治宜清热利湿,化瘀通络。药用:当归10g,黄芩10g,苦参10g,党参10g,羌活10g,防风10g,升麻6g,葛根6g,苍术6g,生白术10g,猪苓15g,泽泻15g,知母10g,茵陈30g,金银花30g,生薏苡仁30g,忍冬藤30g,甘草6g。上方7剂,水煎服。11月12日复诊:疼痛大减,肿胀有所消退。守原方加减续服3月余,肿痛消退,随访1年未见复发。(李永健,钱耀明,乐枫,等.当归拈痛汤在中医外科痛证疾病中的应用经验[J].中华中医药杂志,2009,24(S1):138-140.)

9. 湿疹　孙某,男,43岁。2015年12月28日初诊。患者既往有慢性乙型肝炎病史,长期坚持中医药治疗,经治肝功能正常,HBV-DNA转阴。近几周出现皮肤瘙痒,胸背、下肢散在红色丘疹,抓破流水,量多清稀。胃无不适,二便正常,纳谷一般,夜寐尚安。舌淡红,苔薄黄,脉弦滑。中医诊断为湿疹,辨证属湿热内阻,复受风邪。治当清利湿热,疏风止痒,方以当归拈痛汤加减。处方:炒当归6g,羌活10g,防风15g,苦参12g,泽泻30g,黄芩15g,苍术10g,白术10g,连翘15g,金钱草30g,郁金15g,蒲公英30g,鸡内金12g,白蒺藜15g,白鲜皮12g,枳实10g,生甘草6g。14剂。水煎服,每日1剂。二诊(2016年1月18日):药后湿疹消失,瘙痒减轻,胃纳可,舌脉同前。继以初诊方去苍术、白术、泽泻、羌活,加蛇舌草30g,土茯苓20g清热利湿。服药2周,诸症皆失,随访未复发。(周静汶,张晓龙,孙丽霞,等.金实活用外科常用方治疗内伤杂病验案举隅[J].江苏中医药,2017,49(7):48-50.)

10. 痤疮　患者女性,22岁,患类风湿关节炎1年余,在某医院服激素,关节痛减轻,但痤疮多发,遂于2010年6月10日来诊。诊见:颜面、胸背部痤疮丛生,大如黄豆、小如黍米,周围有红晕,有些顶端有脓点,轻度痛痒感,并有困倦乏力,胸闷气短,口黏,舌黯红,苔黄腻,脉细滑数。治宜疏风清热、祛湿解毒,拟当归拈痛汤意化裁:羌活9g,防风12g,防己12g,升麻12g,泽泻12g,茵陈15g,黄芩12g,苦参10g,炒苍术12g,知母10g,木瓜12g,香橼皮10g。14剂,水煎服。2010年6月25日二诊,患者服上方关节痛减轻,面部痤疮明显减少,后背仍有,顶端脓点已结痂。效不更方,上方加葛根15g,赤芍12g,继服14剂。后随访痤疮渐退,2月后已完全消失。(杨利,路志正.国医大师路志正活用名方的经验举隅[J].湖北民族学院学报(医学版),2012,29(2):56-58.)

11. 带状疱疹　患者,女,45岁。2009年3月10日初诊。患者3天前不明原因出现左腋下及前胸部皮肤微痒,灼热,偶有刺痛;昨日疼痛呈进行性加重,如刀割火灼,且出现皮疹,自服散利痛、抗病毒颗粒等无明显好转。症状:患处皮肤出现多数成簇米粒大至黄豆大水泡,呈片状带状分布,疱液澄清,疱壁薄而紧张发亮,患处疼痛,近衣被尤甚,口干苦,睡眠差。舌边尖红,苔薄黄微腻,脉弦细。此属湿热火毒留滞肌表,发为疱疹。中医诊断为带状疱疹。治以利湿解毒,清热疏风止痛。方用当归拈痛汤加减内服。处方:当归15g,羌活、防风、升麻、猪苓、泽泻各12g,茵陈30g,黄芩、葛根、苍术、白术各15g,苦参、知母各20g,生甘草3g。每日1剂,水煎冷服,每日3次。外以黄连3g,冰片3g,大黄15g,蜈蚣1条,全蝎3g浸酒150g,2小时后,用消毒棉签浸药酒搽患处,早晚各1次。2天后疼痛大减,小疱疹消失,大疱疹吸收变小,未长出新疱疹。效不更方,治疗7天痊愈。(杨岸森.当归拈痛汤验案3则[J].现代医药卫生,2011,27(1):106.)

12. 过敏性荨麻疹　王某,女,20岁。2011年2月16日初诊。患者反复四肢、躯干发生大片红色疙瘩及剧烈瘙痒10余年,曾服用脱敏药、中药汤剂等效果不佳。现出疹时自觉皮肤发热,时起时落,月经来潮时自觉小腹胀感,早晚发疹较重。舌红少苔,脉数。中医诊断:慢性荨麻疹(湿热夹风蕴于血分,发于皮肤)。治以清热疏风祛湿,凉血活血。方药:当归20g,羌活10g,防风10g,升麻15g,茵陈15g,黄芩15g,丹皮15g,苦参15g,知母10g,泽泻10g,葛根10g,苍术10g,甘草15g,白鲜皮15g,连翘20g,水牛角20g,生地15g,红花10g,桃仁15g,赤芍15g。1日1剂,水煎服,14剂。3月4日复诊:皮疹明显减少,只是活动后身热汗出有少数皮疹,守上方去水牛角、红花,加柴胡15g、白术20g、地肤子15g。继服21剂。3月26日复诊:皮疹即完全不发,临床治愈。(李仁武,陈明,张佩青.张佩青教授活用当归拈痛汤临床举隅[J].中国中西医结合肾病杂志,2011,12(10):850-851.)

二十六、上中下通用痛风方

【出处】《丹溪心法》。

【组成】黄柏(酒炒)9g　苍术(泔浸)9g　防己9g　威灵仙(酒拌)9g　白芷9g　桃仁9g　川芎6g　桂枝6g　羌活9g　龙胆草6g　南星(姜制)9g

红花(酒洗)6g　神曲(炒)9g

【用法】　水煎2次分服。

【功效】　清热燥湿,化痰祛风。

【主治】　湿热夹风所致的痛风,症见手足关节突发性疼痛,局部红肿,疼痛夜甚于昼,胸闷痰多,舌苔黏腻,脉象滑数。

【方解】　方中苍术、黄柏,即二妙散,有清热燥湿之功;防己、龙胆草泻下焦湿热;羌活、威灵仙祛百节之风;白芷善祛头面之风;桃仁、红花、川芎活血化瘀;桂枝一味有温经通络之长,丹溪谓能"横行手臂,领苍术、南星等药至痛处"。神曲消滞和中,更妙在用南星一药,意在祛经络百节之痰,与桃仁、红花、川芎相配,乃痰瘀同治。诸药合用,既能散风邪于上,又能泻热渗湿于下,还可以活血化瘀,消滞和中,对上中下之痛风病证颇为适宜,故历来被奉为治疗痛风的代表方。

【临床应用举例】

1. 痛风　王某,男,62岁。2003年3月12日初诊。患高尿酸血症10年,两足第一跖趾关节交替肿痛,反复发作。痛发时口服秋水仙碱可暂时缓解。3天前又突现右足第一跖趾关节红肿剧痛不能任地,夜难安寐,伴两踝、右膝关节酸痛。再服秋水仙碱却痛无暂安,口干苦,脘痞纳呆,大便溏而不爽,小溲黄赤。舌红,苔薄黄腻,脉弦滑数。实验室检查血尿酸646μmol/L。诊为急性痛风性关节炎。治予丹溪上中下通用痛风方加减。药用:苍术15g,黄柏15g,木防己15g,威灵仙15g,制南星10g,桃仁10g,红花10g,川芎10g,龙胆草10g,萆薢15g,虎杖15g,滑石30g,土茯苓30g,苡仁30g,海桐皮15g,川牛膝10g。每日1剂,水煎服。服用5剂后,右足第一跖趾关节红肿热痛明显减轻,膝关节疼痛消失。守方续服15剂,诸关节肿消痛止,活动自如。巩固治疗10天,查血尿酸300μmol/L,随访1年未复发。(高玉中. 丹溪上中下通用痛风方治疗风湿类疾病举隅[J]. 江苏中医药,2010,42(5):49-50.)

2. 结节性红斑　用上中下痛风方治疗结节性红斑25例,随证加减,煎取汁服用,药渣再煎洗患处,早晚各1次。结果治愈17例,有效6例,无效2例,总有效率为92%。(刘玉璞. 上中下痛风方加减治疗结节红斑25例[J]. 新中医,1987(4):35.)

3. 类风湿关节炎　陈某,女,51岁,前患糖尿病,才治愈不久。开始双手肩关节以下各关节疼痛,继则延及双下肢膝关节、踝关节、趾关节,随之疼痛,局部肿胀,活动欠利。于1982年5月12日住院治疗,入院时两手腕关节、指关节明显肿大疼痛,中指及无名指呈梭形改变,活动受限,两膝关节、踝关节肿胀微红,疼痛拒按,局部有灼热感,步履艰难。查红细胞沉降率 73mm/h,抗"O"1:500,类风湿因子阳性,心肺正常,诊断类风湿关节炎。辨证属风湿热痹,痰瘀阻滞经络,流注关节,投以上中下通用痛风方加减治疗。苍术 10g,黄柏 10g,制南星 10g,桂枝 5g,桃仁 10g,红花 10g,生地黄 15g,白芍 10g,桑枝 20g,威灵仙 10g,雷公藤 10g,每日 1 剂。5 月 17 日诊:入院第 5 天,共进上药 5 剂,关节肿痛依然,局部红肿灼热如故,原方加麻黄、知母、虎杖、牛膝,去南星,每日 2 剂。5 月 28 日诊:迭进清热燥湿、化痰化瘀之剂 35 帖,两手指关节及膝关节肿痛明显减轻,灼热消失,查红细胞沉降率 53mm/h,已经能自由行走。前方去生地黄、知母、虎杖,加薏苡仁 15g,防风 5g,防己 10g 再进。6 月 12 日诊:病去其十之六七,关节肿痛大部分消失,红细胞沉降率恢复正常,类风湿因子阳性,守上方再进,意在巩固。7 月 16 日诊:关节肿痛基本消失,查红细胞沉降率正常,类风湿因子转阴。于 7 月 18 日告愈出院,嘱其常来门诊复查,并再坚持服药,意在防止反复。(汪履秋.上中下通用方治疗类风湿性关节炎 20 例临床观察[J].南京中医学院学报,1983(4):18-21.)

4. 三叉神经痛 罗某,女,58 岁,中学教师。1978 年 9 月 16 日初诊。患者左侧牙床、左颜面及左侧头部阵发性疼痛 6 年,持续性加剧 2 月,每因饮食、感受风寒及精神刺激而诱发。症见疼痛如刺,伴左侧面肌抽搐,张口则痛甚,服可待因、苯妥英钠等西药可暂缓解。形体肥胖,舌质淡紫,舌苔白腻而滑,脉弦滑有力。方用黄柏、苍术、制南星、桃仁、红花各 10g,白芷、神曲各 15g,川芎、全蝎、白附子各 6g,威灵仙 20g,炙甘草 3g。服药 5 剂,疼痛减轻,守原方再服 15 剂,诸症消失。次年 9 月随访,未见复发。(胡代槐.上中下通用痛风方的临床运用[J].浙江中医杂志,1988,23(2):67.)

5. 系统性红斑狼疮 刘某,女,37 岁,2007 年 3 月 26 日初诊。患者 2003 年诊为"系统性红斑狼疮",用激素治疗,现服泼尼松每日 15mg。双手手指关节变形,右手指、左手无名指及小指麻木疼痛,肩项背痛,膝关节痛,胸腹灼热而胀,胃脘痞满,口中异味,时心悸,小便黄浊。舌紫黯胖,苔黄腻根厚,脉弦滑数。实验室检查红细胞沉降率 35mm/h,抗核抗体(+),血红蛋白 89g/L。B 超显示双肾呈慢性炎性改变。辨证属湿热郁蒸、气滞血瘀,治宜清热燥湿、活血解毒。药用:黄柏 10g,苍术 10g,天南星 10g,桂枝 15g,桃仁 15g,红花 10g,威灵仙 20g,防己 15g,川芎 15g,秦艽 20g,大腹皮 15g,龙胆草 15g,白花蛇舌草 30g,甘草 10g。14 剂,水煎服,每日 1 剂,分 3 次服。二诊:服上方 14 剂后,手指关节麻木疼痛明显减轻,胸腹灼热而胀、胃脘痞满不显,肩项背痛、膝关节痛好转,口中异味渐退。舌黯红,苔薄黄,脉滑。红细胞沉降率 22mm/h,血红蛋白 110g/L,抗核抗体(+)。减泼尼松 5mg,继上方加减,再进 30 余剂后,再减泼尼松 5mg。复诊时手指关节痛基本不显,余症消失,仍留关节变形,能从事家务劳动,停用激素。以知柏地黄汤合四妙散加减,服药半年余。病情稳定,至今 5 年未复发。(李冬梅,王乐,张玉辉.曹洪欣运用上中下通用痛风方治疗疑难病经验[J].中国中医基础医学杂志,2014,20(5):631-632.)

二十七、宣 痹 汤

【出处】 《温病条辨》。

【组成】 木防己 12g 杏仁 9g 滑石 15g 半夏(醋炒)9g 晚蚕沙(包煎)9g 薏苡仁 15g 连翘 9g 赤小豆皮 9g 栀子 9g

【用法】 水煎 2 次分服。

【功效】 清热利湿,宣通经络。

【主治】 湿热痹证,症见关节或肌肉灼热、肿胀、疼痛、重着,皮肤发红,或见硬结、红斑,可伴发热,口渴不欲饮,烦闷不安,周身沉重,小便黄浑,舌质红,苔黄腻,脉滑数。

【方解】 本方以除经络之湿和宣痹止痛的防己、苡仁、蚕沙为主药;辅以杏仁宣肺气,俾气化则湿化;连翘、栀子协助主药清热;半夏健脾化湿;赤小豆、滑石导湿热从小便而去。合之共奏清热利湿,宣痹通络之效。

【临床应用举例】

1. 风湿热 用宣痹汤治疗风湿热辨证属风湿流注气分者,如风盛者加防风、独活,湿盛者加苍术、厚朴,偏热者加银花、连翘或黄柏、知母。(潘澄濂.对风湿热辨证和治疗的探讨[J].新中医,1981(3):1-3,15.)

2. 湿温(沙门氏菌感染) 张某,女,27 岁,1980 年 7 月 15 日入院;7 月 30 日出院。患者缠绵发热 30 日,曾先后在大队医务室、公社、县医院被臆断为感冒、疟疾、血吸虫病、伤寒等,经中西药治疗均未获效,发热无定时,汗出热不退(体温在 39℃左右),胸脘闷痞,身痛纳呆。于 7 月 12 日转来我院就诊,经急诊室观察后于 7 月 15 日以"发烧待查"收住院。入院时但发热不恶寒,头身疼痛无汗,胸脘痞闷,纳呆口苦,渴喜热饮,小便短赤。T38.3℃,精神倦息,面色淡黄,咽红,舌质红,苔白厚腻,脉象濡数。门诊化验及特检未见明显异常。脉证合参,证属夏暑季节感受湿热之邪,湿热郁蒸,湿遏热伏,弥漫三焦,气机不畅所致,诊断湿温(发烧待查),湿热并重。治以清热利湿,宣畅气机，三仁汤合宣痹汤化裁：杏仁 10g，苡仁 15g，蔻仁 6g，滑石 20g，通草 10g，法夏 10g，厚朴 10g，栀子 10g，黄芩 6g，连翘 10g，防己 10g，苓皮 15g。日浓煎服 2 剂，至 7 月 20 日身痛有所减，但汗出热不退，午后热甚（39℃以上），舌苔渐退，其色转黄，舌质深红。此为湿热之邪留恋气分，热重于湿之故，于上方去蔻仁、法夏、厚朴、黄芩、栀子，加青蒿 12g，板蓝根 15g，黄连 6g，石膏 30g，穿心莲 15g，重在清解气分热邪，日服 2 剂。自 21 日起，体温逐渐下降，诸症亦随之好转，至 25 日体温完全正常，无特殊不适。原方调整，日服 1 剂观察 5 天，体温稳定，纳食二便如常。（出院前据各项检查结果，西医诊断认为沙门氏菌感染可能性较大）。（戴天木，石国宪．中医治疗急性高热病临床报导［J］．湖北中医杂志，1981，（2）：30-31.）

3．热痹　陈氏认为，热痹有夹风、夹湿之不同，并有相应见症。前者治宜白虎加桂枝汤中佐祛风之品；后者常用吴鞠通《温病条辨》中宣痹汤取效。如治王某，男，30 岁，中医师。患者四肢骨骱烦痛，不红不肿，潮热，小便黄，大便调，脉弦滑。舌色黯滞，苔薄黄腻。此乃热痹夹湿之证。治宜清热通络，除湿止痛，用宣痹汤加减化裁：防己 10g，杏仁 10g，半夏 10g，薏苡仁 10g，蚕沙 10g，连翘 10g，山栀 10g，赤小豆 10g，海桐皮 10g，每日 1 剂，10 日痊愈出院。（史宇广，单书健．当代名医临证精华·痹证专辑［M］．北京：中医古籍出版社，1988.）

4．暑湿痹　王某，女，35 岁，农民。1977 年 8 月 31 日初诊。自诉发热恶寒，汗出，头痛，腰痛，骨节烦疼，腿胀麻，胸闷泛恶，渴不多饮，小便黄，病发已 2 天。诊见舌苔厚腻而黄，脉右洪数，左滑数。脉证合参，为湿热相合为患，病属暑湿痹证。拟用《温病条辨》宣痹汤和木防己汤二方化裁治之。处方：杏仁 9g，石膏 24g，防己 12g，滑石 15g，苡仁 45g，蚕沙 5g，山栀 12g，半夏 9g，桂枝 6g。水煎服。9 月 1 日二诊：服上方 1 剂后，寒热止，口渴泛恶消失，肢体骨节已不胀痛，数脉亦减。舌苔转薄仍黄腻，头微胀痛，咽痛，时咳有痰，小便略黄。证属湿热余邪留恋不退，再拟化痰利湿之方治之：银花 12g，牛蒡子 9g，桔梗 12g，黄芩 9g，半夏 9g，苡仁 15g，通草 6g。上方连进 2 剂，咳渐疏而止，各症皆消。（石秋华．暑湿痹［J］．广西中医药，1978（2）：44.）

5．结节性红斑　患者，女，50 岁，于 2013 年 7 月 20 日以四肢红斑、结节、关节痛 3 天为主诉就诊。患者 3 天前不明原因出现双膝关节以下皮肤伸侧及双肘外侧散在红斑结节，以下肢关节为主，颜色鲜红、灼热、疼痛，伴双腕、双踝关节疼痛，在当地经头孢哌酮钠等抗生素治疗后无效，出现发热、口渴，今来本院求治。刻下症：双肘、双膝关节伸侧皮肤散在红斑结节、疼痛、灼热，伴关节疼痛、僵硬不适,午后发热,汗多,食欲不振,大便正常,小便短赤。既往体健,否认高血压、糖尿病史,否认外伤手术史及药物过敏史,否认肝炎等传染病史。体格检查示双肘伸侧、双膝关节以下伸侧皮肤散在红斑结节,触痛(+),皮温升高,关节无肿胀及压痛,活动度可。舌质红,苔黄白腻,脉滑数。辅助检查:血常规正常,ESR38mm/h,CRP25.1mg/L,ASO、RF、抗CCP抗体、ANA、ANA谱均阴性。西医诊断:结节性红斑。中医诊断:瓜藤缠(湿热痹阻证)。治宜清热祛湿,活血通络。方以宣痹汤加减:防己10g、杏仁10g、滑石(包煎)18g、连翘20g、半夏10g、生薏苡仁20g、蚕沙10g、赤小豆10g、焦栀子10g、络石藤20g、透骨草20g、川牛膝10g、桃仁20g、红花10g。7剂,每日1剂,水煎,分早、晚2次服用。2013年7月27日二诊:患者红斑颜色变淡,范围变小,结节仍存在,无关节痛,食纳可,大小便正常,舌质红,苔白腻,脉弦滑,去透骨草、络石藤,加茯苓20g、陈皮10g。10剂。2013年8月6日三诊:患者红斑消失,遗留皮肤色素沉着,皮下结节变小变软,无关节肿痛及活动受限,纳食可,大小便正常,舌质黯红,苔白,脉弦滑,去焦栀子、滑石、赤小豆,加地龙10g、赤芍12g。10剂。2014年8月16日四诊:患者红斑结节消失,无关节肿痛,食纳可,大小便正常,舌质黯红,苔薄白,脉弦,给予化瘀消痹胶囊,每次5粒,每日2次,口服,以巩固疗效。服用10天后停服,随访半年未复发。(徐鹏刚.王素芝主任医师运用宣痹汤治疗风湿病湿热痹阻证的经验[J].风湿病与关节炎,2015,4(2):53-55.)

6. 痛风 患者,男,50岁,农民,邵东县人。2005年8月12日由家属背来就诊。主诉:发热,右下肢关节肿痛2天。患者2天前无明显诱因下出现右下肢膝、踝关节红肿,疼痛难忍,局部烧灼感,胸闷心烦,小便色黄。舌质红,苔黄微腻,脉濡数。查:神志清,表情痛苦,心肺(-),右膝关节红肿,踝关节及足背红肿。右下肢X线正侧位片无异常;尿酸563μmol/L;血象正常。西医诊断为"痛风"。中医诊断为"热痹",辨证属湿热内蕴,热重湿轻。治以清热祛湿、宣痹通络、消肿止痛。方用宣痹汤加减。处方:忍冬藤30g,防己15g,薏苡仁15g,赤小豆15g,蚕沙15g,黄连5g,山栀子10g,连翘15g,滑石15g,片姜黄10g,乳香10g,没药10g,全蝎5g,拳参10g。每日1剂,水煎分2次服用。二诊:服药7剂后,发热已退,疼痛减轻,红肿稍减。能拄拐下地行走,舌质红,苔黄腻,脉濡。患者热减,余湿犹存,气血壅滞。前方去黄连、山栀子、连翘,加三七5g,秦艽15g,继服。三诊:服药7剂后,诸症若失,尿酸正常,原方继进5剂善后。随访5年未见复发。(李雅.宣痹汤治疗痛风的经验[J].广西中医药,2013,36(6):51-52.)

又,患者,男,50岁,2012年8月10日初诊。主诉:左内踝关节红肿热痛3天。查体:左内踝关节红肿,触摸时发热,活动受限,压痛(+),舌质红,苔厚腻欠津,脉弦滑数。3天前患者因工作劳累,饮酒过量,左内踝关节于当晚出现疼痛,局部红肿发热,着地行走时疼痛加剧,坐卧则疼痛稍减。伴心烦口渴,溲黄便结。辅助检查:白细胞10×10^{12}/L,中性粒细胞0.80,血尿酸551μmol/L,抗链球菌溶血素"O"试验、类风湿因子均正常。西医诊断:痛风性关节炎。中医诊断:痹证,证属湿热瘀阻。治宜清热除湿,活血化瘀,通络止痛。方用宣痹汤加减,处方:汉防己15g,杏仁15g,滑石15g,连翘15g,山栀子9g,薏苡仁30g,醋半夏9g,蚕沙9g,赤小豆10g,忍冬藤15g,蒲公英15g,乳香10g,没药10g,甘草6g。1日1剂,水煎3次分服。嘱忌食动物内脏、饮酒和辛辣食物,多饮水,注意休息。服药3剂后,患者诉左内踝关节红肿疼痛减轻。继续服用7剂后,关节功能恢复正常。半年随访,无复发。(赵崇智.宣痹汤治疗湿热痹临床运用体会[J].中医研究,2013,26(10):53-54.)

二十八、六 一 散

【出处】《伤寒标本》。

【组成】 滑石180g 甘草30g

【用法】 共为细末,每服6~9g,温水送下。

【功效】 清暑利湿。

【主治】 暑热夹湿,症见身热汗出,心烦口渴,小便不利,或呕吐泄泻,或下痢赤白,或小便黄赤淋痛,或癃闭等。

【方解】 本方由六分滑石、一分甘草组成,故名"六一散"。方中滑石性味淡寒,《本草经疏》谓其"滑以利诸窍,通壅滞,下垢腻;甘以和胃气;寒以散积热。甘寒滑利,以合其用,是为祛暑散热、利水除湿、消积滞、利下窍之要药",故重用为主药。少佐甘草,和其中气,且能调和滑石之寒滑太过。二药合用,使内蕴之暑湿从下而泄,以达清暑利湿之效。

【临床应用举例】

1. 急性黄疸型肝炎 邵某,男,40岁,农民。患者身目色黄,已1周余,恶心呕吐,饮食不佳,小便深黄,脉象弦数,舌质红,苔黄腻,肝在肋下2cm,质软,触痛(+),脾未扪及。肝功能检查:黄疸指数65U,范登堡试验呈双相反应,总胆红素6mg%,麝浊8U,脑浊(+++),硫酸锌浊15U,谷丙转氨酶338U。

中医辨证属阳黄(热重于湿)。服茵陈、虎杖、六一散各 30g。每日 1 剂,连服 15 剂后,黄疸明显减退,胃纳改善,恶心已止,复查肝功能结果:黄疸指数下降为 20U,胆红素 1.5mg%,麝浊 6U,脑浊(++),硫酸锌浊 12U,谷丙转氨酶 180U。仍守前方 10 剂,症状消除,精神好转,复查肝功能完全恢复正常,出院后门诊观察半年,一般情况良好,能胜任体力劳动。(徐丽珍.茵虎汤治疗急性黄疸型肝炎的临床观察[J].实用中西医结合杂志,1990,3(2):100–101.)

2. 百日咳 用六一散加减治疗百日咳痉咳期 80 例,处方:滑石 30~60g,甘草 5~10g,患儿肥胖加党参 10g,白术、茯苓各 6g;体瘦加熟地、当归、白芍、川芎各 6g,每日 1 剂,水煎服。结果痊愈 49 例,好转 27 例,总有效率为 95%。如治王某,男,8 个月。1980 年 5 月 22 日来诊。主诉:咳嗽 10 余天,呈阵发性,日轻晚重,痉咳 2~3 小时发作 1 次,咳时患儿表情痛苦,颜面红紫,涕泪交加,带有呕吐,咳后有鸡鸣样回声。查其体质较胖,舌质淡,苔白厚。血常规:白细胞总数 14 200/mm^3,淋巴 40%,肺部无明显体征。诊断:百日咳(痉咳期),治宜益气健脾、清肺化痰,方用六一散加四君子汤:党参、白术、茯苓、甘草各 6g,滑石 30g。水煎服。1 剂后咳嗽明显减轻,服 2 剂后而痊愈。(张世文,高启林.六一散加减治疗百日咳痉咳期 80 例[J].陕西中医,1986(10):441.)

3. 婴儿急性腹泻 用辰砂六一散合消乳散治疗婴儿急性腹泻 50 例,处方:辰砂 0.5g,甘草 1g,滑石 6g,醋香附 4g,陈皮 6g,砂仁 1g,焦三仙 6g,鸡内金 1g,炙甘草 1g,共为细末,按每岁每次 0.5g,每日服 3 次。结果全部病儿均在 5 天内治愈。(路福顺,舒广琛.辰砂六一散合消乳散治疗婴儿急性腹泻 50 例临床报道[J].黑龙江中医药,1986(6):39.)

4. 小儿单纯性消化不良 用加味六一散治疗小儿单纯性消化不良辨证属湿热型 121 例,处方:滑石 6g,生甘草 1.5g,茵陈 6g,生白芍 6g,湿热重者加槐花或黄芩 1.5~3g;烦躁不安者加钩藤 9g,或重用白芍;高热抽风者加龙胆草 3g;呕吐者加竹茹 9g;腹胀者加槟榔 3g;大便伴有奶瓣者加生麦芽或焦山楂各 9g。结果显效 112 例,占 92.5%。(吕素珮.小儿单纯性消化不良治疗 154 例的临床观察[J].新中医,1980(5):30–31.)

5. 脓疱疮 用六一散加味治疗脓疱疮 52 例,处方:六一散 24~30g,银花 30g,黄柏 6g,玄参 15g。大便干结加大黄 3~5g,每日 1 剂,水煎分 4 次服完。再配合外治,结果痊愈 50 例,好转 2 例。(李江.内外合治治疗脓疱疮 52 例[J].湖北中医杂志,1990(2):29.)

6. 干燥性鼻炎 患者某,初诊鼻腔干燥、疼痛且伴有发痒,后逐渐出现鼻腔溃烂,蔓延至鼻前孔及上唇,易出血,近日干燥疼痛加剧,经多方治疗,效果不佳来诊。检查:鼻腔黏膜明显充血,溃烂并有血痂积存。血红蛋白 12.5g/L,白细胞计数 9×10^9/L,中性粒细胞 0.78,淋巴细胞 0.22。证属湿热郁结,壅阻肺窍。治宜清热利湿,宣肺开窍。药用:滑石 24g,鱼腥草 12g,玄参 15g,石膏 18g,黄芩 12g,桑叶 12g,菊花 12g,苍术 9g,甘草 4g。每日 1 剂,水煎温服。3 剂后复诊,鼻腔黏膜充血、溃烂明显好转,干燥、疼痛有所减轻。效不更方,继服 5 剂痊愈。随访未复发。(张小燕.六一散加味治疗干燥性鼻炎 [J].中国民间疗法,2015,23(8):46-47.)

二十九、茯 苓 皮 汤

【**出处**】 《温病条辨》。

【**组成**】 茯苓皮 15g　生薏仁 15g　猪苓 9g　大腹皮 9g　白通草 9g　淡竹叶 6g

【**用法**】 水煎 2 次分服。

【**功效**】 清利湿热。

【**主治**】 湿热弥漫三焦,症见热蒸头胀,身痛,呕逆,小便不利,渴不多饮,舌苔白腻微黄。

【**方解**】 方中猪苓、茯苓皮、薏苡仁、通草、淡竹叶甘淡渗利,导湿邪从小便而去,且竹叶又有清热之功;大腹皮宽中下气,以使小便通利。前贤有云"治湿不利小便非其治也",殆即此意。

【**临床应用举例**】

1. 湿热证　张震主任医师认为,湿热内蕴或留连等证,宜用渗湿清热法,即取淡味渗利及清热药物以消除郁阻于体内之湿热,常用方剂有茯苓皮汤、黄芩滑石汤等。(陈镜合,陈沛坚,程方,等.当代名老中医临证荟萃·第一册 [M].广州:广东科技出版社,1987.)

2. 流行性出血热　冯某,女,45 岁,社员。1979 年 7 月 13 日入院。出血热轻重分型:危重型。出血热第 7 病日入院,二便均闭,神识迷惑,嗜睡静卧,恶心欲吐,口吐痰涎。舌胖淡、苔淡黄腻,脉滑数。小便化验:蛋白(++++),血常规:白细胞 2 300/mm³,确诊为出血热少尿期。此为湿滞膀胱,气化失司;湿滞大肠,腑气不通。治宜行滞导浊,淡渗利湿。方用宣清导浊汤合茯苓皮汤化裁:茯苓皮 30g,猪苓 15g,大腹皮 10g,通草 10g,淡竹叶 10g,薏仁 30g,云苓

30g,皂荚 6g,蚕沙 6g,寒水石 15g,山栀 10g。7 月 16 日:服上药 2 剂,日小便 500ml。大便 1 次,溏薄不爽。今日口吐白沫,全身抽搐,人事不省,面色萎黄,表情淡漠。舌质淡、苔白腻,脉沉细而滑。患者平素脾肾阳亏,湿从寒化,聚而为痰,风痰上扰,蒙闭清窍,急以镇肝息风,豁痰开窍。三生饮加味主之:生南星 6g,生半夏 6g,生川乌(先煮 30 分钟)6g,附片 6g,竹沥 6g,白芍 12g,钩丁 10g,菖蒲 10g,郁金 10g,开水煎服。7 月 19 日:服上药 2 剂,神志清,小便增多,但仍嗜睡,喉间痰声辘辘。涤痰汤加味主之:半夏 6g,陈皮 6g,南星 6g,竹茹 6g,枳实 10g,云苓 15g,党参 20g,苍术 20g,白术 30g。服上药 3 剂,痰减少,日小便 5 000ml,安全进入多尿期,经治疗病愈出院。(邓邦金.流行性出血热湿热型辨证治疗体会[J].陕西中医,1981(4):9-10.)

三十、萆薢分清饮

【出处】 《医学心悟》。

【组成】 川萆薢 12g　黄柏(炒褐色)9g　石菖蒲 4.5g　茯苓 9g　白术 9g　莲子心 3g　丹参 9g　车前子 12g

【用法】 水煎 2 次分服。

【功效】 清热利湿,化浊分清。

【主治】 湿热下注膀胱,小便短赤淋沥涩痛,或赤白浊症。

【方解】 本方以清热除湿为主,兼治心脾。方中萆薢性味苦平,功能利湿化浊为主药;车前子渗利膀胱湿热为辅药;佐以黄柏泻火坚阴,清热燥湿;莲子心苦寒清心;丹参通心窍,清血热。如此则心火不亢于上,相火不旺于下;白术、茯苓健脾利湿,即程钟龄自谓:"导湿之中必兼理脾,盖土旺则能胜湿,且土坚凝则水自澄清。"再以少量石菖蒲化浊通窍,交通心肾,是为使药。诸药合用,其清利湿热、化浊分清之效更著。

【临床应用举例】

1. 膏淋　时振声主任医师认为,膏淋,为尿如脂膏,小便涩痛,相当于乳糜尿合并感染。乳糜尿的产生,可以看作是脾虚湿郁化热,湿热下注,气化不利,脂液失于约束所致,由于气化不利必夹有瘀血,因此在治疗上要健脾清利,分清泄浊,但必须合用活血化瘀,可用《医学心悟》萆薢分清饮,可再加入牛膝、王不留行、滑石、通草。(史宇广,单书健.当代名医临证精华·淋证专辑[M].北京:中医古籍出版社,1992.)

2. 血精　瞿某,男,35 岁,1988 年 9 月 15 日初诊。2 年前,因酒后行房而见血精,初呈酚红色,日渐加重,经多方调治效果不佳。诊时头目眩晕,腰膝酸软,身懒乏力,形体消瘦,面色黑黄,纳少口渴,心烦少寐,小溲黄赤,大便干结,舌质黯红,苔黄厚腻,脉沉细数。精液常规检查:红细胞(++),脓细胞少许。诊断:湿蕴下焦,耗伤肾阴。治以清热利湿,滋阴凉血。以程氏萆薢分清饮加减治之,药用:川萆薢 30g,黄柏 10g,石菖蒲 10g,茯苓 15g,白术 10g,车前子30g,旱莲草 30g,生地 15g,女贞子 15g,小蓟 30g,4 剂,水煎服。嘱其禁烟酒1 个月。复诊:服上药后,精液中阴血减少,精液呈淡红色,余症亦见好转。舌质黯红,苔微黄腻,脉沉细数。效不更方,继服 6 剂。再诊:症状继续好转,守方 5 剂继服。上方共服 15 剂,血精消失,诸症皆除。遂改服知柏地黄丸,每日2 次,每次 1 丸以资巩固。半年后随访,血精未复发,身体健康。(俞建新.血精治验[J].吉林中医药,1991(2):11.)

3. 非淋菌性尿道炎　陈某,男,42 岁。尿频、尿道刺痒伴溢液,低热,全身乏力 8 天。近期有不洁性交史,发病第 3 天曾到某个体诊所以淋病治疗,先后肌注盐酸大观霉素、头孢曲松钠数支,症状无明显改善,遂来本男性病专科门诊求治。检查:尿道口轻微充血并有少量稀薄黏液,内裤见污秽。尿道分泌物直接涂片(革兰氏染色)每高倍视野 >10 个多形核白细胞,未找到淋球菌。诊断为非淋球菌性尿道炎。方用程氏萆薢分清饮治疗。服药 1 周后症状消失,尿道口清洁,续服 1 周,以巩固疗效。(章登明,毛燕.程氏萆薢分清饮治疗非淋菌性尿道炎 58 例[J].新中医,1995(7):43.)

4. 慢性前列腺炎　曾某,男,32 岁,已婚。1990 年 9 月 15 日诊。近 1 年来尿色浑浊,余沥不尽,尿频,尿道涩痛,会阴部坠胀、隐痛,连及少腹部,腰及骶尾部酸痛,伴头晕乏力,失眠健忘,心慌,阳痿,早泄,性欲减退。查体:形体消瘦,舌质红,苔根薄腻,脉弦滑略数。直肠指诊:前列腺腺体饱满,有明显触痛,无结节,中间沟尚存。化验:卵磷脂小体为 30%,白细胞 8~10 个/HP,余未见异常,诊为慢性前列腺炎。证属肾虚精关不固,湿热下注膀胱,膀胱气化失司,治拟分清化浊,清利膀胱湿热。处方:川萆薢 25g,炒黄柏、白术、莲子心、丹参各 15g,车前子、茯苓各 20g,石菖蒲 10g,水煎服,1 日 1 剂。20 剂后,尿色已清,小便通畅,尿频明显减轻,尚感头晕、乏力、腰酸。查前列腺液:卵磷脂小体为 60%,白细胞 2~4 个/HP,余正常。上方加菟丝子 30g,沙苑蒺藜 25g,土茯苓 50g,以补肾固精,增强分清泌浊之功,服 10 剂后,诸症消失。随访 2 月,未见复发。(王守友.程氏萆薢分清饮治疗慢性前列腺炎[J].四川中医,1991(7):25.)

又,张某,男,59岁,2003年10月9日初诊。患者排尿不畅1年,伴尿频、会阴部疼痛,经医院检查诊断为前列腺肥大,经服药后,治疗效果不明显,半月前疼痛等症状加剧,前列腺液化验,显示有大量脓细胞并有少量红细胞,确诊为前列腺肥大伴慢性前列腺炎、尿道炎。刻诊:尿频、尿急、夜尿增多,排尿费力,会阴部剧烈疼痛、拒按,小便混浊,如米泔或有滑腻之物,尿道热涩疼痛,食欲不振,形体消瘦,头昏无力,精神疲乏,腰膝酸软,烦热干渴,胸满。舌红、苔黄少津,脉细数。病属淋证,治宜清热除湿,分清导浊。方用萆薢分清饮加味。药用:萆薢20g,黄柏、白术、莲子心、丹参、石韦、冬葵子各10g,石菖蒲6g,茯苓、生地各15g,车前子(包煎)、黄芩各12g。水煎服,每日1剂。服药10剂后,会阴部及尿道热涩疼痛消失,排尿次数从20余次减为10次左右,前列腺液检查白细胞少数、未见红细胞,守原方继续治疗。服原方8剂后尿频已除,小便淋沥精溺并出等症消失,排尿渐通畅。但心胸脘胀满,四肢无力,精神疲乏,食欲欠佳,腰膝酸软,属久病脾肾两亏,原方去黄芩,加党参、山药、山萸肉健脾滋肾。服药20余剂后,诸症若消,精神渐复。继用中成药参苓白术散合六味地黄丸继续调整,嘱注意饮食习惯,慎食辛辣刺激品。(吴瑞春.萆薢分清饮临床应用举隅[J].山西中医,2007,23(2):32.)

5. 精液不液化症 采用程氏萆薢分清饮为主方,加用特定电磁波治疗仪(TDP)照射会阴部,治疗精液不液化症40例,结果痊愈32例,显效5例,无效3例,总有效率为92.5%。(廖拥军.程氏萆薢分清饮加TDP照射治疗精液不液化症40例[J].湖北中医杂志,1996(2):22-23.)

6. 阴缩 王某,男,22岁,未婚,学生。诉阴茎睾丸时发内缩疼痛1年。多于黎明发作,自感阴器内缩变小,抽痛难忍,牵及少腹股内,阴部厥冷。平素阴囊潮湿,臭秽多汗,口苦溲黄灼,舌红苔腻,脉滑,自述诸症初始于酒后劳作汗出而起,因羞于问医,渐趋重。今诊于余,窃思阴缩之证,前贤概言寒盛与热极,鲜有湿热之论,然详审此证,已露湿热端倪,宜从湿热认证。系厥阴寒湿壅于经隧,久而化热,困遏阳气而不展,致宗筋拘急而发阴缩。治宜清热利湿,通阳理气,方投萆薢分清饮加减:萆薢30g,菖蒲20g,乌药15g,肉桂10g,橘核30g,川楝子15g,苍术15g,黄柏20g,车前子20g,木通15g,竹叶10g,蜈蚣2条,水煎服。守方进12剂而愈。随访半年未复发。(董建平.湿热阴缩小议[J].实用中医内科杂志,1991(2):30.)

7. 痛风 周氏等认为,湿热邪毒内蕴是形成痛风的根本原因,治宜清热化湿解毒为主法,方可选萆薢分清饮等。(周乃玉,石毓斌.痛风治疗经验[J].内蒙古中医药,1993(2):18-19.)

8. **痤疮**　田某，女，19岁，学生。初诊：1998年4月13日。主诉：因被雨淋，2日后面额部位起皮疹，曾用尿素软膏、皮康王外搽无明显疗效。诊见：面额、鼻颊部有群集成片的小丘疹，颜色红润、鲜明，挤之顶端有少许白浆，伴有头昏，尿浊，纳差，月经前后无定期。舌质淡红，苔黄微腻，脉浮而濡。证属外感湿邪内蕴结于肺胃，外壅结于肌肤。治宜宣肺利湿解毒。方选萆薢分清饮加减。处方：川萆薢10g，黄柏10g，黄芩15g，桑白皮20g，车前子（包煎）15g，白鲜皮20g，土茯苓15g，茵陈30g，莲子心20g，水牛角10g。每日1剂，水煎分2次温服。服药期间忌食辛辣腥腻食物。连进5剂，1988年4月20日复诊：丘疹缩小稀疏，疹色变浅，未见有新丘疹出现。守原方再进6剂，丘疹大部消退，皮肤颜色接近正常，皮损渐复。原方减车前子、土茯苓加当归10g，何首乌20g，又增服4剂而获痊愈。（李宗英，刘玉柏，赵志田 . 萆薢分清饮治疗皮肤病举隅［J］. 河北中医，2000（11）：840–841.）

9. **难治性肾病综合征**　患者，女，25岁，体重：55kg。患者2年前无明显诱因出现颜面及双下肢水肿，查尿常规示：尿蛋白（+++），潜血（+），24h尿蛋白定量：4.0g/24h，血浆白蛋白：28g/L，肾功能正常，近期无呼吸道感染史，肾穿刺示：IgA肾病Ⅲ级（Lee分级），诊断：原发性肾病综合征（IgA肾病Ⅲ级），经激素治疗，病情好转，停激素后病情复发，如此反复。2013年11月23日，因水肿明显而前来诊治。症见：颜面及双下肢水肿，皮肤绷急光亮，按指凹陷不起，神疲倦怠，胸脘痞闷，烦热口渴，小便短赤，大便偏干。舌红，苔黄腻，脉细滑稍数。给予萆薢分清饮合猪苓汤化裁：萆薢15g，石菖蒲10g，黄柏10g，茯苓15g，猪苓20g，泽泻30g，滑石（包煎）10g，车前子（包煎）30g，丹参30g，莲子心10g，蝉蜕10g，僵蚕10g，小蓟30g，白茅根30g，杜仲15g，肉桂3g，甘草10g。14剂，水煎服，1日1剂，分两次温服。2诊（2013年12月7日）：水肿减轻，小便较前通利，原方继服14剂。3诊（2013年12月22日）：诸症均有改善，尿常规示：尿蛋白（++），潜血（–），去小蓟、白茅根、泽泻、滑石，加黄芪30g，白术15g，青风藤30g，威灵仙15g。14剂。4诊（2014年1月6日）：复查尿常规示：尿蛋白（+），24h尿蛋白定量：1.3g/24h，又以前方加减治疗2月余，水肿消除，未诉明显不适。（路文静，武士锋，杨洪涛 . 杨洪涛教授运用程氏萆薢分清饮合方治疗肾系疾病验案3则［J］. 中医药导报，2016，22（8）：106–107，110.）

10. **带下病**　霍某，女，25岁，已婚，2013年1月19日初诊。患者因"白带量多2个月"就诊于我院门诊。妇科检查：已婚，外阴、阴道畅，分泌物量多，色黄质稠，宫颈重度糜烂，子宫后位，大小正常，左附件区压痛，右附件区未及明显异常。舌红,苔薄黄腻,脉滑数。查 HPV 阴性,支原体阳性,药敏试验显示对所有抗生素耐药。中医诊断:带下病,辨为湿热蕴结型,治以清热利湿、解毒杀虫,方以萆薢分清饮加减。处方:萆薢 10g,黄柏 10g,石菖蒲 10g,车前子(包煎)10g,土茯苓 30g,丹参 30g,竹叶 10g,通草 10g,萹蓄 10g,瞿麦 15g,茵陈 10g,重楼 20g,白花蛇舌草 15g。水煎服,每天 1 剂,分早晚 2 次服,以 28 剂为 1 个疗程,服药 1 个疗程。嘱患者治疗期间禁性生活,每天煮内裤 20 分钟。停药后 10 天复查,支原体阴性。(杨冬,夏阳.萆薢分清饮加减治疗支原体感染导致白带量多验案 1 则[J].湖南中医杂志,2015,31(2):90.)

三十一、八　正　散

【出处】　《太平惠民和剂局方》。

【组成】　萹蓄 9g　瞿麦 9g　车前子 9g　滑石 9g　生山栀 6g　熟大黄 6g　木通 4.5g　甘草梢 3g　灯心 1.5g

【用法】　水煎 2 次分服。

【功效】　清热泻火,利尿通淋。

【主治】　湿热下注膀胱,症见小便淋沥不畅,或癃闭不通,溺时涩痛或刺痛,尿道灼热,尿色浑赤,小腹急满,口燥咽干,舌苔黄腻,脉滑数。

【方解】　本方为苦寒通利之剂。方中用瞿麦利水通淋,清热凉血,是为主药;辅以萹蓄、木通、车前、滑石等清热利湿,通淋利窍之品;佐以栀子、大黄清热泻火,灯心导热下行;使以甘草梢调和诸药,并能缓解尿道涩痛。故凡淋证属湿热者,均可用之。

【临床应用举例】

1. 热淋　高某,女,25 岁,工人。患者轻度畏寒,有时发烧,腰痛,尿频尿急,且排尿有灼热感,右肾区痛甚。曾用呋喃妥因等西药治疗,病情有所缓解。但入院前一天又发烧。入院时,面色潮红,体温 39.4℃,心肺无异常,膀胱区有压痛,右侧肾区叩痛明显,舌质红,苔黄腻,脉滑数。尿镜检:脓细胞(+++),红细胞少许,当日做尿培养为金黄色葡萄球菌生长。入院后,以清热、利尿、通淋法,用八正散化裁:瞿麦、萹蓄、木通、连翘各 15g,六一散 24g,蒲公英 30g,车前草 20g,栀子、黄柏各 10g。急煎 2 付。服后缓解,体温降至 38.8℃。又加川断、川连各 15g,双花、沙参各 30g。服 5 剂后,体温降至 37.7℃。但右肾区叩击痛仍存在。根据上法,兼以滋阴:沙参、双花、蒲公英各 30g,麦冬、玉竹、连翘各 15g,生地、大青叶、车前草各 20g,桔梗 10g,六一散、金钱草各 30g。服 5 剂后,诸症基本消失,仿六味地黄丸加味以善其后:生地、山药、山萸、云苓各 15g,麦冬、丹皮、泽泻、川断、川楝各 10g,双花 20g,蒲公英 25g。服 5 剂后,尿培养阴性,共住院 29 天出院。(李熙鸣 . 热淋 32 例的辨证施治[J].湖北中医杂志,1985(1):25-26.)

2. 排卵期子宫出血　八正散加减治疗排卵期子宫出血 32 例,处方:瞿麦、萹蓄、女贞子各 12g,车前子 10g,旱莲草 15g,大黄 5g,炒荆芥穗 6g,甘草 3g。腹痛重加延胡索、川楝子各 15g;腰痛加川断 12g,杜仲 15g;食少加陈皮 12g,砂仁 6g。水煎,每日 1 剂,7 天为 1 疗程。治疗结果:按上法治疗 1 疗程后,21 例痊愈(阴道流血干净,自觉症状消失,连续 3 个月经周期未复发);9 例好转(阴道流血减少,症状减轻);2 例无效(阴道流血及症状无明显改变),总有效率 93.8%。如治顾某,30 岁,1999 年 8 月 26 日就诊。自述月经干净 12~14 天阴道流血 8 个月,量时多时少,色黯红。曾多方医治效果不显。来诊时值月经中期,阴道流血 2 天,量少,色黯红,质黏腻,伴小腹胀痛,有凉感,心烦,易怒,口干不欲饮,饮食不佳。平素带下量多,质稠,色黄。舌质淡红,苔薄黄,脉弦细。B 超示子宫附件正常。诊断:排卵期子宫出血。属湿热下注型。治宜清热利湿,固冲止血。给予上方 4 剂,阴道流血干净,余症减轻,仍感饮食不佳,上方加陈皮 12g,砂仁 6g,再服 3 剂,症状消失,食欲增加。随访 3 个月,未复发。(姚玉荣,单珂 . 八正散加减治疗排卵期子宫出血 32 例[J].浙江中医杂志,2001(10):424-425.)

3. 肾盂肾炎　治疗女性肾盂肾炎菌尿 67 例,用八正散随症加银花、连翘、柴胡、黄芩、黄连、黄柏等。结果治愈 54 例,有效 5 例,无效 8 例。(唐英 . 八正散加减治疗肾盂肾炎女性菌尿 67 例情况分析[J].辽宁中医杂志,1986(1):19.)

4. 泌尿系结石　八正散加减治疗泌尿系结石 12 例,结果均排出结构疏松易碎之结石。(许彪 . 八正散加减治疗泌尿系结石 12 例[J].云南中医中药杂志,1980(2):32-33.)

加减八正散治疗泌尿系结石 34 例,处方:瞿麦、萹蓄、车前、石韦各 20g,木通 15g,滑石、海金沙、金钱草各 50g,牛膝 30g,大黄 20~30g,甘草 10g,水煎服。结果排石 21 例,结石下移 2cm 以上者 9 例,总有效率为 88.3%。(孙连礼,张景祥,孙德龙,等 . 加减八正散治疗泌尿系结石 34 例[J].吉林中医药,1983(5):19-20.)

5. 精神性多尿多饮症　夏某,女,32 岁,教员。患者因燥渴多饮,小溲日四五十行,于1982年9月29日入门诊简易病室诊治。经尿常规、蝶鞍平片、血常规及相关生化检查,均无异常,诊为:"精神性多饮、多尿症,神经官能症。"并给予维生素 B_1、谷维素等西药治疗,效果不佳。初诊(10月6日):消瘦,面色不华,少气神疲,口干引饮,小溲半小时一行,腰臀重坠,小腹胀满。舌边尖红,苔薄黄,脉象细数。脉证合参,属肾阴亏损之下消证,兼中气下陷。处方:熟地15g,怀山10g,枣皮6g,茯苓10g,丹皮10g,泽泻10g,知母10g,黄柏10g,4剂。补中益气丸,每日18g。复诊(10月9日):诸恙如故,药罔肯綮。舌燥咽干,口苦口臭,小腹迫胀,尿频愈甚,大便秘结,舌红苔黄根腻,脉细数。思之良久,匪病虚也。一诊铸实实之误,拟八正散加减:瞿麦12g,萹蓄12g,石韦10g,泽泻10g,前仁12g,枳壳10g,丹皮10g,滑石18g,黄柏10g,楂肉10g,甘草梢3g。3剂。三诊(9月12日):患者喜诉其多饮多尿之苦,十去其六。小溲日仅十数次,唯苦便结矣。苔薄黄,脉滑缓。效不更法。处方:大黄10g,萹蓄12g,瞿麦12g,丹皮10g,泽泻10g,前仁10g,茯苓15g,滑石18g,牛膝10g,楂肉10g,甘草3g,3剂。上方服后,多饮多尿之症状消失,留观1周后痊愈出院。(吴训之.八正散加减治愈精神性多饮多尿症1例[J].湖南医药杂志,1983(2):44-45.)

6. 泌尿系磺胺结晶形成致尿闭 吕某,男,54岁,农民。于1972年6月9日急诊入院。主诉:因患急性布氏杆菌病,1972年6月5日口服磺胺嘧啶,每6小时1次,每次1g(患者忘记同服碳酸氢钠),连服3日后,出现双侧腰痛、尿频、尿急、尿痛,并出现肉眼血尿,日尿量为50~100ml,偶有肉眼可见磺胺结晶排出。查体:体温、脉搏正常,血压160/95mmHg,急性病容,呻吟不安,双侧肾区叩击痛(+),输尿管区压痛(+),排尿时尿液有中断,余未见异常。尿检:红细胞(++++),磺胺结晶(+)。入院2天余,先后静脉滴注5%碳酸氢钠1 000ml,20%甘露醇1 500ml,等渗盐水、高渗葡萄糖以及0.25%普鲁卡因60ml双侧肾囊封闭,但疗效不佳,症状逐渐加重,呻吟不安,日尿量80ml,呈血尿。6月12日中医会诊,患者脉弦数,舌苔薄黄,诊为"石淋",治宜清热泻火、凉血利尿、利湿通淋。处方:车前子18g,木通15g,瞿麦、萹蓄各30g,滑石15g,栀子10g,大黄8g,白茅根100g,甘草梢6g,玉米须150g,元胡18g,川楝子12g,金钱草50g。水煎服,服药后90分钟排血尿830ml,并排出大量白色透明结晶,2小时后又排尿750ml,尿色逐渐清淡,随之排出透明结晶颗粒数10个,尿频、尿急、尿痛等症状消失,患者安然入睡。上药日1剂,连服3剂后痊愈,随访未复发。(焦源.加味八正散治愈泌尿系磺胺结晶形成致尿闭1例[J].中国中西医结合杂志,1985(9):536.)

7. **急性泌尿系感染**　姚某,女,45岁,2006年1月8日初诊。患者诉尿频、尿急、尿涩、尿痛、尿热、尿红,伴下腹疼痛3天,面色萎黄,口干欲饮,表情痛苦,精神倦怠,睡卧不安,纳呆。舌质红,苔黄腻,脉弦数。查体:双肾区压痛、叩击痛(－),小腹压痛(－)。尿常规示:WBC(+++)、BLD(尿隐血)(++)、PRO(尿蛋白质)(++)。西医诊断为急性泌尿系感染,曾用中药及抗生素治疗无效。辨证为湿热蕴结下焦所致之热淋,治以清热利湿通淋,方用八正散加减:瞿麦、萹蓄、猪苓、泽泻各13g,白茅根30g,大蓟、小蓟、车前草、蒲公英、生地各15g,黄柏8g,金钱草25g,丹皮10g,甘草5g。4剂,水煎内服,每日1剂。嘱忌辛辣刺激、生冷海腥之品。药后诸症大减,复查小便常规正常,仅感轻微尿涩、尿热、尿痛,继服上方4剂,诸症基本消失,小便复查正常,仍守上方减黄柏、蒲公英,加太子参、黄芪,4天后复查小便常规正常,疾病痊愈。嘱注意饮食,忌辛辣刺激、油炸、生冷海腥之品,多饮水,忌劳累,以免复发。(陈彬,陈腾云.八正散治疗泌尿系感染验案举隅[J].湖北中医杂志,2008,30(6):44-45.)

又,查某,男,42岁,2010年8月12日来诊。2天前因食辛辣、饮酒后,小便时感尿道口有少许灼热刺痛、频数短涩不畅、量少色黄,少腹胀痛,腰酸痛,胸胁略疼痛,低热,乏力,口苦,口干,作呕频频,口臭,大便干燥秘结,两日一行。舌红,苔黄厚腻,脉滑数。既往有吸烟饮酒史。体检:双侧肾区有轻度叩击痛、左侧较明显,双肾区有压痛无反跳痛。查尿常规红细胞(+++),蛋白(+)。双肾、输尿管及膀胱B超和肾功能检查均未见明显异常。诊断为急性膀胱炎。治当清热利湿通淋。药用:瞿麦15g,萹蓄10g,滑石10g,车前子15g,栀子15g,炙甘草6g,木通10g,炙大黄6g,黄芩12g,柴胡12g,白茅根30g,茜草15g,灯心草6g。1日1剂,水煎早晚分服。并嘱其忌食辛辣油腻,禁烟酒。服5剂后小便灼热感明显较原来减轻,小便量也明显改善。随方调整,继服7剂后余症皆消。(许昌,王小琴,邵朝弟.邵朝弟应用八正散加味治验举隅[J].实用中医药杂志,2012,28(4):294.)

8. **前列腺增生症**　患者,男,61岁,退休干部。1996年3月始感小腹胀满,小便淋沥不尽,直至不通,渐至大便涩硬,到本市某医院治疗,诊为"前列腺增生症",为解临时之急,放置导尿管引出小便,3天后拔管,不到1天小便又点滴不出,遂又置管导尿,如此5次,结果一样。主诊医生告之家属只有手术才能解决问题。患者及其亲属畏惧而终止治疗,转求中医中药治疗。现症:痛苦面容,面黄色萎,气粗口臭,心烦欲呕,小腹胀满,口渴,舌苔黄垢,腰腹叩击皆痛,小便滴沥难出,大便燥结不行,脉象弦数有力。西医诊断为前列腺增生症。中医诊断癃闭,辨证为湿热蕴结下焦,方用八正散化裁。药用:车前子10g,木通6g,酒大黄10g,滑石30g,瞿麦12g,萹蓄10g,栀子10g,灯心、竹叶各3g,川牛膝12g,琥珀(冲服)5g,泽泻10g,石韦12g,金钱草30g,海金沙15g,甘草3g。服用此方1剂后小便渐通,2剂后小便畅通,3剂后二便俱通,患者精神转佳,连服20剂,排尿困难消失。(陈超存.八正散化裁治疗前列腺增生症验案举隅[J].中国全科医学,2005,8(12):1025.)

三十二、小 蓟 饮 子

【出处】 《济生方》。

【组成】 小蓟15g 生地15g 滑石15g 木通6g 蒲黄9g 藕节15g
淡竹叶9g 当归6g 山栀9g 甘草3g

【用法】 水煎2次分服。

【功效】 清利湿热,凉血止血。

【主治】 湿热蕴结下焦,阴络损伤,症见小便淋涩不利,尿血,尿道热痛,并伴有口渴心烦,舌尖红,苔薄黄腻,脉滑数。

【方解】 本方是在导赤散的基础上增加凉血止血的药味而成。方中小蓟功能凉血止血,近代名医张锡纯谓其"性凉濡,善入血分,最清血分之热,凡咳血、吐血、衄血、二便下血之因热者,服者莫不立愈。"故用为主药。辅以蒲黄、藕节凉血止血,并兼以消瘀;滑石、木通、淡竹叶清热利水通淋。再佐以当归活血化瘀,以使血止而不留瘀;生地、栀子清热养阴;甘草甘缓和中,调和诸药。诸药合用,凉血止血不留瘀,清热利湿而又养阴,故为治疗湿热所致的血尿等症的常用方剂。

【临床应用举例】

1. 小儿急性肾炎 对小儿急性肾炎中辨证属湿热型,一般多见于以血尿为主或合并感染者。主症为浮肿,血尿,常伴发热,口渴,或伴尿急,尿频,尿痛。舌质红,苔薄黄或黄腻,脉滑数。治以清热利湿,凉血止血。方用小蓟饮加减。血尿重者加黄柏、板蓝根、白茅根。(虞佩兰.小儿肾炎的中西医结合治疗[J].实用儿科杂志,1987(2):69-70.)

2. 慢性肾炎 著名中医学家张镜人认为,慢性肾炎的病机是湿热内蕴、损伤脾肾气阴所致,故对尿中红细胞多者,应以小蓟饮子加贯众炭、荠菜花、仙鹤草、金樱子根等治疗。(宋祖敬.当代名医证治汇粹[M].石家庄:河北科学技术出版社,1990.)

3. 小儿迁延性肾炎血尿 用小蓟饮子合猪苓汤加减治疗小儿迁延性肾炎血尿 36 例,方药:小蓟根 12g,生地黄、滑石、黑山栀、猪苓、泽泻、阿胶(分 2 次烊化)各 6g,生蒲黄(包)、连翘各 8g,茯苓 10g;复感外邪去生地、阿胶,加地丁草、金银花、蝉蜕;气虚加太子参、黄芪、怀山药;肝肾阴虚加枸杞子、菊花、豨莶草;血尿明显加旱莲草、白茅根、琥珀;日 1 剂水煎服,以上剂量为 8 岁儿童用量,诸药用量可根据年龄酌情加减。结果:治愈 24 例,有效 9 例,无效 3 例,总有效率 91.7%。(戴天铸,戴素娟.小蓟猪苓汤治疗小儿迁延性肾炎血尿 36 例[J].中国民间疗法,2000(8):25-26.)

4. 小儿隐匿性肾炎 小儿隐匿性肾炎中辨证属热结下焦型,治以清热利湿,凉血止血,用小蓟饮子合二至丸加减:小蓟、旱莲草、女贞子各 12g,藕节、丹皮、栀子各 10g,六一散(包煎)15g,白茅根 20g,竹叶 5g。疗效较好。(潘蕾.中医辨证治疗小儿隐匿性肾炎 36 例[J].四川中医,2001(5):56-57.)

5. 小儿无痛性血尿 对小儿无痛性血尿辨证属邪热未清型治以凉血止血,用小蓟饮子加减:生地炭、白茅根、大蓟、小蓟、旱莲草、藕节炭、丹皮、茯苓,疗效满意。(刘琼.辨证治疗小儿无痛性血尿[J].湖北中医杂志,2001(3):32-34.)

6. IgA 肾病 用小蓟饮子加减治疗辨证为湿热型的 IgA 肾病,其中治疗组 61 例与对照组 51 例,治疗组用大蓟、小蓟、藕节、车前子、生地、上已菜、茜草各 15g,蒲黄、栀子各 10g,通草 3g,当归 6g,随症加减,水煎服;中药血尿灵制剂(含白茅根、大枣等)口服。对照组用常规西药。结果:本方对肝肾阴虚、气阴两虚型患者疗效较佳,而对肺肾气虚者疗效差;本方对系膜增生型与弥漫系膜增生型疗效优于对照组(P 均 <0.05);肾小管萎缩程度越低疗效越佳,且萎缩 1%~9% 的治疗组疗效优于对照组;本组不伴球囊壁粘连者疗效优于伴球囊壁粘连者,且不伴有囊壁粘连者疗效本组优于对照组。(洪江淮,郑京,王智,等.小蓟饮子加减治疗标证为湿热型的 IgA 肾病疗效观察[J].福建中医药,2000(1):11-13.)

7. 急性泌尿系感染 对急性泌尿系感染属血淋,症见小便热涩刺痛,尿色赤红或深红,有时尿中可见血丝或血块。或见心烦,口干,舌质红,无苔或薄黄苔,脉数。治宜清热凉血通淋。可用小蓟饮子(生地、小蓟、滑石、木通、炒蒲黄、淡竹叶、藕节、当归、山栀子、炙甘草)。如尿道热涩疼痛较重的可加瞿麦、车前。血尿较多的加丹皮、茅根。(任起芳.小蓟饮子、八正散治疗急性泌尿系感染 48 例疗效观察[J].黑龙江中医药,1985(3):43-44.)

8. **血精症** 用小蓟饮子治疗血精症 31 例,方药:小蓟、生薏苡仁各 30g,生地黄、石韦各 15g,生蒲黄、干藕节、生栀子各 12g,淡竹叶、木通、血余炭各 9g。结果:用 2 个疗程,痊愈 2 例,好转 6 例,无效 3 例,总有效率 90%。(李伯.小蓟饮子治疗血精症 31 例[J].安徽中医学院学报,1999(4):30–31.)

9. **水痘** 同某,女,2 岁,1985 年 4 月 10 日就诊。发烧 2 天,体温 38.9℃,口渴烦躁,昨晚发现背部、胸腹部有赤小豆大小疮疹及红色斑点斑块,瘙痒。今头面及上肢皆现散在疮疹,色紫黯,胸背疮疹稠密,周围红赤。脐左侧抓破后溃烂,滋流水浆,红肿疼痛。口内白色溃疡点 3 处,尿短赤,纳差,绿色稀便夹有黏液,舌红苔黄腻,脉数。证属外感时邪,内有湿浊,郁而化热,湿热炽盛,伤及血络之重证水痘。治宜清热解毒、利湿凉血。小蓟饮子加减:小蓟 12g,滑石 15g,栀子 10g,竹叶 6g,通草 4g,银花 10g,石膏 12g,丹皮 8g,紫草 8g,3 剂。药后体温 37.5℃,痘疹大部结痂,溃烂处已干收,小便量增,色黄,舌红苔黄腻,脉数,药中病机,余邪未清。再进 2 剂。并以清淡饮食调养,遂诸症皆消。(梁德虎.小蓟饮子儿科临床应用验例四则[J].陕西中医函授,1991(1):14.)

10. **血淋** 李某,男,27 岁,2014 年 5 月 25 日初诊。患者于 2014 年 5 月常规体检中查尿常规示:尿潜血(+++),红细胞 48.8 个 /μL,红细胞(高倍视野)8.8 个 /μL。刻诊:患者精神可,自诉排尿疼痛,尿液浑浊,上浮白色泡沫,左肋下时有疼痛,无腰痛、腹痛、口干口苦等不适,纳可,寐安,大便调。舌体黯红,舌尖发红,苔少,脉弦细。诊断为血淋,证属湿热蕴结,治以清热通淋、凉血止血。方用小蓟饮子化裁。药用:生地 12g,墨旱莲 15g,小蓟 10g,马鞭草 10g,侧柏叶 10g,玄参 12g,荠菜花 10g,车前草 10g,海螵蛸 15g。7 剂,水煎,300ml,分 2 次服用。嘱患者多休息,忌劳累,饮食宜清淡,忌食肥甘厚味,多饮水,注意复查。6 月 2 日二诊,查尿常规示:尿潜血(+),尿红细胞计数 20 个 /μL,化验结果较前明显好转。患者自诉排尿疼痛明显减轻,左肋疼痛较前好转,咽痛,咽部红肿。纳可,寐安,二便调。舌红,苔少,脉弦细。原方加重楼 10g,僵蚕 10g,连翘 10g,黄柏 6g,白茅根 30g。继服 7 剂。6 月 9 日三诊,查尿常规示:尿潜血(+-),尿红细胞计数 20 个 /μL,患者自诉已无明显不适,纳可,寐安,二便调。舌红,少许薄白苔,脉弦细。继予前方加仙鹤草 10g,继服 7 剂。6 月 16 日四诊,复查尿常规示:均正常,上方去侧柏叶、仙鹤草,再服 7 剂以巩固。随访 3 个月,未复发。(毛妍,王季良.中医药治疗尿潜血阳性验案 1 则[J].湖南中医杂志,2016,32(3):116–117.)

11. **膀胱癌** 丁某,男,69 岁,农民。1998 年 9 月 6 日初诊,查尿常规:红细胞满视野,白细胞(++),上皮细胞少许;B超提示:肾脏未见明显异常,膀胱内可见12cm×10cm大小肿块,膀胱镜活检诊断移行上皮癌。曾在当地医院抗炎输液及对症处理,效果不显。症见:少腹隐痛,小便红赤,大便不畅,胸脘满闷,口淡乏味,面色萎黄,腰腿沉楚,胃纳呆滞。舌苔白腻,脉象濡数。证属湿热蕴结,气机阻滞,气滞血瘀,灼伤血络。治以清化湿热,宣畅气机,凉血止血,通滞散结。拟小蓟饮子加减。药用:小蓟、生地黄、蒲黄炭、半枝莲、石见穿、萆薢、藕节各30g,三棱15g,栀子10g,莪术10g,淡竹叶15g,三七粉5g,当归10g,木通10g,茯苓20g,白术10g,瞿麦15g,金钱草30g。服药15剂。9月23日复诊,少腹痛减,纳渐进。查尿常规:红细胞(++),白细胞(+)。继服20剂。10月20日复诊,患者症状明显改善,胃纳可,舌苔转为薄白,查尿常规:红细胞(+),B超提示:膀胱内可见8cm×6cm大小肿块。后继服3个月,病人自觉精神好,可下地参加劳动,至今仍健在。(李虹.小蓟饮子加减治疗膀胱癌的体会[J].中国中医药信息杂志,2001,8(9):80.)

三十三、辛苦香淡汤

【出处】　《湿温大论》。

【组成】　半夏6g　厚朴4.5g　枳实4.5g　黄连1.5g　黄芩6g　藿香9g　佩兰9g　滑石12g　薏仁12g

【用法】　水煎2次分服。

【功效】　芳香化浊,苦寒燥湿,淡渗利湿。

【主治】　湿温中期主方。

【方解】　方中半夏、厚朴、枳实辛开苦降以燥湿;黄连、黄芩苦寒以清湿热;藿香、佩兰气味芳香以化湿浊;滑石、薏仁功在渗利,寓"治湿不利小便非其治也"之意。诸药配伍,其奏清化渗利湿热之效。

【临床应用举例】

1. 外感夹湿证　周二公子,年十八岁,尚未娶室。于本年二月十一日患外感夹湿证,愚投平胃散、荆、防、紫苏辈,病大瘥,唯乏力耳。彼去岁曾患吐血症,经余伯陶治愈,因慕余氏善调理,乃往求治,投石斛、白薇、杏、贝辈滋阴养肺之品,并谓身当发红疹白痦。药后二日,果如所言,胸部透出细粒白痦,而症势益重,自汗涔涔,寒热复起,胸闷泛恶,喉部作痛。迨至二十一日改就朱子云,投人中黄、苦甘草等清火喉科套方,而又增不寐足寒,晕厥不能起矣。于二十二日急足招愚,诊其脉滑舌黄,胸部疼痛,水食不进,余如前述,乃进辛苦香淡汤加杏仁、蔻仁、泽泻、贝母等。

二十三日,足寒自汗大瘥,喉痛胸闷减轻,寒热罢,泛恶止,夜得安睡,精神大振,唯有时恶寒,身重肢酸,脉沉滑舌薄黄而腻,投辛苦香淡汤加竹茹、竹叶、赤苓、泽泻等。药后鼾睡一宵,小溲畅行,胸闷大除,泄泻一次,食欲大振。乃宗原意出入,病日以起。至二十七日,病痊起床,二便畅行,食欲大振。其母是日有事他出,由其兄妹看护,年少无知,恣病者所需,致一日间进粥十碗,桃片糕十五块,而病者尚津津有余味也,既而腹胀胸闷复起,腑行不畅,是食复也。予辛苦香淡汤去芩、连,加腹皮、神曲、麦芽以消导化滞。后未见邀,不知其结果为何如也。(胡安邦.湿温大论[M].上海:上海中医书局,1954.)

2. 湿温重证 陈云彩,年十八岁。不慎感冒,旬日内历治无效,乃于六月十九日,邀修之诊焉。察其身热大甚,时欲裸体,偶合眼则谵语妄言,口渴狂饮,大便五日未行,小溲不畅,头晕咳嗽,自汗不休,胸闷窒欲死,呼吸困难,脉滑数至疾,舌黄滑。修之治湿温证多矣,然未见胸闷窒欲死,而口渴狂饮至水不离口,并欲裸其体者也。通常患湿温者决不口渴狂饮,而口渴狂饮者必非湿温证,本案实为修之行医以来第一次所见湿温证奇特之症状。若本案而予白虎汤加苍术,则修之以为不谬,以其类乎阳明病也,然决不若辛苦香淡汤之尤为稳当的对也。当时修之投辛苦香淡汤加大黄四钱,翌日泄泻三次,而胸闷身热口渴依然。仍予原方,当日又泄泻三次,而症状脉色依旧,若是者四日,病势不稍退也。一本原方进治,至五日后,身热略退,狂饮谵语大除,脉亦减至六至。乃以辛苦香淡汤原方进治,而邪势日退。至六月二十九日,霍然起床,竟告痊愈。于此尤可见辛苦香淡汤实为治湿温症之唯一特效方也。(胡安邦.湿温大论[M].上海:上海中医书局,1954.)

附 篇

一、历代名论名著选释

湿热不攘,大筋缧短,小筋弛长,缧短为拘,弛长为痿。(《素问·生气通天论》)

[释义] 湿热浸淫筋脉,可引起大筋缩短而拘挛不伸,小筋引长而痿弱无力,这是《黄帝内经》对湿热为患的最早记述,为研究湿热病证肇其端。

四之气,溽暑湿热相薄,争于左之上,民病黄疸而为胕肿。(《素问·六元正纪大论》)

[释义] 本条提示湿热病的发生,与时令节气有很大的关系。四之客气,乃少阴君火,主气乃太阴湿土,溽暑季节,天热地湿,湿热为病较多,黄疸胕肿,是湿热引起的常见病证。

伤寒有五:有中风,有伤寒,有湿温,有热病,有温病,其所苦各不同。(《难经·五十八难》)

[释义] 湿温之病名始见于此,并将其列入广义伤寒的范畴,为外感热病之一种,开后世深入研究湿温病之先河。

其人尝伤于湿,因而中暍,湿热相搏,则发湿温。病苦两胫逆冷,腹满叉胸,头目苦痛,妄言,治在足太阴,不可发汗,汗出必不能言,耳聋,不知痛所在,身青,面色变,名曰重暍,如此者,死。医杀之也。(《脉经·病不可发汗证》)

[释义] 本论对湿温的病因病机、临床表现和治法等做了简要的记述,对后世有较大影响。如清代吴鞠通《温病条辨》提出湿温治疗"三忌"之说,其中忌发汗即是受此启发。

治湿之法,不利小便,非其治也。(《素问病机气宜保命集·病机论》)

〔释义〕　湿为有形之邪,小便是湿邪的主要去路,故治湿之法,当以利小便为上。湿热病乃湿与热相合为患,自然不能舍此治法。对此,清代医家叶天士更有重大发挥。他在《外感温热篇》中提出的"通阳不在温,而在利小便",深刻地阐明了通利小便在治疗湿热病上的特殊作用。盖湿热伤人,因湿为阴邪,往往出现湿遏热伏,阳气郁闭不宣的病理现象,昧者不究病机,误用温药宣通阳气,势必助长邪热,其病益甚。唯用化气利湿之法,使小便通利,如是则湿去阳气自然宣通。至于利小便的具体方法,不单纯局限于渗利之药,更着重于疏瀹气机,宣展肺气。当代名医赵绍琴教授说:"肺为水之上源,且主一身之气。肺气开,则水道宣畅,湿从小便而去。肺气宣发,湿浊可散,即所谓气化则湿化,气行则湿亦行也。"

……或渗湿于热下,不与热相抟,势必孤矣。(《温热经纬·叶香岩外感温热篇》)

〔释义〕　湿热病乃湿与热胶结为患,湿为有形之邪,热以湿为依附,更难廓清,其势愈炽。故治疗湿热病要着力于使湿热两邪分离。叶氏所谓"渗湿于热下",即是通过利小便的方法,使湿邪有所去路,如是则热邪孤立,病易解也。对此薛生白在《湿热病篇》中亦有深刻的论述,他说:"热为天之气,湿为地之气,热得湿而愈炽,湿得热而愈横。湿热两分,其病轻而缓;湿热两合,其病重而速。"

湿热病属阳明太阴经者居多,中气实则病在阳明,中气虚则病在太阴。(《温热经纬·薛生白湿热病篇》)

〔释义〕　本论指出了脾胃为湿热病变之中心。其所以多属阳明太阴者,章虚谷释之曰:"胃为戊土属阳,脾为己土属阴,湿土之气,同类相合,故湿热之邪,始虽外受,终归脾胃。"盖脾胃同居中焦,职司运化,脾喜燥恶湿,胃喜润恶燥,两者互为表里,对湿、热之邪各有其亲和性,当湿热侵入人体后,其病邪转化又常取决于病人的体质,特别是脾胃功能状态。凡素体中阳偏旺者,湿邪易于化燥而为热重于湿,病偏于胃;素禀中阳不足者,则邪从湿化而为湿重于热,病多在脾。以脾胃为中心的湿热病理论,对于指导湿热病的辨证和治疗很有价值。

湿热证,始恶寒,后但热不寒,汗出胸痞,舌白,口渴不引饮。(引同上)

〔释义〕　本条提纲挈领地指出湿热病初起的典型症候,也是本病辨证的要点。薛氏强调指出:"此条乃湿热证之提纲也。"所谓提纲,是指这些症状最能反映湿热病的病理特点,最有代表性,医者明乎此,便能在错综复杂的病情变化中,抓住疾病的关键,以利于确立诊断。

湿热证,恶寒无汗,身重头痛,湿在表分,宜藿香、香薷、羌活、苍术皮、薄荷、牛蒡子等味。头不痛者去羌活。(引同上)

[释义] 本条为湿伤肌表的证治。《黄帝内经》曰:"其在皮者,汗而发之。"故用藿香、香薷、苍术皮芳香辛散之品,以透表化湿,复入羌活、薄荷、牛蒡以祛风胜湿。此类药物,偏于辛温,善走肺经而达于肌表,故湿伤肌表,卫阳郁闭者宜之;若湿热在表,或湿已化热之证,则不可轻率用之。所以对条文之首"湿热证"三字,应活看,不能死于句下。

湿热证,恶寒发热,身重关节疼痛,湿在肌肉,不为汗解,宜滑石、大豆黄卷、茯苓皮、苍术皮、藿香叶、鲜荷叶、白通草、桔梗等味。不恶寒者,去苍术皮。(引同上)

[释义] 湿邪伤表,有寒湿与湿热之分,本条与上条比较,恶寒身重同,而发热、汗出、关节疼痛不同。究其病因病机,亦同中有异:同者,均为湿伤肌表;异者,上条为湿未化热,卫阳郁闭,此条为湿中蕴热,浸淫关节。正因为湿中蕴热,蒸腾于表,故发热汗出;又因湿性黏腻,所以虽汗出而邪热不解;湿邪浸淫关节,故关节疼痛。在治法上,与上条亦同中有异:因湿邪在表,故亦取藿香之芳香宣化以祛表湿;但湿已化热,则不宜香薷、羌活之辛温解表,而取滑石、茯苓皮、通草等淡渗之品以利湿泄热。更入豆卷、桔梗、苍术皮轻清宣透,善走肌表,助藿香以除表湿。

湿热证,发痉,神昏笑妄,脉洪数有力,开泄不效者,湿热蕴结胸膈,宜仿凉膈散;若大便数日不通者,热邪闭结肠胃,宜仿承气微下之例。(引同上)

[释义] 本条为湿热化燥而成阳明腑实的证治。发痉,神昏笑妄,多见于邪入心营,神明被扰,肝风内动之证,但气分热盛,特别是阳明腑实,邪热波及厥阴,亦可见之。本证脉洪数有力,大便秘结,且开泄不效,显系实热蕴结气分,而非邪陷心包之证。文中虽未言及舌苔,然以证推之,必黄燥或焦燥起刺,与邪入心营之舌绛无苔或少苔自有不同。由于气分实热,证有轻重,故凉膈、承气正为阳明腑实而设,旨在釜底抽薪,通腑泄热,诚如薛氏自注云:"阳明之邪,仍假阳明为出路也"。值得指出,湿热证用下法,昔贤有禁,如吴鞠通告诫说:"下之则洞泄不止。"我们认为,湿热壅滞脾胃,中焦气机不畅,升降失调,常可出现脘痞腹胀等类似腑实之证,此时若误投苦寒攻下,势必导致中阳受损,脾气下陷,遂令洞泄不止,故吴氏所以有禁下之设。但湿热化燥,胃腑结实,或湿热夹滞,胶结胃肠,又当及时攻下,不可姑息。观此条,足证"湿热禁下"之说,不可拘泥。

湿热证,壮热口渴,自汗身重,胸痞,脉洪大而长者,此太阴之湿与阳明之

热相合,宜白虎加苍术汤。(引同上)

〔释义〕 此条为热重湿轻证型的治法。方用白虎汤清阳明炽盛之邪热,加苍术以燥太阴之脾湿。本方药简力专,对证施之,常能取得满意的疗效。

湿热证,寒热如疟,湿热阻遏膜原,宜柴胡、厚朴、槟榔、草果、藿香、苍术、半夏、干菖蒲、六一散等味。(引同上)

〔释义〕 本条为湿热阻遏膜原的证治。

薛氏云:"膜原者,外通肌肉,内近胃腑,即三焦之门户,实一身之半表半里也。邪由上受,直趋中道,故病多归膜原。"正因为膜原为半表半里之地,湿热阻遏于此,则枢机不利,营卫气争,故见寒热如疟,其舌苔必浊腻,脉多弦缓或濡缓,且兼胸闷、腹胀、呕恶等脾胃湿滞之征象。盖此证与伤寒少阳证相仿。但此为热邪夹湿阻遏膜原而病涉中焦,彼则无形邪热客于少阳而病在胆经,故一以小柴胡汤和解少阳,清泄胆经为治;一以开达膜原,宣化湿浊为法。条文中所列药物,柴胡专入半表半里之地,以疏透邪热;厚朴、半夏、槟榔、草果、苍术苦辛开泄,宣达膜原湿浊;菖蒲、藿香芳香化浊;六一散清利湿热。

湿热证,初起发热,汗出胸痞,口渴舌白,湿伏中焦,宜藿梗、蔻仁、杏仁、枳壳、桔梗、郁金、苍术、厚朴、草果、半夏、干菖蒲、佩兰叶、六一散等。(引同上)

〔释义〕 本条为湿热伏于中焦,湿重于热的证治。

湿热证的辨治,不仅要细辨病位,更应分清湿与热之孰轻孰重。舌白,当指舌苔白腻而不黄,是脾胃湿滞,湿重热轻之明征。治法应以苦辛燥湿为主,不可早用寒凉清热而阻遏湿邪透达,病反难解。故薛氏取藿香、佩兰、蔻仁、菖蒲、郁金芳香化浊;苍术、厚朴、草果、半夏苦温燥湿;复加六一散以清利湿热。用杏仁、枳壳、桔梗者,取其宣肺而利气,盖气化则湿亦化也。

湿热证,数日后,自利,溺赤,口渴,湿流下焦,宜滑石、猪苓、茯苓、泽泻、萆薢、通草等味。(引同上)

〔释义〕 本条为湿热流注下焦的证治。

湿热流注下焦,大肠传导因而失常,小肠不能分清别浊,则大便溏泄而小便赤溺,《黄帝内经》所谓"湿胜则濡泻"是也。前贤有云:"治湿不利小便,非其治也。"故药用滑石、猪苓、茯苓、泽泻、萆薢、通草等甘淡渗利之品,使湿邪从小便而出,湿去则热无所附,其病易解。

湿热证,舌根白,舌尖红,湿渐化热,余湿犹滞,宜辛泄佐清热,如蔻仁、半夏、干菖蒲、大豆黄卷、连翘、绿豆衣、六一散等味。(引同上)

〔释义〕 本条为湿渐化热而成湿热并重的证治。

如前所述,湿热证的辨治,重点当分清湿与热之孰轻孰重。舌根白,是湿邪内阻之象；舌尖红，为湿已化热之候。此条以验舌作为辨证的主要依据，当然临床还须四诊合参，全面分析。薛氏自注说："此湿热参半之证。"既属湿热并重，临床当兼有胸闷脘痞，腹胀便溏，口苦而黏，小便黄赤等症。故治法以化湿清热并施，药用蔻仁、半夏、菖蒲、豆卷等苦辛开泄，合清轻宣透以化湿浊，复加连翘、绿豆衣清湿中蕴热，更入六一散清利湿热。

湿热证，四五日，口大渴，胸闷欲绝，干呕不止，脉细数，舌光如镜，胃液受劫，胆火上冲，宜西瓜汁、金汁、鲜生地汁、甘蔗汁，磨服郁金、木香、香附、乌药等味。（引同上）

[释义] 本条为胃液受劫，肝胆气逆证治。

湿热证，四五日，湿已化热，热灼津伤，胃液大耗，故口大渴，舌光如镜，脉细数，加之肝胆之气乘胃液之虚而上逆，胃失和降，故胸闷欲绝，干呕不止。药用诸汁甘寒清热，滋养胃阴，复加郁金、木香、香附、乌药疏泄肝胆以降逆气。以汁磨药，不用煎者，取其气全耳。综观上述用药，寓辛香理气于甘寒滋润之中，有阴阳相济、刚柔相须之妙。吴锡璜谓其"养阴而不滞邪，调气又不枯阴"，王孟英认为"凡治阴虚气滞者，可以仿此用药"。特别是以汁磨药的投药方法，很值得效法。

湿热证，呕恶不止，昼夜不差欲死者，肺胃不和，胃热移肺，肺不受邪也。宜用川连三四分，苏叶二三分，两味煎汤，呷下即止。（引同上）

[释义] 本条为湿热中阻，胃气上逆而致肺胃不和的证治。

胃气以下行为顺，叶天士所谓"胃宜降则和"。今湿热阻滞于胃，使胃气失通降之职，势必上逆犯肺，肺不受邪，还归于胃，而致呕恶不止，昼夜不差欲死。看似病情危重，实则邪轻病浅，故仅用黄连、苏叶两味，药少量轻，取"轻可去实"之意，颇具巧思。

湿热证，数日后，汗出热不除，或痉，忽头痛不止者，营液大亏，厥阴风火上升，宜羚羊角、蔓荆子、钩藤、玄参、生地、女贞子等味。（引同上）

[释义] 本条为热灼阴伤，肝风煽动的证治。

湿热化燥，热盛于里，蒸腾于表，故汗出而热不除。汗出既多，热又不退，是以营阴大伤。阴亏则水不涵木，肝阳化风而肆虐。风阳走窜经络则发痉，上扰巅顶则头痛。药用羚羊角、蔓荆、钩藤凉肝息风以治其标；玄参、生地、女贞滋水涵木以固其本。王孟英认为："蔓荆不若以菊花、桑叶易之"。汪曰桢主张"枸杞子亦可用"。两说甚是。

湿热证，七八日，口不渴，声不出，与饮食亦不却，默默不语，神识昏迷，进辛香凉泄，芳香逐秽俱不效，此邪入厥阴，主客浑受，宜仿吴又可三甲散，醉地

鳖虫、醋炒鳖甲、土炒穿山甲、生僵蚕、柴胡、桃仁泥等味。(引同上)

[释义] 本证之神识异常非热陷心包,或秽浊蒙闭心窍所致,故用辛香凉泄(如牛黄丸、至宝丹、紫雪丹之类)、芳香逐秽(如苏合香丸之类)俱不获效。因其邪陷经络,气钝血滞,灵机不运而致神识呆滞,故治仿吴氏三甲散,取虫类搜剔之药,合柴胡、桃仁以行血通络,入阴透邪。邪陷得泄,则神机运而神识自可复常。

湿热证,湿热伤气,四肢困倦,精神减少,身热气高,心烦溺黄,口渴自汗,脉虚者,用东垣清暑益气汤主治。(引同上)

[释义] 本证四肢困倦,精神减少,自汗,呼吸短促,脉虚,是脾肺之气虚弱的表现;口渴,乃津液不足之象;身热,心烦,溺黄,则为暑湿之邪留滞气分所致。总之,此属气津两伤,余邪未净,邪少虚多之候。东垣清暑益气汤有清暑益气,保肺生津,健脾燥湿的功效,但因其药味庞杂,于本证不甚贴切,王孟英谓其"有清暑之名而无清暑之实",并采用西洋参、石斛、麦冬、黄连、竹叶、荷杆、知母、甘草、粳米、西瓜翠衣等以清暑热而益元气,较东垣之方,更切实用,临床屡有效验。

湿热证,数日后,脘中微闷,知饥不食,湿邪蒙绕三焦,宜藿香叶、薄荷叶、鲜荷叶、枇杷叶、佩兰叶、芦尖、冬瓜仁等味。(引同上)

[释义] 本条为湿热未清,余邪困胃的证治。

湿热证数日后,大势已平,唯余邪尚未廓清,蒙绕三焦,逗留胃分,以致胃气受困,气机不舒而见脘中微闷,知饥不食,此类患者,舌苔必薄腻,或身有微热,薛氏以五叶轻清芳化;芦根用尖,取其轻扬宣畅之意,故有清理余邪,疏瀹气机,醒胃悦脾之效。用于湿热证之恢复期,余邪未尽者,甚为合拍。

湿热证,十余日,大势已退,惟口渴,汗出,骨节痛,余邪留滞经络,宜元米汤泡于术,隔一宿,去术煎饮。(引同上)

[释义] 本条为病后湿邪留滞经络,阴液已伤的证治。

湿热证,大势已退,说明病情已趋恢复阶段,但余湿留滞经络,营卫不和,以致骨节疼痛,汗出。病中津液已伤,是以口渴。此时,养阴则助湿,治湿则劫阴,故用元米汤泡于术,祛邪扶正,相互兼顾,有祛湿而不伤阴,养阴而不助湿之妙。更耐人寻味的是,投剂仿仲景麻沸汤之法(如泻心汤用麻沸汤泡渍),取气而不取味,亦寓轻可去实之意。

湿热证,曾开泄下夺,恶候皆平,独神思不清,倦语不思食,溺数,唇齿干,胃气不输,肺气不布,元神大亏,宜人参、麦冬、石斛、木瓜、生甘草、生谷芽、鲜莲子等味。(引同上)

［释义］　湿热证，在其邪实之时，曾用开泄下夺等法，邪气已经顿挫，险恶的症候已平，但由于原来邪盛症重，正气难免受伤，所以至恢复期呈现邪退正衰之象。神思不清，当指精神萎靡而不爽慧，并非神识昏愦，加之倦语，为元气虚惫之候；不思食，系胃气未醒，运化不健所致；溺数，乃气虚不能摄津使然；唇齿干燥，是津液不足之象。纵观本证，为病后气津两亏，脾运未健。故以人参、麦冬、石斛益气生津，木瓜与甘草相配，取酸甘化阴之意；更入生谷芽、鲜莲子健脾醒胃，以助运化。

湿温者，长夏初秋，湿中生热，即暑病之偏于湿者也。（《温病条辨·上焦篇》）

［释义］　本条指出湿温的发病和流行季节，以及与暑病的关系，对临床的诊断有一定指导意义。

湿温较诸温，病势虽缓而实重，上焦最少，病势不甚显张，中焦病最多。（引同上）

［释义］　湿热合邪，如油入面，胶结难分，非若寒邪汗之即解，热邪清之即却，故湿温病往往病情缠绵；又因其病变重心在脾胃，故临床以中焦证最为突出，这些都是本病的特点，明乎此，则有助于诊断。

头痛恶寒，身重疼痛，舌白不渴，脉弦细而濡，面色淡黄，胸闷不饥，午后身热，状若阴虚，病难速已，名曰湿温，汗之则神昏耳聋，甚则目瞑不欲言，下之则洞泄，润之则病深不解，长夏深秋冬日同法，三仁汤主之。

三仁汤方
杏仁五钱　飞滑石六钱　白通草二钱　白蔻仁二钱　竹叶二钱　厚朴二钱　生薏仁六钱　半夏五钱

甘澜水八碗，煮取三碗，每服一碗，日三服。（引同上）

［释义］　本条为论述湿温初起证治及治疗禁忌。"头痛恶寒，身重疼痛，舌白不渴"，见症颇类太阳伤寒。然又有"脉弦细而濡，面色淡黄，胸闷不饥，午后身热"之象，则与伤寒迥异。综观脉证，当属湿热为患。若误诊为太阳伤寒，以麻、桂之剂辛温发汗，则可导致"神昏耳聋，甚则目瞑不欲言"。此乃湿邪随辛温发汗之药蒸腾上逆，蒙蔽清窍之故；若以"胸闷不饥"为腑实之证，而错用攻下之剂，则损伤脾胃阳气，使脾气下陷，而致"洞泄"；若以"午后身热"为阴虚而用滋润之药，则使湿邪滞着不化，致"病深不解"。此乃湿温病初起治疗之三大禁忌，即一忌妄汗；二忌妄下；三忌用滋润。当然，这也不是绝对的。湿温初起邪在卫气时，辛温发汗虽然不宜，芳透之法也不可少；湿温倘发展成阳明里实时，通下亦当可用；而湿热之邪化燥伤阴，滋润仍属必需。其关

键还在于辨证,"有是证即用是药",此之谓也。

三仁汤中杏仁入上焦,宣肺气,通调水道为君药;蔻仁辛温芳香,能醒胃燥湿;生苡仁甘淡微寒,健脾利湿清热。三仁配伍,宣通上中下三焦弥漫之湿。半夏、厚朴辛开苦降,开郁燥湿行气;滑石、通草、竹叶淡渗利湿清热;竹叶又能轻清宣透,达热出表。诸药相合,具轻开上焦,畅达中焦,渗利下焦之作用,而收宣化湿热之效。

湿温邪入心包,神昏肢逆,清宫汤去莲心、麦冬,加银花、赤小豆皮,煎送至宝丹,或紫雪丹亦可。

清宫汤去莲心麦冬加银花赤小豆皮方

犀角一钱　连翘心三钱　元参心二钱　竹叶心二钱　银花二钱　赤小豆皮三钱(引同上)

〔释义〕 湿温邪在卫表,多见身痛身热之候,若辨证不明,误认伤寒而汗之,使心阴耗伤,邪热内陷负包络;或患者心阴素虚,温邪易走窜心包,均可出现上述变证。方用清宫汤加减以清心包热邪,并用至宝丹或紫雪丹清心开窍。

秽湿着里,舌黄脘闷,气机不宣,久则酿热,三加减正气散主之。

三加减正气散方(苦辛寒法)

藿香(连梗叶)三钱　茯苓皮三钱　厚朴二钱　广皮一钱五分　杏仁三钱　滑石五钱

水五杯,煮二杯,再服。(《温病条辨·中焦篇》)

〔释义〕 湿浊阻滞,气机不宣,阳气郁遏,久则热由内生,酿成中焦湿重于热之证。本证临床表现多有身热不扬,脘痞腹胀,恶心欲吐,口不渴或渴不欲饮,或渴喜热饮,大便溏泄,小便混浊,苔黄腻,脉濡缓等见症。故在一加减正气散方中加藿香叶以轻宣达表,透热外出,加滑石以清利湿热,加重杏仁剂量以开肺气通调水道,使湿热有下达之机。《温病条辨》中共有五个加减正气散方,其中一加减正气散用于湿邪夹食滞郁阻中焦,脾胃升降失司等证;二加减正气散用于湿邪郁阻表里之候。另四、五加减正气散方属治疗寒湿之剂,学者可参看选用。

脉缓身痛,舌淡黄而滑,渴不多饮,或竟不渴,汗出热解,继而复热,内不能运水谷之湿,外复感时令之湿,发表攻里,两不可施,误认伤寒,必转坏证,徒清热则湿不退,徒祛湿则热愈炽,黄芩滑石汤主之。

黄芩滑石汤方(苦辛寒法)

黄芩三钱　滑石三钱　茯苓皮三钱　大腹皮二钱　白蔻仁一钱　通草一钱　猪苓三钱

水六杯,煮取二杯,渣再煮一杯,分温三服。(引同上)

[释义] 本证的病因病机是内外皆被湿阻,气机不畅,阳气郁闭,蕴而生热,所谓热处湿中,湿居热外,湿热裹结,难分难解。其治疗"发表攻里,两不可施""徒清热则湿不退,徒祛湿则热愈炽",故用黄芩滑石汤清热化湿并施。方中黄芩清热燥湿;滑石清热利湿;茯苓皮、通草、猪苓淡渗利湿;大腹皮燥湿行气,使气行湿易祛;蔻仁辛香,醒脾胃,开湿郁。诸药合用,"共成宣气利小便之功,气化则湿化,小便利则火腑通而热自清矣"!

湿郁经脉,身热身痛,汗多自利,胸腹白疹,内外合邪,纯辛走表,纯苦清热,皆在所忌。辛凉淡法,薏苡竹叶散主之。

薏苡竹叶散方(辛凉淡法,亦轻以去实法)

薏苡五钱　竹叶三钱　飞滑石五钱　白蔻仁一钱五分　连翘三钱　茯苓块五钱　白通草一钱五分

共为细末,每服五钱,日三服。(引同上)

[释义] 此为湿热郁于气分而发白痦的证治。薏苡竹叶散是治疗本证的有效方剂。方中薏苡、茯苓、滑石、通草四味相配,有清利湿热之功,薏苡、茯苓又有健脾之效。蔻仁芳香辛温,燥湿醒胃,宣通气机。竹叶、连翘轻清走表,宣透湿热,使湿热外达。诸药合用,宣透与清利并施,分消湿热,表里同治,因势利导。正如吴鞠通所说:"此湿停热郁之证,故主以辛凉解肌表之热,辛淡渗在里之湿,俾表邪从气化而散,里邪从小便而驱,双解表里之妙法也。"

湿温久羁,三焦弥漫,神昏窍阻,少腹硬满,大便不下,宣清导浊汤主之。

宣清导浊汤(苦辛淡法)

猪苓五钱　茯苓五钱　寒水石六钱　晚蚕沙四钱　皂荚子(去皮)三钱

水五杯,煮成两杯,分两次服,以大便通快为度。(《温病条辨·下焦篇》)

[释义] 本证关键在于"少腹硬满,大便不下",乃是湿热阻滞下焦大肠,并弥漫于中、上焦之候。湿热阻滞大肠,气机闭塞,腑气不通,导致少腹胀满而硬,大便不通。但本证乃湿重于热,大便并不燥结,因此少腹虽硬满,但按之不痛,亦不见日晡潮热,口渴饮冷,舌苔焦燥,脉沉实等症,与温热病肠燥便秘者不同。神昏为湿热上蒸,清窍蒙蔽使然,多见时昏时醒,神识呆钝,与热陷心包之神昏谵语或昏睡不语者有异。宣清导浊汤中,晚蚕沙辛甘温,入大肠经,化湿浊而宣清气;皂荚子辛温,性走窜,能燥湿开郁,宣畅气机,通利机窍;茯苓、猪苓淡渗利湿,可使湿浊从小便而出;寒水石清下焦之热。诸药合用,有宣清导浊,行滞通腑,分利湿热之功。

伤湿初起,无汗恶寒,发热头痛,身重肢节痛楚,舌白脉缓,此阳湿伤表。

宜用羌活、防风、薄荷、大力、杏仁、厚朴、豆卷、通草、赤苓、薏仁等味,祛风利湿也。(《六因条辨·伤湿辨论》)

[释义] 阳湿者,湿热也,是与阴湿(寒湿)相对而言。湿热伤表,卫阳被遏,出现无汗恶寒,发热头痛等卫分证,治遵叶天士"在卫汗之可也",故用羌、防、薄荷、牛蒡、杏仁、豆卷之类轻宣肺气,透达表邪,复加通草、赤苓、薏仁淡渗之品,以"治湿不利小便,非其治也"。

伤湿汗多,头额不痛,而肢节欠利,渴不引饮,身热脉大,此湿渐化热。宜用杏仁、厚朴、连翘、黄芩、豆卷、滑石、通草、芦根、鲜荷叶、枇杷叶等味,利湿清热也。(引同上)

[释义] 湿渐化热,故见渴不引饮,身热脉大,治法自当祛湿清热并施,药用杏、朴之苦温燥湿,芩、翘之苦寒清热,仍兼用滑石、通草、芦根甘淡渗利之品,使湿从小便而出,复加杷叶、荷叶辛香清气,且能宣肺利气,俾气化则湿亦化也。

伤湿肢节不和,舌苔渐黄,口渴喜饮,溺赤烦冤,此湿遏热蒸。宜用葛根、花粉、黄芩、木通、杏仁、厚朴、滑石、豆卷、芦根、淡竹叶等味,清肺理湿也。(引同上)

[释义] 此条乃热甚于湿之证,故用药多取清热护津之品,药如葛根、花粉、黄芩、芦根、竹叶等是,以防热灼津伤,并兼顾运脾化湿和甘凉渗湿,俾湿热分解,病可愈也。

伤湿烦蒸身痛,舌黄尖绛,脉大而洪,此阳明气热。宜用苍术白虎汤加连翘、玄参、杏仁、通草、芦根、滑石等味,清气化热也。(引同上)

[释义] 此条较之上条,其热更甚于湿,病邪已入阳明气分,故见舌黄,脉洪大,且舌尖绛,邪将入营之兆。故用白虎汤直清气分燎原之热,加玄参、连翘,凉营泄热,合滑石、芦根、通草甘凉淡渗,以利湿热,仍用苍术者,以身尚疼痛,余湿未尽之故。

伤湿热不解,舌黄鲜绛,神昏谵语,脉大而数,此气血燔蒸,热陷心营。宜用玉女煎加连翘心、玄参心、鲜石斛、鲜菖蒲、青竹叶、牛黄丸等,两清气血也。(引同上)

[释义] 此条乃湿尽化热,气血两燔之证。舌黄,脉大,表明气分邪热炽盛;舌色鲜绛,神昏谵语,显然病入心营。故药用玉女煎合清宫汤化裁,兼用牛黄丸,以气血两清,开窍醒神。

伤湿身热,烦躁,舌绛而黑,神昏谵妄,斑疹隐隐,脉数而促,此热陷入血。宜用犀角地黄汤加玄参心、连翘心、鲜石斛、鲜菖蒲、人中黄、青竹叶、至宝丹等

味,凉血化斑也。(引同上)

[释义] 湿热化燥,邪入血分,治遵叶天士"入血就恐耗血动血,直须凉血散血",故用犀角地黄汤合清宫汤化裁,复加至宝丹,以凉血解毒,清心开窍。此条较上条之证,尤深入一层。

伤湿头重,蜷卧懒言,烦热汗多,口渴溺赤,脉洪,此湿热伤气。宜用清暑益气汤加熟石膏、知母、鲜荷叶等味,益气清热也。(引同上)

[释义] 此湿热未尽而元气已伤之证。方用东垣清暑益气汤加味,既扶元气,又祛暑湿。用王孟英清暑益气汤,似更恰合。

伤湿身倦嗜卧,目黄溲黄,此脾虚湿蕴,将成谷疸。宜用茵陈、茅术、厚朴、薏仁、赤苓、车前、神曲、谷芽等味,运脾理湿也。(引同上)

[释义] 脾气内虚,则身倦嗜卧;湿热郁蒸,则发为黄疸。病变重心在于脾胃,所谓湿热黄疸是也。药取术、朴、薏仁健脾化湿,茵陈、赤苓、车前清利湿热,复加神曲、谷芽醒胃消食,用药平正稳妥,可师可法。

伤湿目黄,身倦便溏,溺赤,腹膨跗肿,此脾虚湿泛,将成肿满。宜用小温中丸加茵陈、车前子等味,补土逐湿也。(引同上)

[释义] 此条证状较上条为重,乃湿热熏蒸,脾运困乏而成疸胀,其病类似于西医学所说的急性或亚急性黄色肝萎缩,出现黄疸、腹水等危重症候。方用小温中丸温脾运中,复加茵陈、车前清利湿热,虽属对证之治,然获效难矣。

考湿热之见证,身热有汗,苔黄而泽,烦渴溺赤,脉来洪数是也,当用通利州都法治之。如大便秘结,加瓜蒌、薤白,开其上以润其下。如大便未下,脉形实大有力者,是湿热夹有积滞也,宜本法内加玄明粉、制大黄治之。(《时病论·湿热》)

[释义] 前贤云:"治湿不利小便,非其治也。"雷少逸宗之,故用通利州都法之甘淡渗利导湿热从小便而出。湿热病应用下法昔贤有禁,但这是言其常,但当湿热化燥而成腑实,或湿热夹积滞壅塞肠道,腑气不通,此时攻下法在所必需,本条即体现了这一治法。

湿温之病,议论纷纷,后学几无成法可遵。有言温病复感乎湿,名曰湿温。据此而论,是病乃在乎春。有言素伤于湿,因而中暑,暑湿相搏,名曰湿温。据此而论,是病又在乎夏。有言长夏初秋,湿中生热,即暑病之偏于湿者,名曰湿温。据此而论,是病又在乎夏末秋初。细揆三论,论湿温在夏末秋初者,与《黄帝内经》秋伤于湿之训,颇不龃龉,又与四之气大暑至白露,湿土主气,亦属符节,当宗夏末秋初为界限也。所有前言温病复感于湿,盖温病在春,当云温病夹湿;言素伤于湿,因而中暑,暑病在夏,当云中暑夹湿;皆不可以湿温名之。考其致病之因，良由湿邪踞于气分，酝酿成温，尚未化热，不比寒湿之病，辛散可瘳，湿热之病，清利乃解耳。是病之脉，脉无定体，或洪或缓，或伏或细，故难以一定之脉，印定眼目也。其证始恶寒，后但热不寒，汗出胸痞，舌苔白，或黄，口渴不引饮，宜用清宣温化法去连翘，加浓朴、豆卷治之。倘头痛无汗，恶寒身重，有邪在表，宜用宣疏表湿法加葛、羌、神曲治之。倘口渴自利，是湿流下焦，宜本法内去半夏，加生米仁、泽泻治之。倘有胫冷腹满，是湿邪抑遏阳气，宜用宣阳透伏法去草果、蜀漆，加陈皮、腹皮治之。如果寒热似疟，舌苔白滑，是为邪遏膜原，宜用宣透膜原法治之。如或失治，变为神昏谵语，或笑或痉，是为邪逼心包，营分被扰，宜用祛热宣窍法，加羚羊、钩藤、元参、生地治之。如撮空理线，苔黄起刺，或转黑色，大便不通，此湿热化燥，闭结胃腑，宜用润下救津法，以生军易熟军，更加枳壳，庶几攻下有力耳。倘苔不起刺，不焦黄，此法不可乱投。湿温之病，变证最多，殊难罄述，宜临证时活法可也。(《时病论·湿温》)

[释义] 本论对湿温的成因，各阶段的临床症候及其治法，做了较全面而浅显的阐述，很有参考价值。雷氏最后强调"湿温之病，变证最多"，确是阅历有得之见。唯《时病论》将湿温与湿热截然分为两种病证，似欠合理，读者参阅《温热经纬·薛生白湿热病篇》，自可得出中肯结论。

湿热合邪之证，凡热多于湿者，皆可以暑温法治之；湿多于热者，皆可以湿温法治之，不必拘定夏秋时令。亦有其人本体有湿，外感温热而病者，不拘四时，皆为湿温，治法并同。古书分时论证，但言其大概耳。(《温病指南·温病总论》)

[释义]《温病指南》作者娄杰将温病分成"温热（风热）"与"湿温"两大类，强调在治法上，只须细审温邪之兼湿与否，湿温二邪孰多孰少，区别用药。其编写方法，把温邪不兼湿者统归风温类，列为上卷；温邪之兼湿者，统归湿温类，列为下卷。然后按三焦分为三篇，从理、法、方、药上通俗简要地加以阐述。这种执简驭繁的做法颇受认可，谢仲墨曾赞扬："娄氏此论，简明扼要，是温病治疗的大纲。"

天气燠热，必有大雨，人气烦热，必有大汗，始终无汗，邪何由泄？欲求热势开凉，务在表卫疏泄，表卫通流，则肤腠汗出溱溱，而热势始可退舍。盖风温一表可散，伤寒一下可愈，而湿为重浊之邪，从阴而亲下，性本黏腻，固属纠缠，原非一汗可解。湿邪伤气而化热，热蒸于液而汗泄，表汗多，再汗徒伤其表，无如汗出过多，气液势必受伤，津液无所敷布，阻碍升降流行，上下内外之间，郁邪氤氲不散，充斥气营，流连三焦，化疹化痦，伤津伤液。夫汗者，乃人之阴液所化,汗多必然伤阴,则真阴何堪久持,而津液亦难上供。汗为心之液,多汗则心虚;阳为神之灵,阳亢则神耗。神朦嗜寐,是湿浊之蒙蔽,即是内闭;汗出如雨,是浮阳之泄越,即是外脱。故云,湿温多汗,最虑生波,汗多防厥,厥来防脱。"湿家不宜过汗,汗之则变痉",此仲景之名言也。(《近代名医学术经验选编·金子久专辑》)

[释义] 吴鞠通《温病条辨》对湿温的治疗提出了"三忌"之说,"忌汗"即是其中之一。湿温忌汗的理由及其误汗、多汗所造成的变证,金氏对此做了精要阐述,读后多有启发。

湿多者,湿重于热也,其病多发于太阴肺脾,其舌苔必白腻,或白滑而厚,或白苔带灰兼粘腻浮滑,或白带黑点而粘腻,或兼黑纹而粘腻,甚或舌苔满布,厚如积粉,板贴不松。脉息模糊不清,或沉细似伏,断绝不匀,神多沉困似睡,症必凛凛恶寒,甚而足冷,头目胀痛,昏重如裹如蒙,身痛不能屈伸,身重不能转侧,肢节肌肉疼而且烦,腿足痛而且酸,胸膈痞满,渴不引饮,或竟不渴,午后寒热,状若阴虚,小便短涩黄热,大便溏而不爽,甚或水泻……热多者,热重于湿也,其病多发于阳明胃肠,热结在里,由中蒸上,此时气分邪热郁遏灼津,尚未郁结血分,其舌苔必黄腻,舌之边尖红紫欠津,或底白罩黄混浊不清,或纯黄少白,或黄色燥刺,或苔白底绛,或黄中带黑,浮滑粘腻,或白苔渐黄而灰黑。伏邪重者,苔亦厚且满,板贴不松,脉象数滞不调,症必神烦口渴,渴不引饮,甚或耳聋干呕,面色红黄黑混,口气秽浊,余则前论诸症或现或不现,但必胸腹热满,按之灼手,甚或按之作痛。(《感证辑要·湿热证治论》)

[释义] 本论对湿温病湿偏重、热偏重两种类型的病因病机、主要症候阐发无遗,尤其对舌苔的描述更加具体,诚为辨证之着眼点,足资参考。

湿温之为病,有湿遏热伏者,有湿重热轻者,有湿轻热重者,有湿热并重者,有湿热俱轻者,且有夹痰、夹水、夹食、夹气、夹瘀者。临症之时,首要辨明湿与温之孰轻孰重,有无兼夹,然后对证发药,随机策应,庶可用药当而确收成效焉。(《全国名医验案类编》)

[释义] 此为何廉臣对周小农"湿温夹痰"一案所加的按语。湿温病的辨证,分清湿与热之孰轻孰重,对于立法遣药至关重要。同时,还须审其有无兼夹他邪,然后对证投剂,方能取效。何氏此论,颇具卓识,对临床很有指导意义。

考湿温之主要证候,其始也身热恶寒,后但热不寒,汗出胸痞,口渴不引饮,舌苔之或白或黄或绛或腻,脉象之或濡或弦或数或缓,殊难以一定之舌色脉象印定眼目也。凡见以上之主要证候者,不论何时何地,皆可断为湿温病无疑。至于头痛身重,四肢倦怠,午后热甚,身发白㾦,两足胫冷,耳聋溺赤,都是本病习见之重要证候,亦不可不知者也。(《湿温大论·概论》)

[释义] 湿温症情复杂,变化多端,本节罗列湿温的主要和常见证候,对临床辨证和确立诊断很有指导意义。诚然,湿温好发于夏秋季节,南方地卑土湿,天气炎热,是湿温的高发地区,但这不是说其他季节和地区就不会发生湿温病,文中指出"凡见以上主要证候者,不论何时何地,皆可断为湿温病无疑",诚属经验之谈。

白㾦为湿温特有之证候,其发现期,大抵在患本症一二周后,热度不退,湿邪弥漫,胸部发现粒颗微小水泡,如水晶式而莹亮之白㾦,此属自然者。庸医不辨寒热,不识燥湿,更不知湿温症,妄投误治,甚至一见身热即用石斛,以致湿邪不透,汗出不彻,似罨曲一般,几经酝酿郁蒸而发白㾦,此属人造者。自然发生白㾦,可毋庸惊喜,仍据脉舌证状以处置本症,水到渠成,病痊而白㾦自回矣。若以见白㾦为湿透之证候,而概投表汗提透,则每至津枯液竭,恋生凶证。此时白㾦随汗而布现身胸,累累然白色而枯,空乏浆液,大如小绿豆者,较之人造之白㾦,尤多险恶。亦有本体阴虚,而患本症日久,津液受耗而致者。要之俱非轻淡。若㾦色枯白如骨者,尤凶。故治助湿之白㾦,即当戒投甘寒养阴,而予自订辛苦香淡汤,则亡羊补牢,未为晚也。若一味孤行,则一误再误,愚未如之何矣。至于治阴亏津枯之白㾦,当予甘寒以滋气液。叶天士所谓此湿热伤肺,邪难出而液枯也,必得甘寒以补之者是也。要之,白㾦之发现,由于内伏之邪,从外而泄,故发出宜神情清爽,为外解里和之兆。如发出而神志昏迷,谵语不息,此属病邪深盛,正气内亏,即是正不胜邪之危候。故白㾦以色润晶莹有神者为吉;枯白乏泽,空壳稀散者为气竭而凶。总以形色之枯润及舌色证候之见征,而卜其气液之竭与否也。(《湿温大论·白㾦之研究》)

[释义] 叶天士在《外感温热篇》中对白㾦有精辟的论述,本节继承了叶氏的观点,对白㾦的成因、形色、伴随症候以及预后善恶、治疗方法等做了详尽的阐发,对临床很有启发,值得细读。尤其是"白㾦以色润晶莹有神者为吉;枯白乏泽,空壳稀散者为气竭而凶。总以形色之枯润及舌色证候之见征,而卜其气液之竭与否也"等句,扼要地指出了判断预后的善恶,不仅要审察白㾦的形色,而且还要综合舌象和全身证候,这样才能全面,无疑是十分正确的。又辛苦香淡汤是《湿温大论》作者的经验方,由半夏、厚朴、枳实、黄连、黄芩、藿香、佩兰、滑石、薏仁等组成,熔苦温燥湿、苦寒清热、芳香化浊、甘淡渗湿于一炉,是"治湿温进行期中的正治方",于白㾦的治疗亦甚恰合,当与吴鞠通《温病条辨》的薏苡竹叶散互参。

病湿温者,寒暖固宜注意,而饮食尤须谨慎,宜饮食清淡。热甚时,不食亦无妨,以食之反助热也。热淡欲进食者,则当以炒米汤、饭焦、粥汤、藕粉等代食,白开水、佛手露、麦芽茶等代饮。生冷鱼肉、鸡蛋牛乳、五辛恶臭之物,切宜禁忌。凡热病将息,皆宜如此,非独湿温。《黄帝内经》所谓多食则遗,食肉则复是也。(《湿温大论·饮食须知》)

〔释义〕 湿温有湿与温兼的特点,有特殊的治疗禁忌,《湿温大论》设禁戒,戒辛温发表、戒妄用滋阴药、戒妄用温热药专题,重点进行讨论。本文讲述的是湿温病的饮食禁忌。

(注:本院李安民同志曾参与本节部分内容的编写。)

二、古今医案选按

例1 湿为渐热之气,迷雾隔间,神机不发,三焦皆被邪侵,岂是小恙。视其舌伸缩如强,痰涎黏着,内闭之象已见,宣通膻中,望其少苏,无暇清至阴之热。

至宝丹四分 石菖蒲金银花汤送下。(《临证指南医案》)

〔按〕 湿热夹痰浊蒙蔽心窍,神明被遏,内闭之象已见,病情岌岌可危,故迳用至宝丹,石菖蒲金银花汤送下,拯危救急,药精力专,足资临床师法。

例2 龚 暑必夹湿,二者皆伤气分,从鼻吸而受,必先犯肺,乃上焦病,治法以辛凉微苦,气分上焦廓清则愈,惜乎专以陶书六经看病,仍是以先表后里之药,致邪之在上,漫延结锢四十余日不解,非初受六经,不须再辨其谬。《经》云:病自上受者治其上。援引经义以论治病,非邪僻也。宗河间法。

杏仁 瓜蒌皮 半夏 姜汁 白蔻仁 石膏 知母 竹沥 秋露水煎。

又 脉神颇安,昨午发疹,先有寒战,盖此病起于湿热,当此无汗,肌腠气窒,至肤间皮脱如麸,犹未能全泄其邪,风疹再发,乃湿因战栗为解,一月以来病魔,而肌无膏泽,瘦削枯槁,古谓之瘦人之病,虑涸其阴,阴液不充,补之以味,然腥膻浊味,徒助上焦热痰,无益培阴养液,况宿滞未去,肠胃尚窒钝,必淡薄调理,上气清爽,痰热不致复聚,从来三时热病,怕反复于病后之复,当此九仞,幸加留神为上。

元参心 细生地 银花 知母 生甘草 川贝 丹皮 橘红(盐水炒) 竹沥

此煎药方,只用二剂可停,未大便时,用地冬汁膏,大便后,可用三才汤。

（引同上）

　　[按]　暑邪夹湿，与湿热同例。盖湿为氤氲之邪，湿与热合，如油入面，胶结难解。本例暑湿留恋气分四十余日，病程虽久，仍当从上焦气分治之。方中杏仁、薏皮、蔻仁功擅宣展肺气，疏瀹气机，乃取"肺主气，气化则湿热俱化"之理。二诊因病情缠绵，患者已现瘦削枯槁之象，液涸堪忧，故治疗滋清两顾，冀其正复邪却，然非易也。

　　例3　某　暑湿热气，触入上焦孔窍，头胀，脘闷不饥，腹痛恶心，延久不清，有疟痢之忧，医者不明三焦治法，混投发散消食，宜乎无效。

　　杏仁　香豉　橘红　黑山栀　半夏　厚朴　滑石　黄芩（引同上）

　　[按]　"头胀，脘闷不饥，腹痛恶心"，乃暑湿热气弥漫三焦之象。叶氏用三焦分消之法，取杏仁、香豉开上，橘红、半夏、厚朴宣中，滑石导下，并配合山栀、黄芩清热，使邪有去路，其病可解。叶氏在《外感温热篇》中对湿热留恋三焦提出"分消上下之势"的治法，即指此等证而言。

　　例4　张妪　体壮有湿，近长夏阴雨潮湿，着于经络，身痛，自利发热。仲景云：湿家大忌发散，汗之则变痉厥。脉来小弱而缓，湿邪凝遏阳气，病名湿温。湿中热气，横冲心包络，以致神昏，四肢不暖，亦手厥阴见症，非与伤寒同法也。

　　犀角　连翘心　玄参　石菖蒲　金银花　野赤豆皮

　　煎送至宝丹。（引同上）

　　[按]　邪犯心包，神明被蒙而见昏厥，清心开窍，是不易之法，唯所犯之邪系湿热，故佐野赤豆皮以清利湿热。

　　例5　某　脉缓，身痛，汗出热解，继而复热，此水谷之气不运，湿复阻气，郁而成病，仍议宣通气分，热自湿中而来，徒清热不应。

　　黄芩　滑石　茯苓皮　大腹皮　白蔻仁　通草　猪苓（引同上）

　　[按]　湿热为病，热居湿中，湿处热外，徒清热则湿不退，徒祛湿则热愈炽，必清热而兼渗化之法，不使湿热相搏，则易解也。本例清热与渗湿并施，且注重宣通气机，俾气化则湿化。吴鞠通《温病条辨·中焦篇》治湿温之黄芩滑石汤，即据此而立。

　　例6　某　秽湿邪吸受，由募原分布三焦，升降失司，脘腹胀闷，大便不爽，当用正气散法。

　　藿香梗　厚朴　杏仁　广皮白　茯苓皮　神曲　麦芽　绵茵陈（引同上）

　　[按]　湿热秽浊之邪弥漫三焦，阻碍气机升降，出现脘腹胀，大便不爽等

症,方用芳香化浊、宣通气机的藿香正气散加减,与病因病机甚为合辙。

例7 徐 温疟初愈,骤进浊腻食物,湿聚热蒸,蕴于经络,寒战热炽,骨骸烦疼,舌起灰滞之形,面目痿黄色,显然湿热为痹,仲景谓湿家忌投发汗者,恐阴伤变病,盖湿邪重着,汗之不却,是苦味辛温为要耳。

防己 杏仁 滑石 醋炒半夏 连翘 山栀 苡仁 野赤豆皮(引同上)

[按] 此为湿热痹证。治以宣肺利气,清热渗湿为主,用药颇具巧思。吴鞠通师其意,立宣痹汤治湿热痹,临床证实确有较好的疗效。

例8 某 汗多身痛,自利,小溲全无,胸腹白疹,此风湿伤于气分,医用血分凉药,希冀热缓,殊不知湿郁在脉为痛,湿家本有汗不解。

苡仁 竹叶 白蔻仁 滑石 茯苓 川通草(引同上)

[按] 白疹即白㾦,多因湿热郁于气分,而从卫分外发所致。本例用宣透气分,轻清开泄,以冀病邪从卫分而解。吴鞠通《温病条辨·中焦篇》治白疹的薏苡竹叶散,即秉承于此。

例9 严 湿温杂受,身发斑疹,饮水渴不解,夜烦不成寐,病中强食,反助邪威,议用凉膈疏斑方法。

连翘 薄荷 杏仁 郁金 枳实汁 炒牛蒡 山栀 石膏

又 舌边赤,昏谵,早轻夜重,斑疹隐约,是湿温已入血络。夫心主血,邪干膻中,渐至结闭,为昏痉之危,苦味沉寒,竟入中焦,消导辛温,徒劫胃汁,皆温邪大禁。议清疏血分轻剂以透斑,更参入芳香逐秽,以开内窍,近代喻嘉言申明戒律,宜遵也。(引同上)

[按] 湿热化燥深入血分,干犯心包,出现斑疹、昏痉等症,法用凉血解毒,芳香开窍,当属正治。案中云:"苦味沉寒,竟入中焦,消导辛温,徒劫胃汁,皆温邪大禁。"乃经验之谈,值得借鉴。

例10 舌白黄,不饥,筋骨甚软,自暑湿内蒸,脾胃受伤,阳明胃脉不司分布流行,若不早治,必延疟痢。

白蔻 杏仁 藿梗 木通 滑石 厚朴 广皮 桔梗(《扫叶庄医案》)

[按] 暑湿内蒸,脾胃受困,药用杏、蔻、桔梗宣肺,厚朴、广皮、藿梗运中,木通、滑石渗利。全方重在宣肺理气,盖肺主一身之气,气化则湿热自化。

例11 夏季水土之湿,口鼻受气,着于脾胃,潮热汗出稍凉,少顷又热,病名湿温。医但知发散清热消导,不知湿郁不由汗解,舌白不饥,泄泻。

滑石 白蔻仁 猪苓 通草 厚朴 泽泻(引同上)

[按] 本案宣上、运中、渗下并用,使湿邪从小便而出,不与热相搏,如是

则邪势孤立,其病易解。观其用药,当属湿偏胜者。若热偏重,黄芩、芦根、栀子、黄连等宜加入。

例 12 湿郁气阻,疹发。

飞滑石 茯苓皮 射干 木防己 茵陈 槟榔磨汁(引同上)

[按] 湿热之邪郁于肌表,气机阻滞,汗出不畅,易发白疹(白㾦),本案即是其例。治宜宣透湿热,疏瀹气机。观本案所用药物,其中射干宣肺气,取气化湿热自化之意;槟榔疏通气机,且磨汁入药,气味芳香,更具流动之性,以利气机透达,此用药之奥妙,值得师法。

例 13 暑湿郁蒸。

滑石(飞) 竹叶 连翘 淡芩 桑皮 木通(引同上)

[按] 此乃暑湿逗留气分之治法。用药以轻清宣透、渗利湿热为主,且药性偏于寒凉,故热重于湿者尤宜。

例 14 夏秋湿胜滞脾,食物不为运化,阳不流行,湿滞久而蕴热,此中气更困,以和胃健脾,分利水道逐湿。

生白术 草果仁 木通 茵陈 泽泻 厚朴 茯苓皮 新会皮(引同上)

[按] 此为湿重于热之证。薛生白云:"湿热病属阳明太阴经者居多,中气实则病在阳明,中气虚则病在太阴。"此证病变部位偏于太阴,故以白术、草果、厚朴、广皮健脾理气、运中化湿为主,兼以木通、茵陈、泽泻、苓皮宣通水道,清利湿热为治。

例 15 伏暑因新凉发疟,头胀恶心脘痞,邪郁上焦,从肺疟治。(引同上)

竹叶 连翘 滑石 杏仁 川贝 橘红 白蔻 紫厚朴

[按] 头胀、恶心、脘痞,显系湿热蒙蔽清阳,邪郁上、中焦使然,故药以宣肺开上为主,兼以运中、利湿。吴鞠通《温病条辨·上焦篇》治湿温之三仁汤,其组方与此类同,可互参。

例 16 壬戌四月廿二日 王 三十三岁 证似温热,但心下两胁俱胀,舌白,渴不多饮,呕恶嗳气,则非温热而从湿温例矣。用生姜泻心汤之苦辛通降法。

茯苓块六钱 生姜一两 古勇连三钱 生苡仁五钱 半夏八钱 炒黄芩三钱 生香附五钱 干姜五钱

头煎水八杯,煮三茶杯,分三次服。约二时一杯。二煎用三杯水,煮一茶杯,明早服。

廿三日 心下阴霾已退,湿已转阳,应清气分之湿热。

煅石膏五钱　连翘五钱　广郁金三钱　飞滑石五钱　银花五钱　藿香梗三钱　杏仁泥三钱　芦根五寸　黄芩炭三钱　古勇连二钱

水八碗,煮成三碗,分三次服。渣再煮一碗服。

廿四日　斑疹已现,气血两燔,用玉女煎合犀角地黄汤法。

生石膏一两五钱　细生地六钱　犀角三钱　连翘一两　苦桔梗四钱　牛蒡子六钱　知母四钱　银花一两　炒黄芩四钱　元参八钱　人中黄一钱　薄荷三钱

水八碗,煮成四碗。早、中、晚、夜分四次服。

廿五日　面赤,舌黄大渴,脉沉肢厥,十日不大便,转矢气,谵语,下症也。议小承气汤。

生大黄八钱　小枳实五钱　厚朴四钱

水八碗,煮成三碗,先服一碗,约三时得大便,止后服;不便再服第二碗。

又　大便后,宜护津液,议增液法。

麦冬(不去心)一两　细生地一两　连翘三钱　玄参四钱　炒甘草二钱金银花三钱

煮三碗,分三次服。能寐不必服。

廿六日　陷下之余邪不清,仍思凉饮,舌黄,微以调胃承气汤小和之。

生大黄二钱　元明粉八分　生甘草一钱

头煎一杯,二煎一杯,分二次服。

廿七日　昨日虽解大便而不爽,脉犹沉而有力,身热不退而微厥,渴甚面赤,犹宜微和之,但恐犯数下之戒,议增液承气合玉女煎法。

生石膏八钱　知母四钱　黄芩三钱　生大黄三钱(另煎,分三份,每次冲一份)

煮成三杯,分三次服。若大便稀而不红黑,后服止大黄。

廿八日,大便虽不甚爽,今日脉浮不可下,渴思凉饮,气分热也;口中味甘,脾热甚也。议用气血两燔例之玉女煎,加苦药以清脾瘅。

生石膏三两　元参六钱　知母六钱　细生地一两　麦冬(不去心)一两古勇连三钱　黄芩三钱

煮四碗,分四次服。得凉汗,止后服,不渴亦止服。

廿九日　大用辛凉微甘合苦寒,斑疹续出若许,身热退其大半。不得再用辛凉重剂,议甘寒化阴气加辛凉,以清斑疹。

连翘三钱　细生地五钱　犀角三钱　银花三钱　天花粉三钱　黄芩三钱麦冬五钱　古勇连二钱　薄荷一钱　元参四钱

煮三碗,分三次服。渣再煮一碗服。

五月初一 大热虽减,余焰尚存,口甘弄舌,面光赤色未除,犹宜甘寒苦寒合法。

连翘三钱 细生地六钱 元参三钱 银花三钱 炒黄芩三钱 丹皮四钱 麦冬一两 古勇连一钱

水八碗,煮三碗,分三次服。

初二日 即于前方内加暹罗犀角二钱、知母一钱五分。煮法、服法如前。

初三日 邪少虚多,宜用复脉去大枣、桂枝,以其人本系酒客,再去甘草之重甘,加二甲、丹皮、黄芩。

麦冬一两 大生地五钱 阿胶三钱 丹皮五钱 炒白芍六钱 炒黄芩三钱 炙鳖甲四钱 牡蛎五钱 麻仁三钱

头煎三碗,二煎一碗,日三夜一,分四次服。此甘润化液,复微苦化阴,又苦甘咸寒法。

初四日 尚有余邪未尽,以甘苦合化入阴搜邪法。

元参二两 细生地六钱 知母二钱 麦冬(不去心)八钱 生鳖甲八钱 粉丹皮五钱 黄芩二钱 连翘三钱 青蒿一钱 银花三钱

头煎三碗,二煎一碗,分四次服。

初九日 邪少虚多,仍用复脉法。

大生地六钱 元参四钱 生白芍六钱 生阿胶四钱 麦冬八钱 生鳖甲六钱 火麻仁四钱 丹皮四钱 炙甘草三钱

头煎三茶杯,二煎一茶杯,分四次服。(《吴鞠通医案》)

〔按〕 吴鞠通《温病条辨》对湿温病的治疗有"三禁"之说,谓"汗之则神昏耳聋,甚则目瞑不欲言,下之则洞泄,润之则病深不解"。试观本例湿温的治疗,吴氏有用小承气攻下,亦有用甘寒滋润者。由此可见,《温病条辨》"三禁"之说,是言其常,并非一成不变的戒律,临床总以症情为立法处方的依据,"有是症即用是药",此之谓也。

例17 初十日,某(失其年月并人年岁) 六脉俱弦而细,左手沉数而有力,面色淡黄,目白睛黄。自春分午后身热,至今不愈。曾经大泻后,身软不渴,现在虽不泄泻,大便久未成条,午前小便清,午后小便赤浊,与湿中生热之苦辛寒法。

飞滑石六钱 茵陈四钱 苍术炭三钱 云苓皮五钱 杏仁三钱 晚蚕沙三钱 生苡仁五钱 黄芩二钱 白通草一钱五分 海金沙四钱 山连一钱

煮三碗,分三次服。

十三日　于前方内去苍术炭,加石膏,增黄连、黄芩。(引同上)

[按]　本例症见身热,面目发黄,小便赤浊,显系湿热蕴结而引起黄疸,故以清利湿热为主,是为正治之法。

例18　庚寅六月廿一日　吴　二十岁　暑兼湿热,暑湿不比春温之但热无湿,可用酸甘化阴,咸以补肾等法,且无形无质之邪热,每借有形有质之湿邪以为依附。此症一月有余,金用大剂纯柔补阴退热法,热总未减,而中宫痞塞,得食则痛胀,非抹不可,显系暑中之湿邪踌踌不解,再得柔腻胶固之阴药与邪相搏,业已喘满,势甚重大。勉与宣通三焦法,仍以肺气为主。盖肺主化气,气化则湿热俱化。六脉弦细而沉洪。

苡仁五钱　生石膏二两　厚朴三钱　杏仁四钱　云苓皮五钱　青蒿二钱连翘三钱　藿香梗三钱　白蔻仁一钱五分　银花三钱　鲜荷叶边一片

煮四杯,分四次服。两帖。

廿三日　暑湿误用阴柔药,致月余热不退,胸膈痞闷。前与通宣三焦,今日热减,脉已减,但痞满如故,喘仍未定,舌有白苔,犹为棘手。

生石膏一两　厚朴三钱　藿香梗三钱　飞滑石四钱　连翘三钱　小枳实二钱　云苓皮三钱　广皮三钱　白蔻仁二钱　生苡仁五钱

煮三杯,分三次服。二帖。

廿五日　热退喘减,脉已稍平,惟仍痞,且泄泻,皆阴柔之累,姑行湿止泻。

滑石五钱　姜半夏三钱　黄芩(炒)二钱　猪苓三钱　云苓皮五钱　广郁金二钱　泽泻三钱　藿香梗三钱　通草一钱　苡仁五钱

煮三杯,分三次服。二帖。

廿九日　诸症俱减,惟微热,大便溏,调理饮食为要。

云苓块(连皮)五钱　猪苓三钱　藿香梗三钱　生苡仁五钱　泽泻三钱炒黄芩三钱　姜半夏三钱　苏梗二钱　白蔻仁一钱　杏仁泥二钱

煮三杯,分三次服。四帖。(引同上)

[按]　暑温误用阴柔之品,致湿热胶固,病情久延,吴氏始终以分消湿热为治,方用三仁汤、藿朴夏苓汤之类化裁,遂获良效。案云:"盖肺主化气,气化则湿热俱化。"这是吴氏治疗湿热病的大旨,也是制订三仁汤、加减正气散等方剂的理论依据。实践证明,此类方剂治疗湿温、暑湿等病邪阻滞三焦,每有卓效。特别是三仁汤,现代扩大其应用范围,诸如由湿热引起的低热、黄疸型肝炎、急性肾炎、尿路感染等病症,用之每多奏效。

例19　壬戌八月十六日　周　十四岁　伏暑内发,新凉外加。脉右大左弦,身热如烙,无汗,吐胶痰,舌苔满黄,不宜再见泄泻。不渴,腹胀,少腹痛,是谓阴阳并病,两太阴互争,难治之症。议先清上焦湿热,盖气化湿热亦化也。

飞滑石三钱　连翘二钱　象贝母一钱　杏仁泥一钱五分　银花二钱　白通草一钱　老厚朴二钱　芦根二钱　鲜梨皮二钱　生苡仁一钱五分　竹叶一钱

今晚一帖,明早一帖。

十七日　案仍前。

飞滑石三钱　连翘二钱　鲜梨皮钱半　杏仁泥一钱五分　冬桑叶一钱　银花二钱　老厚朴一钱五分　薄荷八分　扁豆皮二钱　苦桔梗一钱五分　芦根二钱　荷叶边一钱五分　炒知母一钱五分

午一帖,晚一帖,明早一帖。

十八日　两与清上焦,热已减其半,手心热甚于手背,谓之里热,舌苔红黄而厚,为实热。宜宜之,用苦辛寒法。再按:暑必夹湿,腹中按之痛胀,故不得不暂用苦燥法。

杏仁泥三钱　木通二钱　真山连(姜汁炒黄)一钱五分　广木香一钱　黄芩炭一钱　厚朴一钱五分　小茴香(炒黑)一钱五分　瓜蒌(连皮仁)八分　炒知母一钱五分　小枳实(打碎)一钱五分　槟榔八分　广皮炭一钱

煮二杯,分二次服。

十九日　腹之痛胀俱减,舌苔干燥黄黑,肉色绛,呛咳痰粘。幼童阴气未坚,当与存阴退热。

麦冬(不去心)六钱　煅石膏四钱　丹皮五钱　沙参三钱　细生地四钱　杏仁三钱　元参五钱　炒知母二钱　蛤粉三钱　犀角二钱　生甘草一钱

煮三杯,分三次服。

二十日　津液稍回,潮热,因宿粪未除,夜间透汗,因邪气还表,右脉仍然浮大,未可下,宜保津液,护火克肺金之嗽。

细生地六钱　元参六钱　霍石斛三钱　焦白芍四钱　麦冬六钱　柏子霜三钱　煅石膏三钱　沙参三钱　牡蛎粉一钱五分　杏仁泥二钱　犀角一钱

煮三杯,陆续服。

廿一日　诸症悉解,小有潮热,舌绛苔黑,深入血分之热未尽除也,用育阴法。

沙参三钱　大生地五钱　牡蛎三钱　麦冬(不去心)六钱　焦白芍四钱　丹皮三钱　天冬一钱五分　柏子霜三钱　甘草(炙)二钱

头煎二杯,二煎一杯,分三次服。

廿二日　津液消亡,舌黑干刺,用复脉法。

大生地六钱　麦冬(不去心)六钱　柏子霜四钱　炒白芍六钱　丹皮四钱　火麻仁三钱　生鳖甲六钱　阿胶(冲)三钱　炙甘草三钱　生牡蛎四钱

头煎三杯,今日服;二煎一杯,明早服。

廿三日　右脉仍数,余邪陷入肺中,咳甚痰艰,议甘润兼宣凉肺气。

麦冬(不去心)一两　细生地五钱　象贝三钱　沙参三钱　杏仁泥三钱　冬桑叶三钱　玉竹三钱　苦桔梗三钱　甘草三钱　丹皮二钱　茶菊花三钱　梨皮三钱

一帖药分二次煎,每煎两茶杯,共分四次服。

廿四日　舌黑苔退,脉仍数,仍咳,腹中微胀。

细生地五钱　麦冬(不去心)五钱　藿香梗二钱　茯苓块三钱　沙参三钱　广郁金一钱五分　杏仁泥三钱　丹皮三钱　生扁豆三钱　苦桔梗三钱　象贝二钱

煮三杯,渣再煎一杯,分四次服。

廿五日　昨晚得黑粪若许,潮热退,唇舌仍绛。热之所过,其阴必伤,与复脉法复其阴。

大生地八钱　麦冬(不去心)一两　火麻仁三钱　炒白芍六钱　沙参三钱　真阿胶(冲)二钱　生鳖甲五钱　元参三钱　炙甘草三钱　生牡蛎粉五钱　丹皮三钱

水八杯,煮成三碗,分三次服。渣再煮一碗,明午服。

廿六日　又得宿粪若许,邪气已退八九,但正阴虚耳,故不欲食,晚间干咳无痰。

大生地八钱　麦冬(不去心)六钱　火麻仁三钱　生白芍五钱　天冬二钱　牡蛎粉三钱　北沙参三钱　阿胶(冲)三钱　炙甘草三钱

煮三杯,分三次服。外用梨汁、荸荠汁、藕汁各一黄酒杯,重汤炖温频服。

廿七日　热伤津液,大便燥,微有潮热,干咳舌赤,用甘润法。

细生地五钱　元参六钱　知母(炒黑)二钱　火麻仁三钱　麦冬(不去心)六钱　阿胶二钱　郁李仁二钱　沙参三钱　梨汁(冲)一杯　荸荠汁(冲)一杯

煮三杯,分三次服。

廿八日　伏暑内溃,续出白痦若许,脉较前恰稍和,第二次舌苔未化,不大便。

麦冬(不去心)六钱　大生地五钱　元参三钱　沙参三钱　牛蒡子(炒,

研细)三钱　阿胶一钱五分　连翘(连心)二钱　生甘草一钱　麻仁三钱
银花(炒)二钱

煮三杯,分三次服。服此,晚间大便。

九月初四日　潮热复作,四日不大便,燥粪复聚,与增液承气汤微和之。

元参五钱　细生地五钱　麦冬五钱　炙甘草一钱　生大黄二钱

煮二杯,分二次服。服此,得黑燥粪若许,而潮热退,脉静。以后与养阴收
功。(引同上)

[按]　伏暑乃暑令感受暑湿,至秋后而发的一种温病,从病因学角度来分
析,也是属于湿热性质一类外感热病。因本病邪气深伏,不易透达,故病情缠
绵,反复多变,犹如抽蕉剥茧,层出不穷。本例暑湿内蕴,新凉外加,一至二诊
用清宣肺气,透达伏邪治疗后,热已减半,然舌见红绛,阴液之伤,盖亦甚矣,且
内蕴之暑热和肺中之痰热尚未廓清,呈现本虚标实之象,故以后数诊,悉以存
阴退热为法,或滋阴寓清润肺金,或养液兼通腑泄热,终得热退脉静而安。值
得注意的是,案中所用滋阴之药,皆为增液、复脉之类,对于暑湿蕴伏之证,用
之过早,恐有滞邪透达之虑,须细加辨证,谨慎行之。

例20　乙酉九月十八日　陶　五十八岁　伏暑遏新凉而发,舌苔瘖白,
上加灰黑,六脉不浮不沉而数,误与发表,胸痞不食,此危证也。何以云危? 盖
四时杂感,又加一层肾虚,又加一层肝郁,又加一层误治,又加一层酒客中虚,
何以克当? 勉与河间之苦辛寒法,一以通宣三焦,而以肺气为主,望其气化而
湿热俱化也。

飞滑石五钱　杏仁四钱　藿香叶三钱　姜半夏五钱　苡仁五钱　广郁金
三钱　云苓皮五钱　黄芩三钱　真雅连一钱　白蔻仁三钱　广皮三钱　白通
草一钱五分

煮三碗,分三次服。

廿三日　舌之灰苔化黄,滑而不燥,唇赤颧赤,脉之弦者化为滑数,是湿与
热俱重也。

滑石一两　云苓皮六钱　杏仁五钱　苡仁六钱　黄柏炭四钱　雅连二钱
半夏五钱　白蔻仁三钱　木通三钱　茵陈五钱

煮三碗,分三次服。

廿六日　伏暑舌灰者化黄,兹黄虽退,而白滑未除,当退苦药,加辛药,脉
滑甚,重加化痰,小心复感为要。

滑石一两　云苓皮五钱　郁金三钱　杏仁五钱　小枳实三钱　蔻仁三钱
半夏一两　黄柏炭三钱　广皮三钱　苡仁五钱　藿香梗三钱

煮三碗,分三次服。

十月初二日　伏暑虽退,舌之白滑未化,是暑中之伏湿尚存也,小心饮食要紧。脉之滑大者已减,是暑中之热去也。无奈太小而不甚流利,是阳气未充,不能化湿,重于辛温,助阳气,化湿气,以舌苔黄为度。

半夏六钱　白蔻仁(研冲)三钱　木通二钱　杏仁五钱　益智仁三钱广皮三钱　苡仁五钱　川椒炭三钱　干姜三钱

煮三碗,分三次服。

初六日　伏暑之外感者,因大汗而退,舌白滑苔究未化黄,前方用刚燥,苔未尽除,务要小心饮食,毋使脾困。

杏仁泥四钱　煨草果八分　川椒炭三钱　姜半夏五钱　苍术炭三钱　益智仁三钱　茯苓皮五钱　老厚朴二钱　白蔻仁三钱　生苡仁五钱　广皮炭五钱　神曲炭三钱

煮三碗,分三次服。(引同上)

〔按〕　叶天士尝云:"吾吴湿邪害人最广,如面色白者,须要顾其阳气,湿胜则阳微也,法应清凉,然到十分之六七,即不可过于寒凉,恐成功反弃,何以故耶? 湿热一去,阳亦衰微也。"这种根据患者体质而斟酌用药,无疑是辨证施治的重要内容之一。本例暑湿为患,前三诊因湿热俱重,均以宣通三焦,化气利湿为治,方用三仁汤化裁,芩、连、黄柏亦所不避。至第四诊,暑热退而舌呈白滑,且其人脾肾素虚,于是立法处方不能不考虑"阳气未充,不能化湿",遂改投辛温助阳化湿,其间用药之变换,缘因邪随体质变化故也。

例21　比麻李　身热已退七八,大便逐日一度干而尚顺,耳聪神清,食进,溺淡黄,舌薄白,脉濡滑缓。论症情喜已退舍,此时宜清养阳明,冀其肠胃通和,则未尽之湿热,便可渐次清化矣。

西洋参一钱五分　陈皮一钱五分　米仁三钱　竹叶廿片,煨石膏三钱赤苓四钱　通草七分　芦根八寸　益元散三钱　知母一钱五分　杏仁二钱(《千里医案》)

〔按〕　湿热为患,往往胸痞纳呆、头额胀闷、身热凛寒,甚或壮热汗多,发为白㾦,治当清化。若治不得法,辛温发表,苦寒冰伏,轻则延误,重则伤生。现身热已退,症情缓解,最宜清养,以俟未尽之湿热渐次清化。姚景垣评云:"此证最忌要在清热不助湿,利湿不伤阴,方为妙手。"善哉此言!

例22　胡蔚堂舅氏,年近古稀,患囊肿,小溲赤短,寒热如疟。孟英曰:非外感也,乃久蕴之湿热下流,气机尚未宣泄。与五苓合滋肾,加楝实、栀子、木通。两剂后囊间出腥粘黄水甚多,小溲渐行,寒热亦去。继与知柏八味去山

药、萸肉,加栀子、楝实、乌药、苡仁等,久服而愈。(《王氏医案》)

[按] 湿热下注而致囊肿,囊间出腥黏黄水,小溲赤短,先后二诊以清利湿热,滋肾泻火为法,病乃获愈。可见湿热不仅可致外感之疾,也可引起外科病患。

例23 仲夏淫雨匝月,泛滥为灾,季夏酷暑如焚,人多热病。有沈小园者,患病于越,医者但知湿甚,而不知化热,投以平胃散数帖,壮热昏狂,证极危殆,返杭日,渠居停吴伸庄,浼孟英视之。脉滑实而数,大渴溲赤,稀水旁流。与石膏、大黄数下而愈。(《王氏医案续编》)

[按] 夏季淫雨,天热地湿,人在气交之中,湿热为患,屡见不鲜。本例湿热病,前医但知去湿而用平胃散温燥之品,以致热邪愈炽,湿热胶结胃肠,出现壮热昏狂,大渴,大便旁流稀水,脉滑实等症,王氏据证用石膏、大黄辈清泻阳明经腑之实热,使邪有出路,病遂告愈。

例24 吾师赵菊斋先生,年逾花甲,偶因奔走之劳,肛翻患痔,小溲不行,医者拟用补中益气及肾气等法。孟英按其脉滑而数,苔色腻滞。此平昔善饮,湿热内蕴。奔走过劳,邪乃下注,想由强忍其肛坠之势,以致膀胱气阻,溲涩不通,既非真火无权,亦讵清阳下陷。师闻而叹曰:论证如见肺肝,虽我自言,无此明切也。方以车前、通草、乌药、延胡、栀子、橘核、金铃子、泽泻、海金沙,调膀胱之气化而渗水。服之溲即渐行。改用防风、地榆、丹皮、银花、荆芥、槐蕊、石斛、黄连、当归,后治痔漏,清血分之热而导湿,肛痔亦平。设不辨证而服升提温补之方,则气愈窒塞,浊亦上行,况在高年,告危极易也。(引同上)

[按] 素嗜酒醴,湿热内蕴可知,又加奔走过劳,邪乃下注,以致肛翻患痔,小溲不行。孟英初诊用渗利湿热,化气利水之品,溲即渐行。后改用清热凉血专治痔漏,肛痔亦平。用药之先后缓急,次第分明,宜乎取效也。

例25 徽商张某,神气疲倦,胸次不舒,饮食减少,作事不耐烦劳。前医谓脾亏,用六君子汤为主,未效。又疑阴虚,改用六味汤为主,服下更不相宜,来舍求诊。脉息沉小缓涩,舌苔微白,面目隐黄。丰曰:此属里湿之证,误用滋补,使气机闭塞,则湿酿热,热蒸为黄,黄疸将成之候。倘不敢用标药,蔓延日久,必难图也。即用增损胃苓法去猪苓,加秦艽、茵陈、楂肉、鸡金治之。服五剂胸脘得畅,黄色更明,惟小便不得通利。仍照原方去秦艽,加木通、桔梗。又服五剂后,黄色渐退,小水亦长,改用调中补土之方,乃得全愈。(《时病论》)

[按] 里湿误用滋补,致气机闭塞,湿从热化,湿热郁蒸,胆热液泄,发为黄疸,雷氏用清利湿热为主,导邪从小便而出,黄疸渐退,诸症向愈。本例见症,颇似西医学所说的黄疸型肝炎,其治法足可师法。

例 26 须江周某之郎，由湿温误治，变为唇焦齿燥，舌苔干黑，身热不眠，张目妄言，脉实有力。此分明湿温化热，热化燥，燥结阳明，非攻下不能愈也。即用润下救津法，服之未效，屡欲更衣而不得。后以熟军易生军，更加杏霜、枳壳，始得大解，色如败酱，臭不可近。是夜得安眠，谵安全无。次日舌苔亦转润矣。继以清养肺胃，调理二旬而安。（引同上）

　　[按] 湿温用下法得愈，此又一例也。吴鞠通《温病条辨》治湿温有"三禁"（包括"禁下"）之说，须活看，未可拘泥也。

例 27 风暑湿三气合而成热，热阻无形之气，灼成有形之痰，清肃失司，酿成咳呛，热蒸肺胃，外达皮毛，所以斑疹白㾦相继而发，点现数朝，遍体似密非密，汗泄蒸蒸，肌腠热势乍缓乍剧，脉象左部数而带软，右手滑而不疾，舌质白而尚润，似见绛燥，真元虽虚，病邪尚实。所恃者肝阳渐熄，两手抽掣已缓，所虑者疹发无多，邪势未获廓清，如再辛凉重透，尤恐助耗其元，若用甘寒重养，不免助炽其邪，兹当轻清宣上焦之气分，务使余邪乘势乘隙而出，略佐清肃有形之痰，以冀肺气不致痹阻，录方列，即请法政。

　　连翘　黑山栀　鲜石斛　橘红　丹皮　益元散　通草　丝瓜络　胆星　瓜蒌仁　银花　天竺黄　活水芦根

　　二诊：白㾦渐次而退，身热尚未开凉，但汗泄蒸蒸未已，而胃纳淹淹未增，脉象左关仍形弦滑，右寸关部亦见如前，舌腻苔白，口觉淡味，其无形之暑邪已得汗解，惟有形之湿邪难堪汗泄，毕竟尚郁气分，熏蒸灼液酿痰。痰为有形之物，最易阻气，所以中脘犹觉欠畅，清阳为痹，下焦亦有留热，腑失通降，是以大便艰难，为日已久，阴液尚未戕耗，㾦发已久，真元不免受伤，当此邪退正伤之际，攻补最难措手。论其湿之重浊，原非一汗可解，前经热多湿少，主治不得不专用清凉，顷已湿胜于热，录方未便仍蹈前辙，兹当芳香以苏气，淡味以宣湿，然湿中尚有余热，略佐清化其热，庶免顾此失彼之虑。

　　连翘　扁石斛　通草　滑石　苡仁　鲜佛手　瓜蒌皮　赤芍　银花　广郁金　佩兰叶　姜竹茹

　　三诊：白㾦已回，热有廓清之机，大便已下，腑有流通之兆，胃纳尚钝，中枢失转运之司，舌苔犹腻，湿浊无尽彻之象，但湿为粘腻之邪，固属纠缠，蒸留气分之间，最易酿痰，脉象左关仍弦，右关尤滑，余邪柔软少力，病起由于暑湿化热，必先伤于阴分，然病久耗元则气分亦未必不伤，阴分一虚，内热易生，气分一虚，内湿易聚，热从阴来，原非寒凉可解，湿从内生，亦非香燥可去。刻下虚多邪少，理宜峻补，无如胃钝懈纳，碍难滋腻，当先醒其胃，希冀胃气得展则真元自可充复，而阴液亦可滋长，先贤所谓人之气阴依胃为养故耳。

豆卷　绿豆衣　云茯苓　广皮　仙夏　广郁金　佩兰叶　佛手　川石斛　赤小豆　砂壳　稻苗叶(《近代名医学术经验选编·金子久专辑》)

[按]　本例乃湿热夹痰为患。湿热氤氲气分，发为白㾦，乃邪气有外泄之机，前后三诊以清宣、芳化、渗利为主，放邪出路，兼以化痰护津，诚属对证之治。是案析症如老吏断狱，用药轻灵可喜，非老手不办。

例28　大衍余年，真阴始衰，凡人气以成形，赖气机输运得宣，肠胃无阻愆之患，何病之有！述症先由情志之碍，继受暑湿之感，暑为无形清邪，必先伤其气分，湿为有形浊邪，亦能阻于气分，气阻邪郁，渐从热化，热炽蒸蒸，蔓延欠解，外攘酿㾦，内扰酝痰。上焦清肃失行，清阳蒙蔽为耳聋，下焦健运失宣，热迫旁流为便泻，痰热占据乎中，升降格拒为脘满纳废。病起两旬有余，阴液为邪所烁，前经汗出过多，阳津为汗所伤，肝阳素所炽盛，阴火似欠潜藏，阴液阳津俱伤，肝木无以涵制，每交子丑之时，肝阳上乘清窍，致令巅热，内风淫于四末，遂使肢麻，阳明机关失司，遍体为之酸楚，窍络窒阻欠灵，舌音为之謇涩，顷诊左关脉象弦数，右寸关两部滑数，左右尺部俱欠神力，舌质满绛，中带黄色，咽喉窄隘欠舒，口渴而不喜饮，病属湿温，最属纠缠，治当清三焦之热邪，涤气分之痰浊，参入甘凉养胃以生津，介类潜阳以熄风。

连翘　银花　橘红　益元散　仙半夏　西洋参　通草　石决明　麦冬　丝瓜络　茯神　竹二青(引同上)

[按]　湿温绵延，二旬有余，气阻邪郁，化热酿㾦，清阳被蒙，致有耳失聪听，痰热踞中，遂使升降格拒。汗出过多，阴液不免受伤，肝木失涵，肝阳势必上亢，余如肢麻体酸、舌音謇涩皆为窍络窒阻之象。热蒸酿㾦酝痰，而有脘满瞀闷，此气分已受其伤也；舌质绛而中黄，口虽渴而不饮，此营分亦受其侵也。湿温际此，最为淹缠，因此前人有"剥茧抽蕉，层出不穷"之喻，金氏以"清三焦之热邪，涤气分之痰浊，参入甘凉养胃以生津，介类潜阳以息风"，合清热、涤痰、养阴、息风于一炉，而重心在于气分之宣泄，药似平淡无奇，然亦用心良苦。

例29　陆男　始起寒微热甚，得汗不解，此属里热，经两旬余，热势如故。脘部痞满如窒，神烦口干，其内伏之邪未克透达可知，顷按脉来沉滑数，舌苔厚腻，便下先通而后秘。拙见是，湿温伏邪留于气分，有传疹之势，以其表里三焦均未通达，蕴邪遂有失达之虑。屡经汗下清而热象不减，即属里邪之征。古人云，伏气为病，譬如抽蕉剥茧，层出不穷。又云，湿温内发，最易传疹酿㾦。胸脘为气分部位，邪未透达，气机被遏，则脘痞如窒。据述曾服表散之剂，痞闷反剧，盖湿邪不宜发汗，汗之则痉，古有明训。吴鞠通云，汗之则神昏耳聋，甚则目瞑不欲言。倘过汗则表虚里实,表里之气不相承应,必多传变。吴又可云,温邪有九传,有表里分传者,有先表后里,先里后表者,传化无定,治之者当深究其所以然。今温邪内逗,熏蒸失达,拙拟宣化清泄,以分达其湿热之邪,必得表里三焦一齐尽解,庶疹点易透,可无风动痉厥之变。

豆卷 杏仁 郁金 米仁 山栀 连翘心 枳壳 瓜蒌皮 赤苓 芦根 滑石 竹叶(《近代名医学术经验选编·陈良夫专辑》)

[按] 吴鞠通谓:"有汗不解,非风即湿。"本案系湿热之邪留恋气分不解,郁蒸肌表故身热;湿性淹滞重浊,故虽汗出而邪不易泄,脘部痞满如窒,为白㾦透发之兆,乃湿热之邪有向外透泄之势而未得宣畅。所以治用清泄湿热,透邪外达,宣达上中二焦气机,以冀透热于外,渗湿于下,使湿热之邪从表里分消。

例 30 周妻 初诊:湿热之为病也,其传化本无一定,轻则为疟,重则为疹,治之之法,不外乎汗下清三者而已。初起身热不扬,继增哕恶,频吐黄水,胸脘灼热,汗不解而便不行,兼有头眩,口干唇燥,杳不思纳,脉象缓滑,右手带数,苔糙腻,上罩黄色。拙见湿遏热伏,阳明之气,失于宣降,遂致三焦困顿,里邪不能外达,为疟为疹,势犹未定。目前治法,汗下清三法参酌而用之,分达其蕴结之邪,以觇传化。

豆豉 山栀 左金丸 薄荷 连翘 炒枳实 块滑石 瓜蒌皮 竹茹 生大黄 玄明粉 鲜石斛

二诊:昔人云,温邪为病,须究表里三焦。又云,阳明之邪,当假大肠为去路。前宗此意立方,进宣表通里之剂以分达三焦之邪,随后身热递和,汗颇畅而便下亦通,脘闷呕恶,渐次舒适,原属表解里和,三焦通利之象,不可谓非松候也。惟口仍作干,谷纳未旺,耳中时有鸣响,脉来濡滑带数,舌苔薄黄,尖边色红。此乃湿热之邪虽得从表里而分达,所余无几,然肺胃之津液已受其劫损,致虚阳易浮,化风上扰。目前治法,当清理余剩之湿热以化其邪,参入养阴生津之品,以顾其正,能得津复热退,庶几渐入康庄。

沙参 鲜石斛 肥知母 山栀 广郁金 天花粉 京玄参 泽泻 生石决 钩藤 碧玉散 香谷芽(引同上)

[按] 本例乃湿热壅滞三焦,尤以中焦腑气不降为病变之重心,故初诊仿凉膈散以清上泄下,所谓"阳明之邪,仍假大肠为去路"也。药后汗畅便通,是里邪外达,表解里和之佳象。次诊因余邪未尽,津液已伤,木失涵养,化风上扰,故用药既清余邪,又养津液,复参凉肝息风之品,乃标本兼治之法。

例 31 王 右脉涩滞,左脉濡弱,舌苔厚腻。此系元虚感暑,暑中兼湿,中阳被困,健运失常,以致胸膈痞闷,肚腹疼痛,营卫不和,时觉寒热,或浊邪上干,头目昏胀,湿热下注,小水短黄。先拟解暑利湿,然后可以温补调元。

广藿香一钱　连皮苓二钱　南京术一钱五分　白蔻仁(研冲)八分　水佩兰一钱　水法夏一钱五分　紫绍朴八分　广陈皮八分　细桂枝八分　川通草八分

又　前经解暑利湿,稍觉见效,再诊六脉模糊,舌苔白滑,乃湿犹未清耳。盖土困中宫,水谷之精微不化,金无生气,阴阳之枢转不灵,清浊混淆,其湿从何而化乎?再进调中化湿,斯为合法。

生白术一钱五分　广陈皮一钱　白茯苓二钱　生谷芽一钱五分　茅苍术一钱五分　水法夏一钱五分　炙甘草八分　生米仁三钱　紫绍朴一钱

又　调中化湿见效,所嫌六脉细弱,五脏皆虚。究其最虚者,惟脾胃耳。中阳困弱,上下失调。然邪症虽退,而真元未复,拟用六君合建中,方列于左。

西党参三钱　炒白术一钱五分　广陈皮一钱　酒白芍一钱五分　白茯苓二钱　炙甘草八分　水法夏一钱五分　川桂枝八分　广木香八分　春砂仁八分　老生姜三片　大红枣三枚(《阮氏医案》)

[按]　本例为暑湿浸淫表里,弥漫三焦的病证。盖夏日暑热盛行,蒸动湿气,人在气交之中,感受暑湿,"壮者气行则已,怯者着而为病"。(《素问·经脉别论》语)患者平素体虚,无力抗邪,遂令暑湿着而为病。观其症情,头目昏胀,胸膈痞闷,时觉寒热,显系暑湿客于上焦肺卫;肚腹疼痛,乃邪入中焦,气机阻滞,不通则痛使然;小水短黄,是湿热流注下焦之象;脉来涩滞,舌苔厚腻,湿邪留着明矣。故初诊以藿朴夏苓汤加减,意在宣畅气机,解暑利湿,药后虽获小效,但湿性黏腻,盘踞中宫,脾胃困顿,以致水谷之精微不化,清浊混淆,故续投调中化湿之剂而湿邪得祛,唯脾胃未健,真元未复,善后以补中益气为法,堪称熨帖。

例32　盛　右关脉浮数,舌苔微白,风温夹湿,伤于手足太阴。肺气上郁则咳嗽,脾湿下流则便溏,兼之阳气独发,热而无寒。治以辛凉解表兼利气,佐以淡渗清热而和脾。

连翘壳一钱　淡豆豉一钱　荆芥穗八分　苦杏仁一钱　鼠粘子一钱　苏薄荷八分　北桔梗八分　淡竹叶八分　生谷芽二钱　赤茯苓二钱　紫川朴八分　川通草八分(引同上)

[按]　风温夹湿,伤于手足太阴,方用银翘散加减以辛凉解表,此即吴鞠通"治上焦如羽,非轻不举"之谓;赤苓、通草淡渗利湿,所谓"治湿不利小便非其治也";复加川朴通畅气机,寓"气化则湿化"之意。堪称法合方妥药当,

值得借鉴。

例33 程 脉象濡弱涩滞,略兼弦紧,舌苔白腻,四肢酸软,胸膈痞闷,时觉微寒微热。此系内伏暑气,外受风寒,湿热郁蒸,发为黄疸。肤表无汗,小便短黄,郁久不治,恐成肿胀。急宜开鬼门,洁净府法主治。

西麻黄八分　赤小豆三钱　连翘壳一钱半　绵茵陈二钱　六神曲二钱淡豆豉一钱半　紫川朴一钱　川通草一钱　苦杏仁一钱半　赤茯苓三钱(引同上)

[按] 外感风寒,内蕴暑湿,湿热郁蒸,发为黄疸,当属阳黄之证。方用麻黄连翘赤小豆汤外解表邪,兼利湿热,复合茵陈、赤苓、通草以利湿退黄。《黄帝内经》有"开鬼门,洁净府"之谓。开鬼门者,疏松汗孔,解表发汗是也;洁净府者,决渎水道,通利小便是也。本例治法,与此正合。案云:"郁久不治,恐成肿胀",从西医学来说,黄疸型肝炎变成肿胀,大多是肝坏死的表现,即是病情加重的征象。阮氏在当时的情况下,通过反复临床观察,深知此等病情的危重性,故用"恐"字来表述,实属不易。

例34 应 三疟延至数月,脾阳困弱,复受湿邪袭肺,清肃无权,湿化热而为痰,火载气而上逆,喘嗽渴饮,汗多自利,阴阳两伤,邪热益炽,即疟邪变成湿温,互相为虐矣。拟以三仁汤加味治之。

苦杏仁一钱半　飞滑石三钱　紫川朴八分　淡芦根钱半　白蔻仁八分水法夏一钱半　白通草八分　连翘壳钱半　生米仁三钱　淡竹叶一钱半　生谷芽一钱半　生竹茹钱半(引同上)

[按] 三仁汤是《温病条辨》治疗湿温初起的名方,功能疏利气机,清热利湿,其着重点在于"宣通肺气",所谓"气化则湿化"是也。本例疟疾湿温相互为患,阮氏用三仁汤加味,意在宣畅肺气,清化湿热,而不专事治疟,确是抓住了病理之关键,效果可期。阮氏精通温病之治,于此可见一斑。

例35 张 六脉涩滞,舌苔灰燥,系暑温夹湿,口干渴饮,身热便溏,烦躁不宁。拟以清利三焦,兼透解法

飞滑石三钱　淡竹叶钱半　连翘壳钱半　川通草八分　生山栀钱半　荷花叶钱半　水佩兰钱半　广郁金一钱　粉葛根钱半　川朴花一钱　鲜芦根三钱(引同上)

[按] 暑湿侵犯,三焦俱病,故以清利三焦为治,方中竹叶、连翘、荷叶清宣上焦肺气,兼透解暑邪;佩兰、朴花祛除中焦湿邪;滑石、通草、芦根清利下焦湿热;葛根解肌退热;山栀善清三焦邪热;郁金开郁以利邪气外达。此三焦同治,表里分消之法。

例 36 丁女,四十七岁,六月,杭州。湿温一候,身热朝轻暮重,痦出未透,胸宇塞闷,沉困嗜卧,渴饮不多,大便溏薄,小溲短赤,舌尖绛,中白腻,脉滑数。宜化湿透痦。

赤苓 9g 白杏仁(杵)9g 炒苡仁 12g 制厚朴 3g 青连翘 9g 大豆卷 9g 淡竹叶 9g 炒大力子 5g 淡子芩 5g 飞滑石(包)12g 鲜芦根(去节)1 尺 5 寸

二诊:汗出白痦显露,身热未退,渴饮溲短,脉象滑数,舌苔白腻。湿温化痦,邪在气分,治当清解。

青连翘 9g 淡子芩 5g 益元散(包)9g 川石斛 12g 苡仁 12g 淡竹叶 9g 瓜蒌皮 9g 鲜芦根(去节)1 尺 5 寸

三诊:白痦透达,热势渐退,胸闷较宽,渴饮亦瘥。唯昨日又增咳嗽,湿化余热未清,苔腻转薄。再拟两肃肺胃。

白杏仁(杵)9g 瓜蒌皮 9g 前胡 8g 知母 8g 益元散(包)9g 川石斛 9g 苡仁 12g 赤苓 12g 泽泻 6g 陈芦根 15g 猪苓 6g

四诊:热退痦回,诸恙渐愈,并思纳谷,舌净,脉象缓滑。再拟清养肺胃。

米炒上潞参 6g 川斛 6g 益元散(包)9g 谷麦芽各 9g 白杏仁(杵)9g 广郁金 5g 炒橘红 6g 红枣 3 枚(《近代名医学术经验选编·叶熙春专辑》)

〔按〕 湿温见痦,乃是病邪外达之候,本例一至三诊,均用轻清宣透,淡渗利湿之法,方用薏苡竹叶散、三仁汤化裁,因势利导,促使白痦透达,乃得邪气外解,诸恙渐愈。叶熙春氏崇尚叶、薛、吴、王诸家,擅治温病,用药以轻灵见长,此案可见一斑。

例 37 周某,女,10 岁,1969 年 9 月上旬起病,初则凛凛恶寒,身热(体温 38.6~39.7℃),抚之并不灼手,小有汗而热不解,白痦已见于颈项胸背,头晕重胀痛,身重骨节酸疼,胸痞,口渴喜热饮,饮水无多,舌苔白腻,中心干,脉濡。病已一候有奇,当时从湿温证湿重于热论治,投以三仁去竹叶,加大豆卷、藿梗、佩兰之属,连续守方八剂,症情无甚变化。再诊时据其虽饮水量少而口渴频频,近来胸闷懊憹烦热,舌苔中心已干,诚如《温病条辨》云:"徒祛湿则热愈炽。"于是参以苦寒燥湿清热之剂,以黄连温胆汤意立方,药用:川雅连、蔻仁(后下)各 2g,淡黄芩 3g,制半夏、陈皮各 6g,赤茯苓、豆卷各 9g,枳实、姜竹茹各 4.5g,苡仁 15g。当晚 7 时左右服药,药后约 2 小时许,频呼胸闷难受,继之寒战大汗,周身肌肤冰冷。待至夜半,胸闷大减,稍觉形寒,疲倦思睡。按其脉不疾不徐,依然濡缓无力,知为战汗,于是仿叶氏"旁人切勿惊惶,频频呼唤,扰其元神,使其烦躁"的处理方法,任其睡眠,从此病情转机,即渐向愈。(王少华,王淑善,王卫中.湿温误治案[J].中医杂志,1982(8):20-21.)

[按] 湿温病热重于湿或湿热并重,宜清热祛湿并施,本例初诊着重祛湿而忽略清热,以致药后热势增重,所谓"徒祛湿则热愈炽"是也。次诊仿黄连温胆汤意,清热祛湿兼施,药后正气奋起与邪相争,留连气分之湿热,得以从战汗而解。有关战汗的机制、临床表现、病情转归、治疗和护理方法等,叶天士《外感温热篇》多有论述,可参阅。

例38 张某,男,65岁,1936年8月11日。雨后天晴,暑热湿动,起居不慎,感邪致病。今觉身热头晕,胸脘满闷,周身酸楚乏力,微有恶心,胃不思纳,大便尚可,小溲不畅,舌白苔腻,脉象濡软略滑。病属暑热外迫,湿阻中、上焦,气机不畅,法当芳香宣化,辛开苦泄。

鲜佩兰(后下)10g　鲜藿香(后下)10g　大豆卷10g　半夏10g　制厚朴6g　陈皮6g　川连3g　六一散(布包)10g　一服

二诊:1936年8月12日。

药后遍体小汗,身热渐退,头晕已减,身酸楚亦轻。但中脘仍闷,略有恶心,舌白苔腻,脉象濡滑,再以前方增减之。

原方加草蔻1g　杏仁10g　连服三服而愈。(赵绍琴.治疗湿热病的体会[J].北京中医学院学报,1981(2):33-38.)

[按] 夏令天热地湿,人在气交之中,体怯者,最易感受湿热为患。本例湿热阻滞上、中焦,气机不畅,故药用藿、佩、豆卷芳香宣化,又入朴、夏、陈皮运中化湿,复参六一散甘淡渗湿,更佐川连苦寒清热。全方重在宣通气机,俾气化则湿热俱化也。

例39 陈某,女,24岁,渔民。1976年7月25日初诊。病已历八天,初起两天,寒热呕恶,医以辛温解表,汗微出而热不撤,又进小柴胡汤二剂,四天后但热不寒,乃至壮热烦渴(T39.7℃),身发斑疹,神识朦胧,肢厥微抽,下利臭秽,舌红绛少津,脉濡数。此为湿热误治变局,由湿从燥化,热邪充斥表里三焦,内逼营血所致。幸体壮正旺,尚有胜邪之机。遂以大剂清营、凉血、解毒佐以清热开窍之剂,仿神犀丹意。

广犀角(以水牛角代)13g　生石膏60g(二味另煎1小时)　金银花30g连翘衣20g　石菖蒲5g　淡豆豉10g　川黄连7g　黑玄参30g　紫草根15g生地黄30g　天花粉15g　淡竹叶20g　二剂。安宫牛黄丸4粒,早晚各服1粒。

7月27日复诊:一剂病微减,再剂热减神清,肢温抽止,斑疹变淡,但低热不退（T37.8℃），口干不多饮，不思饮食，脉细软而数，舌红少津，火焰虽平，但阴津未复，余热未清，遂以清热甘凉生津之品治之。

北沙参15g　麦冬13g　金银花12g　连翘衣10g　鲜石斛30g　肥知母10g　天花粉10g　生石膏20g　玉竹10g　鲜芦根8寸

三剂后低热已解，知饥能食少量稀粥，犹恐"炉烟虽熄，灰中有火"，继以原方去石膏、知母、天花粉、连翘，加生扁豆10g，调理而愈。（杨济泉，刘怀堂．湿温病的证治［J］．江西中医药，1982（2）：13-14.）

［按］　湿温初起，误用辛温解表，致湿热化燥，内逼营血，邪陷厥阴，出现神蒙、斑疹、肢厥、抽搐、舌绛等危重之症，治用清营凉血、开窍醒神，幸得病情化险为夷。继以滋养津液、兼清余邪为善后之治。由此可见，湿温化燥，入营动血，其治疗大法与一般温热无异，即遵叶天士"入营犹可透热转气，……入血就恐耗血动血，直须凉血散血"之旨。

例40　周某，男，24岁。新感时邪，发热头痛，胸中发满，饮食作恶。某医用"安乃近"与"葡萄糖"，汗出虽多而发热不解，反增谵语，身疼，呕吐等症。体温39.6℃，脉来濡，舌苔白腻。此证本属湿温为病，当时若利湿清热，自可奏效而愈。医误发其汗，乃犯湿家之禁，亡失津液，故致病情加剧。观其现症，胸满舌腻仍在，可见湿邪犹存，治当清利湿热，以行三焦之湿滞。方用：白蔻仁6g，杏仁6g，薏米12g，藿香6g，厚朴6g，半夏10g，滑石12g，竹叶6g。书方时，语其家人曰：药后则热退，可勿忧虑。然出人意料，病人服药无效，反增口渴，心烦，体温升至40℃，而两足反厥冷如冰。病家惶惶，急请余诊。切其脉仍濡，而舌苔则黄白间杂。余思之良久，认定此证仍为湿温之病，然前方胡为不效？继而恍然大悟，此证胸满泛恶，固属湿候，然又见高热，烦渴，谵语，则属阳明之热显著。前方用三仁汤治湿之力大，清热之力小，而藿香、厚朴又有增加助热之弊，故药后口渴心烦而病不解。今既热盛于里，湿阻于外，则阳气不能下达，故见足凉而不温。治疗之法，非白虎不足以清其热，非苍术不足以胜其湿。方用苍术10g，生石膏30g，知母10g，粳米15g，炙甘草6g。上方服1剂，患者便热退，足温，诸症皆愈。（刘渡舟．温病治验四则［J］．广西中医药，1981（3）：1-2.）

［按］　吴鞠通《温病条辨》治湿温有云："徒清热则湿不退，徒祛湿则热愈炽。"本例的治疗经过，足见吴氏之言信不我欺。苍术白虎汤是治湿温病热重于湿的经世名方，方用苍术燥太阴之湿，白虎清阳明之热。本例施以是方，获桴鼓之效。

例41　患儿，女，9个月，2015年1月9日初诊。主诉：发热、咳嗽3天。

患儿 3 天前受凉后出现发热,体温最高 38.2℃,物理降温后体温可降至正常,间隔 10~12 小时后体温复升,咳嗽,呈连声咳,有痰,不易咯出,无喘息。刻诊:发热,咳嗽,有痰,不易咯出,无喘息,鼻塞、流涕,水样便、每日 4 次,小便可。查体:神清,精神反应可,咽部充血,听诊肺部呼吸音粗,可闻及散在细小水泡音,舌红、苔黄厚,指纹浮紫。辅助检查:X 线胸片示:两肺纹理增多,沿支气管走行并伴行点片状高密度影。诊断:支气管肺炎。辨证:湿热兼表,肺气郁闭。治则:宣肺解表,清热利湿。处方:北柴胡 10g,葛根 10g,黄芩 10g,黄连 2g,甘草 6g。2 剂,每日 1 剂,水煎 100ml,分早、中、晚 3 次口服。2 剂后患儿热退,咳嗽明显减轻,痰黄黏,大便成形、每日 1 次,肺部体征明显好转,舌红、苔薄黄。本方应中病即止,在湿热兼表症状消失后,治以宣肺开闭、清热化痰法,改予麻杏甘石汤加减:麻黄 1g,苦杏仁 10g,生石膏(先煎)15g,炒紫苏子 10g,葶苈子 10g,清半夏 6g,瓜蒌 10g,芦根 10g,甘草 6g。3 剂后,患儿临床症状及肺部啰音消失,临床痊愈出院。(孙丹,李新民,韩耀巍,等. 从湿热论治小儿肺炎喘嗽[J]. 中医杂志,2017,58(22):1965-1967.)

[按]　本患儿病程初起,外感邪气,郁闭肺气,协热下利,出现湿热兼表证的症状,方选葛根芩连汤加柴胡以解表清里。药后表证症状缓解,邪热炼液为痰,故用麻杏甘石汤加减以辛凉宣泄,清热化痰。

例 42　刘某,女,43 岁。患者阴道不规则出血 11 天,量中,夹大血块,色鲜红,伴小腹隐痛,腰酸耳鸣,全身疲倦乏力,眠差,多梦,夜间发热盗汗,头痛,舌质红,苔黄微腻,脉细滑数。此因肾精亏虚,湿热蕴于胞宫,瘀血内阻,藏泻失司而致。治宜清热利湿,补益气血,活血止血。处方:苍术 15g,生黄柏 15g,薏苡仁 20g,南沙参 20g,黄芪 15g,香附 10g,五灵脂 15g,蒲黄炭 20g,马齿苋 15g,地榆炭 15g,白茅根 15g,荆芥炭 15g,夏枯草 15g。6 剂,每天 1 剂。并配以云南白药胶囊活血止血。药后血量明显减少,乏力疲倦、头痛等症好转。在原方基础上稍做加减而获痊愈。(唐英,莫冬梅,王增珍,等. 魏绍斌从湿热论治妇科疾病验案 4 则[J]. 湖南中医杂志,2017,33(4):100-102.)

[按]　此患者肾精亏虚,兼夹湿热之邪蕴于胞宫,瘀血内阻,患为崩漏,治疗则用苍术、黄柏、薏苡仁等祛湿清热为主;配伍黄芪补气,失笑散、炭类药等活血止血。方证相符,故疗效较好。

例 43　患者张某,女,84 岁,2012 年 10 月 14 日初诊。患者 2012 年 9 月出现乏力、纳差伴恶心呕吐症状,于 2012 年 9 月 10 日查血肌酐 447.66μmol/L,血压 162/74mmHg,血红蛋白 72g/L。刻下症见:纳差,时有恶心,周身乏力,心烦,怕冷,每日进食不足 50g,食后呕吐痰涎样物质,口干不欲饮水,口不苦,头晕,头痛,大便干,3~4日一行。舌质红,苔黄腻,脉弦滑数。因患者年老,家属拒绝行胃镜及肠镜检查,坚持保守治疗。中医辨证:湿热内蕴,痰阻中焦。治则:清利湿热,化痰祛浊。方拟黄连温胆汤,方药如下:黄连6g,姜半夏6g,竹茹12g,枳壳12g,陈皮6g,茯苓30g,生甘草10g。以水浓煎,嘱患者服药时少量频服。服药3日后,诉恶心呕吐较前好转,纳食较前增多,故继守方7日,烧心减轻,恶心、呕吐感好转,但仍有乏力、头晕、心烦、怕冷等症状,察舌脉,舌质淡,苔薄腻,脉沉弦细。以前方中加党参30g,麦冬10g,五味子6g,生黄芪15g等益气养阴之品。2013年3月24日,此方服用4个月后门诊复诊:患者诉无不适症状,头晕、心烦症状消失,纳食好转,仍有怕冷,舌质淡,苔薄黄。复查血肌酐382.8μmol/L,UTP(尿总蛋白)1.056g/24h,血红蛋白95g/L。在前方基础上减黄连至3g,减党参至15g,去麦冬、五味子,改生甘草为炙甘草,加桂枝10g、生白术15g、柴胡10g、升麻6g。2013年6月14日复诊:患者怕冷症状明显好转,基本无不适症状。查血肌酐263.5μmol/L,UTP0.8g/24h,血红蛋白100g/L。(禹田,姜浩,余仁欢.黄连温胆汤加减治疗慢性肾脏病验案举隅[J].中国中西医结合杂志,2015,35(5):634-635.)

[按] 患者就诊时恶心呕吐、纳差、舌质红、苔黄腻、脉弦滑数,此为中焦痰湿内阻之证,故治以清利湿热、化痰祛浊为主,以黄连温胆汤加减服之。服药后,患者症状好转,又因其年岁较高,气血亏虚,故病情好转后加用益气养阴之品以顾护正气。

三、现代实验研究进展

湿热病证临床十分常见,根据其发生部位的不同、涉及脏器的区别,可分为上焦湿热、脾胃湿热、肝胆湿热、下焦湿热等,湿热既是多种病变的原因,又是多种疾病某一阶段病因、病性、病势的集中反映,也是病理产物。现代对湿热病证进行了大量有价值的实验研究,并取得了可喜的成绩,如湿热证实验模型的研究、湿热证与病因学的研究、湿热证的病理基础研究等,现概述如下:

(一)湿热证实验模型的研究

湿热证的造模对于湿热疾患的实验研究、临床治疗及新药开发具有十分重要的意义。

郭金龙[1]根据湿阻的致病因素有外湿、内湿的不同,模拟了伤于外湿和内湿的实验环境,一方面,通过提高空气湿度和温度,模拟长夏季节气候,制造外湿;另一方面,以过食猪脂、蜂蜜的方法损伤脾胃,制造内湿,造模后大白兔的症状表现为体温升高,体重减轻,食欲不振,不思饮水,便溏,消瘦,精神萎靡,嗜卧懒动,白腻苔等。这些症状基本接近湿阻证的症状表现,认为动物模型成功。

王新华[2]在郭金龙复制湿阻证动物模型方法基础上,加用大肠杆菌内毒素,以气候、饮食、感染等多因素模拟建立了温病大白兔湿热证动物模型,造模动物出现发热,纳呆,不欲饮水,便软烂而溏,嗜睡懒动,舌苔白腻等表现,与临床所见本证的主要症状体征和病理变化相符合。中药治疗组的退热,伴随症状体征的改善,病理变化的改善及内毒素清除等方面,均比湿热组优,从而反证了温病湿热证动物病理模型的复制具有的临床依据。实验发现造模动物后6小时及10小时的血浆内毒素水平较单纯用内毒素致热的发热对照组升高,说明湿热证模型动物内毒素廓清较为缓慢。

已有研究[3]表明,反复小剂量注射牛血清白蛋白(BSA),与抗BSA抗体形成免疫复合物,沉积于肾小球,造成家兔系膜增生型肾炎的发病机制,与人类受到反复感染后导致的慢性进行性肾炎完全相似,这与中医湿热毒邪致病的病理过程类似。因此该模型具有病、证兼备的特点,可以反映湿热证的病理变化。此外,熊宁宁[4]等复制了模型,并进一步观察了其疾病表现与病理变化,分析其与肾炎发病的关系。

吴仕九[5]等通过中医温病学关于湿热病的发病理论研究及临床资料分析,同时参考西医传染病学中有关病原微生物的致病特征,在比较6种不同造模方法后发现,以饮食因素+气候环境因素+鼠伤寒沙门氏菌感染等综合因素实验方法造模动物较为理想。无论从发病条件,病变脏腑,还是主要症状体征方面,动物模型均近似于中医湿热证型。

张六通等[6]制作了外湿、湿热、寒湿、寒冷、温热、正常六组实验模型,其中湿热组造模方法与材料是:相对湿度(RH)>90%,温度(T)为35±2℃,12小时/日。各组自由饮食,每日观察精神、活动、关节、二便等,并记录饮食量、体重等,观察时间108天。实验通过症状与体征、免疫学指标、肠道菌群、骨骼肌线粒体活性以及有关部位和脏器的病理形态等方面进行检测,结果发现湿热组动物模型在症状体征、生化指标和组织形态学等方面有一定的变化。

程方平等[7]用高脂、高温、高湿及灌服大肠杆菌的方法制作大鼠湿热证模型,运用放射免疫法观察SIgA(分泌型免疫球蛋白A)、IL-1(白细胞介

素 –1)、TNF–α(肿瘤坏死因子 –α)、GAS(血清胃泌素)、MTL(血清胃动素)水平,直接法测定 HDL–c(高密度脂蛋白胆固醇)、LDL–c(低密度脂蛋白胆固醇)水平,定磷法测肝线粒体 Na^+–K^+–ATPase(钠钾腺嘌呤核苷三磷酸酶)活性。实验发现模型组大鼠的症状、体征变化,与中医学湿热证基本相符;模型组 SIgA、TNF–α、IL–1β(白介素 –1β)、MTL、HDL–c、LDL–c 水平显著升高,GAS、肝线粒体 Na^+–K^+–ATPase 活性水平显著降低,说明湿热证大鼠模型制作成功。

翁一洁等[8]将大鼠分为正常组和 3 组模型组,运用放免法观察胃动素、胃泌素的变化。其认为高脂(油脂 15g/kg 灌服)、高糖(200g/L 蜂蜜水饮用)饮食和白酒灌服 20d 是脾胃湿热证病理模型内因造模中较合适的时间。

陈爽白等[9]复制大鼠湿热证模型,采用多因素复合造模法,通过饮食失调造成内湿环境,以提高空气温度与湿度、感染鼠伤寒杆菌模拟外感湿热病邪,内外合邪造模。造模方法为实验前禁食 24 小时,每日上午以乳状猪脂 5mL/ 只灌胃,分 2 次,每次间隔 1.5 小时,晚上以蜂蜜 3mL/100g 体重灌胃。于实验第 4 日晨,开始感染鼠伤寒杆菌,按 1mL/100g 体重灌胃,第 5 日将动物拿出造模箱,置于正常环境,即温度(25±2)℃,相对湿度 50%~60%。造模后大鼠体温升高,体重下降,平均进食量明显减少,饮水量减少,尿量减少,大便变软直至溏泄,精神状态出现倦怠、嗜睡、蜷卧等,基本符合湿热气分证候特征。

常丽萍等[10]探索了温病湿热证大鼠模型复制的条件。将 80 只 SD(斯泼累格·多雷)大鼠,随机分为正常对照组(A 组)、致病菌低剂量组(B、C、D 组)、致病菌中剂量组(E、F、G 组)和致病菌高剂量组(H、I、J 组),每个剂量组设置 3 个不同造模(湿热环境)时间,B、E、H 组造模 21 天,C、F、I 组造模 25 天,D、G、J 组造模 28 天。参照多因素复合造模方法建立湿热证大鼠模型,比较分析大鼠体温、体质量、食量、饮水量、症状及舌苔等指标的变化,最后综合评价模型的质量。结果发现采用延长湿热环境造模时间至 28 天和较低剂量的致病微生物灌胃的造模条件,可复制出各项症状体征明显、稳定性好、齐同性好的温病湿热证大鼠模型。

(二)湿热证与病因学的关系

1. 胃病　近年来,国内外的学者均认为幽门螺杆菌的感染与胃病的发生发展有显著联系,尤其与病变的活动性炎症密切相关。所以有人将幽门螺杆菌与中医证型的关系进行了相关性研究,并得出了一定的结果:如危北海等[11]对 102 例慢性胃病患者同时进行中医证型分析和幽门螺杆菌感染的检测,结果表明脾胃湿热证 12 例,11 例 Hp 阳性,占 91.67%;脾胃虚证 50 例,Hp 阳性 24 例,占 48.00%。经 t 检验表明两型存在显著的差异,即脾胃湿热型的 Hp 阳性率明显高于脾胃虚弱型,说明慢性胃病的中医辨证分型与幽门螺杆菌阳性有高度的相关性。

王长洪等[12]对 135 例慢性胃炎、胃溃疡患者进行幽门螺杆菌检测,结果湿热型阳性率为 93.9%,肝胃不和型次之,为 77.1%,脾气虚弱型最低,为 31.3%。认为幽门螺杆菌可以作为胃热的一项新的客观指标,但不能单纯以幽门螺杆菌为胃热的依据,而应该与舌诊合参。

张琳等[13]通过幽门螺杆菌与慢性萎缩性胃炎辨证分型关系的研究,发现慢性萎缩性胃炎(CAG)Hp 检出率为 67%。此外通过调查 600 例 CAG 病人舌象,发现舌质黯淡,有瘀点或瘀斑,或黯红或淡紫,舌下静脉瘀张者占 96%,舌苔黄腻或黄白而腻者占 68.3%。以上结果表明 CAG 者中湿热、血瘀多见,因此认为幽门螺杆菌可作为中医六淫的"湿热之邪"。

王立等[14]观察了 1 366 例胃病患者,发现 Hp 阳性率依次为脾胃湿热(86.7%)、胃络瘀血(80.2%)、肝胃不和(74.2%)、脾胃虚弱(63.0%)、胃阴不足(47.9%)。

傅晓晴等[15]从中医舌象、证型两个方面探讨了慢性胃炎幽门螺杆菌感染的表现,发现舌淡白、淡紫,苔厚腻浊滑及脾气虚证、湿热证与幽门螺杆菌感染关系密切,提示正气亏虚、湿浊痰饮内停、湿热内蕴是幽门螺杆菌感染和生存的条件。

周慧敏等[16]探讨了微观指标幽门螺杆菌(H.pylori)、血清胃泌素(GAS)与慢性胃炎脾胃湿热证的相关性。发现脾胃湿热证组的 H.pylori 感染阳性率及血清胃泌素均明显高于非脾胃湿热组,差异有统计学意义($P<0.01$)。其认为 H.pylori 感染与慢性胃炎脾胃湿热证高度相关,血清胃泌素升高可能是"脾胃湿热证"的微观证据之一。

综上所述,多数学者认为慢性胃炎、溃疡病中医证候与 Hp 感染之间存在一定的相关性,并认同 Hp 感染与脾胃湿热证型之间的关系较为密切。

2. 肝脏病　病毒性肝炎的主要病因是"湿热","湿热"是"启动因子",肝炎慢性化是"湿热"余邪残留未尽[17]。张俊富等[18]研究了慢性乙型肝炎辨证分型与乙肝病毒(HBV)复制的关系,提出 HBV 感染是慢性肝炎产生"湿热"的原因之一。HBV 的复制活跃程度与"湿热"轻重关系密切,即 HBV 复制愈活跃,则"湿热"程度愈重,出现黄疸,尿黄,脘闷,胸痞,舌红苔腻等慢性肝炎活动的实热证候,反之,HBV 复制减弱则病多表现面色萎黄,倦怠乏力,便溏等虚证,"湿热"明显减轻。

3. 肾脏病 沈庆法[19]认为肾脏病过程中"湿热"与各种感染有关,通过观察 30 例原发性肾小球肾炎,其中各种感染诱发占 25 例,而这 25 例患者都有不同程度的湿热证候表现,如浮肿,面红耳赤,胸痞,口渴欲饮,小溲短赤,舌苔黄腻,脉象滑数等。

(三)湿热证的病理学基础

1. 湿热证病理表现 张六通等[6]制作的湿热组动物模型在光镜下观察到的病理形态和超微结构表现为:关节滑膜细胞轻度增生,软组织充血、水肿,炎细胞浸润,纤维组织轻度增生;电镜下关节成纤维细胞及滑膜细胞增生,粗面内质网增多;胃与大小肠主要表现为黏膜糜烂,小肠绒毛上皮变性、坏死和脱落及炎细胞浸润的慢性炎症反应,肝线粒体肿胀,嵴短缺甚至消失、完全空泡化。

2. 脾胃湿热证病理表现 危北海[11]认为若脾胃湿热明显,是邪气最盛,邪正交争剧烈的阶段,胃黏膜病理表现为充血、水肿、糜烂等急性炎症性改变。

王启章[20]观察到慢性胃炎脾胃湿热证中胃黏膜充血水肿明显,血管炎症性明显,而脾胃气虚患者黏膜虽也充血水肿,但没有脾胃湿热证明显。脾胃湿热证胃黏液糊量偏多,多呈浓绿色;而脾胃气虚证胃黏液糊量少,且色多清白。

曹代娣[21]从胃镜下观察到消化性溃疡的胃黏膜主要表现为充血、水肿、炎性变和溃疡形成,并指出这种胃黏膜的病理改变与脾胃湿热证的湿热郁久,损伤血络,湿热致瘀的病理是相吻合的。

唐福康等[22]发现慢性胃炎脾胃湿热型以浅表性胃炎所占为多,慢性浅表性胃炎胃镜象多见充血性红斑,黏膜水肿,附着黏液增多等表现,说明脾胃湿热证与炎症有关,且与炎症反应程度相关;脾胃气虚型以萎缩性胃炎为多见,其中萎缩性胃炎表现为黏膜苍白,血管显露,皱襞减少或消失。

吴娟等[23]探讨慢性浅表性胃炎脾胃湿热证患者胃黏膜 G、D 细胞的变化及胃泌素(GAS)和生长抑素(SS)表达的意义。其认为 G 细胞增多,胃黏膜 GAS 增多,D 细胞减少,胃黏膜 SS 减少,可能是湿热证的病理基础。

冯春霞等[24]探讨慢性浅表性胃炎脾胃湿热证与胃黏膜的病理改变及幽门螺杆菌(Hp)感染的关系。发现慢性浅表性胃炎脾胃湿热证在内窥镜下表现为黏膜充血、水肿、多有浅糜烂灶,或伴有黏膜下出血点,呈现出炎症改变,脾胃湿热证患者胃黏膜的病理组织学结果显示炎症细胞浸润深达大部分黏膜层,伴有黏膜上皮变性、坏死和胃小凹扩张变长等。从镜下表现和病理组织学提示,脾胃湿热证患者的胃黏膜存在活动性炎症改变。其认为 Hp 感染可能是引起和加重脾胃湿热证内在病理变化的因素之一。

张平等[25]基于数据挖掘探讨慢性胃炎脾胃湿热证的胃镜像指标。发现慢性胃炎脾胃湿热证组胃镜像中胃黏膜伴糜烂出现的频率高于脾胃虚寒证组和其他组。认为慢性胃炎脾胃湿热证的胃镜像为胃黏膜糜烂,脾胃湿热证组与肝胃不和证以隆起糜烂性胃炎为主。

3. 肝胆湿热证病理表现　陈泽霖等[26]研究了 18 例主要病理诊断为肝炎后肝硬化、肝 - 肾综合征的病例,其肝脏均有慢性活动性炎症或亚急性坏死的病变,在不同程度上均存在肝肾阴虚和肝胆湿热的证候。通过尸解研究了肝胆湿热的病理学基础,他们根据黄疸程度(血清总胆红素量)、低热、舌象变化情况把肝胆湿热分为轻、中、重三度,其中 2 例属轻度湿热,肝脏内尚保留有部分正常小叶结构,假小叶中有肝细胞脂肪变、肿胀、空泡变或极少量的坏死,肝内胆管无扩张,亦无淤胆现象;8 例属中度湿热,肝脏病变呈慢性活动性炎症过程或有部分灶性坏死变化,有淤胆和慢性炎症细胞浸润;8 例属重度湿热,肝脏病变有 3 例呈慢性活动过程,部分假小叶内肝细胞坏死伴出血,另 5 例呈亚急性坏死过程,肝内形成所谓搭桥样坏死,坏死区显示肝细胞碎片及中性白细胞浸润,肝细胞内及汇管区均有明显淤胆,因此在临床上根据湿热的轻重来推测这类病人肝脏病变的大致情况。18 例肾脏病变以肾曲管变性、胆色素沉着、管型形成等为主,肾小球也存在某种程度损害的肝肾综合症病变,其病变程度各个病例略有不同,与湿热情况对照观察,发现湿热愈重的患者,肾曲管病变、管型形成等胆汁性肾病表现愈加明显。腹水情况与湿有一定关系,临床上湿不重的患者,腹水很少超过 10 000ml;在湿重的 7 例中,腹水量超过 5 000ml 的有 5 例,其中 3 例大于 11 500ml,但有 1 例湿重热也重的患者,腹水量只有 300ml。

白玉良[27]从 41 例各型肝炎肝穿活检肝组织病理改变与中医辨证分型关系中,发现湿热型的病理改变主要特点为肝细胞瘀胆,肝细胞胆色素颗粒沉着以及小胆管扩张瘀胆等。临床上凡兼有湿热者,如血瘀湿热或湿热瘀血型,皆可见上述瘀胆改变。急性肝炎的湿重于热与热重于湿的主要区别,在于前者有肝细胞瘀胆或肝细胞胆色素颗粒沉着或兼小胆管扩张瘀胆,而后者则无。

黎杏群等[28]通过对 70 例肝火证和 87 例肝胆湿热证患者进行不同层次

多项指标的实验研究,结果发现两证有共同的病理变化:①此两证患者机体均处于应激状态;②炎症介质释放增加;③调节血管平滑肌以舒血管活性物质增多占优势。并认为肝火证以内源性内分泌失调功能代谢偏亢为主;而肝胆湿热证以外源性炎症反应,脂质过氧化自由基损伤为明显。

李家邦等[29]也观察发现肝胆湿热证机体处于应激状态,炎症、缺血较重,脂质过氧化病理产物自由基释放增加,血管处于扩张状态,毛细血管通透性增加。

4. **肾病湿热证病理表现** 熊宁宁等[4]研究复制了家兔肾炎湿热证模型,其肾组织学检查发现,①光镜:造型组全部肾标本呈弥漫性肾小球系膜增生,肾小球内细胞数明显增多,从分布判断以系膜细胞为主。肾小球系膜基质增多较明显,有时系膜基质呈网络状。肾小球肿胀、增大,部分肾小球囊腔狭小,甚者可见与包曼氏囊粘连。特殊染色未显示 GBM(肾小球基底膜)增厚,PTH(磷钨酸苏木精)染色偶见肾小球内有微血栓形成,肾小管与基质基本正常。有的肾小管内可见管型。造型组和正常组肾小球直径分别为 121.13 ± 1.67 和 92.91 ± 2.12($P<0.01$),肾小球细胞数分别为 80.39 ± 1.35 和 54.56 ± 0.48($P<0.01$)。②免疫荧光:造型组肾小球内有较明显的 IgG 呈颗粒样沉积于系膜区,荧光强度 ++,正常组 IgG 免疫荧光阴性。③电镜:病理造型组系膜区有不规则的、密度均匀的电子致密物沉积,上皮细胞足突形态及肾小球基底膜均基本正常。

刘宏伟等[30]临床观察了 117 例原发性肾小球疾病兼夹湿热者在肾病不同病理类型中的分布,发现系膜增生性肾炎、IgA 肾病、膜增生性肾炎等兼夹湿热,明显高于微小病变、膜性肾病患者。而且随着肾功能的进一步受损,湿热证的发生率也随之增高,说明湿热形成有其一定的病理基础。

阮诗玮等[31]研究 IgA 肾病湿热证与肾穿刺活检病理组织的关系。发现全病程的湿热总分与肾小球病变度、小管间质病变度、系膜增生度、免疫沉积度呈显著或非常显著等级相关;肾穿时的湿热证分值与肾小球病变度、系膜增生度、免疫沉积度无显著相关。其认为① IgA 肾病中,湿热影响 IgA 肾病的病理过程,可加重肾脏的损害,进而影响预后及转归。②肾小管间质损害与湿热证的发生同步,湿热证时肾脏细胞因子和炎症因子活跃造成了小管和间质的急性损伤。③肾小球的损害与湿热证不同步,有时间上的相对滞后,反映了免疫复合物的产生和在肾脏局部的堆积而引起肾小球损害需要一定的时间。

（四）湿热证与免疫关系的研究

1. 湿热证与免疫　陈江华等[32]测定了年轻男性湿热证病人的体液免疫水平,结果显示病人血清中的 IgG、IgA、IgM、C3（补体 C3）水平与正常人相比均显著升高,其中 IgA、IgM 与正常人组比较 $P<0.01$, IgG、C3 与正常人组比 $P<0.05$,差别显著;而 C4（补体 C4）与正常人相比, $P>0.05$,差别不显著。其认为湿热证作为湿热病邪引起的外感热病,包括了多种常见病和多发病,如肠伤寒、痢疾、慢性胃炎、病毒性肝炎、慢性肾炎等。这些疾病的发生发展与免疫损伤密切相关,由于 IgM 是机体免疫反应首先产生的抗体, IgM 升高提示病人处于炎症急性期,而鉴于 C3 在补体激活中的重要地位及在炎症过程中的特殊作用,它的升高加重了这一过程的变化,提示病人免疫系统功能的变化在湿热病转化转归中起重要作用。

张六通等[6]制造外湿致病的模型并进行免疫学指标的测定,其中粪便 SIgA 值外湿组、湿热组与正常组比较有显著升高（$P<0.01$）。T 淋巴细胞亚群测定除外湿组 Th/i 值与正常组比较有显著差异（$P<0.01$）,其余与正常组比较无显著差别。脾细胞 IL-2（白细胞介素 -2）活性湿热组与正常组比较有明显降低,差异有显著性（$P<0.01$）。

佟丽等[33]用高温、高湿、高脂、高糖及感染不同病原微生物等因素制作温病湿热证大鼠模型,观察大鼠免疫功能的变化,结果在多因素的作用下,模型大鼠外周血中红细胞 C3b（补体 C3b）受体花环数显著降低,而细胞免疫黏附物升高;除去病原微生物作用,大鼠在高脂高糖、高温高湿环境中,外周血中红细胞 C3b 受体花环数、细胞免疫黏附物水平均显著降低;给大鼠以普通饲料,置于高温高湿环境中,则红细胞 C3b 受体花环数显著降低,而细胞免疫黏附物水平无变化。提示多因素同时作用所致大鼠温病湿热证模型其红细胞免疫功能发生显著变化。还观察到湿热证患者血清补体 C3、C4 水平显著增高,免疫球蛋白除 IgA 外, IgG、IgM 水平显著高于正常对照组,外周血淋巴细胞亚群测定显示湿热证患者 CD3$^+$（淋巴细胞 CD3$^+$）、CD4$^+$（淋巴细胞 CD4$^+$）数值变化不显著,但 CD8$^+$（淋巴细胞 CD8$^+$）细胞数显著降低, CD4$^+$/CD8$^+$ 比值明显增高,说明湿热证患者机体免疫功能发生紊乱[34]。

2. 脾胃湿热证与免疫　杨春波等[35]观察了脾胃湿热证与 T 淋巴细胞亚群（OKT）、淋巴转化率（LCT）、免疫球蛋白、补体、循环免疫复合物（CIC）等的关系,结果: OKT3、OKT4、OKT4/OKT8 和 LCT 低于正常者,脾胃湿热证分别为 18/54 例、3/54 例、7/54 例和 16/50 例;脾气虚证则为 24/39 例、22/39 例、24/39 例和 20/32 例。表明脾胃湿热证上述指标大多正常,少数低下。与脾气虚证比较,差异显著($P<0.05\sim0.01$)。IgG 和 CIC,脾胃湿热证则分别为 12.9 ± 5.1 和 7.3 ± 5.3,脾气虚证则为 8.19 ± 4.7 和 4.1 ± 3.0,有显著差异($P<0.05\sim0.01$)。而 IgM、IgA 和 C4bp,两证间无显著差异。C3 脾气虚证(1.0 ± 0.5),显著低于脾胃湿热证(1.3 ± 0.5)。提示湿热属实证范畴,细胞免疫功能大多正常,少数出现细胞免疫低下及 T 细胞网络紊乱现象,可能与湿热已潜伤脾气有关,即邪盛已伤正。体液免疫则亢进,表现为 IgA 增高,B 因子增多。反映脾胃湿热证患者机体正动员各种生理防御功能,包括血液中的球蛋白及补体与邪抗争的现象。

杨春波等[36]还观察到慢性胃炎脾胃湿热型患者淋巴细胞亚群在胃黏膜和外周血的反应明显增强,胃黏膜树突状细胞(DC)明显增加;体液免疫的 IgG,胃黏膜和外周血反应均增加,而 IgA、IgM 仅胃黏膜反应增强,免疫复合物也明显增高。

柯晓等[37]探讨慢性萎缩性胃炎(CAG)脾胃湿热证与热休克蛋白 60(HSP60)、热休克蛋白 70(HSP70),细胞黏附分子标准型 CD44 蛋白(CD44s)及 CD44 的变异体(CD44v)之一 CD44v6 之间的关系。发现:①脾胃湿热组的萎缩和肠化程度高于脾虚组($P<0.05\sim0.01$);②正常对照组胃黏膜内 HSP60 主要呈阴性或弱阳性表达,CAG 脾胃湿热组及脾虚组患者胃黏膜内 HSP60 表达增强,且二者 Hp 的感染率均高于正常对照组($P<0.05\sim0.01$),Hp 的感染情况与 HSP60 的表达呈非常显著相关($P<0.01$)。脾胃湿热组 HSP60 表达与脾虚组相比无显著性差异,但脾胃湿热组 HSP60 表达有增强的趋势;③脾胃湿热组 HSP70 的表达与正常对照组、脾虚组相比无显著性差异($P>0.05$),但脾胃湿热组强阳性表达率(71.0%)高于脾虚组(47.5%)($P<0.05$);④脾胃湿热组 CD44s 和 CD44v6 的表达与正常对照组和脾虚组相比无显著性差异($P>0.05$)。认为:①CAG 脾胃湿热组胃黏膜的萎缩和肠化程度均重于脾虚组,可能是由于脾胃湿热证与炎症关系密切所致;②CAG 脾胃湿热组及脾虚组 HSP60 的表达均较正常对照组增强,原因可能与 Hp 感染有关;③CAG 脾胃湿热组 HSP70 的强阳性表达率强于脾虚组;④3 组之间 CD44s 和 CD44v6 的表达无明显差异,说明 CAG 作为胃病前疾病尚未出现 CD44s 和 CD44v6 的异常表达。

武一曼等[38]探讨脾胃湿热证慢性胃炎与幽门螺杆菌(Hp)感染后核转录因子 -kappaB(NF-κB)、转化生长因子 -alpha(TGF-α)表达的相关性。发现脾胃湿热组 Hp 感染率(72.73%)明显高于脾胃气虚组(24.00%)($P<0.01$);

正常对照组胃黏膜内的 NF-κB 和 TGF-α 在上皮和腺上皮细胞基部呈弱表达，脾胃湿热组 NF-κB 和 TGF-α 呈高表达，与脾胃气虚组和正常对照组相比，差异有显著性（$P<0.05$ 或 $P<0.01$）。

林坚等[39]探讨幽门螺杆菌（Hp）阴性慢性浅表性胃炎（CSG）脾胃湿热证不同亚型（热重于湿、湿重于热、湿热并重型）患者三叶因子 1（TFF1）、细胞间黏附分子 -1（ICAM-1）蛋白表达的意义。发现 TFF1 蛋白表达：热重于湿组 > 湿热并重组 > 湿重于热组，但组间无明显差别；与炎症程度呈负相关（$P<0.01$）。ICAM-1 蛋白表达：湿热并重 > 热重于湿 > 湿重于热，但组间无明显差异。认为脾胃湿热证各亚型 TFF1 蛋白表达与炎症程度呈负相关，提示 TFF1 在脾胃湿热证中可能是胃黏膜局部"正气抗邪"的分子生物学基础之一。

胡玲等[40]观察慢性胃炎患者胃黏膜炎症改变和热休克蛋白 70（HSP70）、核因子 -κB（NF-κB）及其下游炎症因子白细胞介素 -8（IL-8）、肿瘤坏死因子 -α（TNF-α）蛋白水平的表达，并以脾气虚证为对照，探讨脾胃湿热证与 HSP70 及 NF-κB 炎症通路表达的关系。发现：①脾胃湿热证与脾气虚证 Hp 感染率相当，但脾胃湿热证 Hp 感染程度及炎症程度均较脾气虚证明显，尤以脾胃湿热证 Hp 阳性患者炎症程度最重；②胃黏膜炎症程度及活动度与 Hp 感染呈正相关；③脾胃湿热证患者 HSP70、NF-κB、IL-8 及 TNF-α 表达均较脾气虚证显著升高（$P<0.05$）；④脾胃湿热证 Hp 阳性患者 HSP70、NF-κB 表达显著高于 Hp 阴性患者（$P<0.05$）；⑤胃黏膜 Hp 感染与 HSP70、NF-κB 及 IL-8 表达呈一定程度的正相关，但与 TNF-α 表达无明显相关性。认为慢性胃炎脾胃湿热证的发生与胃黏膜 HSP70 及 NF-κB 炎症通路的表达相关。HSP70 与 NF-κB 及其下游炎症因子在胃黏膜的过表达可能部分体现了慢性胃炎脾胃湿热证"邪正交争"的亢奋状态；相比之下，慢性胃炎脾胃湿热证 Hp 阳性患者"邪正交争"更为剧烈。

胡光宏等[41]研究隆起糜烂性胃炎（REG）脾胃湿热证与细胞因子白细胞介素 8（IL-8）、白细胞介素 10（IL-10）、肿瘤坏死因子 α（TNF-α）表达之间的关系。发现脾胃湿热证组、脾胃虚弱证组 TNF-α 的表达水平均高于正常对照组，差异有统计学意义（$P<0.01$）；脾胃湿热证组、脾胃虚弱证组 IL-10 的表达水平均高于正常对照组，差异有统计学意义（$P<0.01$，$P<0.05$）；脾胃湿热证组、脾胃虚弱证组 IL-8 的表达水平与正常对照组均差异无统计学意义（$P>0.05$）。脾胃湿热组与脾胃虚弱组 IL-8、TNF-α、IL-10 的表达水平均差异无统计学意义（$P>0.05$）。其认为 IL-8 在 REG 的发生发展过程中可能不是主要的促炎因子,TNF-α 可能在促进 REG 的发生发展过程中起着重要作用,IL-10 可能在防止 REG 的组织损伤中起着重要作用,IL-8、TNF-α、IL-10 在 REG 脾胃湿热证与脾胃虚弱证之间表达无差异。

陈晴清等[42]研究脾胃湿热证中 Th1/Th2 细胞免疫平衡改变的情况。发现脾胃湿热组 IL-4 值均较脾气虚组和对照组显著降低($P<0.05$);而脾胃湿热组 IFN-γ 值和 IFN-γ/IL-4 比值升高,差异有统计学意义($P<0.05$)。认为慢性浅表性胃炎和消化性溃疡中脾胃湿热证患者机体 Th1/Th2 细胞免疫失衡,细胞因子网络调节紊乱,以 Th1 细胞反应占优势。

文小敏等[43]观察脾胃湿热证湿、热偏重型脾脏超微结构的改变。发现脾胃湿热证湿偏重组和热偏重组大鼠脾脏内部结构发生了改变,脾血窦狭窄,内皮细胞肿胀,巨噬细胞、淋巴细胞和浆细胞的结构受到损害;细胞胞浆内的细胞器如线粒体、溶酶体、粗面内质网明显肿胀或萎缩破坏,结构不完整;细胞核固缩或水肿。认为脾胃湿热证湿、热偏重型均可使大鼠脾脏超微结构发生改变,由此可能导致其免疫功能发生改变。

3. 肝病湿热证与免疫　韩康玲等[44]观察到慢性肝炎湿热型免疫球蛋白 IgG、IgA 升高。

夏德馨等[45]观察到慢性肝炎肝经湿热证血清 IgG 显著升高,提示体液免疫功能异常,认为 IgG 升高与肝脏炎症反应有关。

季光等[46]将 122 例乙型病毒性肝炎分为肝胆湿热型、肝郁脾虚型、肝脾血瘀型及肝肾阴虚型。分别测定血清肝肿瘤坏死因子(TNF-α)、白细胞介素 6(IL-6)水平。TNF-α、IL-6 是由单核巨噬细胞产生的细胞因子,可由多种刺激物质和病原体刺激产生,TNF-α、IL-6 适量时具有抗病毒和免疫调节作用,异常增高时则作为炎症因子介导的肝细胞炎症损伤。结果表明肝胆湿热型 TNF-α、IL-6 水平显著升高,且与 ALT 的变化规律一致;而肝郁脾虚型、肝脾血瘀型及肝肾阴虚型两者变化不明显。提示乙型病毒性肝炎 TNF-α、IL-6 水平升高可作为肝胆湿热型的中医辨证分型的客观依据。

谢学军等[47]检测 103 例慢性肝炎中医辨证为肝郁脾虚和肝胆湿热患者外周血 NK 细胞活性,并与 30 名健康人做对照。NK 细胞是人体免疫活性细胞之一,已确认 NK 细胞具有抗病毒作用,而病毒也可以损伤 NK 细胞。发现上两种中医证型的患者 NK 活性均降低,而慢迁肝中肝胆湿热型 NK 活性更低,说明慢肝本虚的部分实质,强调治疗慢肝时扶正祛邪的重要性。

李红山等[48]选择初次治疗的慢性乙型肝炎肝胆湿热证和肝郁脾虚证患者,动态观察两组患者血清 CD_3^+、CD_4^+、CD_8^+ 水平及 IgA、IgM、IgG 含量的变化。发现肝胆湿热型患者 CD_3^+ 水平在初次、随访 8 周和 16 周时均明显升高，与肝郁脾虚型患者相应数值相比差异均有统计学意义（ $P<0.05$ ）。两组患者初次、随访 8 周和 16 周时 CD_4^+ 水平差异均有统计学意义（ $P<0.05$ ），肝胆湿热组高于肝郁脾虚组。两组患者初次 IgM 含量差异有统计学意义，肝胆湿热组低于肝郁脾虚组（ $P<0.05$ ），随访 8 周和 16 周时两组含量差异均无统计学意义（ $P>0.05$ ）。两组患者 CD_8^+ 、IgA、IgG 水平比较差异均无统计学意义（ $P>0.05$ ）。肝胆湿热组患者不同时间点血清 CD_3^+ 、 CD_4^+ 、 CD_8^+ 水平及 IgA、IgM、IgG 含量差异无统计学意义（ $P>0.05$ ），肝郁脾虚组患者不同时间点血清 CD_3^+ 、 CD_4^+ 、 CD_8^+ 水平及 IgA、IgM、IgG 含量差亦无统计学意义（ $P>0.05$ ）。认为慢性乙型肝炎中医证型与机体免疫功能有一定的关联性，相关免疫指标可作为中医辨证分型的参考依据；不同中医证型慢性乙型肝炎患者免疫功能具有一定稳定性。

王晓兰等[49]用放射免疫法测定肝胆湿热证患者与健康人的血浆 β- 内啡肽含量。发现肝胆湿热证患者血浆 β- 内啡肽均较健康人明显升高，且不同疾病的肝胆湿热证患者有共同的病理及生化变化。

4. 肾病湿热证与免疫　余江毅等[50]认为慢性肾炎湿热病理的基础是免疫反应，特点为循环免疫复合物（CIC）及红细胞免疫复合物花环率明显升高。

刘慰祖[51]对中医辨证属湿热型的 29 例慢性肾炎普通型患者中，治疗前补体旁路途径的活性（Ap-H50），低于正常者 21 例，经清热解毒利湿的中药治疗 1~2 个月后。随着临床症状的改善，18 例患者补体旁路途径的活性恢复正常，占 85.7%，2 例接近正常。因此认为 Ap-H50 值可判断湿热的指标。

刘宏伟[52]则探讨了肾小球内补体成分与中医辨证分型的关系，发现湿热组 C3 和 C1q（补体 C1q）阳性率显著高于非湿热组，故认为肾小球内沉积的 C3 和 C1q 与中医的湿热密切相关，C3 和 C1q 在肾小球内的沉积可以作为湿热的一项客观指标。

朱辟疆等[53]实验观察慢性肾小球疾病湿热证 T 淋巴细胞亚群及 IL-2、sIL-2R（可溶性白细胞介素 -2 受体）的含量变化，IL-2 为辅助性 T 淋巴细胞分泌的一种细胞因子，它能与细胞膜上的 IL-2 受体结合而发挥生物效应，有免疫促进作用；sIL-2R 则有抑制免疫作用。发现慢性肾小球疾病湿热证 T 淋巴细胞亚群 OKT4、OKT4/OKT8 比例降低，但 IL-2 增高、sIL-2R 降低，说明湿热证中 T 淋巴细胞数量有所降低，但细胞免疫处于活化状态。

盛梅笑等[54]观察肾炎湿热证血清 sICAM-1（可溶性细胞间黏附分子 -1）的变化，发现湿热证组血清 sICAM-1 高于非湿热证组，湿热证组固有细胞增生及炎细胞浸润的程度较非湿热证组明显（$P<0.05$）。认为肾炎湿热证的存在常常预示着免疫炎症反应和病情的活动，sICAM-1 有可能作为肾炎湿热证辨证的一个客观指标。

（五）湿热证与生化检查

1. 肝功能　韩康玲[44]指出慢性肝病湿热未尽证型 SGPT（赖氏法）77% 呈中等度以上升高，A/G 比例 45% 倒置，TTT（麦氏法）62% 升高，HBsAg 阳性率 61%，滴度较高。

桂秀雄[55]认为湿热气滞型慢性乙肝患者 HBsAg 平均滴度最高，半数患者 HBeAg 阳性，SGPT 显著异常。说明湿热气滞型特点是 HBV 感染复制显著，肝细胞内炎症反应明显。

陈昆山等[56]通过 329 例病毒性肝炎的临床观察研究，发现谷丙转氨酶（ALT）升高者辨证为湿热者有 304 例，占 92.4%，说明肝炎病人 ALT 升高者绝大多数为湿热证；其中急性肝炎 ALT 升高者 100% 属湿热证。湿热证 ALT 均值明显高于非湿热证者，故认为 ALT 升高与湿热毒邪有密切关系，湿热进退与 ALT 升降呈正相关。

马秋生[57]分析慢性乙型肝炎肝胆湿热证型和肝郁脾虚证型的生化检验，观察中医证型与临床检验相关指标之间的相关性。结果表明肝胆湿热证型患者体内 AST、ALT、GGT、DBIL、TBIL 等指标均明显高于肝郁脾虚证型，两种证型差异显著（$P<0.05$）。认为部分临床检验指标与中医证型（肝胆湿热证型、肝郁脾虚证型）存在相关性，相关指标的变化可为慢性乙型肝炎中医辨证提供比较客观的依据。

李琦等[58]探讨慢性乙型肝炎中医证型与检验医学指标的相关性。将慢性乙肝患者分为血瘀证组、肝郁证组、湿热证组和肝胆湿热证组，结果发现血瘀证组清蛋白（ALB）、前清蛋白（PA）水平低于湿热证组（$P<0.05$）。肝郁证组间接胆红素（IBIL）、ALB 和 PA 水平低于湿热证组和肝胆湿热证组（$P<0.05$）。肝郁证组清蛋白/球蛋白比值（A/G）低于湿热证组（$P<0.05$）。湿热证组 A/G 水平低于肝胆湿热证组（$P<0.05$）。湿热证组肌酐（CREA）水平高于血瘀证组、肝郁证组和肝胆湿热证组（$P<0.05$）。湿热证组总胆红素（TBIL）、IBIL、ALB、PA、A/G 水平高于肝郁证组，球蛋白（GLO）水平低于肝郁证组（$P<0.05$）。认为血瘀证、肝郁证慢性乙肝患者肝脏代谢功能弱于湿热证患者，而胆红素水平升高多见于湿热证患者。

2. 氧化与抗氧化物　孙洁民等[59]实验观察了 100 例健康人和 200 例慢

性呼吸道疾病病人的抗氧化活性（AOA）、超氧歧化酶（SOD）、丙二醛（MDA）、过氧化氢酶（CTL）活性与湿热邪气之间的关系，结果表明湿热型患者血清AOA降低，LPO增高，SOD降低，CTL增高，尤其明显的是，AOA/LPO比值低于1，与正常对照组比较有显著差异。另外对非呼吸道疾病患者血清抗氧化物活性检测时发现，湿热证患者的AOA/LPO比值变化与呼吸道慢性疾病湿热证患者的比值变化也基本一致。因此，认为湿热证的发生与体内氧化物与抗氧化活性失衡有密切关系。不同类型的人，AOA/LPO比值是按健康人、非湿热型患者和湿热型患者的顺序由高到低排列的，这一点似可作为临床上对湿热证与非湿热证鉴别诊断之依据。

张福生等[60]发现慢性肾炎湿热组较非湿热组LPO明显升高，SOD降低。说明湿热是慢性肾炎病变恶化的重要原因，显示出湿热病理的严重性。

李家邦等[29]也观察到肝胆湿热证SOD降低，MDA升高，治疗后SOD升高，MDA降低。

沈庆法[19]通过对45例符合湿热证的慢性肾炎与42例健康人对比观察发现，湿热证患者LPO升高，SOD活性降低，运用清热利湿法治疗后，LPO、SOD及过氧化酶（CAT）活性等指标均有明显改善。

周凡等[61]采用高温高湿环境、高脂高糖饮食加免疫法构建脾胃湿热证UC大鼠模型，观察大鼠整体状态、病理变化，检测血清超氧化物歧化酶（SOD）活性和丙二醛（MDA）水平的表达。与正常对照组相比，脾胃湿热型UC各模型组大鼠的整体状态较差，肉眼可见结肠黏膜糜烂、溃疡形成；镜下呈急慢性炎症表现、溃疡形成，血清中SOD活性下降（$P<0.01$），MDA水平升高（$P<0.05$，$P<0.01$）。认为氧自由基参与了脾胃湿热型UC的发病过程，外周血SOD、MDA可作为炎症判断指标。

3. 血浆儿茶酚胺　朱崇学等[62]用高效液相色谱法测定30例肝火上炎证和30例肝胆湿热证患者血浆儿茶酚胺［包括去甲肾上腺素（NE）、肾上腺素（E）和多巴胺（DA）］含量，并与60例健康人及30例肝阳上亢证患者的测定值进行比较。结果表明，肝火上炎证、肝胆湿热证患者血浆NE、E和DA含量均较健康人显著增高，而接近肝阳上亢证病人，说明肝火上炎证、肝胆湿热证病人具有不同程度的交感神经——肾上腺髓质系统兴奋性增高的病理生理学基础。

黎杏群等[28]实验观察肝火证、肝胆湿热证、肝阳上亢证组与健康对照组比较，NE、E、DA显著升高，NE、DA均值升高依次为肝胆湿热证＜肝火证＜肝阳上亢证；E均值升高依次为肝胆湿热证＜肝阳上亢证＜肝火证。

李家邦等[29]观察到肝胆湿热证 NE、E、DA 较健康人明显升高。

陈泽奇等[63]探讨肝气（阳）虚证患者的血浆去甲肾上腺素（NE）和肾上腺素（E）含量与健康人和肝胆湿热证的区别。发现肝气（阳）虚证患者血浆 NE 和 E 含量显著低于健康人对照组和肝胆湿热证对照组（$P<0.01$）。认为肝气（阳）虚证患者外周交感－肾上腺髓质功能降低。

4. 胃肠激素　冯五金等[64]观察到大肠湿热证型患者胃泌素、胃动素、P 物质（SP）含量都明显增高，而以 P 物质增高最明显。胃泌素、胃动素、P 物质都是重要的脑肠肽激素，主要分布在中枢神经和胃肠道黏膜及肠壁神经丛。胃泌素、胃动素、P 物质含量增高，而以 P 物质增高最明显说明大肠湿热证肠道分泌旺盛及运动亢进，与临床表现相一致。

李家邦等[29]发现肝胆湿热证血浆 SP 含量为 18.4 ± 5.0 pg/ml，与健康组比较有显著差异，经治疗后下降至 13.3 ± 3.4 pg/ml。

廖荣鑫等[65]对大鼠进行了脾胃湿热证热偏重、湿热并重型造模，分组观察大鼠血浆胃动素、胃泌素的变化情况。结果发现湿热并重组血浆胃动素增高，热偏重组血浆胃动素降低，与正常对照组比较有显著性差异（$P<0.05$）；而湿热并重组、热偏重组血浆胃泌素降低，与正常对照组比较有显著性差异（$P<0.05$）。

武一曼等[66]探讨脾胃湿热证慢性浅表性胃炎与胃泌素（由 G 细胞分泌）和生长抑素（由 D 细胞分泌）的相关性。发现脾胃湿热组 G 细胞均高于脾气虚组（$P<0.01$）；脾胃湿热组 D 细胞显著低于其他两组（$P<0.01$），G/D 细胞比值脾胃湿热组高于其他两组。脾胃湿热组的 Hp 感染率高于脾气虚组，脾气虚组患者年龄高于脾胃湿热组。其认为脾胃湿热组患者与 Hp 感染有密切关系，由于 Hp 介入导致 G 细胞增多，D 细胞减少，G/D 细胞比值增大。

谭永振等[67]观察脾胃湿热证湿、热偏重大鼠模型胃窦 P 物质（SP）和生长抑素（SS）指标的变化，以探讨脾胃湿热证湿、热偏重型之间胃窦 SP、SS 的变化规律。发现湿偏重组、热偏重组大鼠胃窦 SP、SS 含量较正常对照组明显降低；湿偏重组 SP、SS 水平较热偏重组降低更明显。认为脾胃湿热证大鼠湿、热偏重模型存在胃肠激素的紊乱，SP、SS 含量降低。

邱泽安等[68]研究和探索胃脘痛脾胃虚弱、脾胃湿热型血清胃泌素（GAS）、胃动素（MTL）、血管活性肠肽（VIP）和生长因子（SS）含量的变化及其临床意义。发现脾胃湿热组患者血浆 GAS、MTL、SS 含量比健康对照组明显增高，VIP 含量与健康对照组比较无显著性，但 GAS、MTL、SS 含量明显高于脾胃虚弱组，VIP 含量低于脾胃虚弱组。脾胃虚弱组患者血浆中 VIP 含量明显高于健康对照组，GAS、SS、MTL 含量低于健康对照组、脾胃湿热组。认为不同中医证型胃脘痛患者血清胃肠激素有一定的变化，其中 VIP、SS、MTL 和 GAS 的变化有证型特异性。

5. 前列腺素　文献表明前列腺素（PGs）在胃黏膜的保护和抑制胃酸分泌方面具有重要作用，PGs 合成减少或比例失调，会引起胃黏膜糜烂及溃疡的发生。金敬善观察了胃十二指肠疾病血、尿前列腺素 E_2（PGE_2）、前列腺素 $F_{2\alpha}$（$PGF_{2\alpha}$）含量及其与中医证型的关系，发现脾胃湿热组 PGE_2 升高最明显，$PGE_2/PGF_{2\alpha}$ 比值也明显高于其他证型组[69]。

张声生等[70]用放射免疫法观察到脾胃湿热型慢性胃炎及消化性溃疡患者血 PGE_2、$PGE_2/PGF_{2\alpha}$ 皆明显高于脾胃虚弱型，提示 PG 在慢性胃炎、消化性溃疡的中医辨证是个有益的客观指标。血 PGE_2/ 尿 PGE_2 的下降幅度及血 $PGF_{2\alpha}$/ 尿 $PGF_{2\alpha}$ 比值上升幅度表现为：脾胃虚弱证 > 肝胃不和证 > 脾胃湿热证。

王长洪等[71]用放免法测定了胃黏膜组织 PGE_2、PGI_2（前列腺素 I_2）、$PGE_{1\alpha}$（前列腺素 $E_{1\alpha}$）、TXA_2（血栓素 A_2）的含量，结果显示湿热型、脾胃不和型、脾虚型胃黏膜 PGE_2 较正常人有下降趋势，但各型之间差异不显著，而湿热型的 TXB_2（血栓素 B_2）含量较其他型显著升高。

黎杏群等[28]观察到肝胆湿热证 PGE_2、$PGF_{2\alpha}$ 均升高，$PGF_{2\alpha}/PGE_2$ 比值下降。

李俊等[72]探讨胃液及血前列腺素 E_2（PGE_2）水平与消化性溃疡活动期脾胃湿热证的关系。发现 APU（消化性溃疡活动期）患者胃液中 PGE_2 低于正常对照组，且以脾胃湿热型为最低；而血中 PGE_2 检测结果刚好与此相反。认为 PGE_2 与 APU 脾胃湿热证的形成有一定关系。

6. 血脂　熊宁宁等[4]在制作肾炎湿热证动物模型时观察到甘油三酯（TG）与正常组比较显著升高，高密度脂蛋白（HDL）与正常组比较显著降低，$P<0.01$。胆固醇（TC）、低密度脂蛋白（LDL）低于正常组，但差异不显著，$P>0.05$。

余江毅等[73]发现慢性肾病湿热、湿热夹瘀证甘油三酯（TG）、总胆固醇（TC）、低密度脂蛋白胆固醇（LDL-c）、载脂蛋白 B（APO-B）均显著升高，高密度脂蛋白胆固醇（HDL-c）则明显降低，瘀血证 TC、LDL-c、HDL-c 也有类似改变，说明高脂血症与瘀血、湿热有关。但从湿热及湿热夹瘀证 TG 水平明显高于单纯瘀血证分析，TG 与湿热关系似更密切。

林培政等[74]探讨动脉粥样硬化性疾病与中医湿热证的关系。发现湿热体质组和湿热夹瘀体质组病人动脉粥样硬化指数（AI）明显高于非湿热体质组（$P<0.01$）；湿热夹瘀体质组病人纤维蛋白原明显高于其他两组病人（$P<0.01$）。说明湿热体质组和湿热夹瘀体质组病人存在明显的血脂紊乱和"微观血瘀证"特征。认为湿热体质是动脉粥样硬化的重要发病基础，湿热内蕴是动脉粥样硬化的重要易患因素，湿热化瘀是其主要病理环节。

7. 血浆 β- 内啡肽　血浆 β- 内啡肽（β-EP）是一种 31 肽的内源性阿片样物质，主要来源于脑垂体，存在于脑组织、胃肠道、胰腺等组织中。血浆 β-EP 具有镇痛、调节心血管、消化道运动、呼吸运动、内分泌、免疫及应激反应等多方面的功能，是一种具有神经递质、神经介质和神经激素三重作用的神经肽类物质。一般血浆 β-EP 以前阿黑皮素的前体形式贮存于脑垂体中，在疼痛、感染、中毒、发热和休克等应激状态下脑垂体释放血浆 β-EP 增加，血中血浆 β-EP 亦相应升高。王晓兰等[75]以放射免疫法测定 75 例肝胆湿热证（包括胆囊炎、胆石症、慢性胰腺炎、慢性盆腔炎）患者的血浆 β-EP 含量明显升高（$P<0.01$），经清热利湿汤治疗后血浆 β-EP 含量明显降低，而其他肝病证型肝气（阳）虚证者 β-EP 较健康人有明显升高（$P<0.05$）；脾气虚证较健康人略有升高（$P>0.05$）。因此 β-EP 含量升高可作为肝病共同的病理生化指标之一，胆囊炎、胆石症、胰腺炎、慢性盆腔炎等的肝胆湿热证，血浆 β-EP 水平均增高，提示不同疾病的肝胆湿热证有共同的病理生化变化，血浆 β-EP 水平可考虑作为肝胆湿热证临床辨证的一项辅助指标。

黎杏群等[28]在实验中观察到肝胆湿热证 β-EP 水平显著升高。

李家邦等[29]观察到肝胆湿热证 75 例 β-EP 水平为 181.6 ± 38.08pg/ml，高于健康人、肝气阳虚证和脾气虚证，差异显著，经治疗后降至 145.0 ± 29.28pg/ml，治疗前后差异显著。

王晓兰等[76]测定肝胆湿热证病人血浆 β-EP、TXB_2 及 $6-K-PGF_{1\alpha}$（6-酮 – 前列腺素 $F_{1\alpha}$）含量。发现肝胆湿热证病人血浆 β-EP、TXB_2 含量及 $TXB_2/6-K-PGF_{1\alpha}$ 比值均较健康对照组显著升高（$P<0.01$）；肝胆湿热证血浆 $6-K-PGF_{1\alpha}$ 较健康对照组略为增高；不同病种肝胆湿热证中，胆道疾病、病毒性肝炎、胰腺炎 3 种病种血浆 β-EP、TXB_2 含量及 $TXB_2/6-K-PGF_{1\alpha}$ 比值均较健康对照组显著增高（$P<0.05$）。认为提示不同疾病的同一证型具有相同的病理生化基础，显示中医证型的特征。

8. 微量元素　杨运高等[77]观察发现湿热证微量元素及维生素 E 的变化，用氢化物原子吸收分光光度法检测血清中 Zn（锌）、Cu（铜）、Fe（铁）的变化，用亚铁嗪显色比色法测血浆 VE。结果，湿热证组 Zn、Fe、Se（硒）、VE 含量下降,Cu 含量上升,提示湿热的证候实质与微量元素及 VE 代谢有关。

沈庆法[19]通过对 45 例湿热证慢性肾炎患者微量元素的检测,发现 Zn、Cu、Se 均明显低下。

刘立等[78]采用综合因素方法造模,给予动物高糖高脂饲料、高温高湿环境、加以伤寒沙门氏菌灌胃或尾静脉注射大肠杆菌,观察湿热证动物模型血清微量元素锌、铜、铁、硒及维生素 E 的变化情况。结果发现湿热证动物模型血清锌、硒及血浆维生素 E 含量明显下降($P<0.01$, $P<0.05$),血清铜含量明显上升($P<0.05$)。

刘德传等[79]研究了湿热证模型大鼠微量元素锌(Zn)、硒(Se)、铜(Cu)和维生素 E 代谢水平、一氧化氮(NO)含量。发现湿热证模型大鼠血清 Zn、Se、维生素 E、NO 含量显著下降,Cu 含量显著升高。认为抗氧化能力下降是湿热证的本质之一,微量元素锌(Zn)、硒(Se)、铜(Cu)在机体内的含量反映了抗氧化酶活性的高低。

9. 其他　翟兴红等[80]通过检测慢性胃病时非蛋白巯基物质(NPSH)、谷胱甘肽过氧化物酶(GSH-Px)、过氧化氢酶(CAT)含量的变化,发现 GSH-Px 与慢性胃黏膜病变程度有一定的负相关性。而脾胃湿热证 NPSH 及 GSH-Px 水平在各脾胃证型组中最低,提示脾胃湿热证胃黏膜损伤最为明显。

祈建生[81]等从细胞和细胞膜酶分子水平探讨慢性胃炎中医证型病理生理特点。测定 30 例正常人和 102 例慢性胃炎病人红细胞游离 Ca^{2+}(钙离子)、红细胞膜 Ca^{2+}-Mg^{2+}-ATPase(钙镁腺嘌呤核苷三磷酸酶)活性、红细胞 ATP 含量及 24 小时尿 17-羟皮质类固醇(17-OHCS)排出量。结果发现脾胃湿热证红细胞游离 Ca^{2+}、Ca^{2+}-Mg^{2+}-ATPase 活性及细胞内 ATP 含量明显升高,表明脾胃湿热证细胞膜 Ca^{2+}-Mg^{2+}-ATPase 活性及细胞内能量代谢呈代偿性亢进。尿 17-OHCS 测定表明下丘脑 - 腺垂体 - 肾上腺皮质轴功能保持正常水平。还测定了慢性胃炎患者各种证型红细胞膜上 Na^+-K^+-ATPase 的活性,发现脾胃湿热证患者基础状态细胞膜 Na^+-K^+-ATPase 活力明显比正常人提高[82]。

李灿东等[83]探讨了脾胃湿热证患者胃黏膜细胞凋亡及其基因调控。发现脾胃湿热组胃黏膜细胞凋亡指数(AI)增加,脾胃湿热组 p53(抑癌基因)、Bcl-2(B 淋巴细胞瘤 -2 基因)表达显著高于健康人组,脾胃湿热组 Fas(细胞表面诱导凋亡的分子)表达显著高于健康人组。

曾耀明等[84]探讨慢性胃炎(脾胃湿热证)胃窦黏膜 Fhit(脆性组氨酸三联体)蛋白的表达及临床意义。发现脾胃湿热证组胃黏膜组织 Fhit 蛋白表达明显低于正常对照组、脾虚气滞证组,经统计学处理有显著差异($P<0.01$),

正常对照组胃黏膜组织 Fhit 蛋白表达与脾虚气滞证组差异不显著($P>0.05$)。认为慢性胃炎脾胃湿热证组 Fhit 蛋白表达较正常对照组明显降低,可能部分揭示了慢性胃炎(脾胃湿热证)的本质。

刘福生等[85]探讨慢性萎缩性胃炎(CAG)合并幽门螺杆菌(Hp)感染患者脾胃湿热证与 Hp 细胞毒相关蛋白 A(CagA)、环氧合酶 2(Cox-2)及胃黏膜病变程度的相关性。发现 CAG 合并 Hp 感染的脾胃湿热证组 CagA 阳性率、血清 Cox-2 表达水平高于脾胃虚寒证患者,且均高于 Hp 阴性组,差异有统计学意义($P<0.05$);脾胃湿热证胃黏膜病变程度与脾胃虚寒证相比差异无统计学意义($P>0.05$),但脾胃湿热证具有缓解的趋势。认为 CagA 及 Cox-2可能参与 CAG 合并 Hp 感染患者脾胃湿热证的形成,脾胃湿热证在 CAG 合并Hp 感染早期进展中具有重要作用,此为探讨脾胃湿热证在 CAG 进展中作用机制提供一定的依据。

程方平等[86]探讨多因素复合造模方法对模型大鼠能量代谢的影响。将大鼠分为正常组、湿热模型组(高脂 + 高温高湿 + 大肠杆菌)、模型对照组(普食 + 高温高湿 + 大肠杆菌),运用定磷法测肝线粒体 Na^+-K^+-ATPase 活性。发现模型组与模型对照组肝线粒体 Na^+-K^+-ATPase 活性均较正常组显著降低,但两者比较无显著性差异。此外,发现肝线粒体 Na^+-K^+-ATPase 活性显著降低,是湿热证模型的病理基础之一,与是否高脂饮食无关。

程方平等[87]通过多因素复合造模方法,观察模型大鼠内毒素特异性受体肝巨噬细胞 TLR4mRNA(Toll 样受体 4 信使 RNA)及 NF-κBp65(核因子 κB亚基 p65 亲和肽)的表达变化。发现在感染 6h、12h、24h 等不同时相点,湿热模型组 TLR4mRNA、NF-κBp65 表达与模型对照组、正常组比较均有非常显著增强($P<0.01$);湿热模型组在 6h、12h、24h 等不同时相点,TLR4mRNA、NF-κBp65 表达逐渐增强,且不同时相点之间比较均有显著性差异($P<0.05$)。认为靶细胞 TLR4mRNA 适量表达及 NF-κB(核因子 -κB)激活既是湿热病证的主要致病机制,又是湿热病证的相关性指标。

程方平等[88]通过多因素复合造模方法,观察模型大鼠内毒素特异性受体 LBPmRNA(脂多糖结合蛋白信使 RNA)、CD14mRNA(脂多糖受体信使RNA)、TLR4mRNA 及 NF-κBp65 的表达变化。用 24 只大鼠分为正常组、湿热模型组(高脂 + 高温高湿 + 大肠杆菌)、模型对照组(高脂 + 高温高湿)各 8 只,采用逆转录 - 聚合酶链反应技术(RT-PCR)检测肝巨噬细胞 LBPmRNA、CD14mRNA、TLR4mRNA 免疫组化技术检测肝巨噬细胞 NF-κBp65 活性。发现在感染 6h、12h、24h 等不同时相点湿热模型组 LBPmRNA、CD14mRNA、

TLR4mRNA、NF-κB 表达与模型对照组、正常组比较均有非常显著增强（$P<0.01$）；湿热模型组在 6h、12h、24h 等不同时相点 LBPmRNA、CD14mRNA、TLR4mRNA、NF-κB 表达逐渐增强，之间比较均有显著性差异（$P<0.05$）。认为靶细胞 LBPmRNA、CD14mRNA、TLR4mRNA 适量表达及 NF-κB 激活既是湿热病证的主要致病机制，又是湿热病证的相关性指标。

张传涛等[89]从 LOC440040（谷氨酸受体突变基因）、SYCP2L（突触复合体蛋白 2 样）、MYH6（肌球蛋白重链 6）、MDGA1（含 MAM 结构域的磷脂酰肌醇锚定蛋白 1）、C17orf97（17 号染色体开放阅读框 97 抗体）、LIPC（肝脂酶基因）、ATOH8（atonal 家族螺旋环螺旋转录因子 8）等 mRNA 角度确立慢性乙型肝炎（简称"慢乙肝"）脾胃湿热证客观化辨证依据。发现慢乙肝脾胃湿热证患者 C17orf97、LIPC、ATOH8 的 mRNA 表达水平显著降低，差异有统计学意义（$P<0.05$ 或 $P<0.01$），而慢乙肝脾胃湿热证患者 LOC440040、SYCP2L、MYH6、MDGA1 的 mRNA 表达水平显著升高，差异有统计学意义（$P<0.01$）。其认为 LOC440040、SYCP2L、MYH6、MDGA1、C17orf97、LIPC、ATOH8 等差异基因谱可以作为慢乙肝脾胃湿热证客观化的诊断标志物之一。

张红梅等[90]研究系膜增生性肾炎（MsPGN）湿热型大鼠水通道蛋白 -2（AQP-2）的表达及抗利尿激素（ADH）的变化及湿热蕴郁的机制。发现模型组大鼠血浆中 AQP-2 含量明显降低，肾组织 AQP-2 灰度值和血浆 ADH 含量明显升高，与正常对照组比较差异有统计意义（$P<0.05$），认为 QP-2 与 MsPGN 湿热证表现出密切的相关性。

（六）湿热证与血液流变学、甲皱微循环

1. 血液流变学 众多研究表明慢性胃病不同证型都存在血流变的异常，而脾胃湿热型更为突出。郑家铿等[91]对 73 例慢性胃病湿热证、脾气虚证患者进行血液流变学对比观察，发现脾气虚证以低血液黏度、低血细胞压积为特点；而脾胃湿热证则以高血黏度、高血凝、高血细胞压积为特点，表现出浓、稠、凝的血液流变学特征。

曹代娣等[21]研究结果表明，脾胃湿热型表现为全血黏度高切变，全血黏度低切变，血浆黏度指标均高于正常组，红细胞电泳时间延长，四项指标均有显著意义。血液流变学异常程度为脾胃湿热型＞肝郁气滞型＞脾胃虚弱型。

余江毅[50]观察了肾炎湿热型模型血流变情况，发现湿热型常伴血浆比黏度、红细胞沉降率、K 值增高，血小板一相、二相及最大聚集率均明显增高，病理切片显示肾小球内有微血栓形成，说明湿热与血液高黏、凝关系密切。

张福生等[60]发现湿热组全血黏度比高切、全血黏度比低切、血浆黏度、纤维蛋白原等指标明显高于非湿热组,提示湿热组凝血机制障碍。

熊宁宁等[4]在制作家兔肾炎湿热证模型时观察到第8周时造型组红细胞沉降率及K值均明显高于正常对照组。

林群莲等[92]探讨慢性非特异性结肠炎湿热证患者血液流变学的改变。发现湿热证患者全血黏度、血浆黏度、纤维蛋白原指数均较对照组明显升高($P<0.05$, $P<0.01$)。认为慢性非特异性结肠炎湿热证患者血液存在浓、黏、聚等状态。

2. 甲皱微循环 盛定中[93]观察了湿热、肝郁、阴虚三组甲皱微循环变化情况,发现各项检查中均有不同程度异常,湿热证组出现管径增宽,血流量增多的情况。

周珉等[94]观察40例慢性乙型活动性肝炎(CAHB)湿热瘀毒证患者的甲皱微循环,发现CAHB湿热瘀毒证患者均有明显的甲皱微循环障碍,与正常人相比有显著的差异。其中以畸形管袢数、血液流速、流态、渗出、出血、血细胞聚集、血色等方面改变尤为显著。

彭汉光等[95]检测类风湿关节炎患者的甲皱微循环,结果发现属痹证湿热蕴结型患者甲皱微循环管袢数目明显增多、横径增宽、血流色泽偏红、流速增快、运动计数增多。

(七)湿热证与尿液检查

沈庆法[19]认为湿热是肾脏病发病的一个重要因素,其中感染性疾病、肾小球疾病、肾小管疾病以及肾、输尿管和膀胱结石、肿瘤等病理变化,尤其是感染、蛋白尿、尿素氮和肌酐的升高都与湿热有关。尿液的一般性状检查中湿热所致的尿液多混浊,色黄或黄赤,甚至解小便时有灼热感。湿热还可以引起小便的沉渣和生化异常,如白细胞尿多因感受外邪或湿热下注;一般透明、颗粒管型尿多属肾气亏虚,湿浊或湿热内留;乳糜尿常为嗜食肥甘,脾胃受损,湿热内蕴,或外受湿热之邪等。

陈志伟等[96]通过对102例慢性肾衰竭中医辨证分型与实验室检查关系的研究,测定纤维蛋白降解产物(FDP)、尿抗体包裹细菌试验(ACBT)、血及尿β2-微球蛋白(β2-MG)、尿血渗比、尿圆盘电泳等,按中医辨证分型进行对比分析,发现湿热型ACBT阳性率最高,明显高于其他各型,$P<0.05$。建议ACBT加中段尿培养可作为湿热型辨证的客观指标。

余江毅等[97]通过87例慢性肾炎的临床对比观察,发现肾炎湿热证组尿唾液酸（SA）、尿 N–乙酰 β–氨基葡萄糖苷酶（NAG）含量明显高于非湿热组，$P<0.05\sim0.01$。16 例慢性肾炎急性发作型均表现为湿热。其尿 SA、尿 NAG 水平均显著高于非湿热组（$P<0.001$，且尿 SA 与尿 NAG 呈显著性相关，并与尿蛋白量相平行。经单味清热利湿药黄蜀葵花半浸膏片治疗后，湿热证组尿 SA、NAG 及 24h 尿蛋白定量均明显低于治疗前，且治疗后各数值下降幅度均较非湿热证组显著，其中尤以急性发作型各指标降幅最为显著。由此可见，尿 SA、NAG 的动态变化与慢性肾炎湿热证，尤其是急性发作型的转归呈一致性，可作为判断疗效的参考指标。

张福生等[98]研究慢性肾炎湿热组肾小管的功能，其中湿热证组 55 例，非湿热证组 40 例，入院后 3 天留晨尿检测，以放射免疫法测定 β2-MG，PNP 法测定 NAG，比浊法测定溶菌酶，冰点渗量计测定尿渗透压等指标，结果湿热证组尿 β2-MG 水平、NAG、溶菌酶水平明显比非湿热组高，尿渗透压湿热证组则低于非湿热证组。结论是 β2-MG、NAG、溶菌酶和尿渗透压可作为慢性肾炎湿热证的客观指标，指标的异常改变可反映湿热病理的严重性。

朱辟疆等[99]对 40 例表现为湿热证的慢性肾小球疾病进行血浆及尿白介素 –6（IL-6）测定。发现湿热证血浆及尿 IL-6 显著高于健康人及虚证组（$P<0.01$）。认为血浆及尿 IL-6 增高可作为慢性肾小球疾病湿热证辨证的客观指标之一。

吴仕九等[100]探讨湿热证大鼠肾内髓 AQP-2（水通道蛋白 2）和尿液 AQP-2 与湿热证中"湿"形成的关系。发现湿热证模型组 AQP-2 水平较正常组明显降低，尿液 AQP-2 蛋白的排出量与肾脏 AQP-2 蛋白的表达量有着良好的相关性。认为模型组大鼠肾脏 AQP-2 的减少与湿热因素造模有着密切联系，尿液 AQP-2 含量可以反映肾内髓 AQP-2 蛋白的水平，而 AQP-2 可作为湿热证湿偏重与否的重要检测指标之一。

廖荣鑫等[101]研究脾胃湿热证湿、热偏重型之间 AQP-2 在尿液中的变化及在肾脏组织中表达的变化规律。发现湿偏重组尿液 AQP-2 含量明显减少，热偏重组尿液 AQP-2 含量明显增加，而且热偏重组尿液 AQP-2 含量更高。AQP-2 在肾脏的表达中，湿偏重组肾脏内外髓集合管、远曲小管管壁上 AQP-2 表达明显比正常组减少，热偏重组表达最多。其认为 AQP-2 对于脾胃湿热证"湿"的形成，湿、热的量化，判断湿、热的偏重具有重要的作用。

孙卫卫等[102]观察慢性原发性肾小球疾病的患者，湿热和非湿热组尿 MCP-1（单核细胞趋化因子 1）、IL-6 之间有无差异，从而探讨湿热证和 MCP-1、IL-6 的关系。发现原发性肾小球疾病湿热证患者较非湿热证患者尿 MCP-1、

IL-6 水平高（*P*<0.05）。因此认为湿热证和肾脏的免疫发病机制可能存在关系，不仅包括细胞因子，还包括趋化因子。

总观上述，近 30 年来在湿热病证的实验研究上做了大量卓有成效的工作，尤值得指出的是，有些单位通过密切结合临床实际，对中医辨证属于湿热型的肝炎、胃炎、肾炎等病例，开展症状体征、生化指标和组织形态等方面的观察研究。因此其所得结果，更具有说服力，令人置信。毫无疑义，既往所取得的成果，不仅为临床和新药开发等提供了一些富有意义的实验依据，还能进一步揭示"湿热证"的本质。当然，从研究的广度和深度来看，还存在着诸多不足之处，特别是对于"湿热"作为一种致病因子，其实质究竟是什么？"湿热证"诊断的特异性指标又是什么？如何进行定性、定量的检测？这些带有根本性的问题，有待今后进一步的加强研究，逐步予以阐明。总之，任重而道远，但这毕竟是一项很有意义的科研工作，愿同道共同不懈努力，以期取得突破性的进展。

参 考 文 献

［1］郭金龙，颜正华．湿阻证病理造型的实验研究［J］．中医杂志，1988（8）：59-61.

［2］王新华，刘仕昌，彭胜权，等．温病湿热证病理造型及实验研究［J］．广州中医学院学报，1990，7（3）：182-186.

［3］李士梅．临床肾脏病学［M］．上海：上海科学技术出版社，1986.

［4］熊宁宁，徐长照，余江毅，等．家兔肾炎湿热证模型的实验研究［J］．辽宁中医杂志，1991（4）：42-43.

［5］吴仕九，杨运高，杨钦河，等．温病湿热证动物模型的研制及清热祛湿法机制的探讨［J］．中国中医药科技，1999，6（2）：65-67，5.

［6］张六通，梅家俊，黄志红，等．外湿致病机制的实验研究［J］．中医杂志，1999，40（8）：496-498.

［7］程方平，李家庚，刘松林，等．湿热证大鼠模型的研制与评价［J］．中华中医药学刊，2007，25（12）：2549-2551.

［8］翁一洁，郑学宝．大鼠内因湿热造模方法研究［J］．时珍国医国药，2010，21（2）：479-480.

［9］陈爽白，常淑枫，肖照岑，等．湿热证大鼠模型的复制及三仁汤对其影响的实验观察［J］．天津中医，2002，19（2）：38-40.

［10］常丽萍，阙铁生，吕军影，等．温病湿热证大鼠模型复制的条件探索［J］．时珍国医国药，2012，23（5）：1243-1246.

［11］危北海，刘晋生，罗小石，等．宏观辨证和微观辨证结合的研究［J］.中西医结合杂志，1991，11（5）：301-303.

［12］王长洪，周莹，王艳红．胃病与幽门弯曲菌及舌苔观察［J］.辽宁中医杂志，1992（8）：1-3.

［13］张琳，杨连文，郑晓光．幽门螺杆菌与慢性萎缩性胃炎防治研究［J］.中医杂志，1992，33（7）：27-29.

［14］王立，赵荣莱，陈正松．慢性胃炎、消化性溃疡中医证型与幽门螺杆菌的关系［J］.中国中西医结合脾胃杂志，1995，3（1）：27-28.

［15］傅晓晴，林乾树，李灿东，等．慢性胃炎幽门螺杆菌感染与中医舌象证型关系探讨［J］.福建中医学院学报，1995，5（2）：5-7.

［16］周慧敏，吕文亮，高清华，等．慢性胃炎脾胃湿热证与血清胃泌素及幽门螺杆菌感染的相关性［J］.世界华人消化杂志，2010，18（8）：845-847.

［17］韩经寰，李凤阁．中西医结合治疗肝炎肝硬化的研究［M］.北京：人民卫生出版社，1980.

［18］张俊富，崔丽安，黄越，等．慢性乙型肝炎中医辨证分型和乙肝病毒复制关系的初步研究［J］.中医杂志，1989（12）：25-26.

［19］沈庆法．肾脏病湿热证的研究（续）［J］.浙江中医学院学报，2000，24（2）：15-19.

［20］王启章，陈金炉，王洋，等．慢性胃炎中医证型与胃镜象关系的探讨［J］.福建中医药，1994，25（2）：21-22.

［21］曹代娣．胃脘痛的宏观辨证与微观结合的初步探讨［J］.辽宁中医杂志，1994，21（2）：54-55.

［22］唐福康，周维湛，林乾树，等．慢性胃炎胃镜象与中医证型关系的探讨［J］.福建中医学院学报，1994，4（4）：10-11.

［23］吴娟，田德禄．慢性浅表性胃炎脾胃湿热证胃黏膜G、D细胞变化及胃泌素、生长抑素的表达［J］.世界华人消化杂志，2008，16（34）：3840-3843.

［24］冯春霞，劳绍贤，黄志新，等．慢性浅表性胃炎脾胃湿热证胃黏膜病理、幽门螺杆菌感染及胃黏膜分泌特点［J］.广州中医药大学学报，2003，20（3）：187-190.

［25］张平，吕文亮，高清华，等．基于数据挖掘慢性胃炎脾胃湿热证的胃镜像研究［J］.时珍国医国药，2016，27（5）：1274-1276.

［26］陈泽霖，戴豪良，张清波，等．肝肾阴竭 湿热内蕴（肝炎后肝硬化，肝-肾综合症）［J］.中医杂志，1981（5）：54-58，2.

［27］白玉良,范庄严,刁文彬,等.病毒性肝炎中医辨证分型与肝脏病理变化关系探讨——41例肝穿活检分析［J］.中西医结合杂志,1983,3（3）:161-162,194.

［28］黎杏群,李家邦,张海男,等.肝火证、肝胆湿热证的病理生理学基础研究［J］.湖南医科大学学报,1996,21（1）:34-40.

［29］李家邦,陈泽奇,张翔,等.肝胆湿热证的研究［J］.中医杂志,1998,39（1）:44-46,4.

［30］刘宏伟.原发性肾小球疾病湿热病理的临床研究［J］.中医杂志,1996,37（11）:688-689.

［31］阮诗玮,郑敏麟,王智,等.IgA肾病湿热证与肾穿刺活检病理组织关系的临床研究［J］.中国中西医结合肾病杂志,2003,4（10）:583-584.

［32］陈江华,佟丽,吴仕九,等.湿热证病人体液免疫状态观察［J］.中国中医急症,1998,7（1）:6-7,4.

［33］佟丽,陈江华,吴仕九,等.多因素所致温病湿热证模型大鼠红细胞免疫功能的变化［J］.中国免疫学杂志,1999,15（8）:366-368.

［34］佟丽,吴仕九,陈江华,等.湿热证患者免疫功能及自由基水平变化的研究［J］.中国实验临床免疫学杂志,1999,11（4）,48-50

［35］杨春波,黄可成,肖丽春,等.脾胃湿热证的临床研究——附400例资料分析［J］.中医杂志,1994,35（7）:425-427.

［36］杨春波,傅肖岩,柯晓,等.慢性胃炎脾胃湿热证的免疫组织化学研究［J］.中国中西医结合脾胃杂志,1998,6（2）:68-72.

［37］柯晓,陈祺,傅肖岩,等.慢性萎缩性胃炎脾胃湿热证与热休克蛋白60、70及CD44s、CD44v6的相关研究［J］.福建中医学院学报,2006,16（3）:1-7.

［38］武一曼,任彦,葛振华,等.脾胃湿热证慢性胃炎与Hp感染率、NF-κB、TGF-α表达的相关性研究［J］.中医杂志,2005,46（6）:449-450,453.

［39］林坚,劳绍贤,唐纯志,等.慢性胃炎脾胃湿热证不同亚型患者三叶因子1及细胞间黏附分子1蛋白的表达［J］.中国中西医结合消化杂志,2010,18（3）:182-185.

［40］胡玲,崔娜娟,罗琦,等.慢性胃炎脾胃湿热证与热休克蛋白70和核因子-κB炎症通路表达的关系［J］.广州中医药大学学报,2010,27（6）:587-591,669-670.

［41］胡光宏,柯晓,钟秋娌,等.隆起糜烂性胃炎脾胃湿热证与IL-8、TNF-α及IL-10的相关性［J］.中国中西医结合消化杂志,2013,21（6）:281-284.

［42］陈晴清,张静.脾胃湿热证与 Th1/Th2 细胞平衡的相关研究［J］.内科,2007,2（4）:588-590.

［43］文小敏,廖荣鑫,彭胜权,等.脾胃湿热证湿偏重、热偏重型大鼠模型脾脏超微结构观察［J］.新中医,2008,40（3）:93-94.

［44］韩康玲,谷济生,王培生,等.慢性肝病中医辨证分型与临床化验及组织学病理检查的关系［J］.天津医药,1983（10）:613-616.

［45］夏德馨,蒋健,王灵台.慢性乙型肝炎中医辨证分型与某些实验室指标的关系［J］.上海中医药杂志,1985（1）:11-13.

［46］季光,邢练军,曹承楼,等.乙肝肝胆湿热证与血清 HA 等的相关性研究［J］.辽宁中医杂志,2000,27（10）:433-434.

［47］谢学军.慢性肝炎中医证型 NK 细胞活性的研究［J］.浙江中医杂志,1995（1）:38-39.

［48］李红山,朱德东,傅琪琳,等.慢性乙型肝炎不同中医证候机体免疫功能的动态变化［J］.中华中医药学刊,2013,31（11）:2391-2393.

［49］王晓兰,李家邦,李学文,等.肝胆湿热证患者血浆 β- 内啡肽的临床研究［J］.湖南医科大学学报,1997,22（3）:30-31,40.

［50］余江毅,熊宁宁,余承惠,龚等.肾病湿热病理的临床分析和实验研究［J］.中国中西医结合杂志,1992,12（8）:458-460,451.

［51］刘慰祖,陈以平,徐嵩年,等.肾小球肾炎患者补体旁路途径活性的测定及中药治疗前后的变化［J］.中西医结合杂志,1986,6（4）:210-212.

［52］刘宏伟.原发性肾小球疾病肾小球内补体成分测定与中医辨证分型的关系［J］.辽宁中医杂志,1993（3）:1-4.

［53］朱辟疆,刘永平,田军民,等.慢性肾小球疾病湿热证 T 淋巴细胞亚群及 IL-2、sIL-2R 的改变［J］.中国中医药科技,1999,6（3）:148.

［54］盛梅笑,孙伟,贾宁人,等.肾炎湿热证血清 sICAM-1 变化的临床观察［J］.辽宁中医杂志,2003,30（11）:891-892.

［55］桂秀雄,严明,金实,等.慢性乙型肝炎中医辨证分型与生化免疫指标关系的探讨［J］.江苏中医,1988（12）:32-36.

［56］陈昆山,肖晓敏,章友安.病毒性肝炎谷丙转氨酶升高与湿热的关系［J］.江西中医学院学报,2000,12（4）:145-147.

［57］马秋生.慢性乙型肝炎中医证型与临床检验指标相关性分析［J］.中医临床研究,2016,8（3）:22-23.

［58］李琦,高宇,赵立铭,等.慢性乙型肝炎中医证型与检验医学指标相

关性分析［J］.检验医学与临床,2016,13(13):1794-1797.

［59］孙洁民,徐洁,李桐秀.慢性呼吸道疾病之湿热证发病机制的实验研究［J］.湖北中医杂志,1995,19(1):52-54.

［60］张福生,杨颖.慢性肾炎湿热证客观指标的变化［J］.浙江中医杂志,1995(7):322-323.

［61］周凡,李生强,柯晓,等.脾胃湿热型溃疡性结肠炎模型大鼠超氧化物歧化酶活性和丙二醛水平的实验研究［J］.中国中西医结合消化杂志,2010,18(3):177-179.

［62］朱崇学,金益强,张翔,等.肝火上炎证和肝胆湿热证患者血浆儿茶酚胺测定［J］.湖南医科大学学报,1996,21(4):308-310.

［63］陈泽奇,李家邦,朱双罗,等.肝气(阳)虚证患者血浆去甲肾上腺素和肾上腺素含量分析［J］.湖南中医学院学报,1999,19(1):21-22,72.

［64］冯五金,苏娟萍,李玉莲,等.胃肠激素与中医证型关系的临床研究［J］.中医杂志,1997,38(5):298-299,260.

［65］廖荣鑫,吴仕九,文小敏,等.脾胃湿热证热偏重、湿热并重型大鼠模型血液中胃动素(MTL)、胃泌素(GAS)的变化研究［J］.浙江中医杂志,2005(4):35-37.

［66］武一曼,葛振华,周凡,等.胃泌素、生长抑素与脾胃湿热证慢性浅表性胃炎的相关性研究［J］.中医杂志,2004,45(3):215-216.

［67］谭永振,文小敏,陈佩婵,等.两种胃肠激素在脾胃湿热证大鼠湿、热偏重模型中表达的研究［J］.四川中医,2008,26(12):22-24.

［68］邱泽安,吴晓黎,孔德明,等.胃脘痛脾胃虚弱、脾胃湿热证与4种胃肠激素的变化及意义［J］.亚太传统医药,2007,3(8):28-31.

［69］金敬善,赵荣莱,危北海,等.胃十二指肠疾病血、尿 PGE_2 和 $PGF_{2\alpha}$ 含量及其与中医证型的关系［J］.中医杂志,1992,33(7):43-45,4.

［70］张声生,金敬善,赵荣莱,等.慢性胃炎和消化性溃疡患者血与尿前列腺素 E_2 及前列腺素 $F_{2\alpha}$ 水平的研究［J］.中国中西医结合杂志,1992,12(9):535-537,517-518.

［71］王长洪,王艳红,周莹,等.胃黏膜前列腺素含量与中医证型的关系［J］.辽宁中医杂志,1994,21(1):11-12.

［72］李俊,王佳勇,罗翌,等.消化性溃疡活动期脾胃湿热证胃液及血前列腺素 E_2 水平的研究［J］.中国中西医结合脾胃杂志,2000,8(1):23-24.

［73］余江毅,熊宁宁,余承惠.慢性肾病瘀血与湿热病理的临床和实验

研究［J］.辽宁中医杂志,1995,22（2）:91-92.

［74］林培政,杨开清.动脉粥样硬化性疾病与中医湿热证的关系［J］.中药新药与临床药理,2006,17（2）:147-149.

［75］王晓兰,李家邦,李学文,等.肝胆湿热证患者血浆β-内啡肽的临床研究［J］.湖南医科大学学报,1997,22（3）:30-31,40.

［76］王晓兰,李家邦,金益强,等.肝胆湿热证病人血浆β-内啡肽和血栓素B_2及前列腺素F含量研究［J］.湖南中医杂志,1996,12（S2）:86-88.

［77］杨运高,吴仕九,刘立,等.湿热证患者微量元素及维生素E变化的研究［J］.中国中医药科技,2000,7（1）:7.

［78］刘立,杨运高,吴仕九,等.湿热证微量元素变化的实验研究［J］.新中医,2003,35（2）:77-78.

［79］刘德传,吴仕九,杨运高,等.微量元素、抗氧化剂与湿热证的相关性的研究［J］.广东微量元素科学,2001,8（2）:30-32.

［80］翟兴红,赵荣莱,赵子厚,等.慢性胃病与胃黏膜细胞保护因子的相关性研究［J］.中国中西医结合脾胃杂志,1998,6（1）:9-11.

［81］祁建生,李秀娟,杨春波,等.慢性胃炎脾胃虚实证红细胞游离Ca^{2+}及膜$Ca^{2+}-Mg^{2+}-ATPase$研究［J］.中国中西医结合脾胃杂志,1999,7（1）:16-18.

［82］祁建生,杨春波,李秀娟,等.红细胞膜$Na^+-K^+-ATPase$活性与慢性胃炎"脾胃虚实证"关系实验研究［J］.中国中医基础医学杂志,1999,5（7）:38-40.

［83］李灿东,高碧珍,兰启防,等.慢性胃炎脾胃湿热证患者胃黏膜细胞凋亡及相关蛋白的研究［J］.中国中西医结合杂志,2002,22（9）:667-669.

［84］曾耀明,胡万华,余维微.慢性胃炎（脾胃湿热证）胃窦黏膜Fhit蛋白的表达及临床意义［J］.江西中医药,2010,41（9）:34-35.

［85］刘福生,杭海燕,陈润花,等.慢性萎缩性胃炎脾胃湿热证与细胞毒相关蛋白A及环氧合酶2的相关性研究［J］.世界中西医结合杂志,2014,9（10）:1105-1108.

［86］程方平,刘松林,李云海,等.温病湿热证大鼠模型肝线粒体K^+-Na^+-ATP酶活力变化的对比研究［J］.浙江中医药大学学报,2008,32（2）:174-175.

［87］程方平,李家庚,周洁,等.湿热证大鼠模型TLR4mRNA、NF-κBp65表达的对比研究［J］.中医药临床杂志,2007,19（6）:556-558.

［88］程方平,杨红兵,李家庚,等.湿热证模型大鼠内毒素转导信号的动态研究［J］.中医药临床杂志,2008,20(3):246-248.

［89］张传涛,周道杰,郑政隆,等.从 LOC440040、SYCP2L 等 mRNA 角度探讨慢性乙型肝炎脾胃湿热证的客观化研究［J］.广州中医药大学学报,2014,31(2):183-185,188.

［90］张红梅,陈雪功,王海瑞,等.MsPGN 湿热型大鼠 AQP-2 表达及 ADH 变化的实验研究［J］.甘肃中医学院学报,2009,26(6):8-11.

［91］郑家铿,张群豪,许少锋,等.慢性胃病脾胃湿热证与脾气虚证的血液流变学观察［J］.福建中医学院学报,1994,4(2):6-8.

［92］林群莲,黄发盛,蔡师敏,等.慢性非特异性结肠炎湿热证患者的血液流变学观察［J］.中医药通报,2002,1(6):17-18.

［93］盛定中,桂金水,钱永益.38 例病毒性肝炎甲皱微循环检查与临床辨证的关系［J］.浙江中医杂志,1980(9):408-409.

［94］周珉,王耿.慢性乙型活动性肝炎湿热瘀毒证的甲皱微循环观察［J］.实用中西医结合杂志,1995,8(5):257-258.

［95］彭汉光,杜湖海,张显惠.类风湿关节炎甲皱微循环检测与中医辨证分型关系的探讨［J］.中国中医药信息杂志,1998,5(6):43.

［96］陈志伟,卢君健,宋志刚,等.慢性肾衰竭中医辨证分型与实验室检查的关系［J］.中西医结合杂志,1988,8(7):395-397,387.

［97］余江毅,熊宁宁,余承惠,等.血尿唾液酸、尿 NAG 与肾炎湿热证的关系［J］.中国中西医结合杂志,1993,13(9):525-527,515-516.

［98］张福生,杨保永,张连明,等.慢性肾炎湿热证肾小管功能研究［J］.辽宁中医杂志,1996,23(12):5.

［99］朱辟疆,施荣华,刘永平.慢性肾小球疾病湿热证血浆及尿白介素 -6 的改变［J］.浙江中西医结合杂志,1999,9(2):75-77.

［100］吴仕九,廖礼兵.湿热证大鼠肾内髓及尿液中水通道蛋白 AQP-2 含量的变化［J］.中国中医药科技,2003,10(1):4-5.

［101］廖荣鑫,周福生,文小敏,等.脾胃湿热证大鼠湿偏重、热偏重模型尿液 AQP-2 的变化及其在肾组织的表达［J］.山东中医杂志,2007,26(12):846-848.

［102］孙卫卫,刘尚建,崔谨,等.原发性肾小球疾病湿热证和尿 MCP-1、IL-6 关系临床观察［J］.中华中医药学刊,2011,29(10):2352-2354.

四、引用方剂索引

一 画

一加减正气散(《温病条辨》):藿香梗　厚朴　茯苓　广皮　神曲　麦芽　绵茵陈　大腹皮　杏仁

一贯煎(《柳州医话》):北沙参　麦冬　生地黄　当归　枸杞子　川楝子

二 画

二妙散:见下篇第 23 方,301 页。

二加减正气散(《温病条辨》):藿香梗　广皮　厚朴　茯苓皮　木防己　大豆黄卷　川通草　薏苡仁

八正散:见下篇第 31 方,324 页。

八珍汤(《正体类要》):人参　白术　茯苓　甘草　当归　白芍药　川芎　熟地黄

人中白散(《幼科金针》):人中白　儿茶　柏末　薄荷　月石　川黄连　冰片　枯矾　青黛

七味白术散(《小儿药证直诀》):人参　茯苓　炒白术　甘草　藿香叶　木香　葛根

三 画

三仁汤:见下篇第 5 方,246 页。

三加减正气散(《温病条辨》):藿香　茯苓皮　厚朴　广皮　杏仁　滑石

三石汤:见下篇第 15 方,275 页。

三妙丸(《医学正传》):黄柏　苍术　川牛膝

三黄洗剂(《中医外科临床手册》):大黄　黄柏　黄芩　苦参

三生饮(《太平惠民合剂局方》):生南星　生川乌　生附子　木香

上中下通用痛风方:见下篇第 26 方,311 页。

千金苇茎汤(《备急千金要方》):苇茎　薏苡仁　冬瓜仁　桃仁

大分清饮(《景岳全书》):茯苓　泽泻　木通　猪苓　栀子　枳壳　车前子

大定风珠(《温病条辨》):生白芍　阿胶　生龟板　干地黄　麻仁　五味子　生牡蛎　麦冬　炙甘草　鸡子黄　鳖甲

大承气汤(《伤寒论》):大黄　芒硝　枳实　厚朴

大活络丹(《卫生鸿宝》):白花蛇　乌梢蛇　大黄　川芎　黄芩　玄参　青皮　甘草　木香　藿香　白芷　天竺黄　草豆蔻　肉桂　竹节香附　黄连　附子　地龙　香附　麻黄　白术　羌活　何首乌　沉香　熟地黄　天麻　虎骨(已禁用)　全蝎　松香　细辛　僵蚕　乌药　乳香　骨碎补　血竭　威灵仙　茯苓　丁香　没药　当归　葛根　人参　龟板　白豆蔻　赤芍药　防风　麝香　冰片　犀角(以水牛角代)　牛黄　朱砂　安息香

大柴胡汤(《伤寒论》):柴胡　黄芩　半夏　生姜　大枣　枳实　白芍　大黄

大黄黄连泻心汤(《伤寒论》):大黄　黄连

小定风珠(《温病条辨》):鸡子黄　阿胶　生龟板　童便　淡菜

小承气汤(《伤寒论》):大黄　枳实　厚朴

小活络丹(《太平惠民和剂局方》):制川乌　制草乌　地龙　制南星　乳香　没药

小柴胡汤(《伤寒论》):柴胡　黄芩　人参　半夏　炙甘草　生姜　大枣

小陷胸汤(《伤寒论》):黄连　半夏　瓜蒌

小温中丸(《证治准绳》引朱丹溪方):陈皮　半夏　炒神曲　茯苓　白术　香附　醋炒针砂　炒苦参　炒黄连　甘草

小蓟饮子:见下篇第32方,328页。

己椒苈黄丸(《金匮要略》):防己　椒目　葶苈子　大黄

四　　画

不换金正气散(《太平惠民和剂局方》):厚朴　藿香　甘草　半夏　苍术　橘皮

丹参饮(《医宗金鉴》):丹参　檀香　砂仁

乌梅丸(《伤寒论》):乌梅　黄连　黄柏　人参　当归　附子　桂枝　蜀椒　干姜　细辛

五加减正气散(《温病条辨》):藿香梗　广皮　茯苓块　厚朴　大腹皮　谷芽　苍术

五叶芦根汤(《湿热病篇》):藿香叶　薄荷叶　鲜荷叶　枇杷叶　佩兰叶　芦尖　冬瓜仁

　　五皮饮(《太平惠民和剂局方》)：五加皮　地骨皮　生姜皮　大腹皮　茯苓皮

　　五苓散(《伤寒论》)：茯苓　猪苓　白术　泽泻　桂枝

　　五味消毒饮(《医宗金鉴》)：金银花　野菊花　蒲公英　紫花地丁　天葵子

　　六一散：见下篇第28方，317页。

　　六君子汤(《妇人良方》)：人参　白术　茯苓　陈皮　半夏　甘草

　　六味地黄丸(汤)(《小儿药证直诀》)：熟地黄　山药　山茱萸　茯苓　泽泻　丹皮

　　六安煎(《景岳全书》)：陈皮　半夏　茯苓　甘草　杏仁　白芥子

　　化斑汤(《温病条辨》)：石膏　知母　生地　甘草　玄参　犀角(以水牛角代)　粳米

　　升降散(《伤寒温疫条辨》)：僵蚕　蝉蜕　姜黄　大黄

　　少腹逐瘀汤(《医林改错》)：小茴香　干姜　延胡索　没药　当归　川芎　肉桂　赤芍药　蒲黄　五灵脂

　　开噤散(《医学心悟》)：人参　姜黄连　石菖蒲　丹参　石莲子　陈皮　茯苓　陈米　冬瓜仁　荷叶蒂

　　木香槟榔丸(《儒门事亲》)：木香　槟榔　青皮　陈皮　莪术　黄连　黄柏　大黄　香附　牵牛子

　　木防己汤(《金匮要略》)：木防己　石膏　桂枝　人参

　　止带方(《世补斋·不谢方》)：茯苓　猪苓　泽泻　赤芍　丹皮　茵陈　黄柏　栀子　牛膝　车前子

五　画

　　冬地三黄汤(《温病条辨》)：麦冬　黄连　苇根汁　元参　黄柏　银花露　细生地　黄芩　生甘草

　　加减木防己汤：见下篇第24方，305页。

　　加减复脉汤(《温病条辨》)：炙甘草　干地黄　白芍　麦冬　阿胶　麻仁

　　半夏泻心汤(《伤寒论》)：半夏　黄芩　干姜　人参　甘草　黄连　大枣

　　右归丸(《景岳全书》)：熟地黄　山药　山茱萸　枸杞子　菟丝子　鹿角胶　杜仲　当归　肉桂　制附子

　　四加减正气散(《温病条辨》)：藿香梗　厚朴　茯苓　广皮　草果　楂肉　神曲

四妙散(《成方便读》):黄柏　苍术　川牛膝　薏苡仁

四神丸(《证治准绳》):补骨脂　肉豆蔻　五味子　吴茱萸　生姜　红枣

四逆汤(《伤寒论》):炙甘草　干姜　附子

四逆散(《伤寒论》):甘草　枳实　白芍药　柴胡

四黄膏(《朱仁康临床经验集》):黄连　黄芩　土大黄　黄柏　芙蓉叶　泽兰叶　麻油

四苓散(《丹溪心法》):白术　猪苓　茯苓　泽泻

四物汤(《太平惠民合剂局方》):当归　川芎　芍药　熟地

失笑散(《太平惠民和剂局方》):五灵脂　蒲黄

左归丸(《景岳全书》):熟地黄　山药　山茱萸　枸杞子　菟丝子　鹿角胶　龟板胶　川牛膝

左金丸(《丹溪心法》):黄连　吴茱萸

平胃散(《太平惠民和剂局方》):苍术　厚朴　橘皮　甘草　生姜　大枣

归芍地黄汤(《北京市中药成方选集》):熟地黄　山药　山茱萸　茯苓　丹皮　泽泻　白芍药　当归

玉女煎(《景岳全书》):石膏　熟地　麦冬　知母　牛膝

甘草泻心汤(《伤寒论》):甘草　黄芩　干姜　半夏　大枣　黄连

甘露饮(《医学传灯》):天冬　麦冬　生地　熟地　茵陈　枇杷叶　黄芩　苡仁　石斛　甘草　山栀

甘露消毒丹:见下篇第8方,254页。

生姜泻心汤(《伤寒论》):生姜　半夏　黄芩　干姜　人参　甘草　黄连　大枣

生脉散(饮)(《内外伤辨惑论》):人参　麦冬　五味子

玉屏风散(《究原方》):防风　黄芪　白术

白头翁汤:见下篇第19方,288页。

白虎汤(《伤寒论》):石膏　知母　粳米　甘草

白虎加桂枝汤(《金匮要略》):知母　石膏　炙草　粳米　桂枝

石韦散(《证治汇补》):石韦　冬葵子　瞿麦　滑石　车前子

龙胆泻肝汤:见下篇第22方,296页。

六　画

安宫牛黄丸(《温病条辨》):牛黄　郁金　犀角(以水牛角代)　黄连　朱砂　栀子　雄黄　黄芩　珍珠　冰片　麝香

导水茯苓汤(《奇效良方》):赤茯苓　麦门冬　泽泻　白术　桑白皮　紫苏　槟榔　木瓜　大腹皮　陈皮　砂仁　木香　灯心草

导赤散(《小儿药证直诀》):生地黄　木通　甘草梢　竹叶

导赤承气汤(《温病条辨》):赤芍　生地　生大黄　黄连　黄柏　芒硝

当归拈痛汤:见下篇第25方,307页。

竹叶石膏汤(《伤寒论》):竹叶　石膏　半夏　麦冬　人参　炙草　粳米

至宝丹(《太平惠民和剂局方》):犀角(以水牛角代)　朱砂　雄黄　玳瑁　琥珀　麝香　冰片　牛黄　安息香　金箔　银箔

芍药汤(《素问病机气宜保命集》):黄芩　黄连　大黄　肉桂　木香　甘草　芍药　当归　槟榔

达原饮:见下篇第17方,282页。

防风通圣散(《宣明论方》):防风　连翘　麻黄　薄荷　荆芥　白术　栀子　川芎　当归　白芍　大黄　芒硝　石膏　黄芩　桔梗　滑石　甘草

防己黄芪汤(《金匮要略》):防己　黄芪　甘草　白术

七　画

尿路排石汤Ⅰ号方(《常见急腹症诊治手册》):金钱草　海金沙　车前子　木通　滑石　芍药　乌药　川楝子　牛膝　甘草

尿路排石汤Ⅱ号方(《常见急腹症诊治手册》):金钱草　石韦　车前子　木通　瞿麦　萹蓄　栀子　大黄　滑石　甘草梢　牛膝　枳实

尿路排石汤Ⅲ号方(《常见急腹症诊治手册》):金钱草　海金沙　车前子　木通　滑石　芍药　乌药　川楝子　牛膝　甘草　黄芪　党参　菟丝子　旱莲草　补骨脂　生地

杏仁滑石汤:见下篇第13方,270页。

沙参麦冬汤(《温病条辨》):沙参　麦门冬　玉竹　甘草　桑叶　扁豆　天花粉

苍术白虎汤(又名白虎加苍术汤):见下篇第11方,265页。

苏合香丸(《太平惠民和剂局方》):白术　青木香　犀角(以水牛角代)　香附　朱砂　诃黎勒　檀香　安息香　沉香　麝香　丁香　荜茇　龙脑　苏合香油　熏陆香

苏连饮(《湿热病篇》):苏叶　黄连

补中益气汤(《脾胃论》):黄芪　人参　甘草　当归　陈皮　白术　升麻　柴胡

身痛逐瘀汤(《医林改错》): 秦艽　川芎　桃仁　红花　甘草　羌活　没药　当归　五灵脂　香附　牛膝　地龙

连朴饮: 见下篇第9方, 259页。

附子汤(《伤寒论》): 附子　茯苓　人参　白术　芍药

附子理中汤(丸)(《太平惠民和剂局方》): 附子　人参　白术　炮姜　甘草

辛苦香淡汤: 见下篇第33方, 331页。

八　画

参芪地黄汤(《沈氏尊生》): 人参　黄芪　地黄　山药　山茱萸　茯苓　泽泻　丹皮

参附汤(《妇人良方》): 人参　附子　生姜　大枣

参苓白术散(《太平惠民和剂局方》): 莲子肉　薏苡仁　砂仁　桔梗　白扁豆　茯苓　人参　白术　甘草　山药　陈皮

抽薪饮(《景岳全书》): 黄芩　石斛　木通　栀子　黄柏　枳壳　泽泻　甘草

知柏地黄丸(汤)(《医宗金鉴》): 熟地黄　山茱萸　山药　丹皮　茯苓　泽泻　知母　黄柏

肾气丸(《金匮要略》): 干地黄　山药　山茱萸　茯苓　泽泻　丹皮　桂枝　附子

金铃子散(《素问病机气宜保命集》): 金铃子　延胡索

金蒲汤(《温病指南》): 犀角(以水牛角代)　郁金　连翘　银花　鲜石斛　鲜菖蒲　鲜生地　鲜竹叶　芦根汁　竹沥　生姜汁

青蒿鳖甲汤(《温病条辨》): 青蒿　鳖甲　丹皮　知母　生地

青黛散(《中医外科临床手册》): 青黛　石膏　滑石　黄柏

驻车丸(《备急千金要方》): 黄连　干姜　当归　阿胶

九　画

保和丸(《丹溪心法》): 山楂　神曲　半夏　茯苓　陈皮　连翘　莱菔子　麦芽

复元活血汤(《医学发明》): 柴胡　瓜蒌根　当归　红花　甘草　山甲珠　大黄　桃仁

宣阳透伏法(《时病论》): 干姜　附子　厚朴　苍术　草果仁　蜀漆

宣透膜原法(《时病论》): 厚朴　槟榔　草果仁　黄芩　甘草　藿香叶

半夏

宣清导浊汤(《温病条辨》): 猪苓　茯苓　寒水石　蚕沙　皂荚子

宣疏表湿法(《时病论》): 苍术　防风　秦艽　藿香　陈皮　砂壳　甘草
生姜

宣痹汤: 见下篇第 27 方, 314 页。

枳实导滞丸(《内外伤辨惑论》): 大黄　枳实　神曲　茯苓　黄芩　黄连
白术　泽泻

栀子柏皮汤: 见下篇第 21 方, 295 页。

活络效灵丹(《医学衷中参西录》): 当归　丹参　乳香　没药

独参汤(《景岳全书》): 人参

独活寄生汤(《备急千金要方》): 独活　桑寄生　杜仲　牛膝　细辛　秦
艽　茯苓　桂心　防风　川芎　人参　甘草　当归　芍药　干地黄

祛热宣透法(《时病论》): 连翘　犀角(以水牛角代)　川贝母　鲜石菖蒲
牛黄至宝丹

祛湿膏(《朱仁康临床经验集》): 黄柏末　白芷末　轻粉　煅石膏　冰片
当归　姜黄　甘草　蜂白蜡

神犀丹(《温热经纬》): 犀角(以水牛角代)(磨汁)　石菖蒲　黄芩　生
地黄(打汁)　金银花　金汁　连翘　板蓝根　豆豉　玄参　天花粉　紫草

胃苓汤(《丹溪心法》): 甘草　茯苓　苍术　陈皮　白术　肉桂　泽泻
猪苓　厚朴

茯苓皮汤: 见下篇第 29 方, 319 页。

茵陈四苓散(《医学传灯》): 茵陈　茯苓　白术　泽泻　猪苓

茵陈胃苓汤: 即胃苓汤加茵陈。

茵陈蒿汤(《伤寒论》): 见下篇第 20 方, 291 页。

荆防败毒散(《外科理例》): 荆芥　防风　人参　羌活　独活　前胡　柴
胡　桔梗　枳壳　茯苓　川芎　甘草

轻身饮方(《中国中医秘方大全》引康氏方): 番泻叶　泽泻　山楂　草
决明

除湿胃苓汤(《医宗金鉴》): 苍术　厚朴　陈皮　猪苓　泽泻　赤茯苓
白术　滑石　防风　木通　肉桂　山栀仁　灯心　甘草

香连丸(《太平惠民和剂局方》): 黄连　木香

香砂养胃丸(现代中成药): 白术　橘皮　茯苓　半夏　香附　砂仁　枳
实　豆蔻仁　藿香　厚朴　甘草　生姜　大枣

养阴清肺汤(《重楼玉钥》)：大生地　麦冬　玄参　生甘草　薄荷　贝母　丹皮　白芍

十　画

凉膈散(《太平惠民和剂局方》)：连翘　大黄　甘草　芒硝　栀子　黄芩　薄荷　竹叶

柴胡加芒硝汤(《伤寒论》)：柴胡　黄芩　甘草　人参　生姜　半夏　大枣　芒硝

柴胡疏肝散(《景岳全书》)：柴胡　枳壳　芍药　甘草　川芎　香附　陈皮

柴平汤(《重订通俗伤寒论》)：柴胡　姜半夏　川朴　炙草　炒黄芩　赤苓　制苍术　广橘皮　生姜

桂枝白虎汤(即白虎加桂枝汤)(《金匮要略》)：石膏　知母　甘草　粳米　桂枝

桂枝芍药知母汤(《金匮要略》)：桂枝　知母　防风　白术　生姜　芍药　麻黄　附子　甘草

桂枝茯苓丸(《金匮要略》)：桂枝　茯苓　桃仁　丹皮　芍药

桑菊饮(《温病条辨》)：桑叶　菊花　桔梗　连翘　杏仁　薄荷　苇茎　甘草

消脂汤(《现代中医内科学》引现代验方)：生草决明　荷叶　泽泻　茯苓　菊花　忍冬藤　苡仁　玉米须

润下救津法(《时病论》)：熟大黄　玄明粉　甘草　玄参　麦冬　生地

益元散(《医方集解》)：滑石　甘草　朱砂

真武汤(《伤寒论》)：茯苓　芍药　生姜　白术　附子

脏连丸(《证治准绳》)：黄连　公猪大肠

调胃承气汤(《伤寒论》)：大黄　芒硝　甘草

逍遥散(《太平惠民和剂局方》)：柴胡　当归　白芍药　白术　茯苓　甘草　煨姜　薄荷

通利州都法(《时病论》)：茯苓　泽泻　苍术　车前子　通草　滑石　桔梗

十一画

清宣温化法(《时病论》)：连翘　杏仁　瓜蒌壳　陈皮　茯苓　半夏　甘草　佩兰叶

清宫汤(《温病条辨》): 玄参心　莲子心　竹叶卷心　连翘心　犀角(以水牛角代)尖　连心麦门冬

清络饮(《温病条辨》): 鲜荷叶边　鲜银花　西瓜翠衣　鲜扁豆花　丝瓜皮　鲜竹叶心

清胃散(《兰室秘藏》): 当归　生地　升麻　丹皮　黄连

清营汤(《温病条辨》): 犀角(以水牛角代)　生地黄　玄参　竹叶心　麦门冬　丹参　黄连　金银花　连翘

清暑益气汤(《温热经纬》): 西洋参　西瓜翠衣　莲梗　黄连　石斛　麦门冬　竹叶　知母　甘草　粳米

清暑益气汤(《脾胃论》): 黄芪　苍术　升麻　人参　白术　陈皮　神曲　泽泻　麦门冬　当归　炙甘草　黄柏　青皮　葛根　五味子

清解汤(《实用中医妇科手册》引裘氏方): 红藤　土茯苓　紫地丁　黄芩　凤尾草　栀子　黄柏　白果

清瘟败毒散(《疫疹一得》): 生石膏　生地黄　犀角(以水牛角代)　黄连　栀子　桔梗　黄芩　知母　赤芍　玄参　连翘　竹叶　甘草　丹皮

羚羊钩藤汤(《通俗伤寒论》): 羚羊角　桑叶　川贝母　鲜生地　钩藤　菊花　茯神　白芍药　生甘草　鲜竹茹

菖蒲郁金汤: 见下篇第 7 方, 252 页。

萆薢分清汤: 见下篇第 30 方, 320 页。

萆薢渗湿汤(《疡科心得集》): 萆薢　苡仁　黄柏　赤茯苓　丹皮　泽泻　滑石　通草

银翘红酱解毒汤(《实用中医妇科手册》引上海中医学院经验方): 银花　连翘　红藤　败酱草　苡仁　丹皮　栀子　赤芍　桃仁　延胡索　川楝子　乳香　没药

银翘散(《温病条辨》): 银花　连翘　竹叶　荆芥　牛蒡　薄荷　豆豉　苇茎　桔梗　甘草

麻黄连翘赤小豆汤: 见下篇第 4 方, 242 页。

麻杏石甘汤(《伤寒论》): 麻黄　杏仁　甘草　石膏

黄土汤(《金匮要略》): 甘草　干地黄　白术　附子　阿胶　黄芩　灶心土

黄芩滑石汤: 见下篇第 14 方, 272 页。

黄连阿胶汤(《伤寒论》): 黄连　阿胶　黄芩　芍药　鸡子黄

黄连香薷饮: 见下篇第 2 方, 237 页。

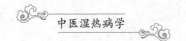

黄连解毒汤：见下篇第 10 方，263 页。

黄芪建中汤（《金匮要略》）：黄芪　桂枝　白芍　生姜　甘草　大枣　饴糖

黄连温胆汤（《六因条辨》）：黄连　竹茹　枳实　半夏　橘红　甘草　生姜　茯苓

越婢加术汤（《金匮要略》）：麻黄　石膏　生姜　甘草　白术　大枣

猪苓汤（《伤寒论》）：猪苓　茯苓　泽泻　阿胶　滑石

十 二 画

温胆汤（《备急千金要方》）：半夏　橘皮　枳实　竹茹　生姜　甘草（近代有茯苓）

滋肾通关丸（《兰室秘藏》）：黄柏　知母　肉桂

犀角地黄汤（《备急千金要方》）：犀角（以水牛角代）　生地　芍药　丹皮

疏凿饮子（《世医得效方》）：羌活　秦艽　商陆　槟榔　大腹皮　茯苓皮　椒目　木通　泽泻　赤小豆

紫雪丹（《太平惠民和剂局方》）：石膏　寒水石　磁石　滑石　犀角（以水牛角代）　羚羊角　青木香　沉香　玄参　升麻　甘草　丁香　朴硝　硝石　麝香　朱砂　黄金

葛根黄芩黄连汤：见下篇第 18 方，285 页。

十 三 画

新加香薷饮：见下篇第 1 方，234 页。

槐花散（《普济本事方》）：槐花　侧柏叶　荆芥穗　枳壳

蒿芩清胆汤：见下篇第 16 方，277 页。

十四画以上

碧玉散（《伤寒直格》）：滑石　甘草　青黛

缩泉丸（《妇人良方》）：乌药　益智仁　山药

薏苡竹叶散：见下篇第 12 方，267 页。

藿朴夏苓汤：见下篇第 6 方，250 页。

藿香正气散：见下篇第 3 方，239 页。

28本